Technisches Zeichnen

Grundlagen, Normen, Beispiele, Darstellende Geometrie

Lehr-, Übungs- und Nachschlagewerk für Schule, Fortbildung, Studium und Praxis, mit mehr als 100 Tabellen und weit über 1.000 Zeichnungen

Begründet von Hans Hoischen †, herausgegeben von Wilfried Hesser

31., überarbeitete und aktualisierte Auflage

Herausgegeben und bearbeitet von
Univ.-Prof. Dr.-Ing. Wilfried Hesser, Hamburg

Unter Mitarbeit von Dipl.-Volksw. Axel Czaya, Dr. rer. nat. Dorothee Hüser-Espig, Dipl.-Wirtsch.-Ing. Torsten Hahn, Dipl.-Wirtsch.-Ing. Bengt-O. Klemp, AkadDir Dr.-Ing. Joachim Knoop, Univ.-Prof. Dr.-Ing. Jens-Peter Wulfsberg

Recherche und Aktualisierung der Normeninformationen: Clarissa Arentzen, Kirstin Schwarz (Hamburg); die Zeichnungsüberprüfung erfolgte am Lehrstuhl von Prof. Dr.-Ing. Bernd Künne (Dortmund) unter Leitung von Markus Hahne.

Hinweise:

1. Aus drucktechnischen Gründen mussten Zeichnungen verkleinert werden, sodass diese sowie Linien, Maßzahlen, grafische Symbole usw. nicht immer den angegebenen Maßstäben und Normengrößen entsprechen.
2. Normenauszüge werden mit Erlaubnis des DIN Deutsches Institut für Normung e.V. wiedergegeben. Maßgebend für das Anwenden der Normen ist deren Fassung mit dem neuesten Ausgabedatum, die bei der Beuth Verlag GmbH, Burggrafenstraße 6, 10787 Berlin, erhältlich ist.

Verlagsredaktion: Erich Schmidt-Dransfeld
Verlagsassistenz: Christine Schlagmann
Umschlaggestaltung: Knut Waisznor
Layout und technische Umsetzung: Typeart, Grevenbroich
Grafik: Holger Stoldt, Düsseldorf

Für den Gebrauch an Schulen

31. Auflage

Druck: CPI books, Leck

ISBN 978-3-589-24130-9

Inhalt gedruckt auf säurefreiem Papier aus nachhaltiger Forstwirtschaft.

Geleitwort zur 30. und 31. Auflage

Der „Hoischen" ist nahezu allen ein Begriff, die sich in einem metall- bzw. maschinenbautechnischen Bildungsgang qualifizieren. Als umfassendes Standardwerk wird der Band von Betrieben und Berufsschulen über die Meister- und Technikerschulen bis zum ingenieurwissenschaftlichen Studium eingesetzt. Er dient als Lehrbuch, Arbeitsbuch und Nachschlagewerk und dies auch in der Praxis.

Es ist das Verdienst von Prof. Dr.-Ing. Hans Hoischen, dieses hoch anerkannte und bewährte Standardwerk mehr als drei Jahrzehnte lang intensiv fachlich betreut und den Studierenden und der Fachwelt regelmäßig in aktuellen Auflagen an die Hand gegeben zu haben. Seit seinem Tod erfolgt die Herausgabe am Lehrstuhl für Normenwesen und Maschinenzeichnen/CAD an der Helmut-Schmidt-Universität.

Die im Jahr 2005 veröffentlichte und gründlich überarbeitete 30. Auflage fand eine sehr gute Aufnahme und in rascher Folge konnte die 31. Auflage vorbereitet werden. Die kritische Durchsicht und Aktualisierung erfolgte wiederum durch fachlichen Austausch und im Team; wir bedanken uns für die Mitarbeit der im Autorenverzeichnis ausgewiesenen Verfasser.

Der Aufbau des Buches wurde weiter systematisiert und es erfolgten Verbesserungen aufgrund von Leserrückmeldungen. Selbstverständlich wurden insbesondere auch die Darstellungen und Inhalte aus Normen erneut auf den aktuellen Stand gebracht. Die aufwändigen Recherchen und die kritische Durchsicht lagen in den Händen von Frau Clarissa Arentzen und Frau Kirstin Schwarz. Wer das zunehmende Veränderungstempo in der Normung und die rapide steigende Quote europäischer und internationaler Normen beobachtet, vermag zu ermessen, welches Engagement an dieser Stelle notwendig war, und auch dafür bedanken wir uns ausdrücklich.

Der „Hoischen/Hesser" ist weiterhin dazu bestimmt, in Werkstatt, Klassenzimmer, Hörsaal, Konstruktionsbüro und Arbeitszimmer auf dem Tisch bereit zu liegen. Die Ergänzung mit neuen Medien wird immer bedeutsamer und deshalb bieten wir den Lesern des Buches mit der 31. Auflage erstmals die Möglichkeit des kostenlosen Einblicks in die E-Lernplattform www.pro-norm.de sowie das Angebot, deren volles Leistungsspektrum zu einer ermäßigten Gebühr zu nutzen (siehe Bestellkarte mit Zugangscode in der Mitte des Buches). Lehrstuhl und Verlag verstehen dies als Pilot-Projekt, um eine zukunftsweisende universitäre Wissensverwertung gemeinsam zu erproben.

Ein solchermaßen umfangreiches Buch wie der „Hoischen/Hesser" ist zwangläufig fehleranfällig. Wir sind deshalb für Hinweise und Verbesserungsvorschläge aus der Praxis dankbar. Unseren Leserinnen und Lesern wünschen wir viel Erfolg mit dem Buch und wir freuen uns Ihre intensive Erprobung des Lernverbundes mit pro-norm.

Hamburg/Berlin im Juli 2007
Univ.-Prof. Dr.-Ing. Wilfried Hesser und Cornelsen Verlag Scriptor

Inhaltsverzeichnis

1 Einführung

1.1 Bedeutung der technischen Zeichnung und der Zeichnungsnormen

Bei der konventionellen Auftragsabwicklung ist die technische Zeichnung als Informationsträger das Verständigungsmittel zwischen beteiligten Abteilungen.
In der technischen Zeichnung ist das räumliche Werkstück durch senkrechte Parallelprojektion in den notwendigen Ansichten dargestellt. Die Bemaßung legt dabei die Form und Abmessungen des Werkstückes eindeutig fest. Ferner enthält die technische Zeichnung alle notwendigen Angaben über Maßtoleranzen, Oberflächengüten, Werkstoffe und Wärmebehandlungen, sodass das Werkstück ohne Rückfragen gefertigt werden kann.

Der Konstrukteur entwirft und zeichnet ein Werkstück als Einzelteil einer Maschine oder eines Gerätes nach den Gesichtspunkten der Funktion, Beanspruchung und günstigsten Herstellung. Danach wird in der Arbeitsvorbereitung anhand der technischen Zeichnung ein Fertigungsplan erstellt, der die nacheinander folgenden Arbeitsgänge enthält. Die Arbeitsvorbereitung erstellt auch alle weiteren Arbeitsunterlagen, z. B. die Programme für die Bearbeitung auf numerisch gesteuerten Werkzeugmaschinen. Anschließend wird die technische Zeichnung mit den Arbeitsunterlagen und dem bereitgestellten Werkstoff dem Facharbeiter an der Werkzeugmaschine zugeleitet. Dieser muss die Zeichnung einwandfrei lesen und die Form des Werkstückes klar erkennen, um Ausschuss zu vermeiden.

In der modernen Fertigung entwirft und zeichnet der Konstrukteur ein Werkstück mithilfe eines CAD-Systems auf dem Bildschirm. Dabei werden Zeichnungsdaten rechnerintern als Geometriemodell des Werkstücks abgespeichert. Mithilfe der EDV werden dann in der Arbeitsvorbereitung anhand der Geometrie- und Werkzeugdaten die Werkzeugverfahrwege festgelegt und das NC-Programm unter Berücksichtigung von Technologiedaten erstellt.

Sowohl beim manuellen als auch beim rechnergestützten Konstruieren und Zeichnen müssen die Regeln und Normen des technischen Zeichnens zugrunde gelegt werden, damit keine Unklarheiten oder Fehlinterpretationen bei technischen Zeichnungen auftreten können. Die vom Deutschen Institut für Normung (DIN) herausgegebenen Zeichnungsnormen berücksichtigen weitgehend die Normen und Empfehlungen der Internationalen Normenorganisationen ISO, z. B.

DIN ISO 5456-2, DIN ISO 128-30, -34, -40, 50 Ansichten und Schnitte

DIN 406-11	Maßeintragung in Zeichnungen, Regeln
DIN EN ISO 128-20	Linien in Zeichnungen
DIN EN ISO 3098-2	ISO-Normschrift
DIN EN ISO 5457	Blattgrößen, Zeichnungsvordrucke
DIN EN ISO 1302	Angabe der Oberflächenbeschaffenheit
DIN ISO 5455	Maßstäbe für technische Zeichnungen
DIN ISO 2162-1 u. 2	Darstellungen von Federn
DIN ISO 6410	Darstellungen von Gewinden

Es sei erwähnt, dass technische Zeichnungen und Stücklisten die Grundlagen der technischen Produktdokumentation sind.

1

1.2 Zeichengeräte für das manuelle Zeichnen

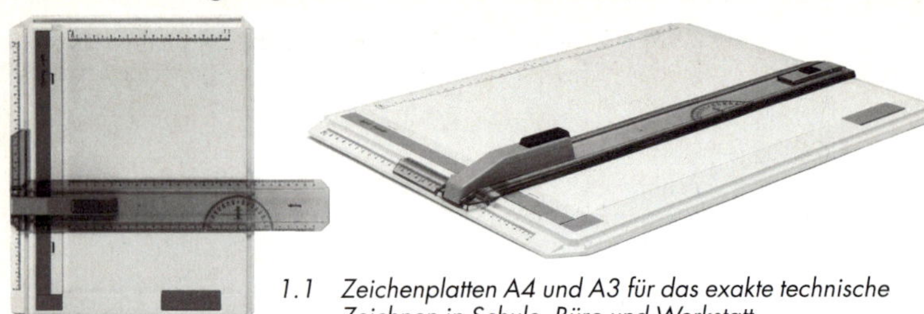

1.1 Zeichenplatten A4 und A3 für das exakte technische Zeichnen in Schule, Büro und Werkstatt

Nachfüllbarer Feinminenhalter

Röhrchen-Tuschefüller zum normgerechten Zeichnen und Beschriften mit Tusche

Buchstaben kennzeichnen die Härtegrade von Minen:
B = schwarz (weich)
H = hart
HB = hart, schwarz (mittelhart)
F = fest
Ziffern verweisen auf feinere Abstufungen, B1 ... 4 und H1 ... 6.

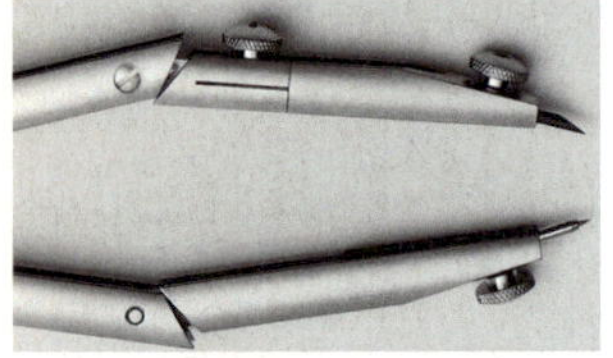

Einsatzzirkel. Auf die richtige schräge Anspitzung und die gleichlange Einstellung der beiden Spitzen ist zu achten.

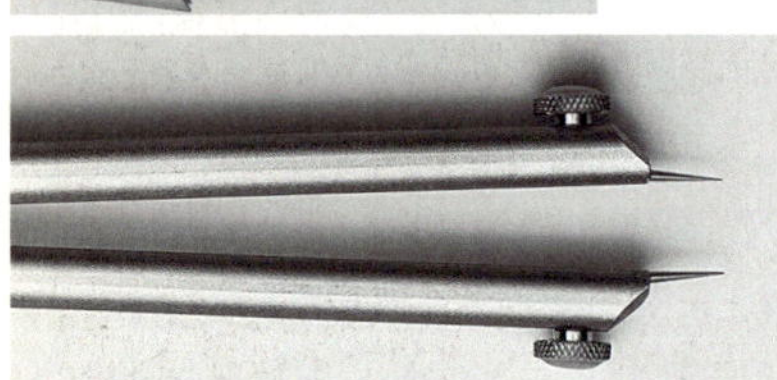

Stechzirkel dienen zum Abgreifen, Übertragen und Nachprüfen von Maßen.

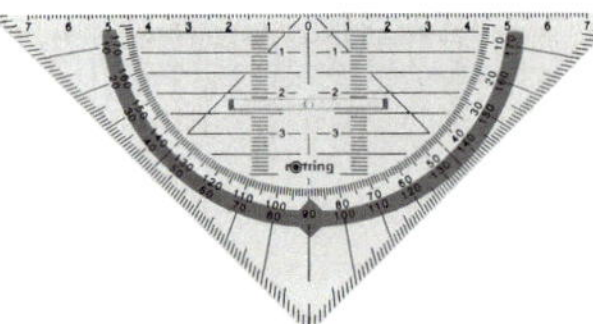

1.2 Geometrie-Dreieck

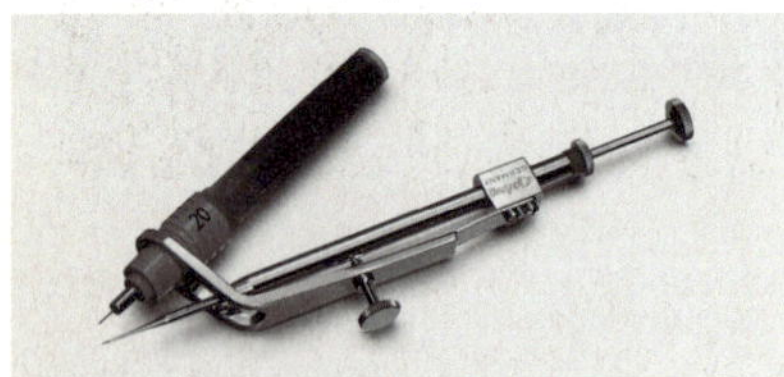

Fallnullenzirkel für kleinste Kreise

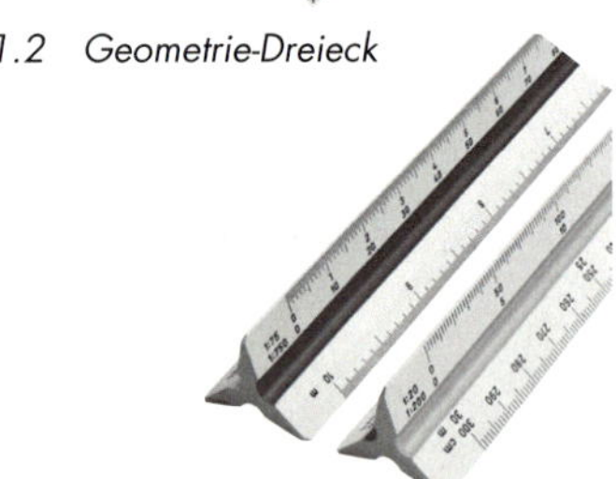

1.3 Maßstab für Verkleinerungen und Vergrößerungen

Tipp zum Zeichnen von Kreisen

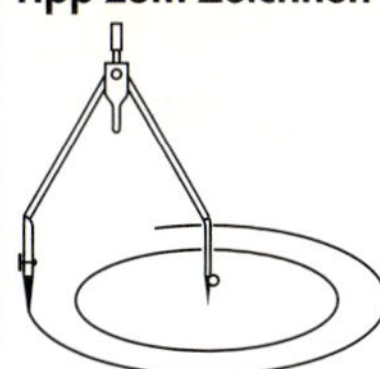

Der Zirkel wird nur in einer Drehrichtung geführt, wobei der Zirkelgriff nur mit Daumen und Zeigefinger anzufassen ist.

1.4 Die parallele Stellung der gelenkartigen Zirkelenden ist wichtig.

Bewährte Zeichenhilfsmittel

Schablonen erleichtern und rationalisieren das technische Zeichnen von Hand.

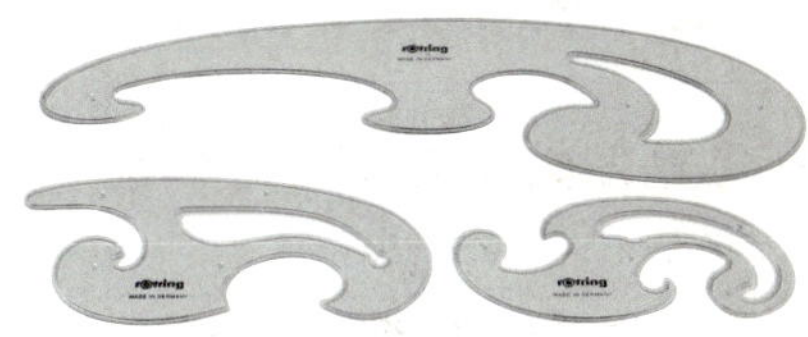

1.5 Kurvenlineale dienen zum Zeichnen von Krümmungen.

1.6 Radien- und Kreisschablone mit einseitigen Kreistangenten für Übergänge von Rundung und Gerade mit Winkelmesser und Oberflächenangaben

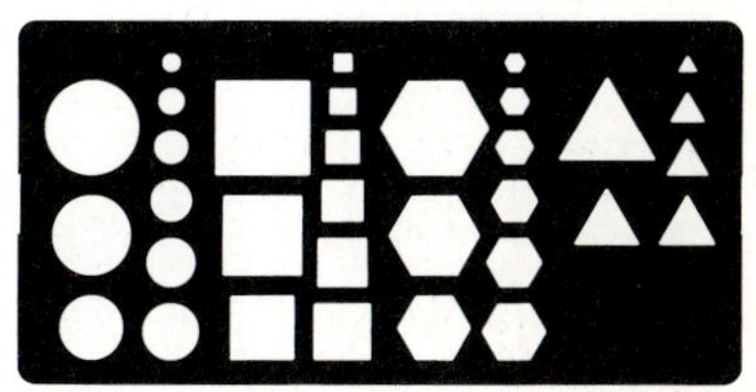

1.7 Combi-Schablone für geometrische Grundfiguren

1.8 Schriftschablone für das manuelle Beschriften von Zeichnungen

STANDARDGRAPH

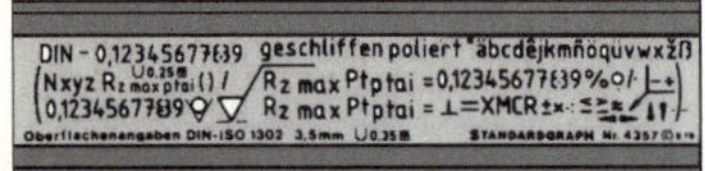

1.9 Oberflächenangabenschablone nach DIN ISO 1302 mit zusätzlichen Symbolergänzungen für Werkstückkanten

Form- und Lagetoleranzen 3,5 mm
STANDARDGRAPH

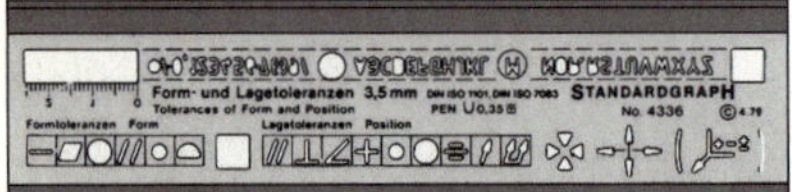

1.10 Form- und Lagetoleranzschablone, wobei durch Parallelverschieben und Wenden Symbole aneinandergereiht werden können

STANDARDGRAPH

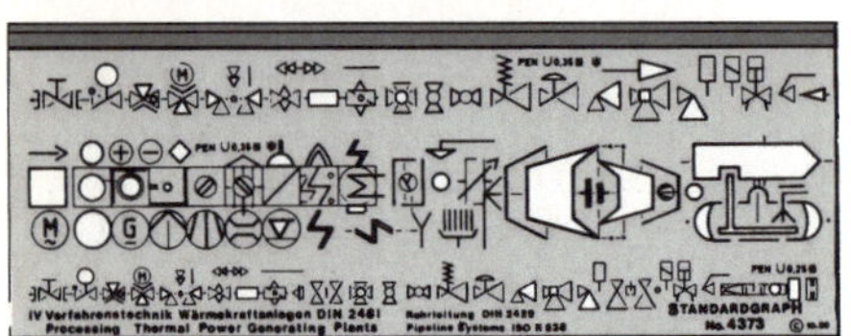

1.11 Schablonen für Verfahrenstechnik, z. B. für Wärmekraftanlagen nach DIN 2481 und Rohrleitungen nach DIN 2429

1.3 Zeichnungsdokumentation

Archivierungssysteme werden heute insbesondere in Bibliotheken, im kaufmännischen, aber auch im technischen Bereich von Unternehmen eingesetzt.

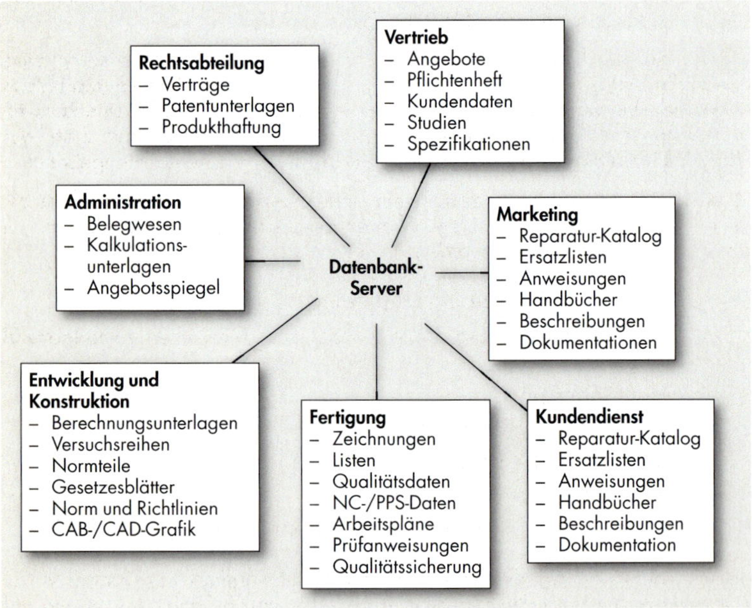

Rechtsabteilung
– Verträge
– Patentunterlagen
– Produkthaftung
Vertrieb
– Angebote
– Pflichtenheft
– Kundendaten
– Studien
– Spezifikationen
Administration
– Belegwesen
– Kalkulationsunterlagen
– Angebotsspiegel
Datenbank-Server
Marketing
– Reparatur-Katalog
– Ersatzlisten
– Anweisungen
– Handbücher
– Beschreibungen
– Dokumentationen
Entwicklung und Konstruktion
– Berechnungsunterlagen
– Versuchsreihen
– Normteile
– Gesetzesblätter
– Norm und Richtlinien
– CAB-/CAD-Grafik
Fertigung
– Zeichnungen
– Listen
– Qualitätsdaten
– NC-/PPS-Daten
– Arbeitspläne
– Prüfanweisungen
– Qualitätssicherung
Kundendienst
– Reparatur-Katalog
– Ersatzlisten
– Anweisungen
– Handbücher
– Beschreibungen
– Dokumentation

1.12 Dokumententypen in verschiedenen Unternehmensbereichen

Wo Produkte entwickelt und konstruiert werden, benötigen zahlreiche Abteilungen des Unternehmens für ihre Arbeit einen direkten Zugriff auf Zeichnungen bzw. auf das Zeichnungsarchiv.

1

Traditionelle, d. h. analoge Zeichnungsarchive können den komplexen Anforderungen aus unterschiedlichen Abteilungen, wie z. B. Entwicklung, Konstruktion, Arbeitsvorbereitung, Disposition, Ersatzteilservice, Dokumentation und zentrale Vervielfältigung, nicht mehr gerecht werden. So haben digitale Archivierungssysteme mit Recherchefunktion und Ausgabesystem einen hohen Stellenwert für Unternehmen.

Die Archivierung von 100.000 bis 200.000 Zeichnungen in mittelständischen Unternehmen sind im Maschinenbau keine Seltenheit. Dabei sind technische Dokumentationen von Baugruppen, bestehend aus Konstruktionszeichnungen, Stücklisten und Bedienungsanleitungen usw., oft sehr umfangreich. Dies begründet den Übergang zu digitalen Dokumentenmanagement-Systemen in den 1980er- bzw. 1990er-Jahren.

1.3.1 Mikroverfilmung von Zeichnungen

Für die Langzeit-Datensicherung spielt neben der konventionellen Mikroverfilmung mit Zeichnungskameras auch die Ausgabe digitaler Daten auf Mikrofilm eine große Rolle. So werden zur Langzeitarchivierung CAD-Daten entweder auf Mikrofilm-Lochkarten oder Rollfilm ausgegeben.

Die Technologie herkömmlicher Geräte zur Mikrofilm-Rückvergrößerung wird aber in Zukunft nur bedingt zur Verfügung stehen. Mikrofilm-Archive sind jedoch in der Industrie weiterhin aktuell und sehr verbreitet. Lösungen für eine Rückvergrößerung von Mikrofilmen mit Mikrofilm-Scanner und -Plotter, die dem Stand der Reproduktion archivierter Dokumente entspricht, werden am Markt angeboten.

Moderne Mikrofilm-Scanner sind Geräte, mit denen sowohl 16-mm-Rollfilme als auch Planfilme und 35-mm-Mikrofilmkarten gescannt und ausgedruckt oder im digitalen Archiv gespeichert werden können.

Die **Vorteile der Mikrofilmspeicherung** als Langzeitspeicherung sind:

- zukunftssichere Speicherung, da von weiteren Technologien weitestgehend unabhängig,
- rechtlich anerkannt,
- fälschungssicherer Langzeitspeicher,
- scanfähig und damit offen für künftige digitale Systeme,
- qualitativ hochwertiger Massenspeicher,
- Haltbarkeit von ca. 100 Jahren, bei chemischer Behandlung bis 800 Jahren.

Der technologische Wandel der letzten Jahrzehnte änderte den Einsatz der Mikrofilmkarte bzw. für den Rollfilm speziell hin zum Medium der Langzeitsicherung und zum Scannen für den digitalen Bereich.

Heute werden Mikrofilm-Archive als Teil des Dokumentenmanagement-Systems verstanden.

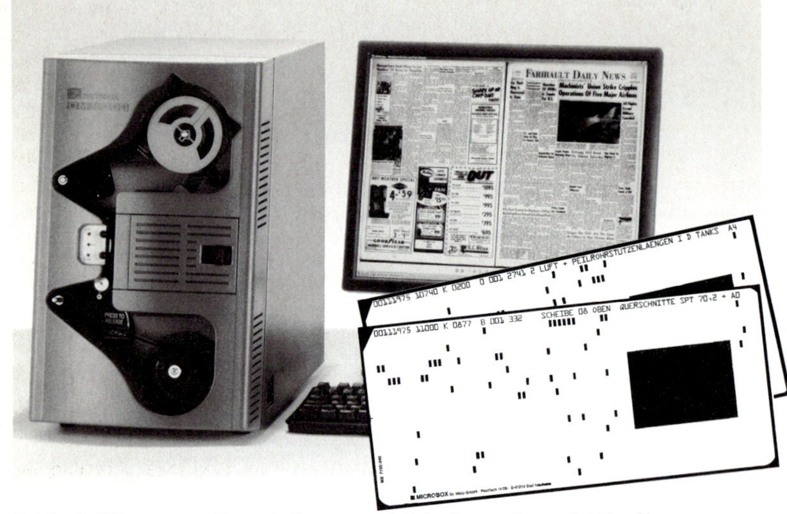

1.13 Rollfilmscanner (Zeutschel) *1.14 Datenträger mit Mikrofilm*

1.3.2 Digitale Zeichnungsspeicherung

Unternehmen setzen hierfür verstärkt elektronische Archivierungssysteme zur Dokumentation von technischen Zeichnungen im Entwicklungs- und Konstruktionsbereich ein.

Das Thema der elektronischen Archivierung hat mit der Einführung der CAD-Technologie seit den 1980er- und 1990er-Jahren in den technischen Bereichen ganz erheblich an Bedeutung gewonnen.

Insbesondere in Bereichen wie Entwicklung und Konstruktion sind Fragen der Archivierung von Zeichnungen unterschiedlicher Formate, aber auch Fragen des Wiederauffindens, d. h. einen schnellen Zugriff zu gewährleisten, von hoher Brisanz.

Auf den Maschinenbau bezogen, werden in der Zeichnungsverwaltung der Unternehmen tausende von Zeichnungen dokumentiert. Hiervon sind ein großer Anteil so genannte Wiederholteile, auf die die Konstrukteure schnell und zielsicher zugreifen müssen, um kundenspezifische Produktvarianten zu bearbeiten. Der schnelle Zugriff auf ein Zeichnungsarchiv ist daher Voraussetzung für eine effiziente Anfertigung neuer Zeichnungen.

Ein traditionelles Vorgehen, bestehend aus der manuellen Zusammenstellung der Zeichnungen in einer Zeichnungsablage, der Vervielfältigung und dem Wieder-Einsortieren in die Ablage, kann als nicht mehr zeitgemäß angesehen werden.

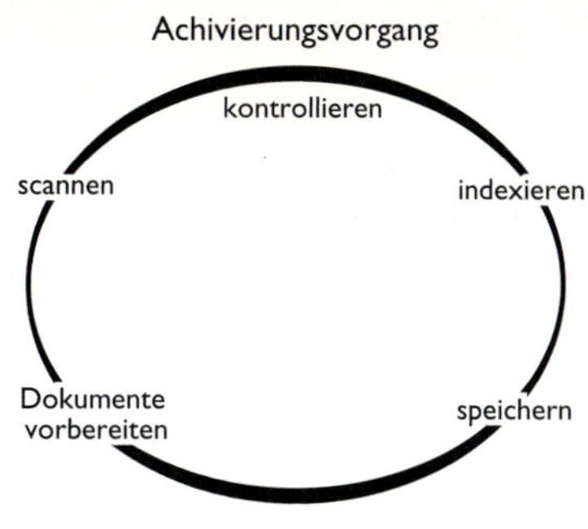

1.15 Allgemeines Konzept eines Dokumentenmanagment-Systems

In der Entwicklung und Konstruktion sind große Teile des Arbeitsprozesses vollständig digitalisiert. Lediglich Altbestände – nicht selten tausende von Zeichnungen – behindern ein modernes Dokumentenmanagement bzw. einen geregelten Informationsfluss (Workflow). Ziel vieler Unternehmen ist es daher, das analoge Zeichnungsarchiv zu digitalisieren, um damit den gesamten internen Prozess über das Zusammenstellen, Plotten, Vervielfältigen, Verwalten, Archivieren und insbesondere Recherchieren von Zeichnungen effektiver und kostengünstiger zu gestalten.

Die **Vorteile einer digitalen Speicherung** sind:

- schneller und komfortabler Zugriff auf die gespeicherte Zeichnungsinformation,
- einfache Distribution von Zeichnungssätzen in die verschiedenen Abteilungen des Unternehmens,
- Einbindung in leistungsstarke Workflow-Systeme,
- hohe Produktivität durch vollautomatisierten Online-Zugriff.

Jede Zeichnung ist mit einer eindeutigen Identnummer versehen. Von den unterschiedlichen Abteilungen kann auf das Archiv direkt zugegriffen werden. Durch die Eingabe der Identnummer kann von jedem Mitarbeiter an seinem Arbeitsplatz die Zeichnung in dem gewünschten Format ausgeplottet werden.

Der Zeichnungssatz einer Baugruppe umfasst bis zu 400 Einzelteilzeichnungen.

Die im CAD-System erarbeiteten Zeichnungen werden über eine Schnittstelle z. B. in ein TIFF- oder PDF-Format konvertiert und an das Archivierungssystem weitergeleitet.

Der Prozess der Datenübertragung von CAD-Zeichnungen kann wie folgt kurz beschrieben werden:

Der Konstrukteur gibt die Zeichnung frei, in der Zeichnungskontrolle wird auf die auf einem separaten Server gespeicherte Zeichnung zugegriffen und diese geprüft. Anschließend wird die Zeichnung automatisch konvertiert und per Filetransfer im Archiv zur Verfügung gestellt. Bei diesem Prozess werden die beschreibenden Daten der Zeichnung (Meta-Daten) mit übertragen, mit den Zeichnungsdaten verknüpft und im Archiv gespeichert.

Dokumentenmanagement-Systeme haben eine Schlüsselrolle in der Informationsbe- und -verarbeitung in modernen Kommunikationssystemen und damit eine hohe Bedeutung im Wertschöpfungsprozess von Unternehmen.

1.4 Rechnerunterstütztes Konstruieren, CAD

1

Die Konstruktions- und Zeichnungsarbeit wird heute fast ausschließlich rechnerunterstützt durchgeführt. Dabei kommen sowohl 2-D-Systeme (zeichnungsorientiertes Prinzip) als auch 3-D-Systeme (werkstückorientiertes Prinzip) zum Einsatz (mit steigender Tendenz zur 3-D-Anwendung).

Die dafür einzusetzende **Hardware** unterscheidet sich kaum noch von derjenigen üblicher Büroarbeitsplätze, lediglich die Anforderungen hinsichtlich der Grafikleistung, der Größe und Auflösung des Bildschirms und des Ausgabeformats des Druckers oder Plotters überschreiten die übliche PC-Ausstattung.

Die **Archivierung** der insbesondere bei 3-D-Anwendungen sehr großen Datenmengen erfolgt auf zentralen Plattensystemen, auf Magnetbändern oder optischen Speichermedien.

Die Eingabe der **Geometriedaten** wird in der Regel mit Hilfe von Menüfeldern durchgeführt, die am Rand des Bildschirms angeordnet sind, sowie durch Maus und Tastatur. Wesentliche Zeitersparnis ist durch die Verwendung von Bibliotheken (Norm- und Wiederholteile, Makros und Features) zu erreichen.

Anhand der eingegebenen Geometriedaten werden die Bauteile oder Zeichnungen auf dem grafischen Bildschirm dargestellt oder über einen Drucker (Plotter) ausgegeben. Die Geometriedaten sind in der Regel Teil eines Produktmodells, welches als Basis für vielfältige EDV-gestützte Anwendungen im Entwicklungs- und Produktionsprozess dient.

Bauteile oder -gruppen können mithilfe entsprechender Programme nachgerechnet werden. Die Netzgenerierung für den Einsatz numerischer Verfahren wie FEM (Finite-Elemente-Methode) oder BEM (Boundary-Element-Methode) erfolgt auf der Basis der abgelegten Geometrie.

Die **CAD-Daten** sind die Grundlage bei der Erstellung von Arbeitsplänen und NC-Steuerprogrammen für die numerisch gesteuerten Bearbeitungsmaschinen. In der Produktionsplanung und -steuerung werden die Konstruktionsstücklisten und Arbeitspläne für die Planung, Steuerung und Überwachung der Fertigung verwendet.

Die Generierung von Bewegungsabläufen für Montage- und Schweißoperationen wird durch Rückgriff auf die Geometriedaten des Bauteils bzw. der vollständigen Anlage wesentlich vereinfacht.

Weiterhin sind CAD-Daten die Basis für die **Simulation** der Funktion von Bauteilen und Geräten, für Kollisionsanalysen, für die Verwendung digitaler Versuchsmodelle anstelle von realen Modellen – Digital Mock Up (DMU) genannt – und den Einsatz bei Verfahren der Virtuellen Realität (Virtual Reality, VR).

Für die Erstellung von technischen **Dokumentationen**, den dazugehörigen Abbildungen, grafischen und fotorealistischen Darstellungen sowie Explosionsschaubildern werden ebenfalls die CAD-Daten verwendet.

CAD-Datenbasis
Geometrie
Stücklisten
Kinematik
Animation, Simulation
Virtual Reality
Berech-nungen
Fertigungs-unterlagen
PDM-Management
Qualitäts-sicherung

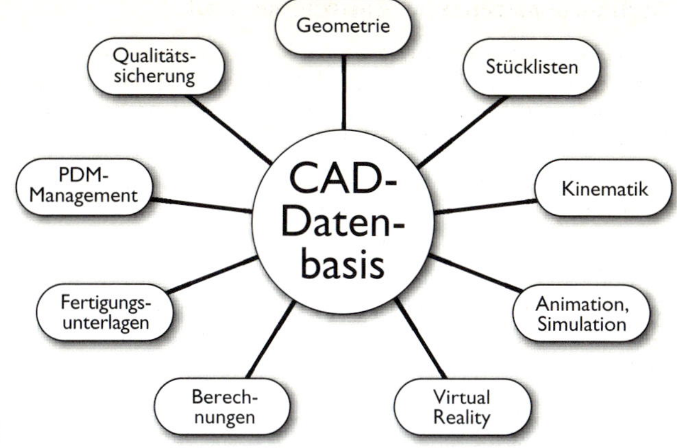

1.16

CAD-System
Hardware
Software
Rechner
Betriebssystem
Eingabegeräte
Ausgabegeräte
CAD-Basissoftware
Tastatur
Grafik-Bildschirm
CAD-Anwendungs-software
Maus
Plotter
CAD-Anwendungsmodule
1 2 3 4 5 ... n
3-D-Maus
Drucker

1.17

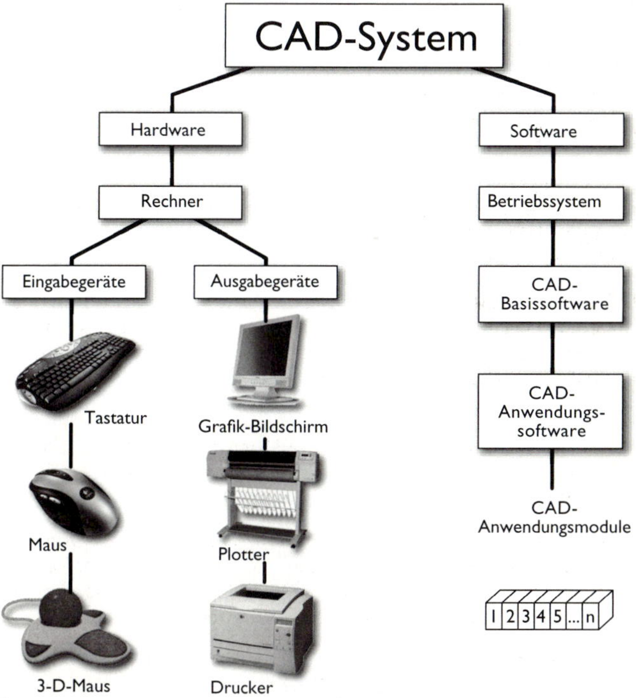

1.5 Begriffe für Zeichnungen, CAD-Modelle und Stücklisten nach DIN 199-1 und -3

Diese Normen bringen in alphabetischer Reihenfolge die wichtigsten Begriffe.

Begriff	Erklärung
Anordnungsplan	stellt die räumliche Lage von Gegenständen zueinander dar
CAD-Modell	ein strukturierter CAD-Datenbestand, der in physische Teile und in dargestellte Objekte gegliedert ist, z. B. ein Gebäude, ein mechanisches Gerät
CAD-Plot	ist eine Ausgabe von einer CAD-Zeichnung oder eines Teils auf einem Zeichnungsträger
CAD-Zeichnung	ist eine durch ein Rechnerprogramm erzeugte Zeichnung, die auf einem Plotter, Drucker oder Bildschirm dargestellt wird
Computer Aided Design (CAD)	bedeutet Entwerfen von Bauteilen und Konstruieren durch Rechnerunterstützung
Diagramm	zeigt Zahlenwerte oder funktionale Zusammenhänge in einem Koordinatensystem
Einzelteil-Zeichnung	enthält ein Einzelteil ohne die räumliche Zuordnung zu anderen Teilen
Ergänzungszeichnung	zeigt Einzelheiten von Gegenständen, auf die in anderen Zeichnungen Bezug genommen wird
Fertigungszeichnung	enthält die Darstellung eines Teiles mit Angaben für die Fertigung
Gesamtzeichnung/ Gruppenzeichnung	zeigt eine Gruppe von Teilen vollständig dargestellt oder z. B. ein Bauwerk, eine Anlage oder eine Maschine
Konstruktionszeichnung	stellt einen Gegenstand in seinem vorgesehenen Endzustand dar
Maßzeichnung	(früher Maßbild) enthält für ein Teil nur die für den jeweiligen Anwendungsfall wesentlichen Maße und Informationen
Original-Zeichnung	zeigt eine Zeichnung mit verbindlichem Informationsinhalt
Patent-Zeichnung	entspricht in ihrem formalen Aufbau und in ihrer zeichnerischen Darstellung den Vorschriften der „Verordnung über die Anmeldung von Patenten"
Skizze	ist eine nicht unbedingt maßstäbliche, vorwiegend freihändig erstellte Zeichnung und unterliegt keiner Freigabe und keinem Änderungsdienst
Standard-Zeichnung	muss durch Hinzufügen oder Verändern bestimmter vorgesehener Daten dem jeweiligen Anwendungsfall angepasst werden
Technische Zeichnung	ist eine Zeichnung in der für technische Zwecke erforderlichen Art und Vollständigkeit, z. B. durch Einhalten von Darstellungsregeln und Maßeintragungen

Vordruck-Zeichnung ist eine reproduzierbare Standardzeichnung

Zeichnung enthält eine aus Linien bestehende bildliche Darstellung

Zeichnungssatz ist die Gesamtheit aller Zeichnungen, die zur vollständigen Darstellung eines Gegenstandes erforderlich sind

Zusammenbau-Zeichnung dient zur Erläuterung von Zusammenbauvorgängen

Begriffe für Stücklisten

Baukasten-Stückliste eine Stückliste, in der alle Teile und Gruppen der nächsttieferen Stufe aufgeführt sind

Bereitstellungsliste eine Liste der Gegenstände, die zur Verfügung stehen müssen, mit der Angabe der Mengen sowie der liefernden und empfangenden Stelle

Betriebsstoff Stoff, der in dem Gegenstand nicht enthalten ist, aber zur Herstellung notwendig ist, z. B. Reinigungsmittel, Bohrwasser usw.

Einzelteil ist ein Teil, welches nicht zerlegt werden kann, ohne zerstört zu werden

Ersatzteil-Liste diese Liste enthält Informationen über Ersatzteile für einen Gegenstand

Fertigteil ist ein Teil (Gegenstand) in funktions- oder einbaufertigem Zustand

Grund-Stückliste ist eine Stückliste, die für die Grundausführung eines Gegenstandes erstellt wird

Gruppe kann aus zwei oder mehr Einzelteilen bestehen oder in sich geschlossen (montiert) sein

Halbzeug ist ein Erzeugnis, das durch Stranggießen mit anschließender Bearbeitung, wie z. B. Walzen oder Schmieden, zu Blöcken gearbeitet wird und für die Umformung zu Flach- oder Langerzeugnissen oder für die Herstellung warmgeformter Schmiedestücke bestimmt ist

Konstruktions-Stückliste wird erstellt für den Konstruktionsbereich im Zusammenhang mit den zugehörenden Zeichnungen

Positionsnummer ist das Bindeglied zwischen der Stückliste und der Zeichnung; diese Nummer wird in der Darstellung als ordnendes Merkmal und in der Stückliste aufgeführt

Struktur-Stückliste zeigt den Zusammenbaufluss von der niedrigsten Stufe mit allen Gruppen und Teilen

Stückliste ist ein Verzeichnis, das für den jeweiligen Zweck für einen Gegenstand aufgebaut wird

Varianten-Stückliste auf einem Vordruck zusammengefasste Stücklisten, die verschiedene Gegenstände mit einem hohen Anteil identischer Bestandteile aufführen

(Hinweis: DIN 199-3 bezieht sich auf Begriffe im Zeichnungs- und Stücklistenwesen, Stücklisten-Verarbeitung und Begriffe in Schlüsselsystemen.)

1.6 Formate, Maßstäbe, Faltung

Papier-Endformate nach DIN EN ISO 216

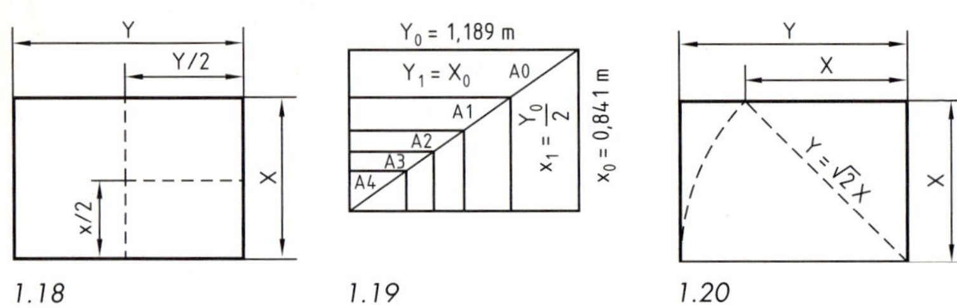

1.18 1.19 1.20

Das **Formatsystem** ist nach drei Grundsätzen aufgebaut:

1. Metrische Formatordnung: Die Formate basieren auf dem metrischen Maßsystem. Die Fläche des Ausgangsformates ist gleich der metrischen Flächeneinheit, d. h. $A = X \cdot Y = 1\ m^2$.
2. Formatentwicklung durch Hälften: Die Formate lassen sich durch fortgesetztes Hälften des Ausgangsformats entwickeln, 1.18. Die Flächen zweier aufeinander folgender Formate verhalten sich wie 2:1.
3. Ähnlichkeit der Formate: Die Seiten X und Y der Formate verhalten sich zueinander wie die Seite eines Quadrates zu dessen Diagonale, 1.20. Für die Seiten eines Formates gilt die Gleichung $X : Y = 1 : 2\sqrt{2}$.

Die beiden Bestimmungsgleichungen $X_0 \cdot Y_0 = 1$ und $X_0 : Y_0 = 1 : \sqrt{2}$ ergeben als Lösungen die Seitenlängen des Ausgangsformats A0: $X_0 = 0{,}841$ m und $Y_0 = 1.189$ m.

Die A-Reihe erhält man durch abwechselndes Halbieren der beiden Seitenlängen des Ausgangsformats A0, vgl. Tab. S. 21.

Formate und Gestaltung von Zeichnungsvordrucken

DIN EN ISO *5457* legt Formate und Gestaltung von Zeichnungsvordrucken für manuell und rechnerunterstützt erstellte Zeichnungen fest.

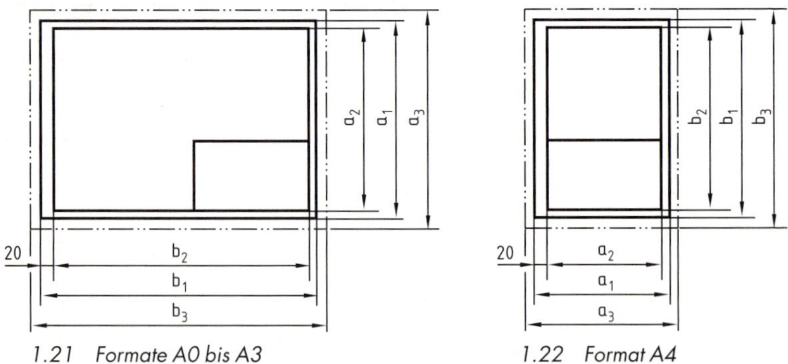

1.21 Formate A0 bis A3 *1.22 Format A4*

Formate der ISO-A-Reihe für beschnittene und unbeschnittene Bögen und der Zeichenfläche

Maße in mm

Bezeichnung	siehe Bild	beschnitten (T)		Zeichenfläche		unbeschnitten (U)	
		a_1	b_1	a_2	b_2	a_3	b_3
A0	1.21	841	1189	821	1159	880	1230
A1	1.21	594	841	574	811	625	880
A2	1.21	420	594	400	564	450	625
A3	1.21	297	420	277	390	330	450
A4	1.22	210	297	180	277	240	330
Grenzabmaße		siehe ISO 216		± 0,5		± 2	

Streifenformate sind Sonderformate für bestimmte Anwendungen, z. B. im Schiffbau.

Maßstäbe für technische Zeichnungen nach DIN ISO 5455

Diese Norm gilt für Maßstäbe und deren Angabe in technischen Zeichnungen für alle Gebiete der Technik.

Es gibt folgende Maßstäbe:

Natürlicher Maßstab mit dem Verhältnis 1 : 1
Vergrößerungsmaßstab mit dem Verhältnis größer als 1 : 1
Verkleinerungsmaßstab mit dem Verhältnis kleiner als 1 : 1

Zeichnungsangabe
Die vollständige Angabe eines Maßstabes besteht aus dem Wort „SCALE", in Deutschland aus dem Wort „Maßstab", sowie aus dem Maßstabsverhältnis:

Maßstab 1 : 1 für den natürlichen Maßstab
Maßstab X : 1 für den Vergrößerungsmaßstab
Maßstab 1 : X für den Verkleinerungsmaßstab

Eintragung
Der in der Zeichnung angewendete Maßstab ist in das Schriftfeld der Zeichnung einzutragen.
Wenn mehr als ein Maßstab in einer Zeichnung benötigt wird, soll der Hauptmaßstab in das Schriftfeld und alle anderen Maßstäbe in der Nähe der Positionsnummern oder der Kennbuchstaben der Einzelheit, z. B. X 10:1, und/oder Schnitte, z. B. A–B 5:1, geschrieben werden. Es entfällt das bisher übliche Wort Maßstab (M).

Festgelegte Maßstäbe

Kategorie	Empfohlene Maßstäbe		
Vergrößerungsmaßstäbe	50 : 1 5 : 1	20 : 1 2 : 1	10 : 1
Natürlicher Maßstab			
Verkleinerungsmaßstäbe	1 : 2 1 : 20 1 : 200 1 : 2000	1 : 5 1 : 50 1 : 500 1 : 5000	1 : 10 1 : 100 1 : 1000 1 : 10 000

In Deutschland war früher der Maßstab 1 : 2,5 üblich.

Faltung auf Ablageformate nach DIN 824

Diese Norm gilt für das Falten von Vervielfältigungen technischer Zeichnungen, um das Ablegen des Faltguts in Schriftgutbehälter nach DIN 821-1, wie Aktendeckel, Hefter und Mappen, sicherzustellen.
Für das Ablageformat gelten die Maße und zulässigen Abweichungen nach den Bildern 1.23 … 1.25.

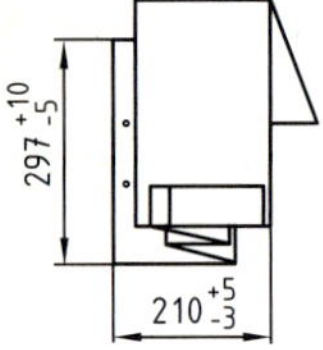

1.23 Form A
Faltung DIN 824-A

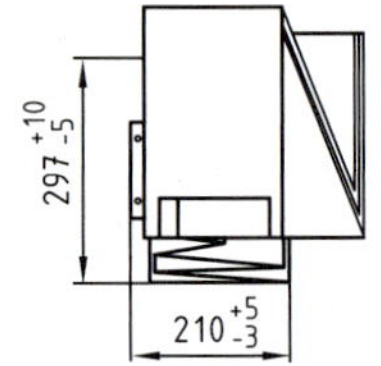

1.24 Form B
Faltung DIN 824-B

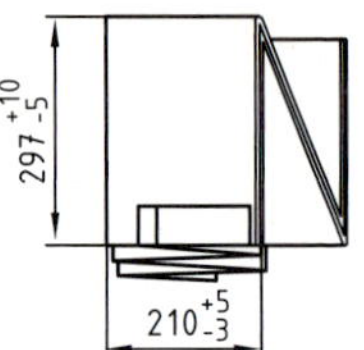

1.25 Form C
Faltung DIN 824-C

Handfaltung entsprechend Form A für Ablage mit gelochtem Heftrand

Faltungsschema	Erst längs falten, dann quer falten
105 A0: 841 x 1189 2 1 7 6 5 4 3 2 1 207 297 210 190 190 190 190 Zwischenfalte	20 210
105 A1: 594 x 841 2 1 5 4 3 1 297 297 210 190 190 Zwischenfalte	20 210
105 A2: 420 x 594 2 1 3 1 297 210 192 192 18 210	A3: 297 x 420 2 1 297 125 105 190 20 210

Es gibt auch eine Handfaltung entsprechend Form C für Ablage ohne Heftung. *1.26*

1.7 Linienarten nach DIN EN ISO 128-20 und ihre Anwendung in der technischen Mechanik nach DIN ISO 128-24

DIN EN ISO 128-20 enthält allgemein gültige Regeln für die Ausführung von Linien in der technischen Produktdokumentation.

Anwendungsregeln in Zeichnungen verschiedener technischer Bereiche werden in entsprechenden Teilen von DIN ISO 128 festgelegt, z. B. für die technische Mechanik Teil 24.

Linienarten werden durch Kennzahlen gekennzeichnet und hierbei entspricht der erste Teil der Nummern denen der Grundarten von Linien nach Bild 1.27.

Linien, Grundregeln nach DIN EN ISO 128-20

Eine Linie ist ein geometrisches Gestaltungselement mit einer Länge > 0,5 x Linienbreite, das einen Anfangspunkt mit einem Endpunkt in beliebiger Weise verbindet, z. B. gerade oder kurvenförmig, ohne oder mit Unterbrechungen.

Linienarten werden in Grundarten nach 1.27, Variationen der Grundarten, z. B. 1.28, und Kombinationen von Linien gleicher Länge unterschieden, 1.29.

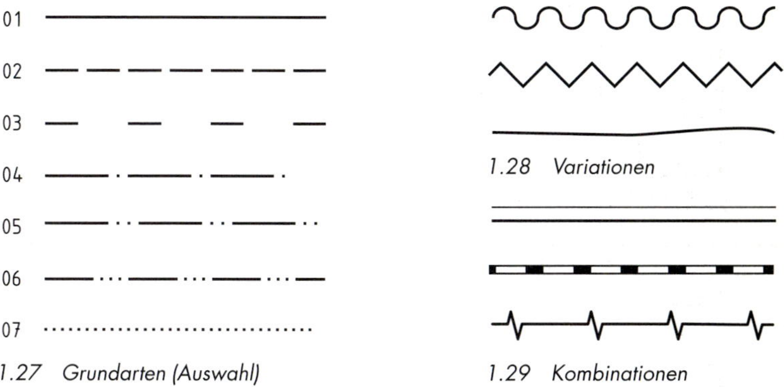

1.27 Grundarten (Auswahl)

1.28 Variationen

1.29 Kombinationen

Linienmaße/Linienbreite

Die Breite d aller Linienarten ist in Abhängigkeit von der Art und Größe aus der folgenden Reihe auszuwählen, die im Verhältnis $1 : \sqrt{2}$ (1 : 1,4) gestuft ist: 0,13 mm, 0,18 mm, 0,25 mm, 0,5 mm, 0,7 mm, 1,4 mm, 2 mm.

Das Verhältnis der Breiten von sehr breiten, breiten und schmalen Linien ist 4 : 2 : 1.

Normenhinweis

DIN EN ISO 128-20	Grundlagen der Darstellung von Linien
DIN EN ISO 128-21	Ausführung von Linien mit CAD-Systemen
DIN ISO 128-22	Hinweis- und Bezugslinien
DIN ISO 128-24	Linien in Zeichnungen der mechanischen Technik

Zeichnen von Linien

Der Abstand paralleler Linien muss mindestens 0,7 mm betragen, wenn in anderen internationalen Normen keine davon abweichenden Werte festgelegt sind.

Beim Einsatz rechnerunterstützter Zeichenprogramme können die dargestellten Linienabstände in bestimmten Fällen davon abweichen.

Kreuzungen und Anschlussstellen

Grundarten der Linien Nr. 02 bis 06, Bild 1.27, sollen sich mit Strichen kreuzen und berühren, Bild 1.30 ... 1.35.

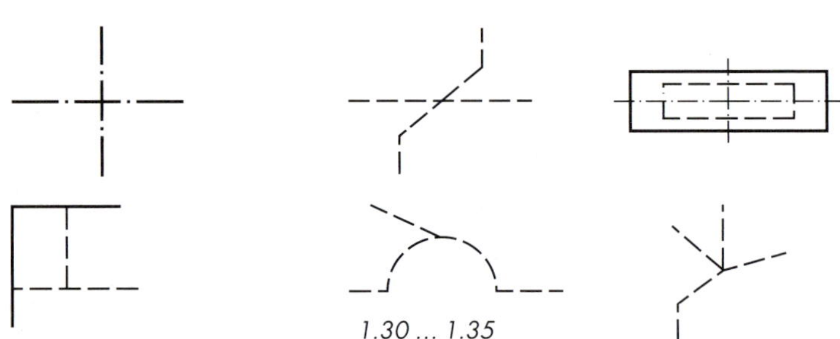

1.30 ... 1.35

Linienarten und ihre Anwendung in Zeichnungen der mechanischen Technik nach DIN ISO 128-24

Die DIN ISO 128-24 legt Kennzahlen für Linienarten fest, z.B. 01 für die Volllinie. Wird als Kennziffer eine 1 oder 2 hinzugefügt, so kann es sich um eine schmale Volllinie 01.1 oder eine breite Volllinie 01.2 handeln. Durch Hinzufügen einer weiteren Kennziffer kann die Anwendung der Linie bestimmt werden, z. B.:

01.1.1 Volllinie, schmal für Lichtkanten bei Durchdringungen

01.2.1 Volllinie, breit für sichtbare Kanten

Anwendungsbeispiele zeigt S. 26.

Linienbreiten und Liniengruppen

In Zeichnungen der mechanischen Technik werden in der Regel zwei Linienbreiten angewendet, deren Verhältnis 1 : 2 beträgt. Für Maße und grafische Symbole wird eine weitere Linienbreite angewendet, die zur gleichen Liniengruppe gehört, s. Tabelle. Die Liniengruppe soll nach der Art und Größe und dem Maßstab der Zeichnung gewählt werden.

Liniengruppe	Linienbreiten in mm für die Linien mit den Kennzahlen (Auswahl)		
	01.2 - 02.2 - 04.2	2[2]	01.1 - 02.1 - 04.1- 05.1
0,35	0,35	0,25	0,18
0,5[1]	0,5	0,35	0,25
0,7[1]	0,7	0,5	0,35
1	1	0,7	0,5

[1] Vorzugs-Liniengruppe
[2] Linienbreite für Maße und grafische Symbole

Linie		Anwendung (Auswahl)	
Nr.	Benennung Darstellung		
01.1	Volllinie, schmal	.1	Lichtkanten bei Durchdringung
		.2	Maßlinien
		.3	Maßhilfslinien
		.4	Hinweis- und Bezugslinien
		.5	Schraffuren
		.6	Umrisse eingeklappter Schnitte
		.7	Kurze Mittellinien
		.8	Gewindegrund
		.9	Maßlinienbegrenzungen
		.10	Diagonalkreuze zur Kennzeichnung ebener Flächen
		.11	Biegelinien an Roh- und bearbeiteten Teilen
		.12	Umrahmungen von Einzelheiten
	Freihandlinie, schmal [1]	.18	Vorzugsweise manuell dargestellte Begrenzung von Teil- oder unterbrochenen Ansichten und Schnitten, wenn die Begrenzung keine Symmetrie- oder Mittellinie ist [1]
	Zickzacklinie, schmal [1]	.19	Vorzugsweise mit Zeichenautomaten dargestellte Begrenzung von Teil- oder unterbrochenen Ansichten und Schnitten, wenn die Begrenzung keine Symmetrie- oder Mittellinie ist [1]
01.2	Volllinie, breit	.1	Sichtbare Kanten
		.2	Sichtbare Umrisse
		.3	Gewindespitzen
		.4	Grenzen der nutzbaren Gewindelänge
		.5	Hauptdarstellung in Diagrammen, Karten, Fließbildern
		.6	Systemlinien (Metallbau-Konstruktionen)
		.7	Formteilungslinien in Ansichten
02.1	Strichlinie, schmal	.1	Unsichtbare Kanten
		.2	Unsichtbare Umrisse
02.2	Strichlinie, breit	.1	Kennzeichnung zulässiger Oberflächenbehandlung
04.1	Strich-Punkt-Linie (langer Strich), schmal	.1	Mittellinien
		.2	Symmetrielinien
		.3	Teilkreise von Verzahnungen
		.4	Teilkreise für Löcher
04.2	Strich-Punkt-Linie (langer Strich), breit	.1	Kennzeichnung begrenzter Bereiche, z. B. der Wärmebehandlung
		.2	Kennzeichnungen von Schnittebenen
05.1	Strich-Zweipunkt-Linie (langer Strich), schmal	.1	Umrisse benachbarter Teile
		.2	Endstellung beweglicher Teile
		.3	Schwerpunktlinien

[1] Es soll nur eine dieser Linienarten in ein und derselben Zeichnung angewendet werden.

Anwendungsbeispiele für Linienarten mit Kennzahlen nach DIN ISO 128-24

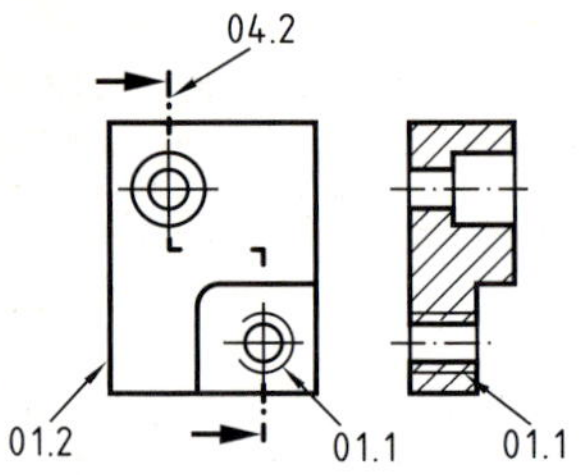

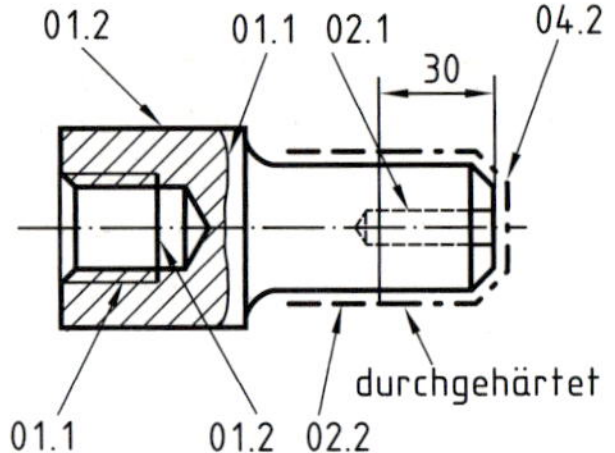

1.36 und 37

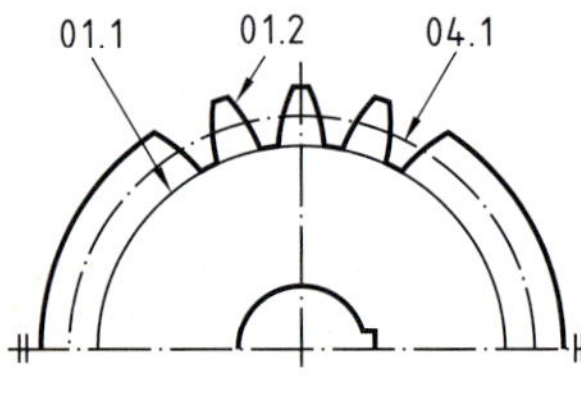

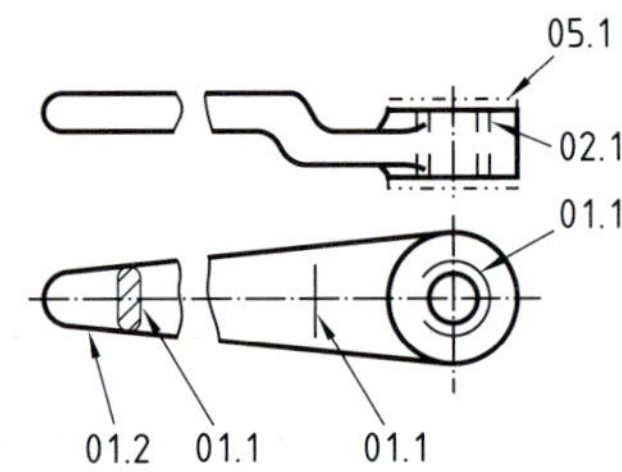

1.38 und 39

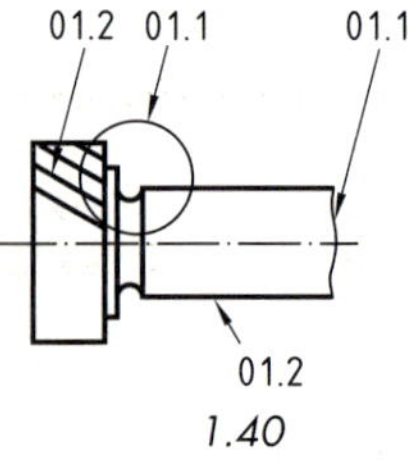

1.40

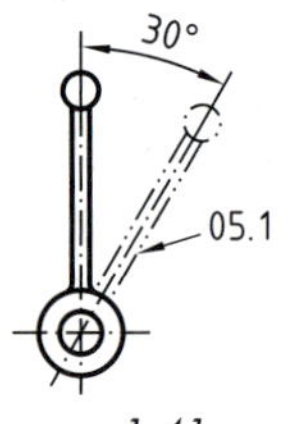

1.41

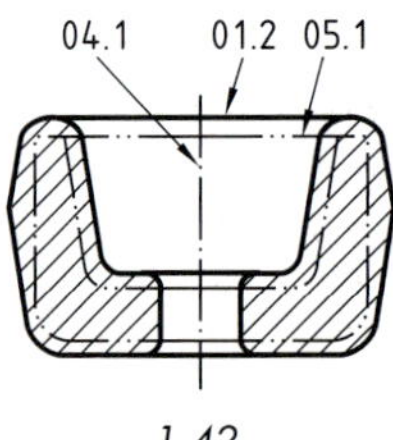

1.42

Für die zeichnerische Darstellung und Beschriftung ist vorzugsweise die Liniengruppe 0,5 und für die größeren Formate A1 und A0 die Liniengruppe 0,7 anzuwenden.

Liniengruppe 0,5 mit den Linienbreiten
0,5; 0,35 (Schrift, grafische Symbole) und 0,25

Liniengruppe 0,7 mit den Linienbreiten
0,7; 0,5 (Schrift, grafische Symbole) und 0,35

In einer technischen Zeichnung sollten möglichst nur Linienbreiten einer Liniengruppe verwendet werden.

1.8 Grundregeln für die Ausführung von Schriften in technischen Zeichnungen nach DIN EN ISO 3098-0

Als wesentliche Merkmale für die Beschriftung technischer Zeichnungen gelten Lesbarkeit, Einheitlichkeit, Eignung für die Mikroverfilmung und sonstige fotografische Reproduktionsverfahren sowie für numerisch gesteuerte Zeichensysteme. Um diese Anforderungen zu erreichen, sind folgende Regeln zu beachten:

- Die Zeichen sollen sich klar voneinander abheben, um Verwechselungen zu vermeiden.
- Für die Lesbarkeit ist es erforderlich, dass der Abstand zwischen zwei benachbarten Linien oder der Zwischenraum zwischen Buchstaben und Ziffern mindestens das Zweifache der Linienbreite beträgt.
- Für Klein- und Großbuchstaben wird die gleiche Linienbreite angewandt.

Die Nenngröße der Schriftzeichen ist die Höhe h der Großbuchstaben.

Die Nenngrößeneinheit der Schrifthöhe h hat die Stufung $\sqrt{2}$ wie die Normreihe der Zeichnungsformate nach DIN EN ISO 216 und lautet:

1,8; 2,5; 3,5; 5; 7; 10; 14 und 20 mm.

Die Höhe h der Großbuchstaben und die Höhe c der Kleinbuchstaben sollen mindestens 2,5 mm betragen. Bei gleichzeitiger Verwendung von Groß- und Kleinbuchstaben soll mindestens c = 2,5 und h = 3,5 mm sein.

Die beiden Normverhältnisse von Linienbreite/Schriftzeichenhöhe $d/h = {}^1/_{14}$ bzw. $d/h = {}^1/_{10}$ bedingen ein Minimum an Linienbreiten.

Die Schriftform A mit d = h/14 und die Schriftform B mit d = h/10 können unter einem Winkel von 15° nach rechts geneigt, kursiv oder vertikal geschrieben werden.

Vorwiegend wird die Schriftform B vertikal angewendet, während die Schriftform A nur bei eingeschränkten Platzverhältnissen zu bevorzugen ist.

Die Verhältnisse für die Höhe der Kleinbuchstaben, für den Mindestabstand zwischen den Zeichen, den Grundlinien und zwischen den Wörtern enthält die Tabelle 1 auf Seite 28.

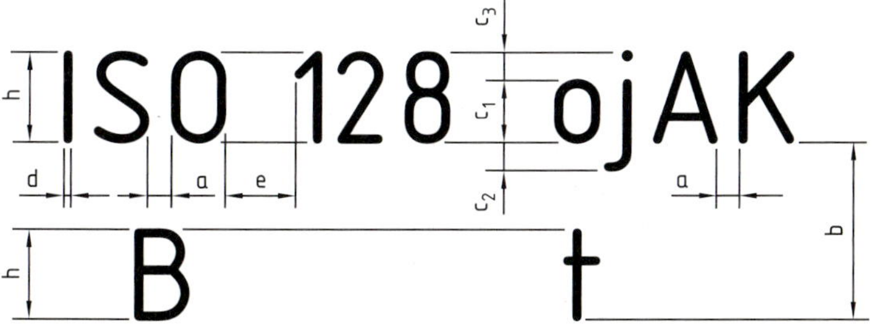

1.43

Für das Beschriften von technischen Zeichnungen ist die vertikale Schriftform B zu bevorzugen.

Tabelle 1 Schriftform B (d = h/10)

Beschriftungsmerkmal		Verhältnis	Maße in mm							
Schriftgröße	h	(10/10) h	1,8	2,5	3,5	5	7	10	14	20
Höhe der Kleinbuchstaben	c_1	(7/10) h	1,26	1,75	2,5	3,5	5	7	10	14
Unterlängen	c_2	(3/10) h	0,54	0,75	1,05	1,5	2,1	3	4,2	6
Oberlängen	c_3	(10/10) h	0,54	0,75	1,05	1,5	2,1	3	4,2	6
Abstand zwischen Schriftzeichen	a	(2/10) h	0,36	0,5	0,7	1	1,4	2	2,8	0,36
Abstand zwischen Grundlinien	b_1	(15/10) h	2,7	3,75	5,25	7,5	10,5	15	21	30
Abstand zwischen Wörtern	e	(6/10) h	1,08	1,5	2,1	3	4,2	6	8,4	12
Linienbreite	d	(1/10) h	0,18	0,25	0,35	0,5	0,7	1	1,4	2

Schriftform B, vertikal nach DIN EN ISO 3098-2

h

ABCDEFGHIJKLMNO

PQRSTUVWXYZ

7/10h

abcdefghijklmnop

qrstuvwxyz□ß

[(!?:;'"-=+·:√%&)]ø

1234567890 IVX

Griechische Schriftzeichen, Schriftform B vertikal nach DIN EN ISO 3098-3

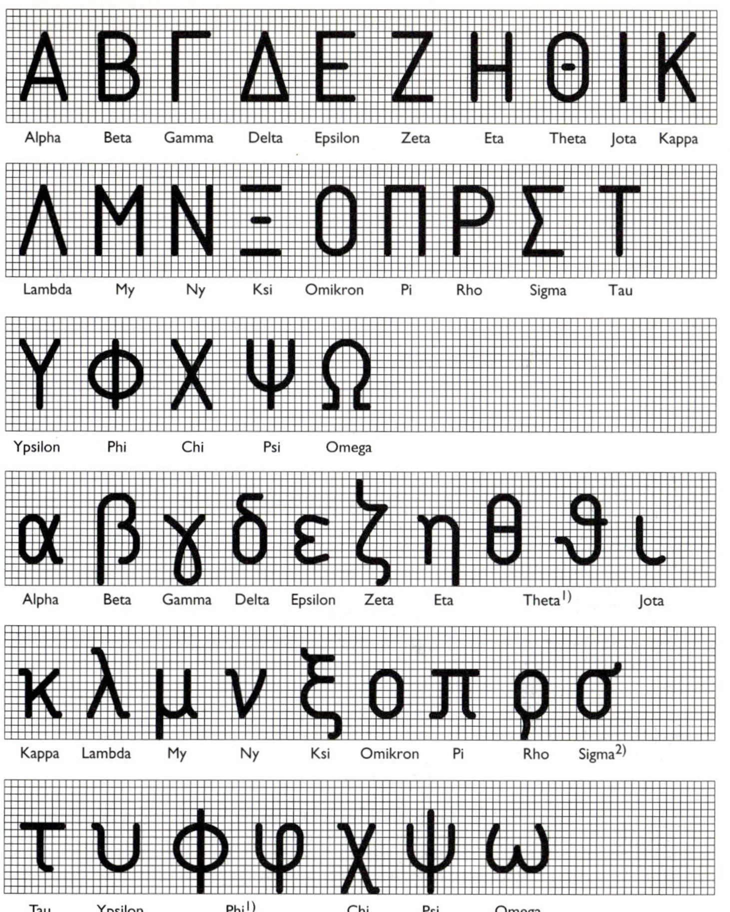

Griechische Schriftzeichen nach DIN EN ISO 3098-3 werden im Wesentlichen als Formelzeichen und bei Winkelangaben angewendet. Bei den Kleinbuchstaben „Theta“ und „Phi“[1] sind zwei verschiedene Formen zugelassen, wobei in einem Dokument nur eine Form anzuwenden ist. Als Formelzeichen soll der Kleinbuchstabe „Sigma“ nur in der Form wie bei [2] angewendet werden (eine zweite, früher auch übliche Form existiert nicht mehr).

Die Schriftgrößen entsprechen der Tab. 1 auf S. 28.

1.9 Anforderungen für die Mikroverfilmung technischer Zeichnungen nach DIN ISO 6428

1

Die Mikroverfilmung ermöglicht es, den Platzbedarf der in technischen Zeichnungen und anderen Dokumenten enthaltenen Informationen zu verringern. Hierbei ist zu beachten, dass nur Mikrofilme hoher Qualität verwendbare Rückvergrößerungen ergeben. Diese Norm enthält eine Zusammenfassung der Regeln für die Ausführung von Originaldokumenten, die mikroverfilmt gut leserliche Rückvergrößerungen ergeben.

Kriterienkatalog

- Der Zeichnungsträger (vorgedruckt oder nicht) soll so beschaffen sein, dass zwischen dem Grund und den darauf zu zeichnenden Linien der bestmögliche Kontrast erzielt wird, z. B. Transparentpapier.
- Die verwendeten Zeichnungsformate müssen den in DIN EN ISO 5457 festgelegten Formaten entsprechen.
- Alle Linien für die Darstellung der grafischen Symbole, Beschriftungen usw. müssen matt und von gleicher Dichte[1] sein. Es sind die in DIN ISO 128-24 und in DIN 406-10 und -11 (ISO 129-1) festgelegten Linienbreiten anzuwenden.

  [1] *Definition der Dichte s. DIN ISO 6428*
- Um Mikrofilm-Rückvergrößerungen von Originaldokumenten mit A0- und A1-Formaten in kleinere Formate erstellen zu können, soll für A0- und A1-Formate eine minimale Linienbreite von 0,35 mm angewendet werden. Der Abstand zwischen zwei parallelen Linien muss mindestens 0,7 mm betragen oder mindestens zweimal so breit sein wie die breitere Linie.
- Größere Flächen sind zu schraffieren oder zu rastern und möglichst nicht zu schwärzen. Schmale Schnitte (Stahlbauprofile), die in der Originalzeichnung nicht breiter als 3 mm sind, dürfen geschwärzt werden.
- Die auf allen Originaldokumenten anzuwendende Schrift muss DIN EN ISO 3098-2 entsprechen.

Kleinste Schriftgröße

Beschriftung ISO 3098-2	Format				
	AO	A1	A2	A3	A4
A (h = 14 d)	5	5	3,5	3,5	3,5
B (h = 10 d)	3,5	3,5	2,5	2,5	2,5
h = Schriftgröße der Großbuchstaben, d = Linienbreite					

Erfolgskontrolle:

1. Welche Gesetzmäßigkeiten bestehen für den Aufbau der DIN-Formate nach DIN EN ISO 216 (S. 20)
2. Wie erhält man aus einer DIN-Blattgröße die nächstkleinere Blattgröße? (S. 20)
3. Welche Maßstäbe sind für technische Zeichnungen nach DIN ISO 5455 festgelegt? (S. 21)
4. Wie faltet man DIN-Formate auf die Größe A4 für Ordner noch DIN 824? (S. 22)
5. Welche Liniengruppen und Linienarten sind nach DIN ISO 128-24 festgelegt? (S. 23 und 24)
6. Wie sind die Linienbreiten nach DIN ISO 128-24 gestuft? (S. 23 und 24)

1.10 Geometrische Grundkonstruktionen

1.10.1 Strecken, Winkel, Dreiecke und Kreise

a) Strecke AB halbieren

b) Mittelsenkrechte errichten

Um A und B wird ein Kreisbogen mit beliebigem Radius r geschlagen und die Schnittpunkte C und D miteinander verbunden.

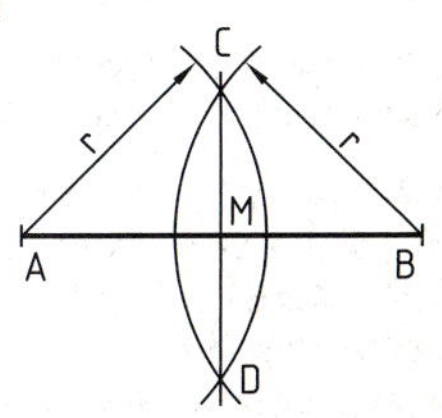

1.44 Strecke AB halbiert und Mittelsenkrechte errichtet

Senkrechte im Endpunkt errichten

Um den Endpunkt B wird ein Kreisbogen mit dem Radius r geschlagen und der gleiche Bogen um C und D. Dann ist durch die Schnittpunkte C und D über D hinaus eine Gerade bis zum Kreisschnittpunkt E zu ziehen. Die Verbindungslinie EB steht senkrecht auf AB in B.

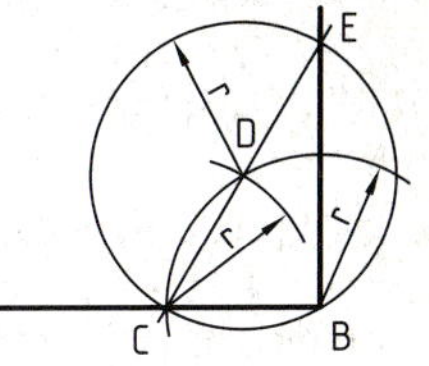

1.45 Senkrechte im Endpunkt errichtet

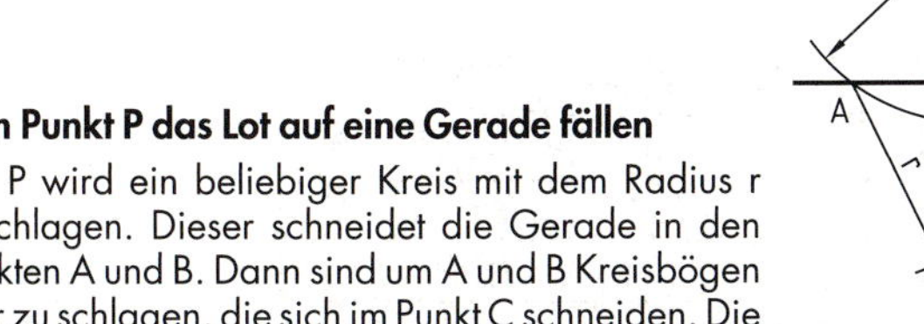

Vom Punkt P das Lot auf eine Gerade fällen

Um P wird ein beliebiger Kreis mit dem Radius r geschlagen. Dieser schneidet die Gerade in den Punkten A und B. Dann sind um A und B Kreisbögen mit r zu schlagen, die sich im Punkt C schneiden. Die Verbindung von P und C stellt das gefällte Lot dar.

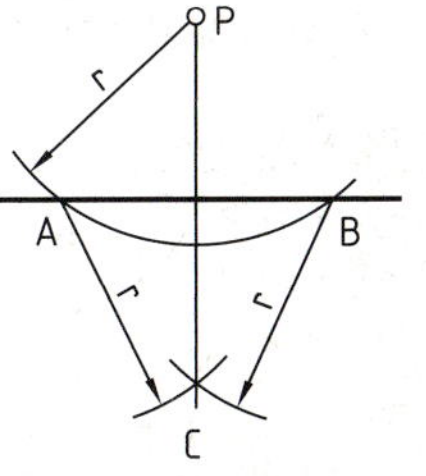

1.46 Lot gefällt

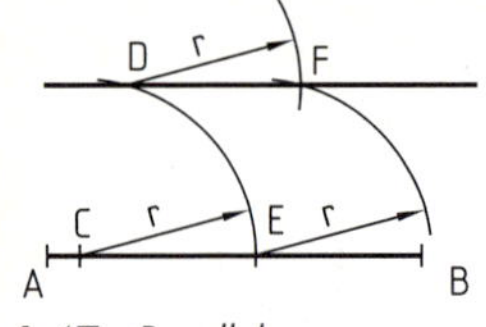

1.47 Parallele gezogen

Parallele zu AB durch den gegebenen Punkt D ziehen

Um einen beliebigen Punkt, z. B. C auf AB, wird ein Kreisbogen mit dem Radius CD = r geschlagen, dann der gleiche um D und um den Schnittpunkt E. Die Verbindungslinie DF verläuft parallel zu AB.

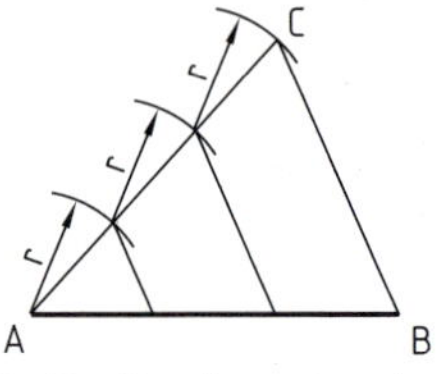

1.48 Strecke in drei gleiche Teile geteilt

Strecke AB in z. B. drei gleiche Teile teilen

Zu der Strecke AB wird durch den Punkt A unter beliebigem Winkel eine Gerade gezogen. Hierauf sind drei beliebige, aber gleich lange Teilstrecken abzutragen. Dann wird der Endpunkt C mit B verbunden und die Parallelen hierzu werden durch die Teilpunkte auf AC gezogen.

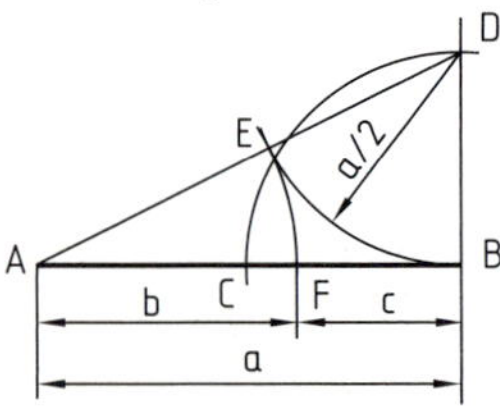

1.49 Goldener Schnitt

Goldener Schnitt

Die Strecke AB wird halbiert und in B eine Senkrechte errichtet. Dann ist um B mit BC = $\frac{a}{2}$ ein Kreisbogen zu schlagen und D mit A zu verbinden. Um D wird mit DB ein Kreisbogen geschlagen, der auf AD den Schnittpunkt E ergibt. Mit der neuen Strecke AE ist um A ein Kreisbogen zu schlagen, der AB im Punkt F schneidet. Es verhalten sich die Strecken AB : AF = AF : FB oder a : b = b : c.

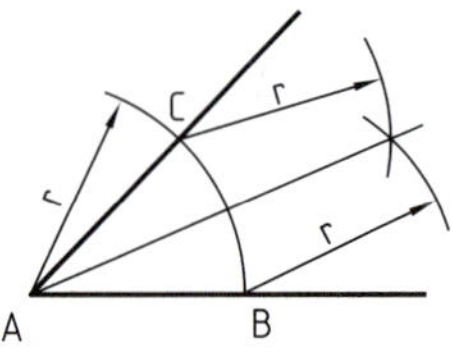

1.50 Winkel halbiert

Winkel CAB halbieren

Um A wird ein Kreisbogen mit beliebigem Radius r geschlagen, der die Schenkel des Winkels CAB in C und B schneidet. Dann sind mit gleichem Radius r um B und C Kreisbögen zu schlagen. Die Verbindungslinie AD halbiert den Winkel CAB.

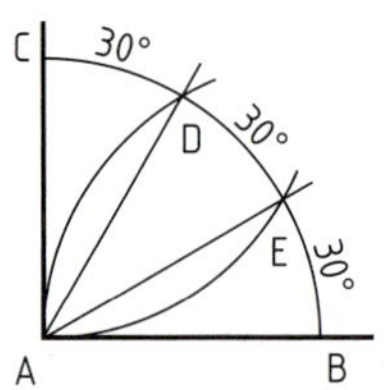

1.51 Winkel von 90° in drei gleich große Winkel geteilt

Winkel von 90° in drei gleich große Winkel teilen

Um A wird ein beliebiger Kreisbogen und mit der gleichen Zirkelöffnung je ein Bogen um B und C geschlagen. Die Verbindungslinien von A durch die neuen Schnittpunkte D und E dritteln den rechten Winkel.

Winkel CAB von Aufgabe 2 an eine Gerade im Punkt A antragen

Um Punkt A ist ein Kreisbogen mit dem gleichen Radius r wie in Aufgabe 2 zu schlagen. Dann wird die Schenkelneigung BC mit dem Zirkel abgegriffen und von B aus auf den Kreisbogen um A übertragen. Der Schnittpunkt C ist mit A zu verbinden.

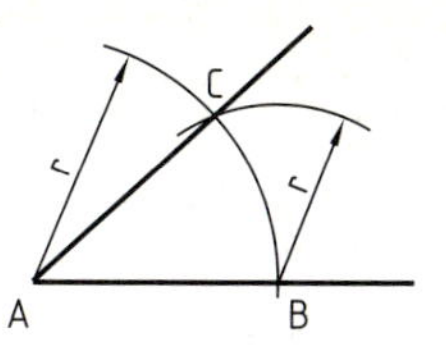

1.52 Winkel angetragen

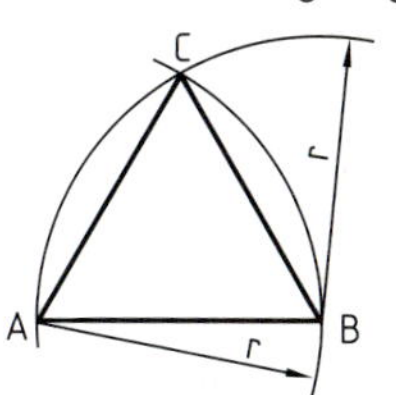

1.53 Gleichseitiges Dreieck

Gleichseitiges Dreieck konstruieren

Mit der Strecke AB = r werden um A und B Kreisbögen geschlagen. Dann ist der Schnittpunkt C mit A und B zu verbinden.

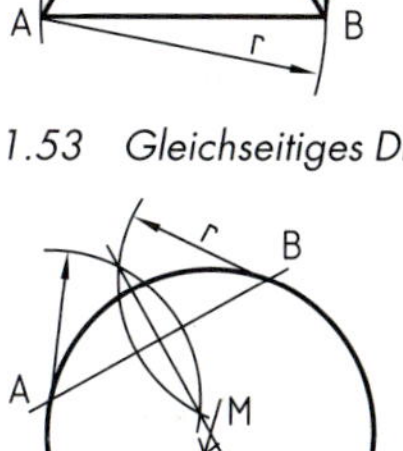

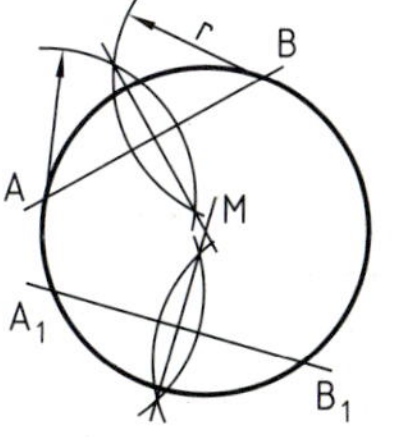

1.54 Kreismittelpunkt gesucht

Mittelpunkt eines Kreises suchen

Es werden zwei nicht parallele Sehnen durch den Kreis gezogen und auf diesen die Mittelsenkrechten errichtet. Ihr Schnittpunkt ist der Kreismittelpunkt.

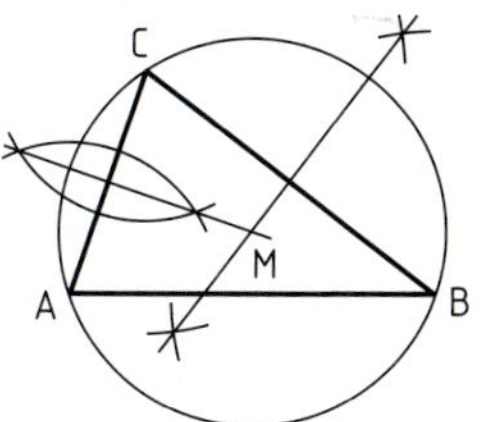

1.55 Umkreis eines Dreiecks

Umkreis eines Dreiecks zeichnen

Auf zwei beliebigen Dreieckseiten sind die Mittelsenkrechten zu errichten wie unter 1.44. Der Schnittpunkt M der Mittelsenkrechten ist Mittelpunkt des Umkreises.

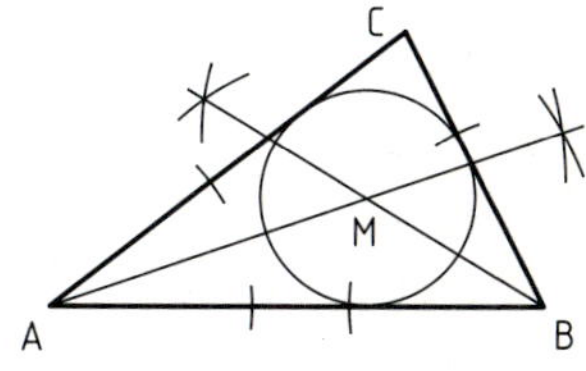

1.56 Inkreis eines Dreiecks

Inkreis eines Dreiecks zeichnen

Zwei beliebige Dreieckwinkel werden wie unter 1.50 halbiert. Die Winkelhalbierenden schneiden sich im Mittelpunkt M des Inkreises.

1

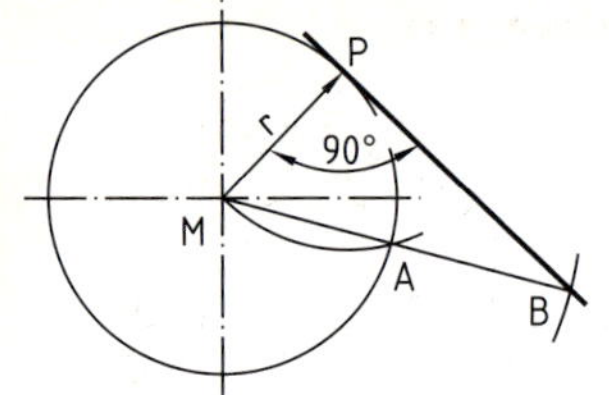

1.57 Tangente in einem Kreispunkt

Tangente in einem Kreispunkt konstruieren

Der Punkt P wird mit dem Kreismittelpunkt M verbunden und auf der Strecke MP im Endpunkt P die Senkrechte wie unter 1.45 errichtet.

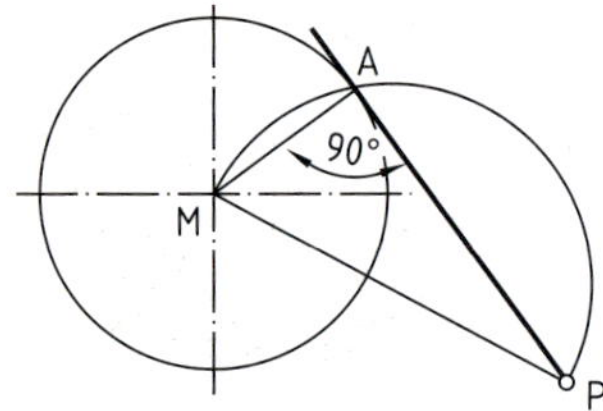

1.58 Tangente eines außerhalb liegenden Punktes

Von einem Punkt außerhalb die Tangente konstruieren

Es ist der Punkt P mit dem Kreismittelpunkt M zu verbinden und über der Strecke MP der Halbkreis zu zeichnen. Dieser schneidet den Kreis in A. Die Verbindung von A und P ist die Tangente.

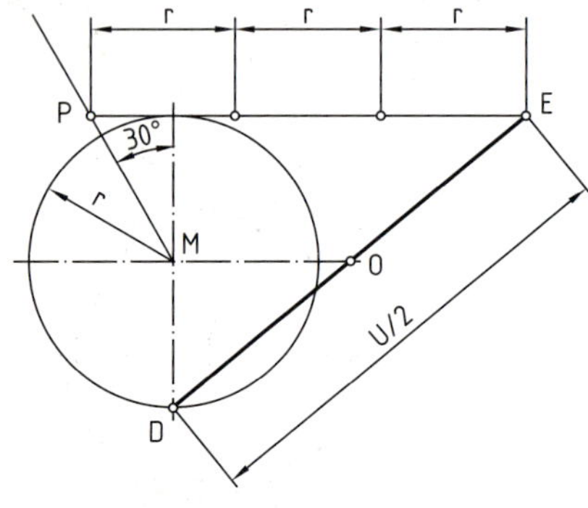

1.59

Zeichnerische Ermittlung des Umfanges eines Kreises

(Nach der Rektifikation von Kochanski)

Zunächst wird ein Strahl, ausgehend vom Kreismittelpunkt M, unter einem Winkel von 30° zur Senkrechten angetragen.

Auf der Tangente t ist, ausgehend von Punkt P, dreimal der Radius r des Kreises abzutragen, wobei der Endpunkt E entsteht. Die Strecke ED entspricht dem halben Umfang des Kreises, die Strecke EO einem Viertel des Kreisumfanges U.

1.10.2 Regelmäßige Vielecke in einem gegebenen Kreis

Dreieck – Siebeneck im gegebenen Kreis

Um D wird ein Kreisbogen mit dem Kreishalbmesser r_1 geschlagen. Die Verbindung von B mit A und C ergibt ein gleichseitiges Dreieck. Um das Siebeneck zu konstruieren, wird ½ AC 7-mal auf dem Kreis abgetragen.

1.60 *Drei- und Siebeneck*

Viereck – Achteck im gegebenen Kreis

Die Schnittpunkte A, B, C und D des rechtwinkligen Achsenkreuzes mit dem Kreis werden zu dem Quadrat ABCD verbunden. Dann sind die Quadratseiten zu halbieren und die entsprechenden Verbindungslinien durch den Mittelpunkt zu ziehen. Die neuen Schnittpunkte ergeben die Eckpunkte des Achtecks.

Merke: Beim einbeschriebenen Quadrat gilt:
$d = \sqrt{2} \cdot s = 1{,}414 \cdot s$
d = Durchmesser oder Eckenmaß
s = Quadratseite

1.61 *Vier- und Achteck*

Fünfeck – Zehneck im gegebenen Kreis

MC wird halbiert und vom Halbierungspunkt E aus die Strecke EB bis F abgetragen. Dann ist BF die Seite des regelmäßigen Fünfecks. BF 5-mal auf dem Kreis abgetragen ergibt ein Fünfeck. – Die Fünfeckseite wird halbiert und vom Mittelpunkt durch die Halbierungspunkte werden Linien bis zum Kreis gezogen. Diese neuen Schnittpunkte sind die Eckpunkte des Zehnecks.

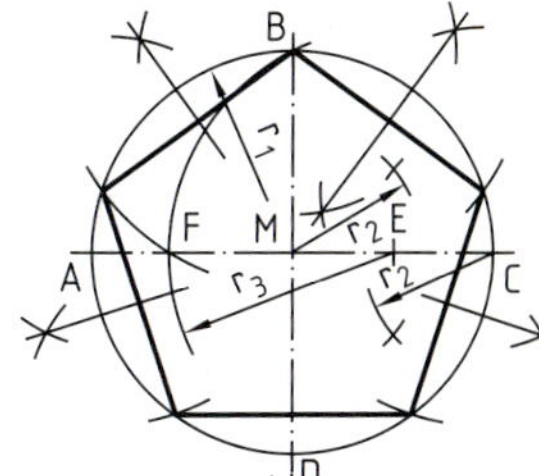

1.62 *Fünf- und Zehneck*

Sechseck – Zwölfeck im gegebenen Kreis

Der Halbmesser wird 6-mal von A auf dem Kreis abgetragen. Die entstandenen Schnittpunkte sind zum Sechseck zu verbinden.

Die Halbierung der Sechseckseiten ergibt ein Zwölfeck.

Merke: Beim einbeschriebenen Sechseck gilt:
d = 1,155 · SW
d = Durchmesser
SW = Schlüsselweite

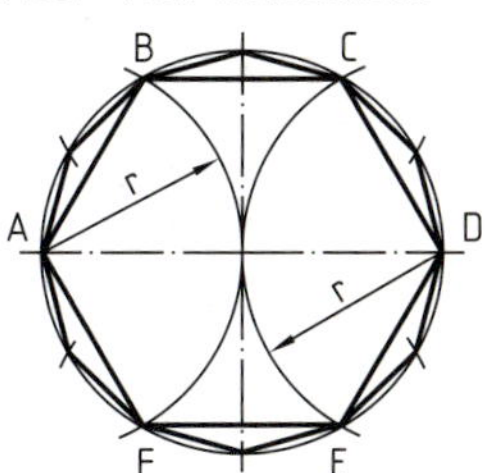

1.63 *Sechs- und Zwölfeck*

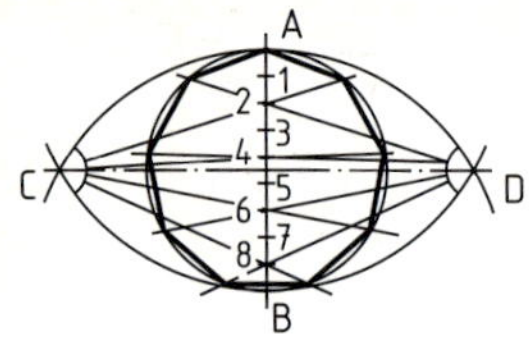

1.64 Regelmäßige Vielecke, z. B. Neuneck

Regelmäßige Vielecke, z. B. Neuneck in einem Kreis

Der senkrechte Durchmesser AB wird z. B. in neun gleiche Teile geteilt. Dann werden um A und B mit dem gegebenen Kreisdurchmesser als Halbmesser Kreise geschlagen, die sich in den Punkten C und D schneiden. Von C und D aus werden durch die geradzahligen Teilungspunkte 2, 4, 6 und 8 Linien gezogen, die den Kreis in den Eckpunkten des Neunecks schneiden.

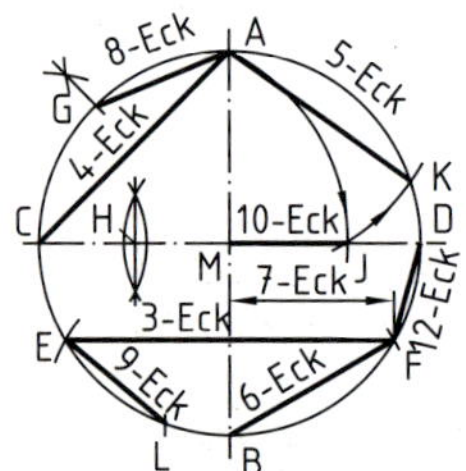

1.65 Seitenlängen regelmäßiger Vielecke

Bestimmen der Seitenlängen regelmäßiger Vielecke in einem Kreis

Die Verbindung der Punkte A und C ergibt die Quadratseite, die Halbierung der Strecke AC die Achteckseite AG. Durch den Kreisbogen mit dem Radius BM um B erhält man die Dreieckseite EF, durch Verbinden der Punkte F und B die Sechseckseite und F mit D die Zwölfeckseite. Außerdem ist $EF/_2$ die Seite des Siebenecks. Der Kreisbogen um H als Halbierungspunkt der Strecke MC mit dem Radius HA ergibt die Zehneckseite MJ und mit AJ um A die Fünfeckseite AK. Teilt man den Kreisbogen über der Dreieckseite EF in drei gleiche Teile, dann ist EL die Neuneckseite.

1.10.3 Kreisanschlüsse durch Kreisbogen

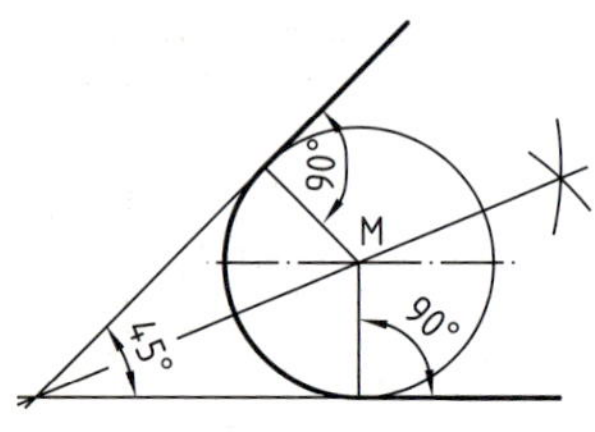

1.66 Im spitzen Winkel

Kreisanschluss in einem spitzen Winkel mit gegebenem Radius

Es wird ein spitzer Winkel gezeichnet. Im Abstand des gegebenen Halbmessers r sind zu den beiden Schenkeln Parallelen (oder die Winkelhalbierende und zu einem Schenkel die Parallele) zu ziehen. M ist der Mittelpunkt des Kreisbogens.

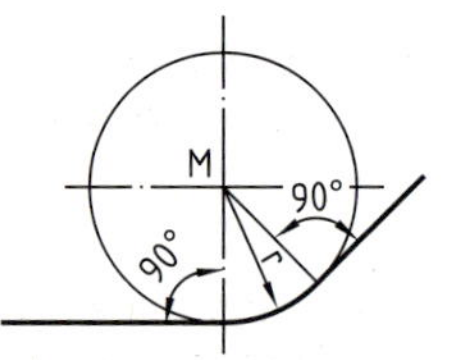

1.67 Im stumpfen Winkel

Kreisanschluss in einem stumpfen Winkel mit gegebenem Radius

Es wird ein stumpfer Winkel gezeichnet und dann weiter wie unter 1.66 verfahren.

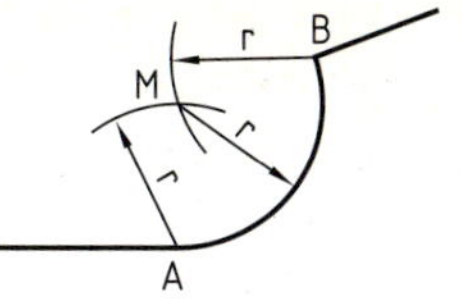

1.68 *Kreisanschluss von zwei Geraden*

Kreisanschluss von zwei Geraden

Um die Endpunkte A und B der Geraden sind Kreise mit dem Radius r zu schlagen. Diese schneiden sich im Mittelpunkt M des gesuchten Kreisbogens.

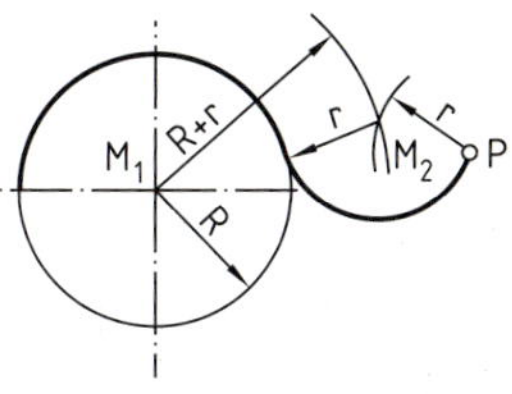

1.69 *Kreis und Punkt durch Kreisbogen verbunden*

Verbinden eines Punktes mit einem Kreis durch Kreisbogen

Um den Mittelpunkt M_1 des Kreises wird ein Kreisbogen mit dem Radius R + r und um den Punkt P ein Kreisbogen mit dem Radius r geschlagen. Die beiden Kreisbogen schneiden sich im Mittelpunkt M_2 des Kreisanschlussbogens.

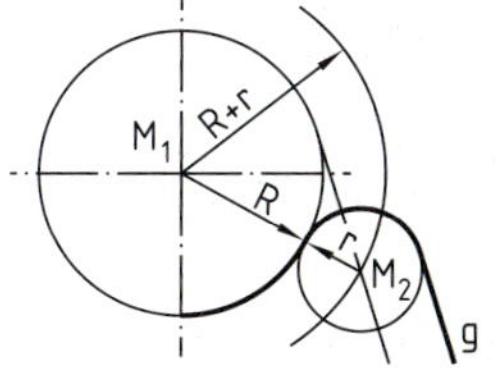

1.70 *Kreis und Gerade durch Kreisbogen verbunden*

Verbinden von Kreis und Gerade durch Kreisbogen

Um den Mittelpunkt M_1 eines gegebenen Kreises ist ein Kreisbogen mit dem Halbmesser R + r zu schlagen. Zur gegebenen Geraden g wird im Abstand r eine Parallele gezogen. Diese schneidet den Kreisbogen im Mittelpunkt M_2 des Anschlusskreisbogens.

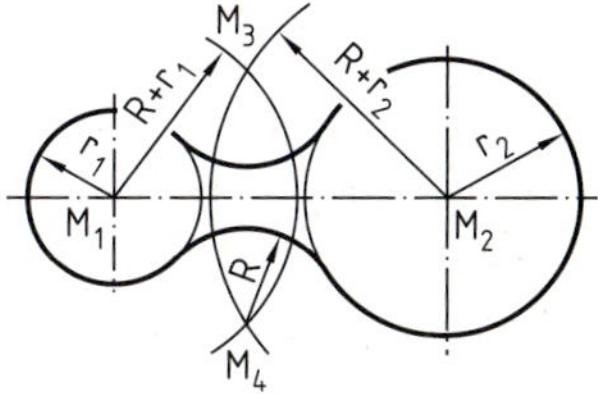

1.71 *Zwei Kreise durch Kreisbogen verbunden*

Verbinden zweier Kreise durch Kreisbogen

Anschluss zweier gegebener Kreise mit dem Radius r_1 und r_2 durch Kreisbogen mit dem Radius R.

Um die Mittelpunkte M_1 und M_2 werden Kreisbogen mit den Halbmessern r_1 + R bzw. r_2 + R geschlagen. Um die Schnittpunkte M_3 und M_4 dieser Kreisbogen sind dann die Anschlusskreisbogen mit dem gegebenen Halbmesser zu zeichnen.

Erfolgskontrolle:

Zeichnen Sie jeweils 4 ... 6 geometrische Grundkonstruktionen in doppelter Größe auf ein A4-Blatt. Überprüfen Sie Ihre Konstruktionen anhand der entsprechenden Beispiele in Kapitel 1.10.

2

2 Normgerechtes Darstellen und Bemaßen der Grundkörper und einfacher Werkstücke, räumliches Vorstellen

2.1 Grundregeln der Bemaßung nach DIN 406-11 S. 110 ... 128

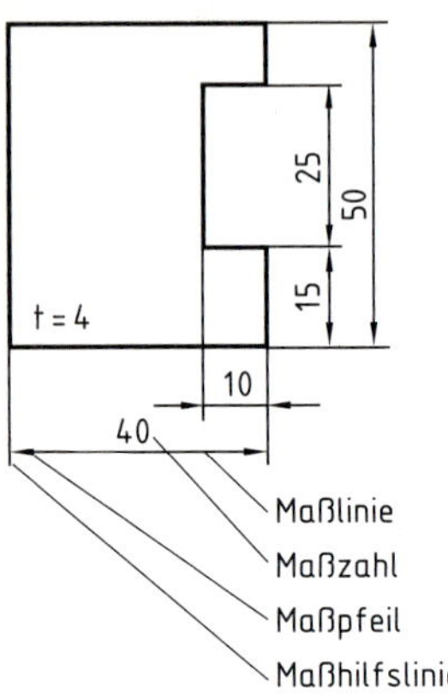

2.1 Blechbemaßung

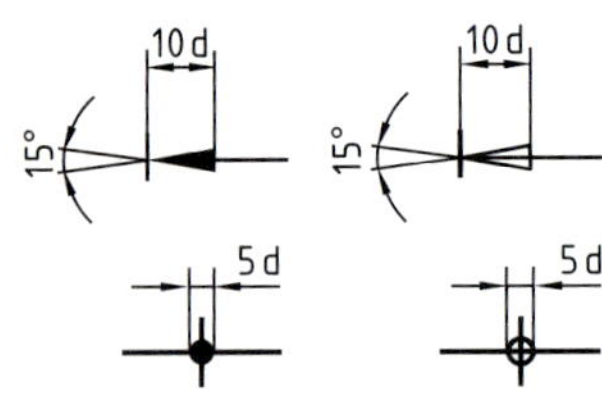

2.2 ... 5 Vergrößerte Maßlinienbegrenzungen

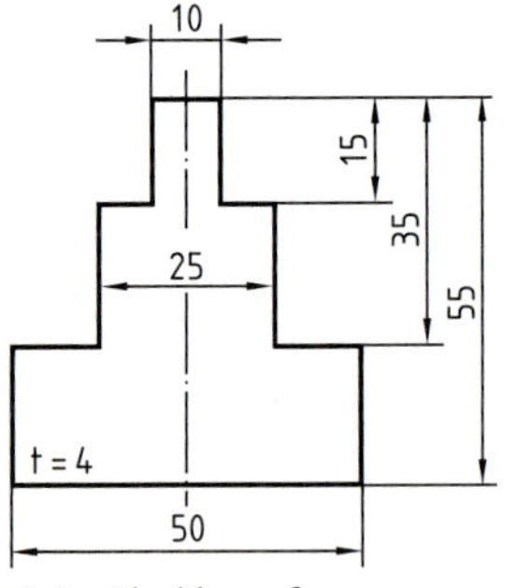

2.6 Blechbemaßung

Die Bemaßung legt die Form und Abmessungen eines Werkstückes fest. Sie kann nach verschiedenen Gesichtspunkten erfolgen, z. B. fertigungsbezogen, s. auch S. 102. Flache Werkstücke (Bleche) können im Allgemeinen in einer Ansicht dargestellt und bemaßt werden, 2.1.

Als sichtbare Körperkanten werden die Umrisse eines Werkstückes in breiter Volllinie je nach Größe des Zeichnungsformats in einer der Liniengruppen 0,5 mm und größer nach DIN ISO 128-24 gezeichnet.

Durch die Wahl der Breite der Volllinie ist bereits die Liniengruppe mit den Breiten für die verschiedenen Linienarten festgelegt, die in der gleichen Zeichnung beibehalten werden muss, s. S. 24.

Maßlinien sind als schmale Volllinien zu zeichnen. Sie stehen im Allgemeinen rechtwinklig zwischen den Körperkanten bzw. Maßhilfslinien.

Die erste Maßlinie hat von den Körperkanten einen Abstand von etwa 10 mm, während Maßlinien voneinander etwa 7 mm entfernt sein sollen. Die Maßlinien werden durchgezogen, wobei die Maßzahlen über den Maßlinien stehen.

Maßlinien sollen sich mit anderen Linien und untereinander möglichst nicht schneiden.

Maßhilfslinien werden ebenfalls als schmale Volllinien gezeichnet. Sie ragen 2 mm über die Maßpfeile hinaus und dürfen nicht von einer Ansicht in eine andere durchgezogen werden.

Als Maßlinienbegrenzung dienen im Allgemeinen ausgefüllte Maßpfeile und Punkte, 2.2 und 2.4, sowie nicht ausgefüllte Maßpfeile und Punkte, 2.3 und 2.5. Bei Platzmangel dürfen Punkte angewendet werden.

d entspricht der Linienbreite der schmalen Volllinie.

Offene (nicht ausgefüllte) Pfeile und Punkte sind für das rechnerunterstützte Zeichnen bestimmt, s. 2.3 und 2.5.

Weitere Maßlinienbegrenzungen zeigt Seite 103.

Mittellinien kennzeichnen symmetrische, d.h. spiegelbildgleiche Ansichten. Sie werden als schmale strichpunktierte Linien gekennzeichnet, s. 2.6.

Beim Zeichnen eines symmetrischen Werkstückes ist mit der Mittellinie zu beginnen.

Mittellinien schneiden sich nur in den Mitten der Strichlinien, nie in den Punkten, s. S. 150.

Die Enden der Mittellinien bilden Striche, die einige Millimeter aus den Ansichten herausragen. Mittellinien sind nicht als Maßlinien zu verwenden. Als Maßhilfslinien werden sie außerhalb der Ansichten in schmaler Volllinie ausgezogen, s. S. 104.

Maßzahlen sind in ISO-Normschrift nach DIN EN ISO 3098-2 in Fertigungszeichnungen nicht kleiner als 3,5 mm hoch, in Millimetern ohne Maßeinheit, über die Maßlinie einzutragen. Wenn andere Maßeinheiten als Millimeter verwendet werden, so ist die Maßeinheit hinter die Maßzahl zu setzen, z. B. 20 m, ½″, 45°.

Die Schreibrichtung der Maße verläuft wie die dazugehörende Maßlinie. Alle Maße sind so einzutragen, dass sie von unten oder von rechts lesbar sind, wenn die Zeichnung in Leserichtung gehalten wird, Bemaßungsmethode 1, s. S. 105.

Winkelmaße stehen tangential zur Maßlinie, 2.8.

Maßzahlen und Winkelangaben, die wegen Platzmangels in der Nähe der Maßlinie oder an eine Bezugslinie geschrieben werden, sollen möglichst in der gleichen Lage eingetragen werden, die sie an der Maßlinie hätten.

Maßzahlen dürfen nicht durch Linien getrennt oder gekreuzt werden. Sie dürfen auch nicht ohne Maßlinien direkt auf dargestellten Kanten, Umrissen oder Eckpunkten stehen.

Testaufgabe s. S. 438 und 439.

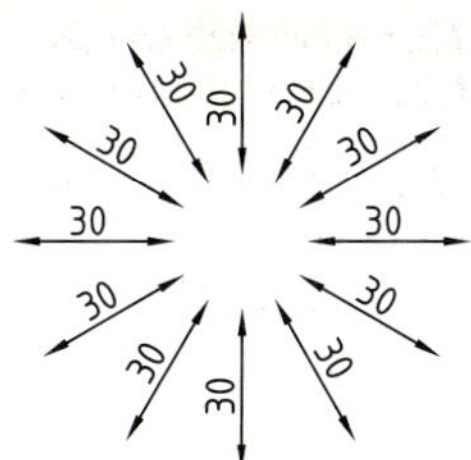

2.7 Längenmaße

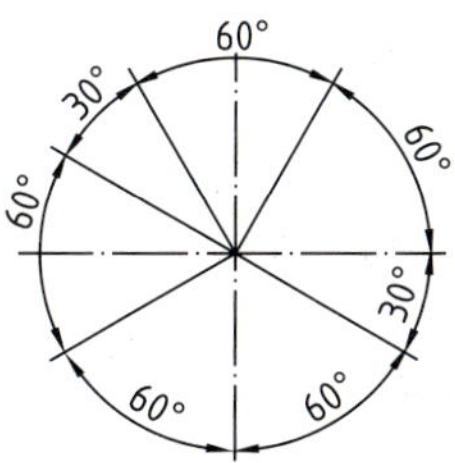

2.8 Winkelmaße

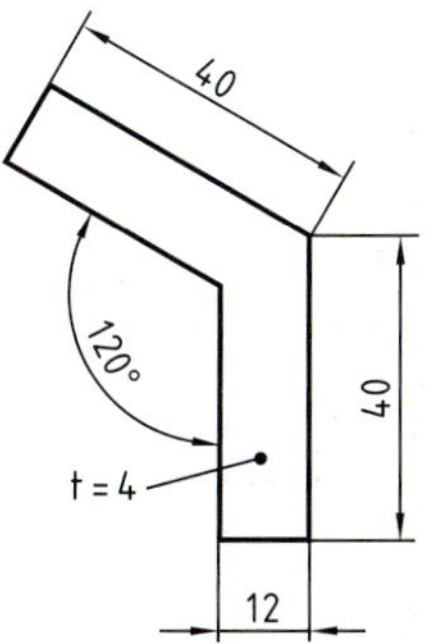

2.9 120°-Lehre
t = thick (engl.: dick)

2

2.2 Darstellungsmöglichkeiten und Bemaßen der Grundkörper sowie einfacher Werkstücke und ihre Formerfassung

2.2.1 Flache Werkstücke (Bleche)

Perspektivische Darstellungen unsymmetrischer und symmetrischer Bleche

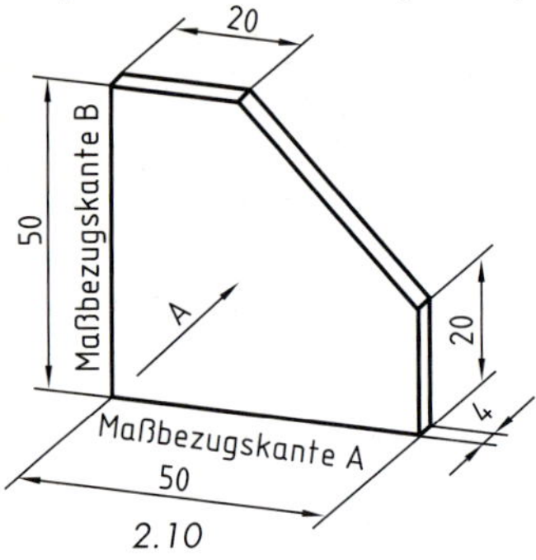

2.10

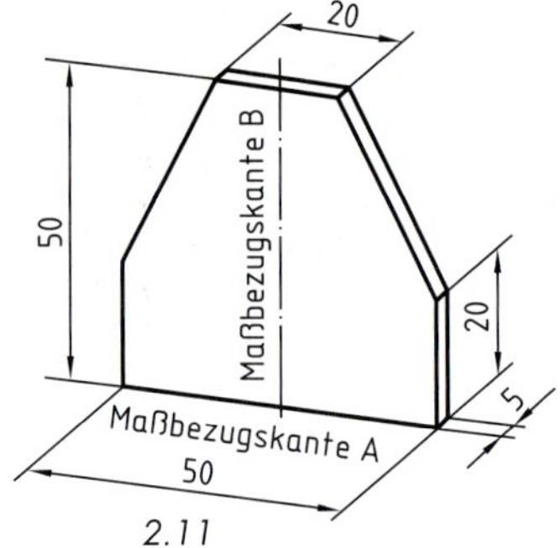

2.11

Technische Zeichnungen

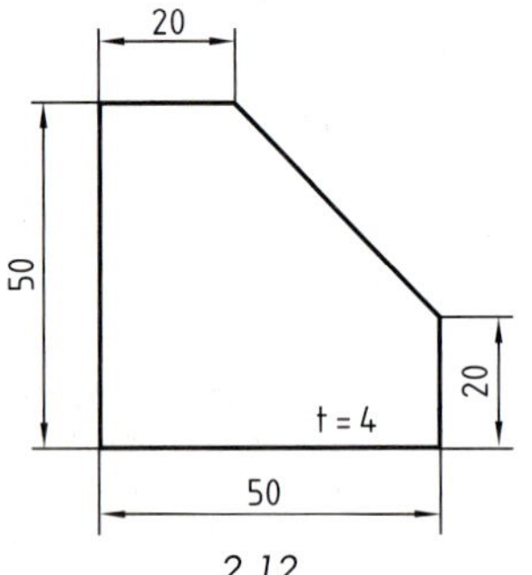

2.12

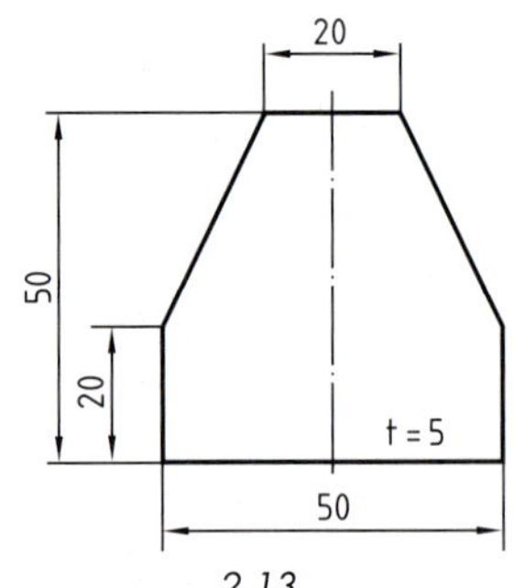

2.13

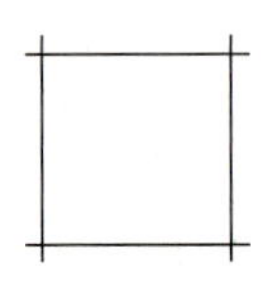

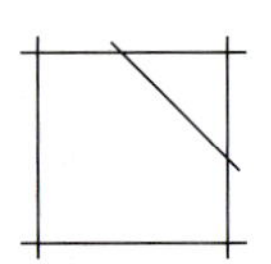

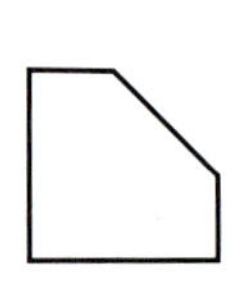

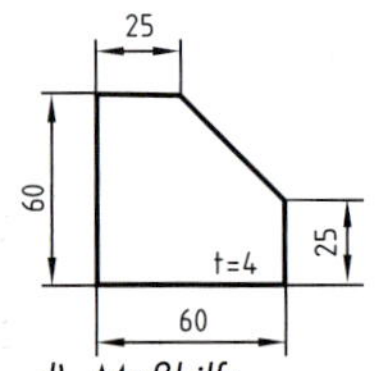

a) *Skizzieren der Hüllform (schmale Volllinien)*

b) *der Fertigform (Entwurf)*

c) *Radieren, Fertigform ausziehen (breite Volllinien)*

d) *Maßhilfs-, Maßlinien, Maßpfeile (schmale Volllinien)*

e) *Maße eintragen, beschriften*

2.14 *Zeichenschritte bei der Darstellung eines Bleches*

Flache Werkstücke, z. B. Bleche, zeichnet man meist nur in der Vorderansicht, da diese die Form und Maße eindeutig erkennen lässt. Die Werkstückdicke soll nach DIN 406-11, s. S. 105, in oder neben der Darstellung mit dem Buchstaben t angegeben werden, z. B. t = 2. In Schriftfeldern und Stücklisten ist die Blechdicke mit dem Kurzzeichen Bl anzugeben, z. B. Bl 2.

Bei unsymmetrischen Teilen erfolgt das Eintragen der Maße von zwei rechtwinklig aufeinander stehenden Maßbezugsebenen, den Maßbezugsflächen bzw. Maßbezugskanten aus, s. z. B. 2.10 und 2.12.

Bei symmetrischen, d. h. spiegelbildgleichen Teilen sind die Höhenmaße von der Maßbezugskante A und die Breitenmaße von der Mittellinie als Maßbezugslinie B aus einzutragen, s. z. B. 2.11 und 2.13.

An Blechen sind Winkel im Allgemeinen durch Längenmaße anzugeben, weil dies für das Anreißen vorteilhafter ist, z. B. 2.15, Ausnahme s. 2.9.

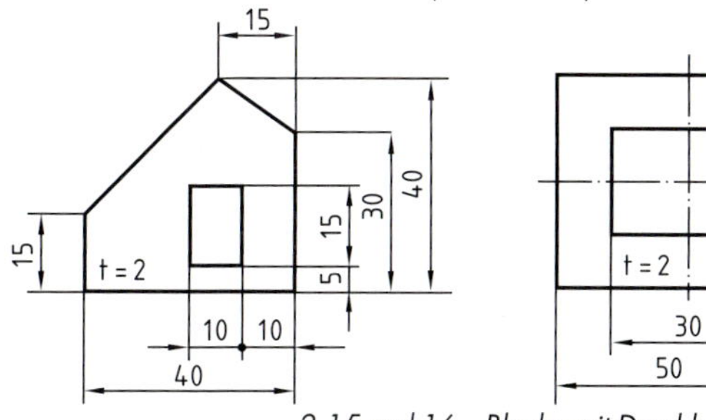

2.15 und 16 Bleche mit Durchbrüchen

2.2.2 Darstellen und Bemaßen prismatischer Werkstücke

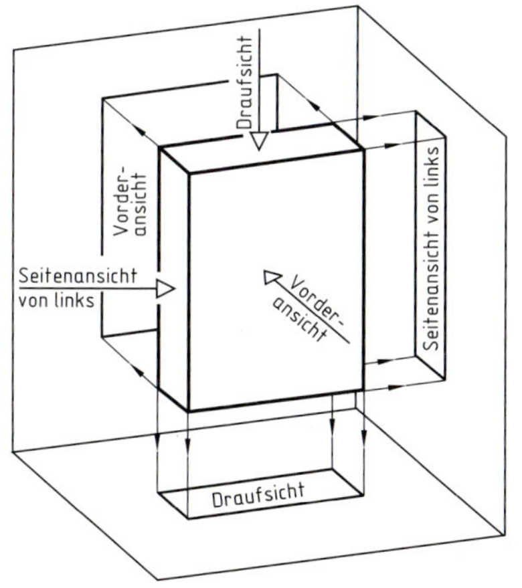

2.17 Prisma in der Raumecke als Dreitafelprojektion

2.17 zeigt, wie man durch Betrachten eines Prismas von vorn die Vorderansicht (A), von oben die Draufsicht (B) und die Seitenansicht von links (C) erhält.[1)]

Die Draufsicht und die Seitenansicht von links können auch durch entsprechendes Kippen bzw. Drehen um 90° gewonnen werden, s. 2.18. Durch die flächenhafte Darstellung eines Körpers in den drei üblichen Ansichten wird dessen Form festgelegt, damit aus der technischen Zeichnung die Gestalt klar erkannt und die zugehörigen Maße eindeutig entnommen werden können. Siehe auch Senkrechte Parallel-Projektion S. 61 und 207.

[1)] DIN ISO 128-30, Projektionsmethode 1, s. S. 61.

2

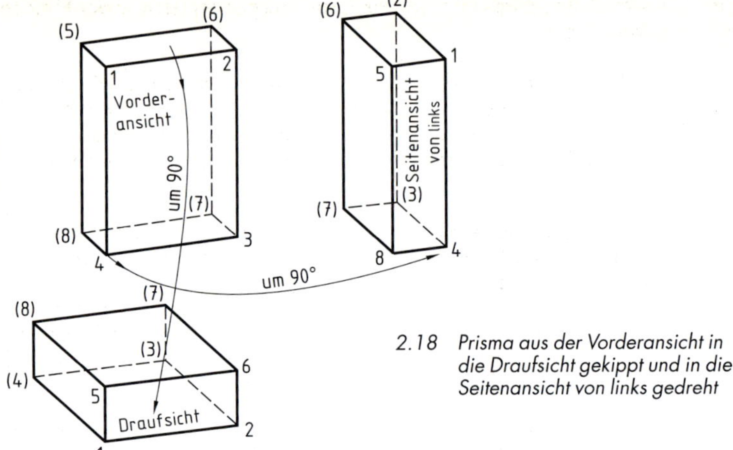

2.18 Prisma aus der Vorderansicht in die Draufsicht gekippt und in die Seitenansicht von links gedreht

Übung:

1. *Drehen Sie das Prisma, z. B. eine Streichholzschachtel, in die drei üblichen Ansichten. Halten Sie dabei den Körper in Augenhöhe!*
2. *Suchen Sie die einzelnen Eckpunkte und Kanten nach 2.18 nacheinander in allen drei Ansichten auf!*
3. *Üben Sie das räumliche Vorstellen durch Vergleichen der körperlichen mit der technischen Darstellung!*

Prisma mit rechteckiger Grundfläche

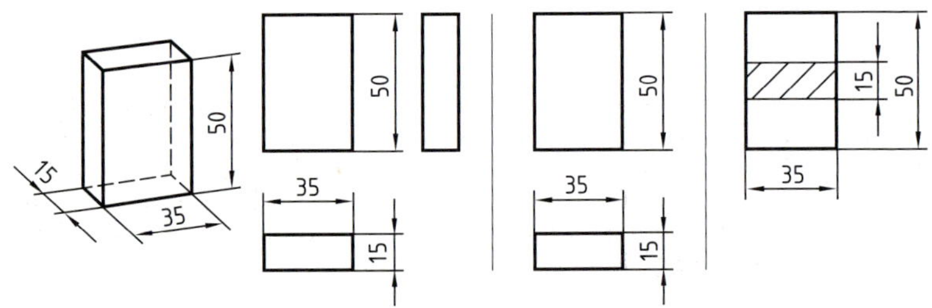

2.19 als Rechteck in der Vorderansicht (A), Draufsicht (B) und Seitenansicht (C), Kurzzeichen s. S. 61
2.20 als Rechteck in der Ansicht A und B
2.21 als Rechteck in der Ansicht A mit eingetragener Querschnittsform, anzuwenden, wenn nur eine Ansicht vorhanden ist

Flache prismatische Werkstücke werden vereinfacht in Stücklisten mit den Abmessungen Breite x Dicke x Höhe bzw. Länge angegeben, also z. B. für Bild 2.19: 35 x 15 x 50.

Räumliches Vorstellen durch Erfassen der Grundkörperformen und der Formen einfacher Werkstücke

Eine wichtige Voraussetzung für das Lesen und Verstehen technischer Zeichnungen ist die Fähigkeit, sich aus den zweidimensionalen, flächenhaften Ansichten und Schnitten sowie den Symbolen der technischen Zeichnungen die Körperformen, das Körperbild in dreidimensionaler Form eindeutig vorstellen zu können – und auch umgekehrt.

2

Um das zu erlernen, betrachtet man z. B. auf S. 42 das Körperbild des Rechteckprismas mit der Breite = 35, der Dicke = 15 und der Höhe = 50 mm. Dann vergleicht man dieses Körperbild mit den drei Ansichten der technischen Zeichnung 2.19 und ihren Maßen 35 x 15 x 50. Darauf stellt man sich das Rechteckprisma bei verdecktem Körperbild aus den drei Ansichten der technischen Zeichnung körperlich vor. Die gleiche Vorstellungsübung führt man mit den Zeichnungen 2.20 und 2.21 durch, nachdem der zugehörige Text verstanden ist.

Die anschließende Zeichen- bzw. Skizzierübung, zunächst als Nachzeichnen im M 1:1, dann aus dem Gedächtnis, fördert die Zeichenfertigkeit und das räumliche Vorstellen.

Durch die Erfolgskontrolle, das Selbstvergleichen der erstellten Zeichnungen bzw. Skizzen mit den Musterzeichnungen dieses Fachbuches, können die bisher erlangten Fähig- und Fertigkeiten festgestellt und gegebenenfalls verbessert werden.

In ähnlicher Weise führt man die Übungen mit den anderen Grundkörpern durch: Text lesen und verstehen, Erfassen jeder Grundkörperform und ihrer Maße, räumliches Vorstellen aus dem Gedächtnis, Zeichnen, Skizzieren, Bemaßen und Selbsttesten sowie Verbessern, falls erforderlich. Siehe 2.22, 2.23, 2.25...30 und dann weiter bis Kapitelende.

Beispiel:

2.23 hat ohne die Ausschnitte die übergeordnete Form (Hüllform) eines Rechteckprismas (Quaders) 25 x 15 x 40 mm. Der obere Vierkantzapfen 10 x 15 mm, 10 bzw. 15 mm lang, sitzt 8 mm von der linken Bezugsebene entfernt. Der untere rechteckige Zapfen 25 x 10, 10 mm hoch, ist mit der Rück- und den Seitenflächen bündig. Skizzieren Sie die jeweils beschriebene Form in dimetrischer bzw. isometrischer Darstellung. Vergleichen Sie auch Seite 75.

Übungen
zur Auswahl: Zeichnen Sie im M 1:1 je in der Ansicht A, B und C die dargestellten Körper 2.22, 2.23, 2.27 und 2.30, nachdem Sie diese vorher in der Vorstellung

1. um 90° nach rechts gedreht oder

2. um 90° nach vorn gekippt haben.

Prismatische Werkstücke mit Ausschnitten und verdeckten Körperkanten

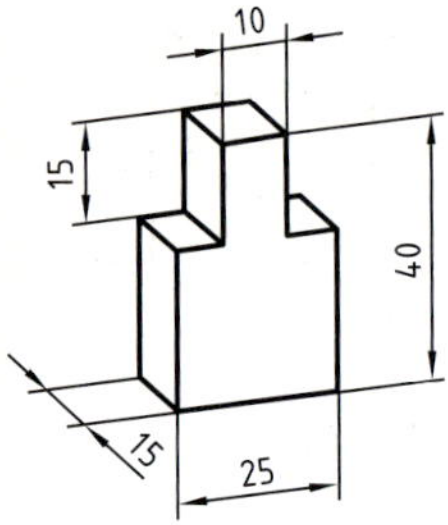

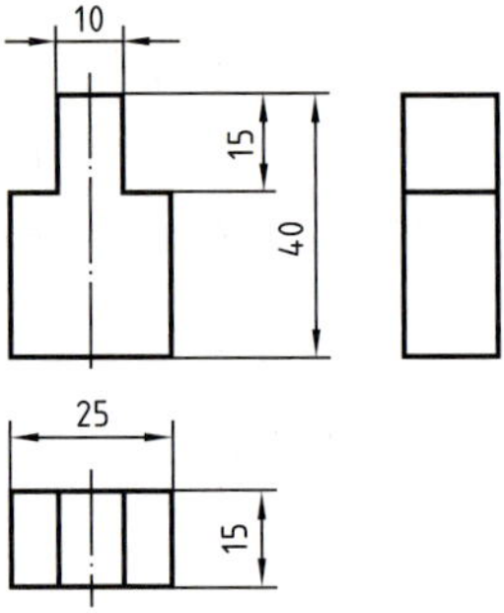

2.22

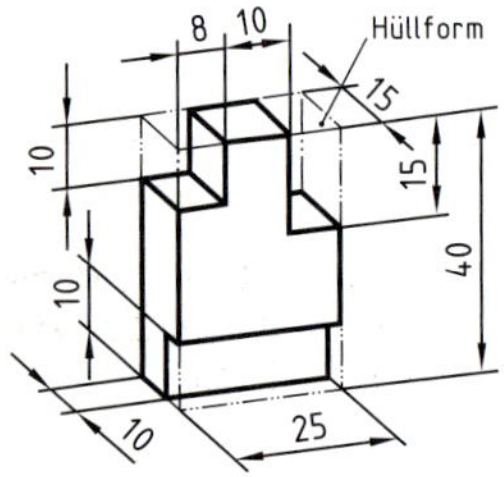

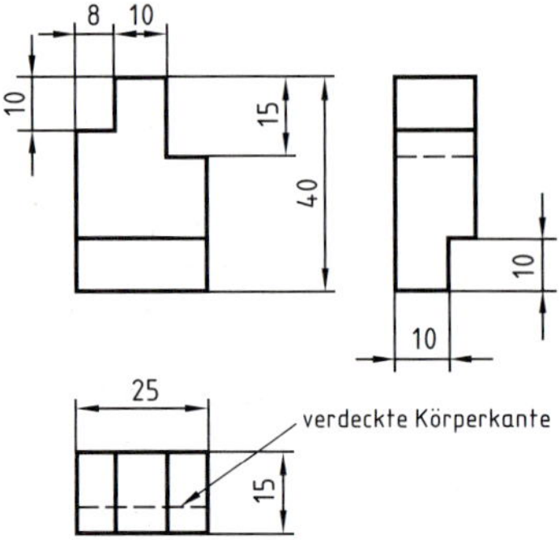

Hüllform

2.23

verdeckte Körperkante

Verdeckte Körperkanten und verdeckte Umrisse werden durch schmale Strichlinien dargestellt, s. S. 24. Die einzelnen Striche sind gleich lang und werden von kurzen Lücken unterbrochen. Die Länge der einzelnen Striche richtet sich nach der Größe der Zeichnung und kann bis 10 mm betragen. Zu kurze Striche sind zu vermeiden. Beim Zeichnen haben Volllinien stets Vorrang vor den Strichlinien, wenn diese zusammenfallen. Strichlinien für verdeckte Kanten schließen in der Zeichnung im Allgemeinen direkt an, 2.23. Beim Übergang von einer sichtbaren in eine verdeckte Kante darf eine Lücke von ≈ 1 mm (1,5 d) gelassen werden, 2.24a. Strichlinien stoßen nur an den Enden zusammen und bilden dort volle Ecken, 2.24b.

Dicht benachbarte, parallele Strichlinien sollen möglichst gegeneinander versetzt gezeichnet werden, 2.24c.

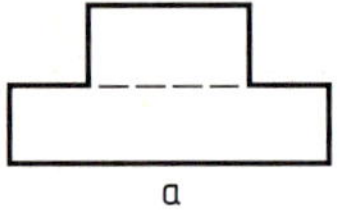

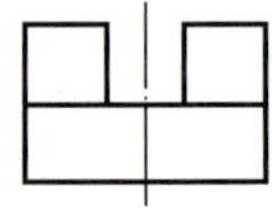

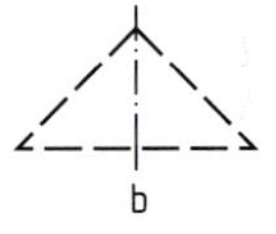

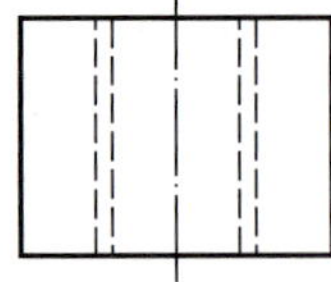

2.24 Eintragen der Strichlinien beim manuellen Zeichnen

Prisma mit quadratischer Grundfläche

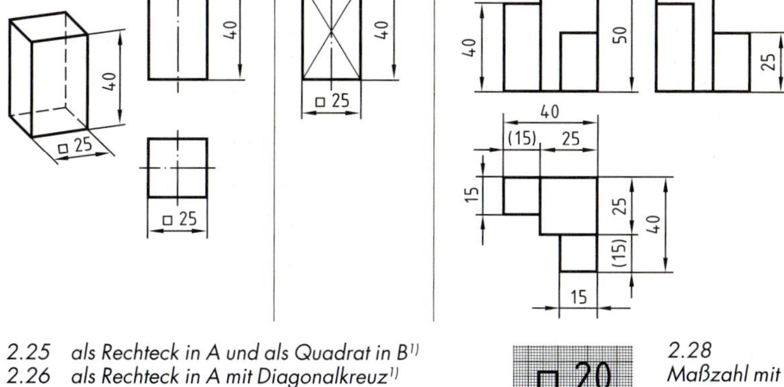

2.25 als Rechteck in A und als Quadrat in B[1]
2.26 als Rechteck in A mit Diagonalkreuz[1]
2.27 Sockel

□ 20

2.28 Maßzahl mit □-Symbol

Ein quadratisches Formelement, das als Quadratform oder nur als Strecke sichtbar ist, wird stets mit einer Maßzahl und vorangestelltem □-Symbol bemaßt. Das □-Symbol hat die Größe und Strichbreite der Kleinbuchstaben, s. S. 28.

Wird in Ausnahmefällen ein Werkstück mit ebenen, vierseitigen Mantelflächen nur in einer Ansicht gezeichnet, so ist zur Kennzeichnung der ebenen Flächen zusätzlich ein Diagonalkreuz mit schmaler Volllinie einzutragen, 2.26. Auch bei zwei Ansichten ist dies zulässig, s. 2.73.

Würfel

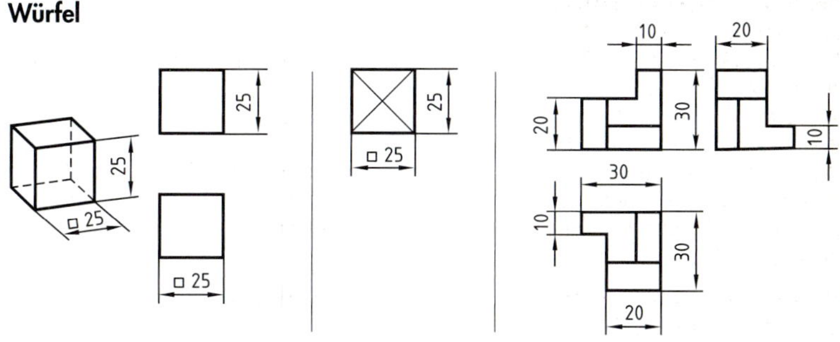

2.29 als Quadrat in A und B[1]
2.30 als Quadrat in B mit dem gleichen Kantenmaß der Breite, Dicke und Länge und dem Diagonalkreuz[1]
2.31 Konsole

[1] Kurzzeichen s. S. 61

Prismatische Werkstücke mit schrägen Flächen

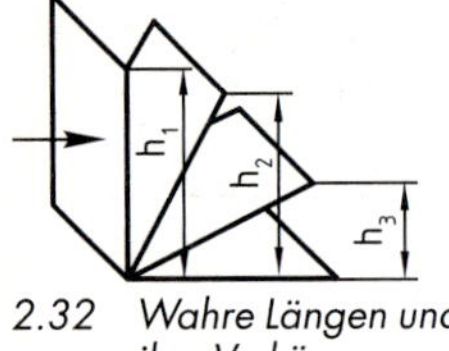

2.32 *Wahre Längen und ihre Verkürzung*

Die wahren Längen von Kanten einer ebenen Fläche erhält man nur, wenn die Blickrichtung senkrecht zur Fläche steht. Je kleiner der Neigungswinkel zwischen Blickrichtung und Fläche ist, umso kürzer erscheint die Fläche. Werkstücke mit Flächen und Kanten, die in den Ansichten verkürzt erscheinen, werden dort verkürzt gezeichnet. Die Bemaßung erfolgt nur in den Ansichten, in denen die Flächen und Kanten in wahrer Größe erscheinen, 2.33 ... 35.

Dreikant- und Trapezkantprisma

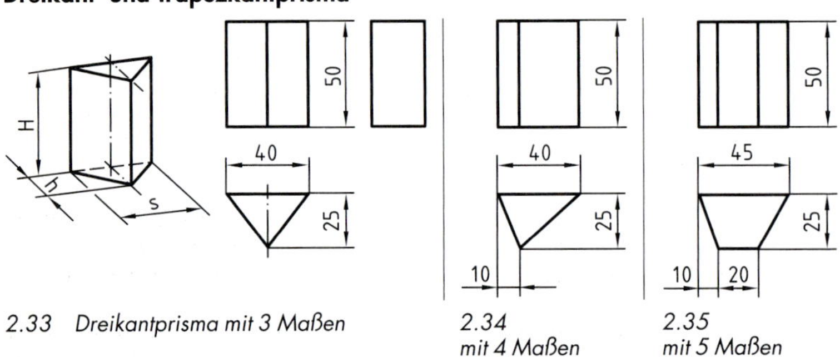

2.33 *Dreikantprisma mit 3 Maßen*

2.34 *mit 4 Maßen*

2.35 *mit 5 Maßen*

Bei Dreikantprismen werden die Höhe und die Querschnittsform bemaßt. Für rechtwinklige, gleichseitige und gleichschenklige Dreieckflächen sind nur zwei Maße erforderlich; alle übrigen Dreieckflächen erhalten zur Festlegung der Dreieckspitze ein weiteres Maß, 2.34.

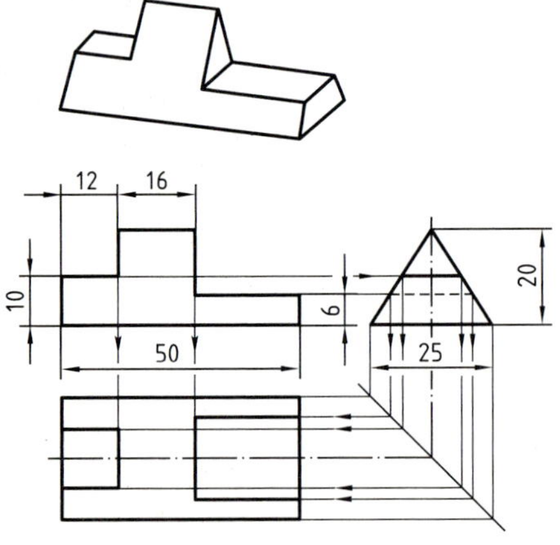

Bei Drei- und Sechskantprismen zeichnet man die Ansicht zuerst, welche die Querschnittsform erkennen lässt. Bei dem parallel geschnittenen Dreikantprisma 2.36 werden die senkrechten Schnittkanten der Draufsicht aus der Vorderansicht gelotet und die Lage der waagerechten Kanten von der Mittellinie mit dem Zirkel aus der Seitenansicht übertragen bzw. projiziert.

2.36 *Dreikantprisma mit Ausschnitten*

Sechskantprisma

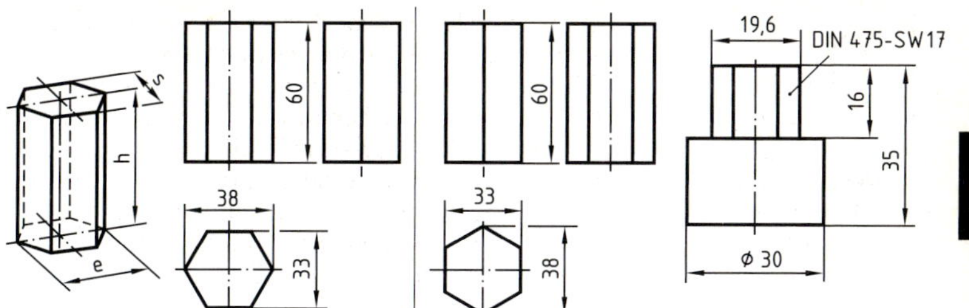

2.37 als drei Rechtecke in A, zwei Rechtecke in C und als Sechseck in B

2.38 als Sechseck in Ansicht B auf der Ecke stehend, dazu entsprechende Rechtecke in den Ansichten A und C

2.39 Verschlusskappe

Nur das mittlere Rechteck in der Vorderansicht 2.37 ist in wahrer Größe zu sehen. Die beiden schräg gestellten Rechtecke in der Vorderansicht und Seitenansicht von links erscheinen verkürzt und sind daher entsprechend schmaler gezeichnet.

Bei der Darstellung von Sechskantprismen beginnt man nach dem Zeichnen der Mittellinien mit der Ansicht, welche die Querschnittsform zeigt, im Beispiel mit der Draufsicht. Die senkrechten Kanten des stehenden Sechskantprismas werden aus der Draufsicht nach oben projiziert. Die Höhe der Seitenansicht entnimmt man der Vorderansicht und die Dicke durch Abgreifen mit dem Zirkel aus der Draufsicht. Die Konstruktion eines Sechsecks zeigt S. 35. Zur Maßangabe gehören das Eckenmaß e, das Seitenmaß s – auch Schlüsselweite SW genannt – und die Höhe h. Das Seitenmaß s lässt sich aus dem Eckenmaß berechnen und umgekehrt.

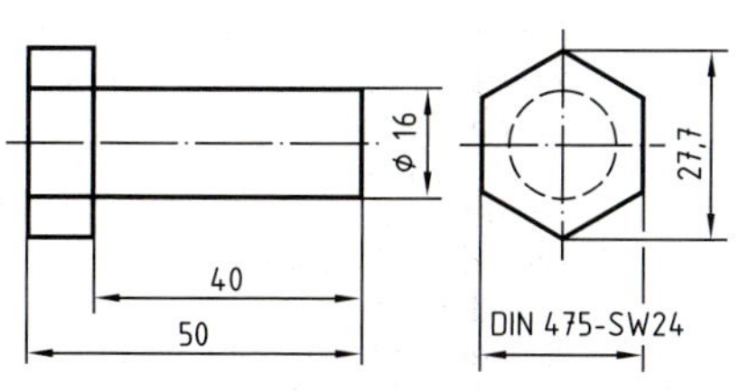

2.40 Schraubenrohling

Schlüsselweitenmaße sind durch die Großbuchstaben SW zu kennzeichnen und z. B. nach DIN 475, s. Seite 294, zu wählen.

Das Seitenmaß s lässt sich aus dem Eckenmaß berechnen und umgekehrt:

Seitenmaß $s = 0{,}5 \cdot \sqrt{3} \cdot e = 0{,}866 \cdot e$

Beispiel: $e = 27{,}7$; $s = 0{,}866 \cdot 27{,}7 = 24$ mm

Eckenmaß $e = \frac{2}{\sqrt{3}} \cdot s = 1{,}155 \cdot s$

Beispiel: $s = 24$; $e = 1{,}155 \cdot 24 = 27{,}7$ mm

2.2.3 Prismatische Werkstücke mit Abwicklungen

Eine Abwicklung ist die in einer Ebene aufgezeichnete Oberfläche eines Körpers. Aus der Vorderansicht werden die wahren Höhen bzw. Längen und aus der Draufsicht die Breiten und Dicken des Körpers in die Abwicklung übertragen.

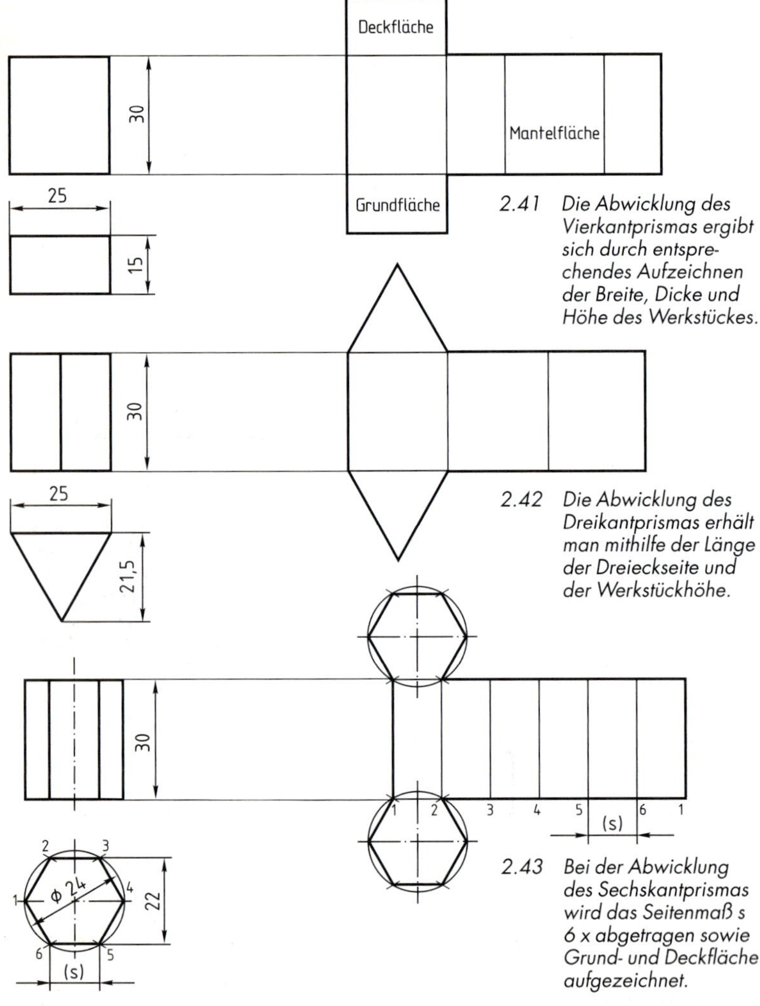

2.41 *Die Abwicklung des Vierkantprismas ergibt sich durch entsprechendes Aufzeichnen der Breite, Dicke und Höhe des Werkstückes.*

2.42 *Die Abwicklung des Dreikantprismas erhält man mithilfe der Länge der Dreieckseite und der Werkstückhöhe.*

2.43 *Bei der Abwicklung des Sechskantprismas wird das Seitenmaß s 6 x abgetragen sowie Grund- und Deckfläche aufgezeichnet.*

Hierbei handelt es sich um theoretische Abwicklungen von Hohlkörpern ohne Berücksichtigung der Fertigung, z. B. durch Zugaben für Lötnähte.

Schräg geschnittene prismatische Werkstücke mit Abwicklungen

Erscheint die Schnittfläche eines schräg geschnittenen prismatischen Werkstückes in der Vorderansicht als Strecke, so lässt sich die Seitenansicht aus der Vorderansicht durch Projizieren ermitteln. Schnittflächen, die durch Bearbeitung entstehen, sind ohne Schraffur zu zeichnen.

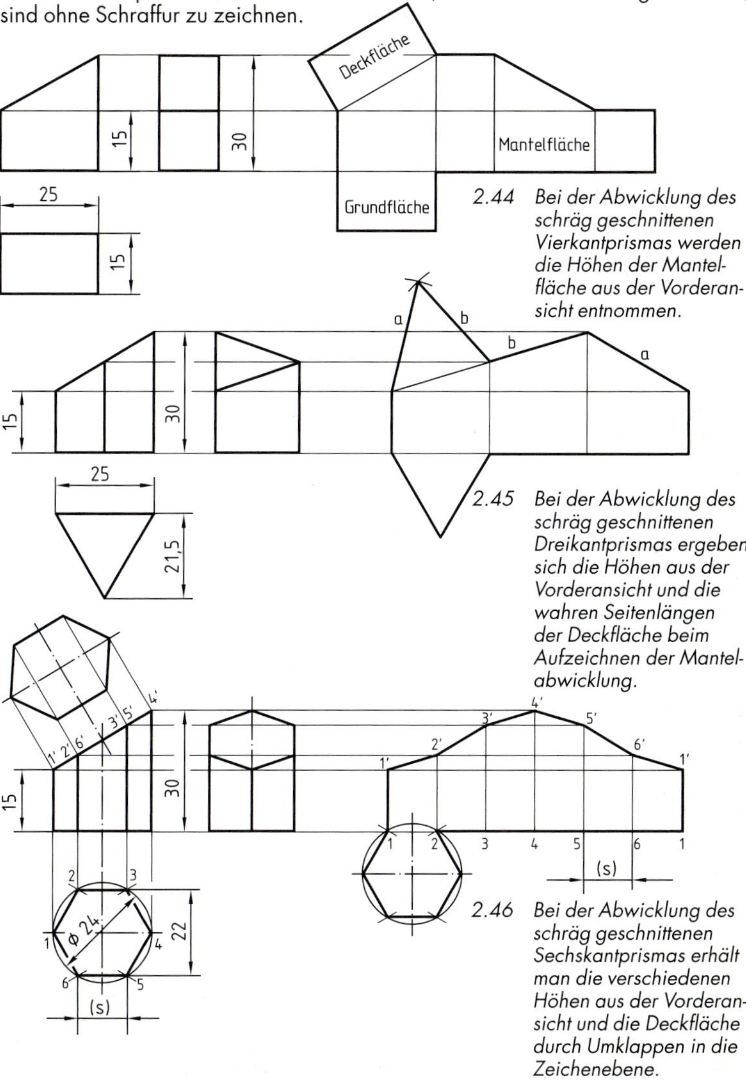

2.44 *Bei der Abwicklung des schräg geschnittenen Vierkantprismas werden die Höhen der Mantelfläche aus der Vorderansicht entnommen.*

2.45 *Bei der Abwicklung des schräg geschnittenen Dreikantprismas ergeben sich die Höhen aus der Vorderansicht und die wahren Seitenlängen der Deckfläche beim Aufzeichnen der Mantelabwicklung.*

2.46 *Bei der Abwicklung des schräg geschnittenen Sechskantprismas erhält man die verschiedenen Höhen aus der Vorderansicht und die Deckfläche durch Umklappen in die Zeichenebene.*

2.3 Radien

Radien dienen zum Bemaßen von Rundungen an Werkstücken. Bei der Wahl der Radien sind diejenigen nach DIN 250 zu bevorzugen, insbesondere die fett gedruckten Maße.

Radien nach DIN 250

						0,2				0,3		**0,4**		0,5		**0,6**		0,8	
1		1,2		**1,6**		2		**2,5**		3		**4**		5		**6**		8	
10		12		**16**	18	**20**	22	**25**	28	**32**	36	**40**	45	**50**	56	**63**	70	**80**	90
100	110	**125**	140	**160**	180	**200**													

R1

2.47 Maßzahl mit vorangestelltem R

Maßzahlen für Radien werden stets durch den vorangestellten Großbuchstaben R gekennzeichnet, 2.47. Die Maßlinien für Radien erhalten nur einen Maßpfeil am Kreisbogen. Dieser Maßpfeil soll bevorzugt von innen und bei Platzmangel auch von außen an den Kreisbogen angesetzt werden, 2.48.

Der Mittelpunkt des Radius muss nur gekennzeichnet werden, wenn seine Lage aus Funktions- oder Fertigungsgründen festgelegt sein muss.

Der Mittelpunkt ist dann durch ein Mittellinienkreuz zu kennzeichnen, 2.48.

Muss bei großen Radien die Lage des Mittelpunktes maßlich festgelegt werden, so darf nur beim manuellen Zeichnen die Maßlinie zweifach rechtwinklig abgeknickt und verkürzt gezeichnet werden. Hierbei muss der Teil der Maßlinie mit dem Maßpfeil auf den geometrischen Mittelpunkt gerichtet sein, 2.58. Gerade Maßlinien (ohne Knick) dürfen nur bei rechnerunterstütztem Zeichnen angewendet werden. Viele Radien, die zentral angeordnet sind, dürfen im Zentrum an einem kleinen Hilfskreis enden, s. 4.43.

Die Bemaßung eine Langloches bei Blechen berücksichtigt das Anreißen, 2.50.

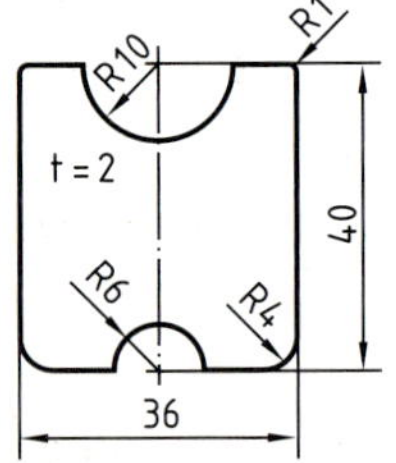

2.48 Blech mit Radien

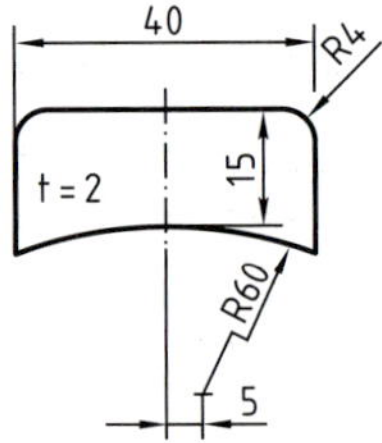

2.49 Blech mit großen Radien

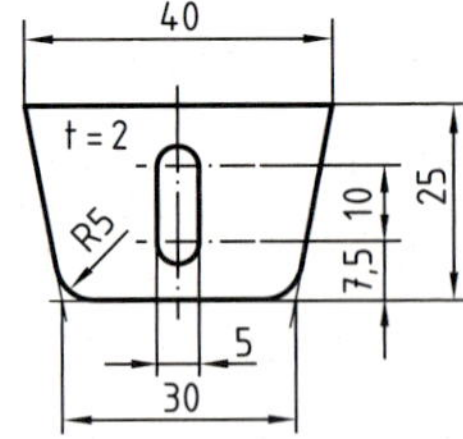

2.50 Blech mit Langloch

Unrunde

Flansche von Stopfbuchsen haben die Form der Unrunde. Sie besitzen bezüglich ihrer Breite im Allgemeinen 3 Formen:

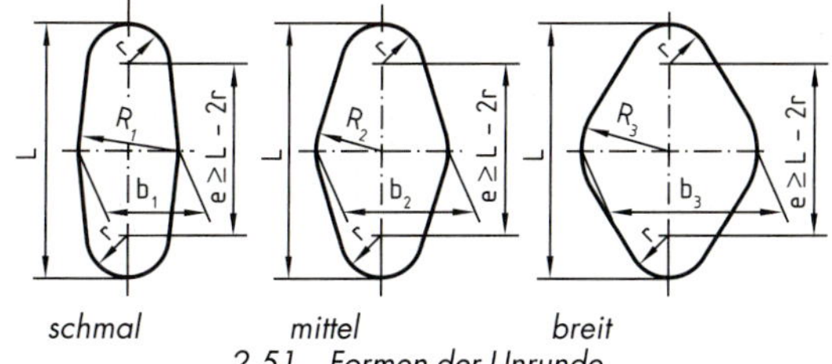

2.51 Formen der Unrunde

schmal: $R_1 = b_1$ mittel: $R_2 = 0{,}5 \times b_2$

breit: $R_3 = 0{,}5 \times b_3$ $\rightarrow b_3 \approx 1{,}4 \ldots 1{,}2 \times b_2$

Maße schmaler und mittlerer Unrunde in Millimeter

L	45	50	56	64	72	75	80	90	100
r	7	8	9	10	11	12	13	15	16
b_1 schmal	20	22	25	29	32	34	36	40	45
b_2 mittel	22	25	28	32	36	40	45	50	56
b_3 breit	32	36	40	45	50	52	56	64	72

In der Fertigungszeichnung ist die Breite nicht einzutragen. Die Dicke des Werkstückes richtet sich nach der jeweiligen Beanspruchung.

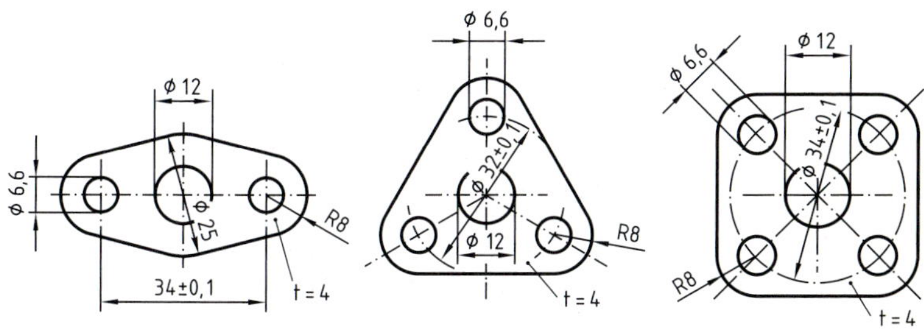

2.52 Flansch als schmales Unrund *2.53 Dreieckflansch* *2.54 Viereckflansch*

Das Bemaßen von Rundflanschen zeigen die Seiten 373 und 374.
Bei regelmäßigen Teilungen auf Lochkreisen sind Winkelangaben im Allgemeinen nicht erforderlich, 2.53.

Das Eintragen von Abmaßen zeigt die Seite 122.

Übung: Zeichnen Sie auf einem A4-Blatt je ein schmales, mittleres und breites Unrund mit L = 80 mm.

2

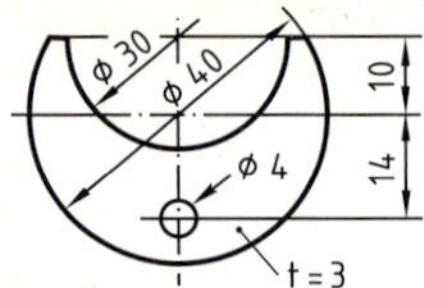

2.55 Eintragung des Ø-Symbols

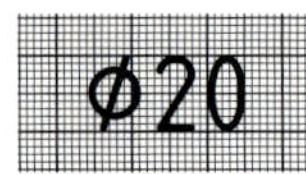

2.56 Maßzahl mit Ø-Symbol

Durchmesser

Das Ø-Symbol zur Kennzeichnung der Kreisform wird stets vor die Maßzahl gesetzt, 2.55 und 2.56.

Dies gilt für die Bemaßung von Formelementen, bei denen die Kreisform zu erkennen ist oder nur als Strecke erscheint, 2.59.

Die Höhe des Ø-Symbols ist die der entsprechenden Maßzahl. Der Kreis hat die Größe der Kleinbuchstaben und einen schrägen unter 75° bzw. 60° stehenden Strich, der durch den Kreismittelpunkt geht. Seine Höhe und Linienbreite sind die der Maßzahl, S. 26...28.

2.4 Zylinder

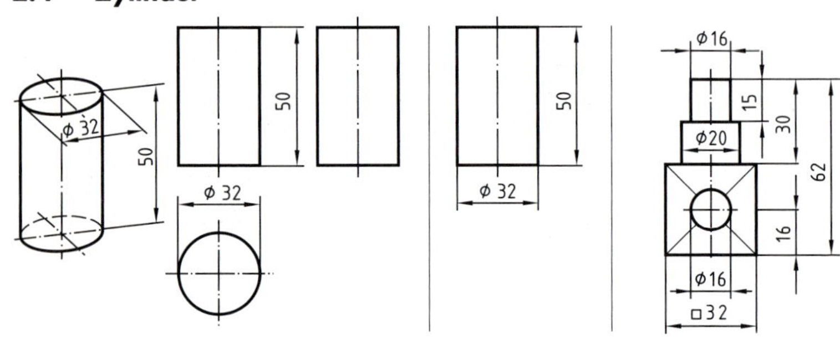

2.57 als Rechteck in A und C sowie als Kreis in B
2.58 oder vereinfacht als Rechteck in A
2.59 Stufenbolzen mit Vierkantkopf, gekennzeichnet durch Diagonalkreuz

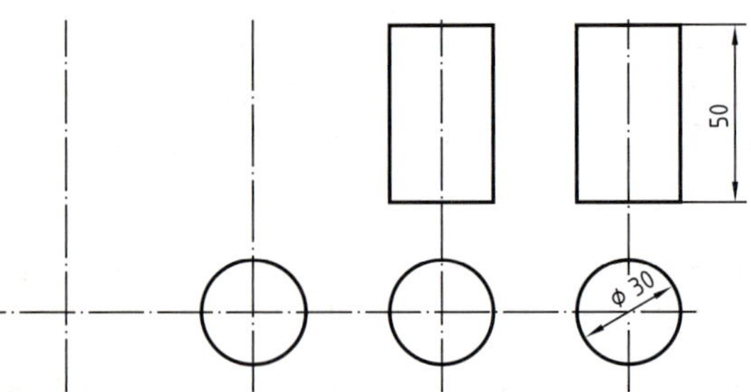

2.60 Zeichenschritte bei der Darstellung eines stehenden Zylinders

Beispiele für fertigungsbezogenes Bemaßen, Formerfassen und Fertigungsdenken

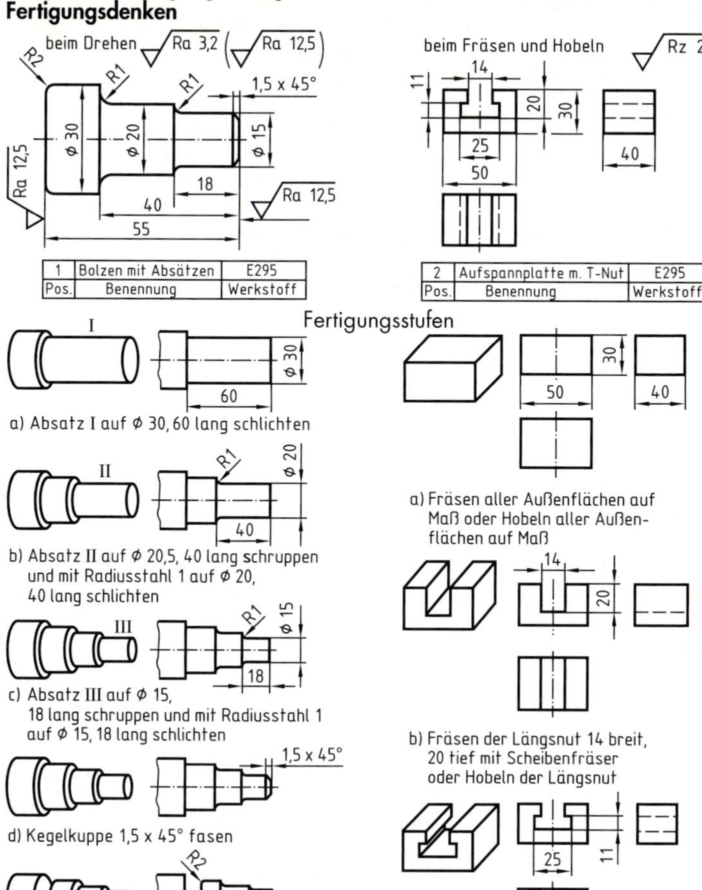

e) Bolzen auf Länge 55 abstechen und Kante mit Radius 2 brechen

c) Fräsen mit T-Nutenfräser 25 breit, 11 hoch oder Hobeln der T-Nut

Übung: Erkennen Sie

1. *durch Vergleich des Körperbildes mit der entsprechenden technischen Zeichnung, wie sich bei jeder Fertigungsstufe Werkstückform, Maße und Oberflächengüte ändern;*
2. *wie in den beiden Fertigungszeichnungen alle erforderlichen Maße und Oberflächenangaben eingetragen sind.*

Bemaßen zylindrischer Drehteile

Zylindrische Werkstücke werden nach der Arbeitsfolge ihrer Fertigung bemaßt, 2.61 und 2.62. Die Längenmaße gehen von der Maßbezugsebene aus; das ist beim Stufenbolzen 2.61 die zuerst plangedrehte Endstirnfläche des rechten dünnen Zapfens, beim Eintreibdorn beim Drehen zunächst die rechte und nach dem Umspannen dann die linke Endstirnfläche. Längenmaße werden beim manuellen Zeichnen gegeneinander versetzt eingetragen. Maßketten sind zu vermeiden, da sich Maßungenauigkeiten bei der Fertigung addieren würden. Die Durchmessermaße trägt man möglichst wechselseitig zur Mittellinie ein. Bei Platzmangel ist die Mittellinie für die Maßzahl zu unterbrechen, 2.62.

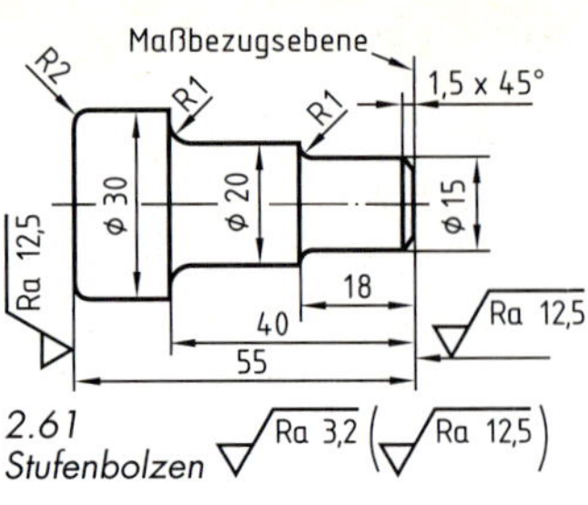

2.61 Stufenbolzen

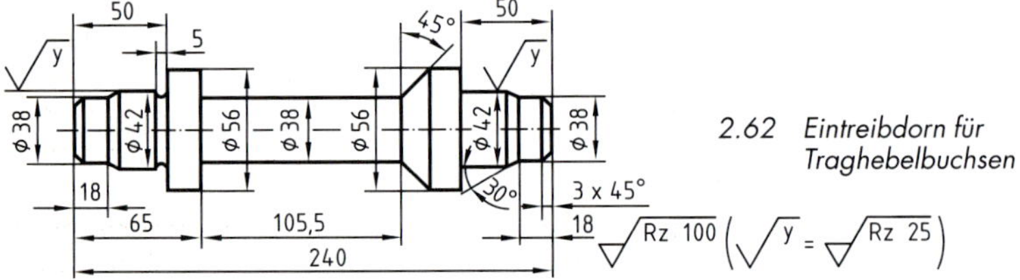

2.62 Eintreibdorn für Traghebelbuchsen

Längenmaße und zugehörige Durchmesser werden in der gleichen Ansicht bemaßt. Unnötiges Suchen wird dadurch vermieden.

Typische Schnitte an zylindrischen Werkstücken

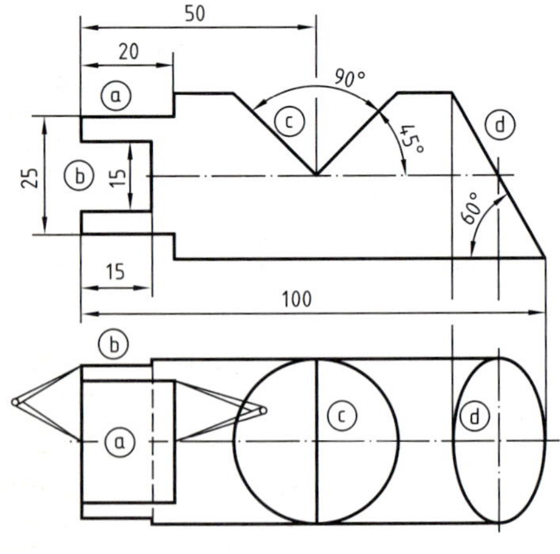

2.63

Schnitte an zylindrischen Werkstücken ergeben:

1. parallel zur Zylinderachse Rechtecke (a und b), wobei die Rücksprünge bei den Gabelausschnitten in der Draufsicht zu berücksichtigen sind,
2. unter 45° zur Zylinderachse Halbkreise bzw. Kreise (c),
3. unter einem beliebigen Winkel (außer 45°) Ellipsen (d).

Einfache Zylinderschnitte

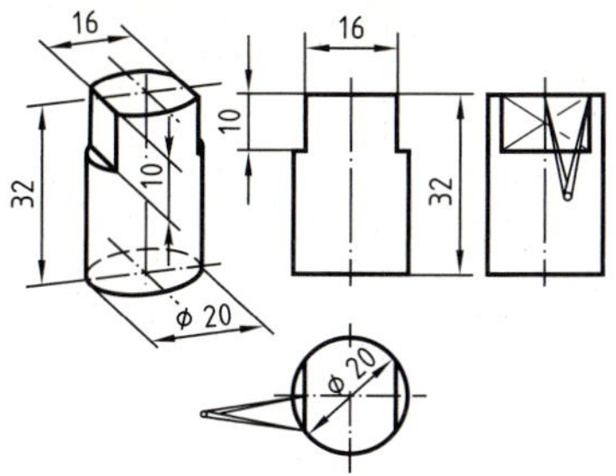

2.64 *Zylinderabflachung*

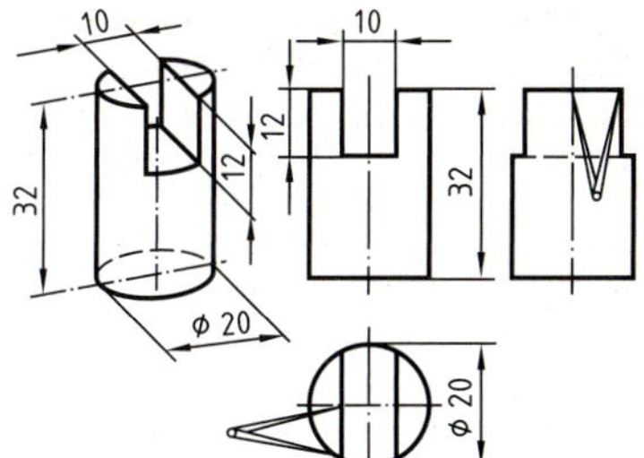

2.65 *Zylinderausschnitt*

2.64 zeigt einen Zylinderschnitt parallel und senkrecht zur Zylinderachse. Die Breite des in der Seitenansicht durch den Schnitt entstehenden Rechtecks ist durch Abgreifen mit dem Zirkel aus der Draufsicht zu entnehmen. Dieses Rechteck wird nicht bemaßt, da für die Bearbeitung in der Vorderansicht die Breite 16 und die Schnitttiefe 10 angegeben sind.

Der Gabelausschnitt 2.65 zeigt, wie das Maß für die zurückspringenden Schnittkanten in der Seitenansicht ebenfalls aus der Draufsicht von der Mittellinie aus abgegriffen und in die Seitenansicht übertragen wird.

Als Maße sind außer Durchmesser und Höhe des Zylinders die Breite und Tiefe des Ausschnitts einzutragen.

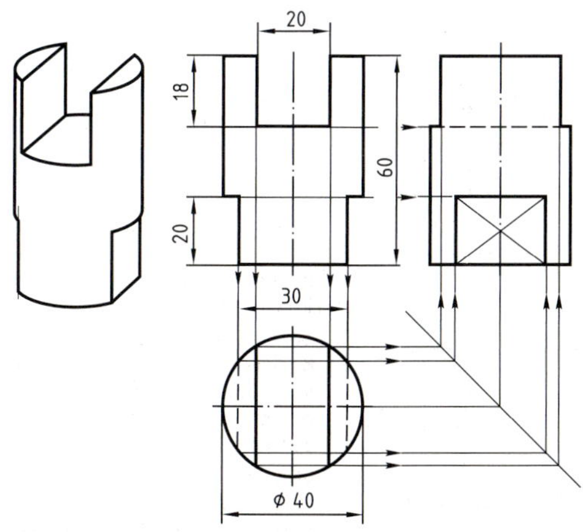

2.66 *Zwischenstück mit Nut und Abflachung*

Das Zwischenstück 2.66 weist zwei parallele Zylinderschnitte auf, und zwar einen Zylinderausschnitt und eine beidseitige Zylinderabflachung. Die zurückspringenden Kanten können mithilfe der Draufsicht in der Seitenansicht durch Projizieren konstruiert werden. Man fällt das Lot von den Schnittkanten der Vorderansicht in die Draufsicht und zieht durch die Schnittpunkte der Schnittkanten mit dem Umfang des Zylinders Parallelen.

Diese werden mit einer 45°-Geraden, die durch den Schnittpunkt der Verlängerung der Zylinderachsen der Draufsicht und Seitenansicht geht, zum Schnitt gebracht. Die Senkrechten durch die Schnittpunkte auf der 45°-Geraden ergeben mit den entsprechenden Parallelen aus der Vorderansicht die rückspringenden Kanten der Zylinderschnitte in der Seitenansicht.

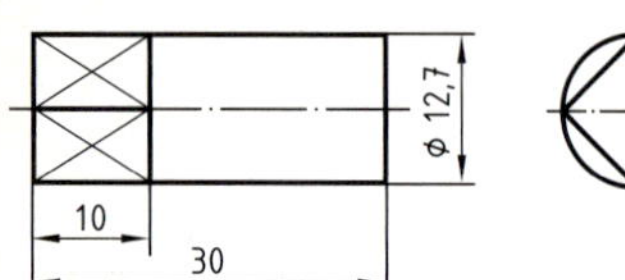

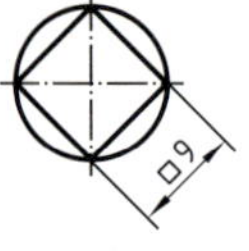

2.67 Vierkant am Rundstahl

Werden quadratische Vierkante mit vollen Ecken an einem Rundstahl gefräst, dann ist die Diagonale so groß wie der Durchmesser d. Bei gegebener Quadratseite s errechnet sich der erforderliche Durchmesser d des Rundstahls zu

$$d = \sqrt{2} \cdot s = 1{,}414 \cdot s$$

z. B. $\quad d = 1{,}414 \cdot 9 \sim 12{,}7 \text{ mm}$

Werkzeug-Vierkante und Schaftdurchmesser enthält DIN 10, s. S. 294.

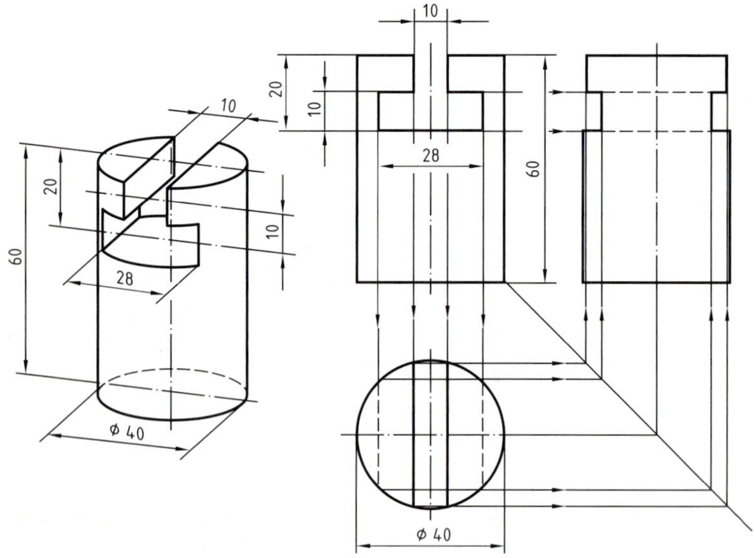

2.68 Bolzen mit T-Nut

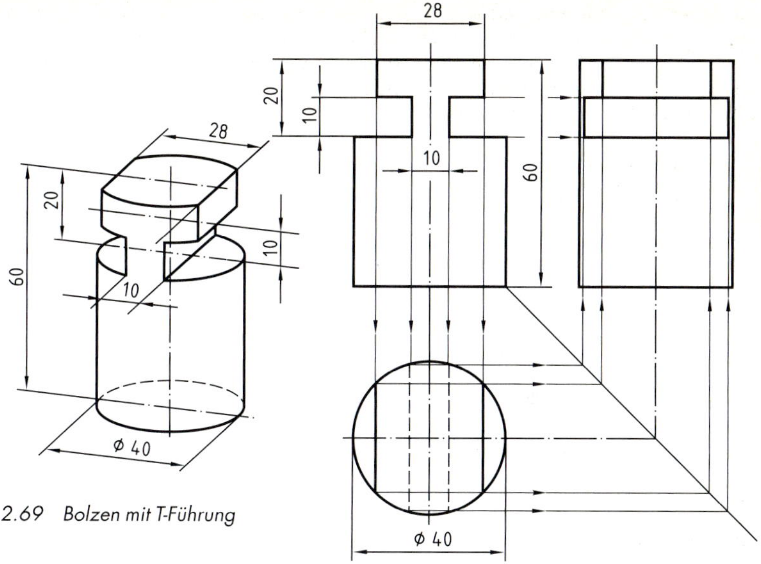

2.69 *Bolzen mit T-Führung*

Abwicklung eines geraden Zylinders

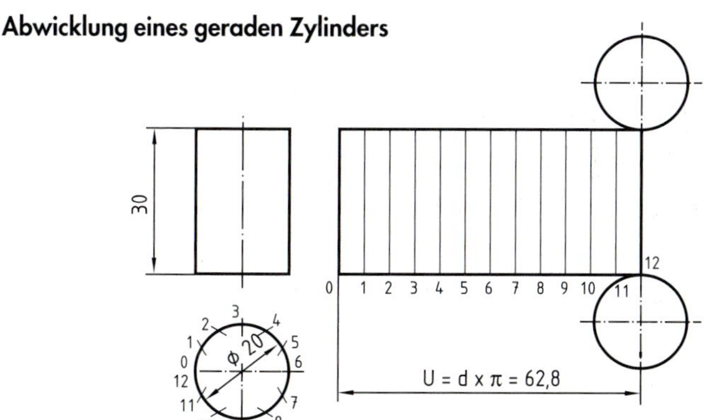

2.70 *Gerader Zylinder mit Abwicklung*

Die Abwicklung eines geraden Zylinders besteht aus der Mantelfläche sowie der Grund- und Deckfläche. Für die Mantelabwicklung teilt man den Grundkreis in z. B. 12 gleiche Teile und trägt diese als Umfang der Zylindermantelabwicklung ab. Der Umfang des Zylinders ergibt sich zu $U = d \times \pi = 62{,}8$ mm.

2.5 Vierseitige Pyramide

Gerade Pyramiden mit quadratischer Grundfläche, dargestellt in zwei oder einer Ansicht, besitzen jeweils zwei Maße.

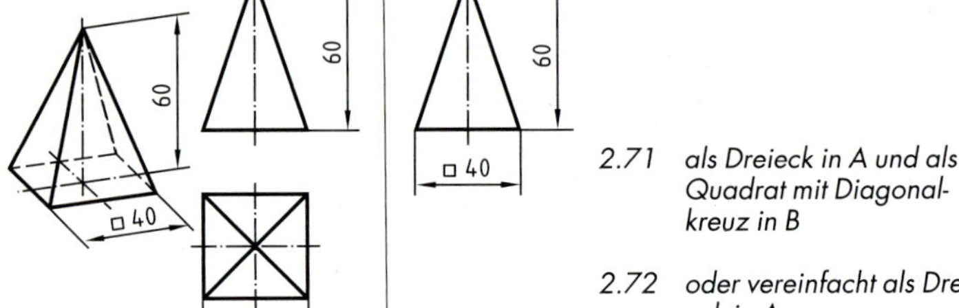

2.71 *als Dreieck in A und als Quadrat mit Diagonalkreuz in B*

2.72 *oder vereinfacht als Dreieck in A*

Vierseitige abgestumpfte Pyramide

Gerade abgestumpfte Pyramiden mit quadratischer Grund- und Deckfläche, dargestellt in zwei oder einer Ansicht, besitzen jeweils drei Maße.

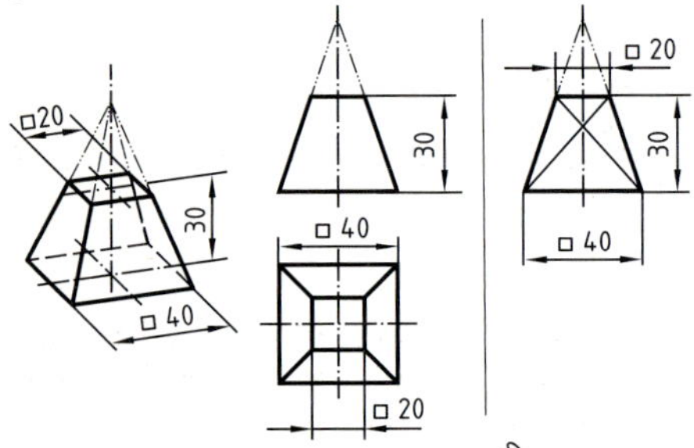

2.73 *als Trapez in A und den beiden Quadraten in B*

2.74 *oder vereinfacht als Trapez in A*

Verjüngung und Neigung s. S. 115 und 116.

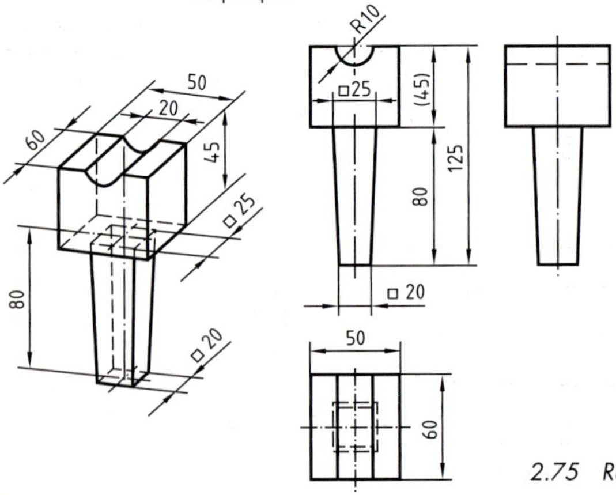

2.75 *Rundgesenk*

2.6 Kegel

Der spitze gerade Kegel besitzt zwei Maße, und zwar den Durchmesser der Grundfläche und die Kegelhöhe. Der abgestumpfte gerade Kegel weist drei Maße auf, die beiden Durchmesser der Grund- und Deckfläche sowie die Höhe des Kegelstumpfes.

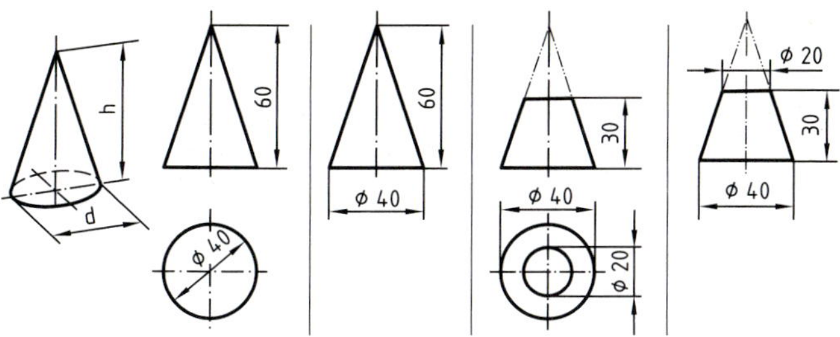

Spitzer Kegel

2.76 als Dreieck in A und als Kreis in B
2.77 in vereinfachter Darstellung als Dreieck

Abgestumpfter Kegel

2.78 als Trapez in A und als zwei konzentrische Kreise in B (oben)
2.79 in vereinfachter Darstellung als Trapez in A (oben)
2.80 Die Maßhilfslinien beim Maß Ø 30 stehen unter 60° zur Maßlinie. Dadurch wird die Maßeintragung deutlicher (2.89 unten).

Beispiele:

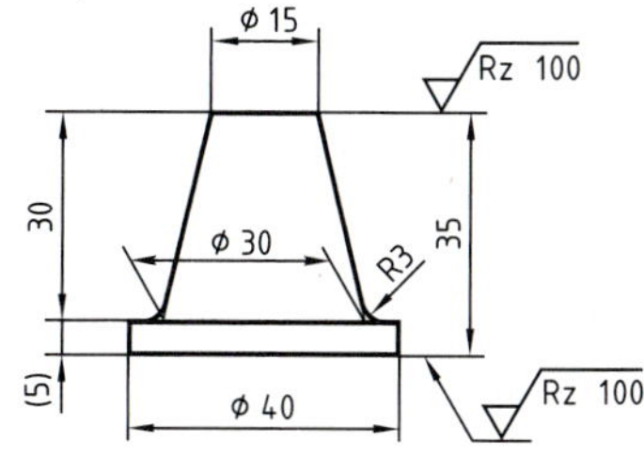

2.81 Stütze

Die Bemaßung von kegeligen Übergängen an Werkstücken, die spanlos hergestellt werden, zeigt 2.81.

Nur genaue Kegel, die eine Funktion zu erfüllen haben, z. B. 2.82, werden nach DIN ISO 3040 bemaßt, s. S. 127.

(Rz 100)

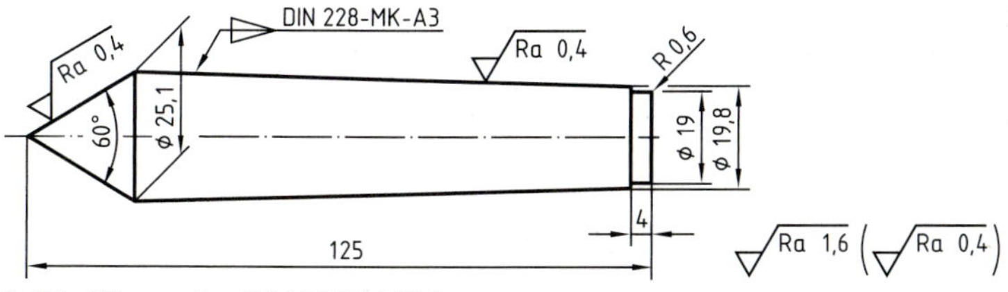

2.82 Körnerspitze DIN 806 – MK 3

2.7 Kugel

Die Vollkugel wird im Allgemeinen in einer Ansicht, der Kugelabschnitt in zwei Ansichten dargestellt.

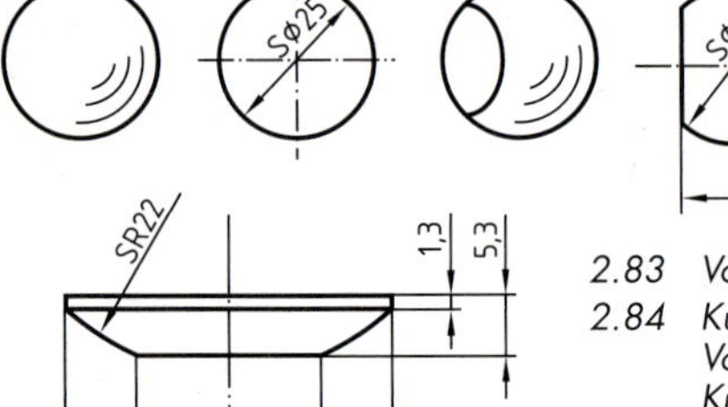

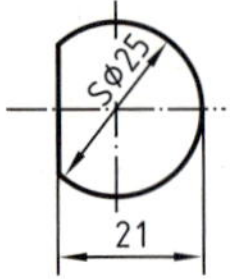

2.83 Vollkugel als Kreis in der Vorderansicht

2.84 Kugelabschnitt als Kreisabschnitt in der Vorderansicht und zwei konzentrische Kreise in der Seitenansicht

2.85 Kreisabschnitt in der Vorderansicht

Der Großbuchstabe S (sphärisch) kennzeichnet die Kugelform. Er steht nach DIN 406-11 vor dem Ø-Symbol oder vor dem Großbuchstaben R sowie der Maßzahl.

Ist der Kugelmittelpunkt angegeben, so wird vor dem Kugelmaß stets das Ø-Symbol eingetragen, 2.83 … 85.

Ist der Kugelmittelpunkt nicht angegeben, so wird anstelle des Ø-Symbols der Großbuchstabe R für den Kugelradius eingetragen, 2.86 und 2.88.

Erfolgskontrolle:

1. Stellen Sie sich anhand der Ansichten, Maße und Symbole die entsprechenden Körper- bzw. Werkstückformen der Grundkörper vor. Zeichnen Sie dann aus dem Gedächtnis ihre möglichen Ansichten mit Maßen und Symbolen. Vergleichen Sie dann diese mit den abgebildeten Musterzeichnungen.
2. Lösen Sie die Testaufgaben S. 433 … 435 und die Auswahlaufgaben S. 436 und 437.
3. Zeichnen und bemaßen Sie die als Raumbilder dargestellten Werkstücke in den Testaufgaben S. 438 und 439.

Bei allseitig gleicher Oberflächenbeschaffenheit am Werkstück kann am Oberflächensymbol ein Kreis eingefügt werden. Erläuterung siehe S. 89.

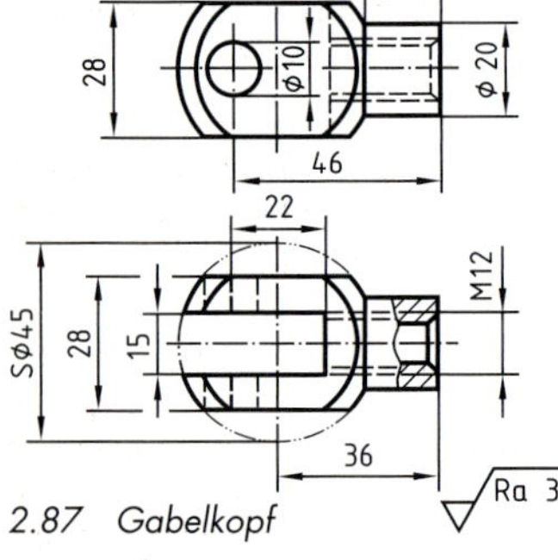

2.86 Kugelscheibe DIN 6319-C 17

2.87 Gabelkopf

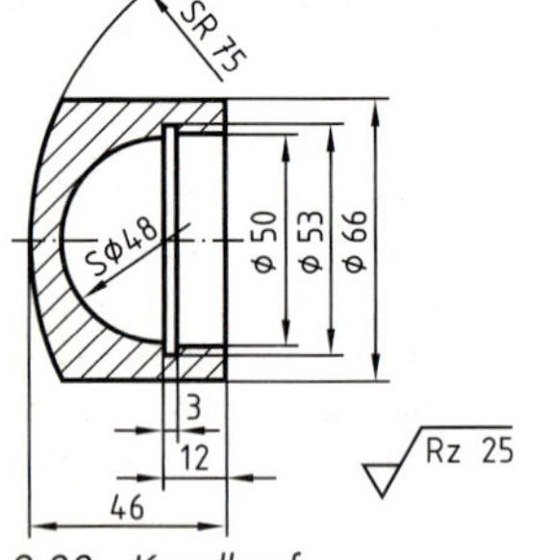

2.88 Kugelkopf

3 Ansichten, Schnittdarstellungen, Gewinde, Oberflächenangaben, Lesen und Verstehen von Zeichnungen

3.1 Grundlagen der Darstellung von Ansichten nach DIN ISO 128-30

In technischen Zeichnungen werden die Ansichten von Werkstücken in rechtwinkliger Parallelprojektion auf rechtwinklig zueinander angeordnete Ebenen projiziert. Die Hauptfläche oder Symmetrieachse der Werkstücke liegt dabei parallel zu den Projektionsebenen. Diese Projektionsart wird Normalprojektion bzw. orthogonale Darstellung genannt.

3.1.1 Anordnung der Ansichten und Darstellungsmethoden

Benennung der Ansichten:

Vorderansicht	A	Seitenansicht von rechts	D
Draufsicht	B	Untersicht	E
Seitenansicht von links	C	Rückansicht	F

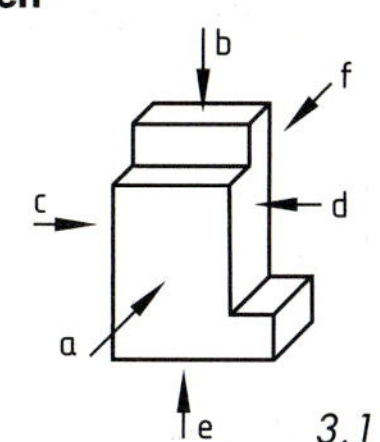

3.1

Als Vorderansicht ist stets die aussagefähigste Ansicht eines Werkstückes zu wählen, wobei die Anzahl der Ansichten und evtl. Schnitte im Hinblick auf die Bestimmung der Werkstückgeometrie und Bemaßung auf das Notwendige beschränkt bleiben soll.

In Teilzeichnungen ist als Vorderansicht die Fertigungslage des Teils zu bevorzugen, z. B. die waagerechte Lage bei Achsen und Wellen. In Gesamt- und Gruppenzeichnungen ist als Vorderansicht die Gebrauchs- oder Einbaulage zu wählen.

Darstellungsmethoden

Die bevorzugte Methode ist die Pfeilmethode. Wird die Projektionsmethode 1 oder die Projektionsmethode 3 angewandt, ist sie nur in Verbindung mit dem jeweiligen grafischen Symbol der Projektionsmethode eindeutig.

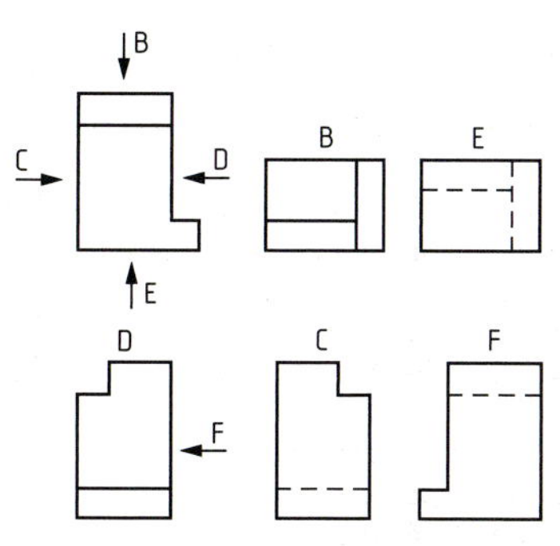

3.2 Beliebige Anordnung der Ansichten nach der Pfeilmethode.

Pfeilmethode

Bei der Pfeilmethode dürfen die Ansichten beliebig zueinander angeordnet werden, um ungünstige Projektionen zu vermeiden und Platz zu sparen. Mit Ausnahme der Hauptansicht wird dann die Betrachtungsrichtung für jede nach dieser Methode dargestellte Ansicht festgelegt.

Die Pfeile sollen einen Winkel von etwa 30° einschließen und etwa die 1,5-fache Länge der Maßpfeile haben.

Ein Buchstabe gibt in der Hauptansicht die Betrachtungsrichtung der anderen Ansichten an, die durch den entsprechenden Großbuchstaben gekennzeichnet sind.

Ein grafisches Symbol für die Angabe dieser Methode ist nicht erforderlich.

Projektionsmethode 1

Bezogen auf die Vorderansicht als Hauptansicht sind die anderen Ansichten wie folgt anzuordnen:

Draufsicht liegt unterhalb,
Seitenansicht von links liegt rechts,
Seitenansicht von rechts liegt links,
Untersicht liegt oberhalb,
Rückansicht darf links oder rechts liegen.

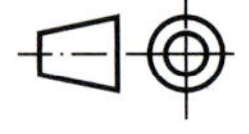

3.4 Symbol für Projektionsmethode 1

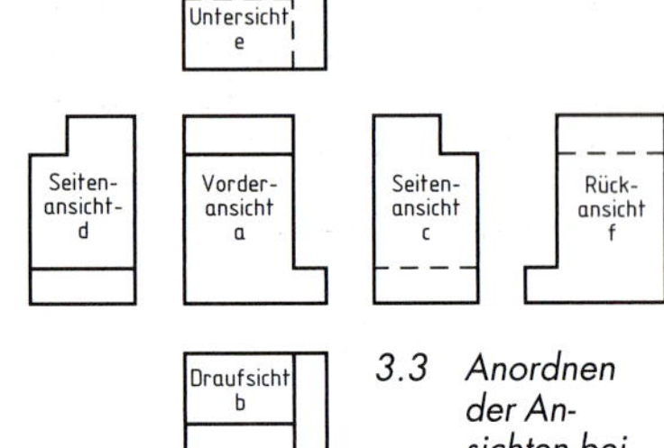

3.3 Anordnen der Ansichten bei Methode 1

Projektionsmethode 3

Bezogen auf die Vorderansicht als Hauptansicht sind die anderen Ansichten wie folgt anzuordnen:

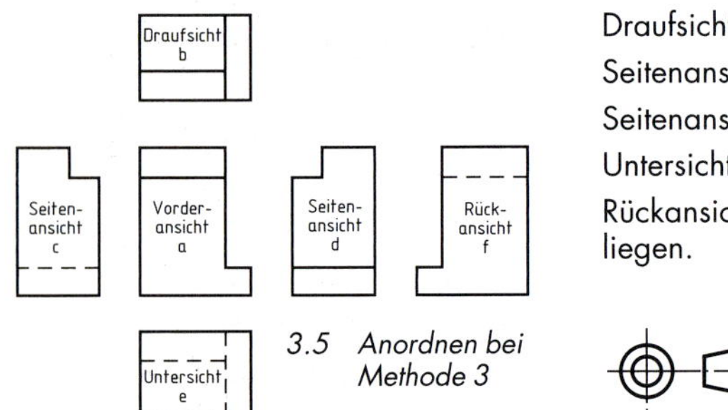

3.5 Anordnen bei Methode 3

Draufsicht liegt oberhalb,
Seitenansicht von links liegt links,
Seitenansicht von rechts liegt rechts.
Untersicht liegt unterhalb,
Rückansicht kann links oder rechts liegen.

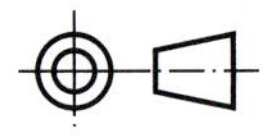

3.6 Symbol für Projektionsmethode 3

Teilansichten

Symmetrische Werkstücke dürfen unterbrochen dargestellt werden, wenn sie damit eindeutig und vollständig bestimmt werden können. Sie müssen durch das grafische Symbol für Symmetrie am Ende der Symmetrielinie gekennzeichnet sein.

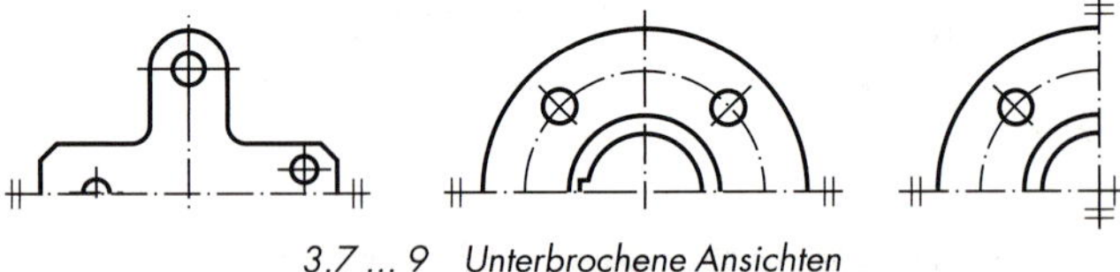

3.7 … 9 Unterbrochene Ansichten

Unterbrochene Ansichten (DIN ISO 128-34)
Durch Bruchkanten werden Werkstücke verkürzt dargestellt, um Platz zu sparen. Die Bruchkanten werden im Allgemeinen als schmale Freihandlinie oder als Zickzacklinie gezeichnet, s. Beispiele 1 ... 10. Die Zickzacklinien zeichnet man etwas über die Umrisslinien hinaus.
Bei Rundkörperformen sollen die Bruchkanten als Freihandlinien oder Zickzacklinien und nicht mehr als Schleifenformen gezeichnet werden, Beispiele 8 und 10. Umrisslinien von verkürzt dargestellten kegeligen Teilen und Teilen mit Neigungen dürfen versetzt gezeichnet werden, s. Beispiele 9 und 10.

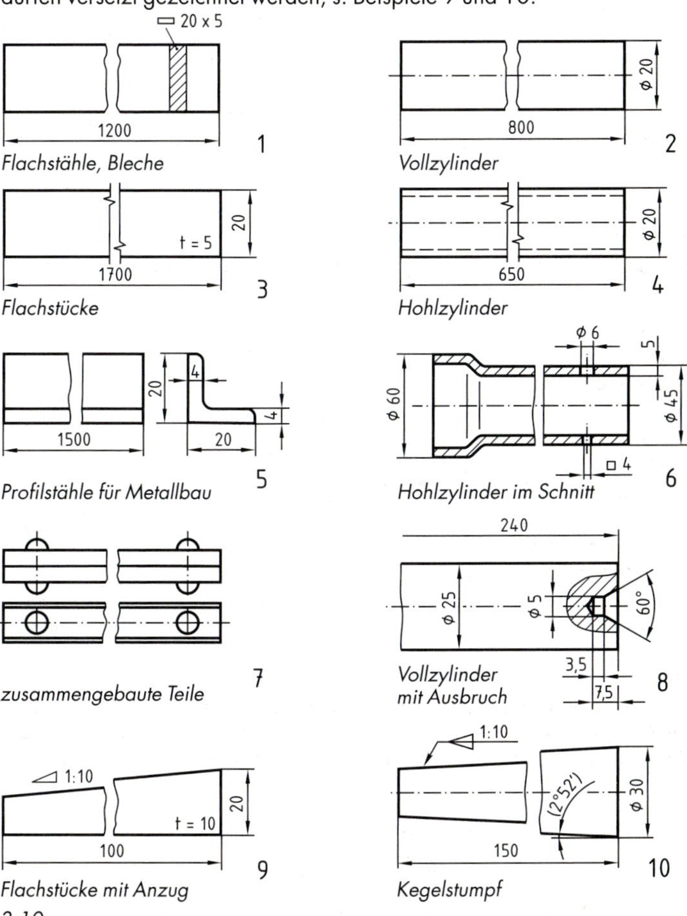

3.10

Erfolgskontrollen über Ansichten und Schnitte s. S. 436 und 437.

3.1.2 Schnittdarstellung nach DIN ISO 128-40 und DIN ISO 128-50

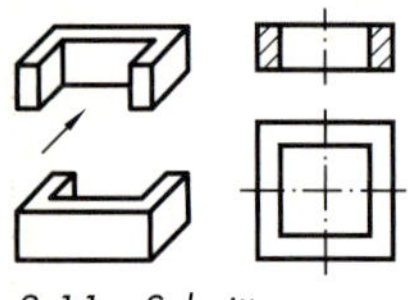

3.11 *Schnitt*

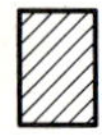

3.12 *Anordnen der Schraffurlinien*

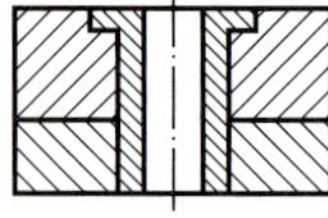

3.13 *Zusammentreffen mehrerer Schnittflächen*

3.14 *Schmale, voll geschwärzte Schnittflächen*

3.15 und 16 *Schmale Profilquerschnitte, Zwischenfugen beim Blechträger*

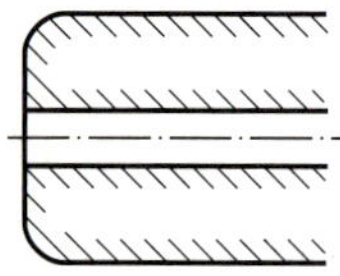

3.17 *Randschraffur bei großen Schnittflächen*

Im Schnitt dargestellt werden Hohlkörper, z. B. Gehäuse, Werkstücke mit Bohrungen und Durchbrüchen, damit man die innere Form klar erkennen kann. Man denkt sich bei der Schnittdarstellung einen Teil des Werkstückes weggeschnitten und zeichnet den übrig gebliebenen Teil.

Die durch den Schnitt sichtbar werdenden inneren Körperkanten sind als breite Volllinien zu zeichnen.

Dort, wo der gedachte Schnitt durch den Werkstoff führt, sind die Flächen zu schraffieren, Hohlräume dagegen nicht, 3.11.

Die Schraffurlinien werden durch parallel laufende schmale Volllinien unter 45° zu den Hauptumrissen oder zur Symmetrieachse in gleichmäßigem Abstand gezeichnet, 3.12. Der Abstand der Schraffurlinien hängt ab von der Größe der Werkstücke und dem Maßstab. Er soll jedoch nicht zu eng gewählt werden.

Treffen Schnittflächen mehrerer Teile zusammen, so sind die Schraffurlinien der verschiedenen Schnittflächen entgegengesetzt unter 45° bzw. 135° und der Abstand außerdem entsprechend enger bzw. weiter zu zeichnen, 3.13.

Bei Maßzahlen und Beschriftungen sind die Schraffurlinien zu unterbrechen, s. 3.22.

Schmale Schnittflächen werden voll geschwärzt gezeichnet, z. B. dünne Buchsen, Walzprofile, dünne Bleche usw., 3.14 und 3.15.

Stoßen mehrere schmale Schnittflächen zusammen, so ist zwischen diesen ein Abstand von 0,7 mm zu lassen, damit Zwischenfugen entstehen, 3.16.

Bei großen Flächen darf die Schraffur auf eine Zone, die den Umrissen der Schnittfläche folgt, beschränkt werden, 3.17.

Eine im Übergang von DIN 6-2 auf DIN ISO 128-40/-50 früher bestehende Regelung für Gruppen in Zusammenbauzeichnungen ist seit geraumer Zeit entfallen.

Schnittarten

1. Beim Schnitt denkt man sich die vordere Werkstückhälfte herausgeschnitten und es wird nur die hintere Hälfte gezeichnet, 3.18. Die Schnitte können beliebig gelegt werden, vorwiegend jedoch in Richtung der Längsachse oder senkrecht zu ihr, 3.19.
2. Beim Halbschnitt, 3.20 und 3.21, ist ein Viertel des Hohlkörpers herausgeschnitten gedacht. Er wird angewendet als vereinfachte Darstellung von spiegelbildgleichen Hohlkörpern, um durch die Schnitthälfte die innere Form (die inneren Kanten) und durch die Ansichtshälfte die äußere Form (die äußeren Kanten) zu verdeutlichen. Verdeckte Körperkanten werden in Schnittdarstellungen möglichst nicht gezeichnet. Bei symmetrischen Werkstücken wird der Halbschnitt bevorzugt rechts angeordnet, wenn die Schnittebene senkrecht verläuft, 3.21, und unter der Mittellinie, wenn sie waagerecht zur Mittellinie liegt, 3.20.
3. Zum Teilschnitt zählen:
   - Der Teilschnitt, bei dem die umschließende Schnittfläche nicht durch Bruchlinien begrenzt wird, 3.22.
   - Der Teilschnitt, der als Begrenzungslinie die Freihandlinie oder eine Zickzacklinie auf Plotterzeichnungen hat. Diese dürfen nicht mit Umrissen, Kanten oder Hilfslinien zusammenfallen, 3.23. Der Teilschnitt dient zur Verdeutlichung eines Teiles am Werkstück.
4. Der Schnitt darf in die zugehörige Ansicht gedreht oder neben der Ansicht dargestellt werden. In der Ansicht werden die Umrisse des Schnitts in schmalen Volllinien gezeichnet, 3.24.

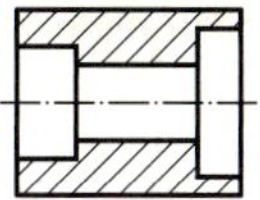

3.18 Schnitt (längs)

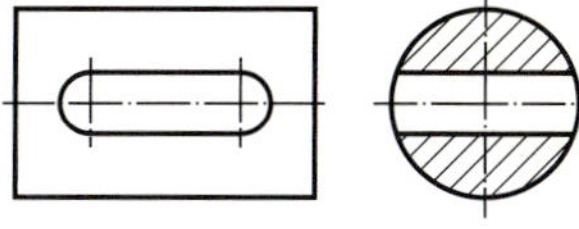

3.19 Schnitt (quer)

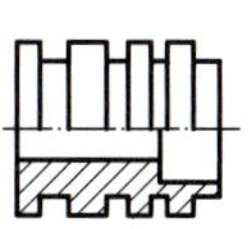

3.20 und 21 Halbschnitte

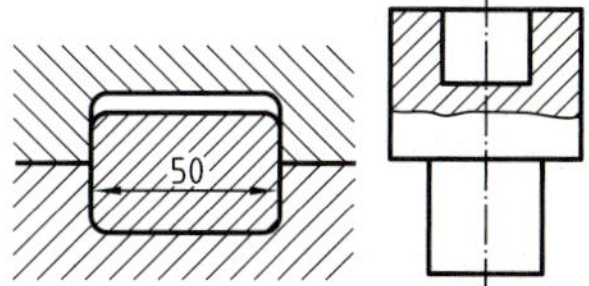

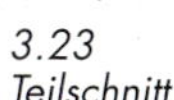

3.22 Teilschnitt

3.23 Teilschnitt

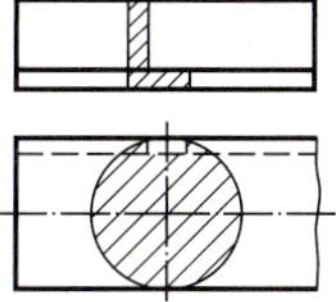

3.24 Schnitt in die Ansicht gedreht

Volle Werkstücke werden nicht im Längsschnitt gezeichnet, z. B. Wellen, Bolzen, Niete, Stifte, Schrauben, Passfedern, Keile, Wälzlagerkörper sowie Rippen von Gussstücken und Arme von Handrädern, s. 3.25 und 3.26.

3.27 zeigt die Darstellung angrenzender Teile, wobei die Umrisse des Hahnkükens in schmaler Strich-Zweipunkt-Linie und die sichtbaren Körperkanten des Hauptteiles in breiten Volllinien gezeichnet werden. Geschnittene angrenzende Teile werden nicht schraffiert.

Linienarten und ihre Anwendung s. S. 24 bis 26.

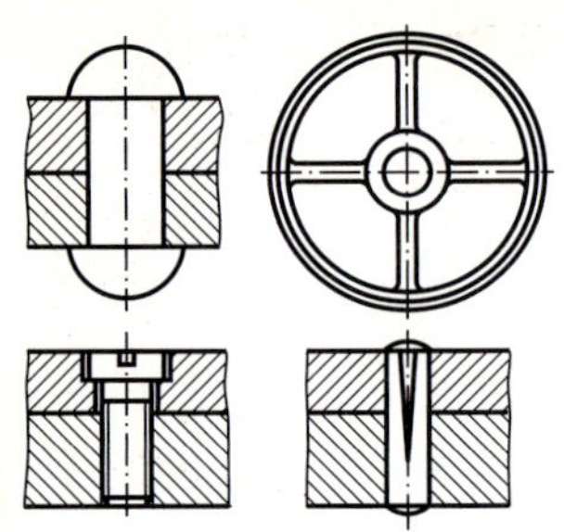

3.25 *Vollkörper nicht geschnitten*

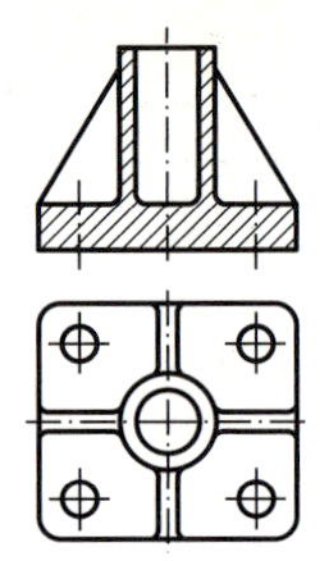

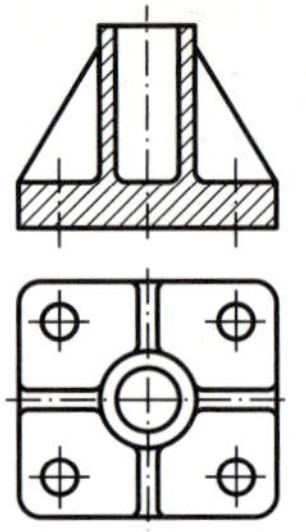

3.26 *Rippen nicht geschnitten*

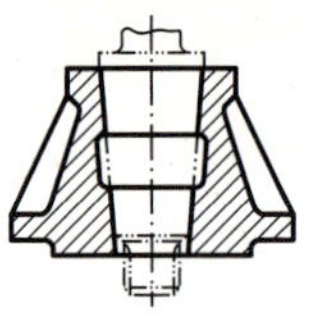

3.27 *Darstellung angrenzender Teile*

Kennzeichnen des Schnittverlaufs[1)]

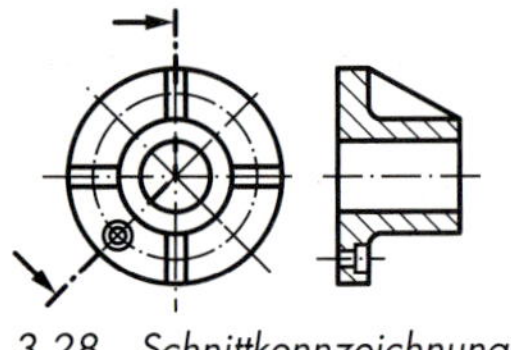

3.28 *Schnittkennzeichnung*

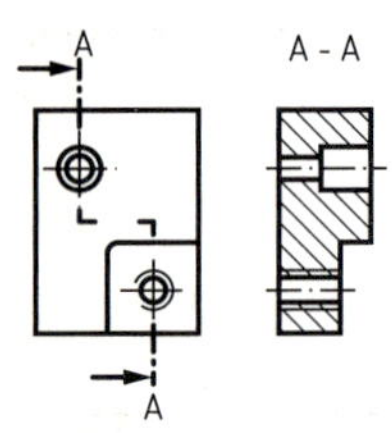

3.29 *Geknickte Schnittverlaufslinien*

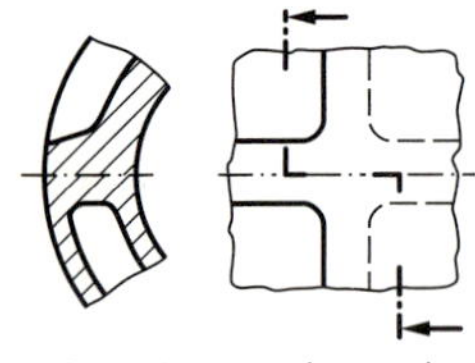

3.30 *Getrennt liegende Schnittebenen*

Beim Schnitt und Halbschnitt ist der Schnittverlauf eindeutig erkennbar und wird daher nicht besonders gekennzeichnet, 3.25 ... 3.27.

Ist der Schnittverlauf jedoch nicht klar zu erkennen, so wird er durch breite, kurze strichpunktierte Linien gleich der Breite der Volllinien angedeutet, die in das Zeichnungsbild etwas hineinragen. Die Pfeile für die Blickrichtung auf den Schnitt sind mit der Spitze auf die Strichpunktlinie des Schnitts zu setzen, 3.28.

Führt der Schnitt durch mehrere parallele, versetzte Ebenen, so werden die Schnittverlaufslinien geknickt, 3.29. Jeder Schnitt wird so gezeichnet, als ob die Flächen in einer Ebene lägen. Der Schnitt wird mit zwei gleichen Großbuchstaben gekennzeichnet. Die Stellung der Schnittbuchstaben richtet sich nach der Schreibrichtung in der Zeichnung, s. S. 68. Sie werden eine Schriftgröße größer als die Bemaßung geschrieben.

Werden parallele versetzte Schnittebenen durch eine gemeinsame Mittellinie begrenzt, so können die Schraffurlinien für die versetzten Schnittflächen an der Mittellinie voneinander abgesetzt werden, 3.30.

Früher übliche Wortangaben in Zeichnungen wie „Ansicht", „Schnitt" und „Einzelheit" etc. sind damit überflüssig.

[1)] DIN ISO 128-44

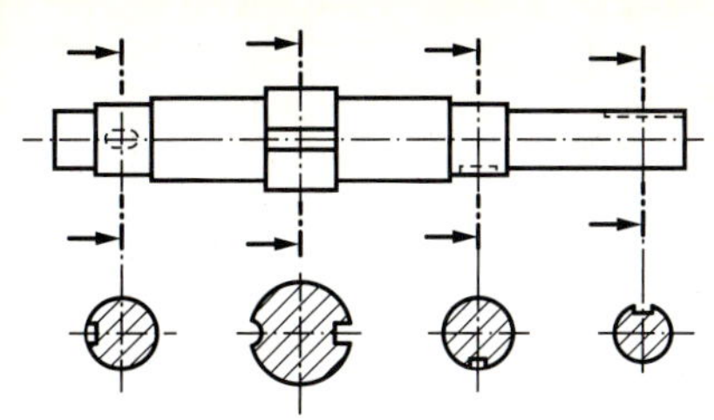

3.31 *Aufeinander folgende Schnitte*

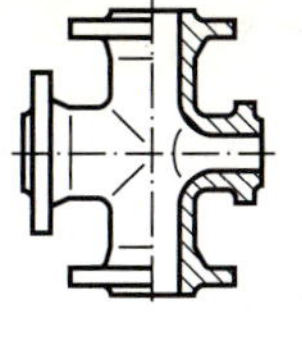

3.32 *Andeutung gerundeter Kanten*

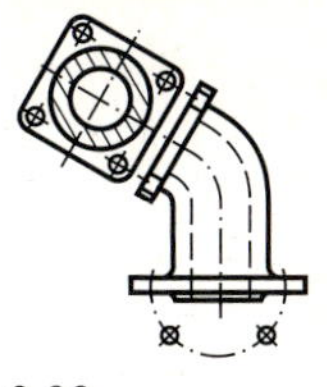

3.33 *Klappung um schräg liegende Kanten*

3

3.31 zeigt eine abweichende Anordnung von symmetrischen Schnitten an länglichen Teilen, z. B. bei Wellen direkt unterhalb ihrer zugehörigen Schnittebene.

Gerundete Kanten, so genannte Lichtkanten, werden durch schmale Volllinien, die vor den Körperkanten enden, anschaulich dargestellt, 3.32.

Schnitte können um schräg liegende Kanten geklappt werden, um schiefe Projektionen zu vermeiden, 3.33.

Darstellen von Einzelheiten s. S. 124.

Schraffuren nach DIN ISO 128-50

Sie werden nur dann zur Kennzeichnung der verschiedenen Werkstoffe angewendet, wenn dadurch die Werkstoffarten besser erkennbar sind, z. B. in Gruppenzeichnungen. Das entbindet jedoch nicht von der genauen Angabe der Werkstoffe in Schriftfeld und Stückliste.

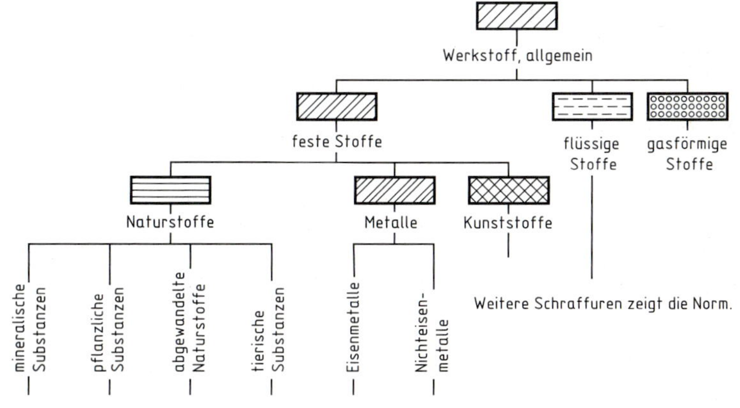

3.34 *Schraffurarten*

Beispiele für die Schnittdarstellung

Es sind dargestellt:
im Schnitt Teile 1, 2, 3, 10 und 11,
im Halbschnitt Teil 5,
im Teilschnitt Teil 6,
im Querschnitt Teil 6 als Schnitt A - A sowie die Kupplungswelle mit Passfeder und Teil 5,
nicht im Schnitt Teile 4, 7, 8, 9 und 12.

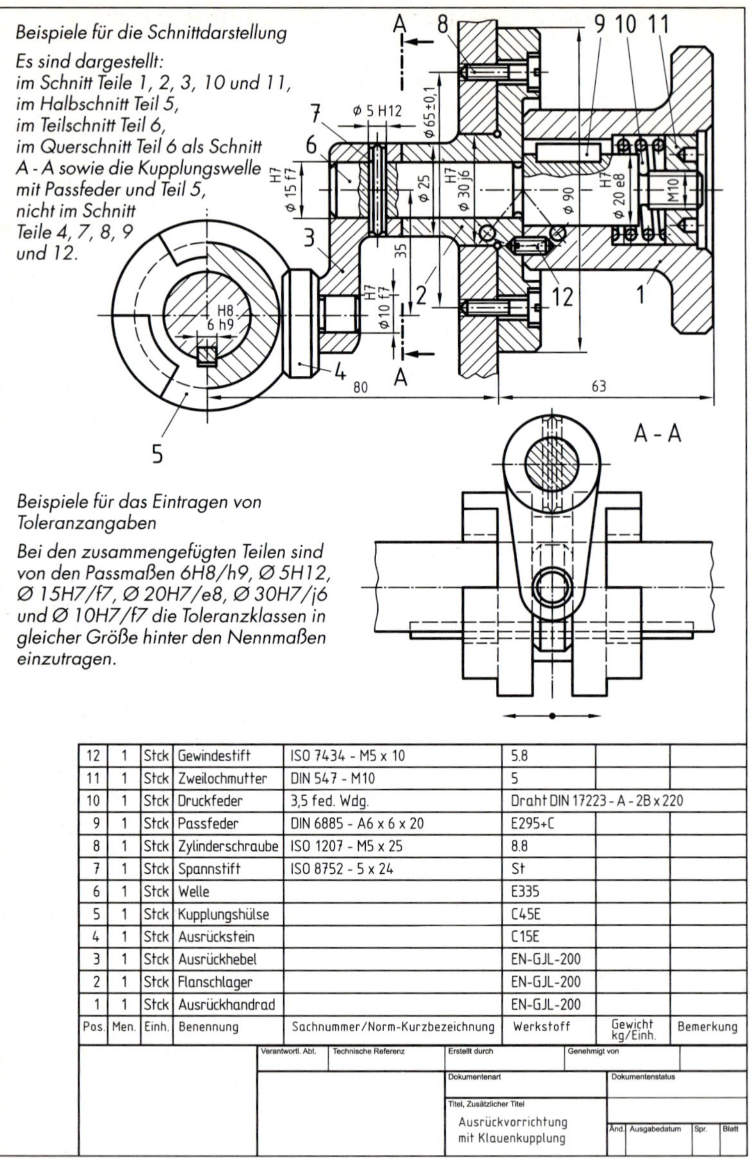

Beispiele für das Eintragen von Toleranzangaben

Bei den zusammengefügten Teilen sind von den Passmaßen 6H8/h9, Ø 5H12, Ø 15H7/f7, Ø 20H7/e8, Ø 30H7/j6 und Ø 10H7/f7 die Toleranzklassen in gleicher Größe hinter den Nennmaßen einzutragen.

Pos.	Men.	Einh.	Benennung	Sachnummer/Norm-Kurzbezeichnung	Werkstoff	Gewicht kg/Einh.	Bemerkung
12	1	Stck	Gewindestift	ISO 7434 - M5 x 10	5.8		
11	1	Stck	Zweilochmutter	DIN 547 - M10	5		
10	1	Stck	Druckfeder	3,5 fed. Wdg.	Draht DIN 17223 - A - 2B x 220		
9	1	Stck	Passfeder	DIN 6885 - A6 x 6 x 20	E295+C		
8	1	Stck	Zylinderschraube	ISO 1207 - M5 x 25	8.8		
7	1	Stck	Spannstift	ISO 8752 - 5 x 24	St		
6	1	Stck	Welle		E335		
5	1	Stck	Kupplungshülse		C45E		
4	1	Stck	Ausrückstein		C15E		
3	1	Stck	Ausrückhebel		EN-GJL-200		
2	1	Stck	Flanschlager		EN-GJL-200		
1	1	Stck	Ausrückhandrad		EN-GJL-200		

Verantwortl. Abt.	Technische Referenz	Erstellt durch	Genehmigt von
		Dokumentenart	Dokumentenstatus
		Titel, Zusätzlicher Titel: Ausrückvorrichtung mit Klauenkupplung	Änd. / Ausgabedatum / Spr. / Blatt

Beispiel einer Stückliste nach DIN 6771-B2 auf Zeichnungen

3.1.3 Vereinfachte Darstellungen in technischen Zeichnungen nach DIN ISO 128-34

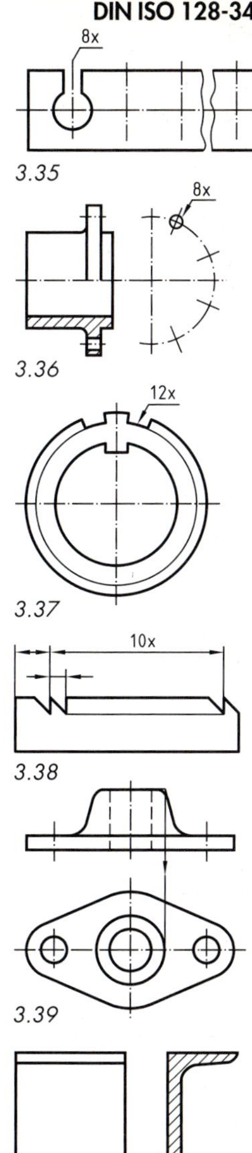

3.35

3.36

3.37

3.38

3.39

3.40

Regelmäßig sich wiederholende Formelemente

Regelmäßig sich wiederholende Formelemente eines Teils brauchen nur so oft dargestellt zu werden, wie es zur eindeutigen Bestimmung notwendig ist. Die Mitten der sich wiederholenden Formelemente, z. B. Löcher, sind durch Mittellinienkreuze festzulegen, 3.35 und 36. Dabei ist die Anzahl der Formelemente stets anzugeben.
Bei anderen Formelementen wird der Bereich für die restlichen Elemente durch eine schmale Volllinie angedeutet, 3.37 und 38.

Geringe Neigungen

Lassen sich geringe Neigungen an Schrägen, Kegeln usw. in der zugehörigen Projektion nicht deutlich zeigen, so kann auf ihre Darstellung verzichtet werden. Es ist dann nur eine Kante zu zeichnen, die der Projektion des kleinen Maßes entspricht, 3.39 und 40.

Durchdringungen

Bei der Durchdringung von Körpern, z. B. Zylinder-Zylinder, kann auf die Darstellung sehr flacher Durchdringungskurven bzw. sehr gering versetzter Schnittlinien verzichtet werden.

3.1.4 Positionsnummern in technischen Unterlagen nach DIN ISO 6433

Positionsnummern sollen sich von allen anderen Angaben deutlich unterscheiden durch

- Anwenden entsprechend großer Schriftzeichen, die z. B. doppelt so groß sind wie die Bemaßung und ähnliche Angaben[1],
- Umkreisen der Positionsnummern, wobei alle Kreise den gleichen Durchmesser haben und mit schmaler Volllinie gezeichnet werden,
- größere Schriftzeichen und Umkreisen.

Positionsnummern sind möglichst außerhalb der Umrisslinien der Teile anzuordnen, wobei diese mit dem zugeordneten Teil durch eine Hinweislinie zu verbinden sind.

[1] In Deutschland ist es üblich, mindestens eine Schriftgröße größer als die Bemaßung zu schreiben. Das Umkreisen von Positionsnummern sollte in technischen Zeichnungen vermieden werden.

Diese darf entfallen, wenn die Zuordnung von Positionsnummer und betreffendem Teil eindeutig ist. Hinweislinien dürfen sich nicht kreuzen. Sie sollen so kurz wie möglich sein und aus der Darstellung herausragen. Bei umkreisten Positionsnummern sind sie auf den Mittelpunkt gerichtet.

Die Positionsnummern sollen im Hinblick auf Klarheit und Lesbarkeit senkrecht untereinander oder in horizontalen Reihen angeordnet werden. Positionsnummern von zusammengehörenden Teilen dürfen an derselben Hinweislinie eingetragen werden, 3.44. Bei identischen Teilen brauchen Positionsnummern nur einmal eingetragen zu werden.

Eine zweckmäßige Reihenfolge der Positionsnummern sollte nach bestimmten Gesichtspunkten gewählt werden, z. B. nach der Zusammenbaufolge u. a. m.

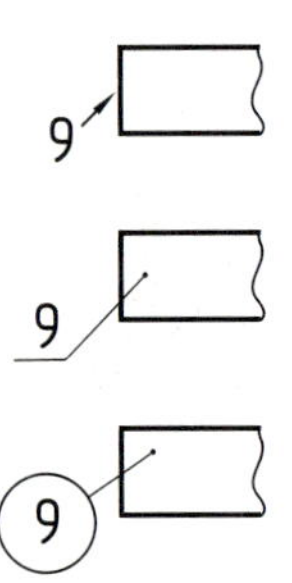

3.41 ... 43 Hinweislinien bei Positionsnummern

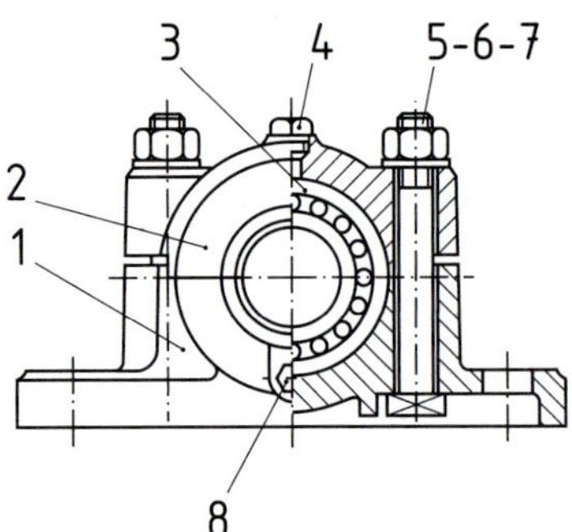

3.44 Positionsnummern in einer zusammengebauten Gruppe

3.2 Darstellen von Gewinden nach DIN ISO 6410-1

3.2.1 Bolzen- und Außengewinde

Sämtliche Gewindearten werden nach ISO 6410 vereinfacht dargestellt, und zwar zumeist als breite und schmale Volllinie, Bilder 1 ... 10, oder aber in Ansichtdarstellung bei Innengewinde durch 2 Strichlinien, Bilder 6 und 7. Die Lage dieser Gewindelinien zu den jeweiligen Mittellinien beim Bolzengewinde zeigen Bilder 1 und 2; beim Innengewinde Bilder 6 ... 9.

Die Gewindebegrenzung ist mit breiter Volllinie zu zeichnen, Bilder 1, 2, 8 und 9.

Bei der Gewindedarstellung ist die Lage und Öffnung des $^3/_4$-Kreises nicht zwingend vorgeschrieben. Die Bilder 4 und 5 finden häufiger Anwendung.

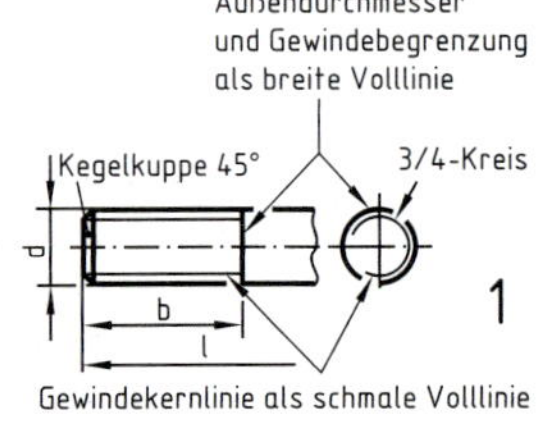

Sechskantschraube ISO 4014 – M 8 x 40 – 8.8

3.2.2 Muttern- und Innengewinde

In den dargestellten Vorder- und Seitenansichten der Mutter wird kein Gewinde gezeichnet, Bild 10, auch nicht in verschraubten Muttern (siehe nächste Seite).

Erfolgt bei einer im Schnitt gezeichneten Senkung die Gewindelochsenkung bis auf den Kerndurchmesser, so wird sie, in Achsrichtung auf das Gewindeloch gesehen, nicht gezeichnet, Bild 6; entsprechend für Bolzengewinde siehe Bild 1.

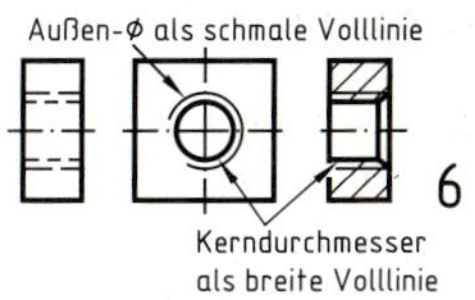

Gewindesacklöcher

Der Gewindeauslauf liegt außerhalb der nutzbaren Gewindelänge und wird daher außer bei Sacklöchern für Stiftschrauben nicht gezeichnet, Bilder 1, 2, 7 und 9.

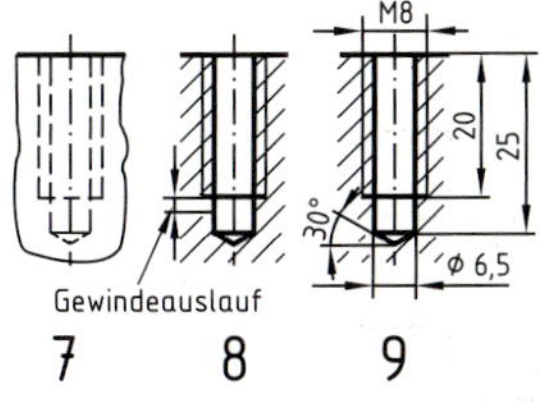

Konstruktion der Fasenbogen einer Sechskantmutter

Die erforderlichen Maße sind Normtabellen zu entnehmen, S. 296 z. B. für Nennmaß M 8:

Schlüsselweite	s = 13
Eckenmaß	e = 5 x 1,55 = 14,4
Mutterhöhe	m = 6,8

Zuerst werden in den Ansichten die Mittellinien gezeichnet, um den Mittelpunkt der Draufsicht wird ein Kreis mit dem Durchmesser s geschlagen und um diesen ein regelmäßiges Sechseck gezeichnet. Mithilfe der Mutterhöhe m sind die Umrisse der Vorderansicht und Seitenansicht in schmaler Volllinie zu zeichnen.

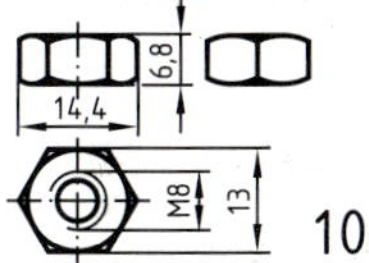

Sechskantmutter ISO 4032 – M 8 – 8

Die Fasenbogen werden vereinfacht als Kreisbogen dargestellt, und zwar der große Bogen in der Vorderansicht mit dem Halbmesser 3/4 e, der bis zur Außenkante durchgezogen wird. Der Zirkeleinsatzpunkt für den kleinen Bogen liegt auf der Waagerechten durch den Schnittpunkt mit der Außenkante.

In der Seitenansicht werden die Kreisbogen mit e/2 gezogen, deren Mittelpunkte auf den Halbierungslinien der beiden äußeren Felder liegen. In der Ansicht, in der die drei Seitenflächen der Mutter erscheinen, fallen die Ecken fort.

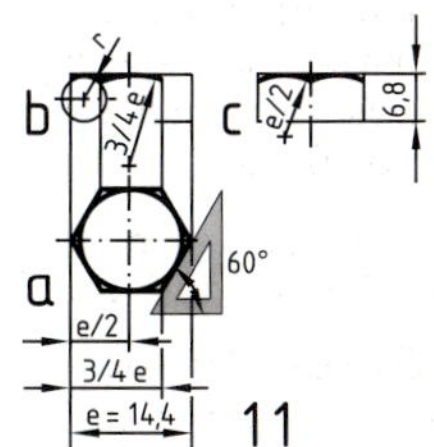

3.45

3.2.3 Schraubverbindungen nach ISO-Darstellung

durch Sechskantschrauben und -muttern

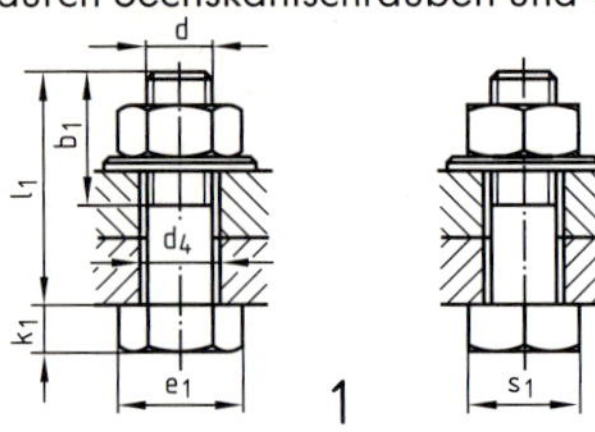

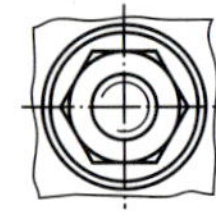

3.46
Darstellung mit Fasenkreisen, -kanten und Kuppen

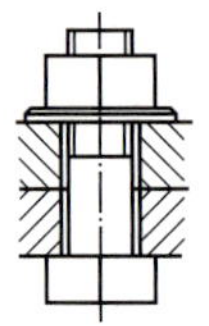

2

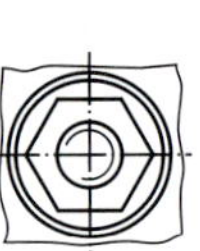

3.47
Vereinfachte Darstellung ohne Fasenkreise, -kanten und Kuppen erspart Zeichenarbeit

durch Stiftschraube DIN 938 und Rohrverschraubung

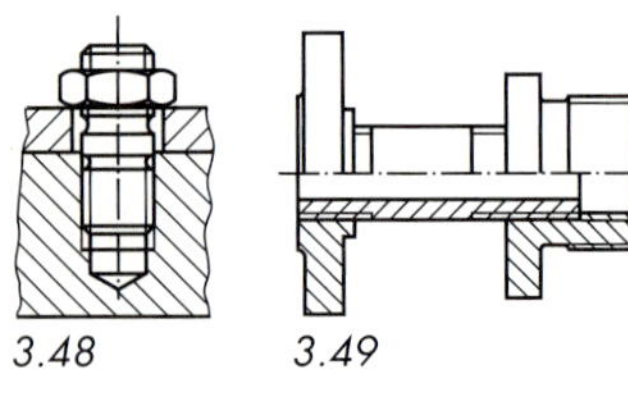

3.48 *3.49*

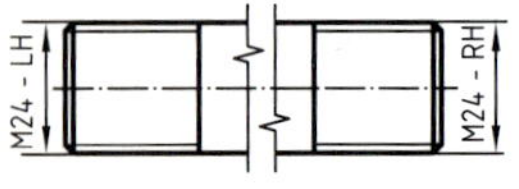

3.50 *Bolzen mit metrischem Links- und Rechtsgewinde, Außengewinde*

In Schnittdarstellungen von Verschraubungen sind die Gewinde der Innenschraubteile, z. B. Stiftschraube 3.48 und Rohr 3.49, vollständig zu zeichnen, als wenn sie allein vorhanden wären, und vom Muttergewinde der Außenteile nur der nicht verdeckte Teil.

Die Außengewindebegrenzungen sollen in Schnittdarstellungen nur dann gezeichnet werden, wenn dies zum Verständnis erforderlich ist, 3.49.

Das Linksgewinde wird durch das Kurzzeichen LH (Left Hand) gekennzeichnet. Weist ein Teil Rechts- und Linksgewinde auf, so ist nicht nur das Linksgewinde, sondern auch das Rechtsgewinde mit dem Kurzzeichen RH (Right Hand) zu kennzeichnen, 3.50.

Vereinfachte Darstellung von Gewindeeinsätzen nach DIN ISO 6410-2

3.51 und 52 zeigen die vereinfachte Darstellung von eingebauten Gewindeeinsätzen im Schnitt, die bevorzugt anzuwenden ist. Hierbei wird nur die Außenlinie der Gewindeeinsätze, nicht aber der Nenn-Ø des Inneneinsatzes und der Einsatz selbst ohne Schraffur gezeichnet.

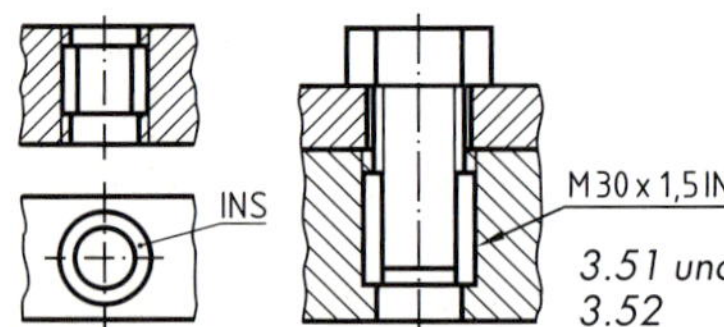

3.51 und 3.52

Die Bezeichnung des Gewindes, für das der Gewindeeinsatz vorgesehen ist, ist d x P (Gewindenenn-Ø x Steigung). Ist der Gewindeeinsatz eingesetzt, so ist die Abkürzung INS (Einsatz) anzugeben, z. B. M 30 x 1,5 INS.

Beispiele abgekürzter Gewindebezeichnungen nach DIN 202 (Auswahl)

Eingängige Rechtsgewinde			
Kurzzeichen	Erklärung	Zeichen vor Maß-angabe	Für Gewinde nach DIN
M 20	Metrisches ISO-Gewinde mit 20 mm Außen-Ø	M	13-1
M 80 x 2	Metrisches ISO-Feingewinde mit 80 mm Außen-Ø und 2 mm Steigung	M	13-2 ... -11 DIN ISO 261
M 0,8	Metrisches ISO-Gewinde mit 0,8 mm Außen-Ø für Uhren	M	14-2
M 10 Sn 4	Metrisches Gewinde mit 10 mm Außen-Ø für Festsitz	M	13-51
M 10 Sn 4 dicht	Metrisches Gewinde mit 10 mm Außen-Ø für Festsitz, dichte Verbindung	M	13-51
G ¾	Zylindrisches Rohrgewinde für nicht im Gewinde dichtende Verbindungen	G	EN ISO 228-1
R ½ EN 10226-1	Whitworth-Rohrgewinde, zylindrisches Innengewinde mit ½" Rohrinnen-Ø	R	EN 10226-1
Tr 40 x 7	Metrisches ISO-Trapezgewinde mit 40 mm Außen-Ø und 7 mm Steigung	Tr	103-2
S 48 x 8	Sägengewinde mit 48 mm Außen-Ø und 8 mm Steigung	S	513-2
Rd 40 x $^1/_6$	Rundgewinde mit 40 mm Außen-Ø Steigung 6 Gang auf 1 inch	Rd	405-1

Rohrgewinde für nicht im Gewinde dichtende Verbindungen nach DIN EN ISO 228-1 werden mit dem Buchstaben G vor der Maßzahl in Zoll (") angegeben, z.B. G 3/4. Die Angabe der Gewindegröße bezieht sich auf die Nennweite (~ Innendurchmesser) des Rohres, siehe S. 289.

Linksgewinde und mehrgängige Gewinde		
Kurzzeichen	Erklärung der Zusatzbezeichnung	Zusatzbezeichnung gültig für
M 60-LH Tr 32 x 6-LH	Linksgewinde mit Kurzzeichen LH hinter der Gewindebezeichnung	Metrisches Withworth-, Trapez-, Rund- und Sägengewinde
Tr 48 x 6 P 3	Zweigängiges Gewinde rechts	
Tr 48 x 6 P 3-LH	Zweigängiges Gewinde links	

Die Gangzahl eines Gewindes errechnet sich aus der Steigung P_h geteilt durch die Teilung P.

Z.B. Tr 48 x 6 P3 mit Gangzahl = Steigung P_h: Teilung P = 6 : 3 = 2

3

Vereinfachte Darstellung von Gewinden und Gewindeteilen nach DIN ISO 6410-3

Hierbei werden Fasen bei Muttern und Schraubenköpfen, Gewindeausläufe, Gewindeenden und Freistiche nicht gezeichnet. Anwendung: wenn nur wesentliche Merkmale gezeigt werden sollen, z. B. in Zusammenbauzeichnungen.

Bezeichnung	Vereinfachte Darstellung		Bezeichnung	Vereinfachte Darstellung	
1 Sechskantschraube			7 Holz- und selbstschneidende Schraube mit Schlitz		
2 Vierkantschraube			8 Flügelschraube		
3 Innensechskantschraube			9 Sechskantmutter		
4 Senkschraube mit Kreuzschlitz			10 Kronenmutter		
5 Linsensenkschraube mit Schlitz			11 Vierkantmutter		
6 Stiftschraube mit Schlitz			12 Flügelmutter		

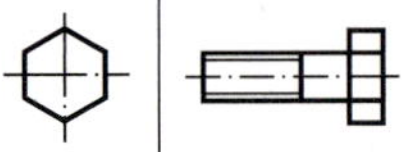

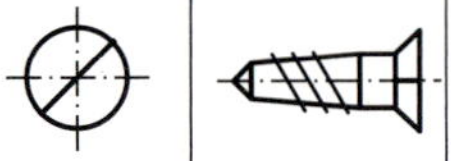

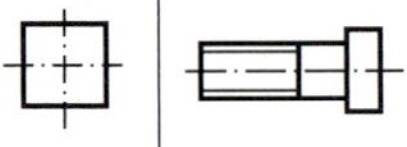

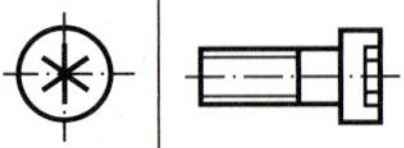

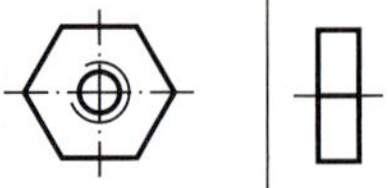

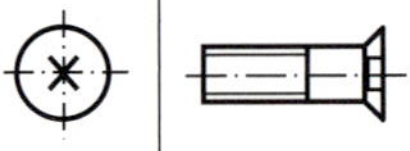

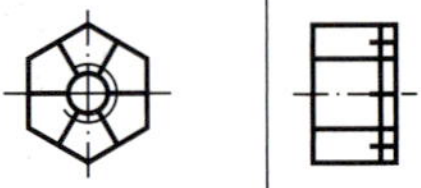

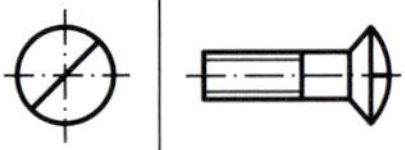

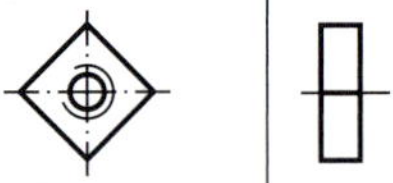

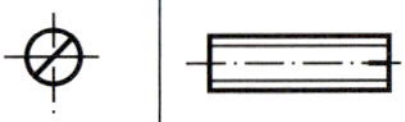

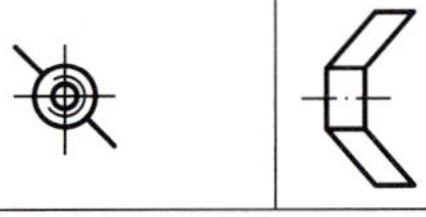

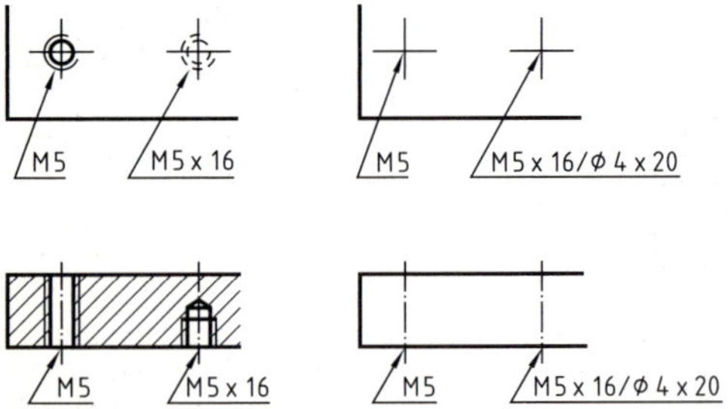

M5 M5 x 16 M5 M5 x 16/ϕ 4 x 20

M5 M5 x 16 M5 M5 x 16/ϕ 4 x 20

Kleine Gewinde können vereinfacht dargestellt werden, wenn der Durchmesser ≤ 6 mm ist oder es ein regelmäßiges Muster von Löchern oder Gewinden derselben Größe gibt.

Die Gewindebezeichnung erscheint auf einer Hinweislinie, die auf die Mitte des Loches weist und mit einem Pfeil endet.

3.3 Lesen und Verstehen technischer Zeichnungen

Typische Körperformen, die an Werkstücken häufig vorkommen, ihre Darstellung und technische Bezeichnung

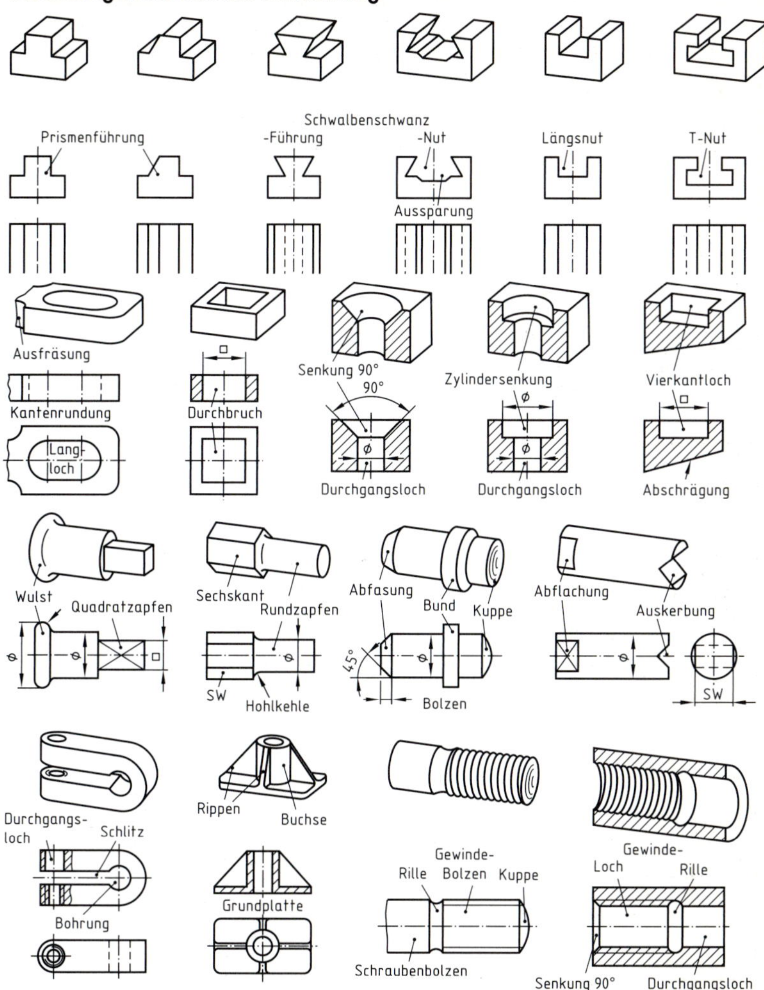

Übung: Prägen Sie sich die einzelnen Körperformen und ihre technische Darstellung durch Vergleichen ein. Testen Sie dann Ihr räumliches Vorstellungsvermögen durch Skizzieren der Werkstücke in den entsprechenden Ansichten aus dem Gedächtnis.

3

Lesen der technischen Zeichnung Kugelgelenkbolzen (Teilzeichnung)

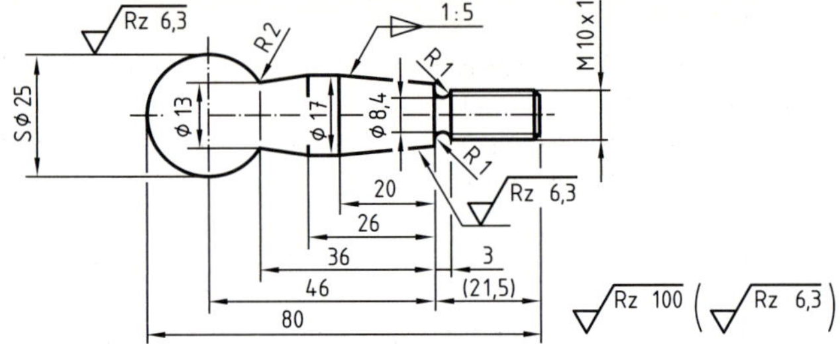

1 : 1	Kugelgelenkbolzen	50CrMo4
Maßstab	Benennung	Werkstoff

3.53

1. **Information aus Schriftfeld:** Der Kugelgelenkbolzen ist in der Vorderansicht im M 1 : 1 dargestellt.
2. **Aufgabe und Funktion:** Der Kugelgelenkbolzen ist Teil der Lenkung eines Vorderrades und stellt die bewegliche Verbindung zwischen Traghebel und Achsschenkel her.
3. **Formerfassen:** Die in der technischen Zeichnung flächenhaft dargestellten Formen, z. B. Kreis, Trapez, Rechteck, Trapez, Rechteck und Rechteck, stellt man sich erst in Verbindung mit den zugehörigen Maßen und Angaben, z. B. S Ø 25, den Symbolen, z. B. Ø 17, w 1:5, und den Kurzzeichen, z. B. M 10 x 1, räumlich als entsprechende Körper vor, wie 3.54 zeigt. Die Radien bilden Übergänge zwischen den Formelementen. Betrachten Sie in 3.54 jedes einzelne Formelement mit seiner Bezeichnung und vergleichen Sie es mit den entsprechenden Maßen, Symbolen und Kurzzeichen in 3.53.

Formelemente:

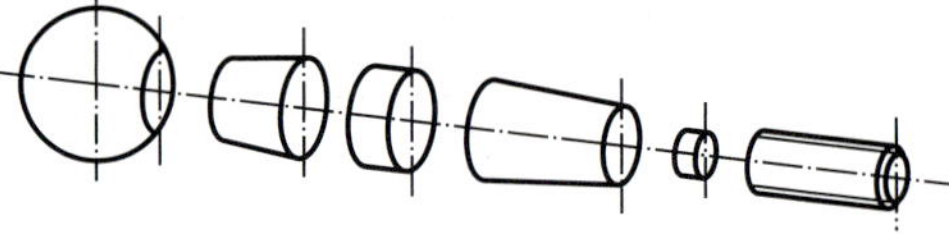

Angaben: Symbole, Kurzzeichen und Maße	S Ø 25 (Kugel)	Ø 13/ Ø 17 10 lg (Kegel)	Ø 17 6 lg (Zyl.)	⊳ 1:5 Ø 17/ Ø 13 20 lg (Kegel)	Ø 8,4 3 lg (Zyl.)	M 10 x 1 18,5 lg (Gewindebolzen)

3.54

4. **Werkstoff:** 50CrMo4 ist ein niedrig legierter Stahl mit 0,5% Kohlenstoff und bis zu 4% Legierungsbestandteilen aus Chrom und Molybdän.
5. **Oberflächen:** Oberflächenangaben √Rz 100 (√Rz 6,3) bedeuten: Alle Flächen sind zu schruppen, ausgenommen jene, an denen das Feinschlichtzeichen √Rz 6,3 steht. Die Flächen dürfen die angegebenen gemittelten Rautiefen nicht überschreiten.

Einzelfertigung eines Prismenfußes auf einer Universalfräsmaschine

Fertigungsstufen:

1. Rohstück aus St 50 mit den Mindestmaßen 65 x 45 x 105 in Maschinenschraubstock spannen.
2. Werkstückflächen allseitig mit 80 mm breitem Walzenfräser auf Maß 60 x 38 x 100 winklig und parallel fräsen (3.56, Bild a).
3. Werkstückprofil und Gewindebohrung für M 6 anreißen.
4. Nut für 90°-Prisma mit 3 mm dickem Scheibenfräser noch Anriss fräsen (Bild b).
5. Winkelprisma mit 90°-Prismenfräser nach Anriss fertig fräsen (Bild c).
6. Rechtecknut mit 12 mm breitem Nutenfräser nach Anriss herstellen (Bild d).
7. Kernloch für Senkschraube M 6 mit Spiralbohrer Ø 5 mm bohren. Loch mit 90°-Senker Ø 10 mm ansenken. Mit Gewindebohrer M 6 Gewinde schneiden.
8. Die beiden Spannnuten mit 10 mm breitem Nutfräser nach Anriss fräsen (Bild e).
9. Beiderseitiges Halbrundprofil mit konkavem Halbkreis-Formfräser von Ø 24 mm absetzen.
10. Werkstück entgraten. Führungsflächen von Hand durch Schaben einpassen.

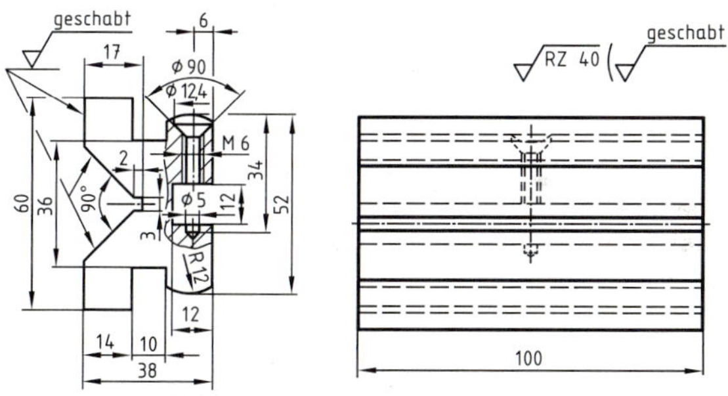

3.55 Prismenfuß für Parallelreißer

Fräser im Fertigungsprozess Schnitt- und Vorschubrichtung

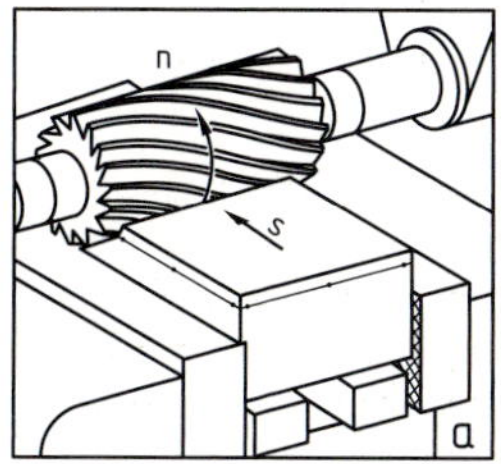

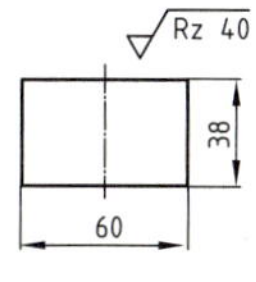

3

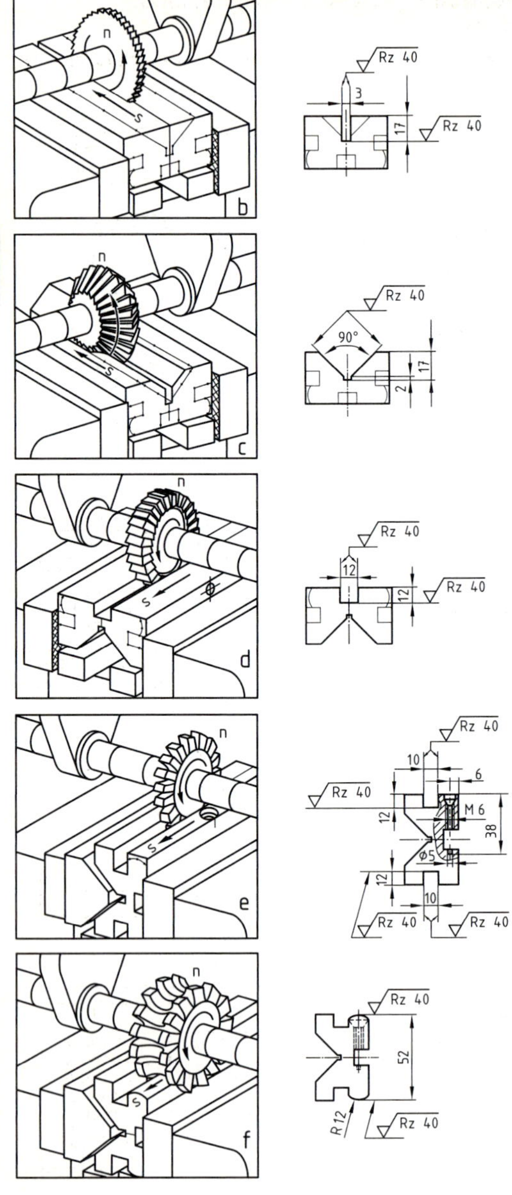

3.56

3.4 Beispiel für die Reihenfolge beim Anfertigen einer technischen Zeichnung

Üben im räumlichen Vorstellen, Lesen und Verstehen einer technischen Zeichnung

Räumliche Darstellung

Beim Erlernen des systematischen Aufzeichnens von gegossenen und geschweißten Werkstücken zerlegt man diese gedanklich in ihre Grundkörperformen.
Sind die Ansichten, Blattaufteilung, Lage, Größe und Mittellinien festgelegt, so wird zunächst jede Einzelform der Reihe nach in allen drei Ansichten dünn im Entwurf gezeichnet, siehe Bilder 2 ... 5.

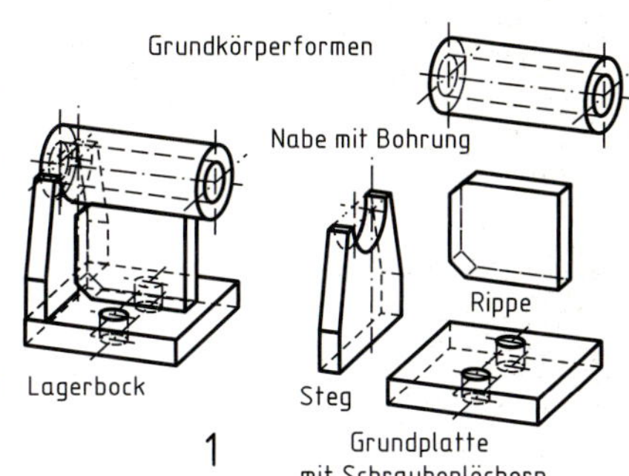

1

Technische Zeichnung

In den Bildern 2 ... 5 ist dieses zur besseren Veranschaulichung getrennt nacheinander dargestellt. In der Zeichenpraxis ergibt die Vereinigung der Einzelteile in einer Zeichnung stufenweise die Gesamtdarstellung des Werkstücks als Entwurfszeichnung, s. 5.

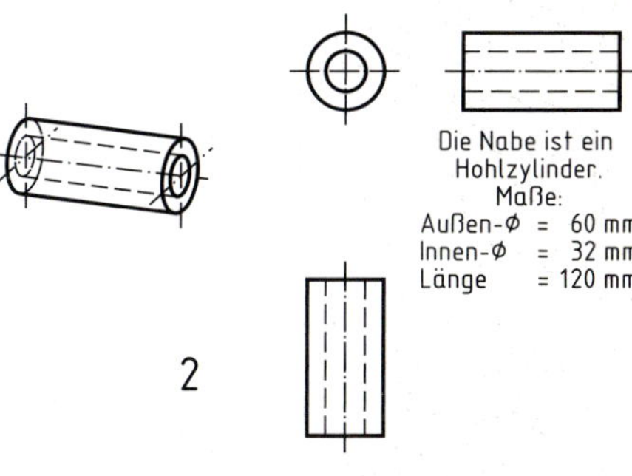

2

Beim Aufzeichnen jeder Einzelform sind auch deren Maße erforderlich. Ihre planmäßige Eintragung wie auch die der Oberflächenzeichen und die Ausfüllung der Stückliste erfolgt erst nach dem Ausziehen der Zeichnung, s. 6.

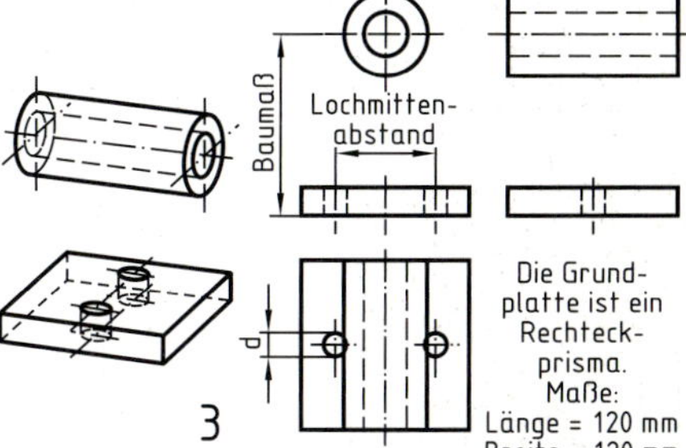

3

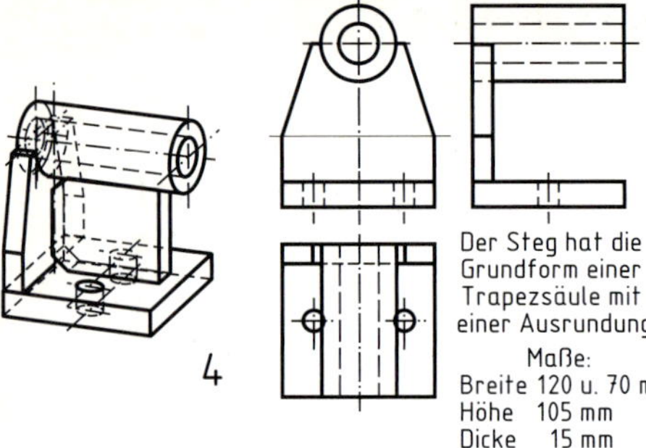

Für den späteren Einbau des Lagerbocks ist noch das Baumaß 125 mm Bauhöhe, das ist von Unterkante Grundplatte bis Mitte Nabenbohrung, einzutragen, außerdem die Lage der zwei Schraubenlöcher von 20 mm Durchmesser mit dem Lochmittenabstand 70 mm und Randabstand von je 60 mm.

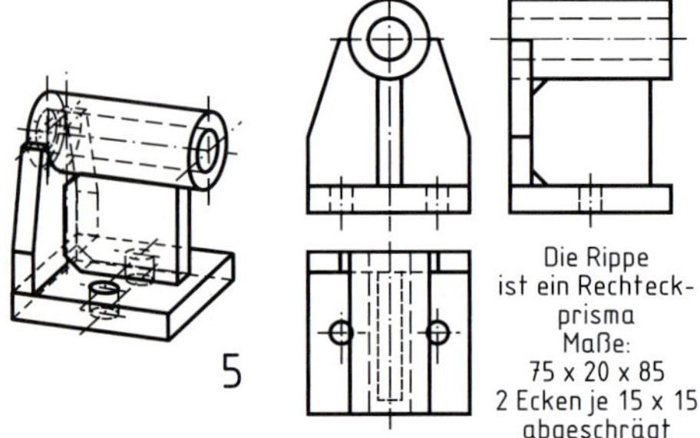

Nach dem Ausziehen der Zeichnung in Blei oder Tusche wird sie normgerecht bemaßt, mit Oberflächenangaben und Schweißsymbolen versehen (siehe Seite 351, Schweißen). Dann werden das Schriftfeld und die Stückliste ausgefüllt.

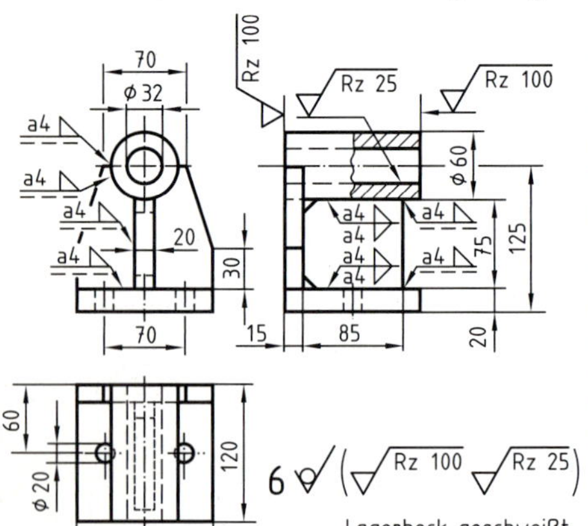

3.57

Räumliches Vorstellen

Erfassen Sie die einzelnen Bauteilformen mit Maßen durch Vergleich des jeweiligen Körperbildes mit der entsprechenden Zeichnung 1 ... 5.

Beschreiben Sie nach der technischen Zeichnung 6 die Einzelteile der Baugruppe Lagerbock, geschweißt, deren Funktion, Form, Maße, Oberflächenangaben und Schweißsymbole.

Werkstücke, die durch spanende Formung entstehen, werden vorteilhaft in Anlehnung an ihren Fertigungsablauf vom Roh- zum Fertigstück bemaßt, siehe Seite 53.

Reihenfolge beim Ausziehen einer Zeichnung in Tusche

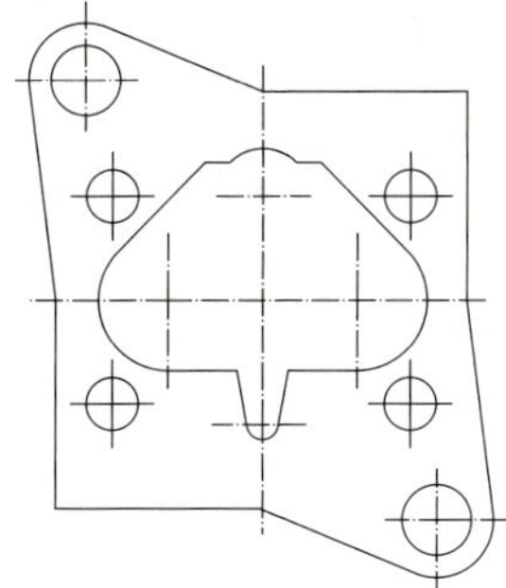

3.58 Mittellinien

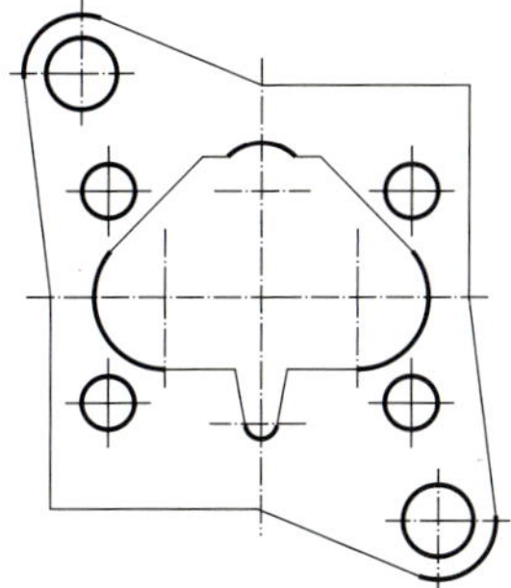

3.59 Kreise und Kreisbogen

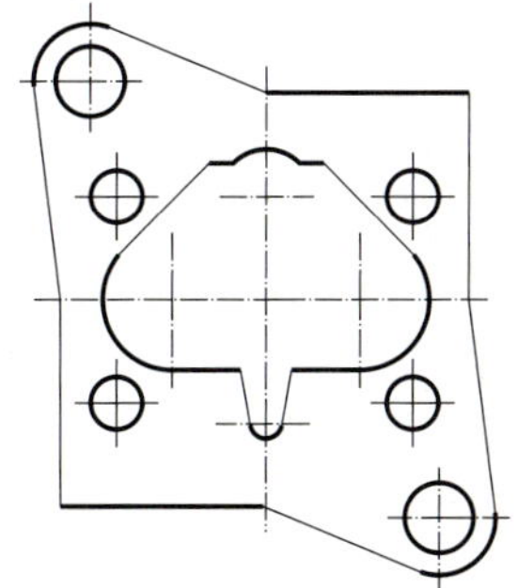

3.60 Waagerechte Linien

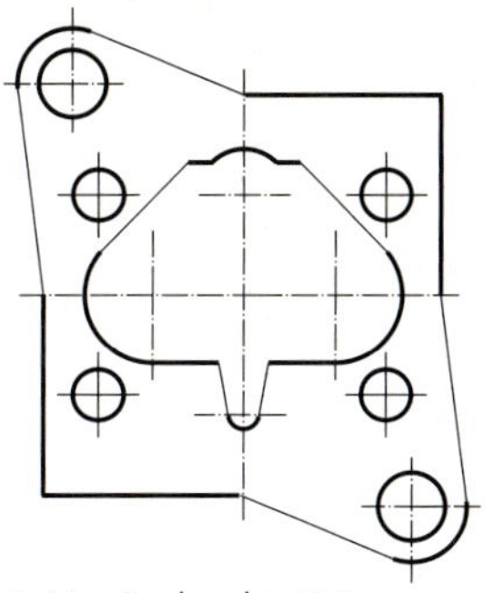

3.61 Senkrechte Linien

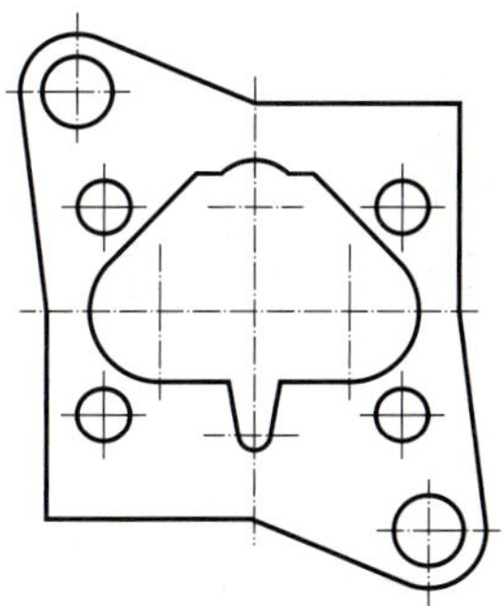

3.62 Schräge Linien

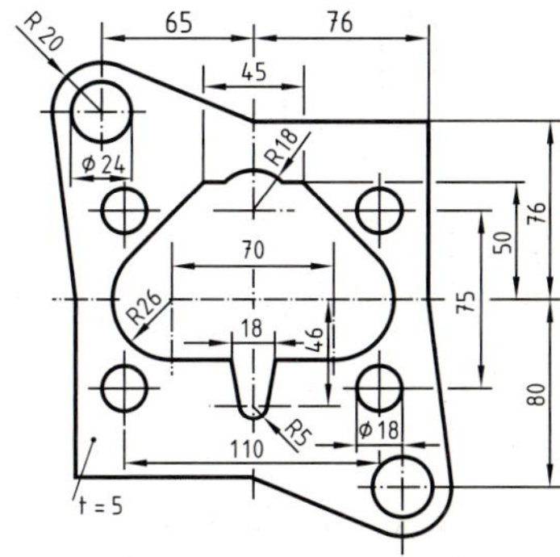

3.63 Bemaßen und Beschriften

Zeichenschritte bei der Aufnahme eines Werkstücks durch Freihandskizze

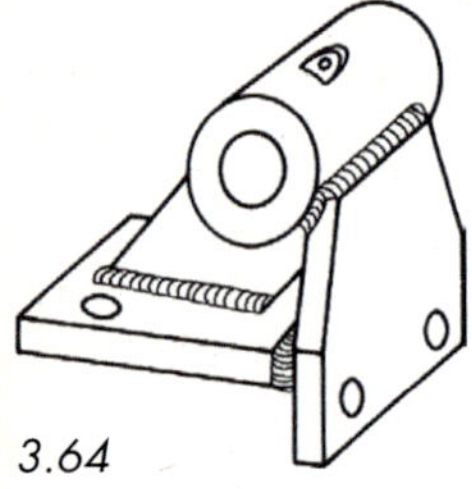

3.64

Ein Stützbock einer Stangenführung soll als Schweißkonstruktion skizziert werden. Vor dem Skizzieren ist die Anzahl der Ansichten bzw. Schnitte festzulegen.

Zeichenschritte:

1. Zuerst werden die Mittellinien und die Bohrung in der Ansicht A und C sowie die Hauptbaumaße festgelegt. Hierbei ist der Bohrungs-Ø als Grundmaß B zu benutzen und alle anderen Maße sind im Verhältnis dazu aufzuzeichnen.
2. Die Zylinderbuchse sowie das Grund- und Seitenblech sind zu skizzieren.
3. Die Rippe mit einer Kantenneigung und die Zylinderbuchse im Halbschnitt werden dargestellt.
4. Die Schraubenlöcher und die Gewindebohrung für den Schmiernippel werden skizziert und die Körperkanten dick ausgezogen.
5. Abschließend sind die erforderlichen Angaben wie Maße, Oberflächenangaben und Schweißsymbole einzutragen.

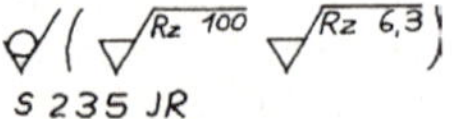

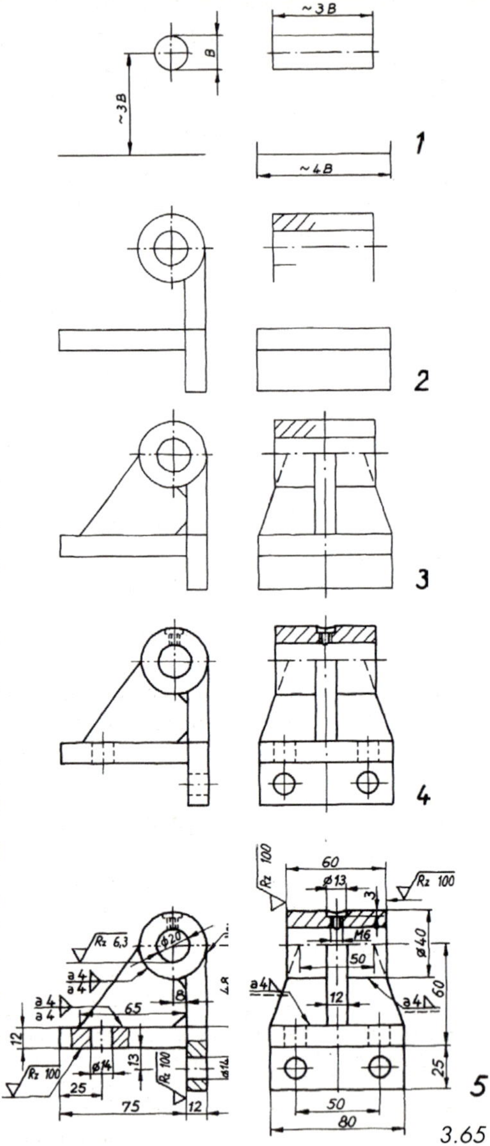

3.65

3.5 Technische Oberflächen

3.5.1 Begriffe der Gestaltabweichungen nach DIN 4760

Gestaltabweichung (als Profilschnitt überhöht dargestellt)	Beispiele für die Art der Abweichung
1. Ordnung: Formabweichungen	Geradheits-, Ebenheits-, Rundheits-Abweichung
2. Ordnung: Welligkeit	Wellen
3. Ordnung: Rauheit	Rillen
4. Ordnung: Rauheit	Riefen Schuppen Kuppen
5. Ordnung: Rauheit nicht mehr in einfacher Weise bildlich darstellbar	Gefüge-struktur
6. Ordnung: nicht mehr in einfacher Weise bildlich darstellbar	Gitteraufbau des Werkstoffes
Die Gestaltabweichungen 1. bis 4. Ordnung überlagern sich zur Istoberfläche.	

3.66 Beispiele

Die Oberflächenrauheit eines Werkstückes wird im Hinblick auf seine Funktion und wirtschaftliche Fertigung gewählt.

Oberflächenbegriffe

Wirkliche Oberfläche ist die Oberfläche, die das gefertigte Werkstück gegenüber seiner Umgebung abgrenzt.

Istoberfläche ist die messtechnisch erfassbare Oberfläche und damit das angenäherte Abbild der wirklichen Oberfläche.

Geometrische Oberfläche ist eine ideale Oberfläche, deren Nennform durch die Zeichnung definiert ist.

Gestaltabweichungen sind die Gesamtheit aller Abweichungen der Istoberfläche von der geometrischen Oberfläche, 3.66.

Die Gestaltabweichungen der 3. bis 5. Ordnung ergeben die Rauheit.

DIN EN ISO 8785 enthält Begriffe, Definitionen, Kenngrößen von Oberflächenunvollkommenheiten und zeigt deren Arten in bildlicher Darstellung. Die in dieser Norm definierten Oberflächenunvollkommenheiten beziehen sich aber nicht auf die Rauheit oder Welligkeit der Oberflächen.

3.5.2 Rauheitskenngrößen nach DIN EN ISO 4287 und Rauheitsmessungen an Oberflächen nach DIN EN ISO 4288 (Überblick)

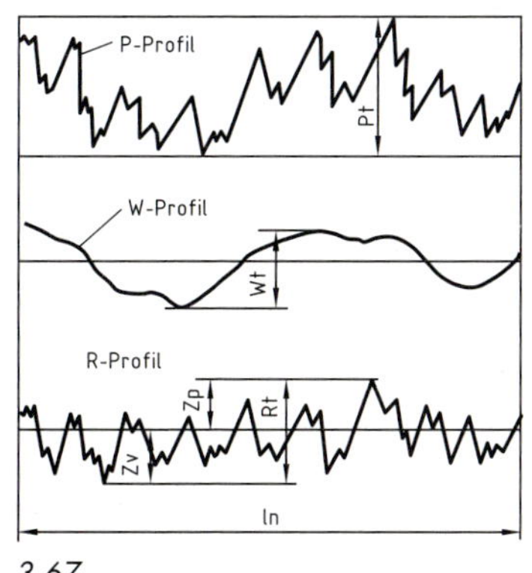

3.67

Mit dem Tastschnittverfahren wird das Profil einer Oberfläche im Senkrechtschnitt zweidimensional erfasst. Das Primärprofil P entsteht aus dem ertasteten Profil durch den λ_S-Filter, welcher sehr kurze Wellenlängen abtrennt. Das Primärprofil P enthält die Oberflächenrauheit, die Welligkeit sowie Anteile von Formabweichungen. Durch eine definierte Profilfilterung nach DIN EN ISO 11562 werden aus dem Primärprofil das Rauheitsprofil (R-Profil) und das Welligkeitsprofil (W-Profil) ermittelt. An den drei Profilen sind im Z-X-Koordinatensystem Kenngrößen definiert, die durch die Großbuchstaben P, R und W gekennzeichnet werden, 3.67.

Nach DIN EN ISO 4287 gelten alle Kenngrößen-Definitionen sowohl für das R-Profil als auch für das P-Profil. Entsprechend sind die Gesamthöhen Pt, Wt und Rt des jeweiligen Profils als Summe aus der größten Profilspitze und der Tiefe des größten Profiltals des jeweiligen Profils innerhalb der Auswertelänge definiert.

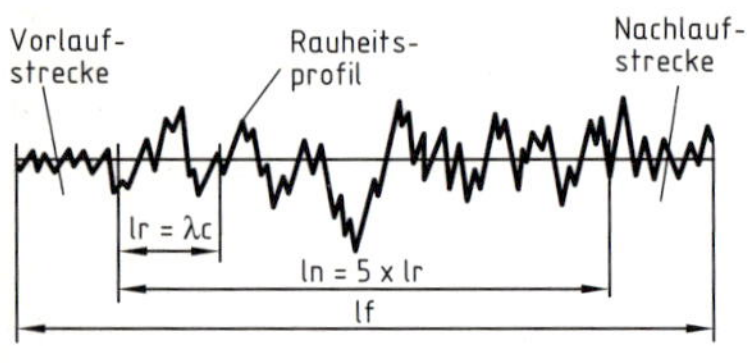

3.68

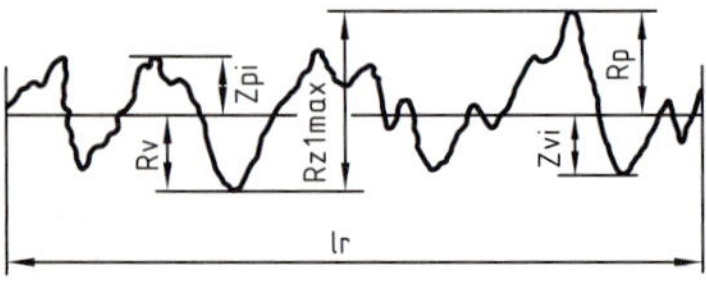

3.69

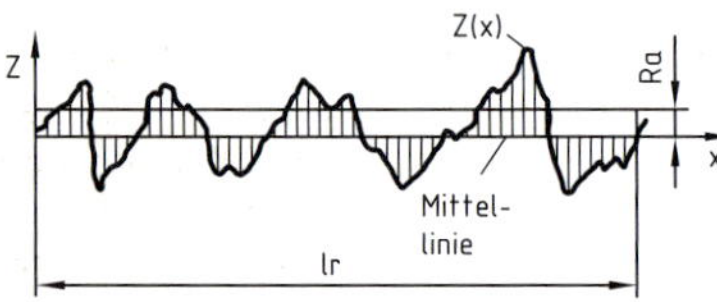

$$Ra = \frac{1}{lr}\int_{0}^{lr} |Z(x)|\, dx$$

3.70

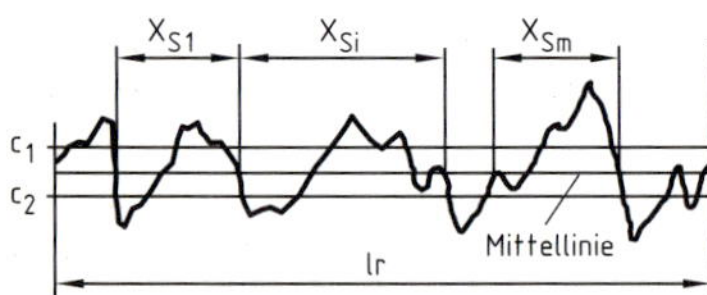

$$RSm = \frac{1}{m}\sum_{i=1}^{m} Xs_i$$

3.71

Die Bezugslinie für die Definitionen der Kenngrößen innerhalb einer Bezugsstrecke, z. B. lr, ist die Mittellinie. Die Auswertelänge ist die Messstrecke, die für die Profilauswertung verwendet wird. Im Allgemeinen erfolgt die Ermittlung der Rauheitskenngrößen über ln = 5x lr. Die Einzelmessstrecke lr für die Rauheit entspricht der Grenzwellenlänge λc, 3.68.

Nachfolgend wird nur auf die wichtigen Kenngrößen des Rauheitsprofils eingegangen.

Die maximale Rauheitsprofilhöhe Rz 1 max ist der senkrechte Abstand vom höchsten zum tiefsten Profilpunkt innerhalb der Einzelmessstrecke lr. Rz ist in der Regel ein arithmetischer Mittelwert aus den maximalen Profilhöhen von 5 Einzelmessstrecken und entspricht der gemittelten Rautiefe Rz und Rp der Glättungstiefe nach DIN 4768[1].

Der arithmetische Mittenrauwert Ra ist das arithmetische Mittel der Absolutbeträge der Ordinatenwerte des Rauheitsprofils. Da Ra unempfindlich gegenüber extremen Profilspitzen und -tälern reagiert, ist der Aussagewert im Vergleich zum Rz-Wert gering.

Die Rauigkeitskenngrößen Rz und Ra werden vorwiegend an aperiodischen Profilen gemessen, die durch Schleifen und Erodieren bearbeitet werden.

Die mittlere Rillenbreite RSm ist der arithmetische Mittelwert der Breite der Profilelemente des Rauheitsprofils innerhalb der Einzelmessstrecke lr. Diese Kenngröße wird vorwiegend bei periodischen Profilen angewendet, die durch Drehen und Fräsen hergestellt werden, z. B. bei metallischen Dichtflächen.

[1] zurückgezogen 5.90, kein Ersatz.

3.5.3 Messen und Beurteilen der Oberflächenrauigkeit nach DIN EN ISO 4288

Zuverlässige Ergebnisse bei der Prüfung von Werkstückoberflächen werden mit Tastschnittgeräten erreicht. Wenn beim Messen der Oberflächenrauigkeit die Messrichtung nicht festliegt, muss das Werkstück so ausgerichtet werden, dass die Tastrichtung den größten Messwert von Ra oder Rz erwarten lässt. Diese ist rechtwinklig zur Rillenrichtung der Oberflächen zu erwarten. Bei ungeordnetem Verlauf der Rillenrichtung der Oberflächen darf die Tastrichtung beliebig gewählt werden. Messungen müssen an den Stellen der Oberfläche durchgeführt werden, an denen kritische Werte zu erwarten sind.

Um die Werte der Rauigkeitsgrößen zu bestimmen, ist die Oberfläche zu betrachten und zu entscheiden, ob das Rauigkeitsprofil periodisch (z. B. gedreht) oder aperiodisch (z. B. geschliffen) ist. Entsprechend ist eines der nachstehend beschriebenen Verfahren anzuwenden.

1. Verfahren für periodische Rauheitsprofile
Der Wert der Kenngrößen des periodischen Rauheitsprofils ist zu schätzen. Mithilfe der Tabelle 3.74 ist die empfohlene Grenzwellenlänge λc für die geschätzten RSm-Werte zu ermitteln. Wenn dieser RSm-Wert einer kleineren oder größeren Grenzwellenlänge zugeordnet ist, ist die kleinere oder größere Wellenlänge zu verwenden.

2. Verfahren bei aperiodischen Rauheitsprofilen
Der unbekannte Wert von Ra, Rz und Rz1 max ist mit geeigneten Mitteln zu schätzen, z. B. durch Sichtprüfung mit Oberflächenvergleichsmustern. Die Einzelmessstrecke lr ist aus der Tabelle 3.74 unter Verwendung von Schätzwerten zu entnehmen. Mithilfe des Rauheitsmessgeräts unter Zugrundelegung der gewählten Einzelmessstrecken ist ein repräsentatives Messergebnis zu ermitteln. Dieses ist mit dem Wertebereich von Ra, Rz, Rz1max (RSm) zu vergleichen. Wenn der Messwert außerhalb des Wertebereichs in der Tabelle 3.74 liegt, muss am Messgerät eine längere oder kürzere Messstrecke eingestellt werden.

3. Einfachere Verfahren zur Prüfung der Oberflächenrauigkeit
Werkstücke sind zuerst optisch zu prüfen, um diejenigen auszuwählen, bei denen eine Prüfung der Rauheitsprofile mit genaueren Verfahren unnötig ist, wenn z. B. die Rauheit offensichtlich besser als die festgelegte ist. Andernfalls ist nach den oben angegebenen Verfahren vorzugehen.

Wenn das angegebene Kenngrößenkurzzeichen nicht den Zusatz „max" enthält, wird das Prüfverfahren eingestellt, wenn z. B. der erste Messwert 70 % des festgelegten Wertes nicht überschreitet, die ersten drei Messwerte den festgelegten Wert nicht überschreiten.

Die 16-%-Regel besagt, dass bei Anforderungen, die durch den oberen Grenzwert einer Kenngröße festgelegt werden, die Oberfläche als annehmbar betrachtet wird, wenn nicht mehr als 16 % aller gemessenen Werte die gewählte Kenngröße überschreiten. Entsprechendes gilt für die Angabe des unteren Grenzwertes.

Weist eine Oberflächenangabe einen Höchstwert auf, z. B. Rz1max, dann darf kein Messwert an der zu prüfenden Oberfläche den festgelegten Wert überschreiten, Max.-Regel.

Um die Oberflächenbeschaffenheit bearbeiteter Werkstücke mit Tastschnittgeräten genau überprüfen zu können, wird am Oberflächensymbol in der Zeichnung neben der Oberflächenkenngröße auch die Übertragungscharakteristik, bestehend aus den Werten der Grenzwellenlänge der Filter (in mm) getrennt durch ein Trennungszeichen (–), angegeben. Zuerst wird der Kurzwellenfilter λs, dann der Langwellenfilter λc angegeben, 3.72. Zur Vereinfachung darf die Angabe des Kurzwellenfilters λs entfallen, 3.73.

0,0025 - 0,8 / Rz 6

3.72

-0,8 / Rz 6

3.73

Ist am Oberflächensymbol keine Übertragungscharakteristik angegeben, dann gilt die Regelübertragungscharakteristik nach DIN EN ISO 4288 (λc) und DIN EN ISO 3274 (λs).

Messbedingungen für die Rauheitsmessungen nach dem Tastschnittverfahren DIN EN ISO 4288 s. Tab. 3.74.

Periodische Profile	Aperiodische Profile		Grenz-wellen-länge (Cutoff)	Einzel-mess-strecke	Gesamt-mess-strecke
RSm (mm) [1]	Rz, Rz1max (µm) [2]	Ra (µm) [2]	λc (mm)	lr (mm)	ln (mm)
> 0,012 bis 0,04	bis 0,1	bis 0,02	0,08	0,08	0,4
> 0,04 bis 0,13	> 0,1 bis 0,5	> 0,02 bis 0,1	0,25	0,25	1,25
> 0,13 bis 0,4	> 0,5 bis 10	> 0,1 bis 2	0,8	0,8	4
> 0,4 bis 1,3	> 10 bis 50	> 2 bis 10	2,5	2,5	12,5
> 1,3 bis 4	> 50 bis 200	> 10 bis 80	8	8	40

[1] Abstandskenngröße [2] Amplitudenkenngrößen *3.74*

3.5.4 Angabe der Oberflächenbeschaffenheit in Zeichnungen nach DIN EN ISO 1302

Das Grundsymbol für die Kennzeichnung der Oberflächenbeschaffenheit von Werkstücken besteht aus 2 Linien von ungleicher Länge, die um 60° geneigt sind, s. 1.1. Größe und Linienbreite der Symbole s. S. 92/3.

3.5.4.1 Oberflächensymbole und ihre Bedeutung

1.1	√	Grundsymbol soll nur benutzt werden, wenn seine Bedeutung durch eine zusätzliche Wortangabe erläutert wird.
1.2		Kennzeichnung für eine materialabtrennend zu verarbeitende Oberfläche ohne nähere Angaben.
1.3		Kennzeichnung für eine Oberfläche, für die eine materialabtrennende Bearbeitung nicht zugelassen ist, z.B. wenn die Oberfläche in dem Zustand eines vorhergehenden Arbeitsganges zu belassen ist.
1.4		Bei zusätzlichen Anforderungen an die Oberflächenangaben erhält der längere Schenkel des grafischen Symbols eine zusätzliche Linie.
1.5		Bei gleicher Oberflächenbeschaffenheit des Außenumrisses eines Teils wird dem grafischen Symbol ein Kreis hinzugefügt.
1.6	c a e d b	a = Angabe der Oberflächenbeschaffenheit und ihre Anforderungen a+b = Angabe zweier oder mehrerer Anforderungen an die Oberflächenbeschaffenheit c = Angabe der Behandlung, des Fertigungsverfahrens oder Beschichtung d = Angabe für die Oberflächenrillen und ihre Richtung e = Angabe der Bearbeitungszugabe in mm
1.7	gefräst	Die angegebene Oberflächenbeschaffenheit soll durch ein besonderes Verfahren, nämlich durch Fräsen, erreicht werden.
1.8	2	Die Bearbeitungszugabe wird in mm angegeben, z.B. 2.
1.9	M	Die mehrfache Rillenrichtung der vorherrschenden Oberflächenstruktur wird z.B. mit M angegeben.

3

3.5.4.2 Symbole für die Rillenrichtung

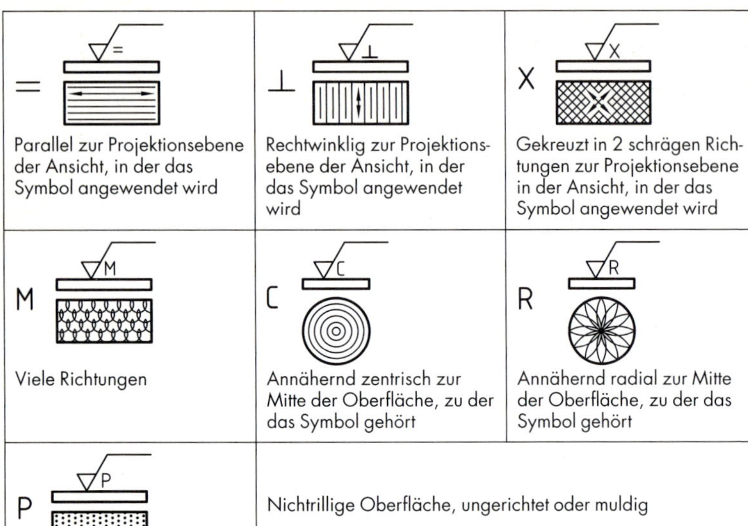

= Parallel zur Projektionsebene der Ansicht, in der das Symbol angewendet wird	⊥ Rechtwinklig zur Projektionsebene der Ansicht, in der das Symbol angewendet wird	X Gekreuzt in 2 schrägen Richtungen zur Projektionsebene in der Ansicht, in der das Symbol angewendet wird
M Viele Richtungen	C Annähernd zentrisch zur Mitte der Oberfläche, zu der das Symbol gehört	R Annähernd radial zur Mitte der Oberfläche, zu der das Symbol gehört
P	Nichtrillige Oberfläche, ungerichtet oder muldig	

3.5.4.3 Symbole für vereinfachte Zeichnungseintragungen

3.5.4.3.1	√	Eine zusätzliche Erklärung in der Zeichnung gibt die Bedeutung des Symbols an.
3.5.4.3.2	√y √z	Eine zusätzliche Erklärung in der Zeichnung gibt die Bedeutung des Symbols an.

3.5.4.4 Angabe der arithmetischen Mittenrauwerte Ra durch Rauheitskennzahlen

Rauigkeitswert Ra		Rauheitskennzahlen
µm	µ inch	
50	2000	N 12
25	1000	N 11
12,5	500	N 10
6,3	250	N 9
3,2	125	N 8
1,6	63	N 7
0,8	32	N 6
0,4	16	N 5
0,2	8	N 4
0,1	4	N 3
0,05	2	N 2
0,025	1	N 1

In der vorherigen Ausgabe von DIN ISO 1302 wurden für die Angabe in Zeichnungen für bestimmte Rauheitskennwerte Ra Rauheitsklassen angegeben, die nur im Ausland Anwendung finden (DIN ISO 1302 zurückgezogen 06.2002; Nachfolger ist DIN EN ISO 1302).

3.5.4.5 Angaben in Zeichnungen

Symbole und Zusatzangaben sind so anzuordnen, dass sie von unten oder nach rechts zu lesen sind. Wenn notwendig, darf das Symbol auf einer Bezugs- oder Hinweislinie, die zur entsprechenden Oberfläche führt, stehen. Die Hinweislinie hat einen Maßpfeil, 3.75. Das Symbol oder der Maßpfeil soll von außen auf das Werkstück zeigen oder auf eine Verlängerung der Körperkante, 3.75. Um Missverständnisse zu vermeiden, müssen zwischen der Oberflächenkenngröße und dem Grenzwert (Zahlenwert) **zwei** Leerzeichen eingefügt werden. Die Größe der Oberflächensymbole außerhalb des Werkstücks entspricht denen am Werkstück, z. B. 3.76 … 79.

Wird für alle Flächen rund um ein Werkstück die gleiche Oberflächenbeschaffenheit gefordert, ist das Oberflächensymbol an die Darstellung des Werkstückes zu setzen. Nach DIN EN ISO 1302 kann bei einem geschlossenen Außenumriss mit gleicher Oberflächenbeschaffenheit am Oberflächensymbol ein Kreis eingefügt werden, 3.76. Tritt eine Oberflächenbeschaffenheit an einem Werkstück häufiger, andere seltener auf, werden das Symbol für die Hauptoberflächenbeschaffenheit in der Nähe des Schriftfeldes und die selteneren Oberflächenbeschaffenheiten in Klammern dahinter angeordnet, 3.78, und an die betreffenden Flächen des Werkstückes gesetzt. Die in Klammern gesetzten Oberflächensymbole dürfen durch ein Grundsymbol ersetzt werden, 3.77.

In der Regel wird das grafische Symbol oder die mit einem Pfeil endende Hinweislinie von außen auf die die Oberfläche darstellende Linie oder auf deren Verlängerung weisen – dies in der Ansicht, die die Maßeintragung enthält. Wenn eine Missdeutung ausgeschlossen werden kann, darf die Angabe der Oberflächenrauheit in Verbindung mit den Maßen angegeben werden, 3.79. Oberflächenbeschaffenheit und Maßeintragung können zusammen auf der verlängerten Maßlinie angegeben werden, 3.80.

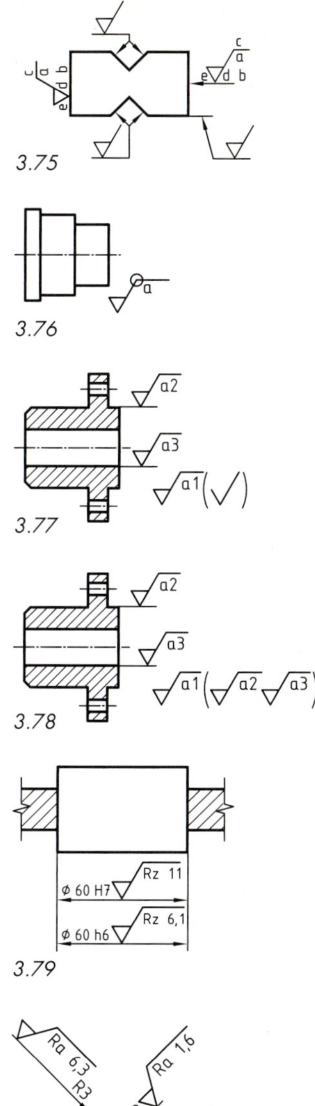

3.75
3.76
3.77
3.78
3.79
3.80

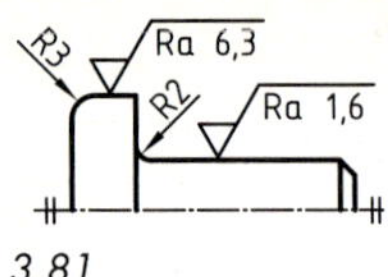

3.81

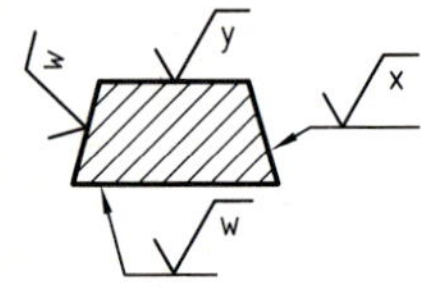

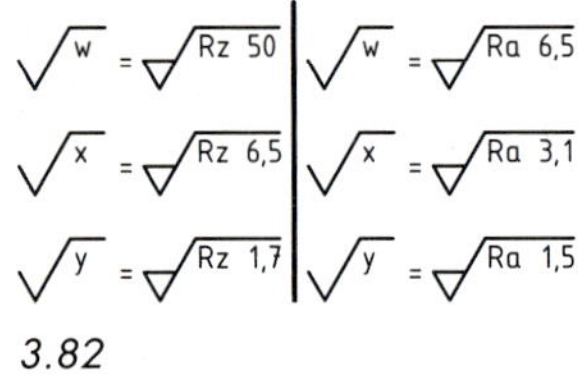

3.82

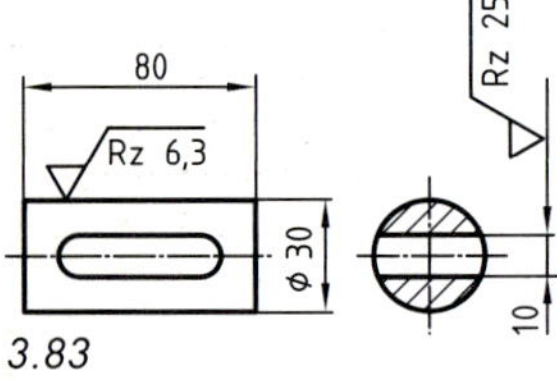

3.83

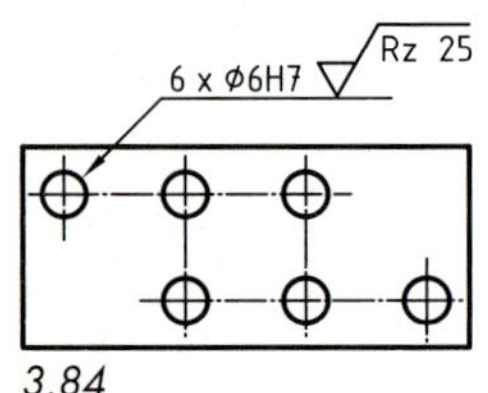

3.84

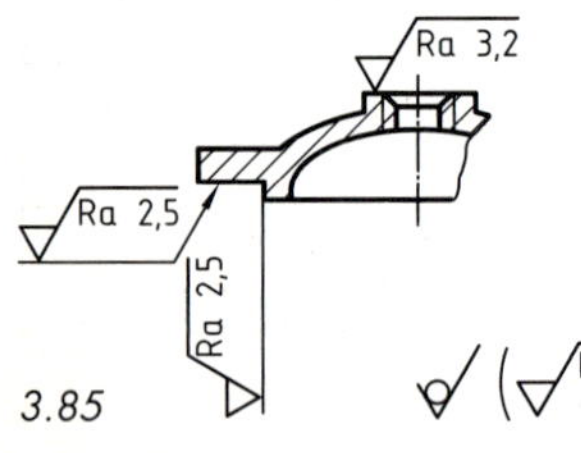

3.85

Sie können auch getrennt auf der entsprechenden Projektionslinie und der Maßlinie eingetragen werden, 3.81.

Wenn es nur eine Rauheitsangabe gibt, ist diese auch gültig für die anschließenden Radien und Fasen.

Um eine mehrmalige Wiederholung komplizierter Angaben zu vermeiden, darf eine vereinfachte Eintragung an die Oberfläche gesetzt werden. Hierbei muss die Bedeutung in der Nähe der Darstellung des Teils, in der Nähe des Zeichnungsschriftfeldes oder in dem Feld für allgemeine Angaben stets näher erläutert sein, 3.82. Eine Zuordnung der einzelnen Buchstaben, z. B. w, x und z, zu bestimmten Oberflächenangaben ist nicht festgelegt.

Wird dieselbe Oberflächenangabe an mehreren Einzelflächen desselben Teils benötigt, so darf eines der Symbole 1.1 ... 3 (Seite 87) an den entsprechenden Flächen eingetragen werden.

Seine Bedeutung muss an anderer Stelle auf der Zeichnung angegeben werden.

Sind Werkstücke in mehreren Ansichten oder Schnitten dargestellt, dann werden die Oberflächenangaben nur in der Darstellung eingetragen, wo auch die betreffende Fläche bemaßt ist, 3.83.

Die Oberflächenbeschaffenheit wiederkehrender Formen an einem Werkstück ist nur einmal im Zusammenhang mit der Maßeintragung in der Darstellung einzutragen, 3.84.

An Gussteilen mit überwiegend rohen Flächen können die Oberflächenangaben für die rohen Flächen entfallen oder es kann auch das Symbol √ als allgemeiner Hinweis verwendet werden, 3.85. Die Flächen sind mit Oberflächensymbolen zu versehen.

Angaben über Rauheit, Herstellungsverfahren oder Bearbeitungszugaben sind nur dann zu machen, wenn sie für die Funktionsfähigkeit der Werkstücke erforderlich sind, und nur an den Oberflächen, an denen sie notwendig sind.

3.5.4.6 Zeichnungseintragungen und Anforderungen an die Oberflächenstruktur (Entwicklung)

Entwicklung der Zeichnungseinträge von ISO 1302			
Beispiel			
1. + 2. Ausgabe	3. Ausgabe	4. Ausgabe	Aussage
2,5 (Ry = 6,2)	Ra 2,5 Ry 6,2	Ra 2,5 Rz 6,2	Ra und andere Kenngrößen neben Ra

Hinweis: Die DIN EN ISO 1302 bezieht sich auf die 4. Ausgabe der ISO 1302. Die 1. Ausgabe nimmt Bezug auf Oberflächenrauheitsnormen aus dem Jahr 1974, die 2. Ausgabe auf Oberflächenrauheitsnormen aus dem Jahr 1978 und die 3. Ausgabe auf Oberflächenrauheitsnormen aus dem Jahr 1992.
Bei richtiger Anwendung der Zeichnungsregeln der verschiedenen Ausgaben von ISO 1302 gibt es keinen Anlass zur Fehlinterpretation, wenn z. B. für eine Zeichnungseintragung, bei der die 1. Ausgabe zugrunde gelegt wurde, nicht Anforderungen der 2. bzw. 3. Ausgabe herangezogen werden.

3.5.4.7 Beispiele für Symbole mit Zusatzangaben

	Zeichnungsangabe	Erklärung
1	= Ra 3,1	Materialabtragende Bearbeitung, obere Grenze (einseitig), größte Welligkeitstiefe 10 µm, 0,8–25 mm Übertragungscharakteristik, Welligkeitsprofil, 1*, 4*
2	U Ramax 3,2 L Ra 0,6	Materialabtragende Bearbeitung, obere und untere Grenze (beidseitig), für beide Grenzen Regelübertragungscharakteristik, 3,2 µm gemittelte Rautiefe (obere Grenze), 2*, 3*, 0,6 µm (untere Grenze), 1*, 3*, Rauheitsprofil
3	roh	Unbearbeitete Oberfläche im Rohzustand oder geputzt
4	Rz 10	Keine materialabtragende Bearbeitung, obere Grenze (einseitig), Regelübertragungscharakteristik, größte gemittelte Rautiefe 10 µm, Rauheitsprofil, 1*, 3*
5	0,008- / Wtmax 25	Beliebige Bearbeitung, obere Grenze (einseitig), Übertragungscharakteristik: λs = 0,008 mm, Welligkeitsprofil, Profilgesamthöhe 25 µm, Messstrecke = Werkstücklänge, 2*
6	W 1	Materialabtragende Bearbeitung, obere Grenze (einseitig), Übertragungscharakteristik: A = 0,5 mm, B = 2,5 mm, Welligkeitsmotiv-Kenngröße, Welligkeitsmotiv mittlere Tiefe = 1 mm, Messstrecke 16 mm, 1*
7	Rzmax 0,5	Beliebige Bearbeitung, obere Grenze (einseitig), Regelübertragungscharakteristik, Rauheitsprofil, größte gemittelte Rautiefe 0,5 µm, 2*, 3*
8	-0,8 / Ra3 3,1	Beliebige Bearbeitung, obere Grenze (einseitig), Übertragungscharakteristik: Einzelmessstrecke 0,8 mm (λs = 0,0025 mm), Mittenrauwert 3,1 µm, Rauheitsprofil, 1*, 4*

1* „16-%-Regel" 3* Messstrecke aus 5 Einzelmessstrecken
2* „Max.-Regel" 4* Messstrecke aus 3 Einzelmessstrecken

3

Verhältnisse und Maße der Symbole für Angaben der Oberflächenbeschaffenheit

Um die Größe der in dieser Norm festgelegten Symbole mit anderen Beschriftungen in der Zeichnung abzustimmen, gelten folgende Regeln:

1. Alle Symbole und Zusatzangaben sind in derselben Linienbreite (d') zu zeichnen, die in Abhängigkeit von der Schriftgröße (h) für die Maßeintragung $^1/_{10}$ beträgt.
2. Alle Ziffern und Buchstaben für Angaben in den Feldern a, b, c, d und e sind in Abhängigkeit von der Schriftgröße für die Maßeintragung in derselben Linienbreite (d), Höhe (h) der Schriftform nach DIN EN ISO 3098-2 zu schreiben, die für die Maßeintragung in der Zeichnung angewendet wird.
3. Der Mindestabstand zwischen benachbarten Linien soll der doppelten Breite der breiteren Linie entsprechen, mindestens aber 0,7 mm betragen.

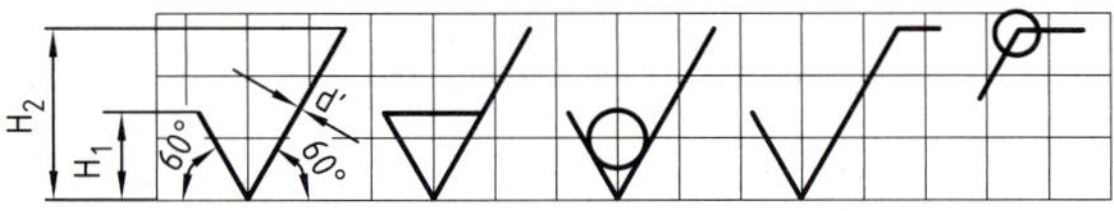

3.86 Größenverhältnis für Grundsymbol und Zusätze

3.87 Form und Größe der Symbole

Alle Schriftgrößen in den Feldern a, b, d und e müssen gleich h sein.

Bei Beschriftungen in Feld c darf die Feldhöhe größer als h sein wegen der Unterlänge der Kleinbuchstaben.

Die eingetragenen Werte in den Feldern e, d und b sollen möglichst in derselben Linie stehen.

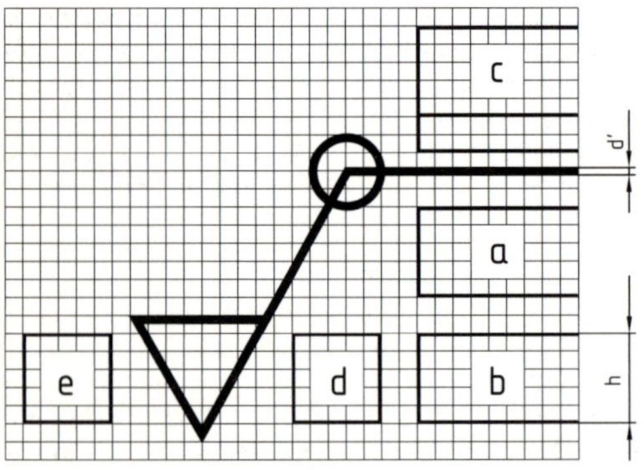

3.88 Symbole mit zusätzlichen Eintragungen

Tabelle für Größen der Symbole und zusätzlichen Eintragungen

Höhe der Ziffern und Großbuchstaben (h)	2,5	3,5	5	7	10	14	20
Linienbreite für Symbole (d')	0,25	0,35	0,5	0,7	1	1,4	2
Linienbreite für die Schrift (d)	Die Linienbreite (d') sollte mit dem Schrifttyp, der für die Maße der Zeichnung gebraucht wird, übereinstimmen, z. B. d = (1/10) h						
Höhe H_1	3,5	5	7	10	14	20	28
Höhe H_2	8	11	15	21	30	42	60

Erfolgskontrolle:

1. Welche Verfahren gibt es zum Messen/Beurteilen von Oberflächenrauigkeiten?
2. Was verstehen Sie unter den Abkürzungen Rz, Rz max und Ra?
3. Wie erfolgt die Wahl für die Größe und Linienbreite der Symbole nach DIN EN ISO 1302?
4. Erklären Sie die Lage der verschiedenen Oberflächenangaben am Symbol nach DIN EN ISO 1302.
5. Wie erfolgt die Anordnung der Symbole mit Zusatzangaben, z. B. Fertigungsverfahren?
6. Wie erfolgt die vereinfachte Oberflächenangabe nach DIN EN ISO 1302?
7. Welche Symbole gibt es für die Kennzeichnung der Rillenrichtung?
8. An welchen Profilen werden die Rauigkeitskenngrößen Rz und Ra gemessen?

3.6 Rändeln nach DIN 82

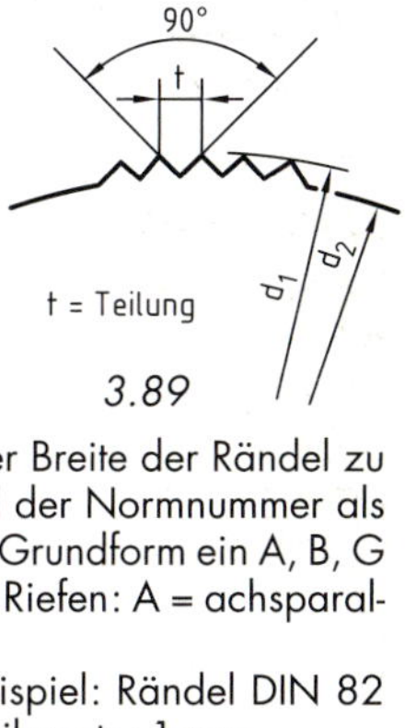

Von Hand betätigte zylindrische Teile werden durch Rändeln griffiger. Beim Rändeln werden spitz gezahnte und gehärtete Rändelräder nach DIN 403 in die Mantelflächen der sich drehenden Werkstücke eingedrückt. Hierbei vergrößert sich der Nenndurchmesser d_1 gegenüber dem Ausgangsdurchmesser d_2. Dieser lässt sich in Abhängigkeit von der Form des Rändels (x) und der Größe der Teilung t berechnen: $d_2 = d_1 - xt$

90°
t
t = Teilung
d_1
d_2

3.89

Die Rändelteilungen t sind genormt (siehe unten). Die Größe der Teilung t ist nach Ausgangsdurchmesser d_1 und der Breite der Rändel zu wählen. Bei der Bezeichnung folgt dem Wort Rändel und der Normnummer als erster Buchstabe ein R, als zweiter zur Kennzeichnung der Grundform ein A, B, G oder K und als dritter Buchstabe für Richtung und Form der Riefen: A = achsparallel, L = links, R = rechts, E = erhöht, V = vertieft.

Danach ist die genormte Rändelteilung t einzutragen. Beispiel: Rändel DIN 82 – RKE 1 bedeutet Kreuzrändel, Spitzen erhöht, mit einer Teilung t = 1 mm.

Rändel DIN 82–R	A	A	0,5
	B	L	0,6
	G	R	0,8
	K	E	1
Grundform ——— (A/B/G/K)		V	1,2
Richtung + Form ——— (A/L/R/E/V)			1,6
Rändelteilung ——— (0,5 … 1,6)			

Die Bilder 1 ... 7, Seite 94, zeigen die Darstellung der 7 Rändelformen, ihre Kurzbezeichnungen und deren Bedeutung. Der Profilwinkel beträgt 90° und nur in Sonderfällen 105°, was dann in der Bezeichnung anzugeben ist.

Rändel nach DIN 82, Formen, Benennung, Darstellung

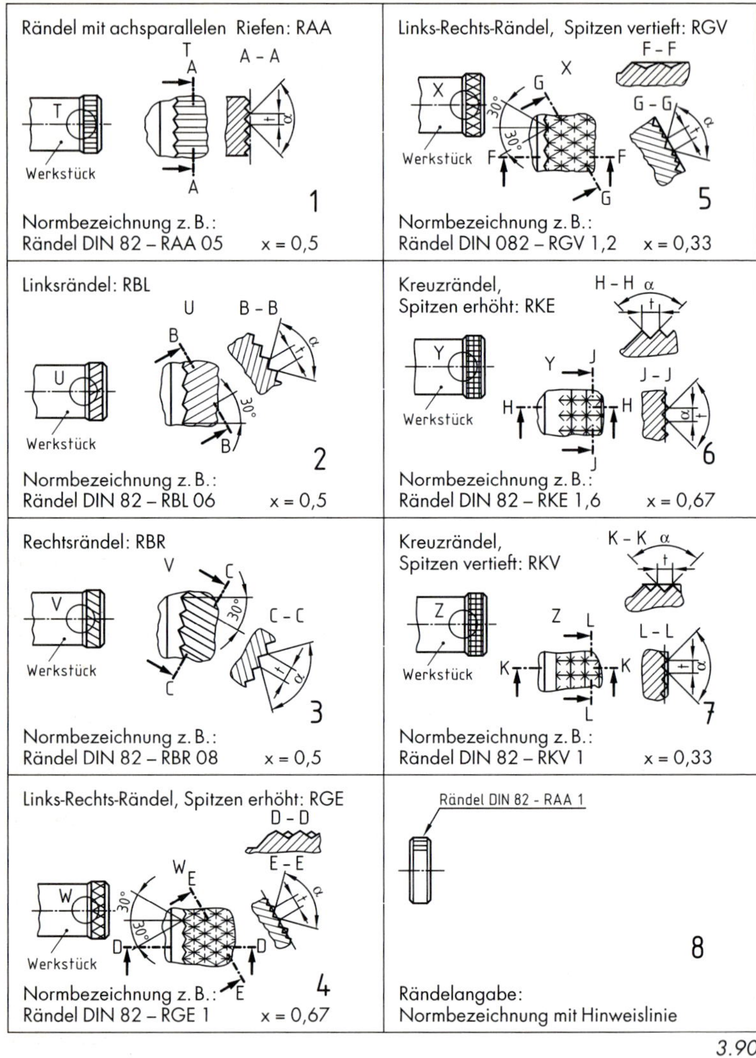

3.90

Rändel werden in der Linienbreite breiter Volllinien gezeichnet, wie in den Bildern 1 ... 8, möglichst aber nur stellenweise angedeutet, s. S. 100. Sie weisen keine seitlichen Begrenzungslinien auf, wenn sie nur auf einem Teil des Zylindermantels liegen oder auf einer Wölbung auslaufen.

Werkstückkanten mit unbestimmter Form

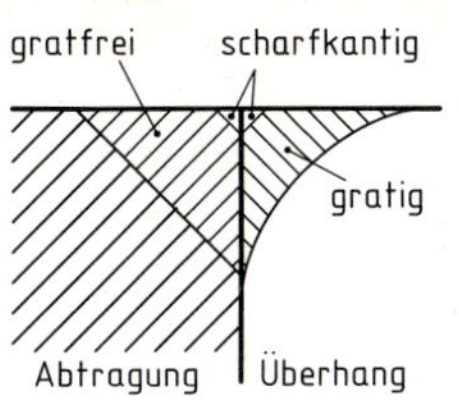

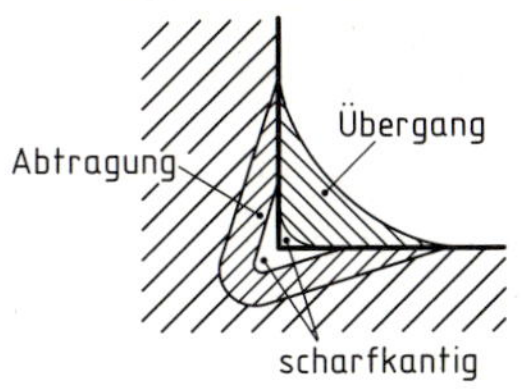

3.91 und 92 Kantenzustand bei Außen- und Innenkante

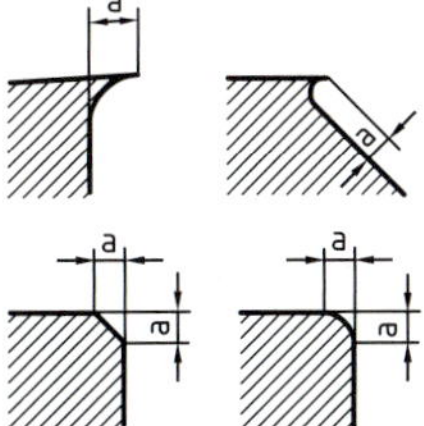

3.93 … 96 Kantenbereich einer Außenkante

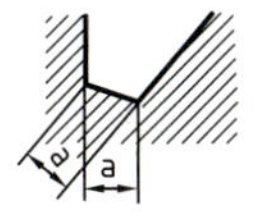

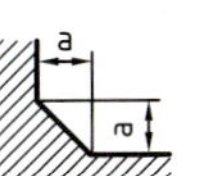

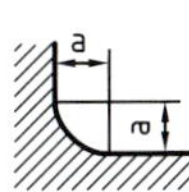

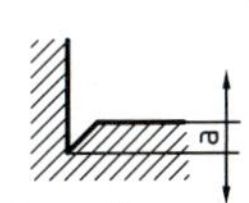

3.97 … 100 Kantenbereich einer Innenkante

Tabelle 1: Bedeutung der Symbolelemente

Symbolelement	Bedeutung	
	Außenkante	Innenkante
+	gratig	Übergang
–	gratfrei	Abtragung
±	gratig oder gratfrei	Übergang oder Abtragung

Tabelle 2: Empfohlene Kantenmaße „a" in mm

Maß		
+[1]		für gratige Kanten oder Übergang
+ 2,5		
+ 1		
+ 0,5		
+ 0,3		
+ 0,1		
+ 0,05	für scharfkantige Kanten	
+ 0,02		
– 0,02		
– 0,05		
– 0,1		für gratfreie Kanten oder Abtragung
– 0,3		
– 0,5		
– 1		
– 2,5		
–[1]		

[1] Weitere Maße nach Erfordernis

DIN ISO 13715 legt sprachunabhängige Zeichnungsangaben für Kantenzustände mit unbestimmter Form fest. Eine bestimmte Kantenform muss nach DIN 406-11 bemaßt werden.

Die Kantenzustände für Innen- und Außenkanten zeigen die Bilder 3.91 und 92. Bei Außenkanten unterscheidet man die Kantenzustände gratig, scharfkantig und gratfrei. Bei Innenkanten können als Kantenzustände Übergang, scharfkantig oder Abtragung vorliegen.

Die Kantenbereiche der Außen- und Innenkanten mit Maßen zeigen die Bilder 3.93 … 100.

Die Bedeutung der Symbolelemente + oder – auf den Kantenzustand enthält Tabelle 1, während Tabelle 2 empfohlene Kantenmaße a angibt.

Bei Zeichnungseintragung ist auf diese Norm hinzuweisen:

Kanten ISO 13715.

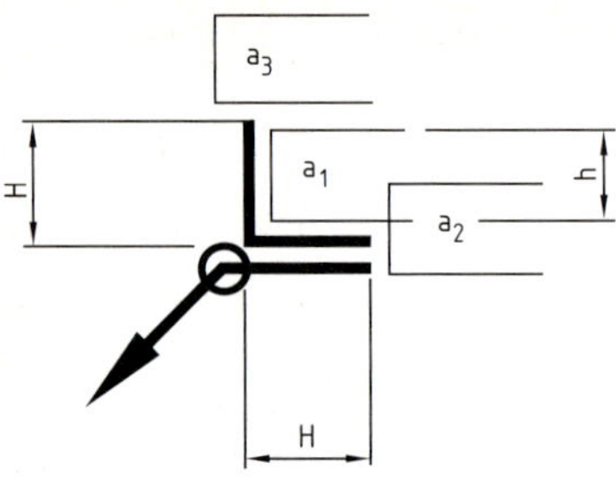

3.101 Größe der Symbole mit Zusatzfeldern

Schrifthöhe h	3,5	5	7	10
Linienbreite für Symbole d'	0,35	0,5	0,7	1
Symbolhöhe	5	7	10	14

Die Werkstückkante wird mit dem Symbol und den entsprechenden Maßangaben in den Feldern a_1, a_2 und a_3 gekennzeichnet, 3.101. Die Länge und Richtung kann den Gegebenheiten der Zeichnung angepasst werden. Das Kantenmaß ist mit dem Symbolelement + oder – für den Kantenzustand nach Tabelle 1 einzutragen. Die Gratrichtung bzw. Abtragrichtung ist dann beliebig, und das eingetragene Kantenmaß gilt als Höchstmaß. Der Kantenzustand kann allein mit dem Symbolelement + oder – angegeben werden, 3.102. Die Gratrichtung einer Außenkante oder die Abtragrichtung einer Innenkante lässt sich durch Eintragen der Maßangaben in Verlängerung eines Schenkels am Grundsymbol festlegen, 3.103. Falls notwendig, kann für das Kantenmaß auch eine obere und untere Grenze angegeben werden.

3.102 ... 104

3.105 und 106

3.107

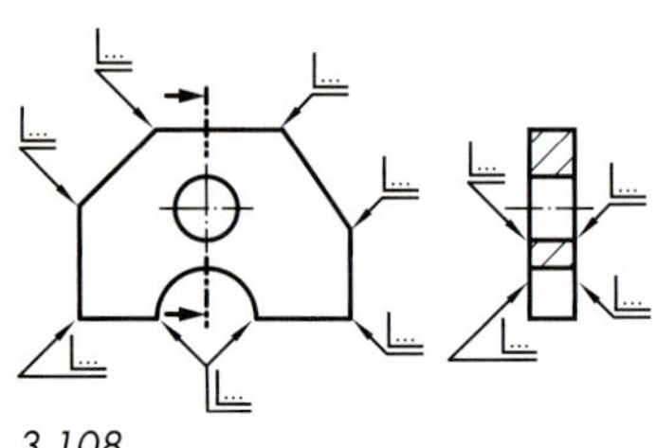

3.108

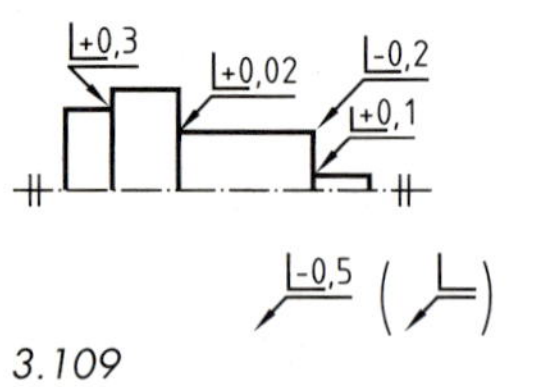

3.109

3.104: Soll für die Kanten eines Teiles die gleiche Angabe zum Kantenzustand gelten, genügt eine einmalige Eintragung an geeigneter Stelle der Zeichnung, 3.105.

Sind zusätzlich zu einer allgemeinen Angabe weitere Angaben von Kantenzuständen erforderlich, dann werden diese neben die allgemeine Angabe in Klammern gesetzt, 3.106.

Die Kantenangabe in 3.107 gilt für die gleiche Konturlinie der Vorder- und Rückseite. 3.108 zeigt Kantenangaben in der Vorder- und Seitenansicht.

Anstelle zusätzlicher Angaben darf vereinfacht ein in Klammern gesetztes Grundsymbol eingetragen werden, 3.109.

Beispiele für Zeichnungsangaben von Kantenzuständen an Werkstücken nach DIN ISO 13715 und deren Bedeutung

Nr.	Beispiel	Bedeutung	Erläuterung
		1. Außenkanten	
1.1	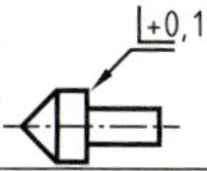 +0,1		Grat bis 0,1 mm, Gratrichtung beliebig
1.2	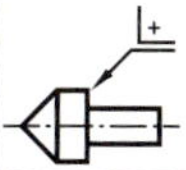 +		Grat zugelassen, Grathöhe und Gratrichtung beliebig
1.3	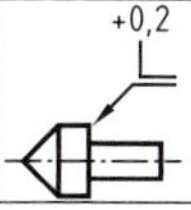 +0,2		Grat bis 0,2 mm zugelassen, Gratrichtung bestimmt
1.4	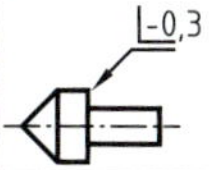 -0,3	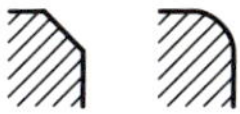	ohne Grat, Abtragung bis 0,3 mm
1.5	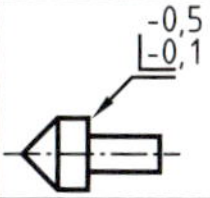 -0,5 -0,1		ohne Grat, Abtragung im Bereich von 0,1 bis 0,5 mm
1.6	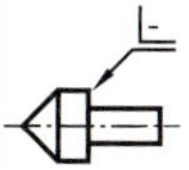 -		gratfrei, Größe der Abtragung beliebig
		2. Innenkanten	
2.1	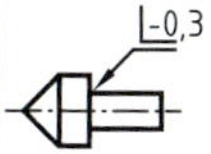 -0,3		zugelassene Abtragung bis 0,3 mm
2.2	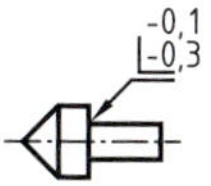 -0,1 -0,3		zugelassene Abtragung im Bereich von 0,1 bis 0,3 mm
2.3	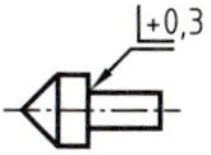 +0,3		mit zugelassenem Übergang bis 0,3 mm
2.4	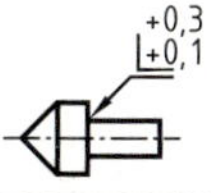 +0,3 +0,1		mit zugelassenem Übergang im Bereich von 0,3 bis 0,1 mm

Eine Angabe ± 0,05 an einer Außenkante bedeutet wahlweise gratig bis 0,05 mm oder gratfrei bis 0,05 mm (scharfkantig); Richtung des Grates beliebig.

3.7 Härteangaben in Zeichnungen nach DIN 6773

Diese Norm kennzeichnet den Endzustand gehärteter Teile in Zeichnungen. Sie macht keine Angaben über die Art und Weise, wie dieser Endzustand erreicht wird. Falls notwendig, sind ergänzende Angaben in den Fertigungsunterlagen wie Wärmebehandlungsanweisungen (WBA) oder Wärmebehandlungsplan (WBP) zu machen.

Die Härte wird als Rockwellhärte nach DIN EN ISO 6508-1, als Vickershärte nach DIN EN ISO 6507-1 oder in Sonderfällen als Brinellhärte nach DIN EN ISO 6506-1 angegeben.

3

Messstellen für die Härteprüfung am Werkstück können durch ein Symbol in der Zeichnung gekennzeichnet werden, siehe 3.110, Bilder 1 und 2.

Wird die Darstellung eines Teils durch die Wärmebehandlungsangaben unübersichtlich, dann ist ein Wärmebehandlungsbild zu zeichnen.

- Beim **Härten, Härten und Anlassen sowie Vergüten** werden die gewünschten Zustände nach der Wärmebehandlung durch die Wortangaben „gehärtet", „gehärtet und angelassen" oder „vergütet" festgelegt, s. 1 ... 3.

  Man unterscheidet hierbei die Wärmebehandlung des ganzen Teils, die Wärmebehandlung des ganzen Teils mit Bereichen unterschiedlicher Härte sowie eine örtlich begrenzte Wärmebehandlung. Die Bereiche unterschiedlicher Härte sind zu kennzeichnen und gegebenenfalls zu bemaßen. Die örtlich begrenzte Wärmebehandlung ist durch breite Strichpunktlinien nach DIN EN ISO 128-20 und Maßangaben zu kennzeichnen.

- Durch **Randschichthärten** bleibt das Härten auf die Randschicht des Werkstücks beschränkt. Hierbei ist die Wortangabe „randschichtgehärtet" zu verwenden, s. 4 ... 6. Randschichthärten erfolgt durch Flamm- oder Induktionshärten.

  Die Einhärtungstiefe Rht in mm ist der senkrechte Abstand von der Oberfläche eines gehärteten Werkstücks bis zu dem Punkt, an dem die Härte einem zweckentsprechenden Grenzwert entspricht.

- Beim **Einsatzhärten** findet ein Aufkohlen oder Carbonitrieren (Aufkohlen und Nitrieren) der Randschicht des Werkstücks mit anschließendem Härten statt. Der gewünschte Zustand wird nach dem Einsatzhärten mit der Wortangabe „einsatzgehärtet" oder „einsatzgehärtet und angelassen" festgelegt, s. 7 und 8.

  Die Einsatzhärtungstiefe Eht in mm, die mit einer Plus-Toleranz zu versehen ist, ist der senkrechte Abstand von der Oberfläche des gehärteten Werkstücks bis zu dem Punkt, an dem die Härte einem zweckentsprechenden festgelegten Grenzwert entspricht.

- Das **Nitrieren** ist ein Anreichern der Randschicht eines Werkstücks mit Stickstoff durch eine thermotechnische Behandlung. Die entsprechende Wortangabe ist „nitriert", s. 9 und 10.

  Der Nitrierhärtetiefe Nht in mm ist eine größtmögliche, jedoch funktionsgerechte Plus-Toleranz zuzuordnen.

Beispiele für Härteangaben in Zeichnungen

Härten, Anlassen, Vergüten

Die Angaben für die Wärmebehandlung des ganzen Teils durch Härten, Härten und Anlassen sowie Vergüten zeigen 1 … 3. Neben der Wortangabe, z. B. „gehärtet“, ist die Härteangabe in HRC mit einer entsprechenden Plus-Toleranz zu versehen.

In 3 ist bei der Angabe der Brinellhärte 350 + 50 HB 2,5/187,5 hinter der Abkürzung HB der Kugeldurchmesser sowie die zugehörige Prüfkraft nach DIN EN ISO 6506 angegeben.

Randschichthärten

Beim Randschichthärten werden die randschichtgehärteten Bereiche durch breite Strichpunktlinien außerhalb der Körperkanten gekennzeichnet, 4 … 6.

In 5 ist der Verlauf der Randschichthärtung im Zahn durch schmale Strichpunktlinien verdeutlicht und eine Messstelle angegeben.

Ergibt sich bei der Randschichthärtung eines Teils durch Flammhärten eine Schlupfzone, so wird ihre Lage durch ein Symbol gekennzeichnet, 6.

Einsatzhärten

Das Einsatzhärten von Werkstücken kann allseitig, 7, allseitig mit unterschiedlicher Oberflächenhärte bzw. Einsatzhärtungstiefe oder stellenweise, 8, durchgeführt werden. Im letzteren Falle ist der einsatzgehärtete Bereich durch breite Strichpunktlinien außerhalb der Körperkanten zu kennzeichnen.

Nitrierhärten

Beim Nitrieren unterscheidet man die Nitrierung des ganzen Teils, 9, oder eine örtlich begrenzte Nitrierung, 10. Im letzten Falle sind die Bereiche des Werkstücks, die nitriert werden müssen, durch breite Strichpunktlinien außerhalb der Körperkanten zu kennzeichnen.

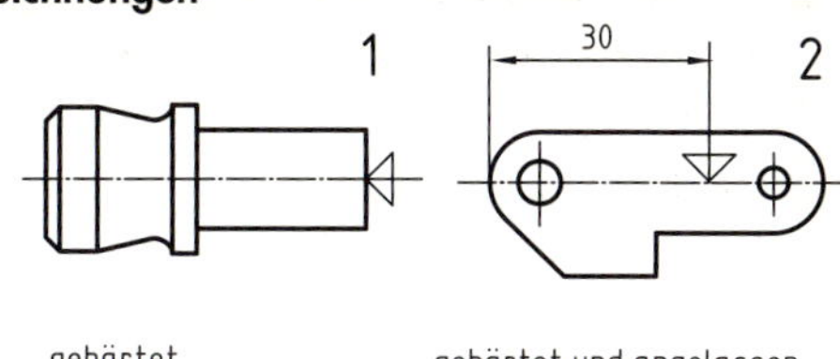

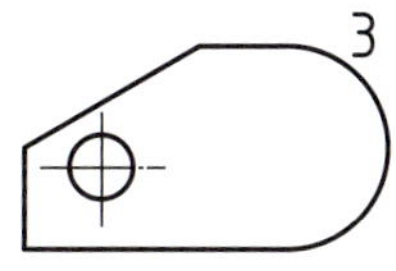

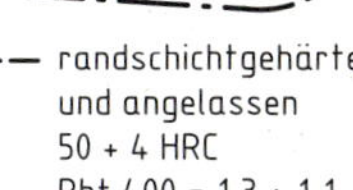

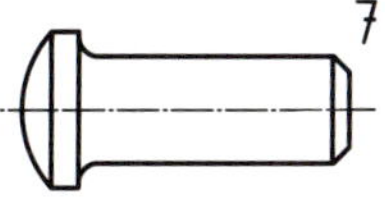

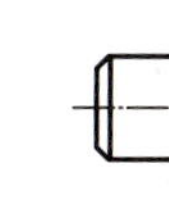

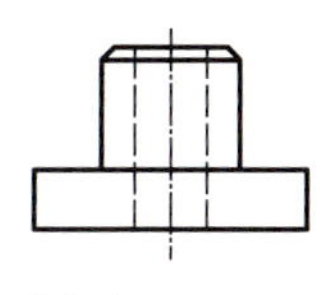

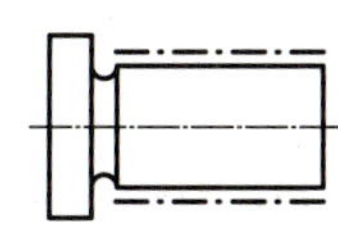

3.110

4 Normgerechte Maßeintragung

4.1 Normung in der Fertigungszeichnung

Die technische Zeichnung als Informationsträger dient bei einem Fertigungsauftrag als Verständigungsmittel zwischen dem Technischen Büro und der Werkstatt. Beim Zugrundelegen der Zeichnungsnormen, z. B. Maßeintragung DIN 406, wird die Zeichenarbeit erleichtert und eine klare Darstellung des Werkstücks erreicht. Außerdem sind beim Entwurf einer Zeichnung alle Normen zu berücksichtigen, welche die Konstruktion, z. B. Normmaße DIN 323, die Fertigung, z. B. Freistiche DIN 509, und die Funktion, z. B. Auswahl von Passungen DIN 7157, betreffen – alles Voraussetzung für ein wirtschaftliches Arbeiten.

Die Zeichnung Welle zeigt die verschiedenen Normen, die in diesem Beispiel zu berücksichtigen sind (aufgrund aktueller Normänderungen kann es in der Zeichnung zu veralteten Darstellungen kommen).

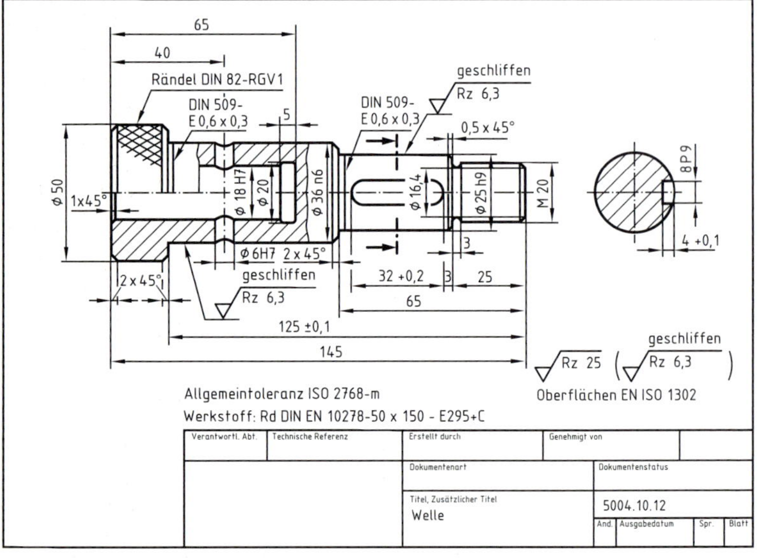

DIN ISO 5456-2, DIN ISO 128-30, -34, -40, -44, -50			Ansichten, Schnitte
DIN 406-11	Maßeintragung	DIN EN ISO 1302	Oberflächenangaben
DIN 323	Normmaße	DIN ISO 2768-1, -2	Allgemeintoleranzen
DIN 76	Gewindeauslauf	DIN ISO 6410-1 bis –3	Gewindedarstellung
DIN 82	Rändel	DIN EN 10025-1	Baustähle
DIN 509	Freistiche	DIN ISO 128-24	Linienarten
DIN 6885-1	Passfedernuten	DIN EN ISO 5457	Blattgrößen
DIN 7157	Passungsauswahl	DIN EN ISO 3098-2	Normschrift
DIN EN ISO 7200	Schriftfelder	DIN EN ISO 4753	Gewindeenden
DIN ISO 5455	Maßstäbe		

Übung: Lesen Sie die Zeichnung S. 425 und erklären Sie die angewandten Normen.

4.2 Normzahlen und Normzahlreihen nach DIN 323-1

Hauptwerte und Rundwerte (Grundreihen und Rundwertreihen)									
R 5	R″ 5	**R 10**	R′ 10	R″ 10	**R 20**	R′ 20	R″ 20	**R 40**	R′ 40
1		**1**			**1,0**			**1,0**	
								1,06	1,05
					1,12	1,1		**1,12**	1,1
								1,18	1,2
		1,25		(1,2)	**1,25**		(1,2)	**1,25**	
								1,32	1,3
					1,4			**1,4**	
								1,5	
1,6	(1,5)	**1,6**		(1,5)	**1,6**			**1,6**	
								1,7	
					1,8			**1,8**	
								1,9	
		2			**2,0**			**2,0**	
								2,12	2,1
					2,24	2,2		**2,24**	2,2
								2,36	2,4
2,5		**2,5**			**2,5**			**2,5**	
								2,65	2,6
					2,8			**2,8**	
								3,0	
		3,15	3,2	(3)	**3,15**	3,2	(3,0)	**3,15**	3,2
								3,35	3,4
					3,55	3,6	(3,5)	**3,55**	3,6
								3,75	3,8
4		**4**			**4,0**			**4,0**	
								4,25	4,2
					4,5			**4,5**	
								4,75	4,8
		5			**5,0**			**5,0**	
								5,3	
					5,6		(5,5)	**5,6**	
								6,0	
6,3	(6)	**6,3**		(6)	**6,3**		(6,0)	**6,3**	
								6,7	
					7,1		(7,0)	**7,1**	
								7,5	
		8			**8,0**			**8,0**	
								8,5	
					9,0			**9,0**	
								9,5	
10		**10**			**10,0**			**10,0**	

Als Normmaße sind die Haupt- und Rundwerte der Normalzahlen nach DIN 323-1 zu wählen, wobei eingeklammerte Werte vermieden werden sollen. Sie gelten für die Zehnerpotenzen 0,1, 1, 10, 100 usw., s. auch S. 273.

Die Normmaße sollen die Wahl von willkürlichen Konstruktionsmaßen, z. B. bei Wellen, Bohrungen usw., einschränken. Dadurch tritt für den Zusammenbau eine Vereinheitlichung der Anschlussmaße ein. Außerdem wird durch die häufige Wiederkehr der gleichen Maßzahlen die Anzahl der lagerhaltigen Werkstoffabmessungen, z. B. für Profilstähle, Rohre, Bleche usw., verringert, ferner die Anzahl der Werk- und Messzeuge sowie der Vorrichtungen eingeschränkt und ihre Ausnutzung infolge des häufigeren Einsatzes gesteigert. Man erreicht so eine größere Wirtschaftlichkeit bei der Konstruktion, der Fertigung, dem Zusammenbau und dem Austausch.

4.3 Grundlagen, Regeln und Beispiele der Maßeintragung[1]

4.3.1 Begriffe der Maßeintragung

DIN 406-10 erläutert die Begriffe der Maßeintragung wie Maßarten, Elemente, Symbole und Systeme der Maßeintragung. Die wichtigsten Begriffe werden an verschiedenen Stellen dieses Buches erläutert. Nachfolgend wird nur auf die Systeme der Maßeintragung näher eingegangen.

Systeme der Maßeintragung

- Eine funktionsbezogene Maßeintragung liegt vor, wenn die Auswahl, Eintragung und Tolerierung der Maße nach den Gesichtspunkten des funktionellen und reibungslosen Zusammenwirkens aller Teile eines Erzeugnisses vorgenommen wird, 4.1.
  Die jeweiligen Fertigungs- und Prüfbedingungen bleiben dabei unberücksichtigt.
- Die fertigungsbezogene Maßeintragung hängt von den jeweils vorgesehenen Fertigungsverfahren ab, z. B. spanend oder spanlos.
  Hierbei sind die für die Fertigung benötigten Maße aus der funktionsbezogenen Maßeintragung berechnet und in die Zeichnung eingetragen unter Berücksichtigung fertigungsgerechter Toleranzen, 4.2.
- Die prüfbezogene Maßeintragung liegt vor, wenn die Maße und Maßtoleranzen für die vorgesehene Prüfung in die Zeichnung eingetragen sind, 4.3.

Nachfolgende Beispiele zeigen die drei Bemaßungsarten für die Bohrungen einer Lochplatte, die mit zwei Zylinderstiften gefügt werden soll. Die Durchbrüche der Lochplatte sollen gebohrt werden.

Ausgehend von der funktionsbezogenen Maßeintragung (4.1) sind für die fertigungsbezogene (4.2) und prüfbezogene (4.3) Maßeintragung die Maße und Toleranzen entsprechend gewählt worden.

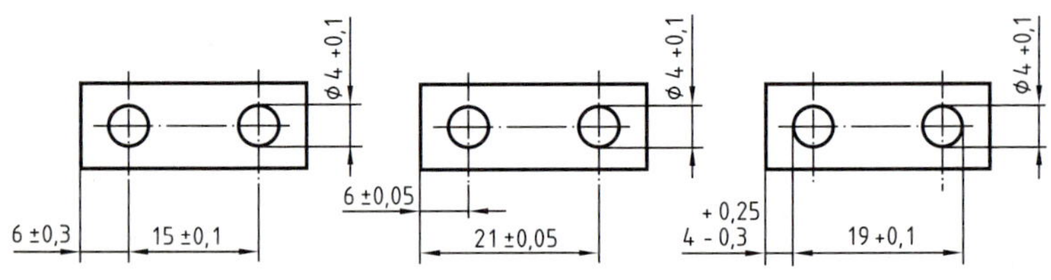

4.1 Funktionsbezogene Maßeintragung   *4.2 Fertigungsbezogene Maßeintragung*   *4.3 Prüfbezogene Maßeintragung*

Die nachfolgenden Bemaßungsbeispiele zeigen nur das Wesentliche der Bemaßungsregeln und sind daher nicht immer vollständig bemaßt.

[1] DIN 406-10: Maßeintragung, Allgemeine Grundlagen, Begriffe
DIN 406-11: Maßeintragung, Grundlagen der Anwendung
DIN 406-12: Maßeintragung, Eintragung von Toleranzen für Längen- und Winkelmaße

4.3.2 Grundlagen und Anwendungsbeispiele für die Maßeintragung in technischen Zeichnungen nach DIN 406-11

Maßangaben in technischen Zeichnungen gelten für den Endzustand eines Teils, und zwar als Rohteil, vorbearbeitetes Teil oder Fertigteil. Für die Anordnung der Maße in Zeichnungen oder die Wahl der Maßlinienbegrenzungen kann die Art der Zeichnungsanfertigung: manuell oder rechnergestützt, maßgebend sein. Im Allgemeinen gelten gleiche Bemaßungsregeln für das manuelle und rechnerunterstützte Zeichnen.

Elemente der Maßeintragung zeigt 4.4.

Ein Maß besteht aus einer Maßzahl und einer Maßeinheit. In technischen Zeichnungen wird bei Millimeterangaben auf die Maßeinheit verzichtet. Wird von dieser Maßeinheit abgewichen, so ist z. B. hinter die Maßzahl ein m (Meter) zu setzen.

Bei der Maßeintragung sind die Maßlinien und Maßhilfslinien als schmale Volllinien der für die Zeichnung gewählten Liniengruppe auszuführen.

Maßlinienbegrenzungen zeigt 4.5:

1 geschwärzter Pfeil als Regelfall,
2 offener Pfeil für rechnerunterstützt angefertigte Zeichnungen,
3 offener Pfeil für Bauzeichnungen,
4 Schrägstrich unter 45° für Bauzeichnungen,
5 Punkt als Regelfall, 4.6,
6 Kreis bei rechnerunterstützt angefertigten Zeichnungen, 4.7,
7 Kreis als Ursprungsangabe bei einer Bezugsbemaßung, 4.8 und S. 119.

In einer Zeichnung darf nur eine Art von Pfeilen oder Schrägstrichen, bei Erfordernis in Kombination mit Punkten angewendet werden, 4.6 ... 8.

Die Maße der Pfeile, Schrägstriche, Punkte und Kreise sind 4.9 ... 15 zu entnehmen. Hierbei bedeutet der Maßbuchstabe d die Breite der gewählten schmalen Volllinie. Ist eine der Maßhilfslinien eine Körperkante, so ist den Punkten bzw. Kreisen die entsprechende breite Volllinie zugrunde zu legen.

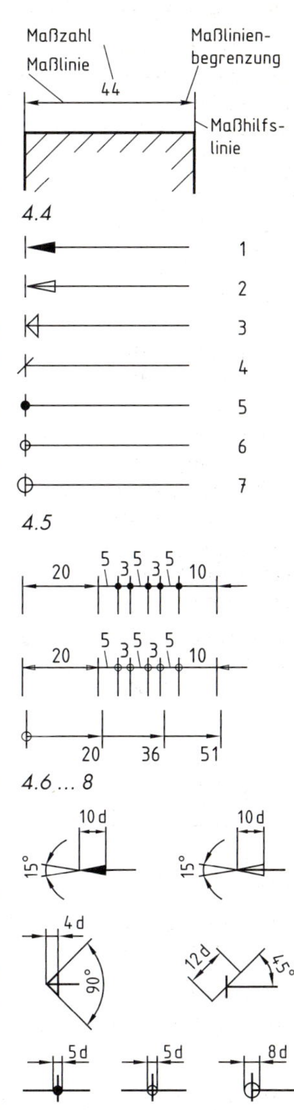

4.4

4.5

4.6 ... 8

4.9 ... 15

4

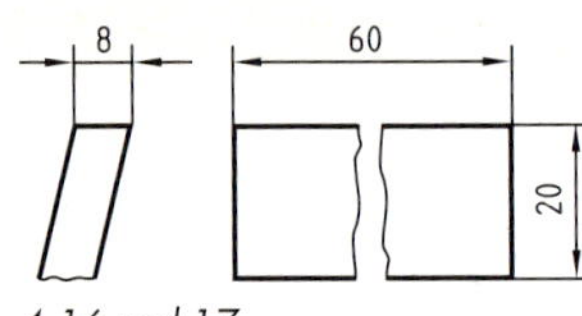

4.16 und 17

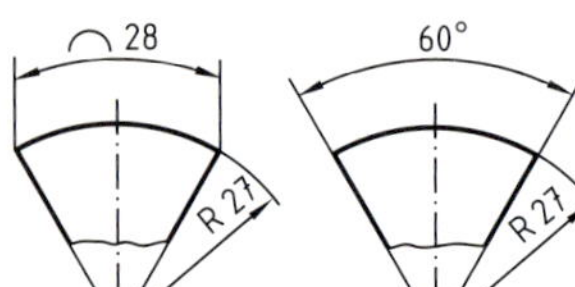

4.18 und 19

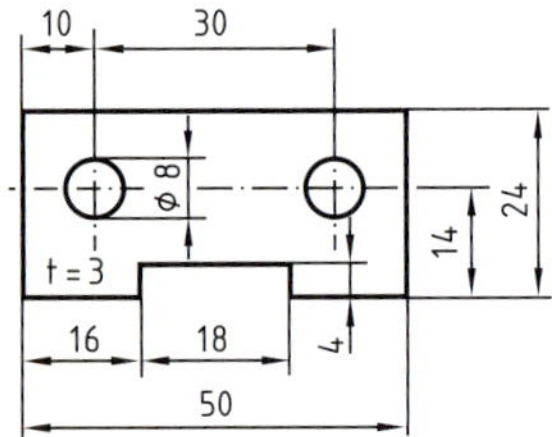

4.20

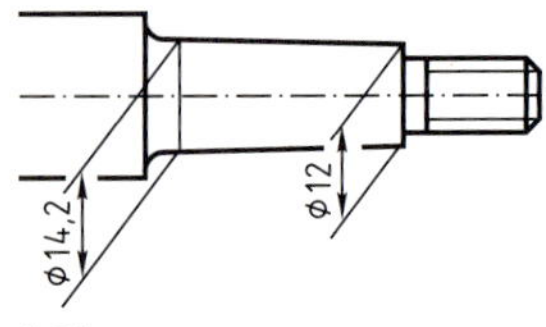

4.21

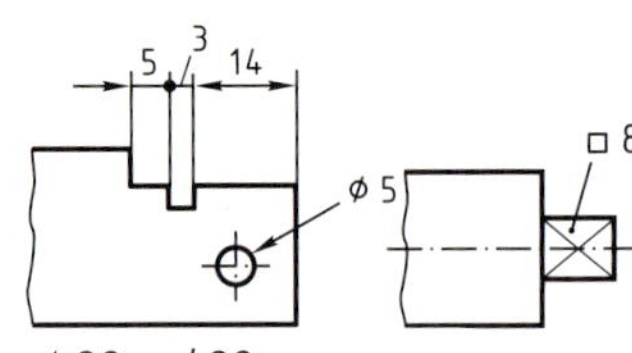

4.22 und 23

Weitere Anwendungen von Hinweislinien s. Abschnitte 4.3.5 und 4.3.6

[1] DIN ISO 128-22

Maßlinien und Maßhilfslinien

Maßlinien werden im Allgemeinen gezeichnet bei (nach Methode 1)

- Längenmaßen parallel zu dem anzugebenden Maß und rechtwinklig zu den Körperkanten, 4.16 und 17,
- Winkel- und Bogenmaßen als Kreisbogen um den Scheitelpunkt des Winkels bzw. Mittelpunkt des Bogens, 4.18 und 19.

Die Maßlinien sollen etwa 10 mm von der Körperkante entfernt sein. Parallele Maßlinien müssen einen genügend großen Abstand voneinander haben, etwa 7 mm.

Maßlinien werden vorzugsweise durchgezogen, auch bei unterbrochen dargestellten Teilen, 4.17.

Bei der durchgezogenen Maßlinie muss die Maßzahl über der Maßlinie stehen. Ausnahmen s. 4.28 und 29. Maßlinien sollen sich untereinander und mit anderen Linien möglichst nicht schneiden, 4.20.

Mittellinien, Maßhilfslinien und Schraffuren sind im Bereich der Maßzahlen zu unterbrechen.

In besonderen Fällen, z. B. bei Unübersichtlichkeit, können Maßhilfslinien unter einem Winkel von etwa 60° schräg, jedoch parallel zueinander herausgezeichnet werden, 4.21.

Maßhilfslinien dürfen nicht von einer zur anderen Ansicht durchgezogen und nicht parallel zu Schraffurlinien eingetragen werden. Der Maßhilfslinienüberstand beträgt im Allgemeinen 2 mm.

Hinweislinien[1]

Hinweislinien zum Eintragen von Maßen sind als schmale Volllinien schräg aus der Darstellung zu ziehen und enden

- mit einem Pfeil an einer Körperkante, 4.22,
- mit einem Punkt in einer Fläche, 4.23,
- ohne Begrenzung an allen anderen Linien, z. B. Maßlinien und Mittellinien, 4.22.

Maßzahlen

Bei den Maßzahlen wird die Schriftform B vertikal nach DIN EN ISO 3098-2 und deren Größe nach dem Zeichnungsformat (DIN EN ISO 5457) gewählt.

4.3.3 Methoden der Maßeintragung

Maßeintragung in zwei Hauptleserichtungen (Methode 1)

Bei der Methode 1, die bevorzugt angewendet werden soll, sind die Maßzahlen so einzutragen, dass sie in Leselage der Zeichnung in den beiden Hauptleserichtungen von unten und von rechts gelesen werden können.

Bei Parallelbemaßung werden die Maßzahlen parallel zur Maßlinie, 4.24 und 25, und bei Winkelbemaßung tangential zur Maßlinie, 4.26, eingetragen. Dabei sind die Maßzahlen im Allgemeinen mittig über der Maßlinie anzuordnen.

Weicht die Gebrauchslage des Werkstücks von der Leserichtung der Zeichnung ab, werden die Maßzahlen auch von unten oder von rechts lesbar eingetragen.

Bei Platzmangel sind die Maßzahlen mit einer Hinweislinie oder über der Verlängerung der Maßhilfslinie einzutragen.

In 4.27 ist die vereinfachte Dickenangabe t = 2 gezeigt, die eine zusätzliche Ansicht erspart.

Diese Angabe kann innerhalb der Umrisslinien, außerhalb der Umrisslinien mit Hinweislinie oder in einer Tabelle eingetragen werden.

Nach ISO 3892 sind eine Reihe von Maßbuchstaben und ihre Bedeutung festgelegt, z. B.:

- b = Breite
- h = Höhe (Tiefe)
- l = Länge
- t = Dicke

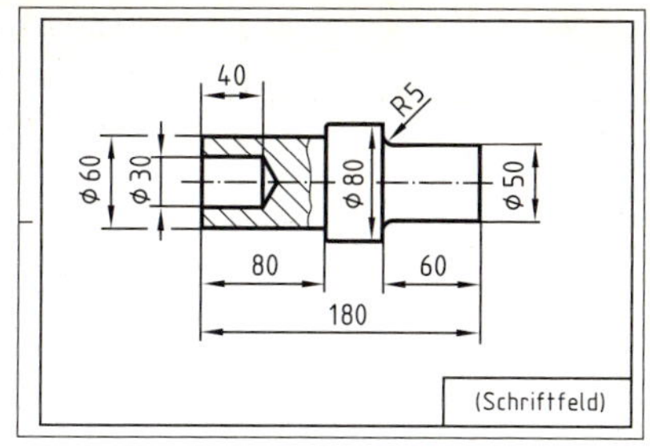

4.24

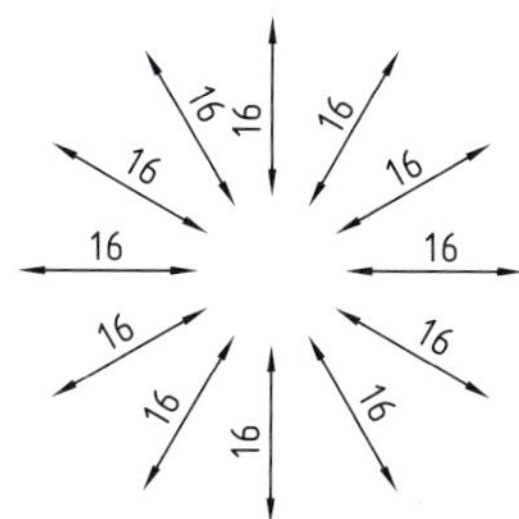

4.25

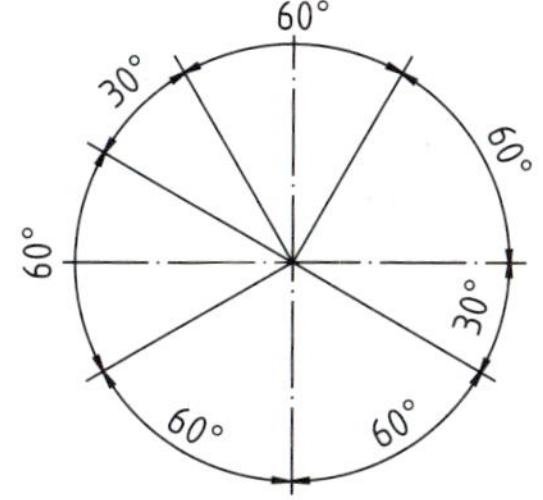

4.26

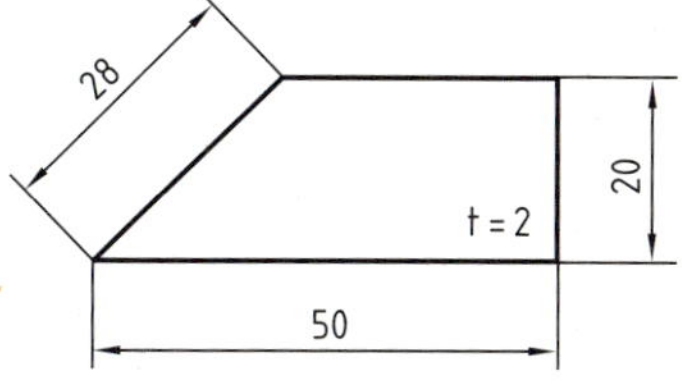

4.27

Maßeintragung in einer Hauptleserichtung (Methode 2)

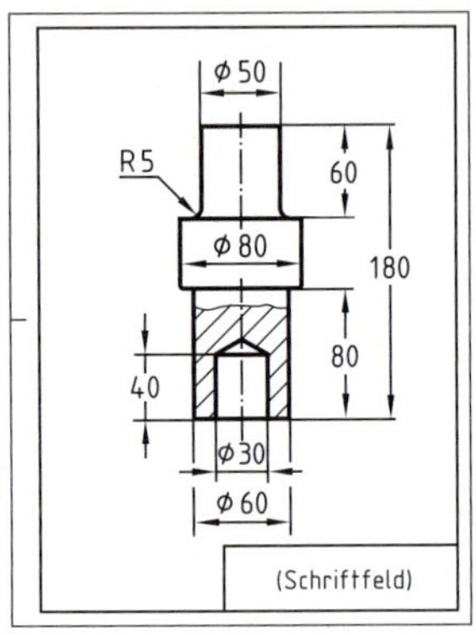

4.28

Nach der Methode 2 ist es zugelassen, alle Maße nur in Leserichtung des Schriftfeldes einzutragen, 4.28.

Zum Eintragen der Maßzahlen werden nichthorizontale Maßlinien vorzugsweise in der Mitte unterbrochen, 4.28 und 29.

Entsprechendes gilt auch für Winkelmaße, 4.30. Diese können auch ohne Unterbrechung der Maßlinien in Leselage des Schriftfeldes eingetragen werden, 4.31.

Bei Platzmangel dürfen die Maße an einer verlängerten und abgewinkelten Maßlinie eingetragen werden.

Die Maßeintragung nach der Methode 2 wird in diesem Fachbuch nicht weiter angewendet, da die Methode 1 bevorzugt werden soll.

4.29

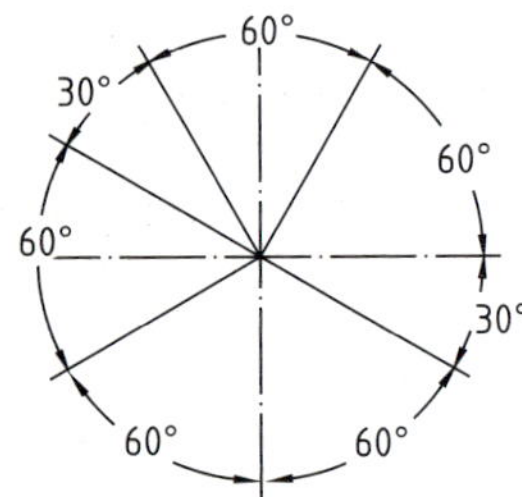

4.30

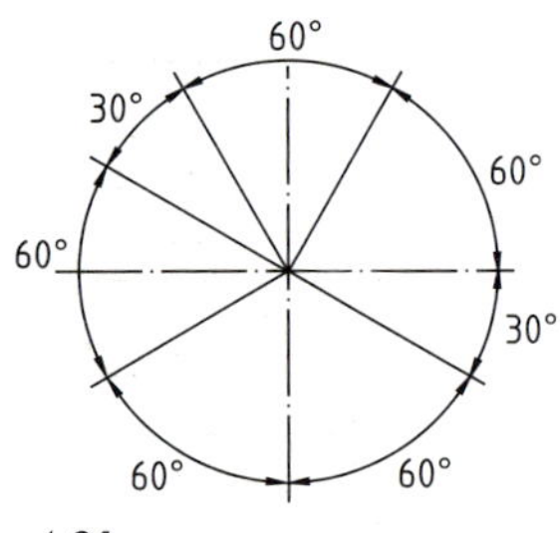

4.31

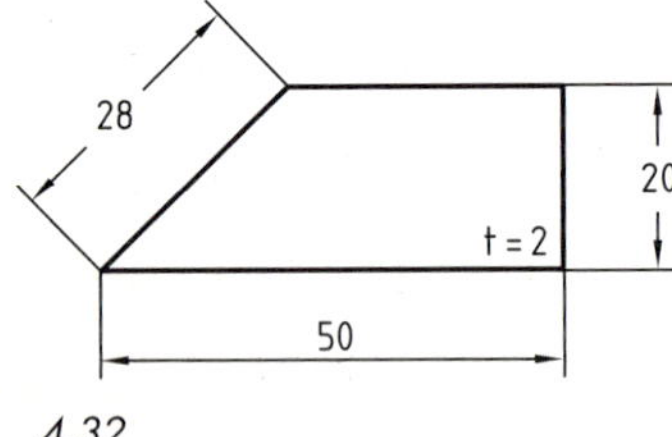

4.32

4.3.4 Anordnen und Eintragen von Maßen nach Methode 1

Anordnen von Maßen

Jedes Maß eines Teils ist in der Zeichnung nur einmal einzutragen, und zwar in der Ansicht, die die Zuordnung von Darstellung und Maß am deutlichsten erkennen lässt.

Dabei sind zusammengehörende Maße möglichst auch zusammen einzutragen.

Maße für Innen- und Außenformen sind getrennt voneinander anzuordnen, 4.33.

Sind mehrere Teile in einer Gruppe gezeichnet und bemaßt, dann sollen die Maße getrennt eingetragen werden, sodass sie sich nur auf ein Einzelteil beziehen, 4.34.

Sammelzeichnungen ermöglichen die Darstellung von ähnlichen Teilen mit variablen Maßen. Anstelle von Maßzahlen werden Maßbuchstaben in der Zeichnung eingetragen und die zugehörigen Zahlenwerte in einer Tabelle angegeben. Jede Zeile gilt für eine Ausführung, 4.35.

Symbole und Kennzeichen werden den Zahlenwerten in der Tabelle und nicht den Maßbuchstaben in der Zeichnung zugeordnet.

Die Summierung von Einzeltoleranzen bei einem Gesamtmaß wird vermieden, wenn ein Maß einer Maßkette nicht eingetragen ist, 4.36, oder dieses Maß als Hilfsmaß in runden Klammern steht oder die Maße als theoretische Maße eingetragen werden.

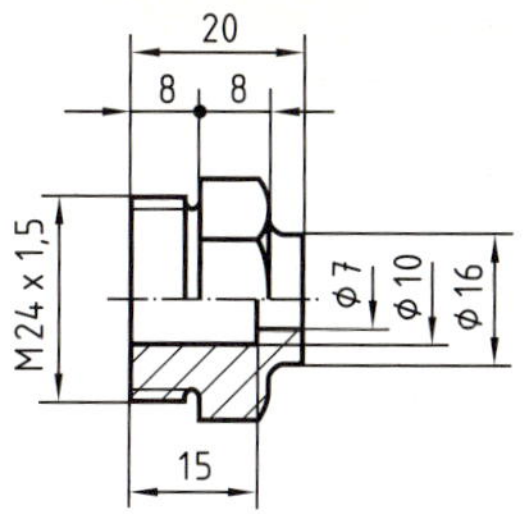

4.33

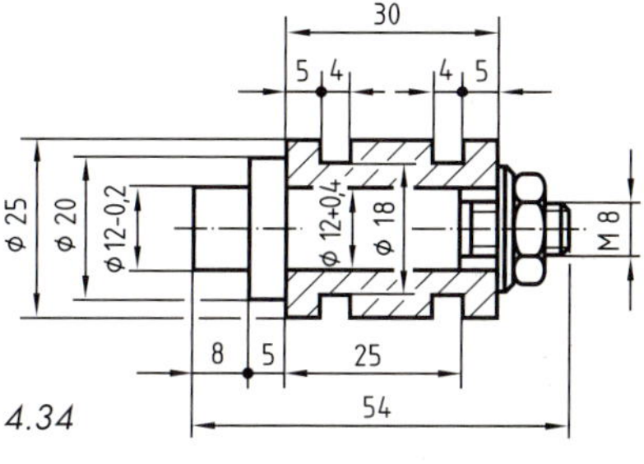

4.34

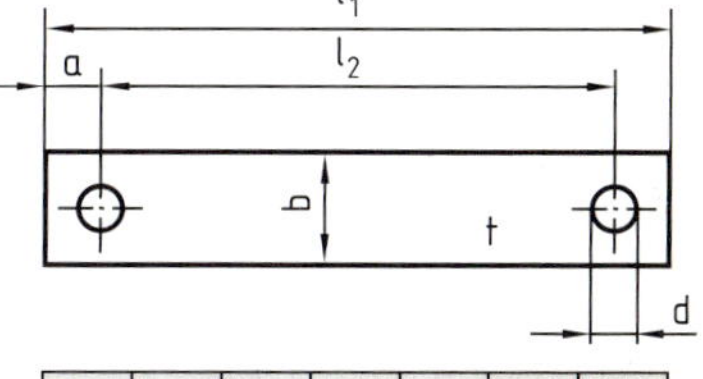

Nr.	l_1 +2	b ±0,1	d	a	l_2	t
1	60	15	⌀ 5	10	60	2
2	80	20	⌀ 6	15	70	3
3	120	25	⌀ 8	20	80	4

4.35

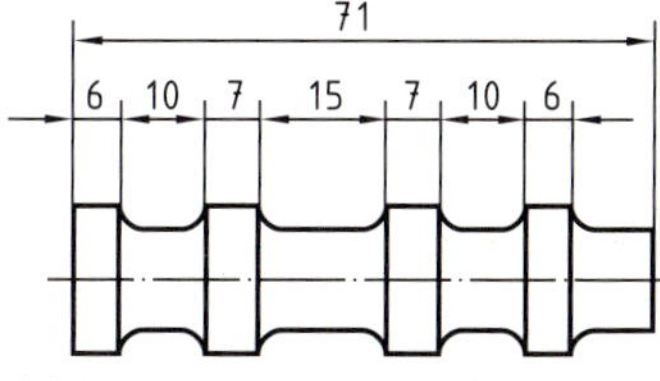

4.36

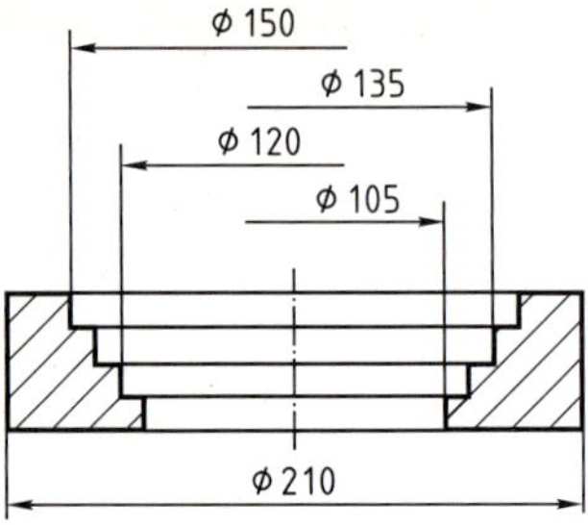

Ø 150
Ø 135
Ø 120
Ø 105
Ø 210

4.37

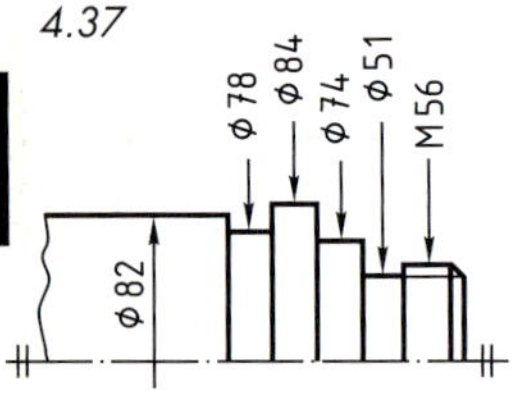

Ø 78
Ø 84
Ø 74
Ø 51
M56
Ø 82

4.38

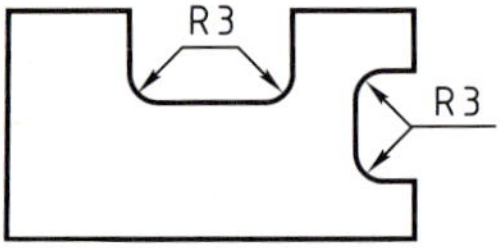

R3
R3

4.39

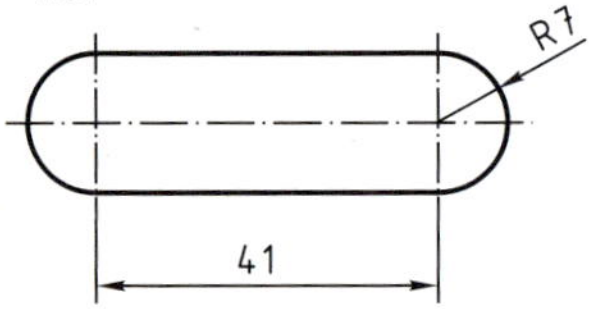

R7
41

4.40

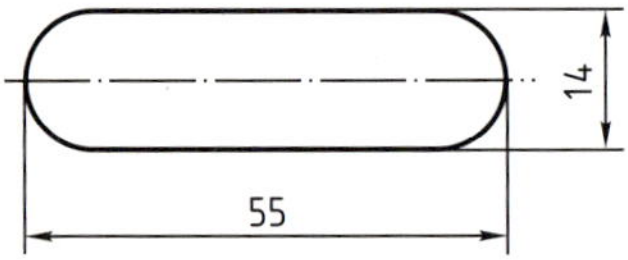

14
55

4.41

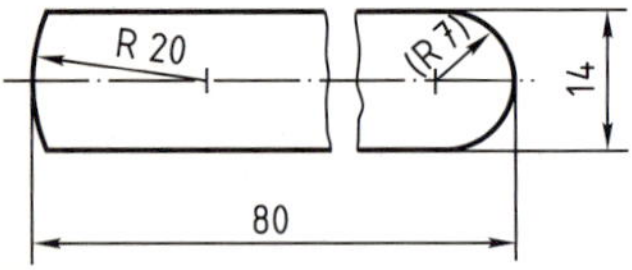

R 20
(R7)
14
80

4.42

4.3.5 Bemaßen von Formelementen

Durchmesser

Das Ø-Symbol wird bei kreisförmigen Formelementen stets vor die Maßzahl gesetzt.

Die Bemaßung kreisförmiger Formelemente erläutern die S. 50 ff.

Bei dicht übereinander liegenden Maßlinien sollen die Durchmessermaße möglichst versetzt angeordnet werden. Hierbei kann auf die zweite Maßlinienbegrenzung verzichtet werden, 4.37.

Bei Platzmangel oder zur besseren Übersichtlichkeit dürfen Durchmessermaße von außen an die Formelemente gesetzt werden, 4.38.

Bei der Halbdarstellung symmetrischer Teile wird jeweils am Ende der Mittellinie (Symmetrielinie) ein Symmetriezeichen, bestehend aus zwei parallelen schmalen Volllinien von etwa 3,5 mm Länge, angeordnet, 4.38.

Radien

Radienmaße werden durch den vorangestellten Buchstaben R gekennzeichnet. Sie stehen mit dem Maßpfeil entweder innerhalb oder außerhalb der Rundung. Einzelheiten der Radienbemaßung zeigen die Seiten 50 und 51.

Radienmaße gleicher Größe können auch zusammengefasst werden, 4.39.

Besteht das zu bemaßende Formelement aus einem Halbkreis, der zwei parallele Linien miteinander verbindet, so

- muss der Radius angegeben werden bei 4.40,
- kann der Radius bei 4.41 wegen Eindeutigkeit entfallen,
- kann der Radius als Hilfsmaß in Klammern angegeben werden, 4.42.

Beziehen sich unterschiedliche Radien auf einen Mittelpunkt, so enden die Maßlinien an einem kleinen Hilfskreis oder werden gebrochen, 4.43.

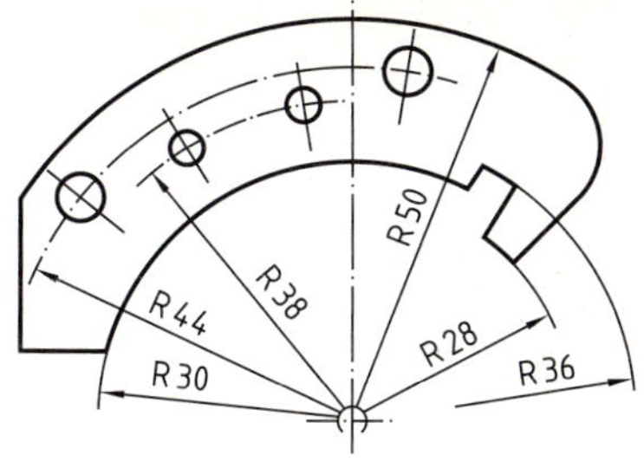

4.43

Kugeln

Der Großbuchstabe S wird bei Kugeldurchmessermaßen und Kugelradienmaßen stets vor die Maßzahl gesetzt, 4.44.

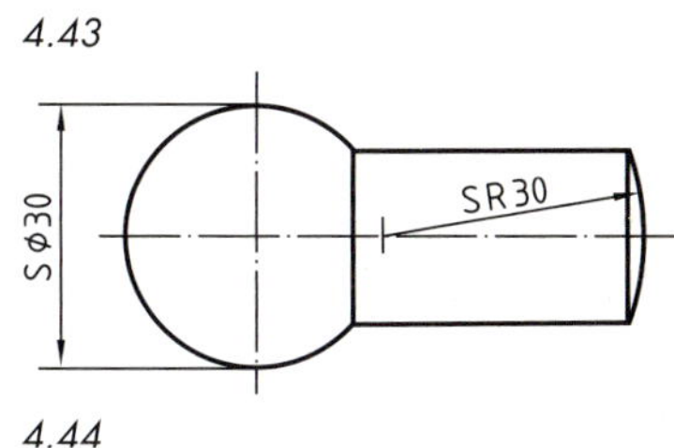

4.44

Die Bemaßung verschiedenartiger Kugelelemente zeigt S. 60.

Bemaßen kegeliger Formelemente s. Seiten 128 ff.

Bögen

Bei Bogenmaßen wird das Symbol als Halbkreis vor die Maßzahl gesetzt. Beim manuellen Zeichnen darf das Bogensymbol als Kreissegment über die Maßzahl gesetzt werden, 4.45 und 46.

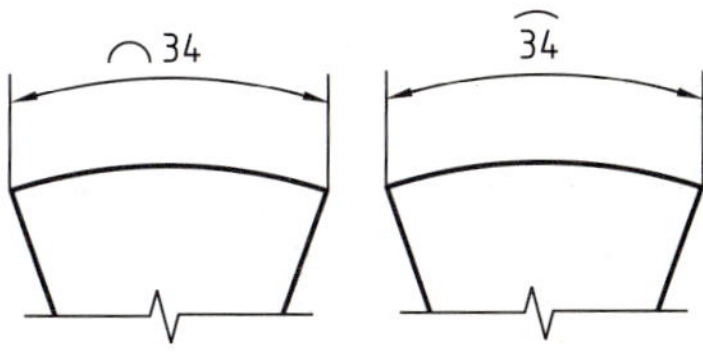

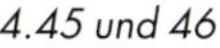

4.45 und 46

Die Maßhilfslinien werden bei Zentriewinkeln < 90° parallel zur Winkelhalbierenden gezeichnet, 4.45.

Bei Zentriewinkeln über 90° sind Maßhilfslinien auf den Mittelpunkt des Bogens gerichtet.

Gegebenenfalls ist zwischen Maßlinie und zu bemaßendem Element (z. B. Mittellinie) ein Bezug mit Punkt und Hinweislinie herzustellen, 4.47.

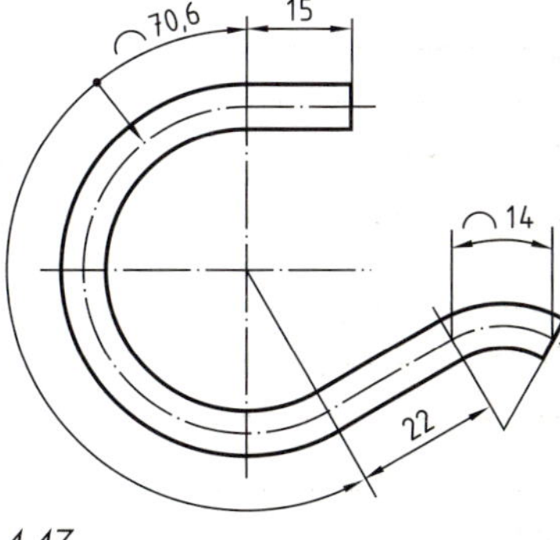

4.47

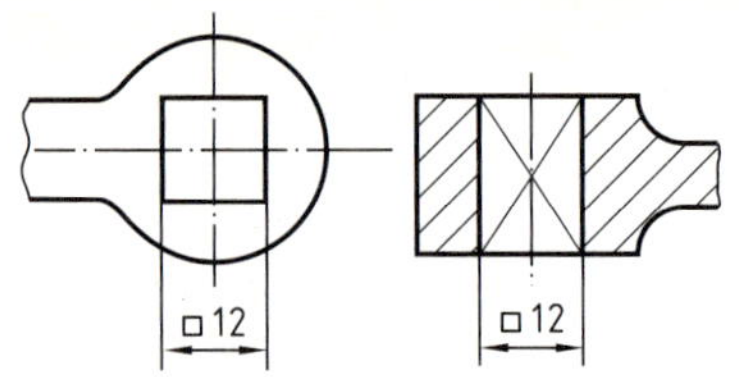

4.48 und 49

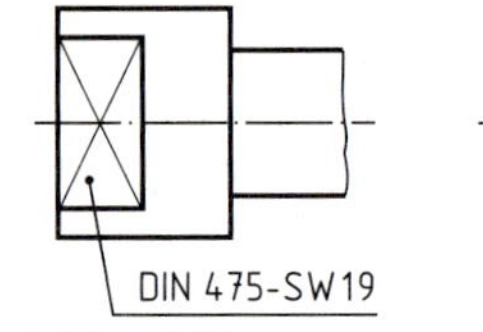

4.50 und 51

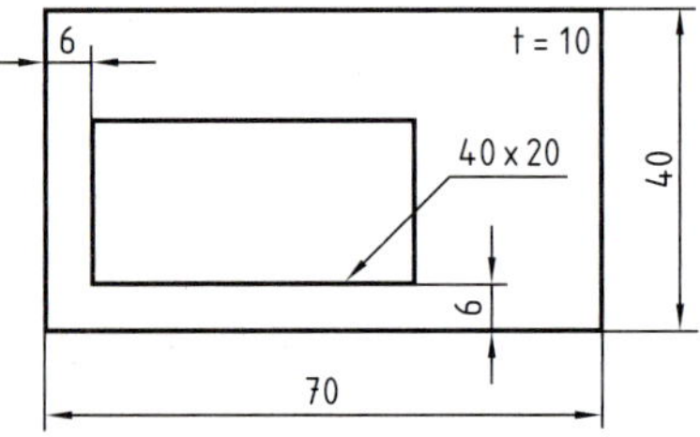

4.52

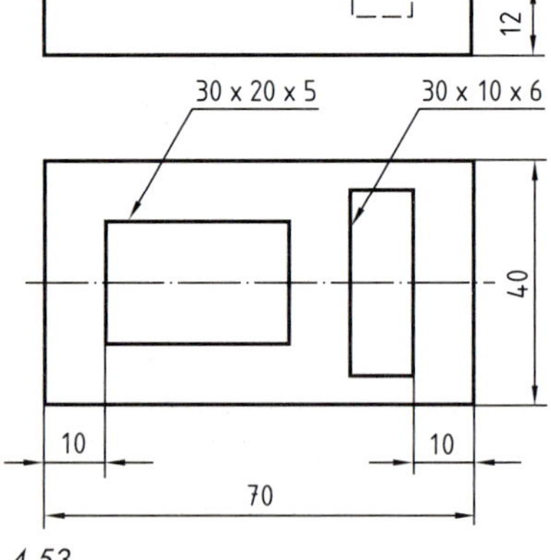

4.53

Quadratische Formen

Bei der Bemaßung quadratischer Formelemente wird das □-Symbol stets vor die Maßzahl gesetzt, 4.48 und 49. Quadratische Formen sollen vorzugsweise in der Ansicht bemaßt werden, in der die Form erkennbar ist, s. S. 45.

Schlüsselweiten

Die Schlüsselweite kennzeichnet den Abstand zweier gegenüberliegender Flächen. Beim Schlüsselweitemaß werden die Großbuchstaben SW vor die Maßzahl gesetzt, 4.50 und 51.

Schlüsselweiten sind z. B. nach DIN 475 zu wählen, s. S. 294.

Arten der Kennzeichen

Bei der Maßeintragung in technischen Zeichnungen werden zwei Arten von Kennzeichen angewendet:

- Kennzeichen, die durch vorgegebene Raster als grafische Symbole festgelegt sind, z. B. S. 384 ff., und
- Buchstaben, deren Bedeutung festgelegt ist, z. B. SW für Schlüsselweite.

Rechteckige Formen

Rechteckige Formelemente als Durchbrüche oder erhabene bzw. vertiefte Formen können über dem Querstrich einer Hinweislinie als Produkt der Seitenlängen angegeben werden. Dabei steht die Seitenlänge an erster Stelle, an der die Hinweislinie eingetragen ist, 4.52 und 53. Bei erhabenen und vertieften Formelementen ist eine zweite Ansicht erforderlich, 4.53.

Fasen und Senkungen

Bei Fasen mit einem von 45° abweichenden Winkel werden Winkel und Breite getrennt voneinander angegeben, 4.54 ... 57.

Winkelangaben bis 30° dürfen auch mit geraden Maßlinien eingetragen werden. Die Maßlinie steht dabei senkrecht auf der Winkelhalbierenden, 4.56 und 57.

Fasen mit einem Winkel von 45° werden vereinfacht als Produkt aus Winkel und Fasenbreite angegeben, 4.58 ... 63.

Dargestellte und nicht dargestellte Fasen unter 45° dürfen auch mit einer abgewinkelten Hinweislinie eingetragen werden, 4.60 ... 63.

Kegelige Senkungen können bemaßt werden mit

- Außendurchmesser und Senkwinkel, 4.64, oder
- Senktiefe und Senkwinkel, 4.65.

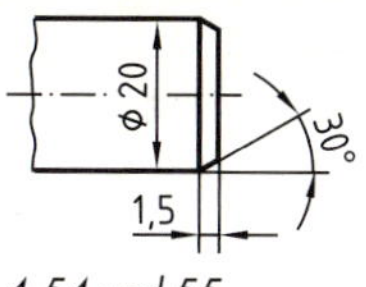

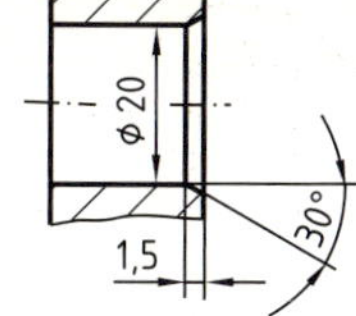

4.54 und 55

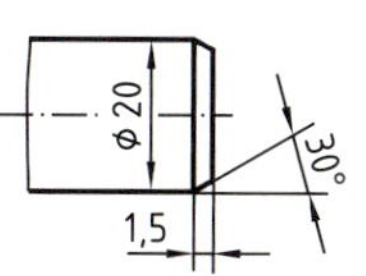

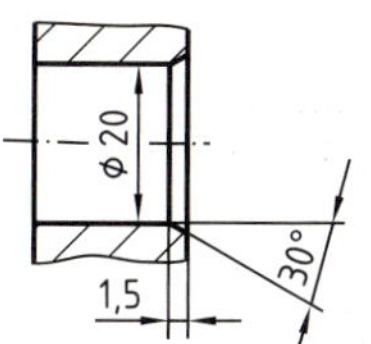

4.56 und 57

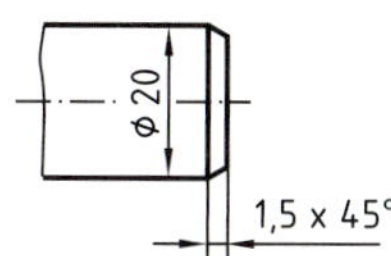

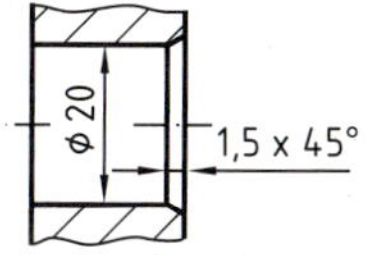

4.58 und 59

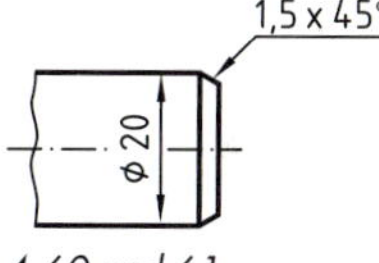

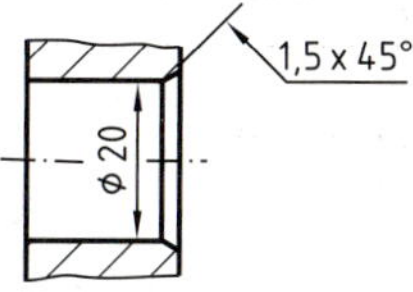

4.60 und 61

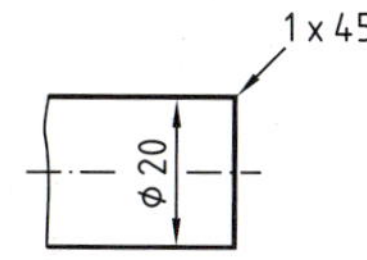
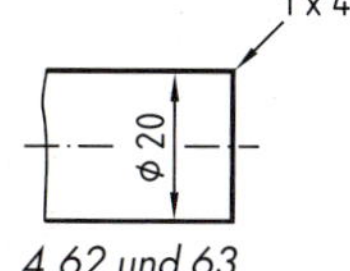

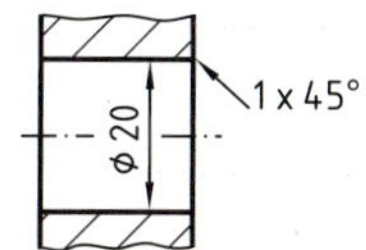

4.62 und 63

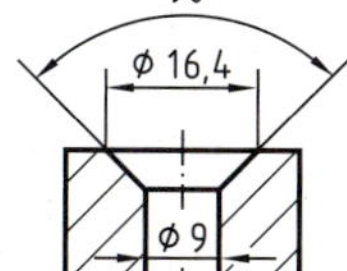

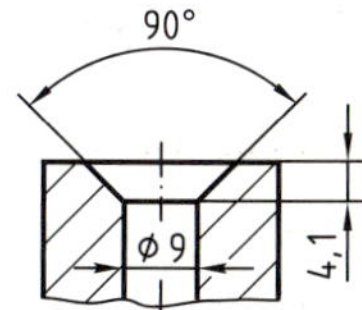

4.64 und 65

Gewindebemaßung

Die Gewindebemaßung erfolgt mit Kurzbezeichnungen nach DIN 202, Seite 73.

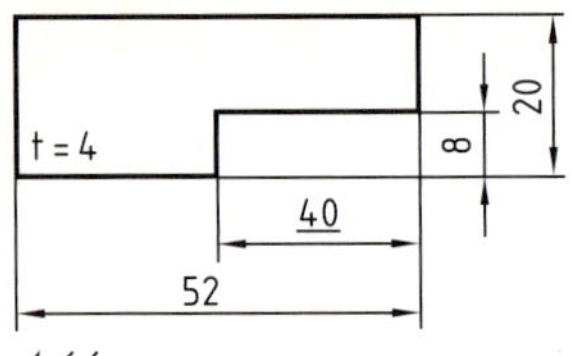

4.66

Unmaßstäbliche Maße

Nur in Ausnahmefällen dürfen nicht maßstäblich dargestellte Formelemente durch Unterstreichen der Maße gekennzeichnet werden, 4.66. Dies ist nicht bei rechnerunterstützt angefertigten Zeichnungen erlaubt.

4.3.6 Bemaßen sich wiederholender Formelemente

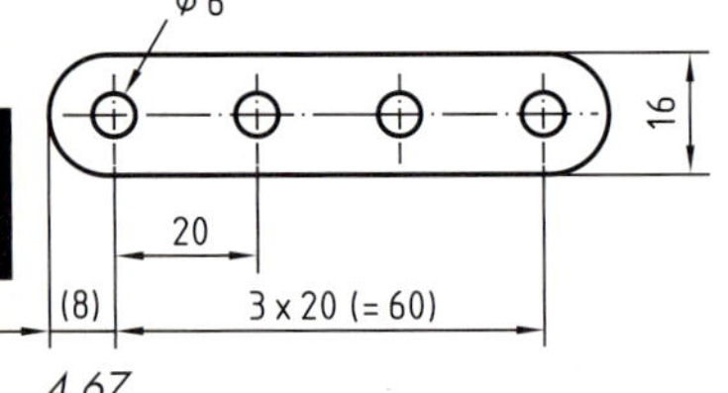

4.67

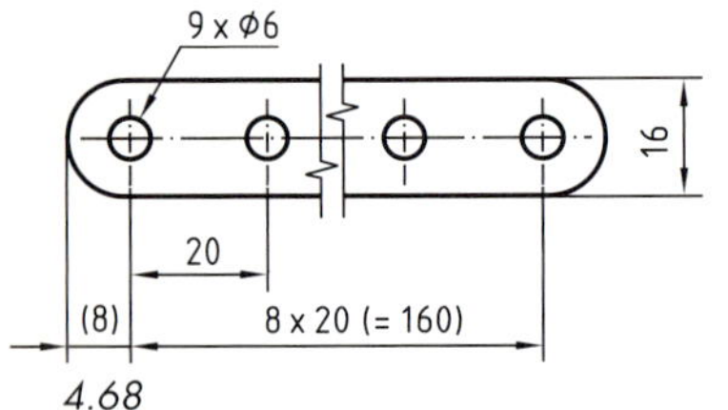

4.68

Teilungen

Bei Bauteilen, die gleiche Formelemente mit gleichen Teilungen aufweisen, werden die Längen- und Winkelmaße nach den Bildern 4.67 ... 71 bemaßt.

Die Anzahl der Formelemente muss entweder dargestellt oder angegeben werden, z. B. 4.67 oder 4.68.

Ferner muss zusätzlich zu dem Teilungs- bzw. Winkelteilungsmaß das Produkt aus der Anzahl der Teilungen und dem Teilungsmaß sowie das Ergebnis in Klammern angegeben werden, 4.67 ... 71 und 75.

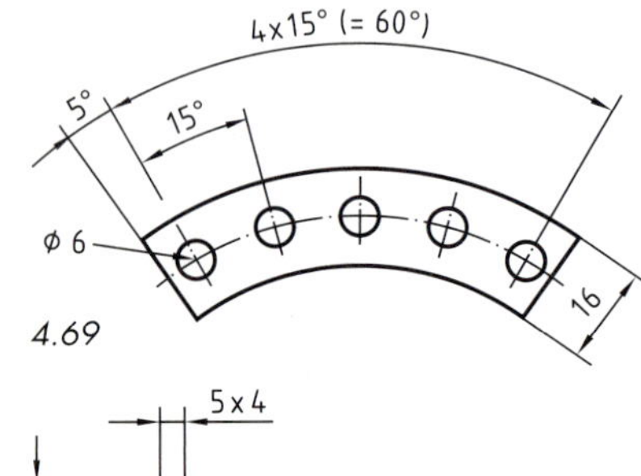

4.69

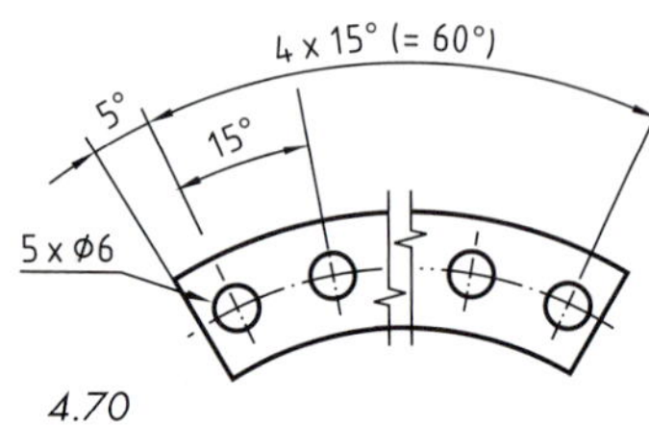

4.70

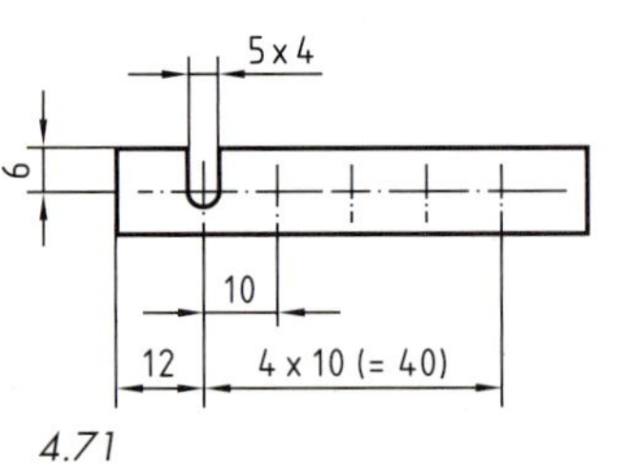

4.71

Gleiche, sich wiederholende Formelemente werden nur einmal dargestellt und bemaßt. Die übrigen Formelemente werden nur verkürzt gezeichnet, z. B. durch Mittellinien angedeutet, 4.71.

Sind bei Kreisteilungen die Formelemente am Umfang oder am Lochkreis gleichmäßig verteilt, so darf die Anzahl gleicher Formelemente über eine Hinweislinie mit angeschlossener Bezugslinie angegeben werden, 4.72.

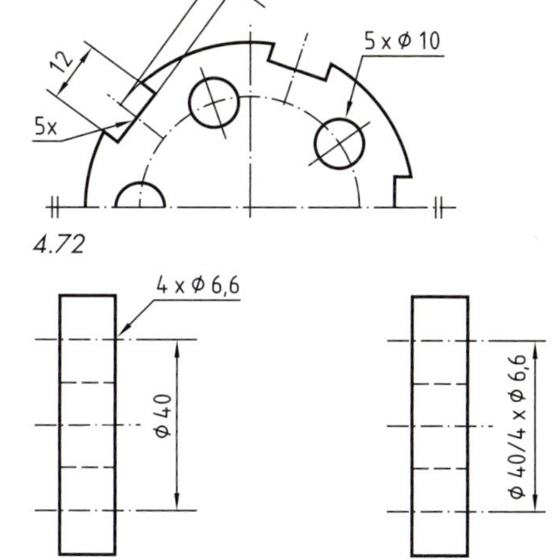

4.72

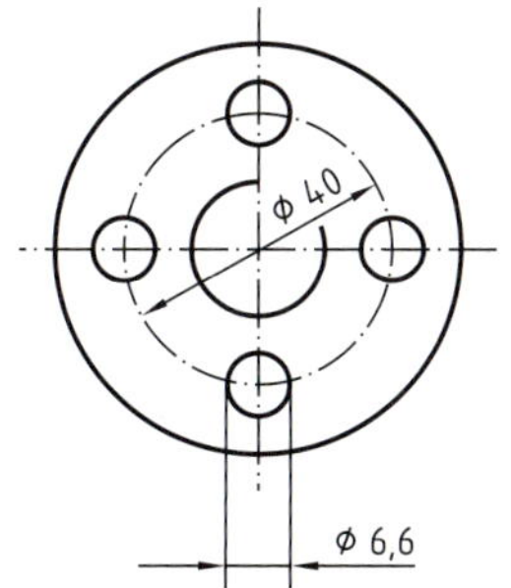

4.73 ... 75

4.73 ... 75 zeigen die Maßeintragung von gleichmäßig verteilten Bohrungen gleicher Größe auf Lochkreisen.

Unterschiedlich sich wiederholende Formelemente werden durch Großbuchstaben gekennzeichnet, deren Bedeutung in der Nähe der Darstellung angegeben ist, 4.76.

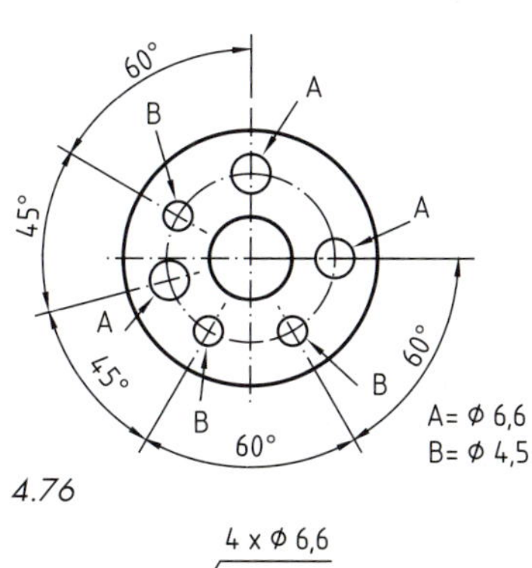

4.76

Weichen bei einer Anzahl von Formelementen nur wenige ab, so sind nur die abweichenden durch Großbuchstaben zu kennzeichnen, 4.77.

Nach DIN ISO 128-22 darf an eine Hinweislinie eine waagerecht oder senkrecht verlaufende Bezugslinie angeschlossen werden, s. z. B. S. 112 ... 119.

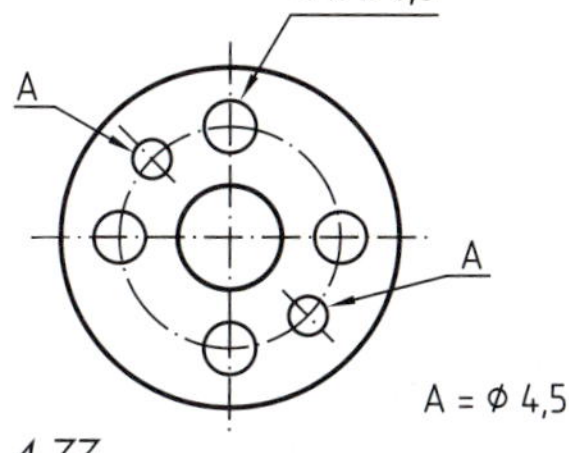

4.77

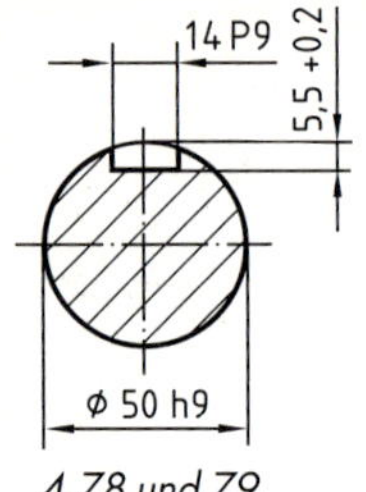

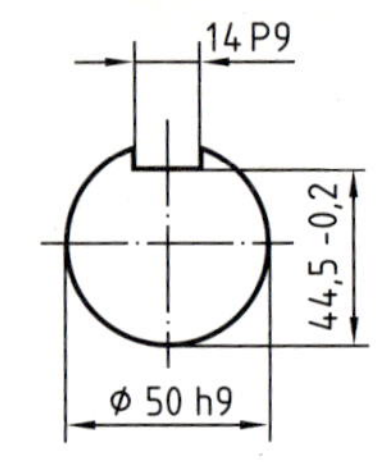

4.78 und 79

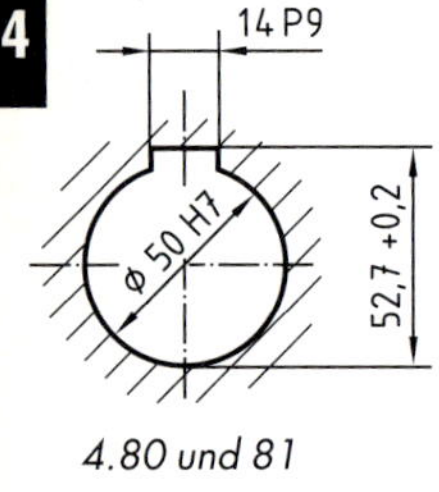

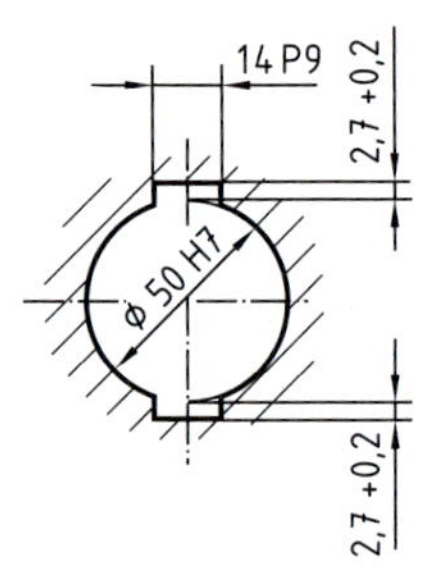

4.80 und 81

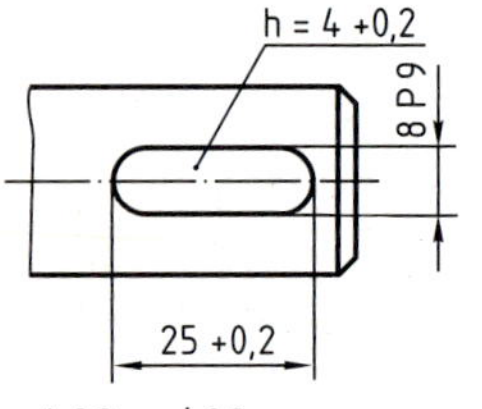

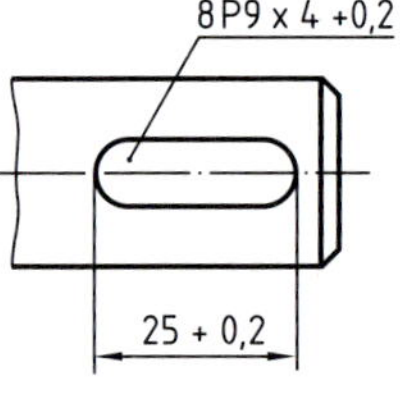

4.82 und 83

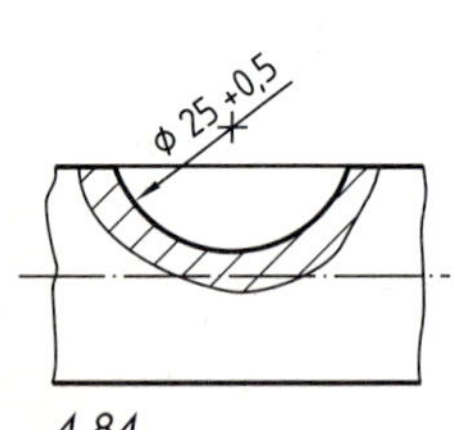

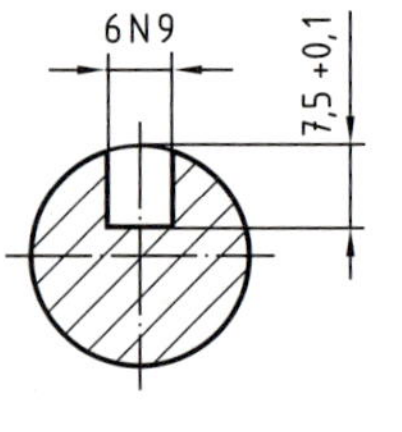

4.84

4.3.7 Nuten in Wellen und Naben

Nuten in Wellen und Naben werden nach den Bildern 4.78 ... 83 bemaßt.

Bei Passfedernuten in zylindrischen Wellen wird die Nuttiefe bei nicht offenen Nuten von der Nutseite und bei offenen Nuten von der Gegenseite bemaßt, 4.78 und 79.

Die Abmessungen der Nuten sind nach DIN 6885-1 bzw. -2 zu wählen.

Die Bemaßung der Passfedernuten in zylindrischen Bohrungen zeigen 4.80 und 81.

Die vereinfachte Bemaßung von Passfedernuten in Wellen in der Draufsicht ist aus 4.82 und 83 zu ersehen. Hierbei wird die Tiefe mit einer abgewinkelten Hinweislinie angegeben. Scheibenfedernuten werden nach 4.84 bemaßt. Hierbei sind die durch die Durchdringungen entstehenden Rücksprünge nicht zu berücksichtigen.

Bei Passfedernuten in kegeligen Wellenenden kann der Nutgrund parallel zur Mantellinie oder parallel zur Kegelachse verlaufen. Entsprechend ist die Nuttiefe von der Kegelmantellinie oder von der Mantellinie des nächstliegenden Zylinders zu bemaßen, s. 4.85 und 86.

Passfedernuten in kegeligen Bohrungen werden bemaßt,

- wenn der Nutgrund parallel zur Kegelachse verläuft, nach 4.88,
- wenn der Nutgrund parallel zur Kegelmantellinie verläuft, nach 4.87.

Bei Keilnuten in zylindrischen Bohrungen ist die Richtung der Neigung durch das Symbol für die Neigung mit dem Neigungsverhältnis, z. B. ◺ 1:100 anzugeben, s. 4.89.

Die vereinfachte Bemaßung von Einstichen für Halteringe in Wellen und Bohrungen zeigen 4.90 und 91.

Neigung

Die Neigung ist das Verhältnis aus der Differenz der rechtwinklig zur Grundlinie stehenden Höhen und deren Abstand, s. 4.95.

$$\text{Neigung} = \frac{H - h}{l}$$

In Zeichnungen wird die Neigung als Verhältnis oder in Prozent mit vorangestelltem Symbol angegeben, s. 4.92 ... 95. Die Neigungsangabe soll möglichst auf einer abgewinkelten Hinweislinie eingetragen werden, s. 4.94. Die Eintragung an der Linie der geneigten Fläche in schräger oder in waagerechter Richtung ist weiterhin zulässig. Das Symbol für die Neigung symbolisiert die Form des Bauteils an der Stelle der Neigung.

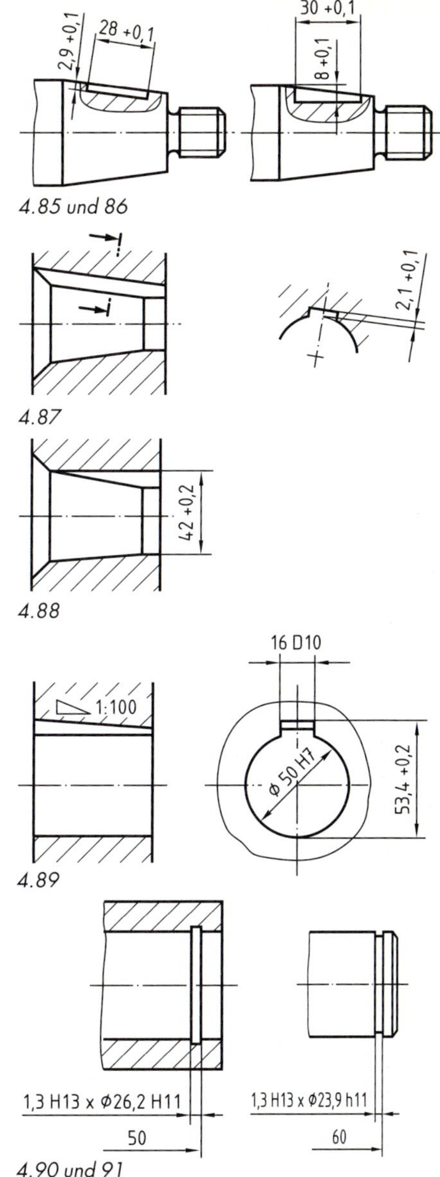

4.85 und 86

4.87

4.88

4.89

4.90 und 91

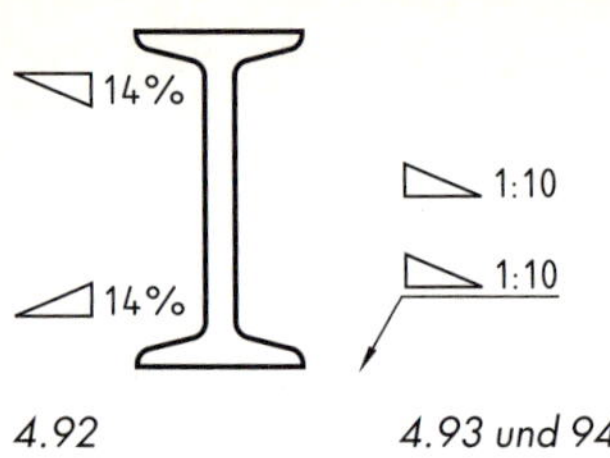

4.92 4.93 und 94

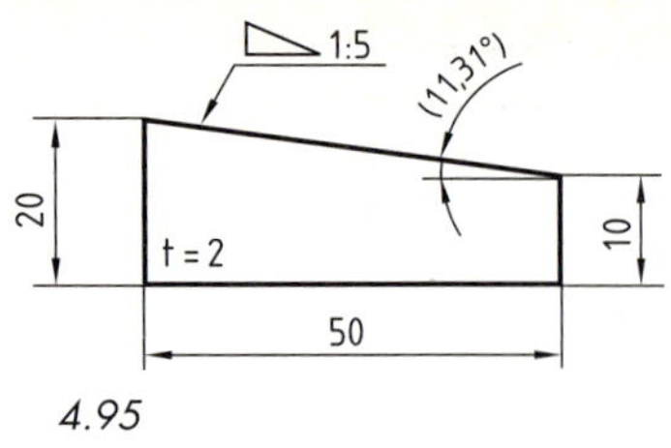

4.95

Der Neigungswinkel kann für die Fertigung zusätzlich als Hilfsmaß angegeben werden, 4.95.

4

Verjüngung

Die Verjüngung an pyramidenförmigen Formelementen ist das Verhältnis der Differenz der Seitenlänge a – b zur Pyramidenlänge l.

$$\text{Verjüngung} = \frac{a - b}{l}$$

Die Kegelverjüngung ist auf S. 128 erläutert.

Das Symbol für die Verjüngung bei kegeligen und pyramidenförmigen Formelementen wird vor der Maßzahl als Verhältniszahl oder in Prozenten mit einer abgewinkelten Hinweislinie angegeben, 4.96.

Die Richtung des Symbols weist stets in Richtung der Verjüngung.

Eintragung der Maße und Toleranzen für kegelige Formelemente enthält DIN ISO 3040, s. S. 128.

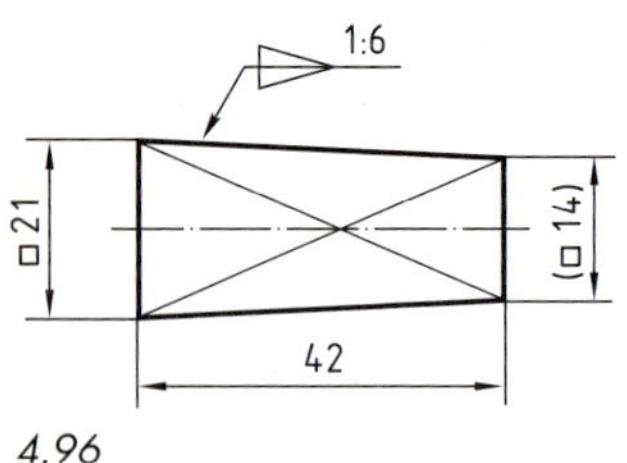

4.96

Symmetrische Teile

Teile mit symmetrischen Formen und/ oder Formelementen werden nur einmal bemaßt. Dabei sind die Maße der Formelemente an einer Stelle einzutragen, 4.97.

Symmetriezeichen, bestehend aus zwei kurzen parallelen schmalen Volllinien, werden bei Halb- und Vierteldarstellungen angewendet, 4.97.

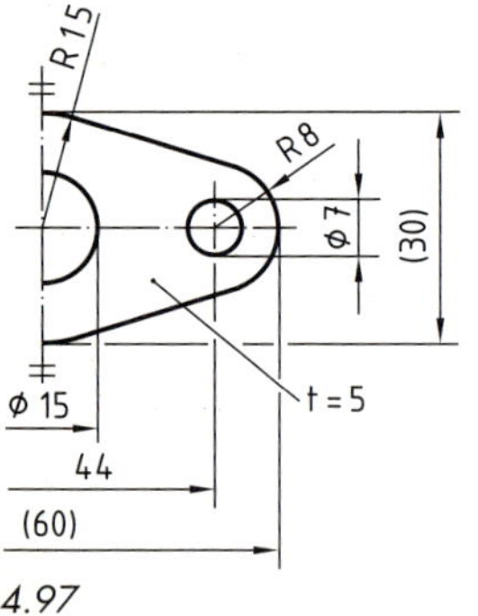

4.97

Abwicklungen

4.98 zeigt die Bemaßung einer dargestellten Abwicklung als Hilfsmaß und 4.99 mit nicht dargestellter Abwicklung, wobei die gestreckte Länge mit dem entsprechenden Symbol gekennzeichnet ist.

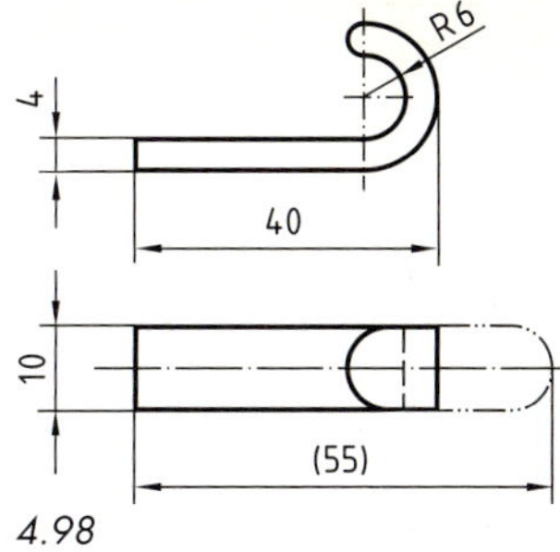

4.98

Begrenzte Bereiche

Begrenzte Bereiche an Werkstücken, für die besondere Bedingungen gelten, werden mit der breiten Strichpunktlinie gekennzeichnet. Bei symmetrischen Teilen ist es bei der Eindeutigkeit erlaubt, nur eine Seite zu kennzeichnen, 4.100.

Legt die Kontur des Teils den begrenzten Bereich fest, dann sind keine Maße erforderlich.

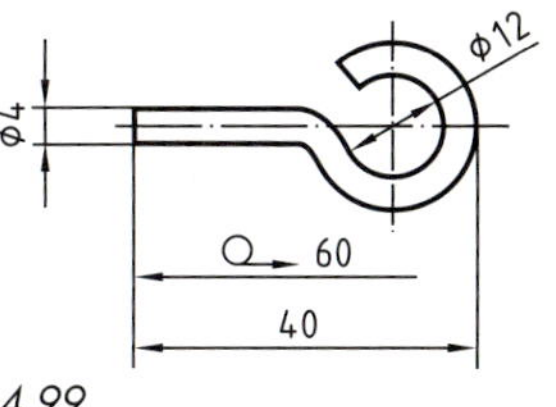

4.99

Beschichtete Teile

Bei Teilen mit beschichteten Oberflächen dürfen Maße vor und nach der Beschichtung in derselben Darstellung angegeben werden, 4.101.

Beschichtungsangaben für galvanische Überzüge siehe DIN 50960-1 und -2.

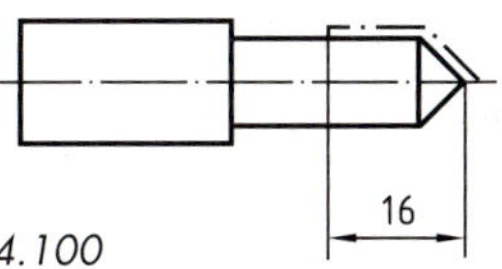

4.100

Messstellen

Eine Messstelle, z. B. für die Härteprüfung, wird am dargestellten Bauteil durch ein Symbol mit entsprechenden Maßen festgelegt.

Dieses Symbol ist ein rechtwinkliges Dreieck mit einer seitenhalbierenden Linie, die über die Grundlinie hinausragt, 4.102.

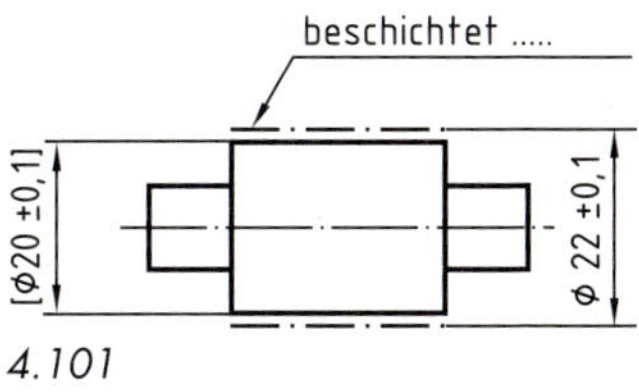

4.101

4.3.8 Besondere Maße

Hilfsmaße

Hilfsmaße als zusätzliche Maße werden in runde Klammern gesetzt und kennzeichnen funktionelle Zusammenhänge.

Sie gelten nicht für die geometrische Bestimmung des Teils. Ihre Anwendung soll auch maßliche Überbestimmungen vermeiden, s. z. B. 4.155 und 156.

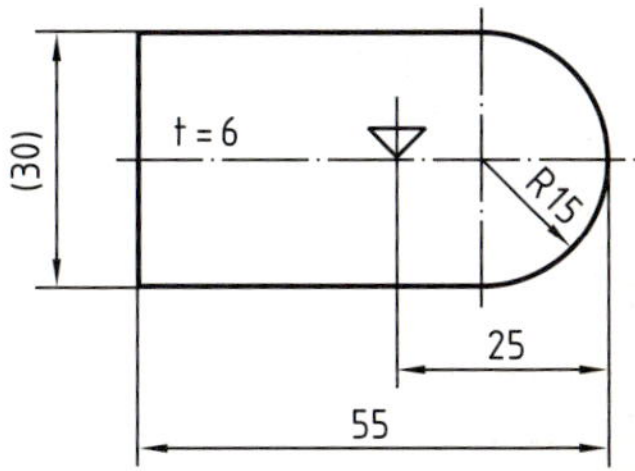

4.102

4.103

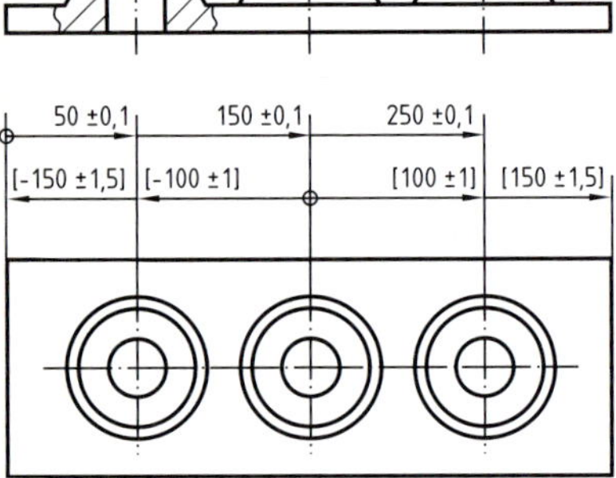

4.104

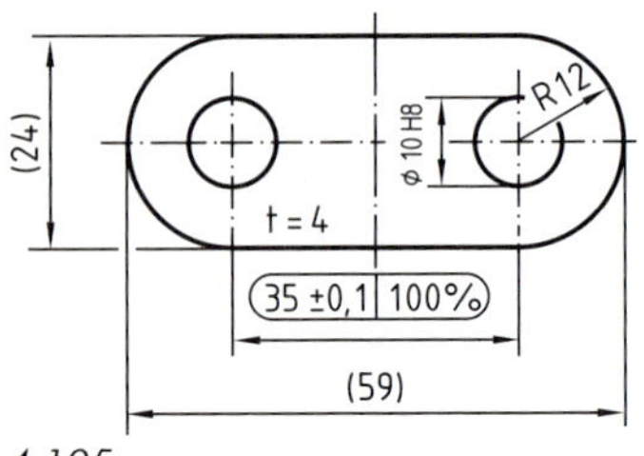

4.105

Theoretisch genaue Maße

Theoretisch genaue Maße werden ohne Toleranzen in einen rechtwinkligen Rahmen gesetzt.

Durch zusätzliche Angaben, z. B. einer Positionstoleranz nach DIN EN ISO 1101, wird die Lage der Formelemente festgelegt, 4.103 und 6.54(1).

Rohmaße

Rohmaße können zusätzlich zu den Fertigmaßen in eckigen Klammern angegeben werden, wenn keine Rohteilzeichnung vorhanden ist, 4.104.

Prüfmaße

Prüfmaße, die vom Besteller besonders geprüft werden, sind in einem Rahmen mit Halbkreisen zu setzen. Die zusätzliche Angabe, z. B. 100%, weist darauf hin, dass alle Teile bei der Abnahme geprüft werden, 4.105.

4.3.9 Arten der Maßeintragung

Parallelbemaßung

Bei der Parallelbemaßung werden die Maßlinien parallel oder konzentrisch zueinander angeordnet, 4.106 ... 108. Die Maße werden vom Bezug ausgehend in einer Richtung oder in zwei oder drei senkrecht zueinander stehenden Richtungen eingetragen.

Unter Bezug versteht man z. B. bei Drehteilen die Stirnfläche als Ausgang der Maße, bei rechteckigen Blechen entsprechend zwei senkrecht aufeinander stehende Außenkanten, 4.107.

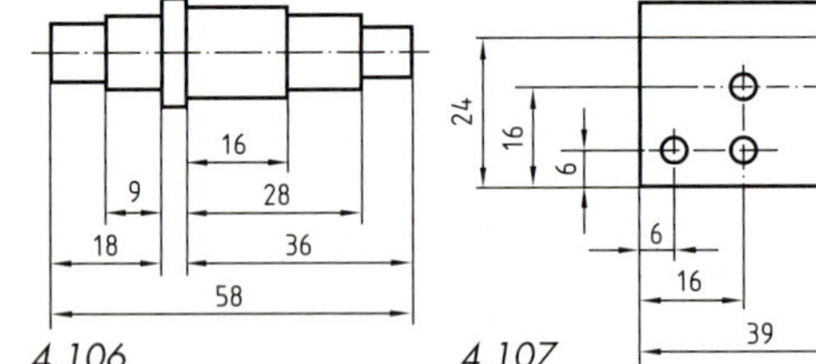

4.106

4.107

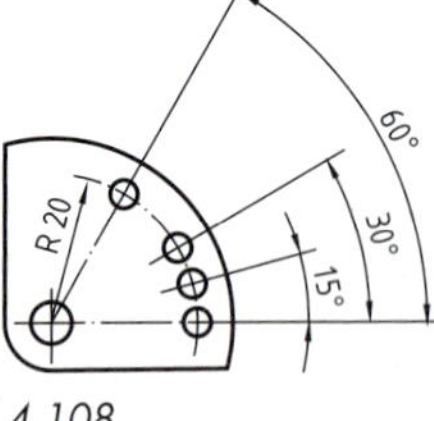

4.108

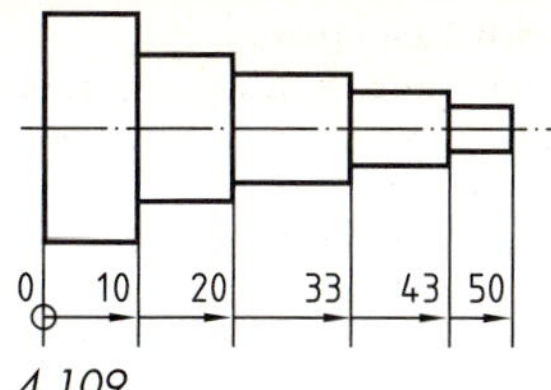

4.109

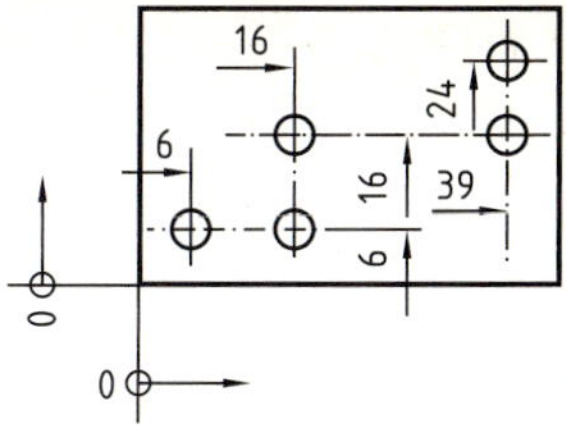

4.110

Steigende Bemaßung

Bei steigender Bemaßung wird ausgehend vom Ursprung in jeder der drei möglichen und aufeinander senkrecht stehenden Richtungen im Allgemeinen nur eine Maßlinie eingetragen. Die Maßzahlen werden nahe dem Maßpfeil parallel zur Maßlinie bzw. parallel zur Maßhilfslinie angeordnet. Der Ausgang der Maßlinie ist mit der Maßlinienbegrenzung „Ursprung" zu versehen, 4.109 ... 112.

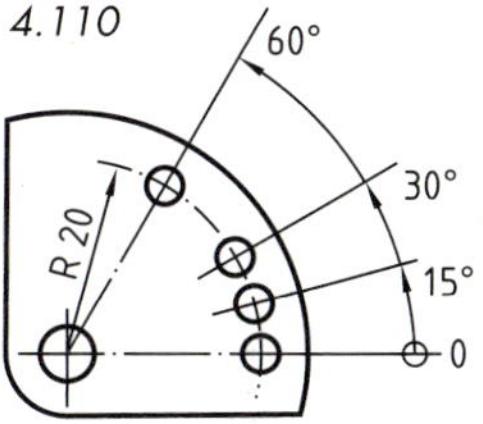

4.111

In 4.110 ist der Ursprung durch einen Kreis mit kurzen Maßpfeilen angegeben. Die Maßzahlen stehen mit einer Maßlinienbegrenzung und der abgebrochenen Maßlinie am Formelement.

4.112 zeigt eine steigende Bemaßung in drei Richtungen und mit vier Ursprüngen.

Geht die Bemaßung vom Ursprung in zwei Richtungen, so muss eine Richtung mit dem Minuszeichen gekennzeichnet werden, 4.112.

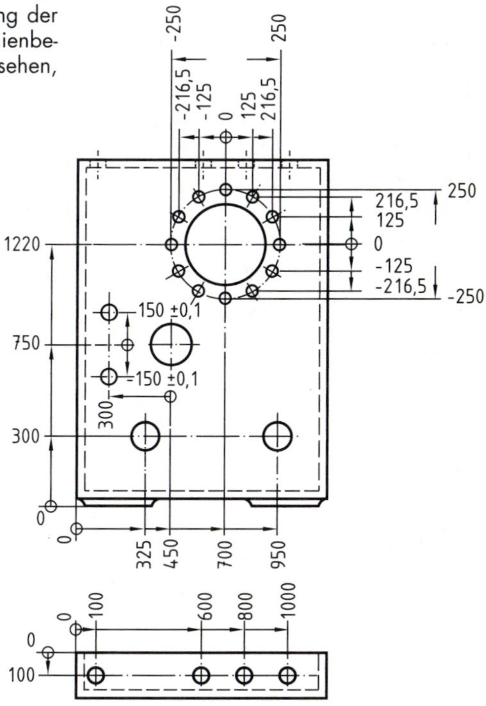

4.112

Koordinatenbemaßung

Polarkoordinaten

Polarkoordinaten werden ausgehend vom Ursprung durch einen Radius und einen Winkel festgelegt und werden von der Polarachse ausgehend entgegen dem Uhrzeigersinn positiv angegeben und in Tabellen eingetragen, 4.113.

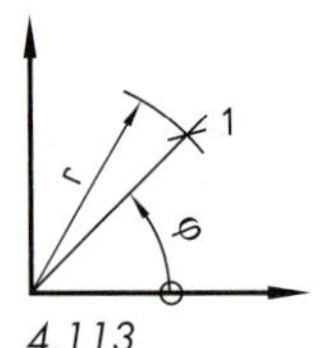

Pos	r	φ
1	50	45°

4.113

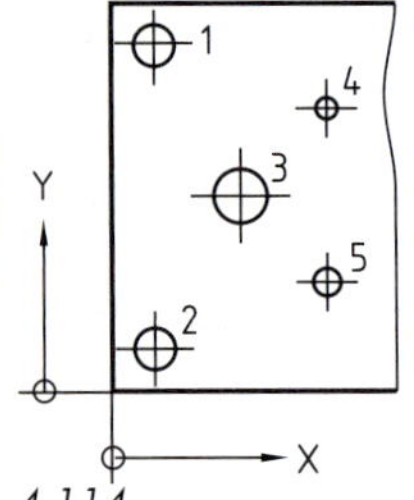

Pos	x	y	d
1	10	80	⌀ 10
2	10	10	⌀ 8
3	30	45	⌀ 12
4	50	65	⌀ 5
5	50	25	⌀ 6

4.114

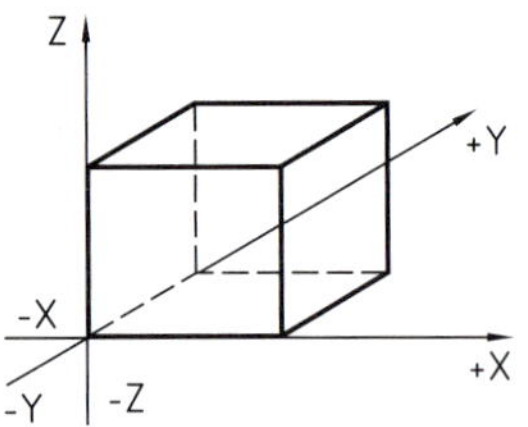

4.115

Kartesische Koordinaten

Diese werden durch Längenmaße ausgehend vom Ursprung in zwei senkrecht zueinander verlaufenden Richtungen angegeben, 4.114.

Die Koordinatenwerte sind in Tabellen, 4.114, oder unmittelbar an den Koordinatenpunkten, 4.116, einzutragen.

Die Festlegung der positiven und negativen Richtung der Koordinatenachsen zeigt 4.115. Nur die Maßzahlen auf den negativen Richtungen der Koordinatenachsen sind mit einem Minuszeichen anzugeben.

Entsprechend handelt es sich in den Bildern 4.114, 116 und 117 um Draufsichten.

In 4.115 liegt der Koordinatenursprung außerhalb der Darstellung.

4.116 zeigt eine zugelassene Eintragung der Maße der Formelemente an den Koordinatenpunkten. Bei Platzmangel können Hinweislinien angewendet werden.

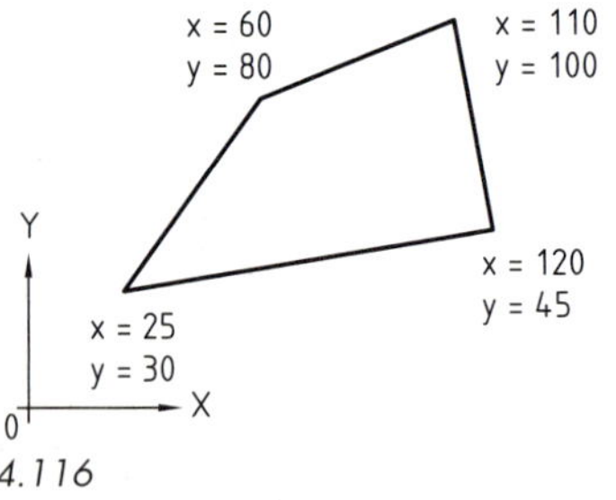

4.116

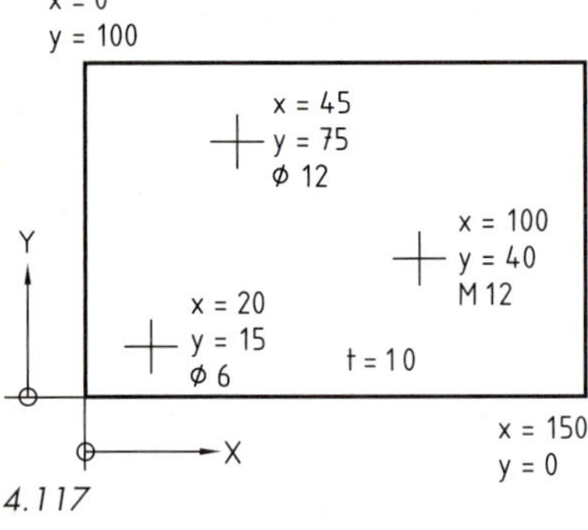

4.117

Koordinaten-Hauptsystem mit Nebensystemen

4.118 zeigt ein Koordinaten-Hauptsystem mit zwei Nebensystemen.

Die entsprechenden Maße werden in Tabellen eingetragen.

Die Ursprünge der Koordinatensysteme und die einzelnen Positionen erhalten fortlaufende Ziffern. Als Trennzeichen wird der Punkt angewendet.

DIN 406-11 Bbl. 1 (12.00) enthält Zeichnungsangaben und Beispiele für den Ausgang der Bearbeitung von Rohteilen.

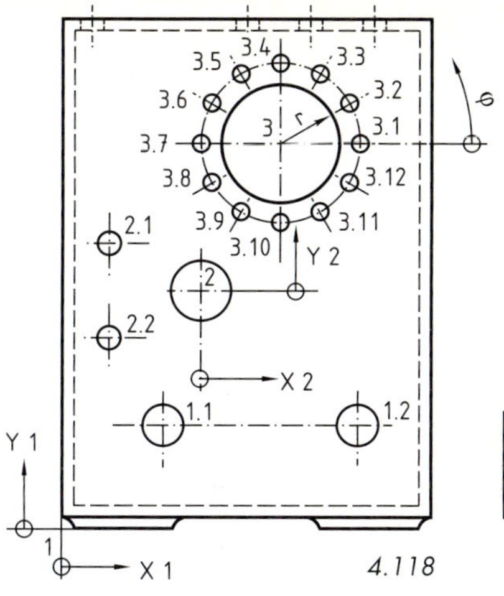

4.118

Koordinaten-ursprung	Koordinatentabelle (Maße in mm)						
	Koordinaten						d
	Pos.	x	y		r	φ	
1	1	0	0				
1	1.1	325	300				Ø 120 H7
1	1.2	950	300				Ø 120 H7
1	2	450	750				Ø 200 H7
1	3	700	1225				Ø 400 H8
2	2.1	–300	150				Ø 50 H9
2	2.2	–300	–150				Ø 50 H9
3	3.1				250	0°	Ø 23
3	3.2				250	30°	Ø 23
3	3.3				250	60°	Ø 23
3	3.4				250	90°	Ø 23
3	3.5				250	120°	Ø 23
3	3.6				250	150°	Ø 23
3	3.7				250	180°	Ø 23
3	3.8				250	210°	Ø 23
3	3.9				250	240°	Ø 23
3	3.10				250	270°	Ø 23
3	3.11				250	300°	Ø 23
3	3.12				250	330°	Ø 23

4.4 Eintragen von Toleranzen für Längen- und Winkelmaße[1]

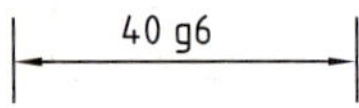

40 g6 (-0,009 / -0,025)

40 g6 (39,991 / 39,975)

42 +0,2 / -0,1

42 0 / -0,1

42 ±0,1

42,298 / 42,294

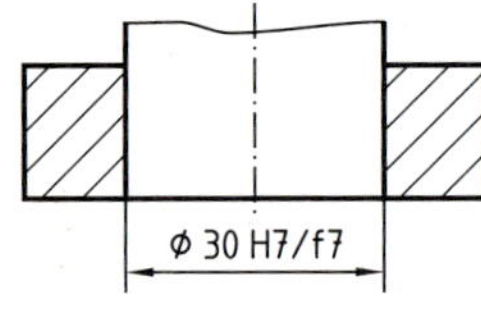

4.119 ... 126

Toleranzen können angegeben werden durch:

- Abmaße,
- Kurzzeichen der Toleranzklasse[2],
- Allgemeintoleranzen DIN ISO 2768-1 und -2,
- Form- und Lagetoleranzen DIN EN ISO 1101.

Die Toleranzangaben sollen künftig bevorzugt in der gleichen Schriftgröße wie das Nennmaß geschrieben werden. Die Schriftgröße der Toleranzangaben kann auch wie bisher üblich eine Schriftgröße kleiner geschrieben werden als das Nennmaß, jedoch nicht kleiner als 2,5 mm. Die kleinere Schriftgröße ist nur bei Platzmangel zu bevorzugen, s. 4.134 und 135 sowie S. 431.

Kurzzeichen der Toleranzklasse

Kurzzeichen der Toleranzklasse werden hinter dem Nennmaß eingetragen. Falls erforderlich, können zu den Kurzzeichen der Toleranzklasse die Abmaße oder Grenzmaße in Klammern, 4.120 und 121, oder in Form einer Tabelle, s. S. 429 und 430, angegeben werden.

Abmaße

Abmaße werden bei einem tolerierten Maß hinter das Nennmaß bevorzugt in gleicher Schriftgröße geschrieben. Dabei ist das untere Abmaß in Höhe des Nennmaßes und das obere Abmaß erhöht über das untere Abmaß zu schreiben, 4.122.

Unterscheiden sich das untere und obere Abmaß nur durch das Vorzeichen, so erfolgt die Eintragung nach 4.124.

Ist ein Abmaß Null, so kann dies durch die Ziffer Null angegeben werden, 4.123.

Grenzmaße

Grenzmaße können als Höchst- und Mindestmaße angegeben werden.

Das obere Grenzmaß wird dabei über dem unteren Grenzmaß eingetragen, 4.125.

[1] Nach DIN 406-12

[2] Kurzzeichen der Toleranzklassen wurden bisher ISO-Toleranzkurzzeichen genannt.

Eintragen von Toleranzen zusammengebauter Teile

Das Kurzzeichen der Toleranzklasse für eine Bohrung wird stets vor dem für die Welle oder auch darüber eingetragen, s. 4.126 und 127.

Die Werte der Abmaße können, falls notwendig, in Klammern oder in einer Tabelle angegeben werden, 4.128.

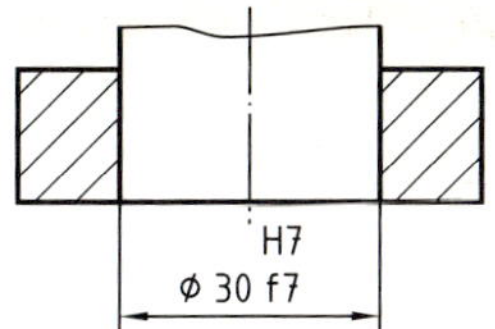

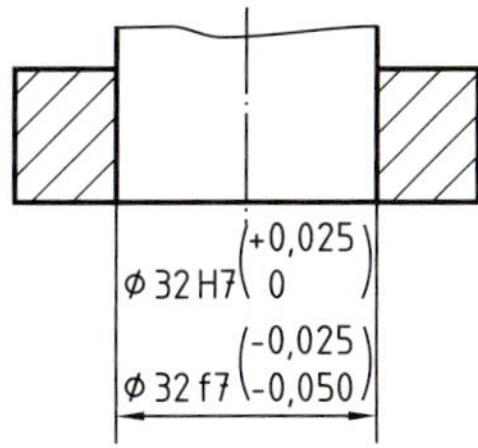

Toleranzen für Winkelmaße

Das Eintragen von Toleranzen für Winkelmaße entspricht dem bei Längenmaßen. Abweichend hiervon sind die Angaben von Einheiten für das Winkel-Nennmaß und für Abmaße, wie 4.130 … 132 zeigen.

In diesen Eintragungsbeispielen von Toleranzen für Winkelmaße ist die Maßeintragung nach Methode 1 angewendet worden, s. S. 105.

Ein Summieren der Toleranzen von Einzelmaßen wird vermieden, wenn die Maßeintragung z. B. einzeln von einem gemeinsamen Bezugselement vorgenommen ist, 4.133.

Soll eine Toleranz nur für einen bestimmten Bereich gelten, so darf die Maßeintragung in eindeutigen Fällen wie in 4.134 und 135 erfolgen.

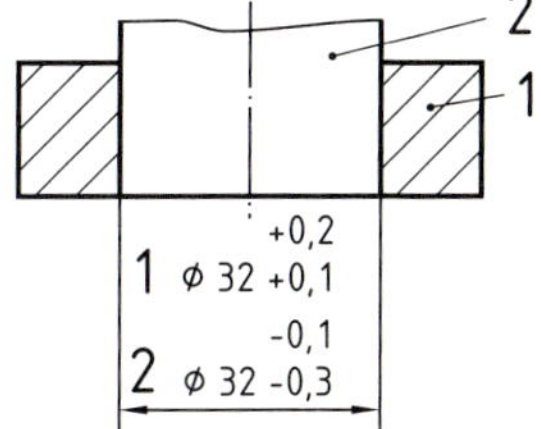

4

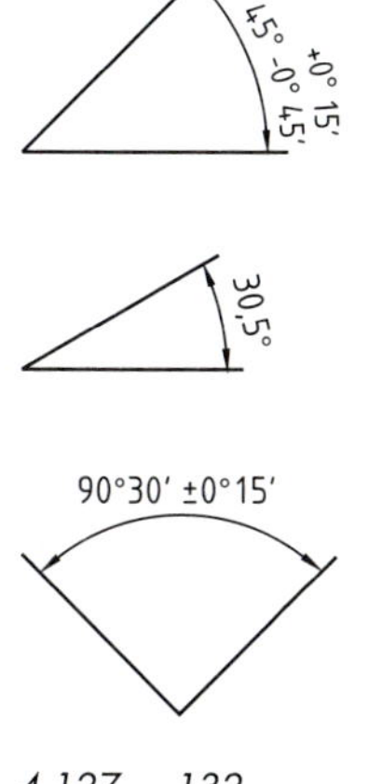

4.127 … 132

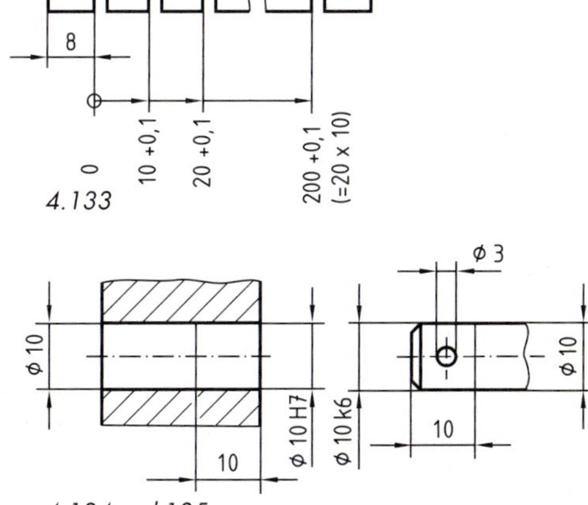

4.133

4.134 und 135

4.5 Sonderfälle der Darstellung und Bemaßung

4.5.1 Einzelheiten

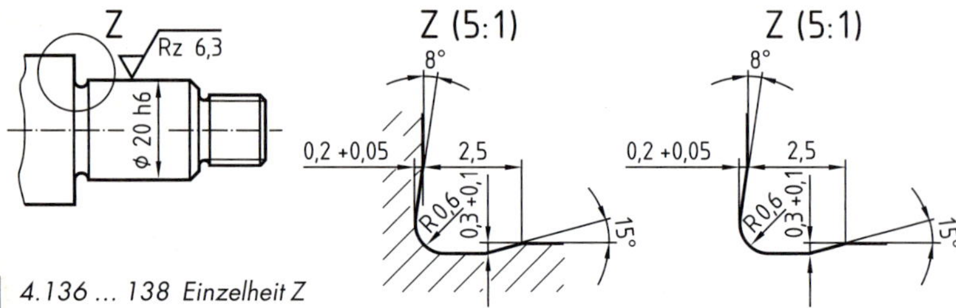

4.136 ... 138 Einzelheit Z

Einzelheiten werden zur deutlichen Darstellung und Bemaßung im vergrößerten Maßstab herausgezeichnet.

Die herauszuzeichnende Stelle ist einzurahmen, z. B. mit einem Kreis in der Linienbreite schmaler Volllinien, sowie mit einem Großbuchstaben zu kennzeichnen. Es sollen möglichst die letzten Buchstaben des Alphabetes verwendet werden, um Verwechselungen mit Buchstaben des Schnittverlaufs zu vermeiden. Die Vergrößerung ist durch einen Großbuchstaben, z. B. „Z", zu kennzeichnen und der Maßstab anzugeben, 4.137 und 138.

Die herauszuzeichnende Einzelheit darf ohne Begrenzungslinie und bei Schnitten auch ohne Schraffur und ohne umlaufende Kanten gezeichnet werden, 4.138.

4.5.2 Freistiche nach DIN 509

Freistiche als Innen- und Außeneinstiche dienen an Absätzen von Drehteilen, die geschliffen werden sollen, dazu, dass die Schleifscheibenkante frei auslaufen kann. Sie verringern auch die sonst an scharfen Übergängen auftretende Kerbwirkung.

Anwendung der Freistiche

- Form E wenn an die Planfläche keine erhöhten Anforderungen gestellt werden und deren zylindrische Flächen im Bedarfsfall weiterverarbeitet werden,
- Form F wenn die rechtwinklig zueinander stehenden Flächen weiter bearbeitet werden sollen,
- Form G wenn bei gering belasteten Werkstücken ein möglichst kleiner Übergang zwischen den rechtwinkligen Flächen erreicht werden soll,
- Form H ist bei stärker ausgerundeten Übergängen anzuwenden.

Die in der Tabelle angegebenen Maße für die Freistichformen gelten für das Fertigteil, sodass die Bearbeitungszugabe bei der Vorbereitung der Werkstücke zu berücksichtigen ist. Bearbeitungszugaben können DIN 509 entnommen werden.

Die Bezeichnung eines Freistiches, z. B. DIN 509-F1 x 0,2, enthält den Radius r_1 = 1 mm und die Tiefe t_1 = 0,2 mm, s. 4.146. Ausführung der Oberfläche Ra 3,2; Rz 1 max 25. Andere Oberflächengüten müssen besonders gekennzeichnet werden.

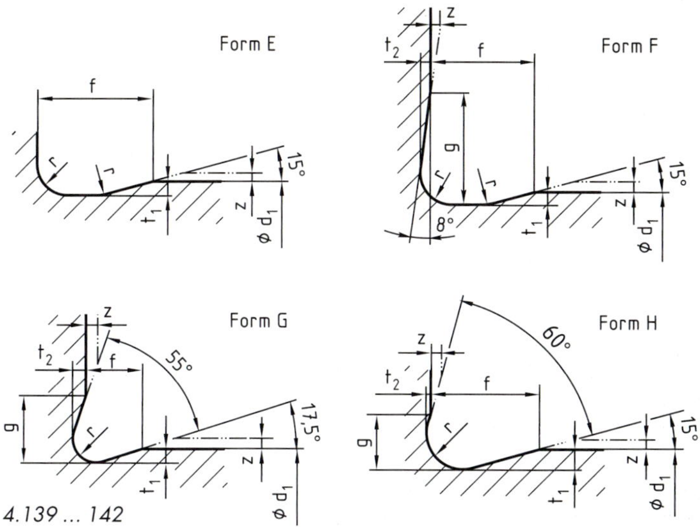

4.139 ... 142

Die Freistiche können entweder vollständig gezeichnet und bemaßt werden oder vereinfacht mit der Bezeichnung angegeben werden.

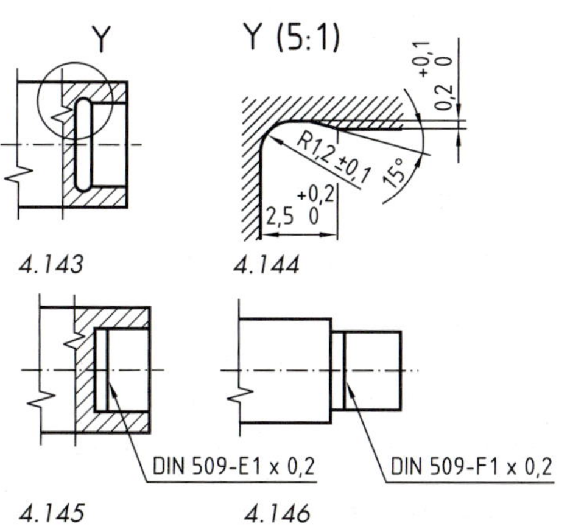

4.143

4.144

4.145

4.146

Tabelle 1 - Maße für Freistiche

Maße in Millimeter

Form	r[1)] ±0,1		t_1 $^{+0,1}_{0}$	t_2 $^{+0,05}_{0}$	f $^{+0,2}_{0}$	g	Zuordnung zum Durchmesser d_1[2)] für Werkstücke	
	Reihe 1	Reihe 2					mit üblicher Beanspruchung	mit erhöhter Wechselfestigkeit
E		R0,2	0,1	–	1	–	Über Ø 1,6 bis Ø 3	–
	R0,4		0,2	–	2	–	Über Ø 3 bis Ø 18	–
		R0,6	0,2	–	2	–	Über Ø 10 bis Ø 18	–
		R0,6	0,3	–	2,5	–	Über Ø 18 bis Ø 80	–
	R0,8		0,3	–	2,5	–	Über Ø 18 bis Ø 80	–
		R1	0,2	–	2,5	–	–	Über Ø 18 bis Ø 50
		R1	0,4	–	4	–	Über Ø 80	–
	R1,2		0,2	–	2,5	–	–	Über Ø 18 bis Ø 50
	R1,2		0,4	–	4	–	Über Ø 80	–
	R1,6		0,3	–	4	–	–	Über Ø 50 bis Ø 80
	R2,5		0,4	–	5	–	–	Über Ø 80 bis Ø 125
	R4		0,5	–	7	–	–	Über Ø 125
F		R0,2	0,1	0,1	1	(0,9)	Über Ø 1,6 bis Ø 3	–
	R0,4		0,2	0,1	2	(1,1)	Über Ø 3 bis Ø 18	–
		R0,6	0,2	0,1	2	(1,4)	Über Ø 10 bis Ø 18	–
		R0,6	0,3	0,2	2,5	(2,1)	Über Ø 18 bis Ø 80	–
	R0,8		0,3	0,2	2,5	(2,3)	Über Ø 18 bis Ø 80	–
		R1	0,2	0,1	2,5	(1,8)	–	Über Ø 18 bis Ø 50
		R1	0,4	0,3	4	(3,2)	Über Ø 80	–
	R1,2		0,2	0,1	2,5	(2)	–	Über Ø 18 bis Ø 50
	R1,2		0,4	0,3	4	(3,4)	Über Ø 80	–
	R1,6		0,3	0,2	4	(3,1)	–	Über Ø 50 bis Ø 80
	R2,5		0,4	0,3	5	(4,8)	–	Über Ø 80 bis Ø 125
	R4		0,5	0,3	7	(6,4)	–	Über Ø 125
G	R0,4		0,2	0.2	-0,9	(1,1)	Über Ø 3 bis Ø 18	–
H	R0,8		0,3	0,05	-20	(1,1)	Über Ø 18 bis Ø 80	–
	R1,2		0,3	0,05	(2,4)	(1,5)	–	Über Ø 18 bis Ø 50

1) Freistiche mit Radien der Reihe 1 sind zu bevorzugen.

2) Die Zuordnung zum Durchmesserbereich gilt nicht bei kurzen Ansätzen und dünnwandigen Teilen.

Vereinfachte Darstellung von Zentrierbohrungen nach DIN ISO 6411

Zentrierbohrungen dienen zum Spannen von Werkstücken zwischen Spitzen. Die gängigen Zentrierbohrungen haben die Formen R (Radiusform), A (ohne Schutzsenkung) und B (mit Schutzsenkung). Diese Zentrierbohrungen werden mit genormten Zentrierbohrern hergestellt. Daher ist die vereinfachte Darstellung einer vollständigen Bemaßung vorzuziehen. Letztere ist DIN 332 zu entnehmen.

R mit Radiusform	A ohne Schutzsenkung	B mit Schutzsenkung
ISO 6411-R3,15/6,7	ISO 6411-A4/8,5	ISO 6411-B2,5/8
⌀ d, ⌀ D_1 ⌀ d = 3,15 ⌀ D_1 = 6,7	⌀ d, ⌀ D_2, 60° max, t, l* ⌀ d = 4 ⌀ D_2 = 8,5	⌀ d, ⌀ D_3, 60° max, 120°, t, l* ⌀ d = 2,5 ⌀ D_3 = 8
DIN 332 – R 3, 15x 6,7	DIN 332 – A 4x 8,5	DIN 332 – B 2,5x 8

* hängt vom Zentrierbohrer ab. Darf nicht kleiner als t sein.

Maße für bevorzugt anzuwendende Zentrierbohrungen (Auswahl)

Form	R nach ISO 2541	A nach ISO 866		B nach ISO 2540	
d Nennmaß	D_1	D_2	t	D_3	t
1,0	2,12	2,12	0,9	3,15	0,9
1,6	3,36	3,36	1,4	5	1,4
2,0	4,25	4,25	1,8	6,3	1,8
2,5	5,3	5,30	2,2	8	2,2
3,15	6,7	6,70	2,8	10	2,8
4,0	8,5	8,50	3,5	12,5	3,5
6,3	13,2	13,20	5,5	18	5,5
10,0	21,2	21,20	8,7	28	8,7

Die Bezeichnung, z. B. Zentrierbohrung ISO 6411 – B 2,5/8, besteht aus der ISO-Nummer, dem Buchstaben für die Form B, dem Führungsdurchmesser d und dem Senklochdurchmesser D_3.

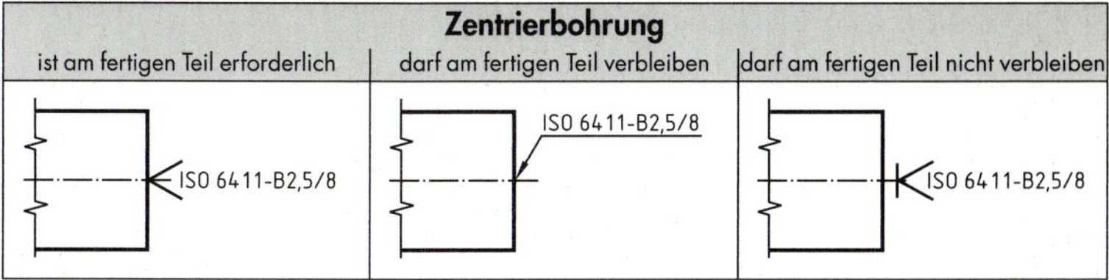

DIN ISO 6411 ist eine Sammelnorm für Zentrierbohrungen, Detailangaben s. z. B. DIN 332.1 ...

4.6 Eintragen von Maßen für Kegel nach DIN ISO 3040

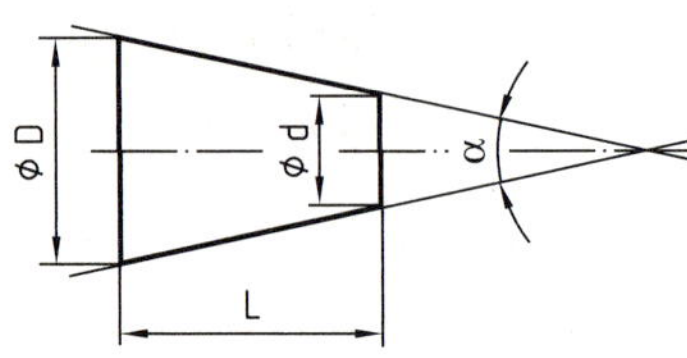

4.147 Kegelstumpf

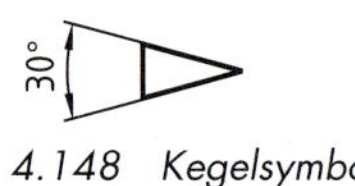

4.148 Kegelsymbol

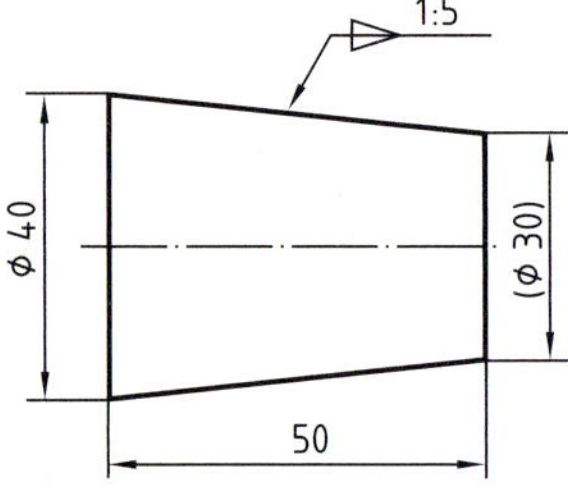

4.149 Kegelbemaßung

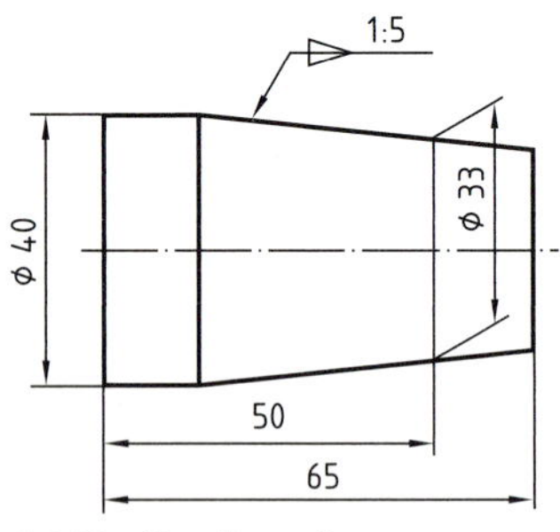

4.150 Kegelbemaßung

Diese Norm gilt für Kegel, bei denen es auf die Genauigkeit der Kegelform ankommt. Die Bemaßung von kegeligen Übergängen an Werkstücken, die durch Gießen, Schmieden usw. hergestellt werden, zeigt Seite 59.

Die normgerechte Bemaßung genauer Kegel nach DIN ISO 3040 erfordert folgende Angaben:

1. Die Kegelverjüngung, die entweder als Kegelverhältnis 1 : x oder durch den eingeschlossenen Kegelwinkel α angegeben wird,
2. den Durchmesser an einem ausgewählten Querschnitt, z. B. größter Kegeldurchmesser, 4.149, oder Durchmesser eines Querschnitts, 4.150,
3. das Maß für die Lage des Querschnitts, z. B. Länge des Kegelstumpfes, 4.149, oder Lage des Querschnitts, 4.150,
4. den Einstellwinkel $\frac{\alpha}{2}$ als eingeklammertes Hilfsmaß für die Fertigung, s. 4.155.

Zusätzlich können weitere Maße als eingeklammerte Hilfsmaße angegeben werden, z. B. der zweite Durchmesser beim Kegelstumpf.

Das Kegelverhältnis ist der Verhältniswert aus der Differenz von zwei Kegeldurchmessern D und d und deren Abstand L, 4.147.

$$\text{Kegelverhältnis } C = \frac{D - d}{L}$$

Mithilfe der trigonometrischen Funktionen kann man das Kegelverhältnis auch auf folgende Art bestimmen:

$$\tan\frac{\alpha}{2} = \frac{\frac{D}{2} - \frac{d}{2}}{L} = \frac{1}{2}\,\frac{D - d}{L}$$

$$\text{Somit ist } 2 \cdot \tan\frac{\alpha}{2} = \frac{D - d}{L}$$

$$\text{Kegelverhältnis } C = 2 \cdot \tan\frac{\alpha}{2}$$

Das Kegel-Symbol ist ein gleichseitiges Dreieck und weist in die Richtung der Kegelverjüngung. Es ist mit abgewinkelter Hinweislinie über der Kegelmantellinie parallel zur Kegelachse anzuordnen. Symbole stehen stets vor der Maßzahl (Kegelverhältnis).

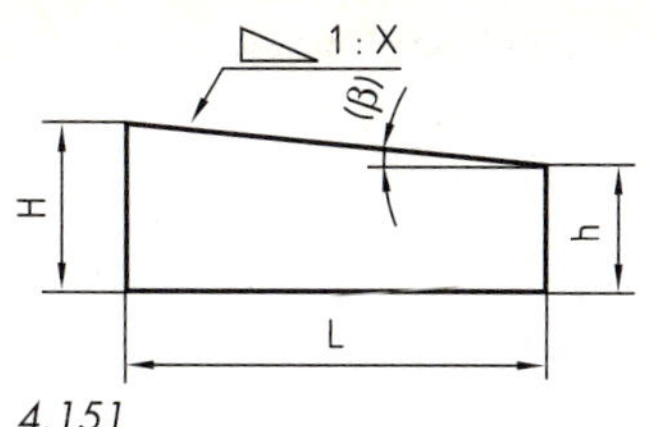

4.151

Ein Kegelverhältnis und dessen Symbol dürfen nicht mit einer Neigung, 4.151, und deren Symbol verwechselt werden.

$$\text{Neigung} = \frac{H - h}{L} = \tan \beta$$

Die Berechnung und Angabe der Verjüngung an pyramidenförmigen Werkstücken zeigt Seite 116.

Berechnungen für die Kegelbemaßung

Kegel

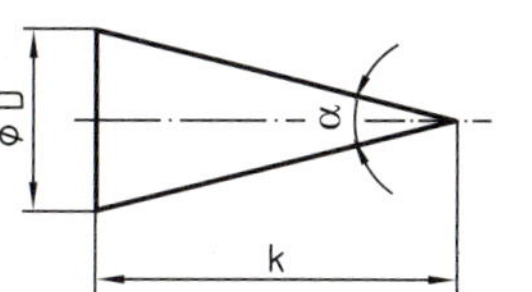

4.152

Beispiel: D = 20
k = 100

Kegelverhältnis C als Verhältniswert von Durchmesser D zur Kegellänge K

$$C = \frac{D}{k} = \frac{20}{100} = \frac{10}{50}$$

C = 1 : 5

Kegelstumpf

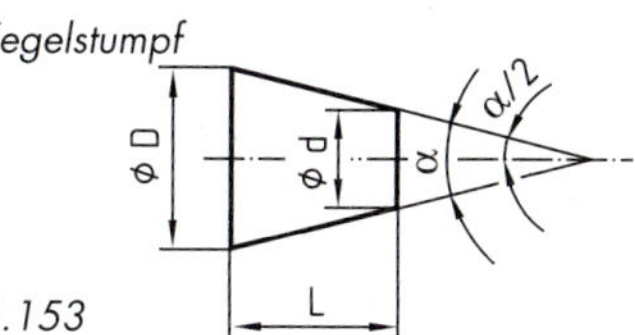

4.153

Beispiel: D = 20
d = 10
L = 100

Kegelverhältnis als Verhältniswert aus der Differenz von 2 Kegeldurchmessern D und d und deren Abstand L

$$C = \frac{D - d}{L} = \frac{20 - 10}{100} = \frac{10}{100}$$

C = 1 : 10

Einstellwinkel $\frac{\alpha}{2}$ kann als Tangensfunktion des halben Kegelverhältnisses C ermittelt werden.

$$\tan \frac{\alpha}{2} = \frac{D}{2\,k}$$

$$\tan \frac{\alpha}{2} = \frac{20}{200} = 0{,}1$$

$$\frac{\alpha}{2} = 5°42'30''$$

$$\tan \frac{\alpha}{2} = \frac{D - d}{2\,L}$$

$$\tan \frac{\alpha}{2} = \frac{20 - 10}{200} = 0{,}05$$

$$\frac{\alpha}{2} = 5°52'$$

Kegelwinkel α ist gleich dem doppelten Einstellwinkel $\frac{\alpha}{2}$.

Neigung als Gefälle der Mantellinie zur Kegelachse ist halb so groß wie das Kegelverhältnis C und entspricht dem Verhältnis 1 : 2x.

$$\text{Neigung} \quad 1 : 2\,x = \frac{D}{2} : k$$

$$1 : 2\,x = \frac{20}{2} : 100$$

$$1 : 2\,x = 10 : 100$$

$$1 : 2\,x = 1 : 10$$

$$\text{Neigung:} \quad 1 : 2\,x = \frac{D - d}{2} : L$$

$$1 : 2\,x = \frac{20 - 10}{2} : 100$$

$$1 : 2\,x = 5 : 100$$

$$1 : 2\,x = 1 : 20$$

4

Normgerechte Bemaßung von Kegeln nach DIN ISO 3040

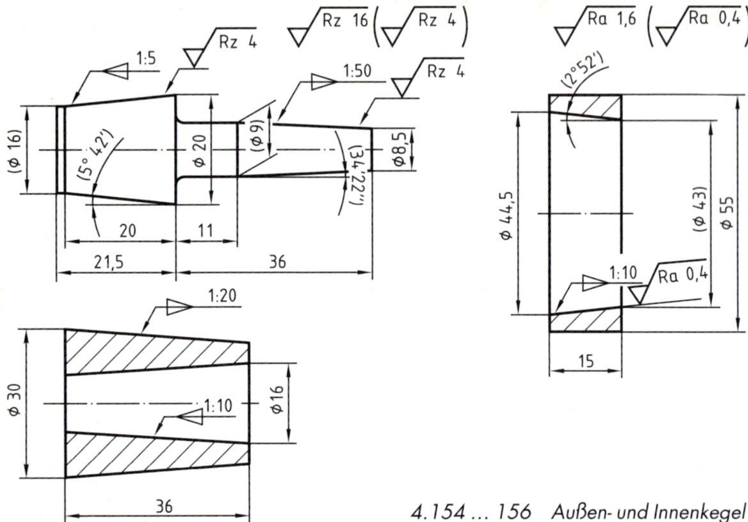

4.154 … 156 Außen- und Innenkegel

Eintragen der Toleranzen für Kegel nach DIN ISO 3040

DIN ISO 3040 zeigt mehrere Methoden für die Eintragung der Toleranzen für Kegel. Nachfolgend wird nur auf zwei Methoden kurz hingewiesen.

Kegeltolerierung bei festgelegtem Kegelwinkel

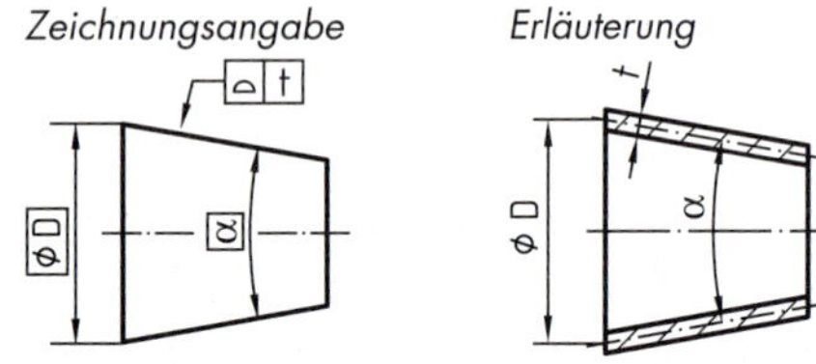

4.157 und 158

Kegeltolerierung bei festgelegtem Kegelverhältnis

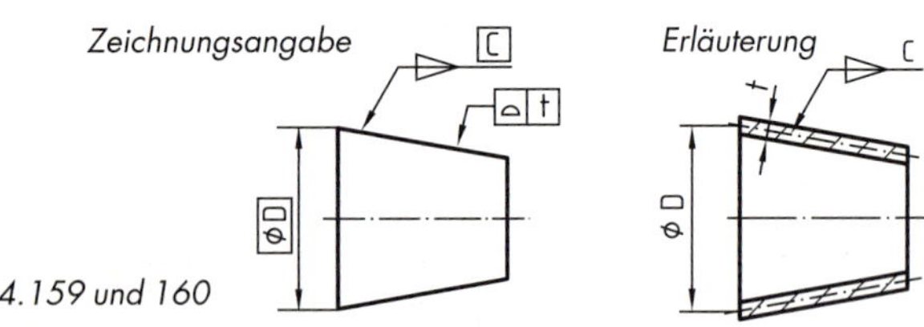

4.159 und 160

Einstellwinkel von Kegeln sind genormt nach DIN 254 und DIN EN ISO 1119

Die fett gedruckten Kegel in der Auswahl sind stets zu bevorzugen.

Kegelverhältnis C	Kegel-∢ α	Einstell-∢ $\frac{\alpha}{2}$	Anwendungsbeispiele
1 : 0,289	120°	60°	Schutzsenkungen für Zentrierbohrungen
1 : 0,5	90°	45°	Ventilkegel, Bunde an Kolbenstangen, blanke Senkschrauben bis 200 mm
1 : 0,652	75°	37°30′	Senkniete von 10 bis 16 mm Ø
1 : 0,866	60°	30°	Körnerspitzen, Zentrierbohrungen, Dichtungskegel für leichte Rohrverschraubungen, Senkschrauben von 22 bis 27 mm
1 : 5	11°25′	5°42′30″	Reibungskupplungen, Spurzapfen, leicht abnehmbare Maschinenteile (Beanspruchung quer zur Achse und auf Drehung)
1 : 6	9°32′	4°46′	Dichtungskegel für Hähne
1 : 10	5°44′	2°52′	Kupplungsbolzen, nachstellbare Lagerbuchsen, Maschinenteile bei Beanspruchung quer zur Achse, auf Drehung und längs der Achse
1 : 12	4°46′	2°23′	Wälzlager, Kegelbuchsen für Wälzlager
1 : 20	2°52′	1°26′	Schäfte von Werkzeugen und Aufnahmekegel der Werkzeugmaschinenspindeln, Reibahlen (DIN 204 und DIN 205)
1 : 30	1°54′34″	57′17″	Bohrungen der Aufsteckreibahlen und -senker
1 : 50	1°8′44″	34′22″	Kegelstifte, Reibahlen DIN 9

Das Kegelverhältnis, z. B. C = 1: 10, gibt an

- beim spitzen Kegel, bei welcher Länge der Durchmesser um 1 mm abnimmt,
- beim stumpfen Kegel, bei welcher Länge die Durchmesserdifferenz D – d = 1 mm beträgt.

Bei Werkzeugkegeln nach DIN 228, s. S. 132, wird statt des Kegelverhältnisses C z. B. „▷ DIN 228-MK-A 80" als metrischer Kegel 80 oder „▷ DIN 228-MK-A 3" als Morsekegel 3 eingetragen.

Beim Drehen und Schleifen von Kegeln erleichtert die Angabe des Einstellwinkels $\frac{\alpha}{2}$ das Einstellen der Werkzeugmaschinen, 4.161.

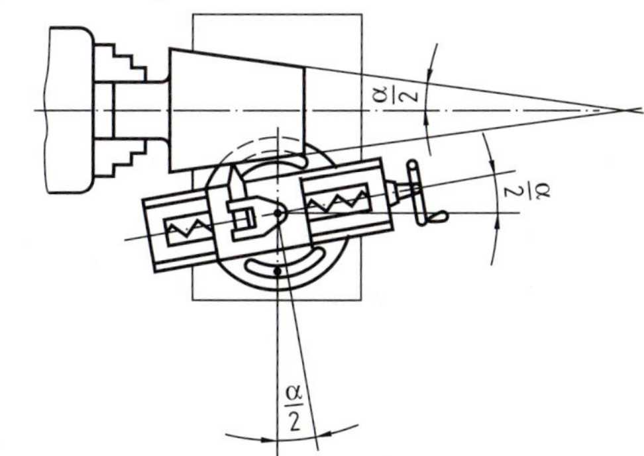

4.161 Kegeldrehen durch Supportverstellung um Einstellwinkel $\frac{\alpha}{2}$

Morsekegel und metrische Kegel nach DIN 228-1 und -2

Als Werkzeugkegel für Schäfte und Hülsen werden die Morsekegel 0, 1, 2, 3, 4, 5 und 6 sowie die metrischen Kegel 4, 6 und 80 ... 200 angewendet.

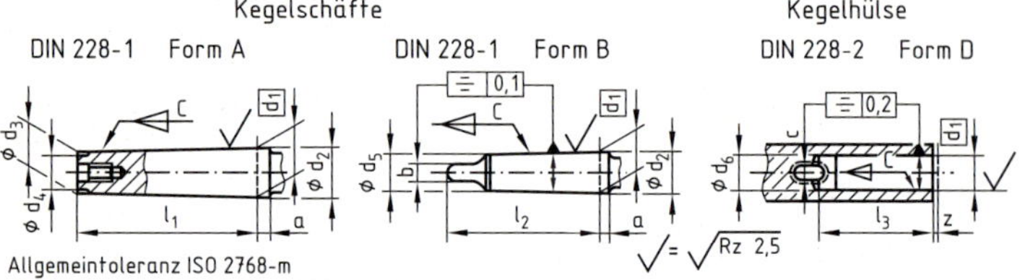

Allgemeintoleranz ISO 2768-m

Bezeichnung		Metrische Kegel		Morsekegel							Metr. Kegel
		4	6	0	1	2	3	4	5	6	80
Schaft	d_1	4	6	9,045	12,065	17,780	23,825	31,27	44,399	63,348	80
	$d_2 \approx$	4,1	6,2	9,2	12,2	18	24,1	31,6	44,7	63,8	80,4
	$d_3 \approx$	2,9	4,4	6,4	9,4	14,6	19,8	25,9	37,6	53,9	70,2
	$d_{4\,max}$	2,5	4	6	9	14	19	25	35,7	51	67
	$d_5 \approx$	–	–	6,1	9	14	19,1	25,2	36,5	52,4	69
	α	2	3	3	3,5	5	5	6,5	6,5	8	8
	b h 13	–	–	3,9	5,2	6,3	7,9	11,9	15,9	19	26
	$l_{1\,max}$	23	32	50	53,5	64	81	102,5	129,5	182	196
	l_2	–	–	56,5	62	75	94	117,5	149,5	210	220
Hülse	d_6	3	4,6	6,7	9,7	14,9	20,2	26,5	38,2	54,8	71,5
	C A 13	2,2	3,2	3,9	5,2	6,3	7,9	11,9	15,9	19	26
	$l_{3\,min}$	25	34	52	56	67	84	107	135	188	202
	Z	0,5	0,5	1	1	1	1	1	1	1	1,5
Einstell-∢ $\alpha/2$		1°25′ 56″		1°29′ 27″	1°25′ 43″	1°25′ 50″	1°26′ 16″	1°29′ 15″	1°30′ 26″	1°29′ 36″	1°25′ 56″
Verjüngung C		1:20		1:19,212	1:20,047	1:20,02	1:19:922	1:19,254	1:19,002	1:19,18	1:20

Steilkegelschäfte für Werkzeuge und Spannzeuge nach DIN 2080 Form A[1]

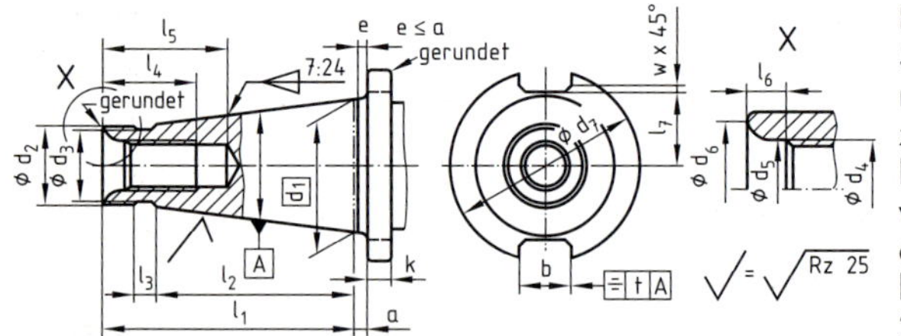

Bezeichnung eines Steilkegelschaftes mit Gewindeanzug der Form A Nr. 40 mit Kegelwinkel-Toleranzqualität AT 4: Steilkegelschaft DIN 2080 – A 40 AT 4

Nr.	a ± 0,2	b H12	d_1	d_2	d_3	d_4	d_5	d_6 max.	d_7 0 −0,4	k ± 0,1	l_1	l_2	l_3	l_4	l_5 min.	l_6 +0,5 0	l_7 max-
30	1,6	16,1	31,75	17,4	16,5	M 12	13	16	50	8	68,4	48,4	3	24	33,5	5,5	16,2
40	1,6	16,1	44,45	25,3	24	M 16	17	21,5	63	10	93,4	65,4	5	32	42,5	8,2	22,5
45	3,2	19,3	57,15	32,4	30	M 20	21	26	80	12	106,8	82,8	6	40	52,5	10	29
50	3,2	25,7	69,85	39,6	38	M 24	26	32	97,5	12	126,8	101,8	8	47	61,5	11,5	35,3

[1] ISO/DIS 297

5 Darstellen und Bemaßen von Zahnrädern und Federn, Schriftfelder, Stücklisten

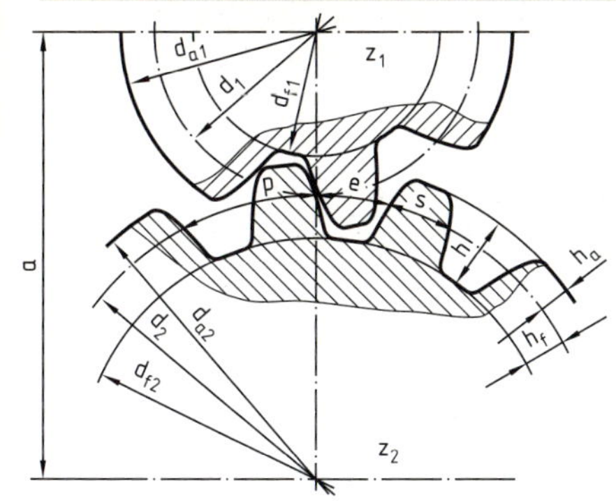

5.1 Zahnradpaar im Eingriff

5.1 Zahnräder

Die Bestimmungsgrößen der Zahnräder mit parallelen Radachsen werden auf die Teilkreise bezogen. Die Teilkreisteilung p ist das Bogenmaß auf dem Teilkreis und setzt sich zusammen aus der Zahndicke s und der Lückenweite e; p = s + e. Der Modul m ist das Verhältnis der Teilung p zur Zahl π; m = p/π. Der Teilkreisdurchmesser ergibt sich als Produkt aus Modul und Zähnezahl; d = m · z. Rad und Gegenrad besitzen stets den gleichen Modul. Dieser ist für Stirnräder nach DIN 780-1 zu wählen.

5

Bestimmungsgrößen der Geradstirnräder			Beispiel: $z_1 = 20$, m = 3
Modul	Verhältniszahl, die der Modulreihe nach DIN 780 entnommen wird	$m = \frac{p}{\pi}$	3 mm
Teilung	p = Modul · π	$p = m \cdot \pi$	3 · 3,14 = 9,42 mm
Teilkreis-Ø	d = Modul · Zähnezahl	$d = m \cdot z$	3 · 20 = 60 mm
Zahnhöhe	h = 2 · Modul + Kopfspiel	$h = 2 \cdot m + c$[1]	6 + 0,75 = 6,75 mm
Kopfhöhe	h_a = Modul	$h_a = m$	3 mm
Fußhöhe	h_f = Modul + Kopfspiel	$h_f = m + c$	3 + 0,75 = 3,75 mm
Kopfkreis-Ø	d_a = d + doppelte Kopfhöhe	$d_a = d + 2\,m$ $d_a = m \cdot (z + 2)$	d_a = 66 mm
Fußkreis-Ø	d_f = d – doppelte Fußhöhe	$d_f = d - 2 \times h_f$	60 – 7,5 = 52,5 mm
Achsabstand	a = Summe der Teilkreishalbmesser z_1 = Zähnezahl des kleineren Rades z_2 = Zähnezahl des größeren Rades	$a = \frac{m\,(z_1 + z_2)}{2}$ $a = \frac{d_1 + d_2}{2}$	z.B. z_2 = 40 $a = \frac{3 \cdot (20 + 40)}{2}$ = 90 mm

[1]) Nach DIN 867 kann das Kopfspiel c = 0,1 · m bis 0,3 · m betragen, genormt c = 0,25 · m.

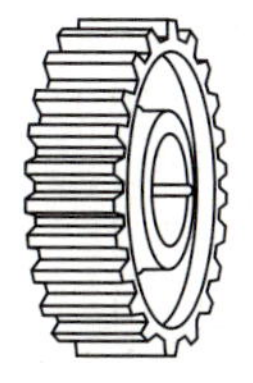
Geradstirnrad

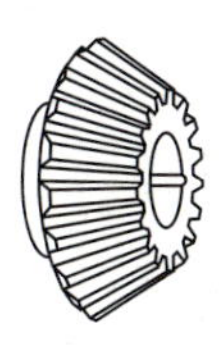
Kegelrad

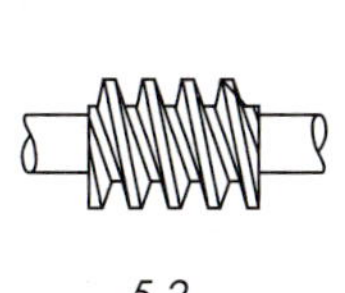
Schnecke

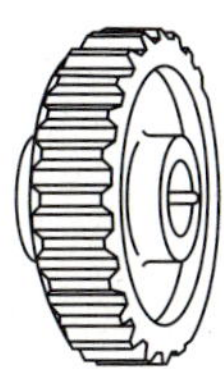
Schneckenrad

Stirnschraubrad

5.2

Moduln für Stirnräder nach DIN 780-1

Reihe I ist gegenüber Reihe II zu bevorzugen. Alle Moduln in mm.

Reihe	Moduln m									
I	0,05	0,06	0,08	0,1	0,12	0,16	0,2	0,25	0,3	0,4
	0,5	0,6	0,7	0,8	0,9	1	1,25	1,5	2	2,5
	3	4	5	6	8	10	12	16	20	25
	32	40	50	60						
II	0,055	0,07	0,09	0,11	0,14	0,18	0,22	0,28	0,35	0,45
	0,55	0,65	0,75	0,85	0,95	1,125	1,375	1,75	2,25	2,75 (3,25)
	3,5 (3,75)	4,5	5,5	7	9	11	14	18	22	28
	36	45	55	70						
Moduln für Schnecken im Axialschnitt, für Schneckenräder im Stirnschnitt DIN 780-2										
	1	1,25	1,6	2	2,5	3,15	4	5	6,3	8
	10	12,5	16	20						

Übung: Bestimmen Sie die Abmessungen eines Geradstirnradpaares nach obiger Tabelle mit: $z_1 = 18$ Zähne, $z_2 = 34$, $m = 4$.

5

Damit die Zahnflanken der Stirnräder sich mit geringer Reibung aufeinander abwälzen, werden die Flankenprofile vorwiegend als Evolventen und in Sonderfällen als Zykloiden ausgebildet. Evolventenverzahnungen haben den Vorteil, dass sie gegen Achsabstandsänderung unempfindlich sind.

Bei der Evolventenverzahnung berühren sich die Zahnflanken im Wälzpunkt, der längs der Eingrifflinie wandert. Diese bildet mit der Horizontalen einen Eingriffwinkel von 20° bei Verwendung des Bezugsprofils nach DIN 867. In anderen Fällen kann der Eingriffwinkel 15° betragen.

Konstruktion der Evolventen-Flankenprofile

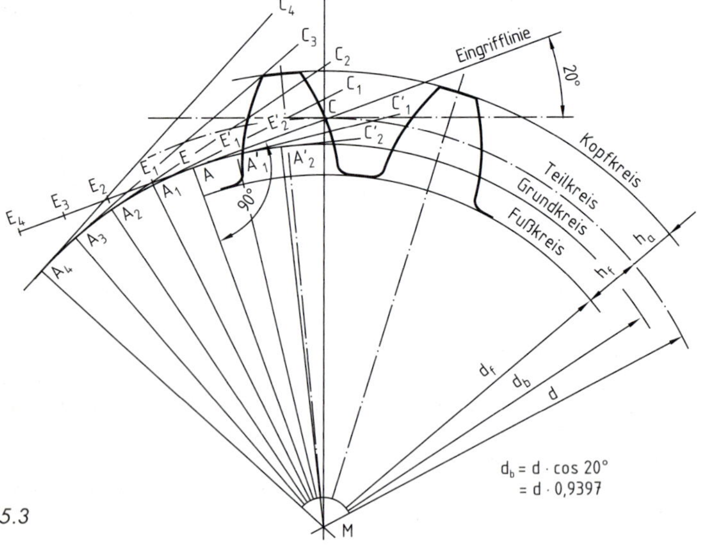

5.3

Konstruktionsbeschreibung
Durch den Punkt C, den Schnittpunkt des Teilkreises mit der Mittellinie, zieht man unter 20° zur Waagerechten die Eingrifflinie. Diese rollt zur Erzeugung der Evolvente auf dem Grundkreis ab. Die Senkrechte vom Teilkreismittelpunkt M auf die Eingrifflinie mit dem Fußpunkt A bestimmt den Halbmesser des Grundkreises. Zu beiden Seiten von A wird die Eingrifflinie in eine Anzahl gleicher Teile geteilt und diese Teilpunkte E, E_1, E_2 usw. werden auf den Grundkreis übertragen.
In den Teilpunkten des Grundkreises zeichnet man die Tangenten und trägt auf ihnen von A_1, A_2 usw. die abgewälzten Kreisbogen, die den Strecken E_1C, E_2C usw. entsprechen, ab. Die Endpunkte C_1, C_2 usw. auf den zugehörigen Tangenten bilden die Evolvente, die nur bis zum Grundkreis reicht. Zur Vereinfachung kann der Fußkreis in einzeln dargestellten Zähnen entfallen, s. 5.3.
Die Evolvente wird vom Grundkreis als Tangente bis zum Fußkreis weitergeführt und erhält dort eine Fußrundung mit $\rho_f = 0{,}38 \cdot m$. Um die andere Zahnflanke konstruieren zu können, zeichnet man die Zahnmittenlinie (mit p/4 auf dem Teilkreis) ein und überträgt die symmetrisch liegenden Evolventenpunkte.

Bezugsprofil der Evolventenverzahnung
Durch das Bezugsprofil nach DIN 867 ist die Evolventenzahnform für Stirn- und Kegelräder mit einem Eingriffwinkel von $\alpha = 20°$ festgelegt. Der Eingriffwinkel ist gleich dem halben Flankenwinkel des Bezugsprofils, 5.4. Das Bezugsprofil kann als Zahnstange aufgefasst werden, die mit dem zugehörigen Zahnrad kämmt.

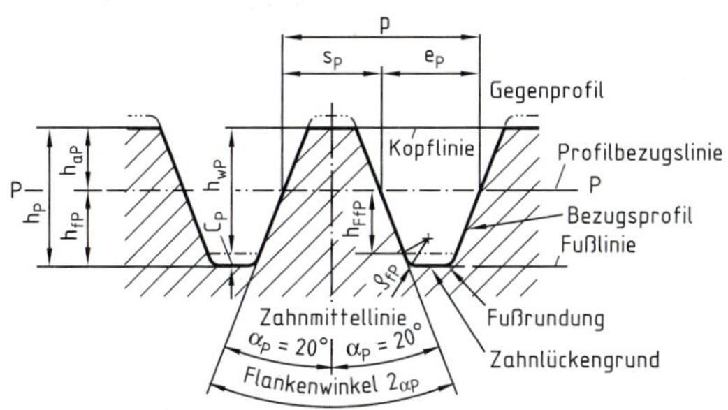

5.4 Bezugsprofil für Stirnräder mit Evolventenverzahnung als Zahnstangenprofil

Die Profilverschiebung dient zur Erhöhung der Zahnfußfestigkeit, um die Unterschneidung bei geringen Zähnezahlen zu vermeiden, und zur Einhaltung eines bestimmten Achsabstandes. Sie wird durch den Profilverschiebungsfaktor x in Teilen des Moduls angegeben.

Die Zeichnungsangaben bei Stirnschraubrädern (5.2) entsprechen denen bei Schrägstirnrädern. Zwei miteinander kämmende Schrägstirnräder besitzen entgegengesetzte Flankenrichtungen.

Darstellung von Zahnrädern nach DIN ISO 2203

Diese Norm legt die Darstellung der gezahnten Teile von Zahnrädern einschließlich Schnecken- und Kettenrädern fest. Sie gilt für Teil- und Zusammenstellungszeichnungen und ersetzt teilweise DIN 37.

Ein Zahnrad wird grundsätzlich (ausgenommen in Schnittzeichnungen) als ein ganzes Teil ohne einzelne Zähne dargestellt, aber die Bezugsfläche wird als schmale Strichpunktlinie hinzugefügt.

Teilzeichnungen (Einzelne Zahnräder)

Die Konturen und Körperkanten jedes Zahnrades werden so gezeichnet, dass sie in ungeschnittener Ansicht ein volles von der Kopffläche begrenztes Zahnrad darstellen, im Schnitt ein Stirnrad mit zwei gegenüberliegenden ungeschnittenen Zähnen darstellen.

Die Bezugsfläche der Verzahnung ist, auch bei verdeckten Teilen eines Zahnrades oder in Schnitten mit einer schmalen Strichpunktlinie, wie folgt anzugeben:

- In einer Darstellung senkrecht zur Achse ist zu zeichnen:
  bei einem Stirnrad und einem Schneckenrad der Teilkreis,
  bei einem Kegelrad der Teilkreis am Rückenkegel, bei einer Zylinderschnecke der Mittenkreis, s. 1., 2. und 3., S. 137,
- In einer Darstellung parallel zur Achse sind die sich in einem Axialschnitt ergebenden Schnittlinien der Bezugsfläche zu zeichnen:
  Bei einem Stirnrad bzw. einem Kegelrad sind dies die Teilzylinder- bzw. Teilkegelmantellinien, bei einer Zylinderschnecke die Mittenzylindermantellinien, bei einem Schneckenrad die Mittelkehlkreise, s. 1., 2. und 3., S. 137. Diese Linien sind über die Körperkanten hinweg zu zeichnen.

5

Zusammenstellungszeichnungen (Zahnradpaare)

Die Regeln für die Darstellung von Zahnrädern in Einzelteilzeichnungen werden auch für Zusammenstellungszeichnungen angewendet. Bei der Darstellung eines Kegelradpaares in einer achsparallelen Projektion werden jedoch die Linien zur Angabe der Teilkegelflächen bis zum Schnittpunkt der Achsen verlängert, s. 1.2, S. 137.

Im Allgemeinen wird nicht davon ausgegangen, dass eines der beiden gepaarten Zahnräder am Zahneingriff von dem anderen verdeckt wird, mit Ausnahme der beiden Fälle:

1. wenn eines der beiden Zahnräder vollständig vor dem anderen liegt und so tatsächlich Teile des anderen Zahnrades verdeckt, s. 1.2, S. 137,
2. wenn beide Zahnräder im Achsschnitt dargestellt werden, sodass wahlweise eine der beiden Verzahnungen teilweise von der anderen verdeckt wird, s. 1.2, S. 137.

In diesen beiden Fällen müssen verdeckte Körperkanten nicht dargestellt werden, wenn sie für die Eindeutigkeit der Zeichnung nicht notwendig sind.

Normenhinweis

DIN 867	Bezugsprofil für Evolventenverzahnungen an Stirnrädern
DIN 868	Allgemeine Begriffe und Bestimmungsgrößen für Zahnräder
DIN 3960	Begriffe und Bestimmungsgrößen an Stirnrädern mit Evolventenverzahnung
DIN 3961 ... 3964	Toleranzen für Stirnradverzahnungen
DIN 3966-1	Angaben für Stirnräder mit Evolventenverzahnung in Zeichnungen
DIN 3966-2	Angaben für Geradzahn-Kegelradverzahnungen in Zeichnungen
DIN 3966-3	Angaben in Zeichnungen für Schnecken- und Schneckenradverzahnungen
DIN 3967	Getriebe-Passsystem
DIN 3971	Begriffe und Bestimmungsgrößen an Kegelrädern
DIN 3975	Begriffe und Bestimmungsgrößen an Zylinderschneckengetrieben
DIN 3990	Tragfähigkeitsberechnung von Stirn- und Kegelrädern
DIN 3999	Kurzzeichen für Verzahnungen

Darstellung von Zahnrädern nach DIN ISO 2203

Teilzeichnungen	Zusammenstellungszeichnungen
1. Stirnrad 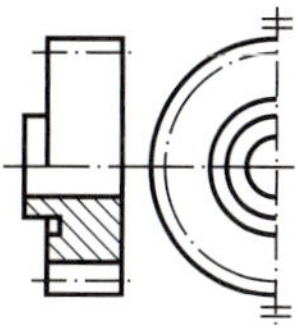	1.1 Stirnrad mit außen liegendem Gegenrad 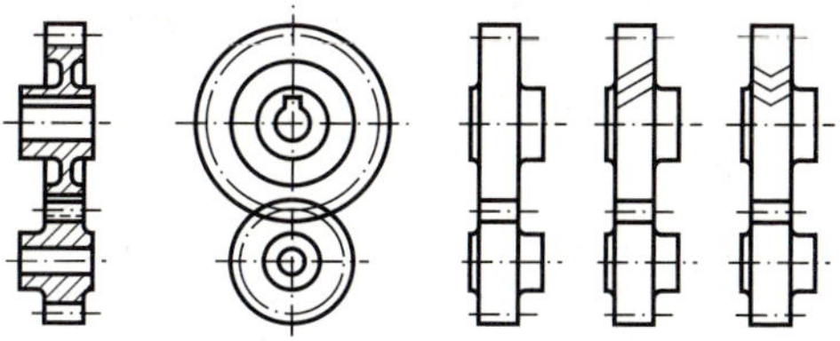
	1.2 Stirnrad mit innen liegendem Gegenrad 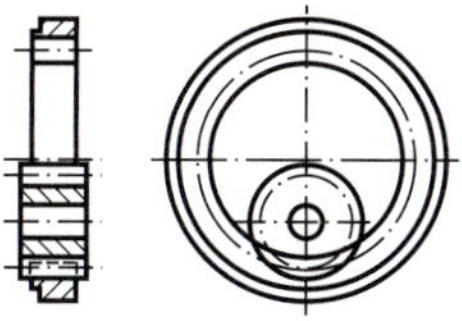
In Einzelteilzeichnungen von Zahnrädern ist die Achse zweckmäßigerweise waagerecht zu legen.	1.3 Stirnrad mit Zahnstange 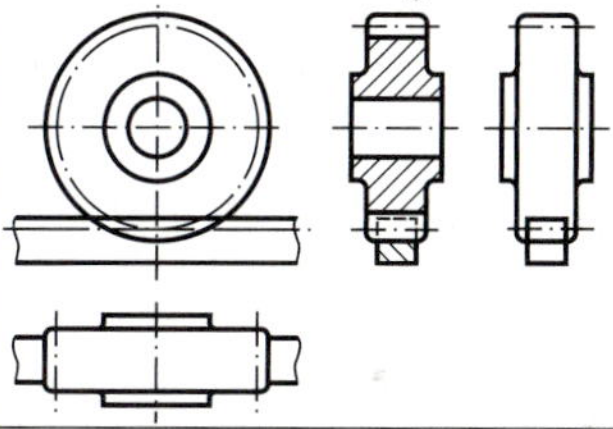
2. Kegelrad 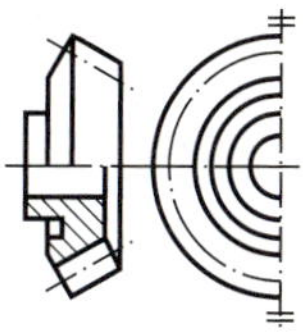	2.1 Kegelradpaar mit Achsenschnittpunkt 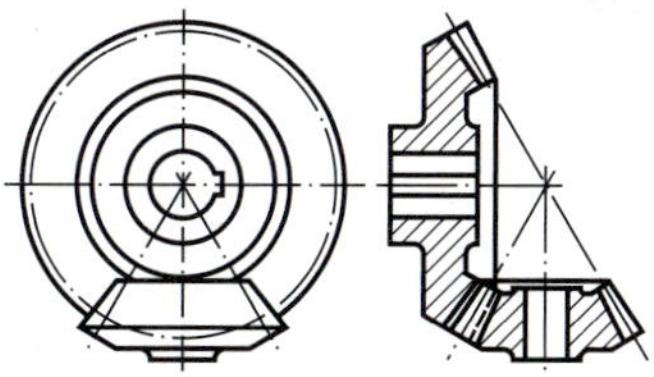
3. Schneckenrad 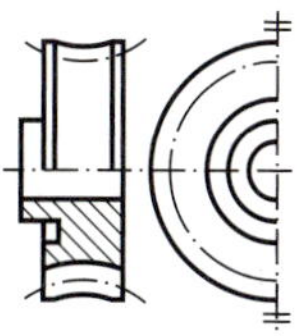	3.1 Schnecke und Schneckenrad 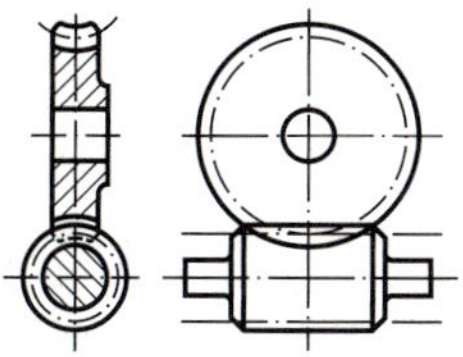

5

Angaben für Verzahnungen in Zeichnungen nach DIN 3966

Angaben für Stirnrad-Evolventenverzahnungen nach DIN 3966-1

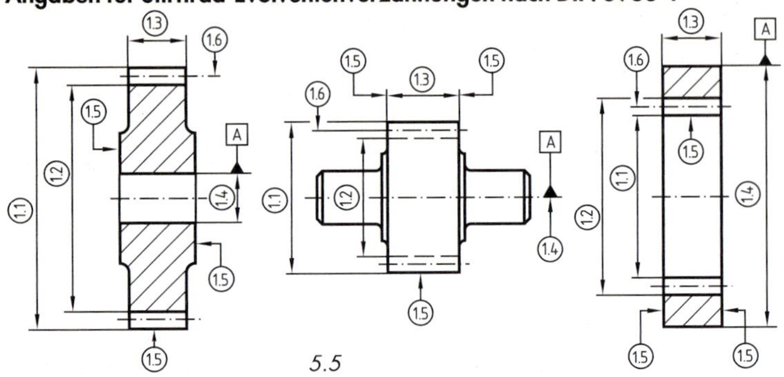

5.5

Angaben für Geradzahnkegelrad-Verzahnungen nach DIN 3966-2

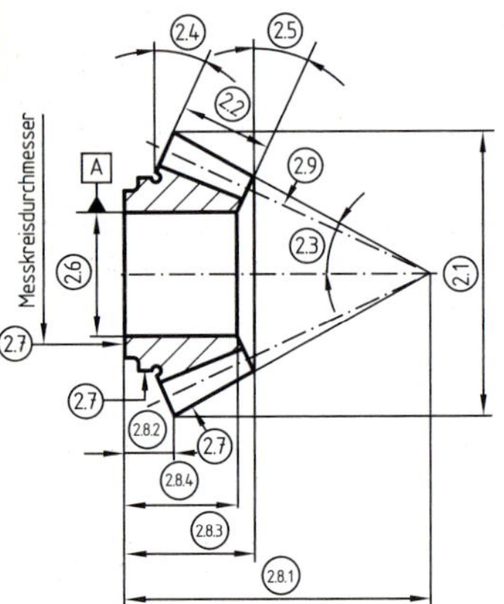

5.6

Maße und Kennzeichen in Zeichnungen für Stirnräder, 5.5

1.1 Kopfkreisdurchmesser
1.2 Fußkreisdurchmesser
1.3 Zahnbreite
1.4 Kennzeichen der Bezugselemente
1.5 Rundlauf- und Planlauftoleranz sowie Parallelität der Stirnflächen des Radkörpers
1.6 Oberflächen-Kennzeichen für die Zahnflanken nach DIN EN ISO 1302

Maße und Kennzeichen in Zeichnungen für Geradzahn-Kegelräder, 5.6

2.1 Kopfkreisdurchmesser
2.2 Zahnbreite
2.3 Kopfkegelwinkel
2.4 Komplementwinkel des Rückenkegelwinkels
2.5 Komplementwinkel des inneren Ergänzungswinkels bei Bedarf
2.6 Kennzeichen des Bezugselementes
2.7 Rundlauf- und Planlauftoleranz des Radkörpers
2.8 Axiale Abstände von der Bezugsstirnfläche
2.9 Oberflächen-Kennzeichen für die Zahnflanken nach DIN EN ISO 1302

Angaben für Schnecken- und Schneckenradverzahnungen nach DIN 3966-3

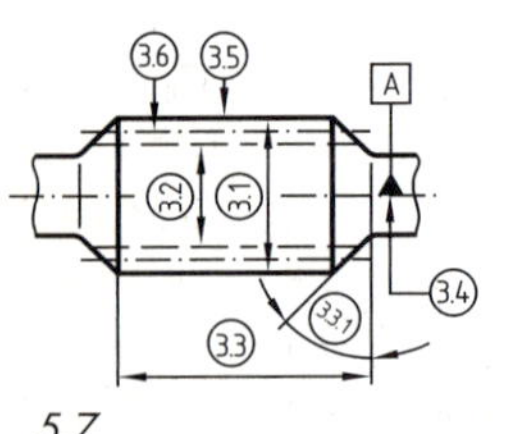

5.7

Maße in der Zeichnung für die Schneckenverzahnung, 5.7

3.1 Kopfkreisdurchmesser
3.2 Fußkreisdurchmesser
3.3 Zahnbreite
3.4 Kennzeichen der Bezugselemente
3.5 Rundlauftoleranz des Radkörpers
3.6 Oberflächen-Kennzeichen nach DIN EN ISO 1302

Ist die Bezugsachse die gemeinsame Achse aller Elemente auf dieser Achse, so kann sie nach DIN ISO EN 1101 nur durch einen Bezugsbuchstaben gekennzeichnet werden, 5.7.

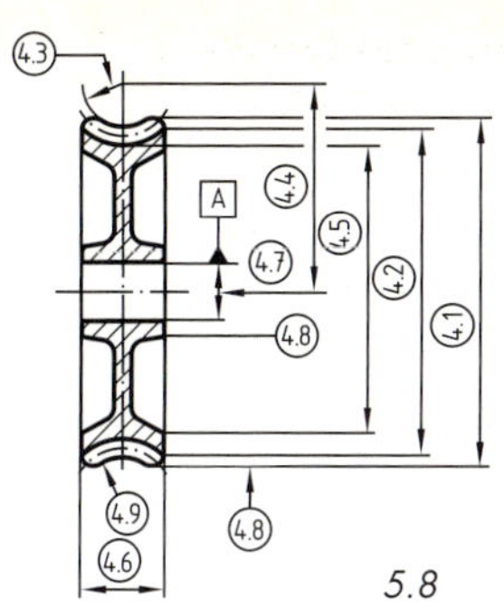

5.8

Maße in der Zeichnung für die Schneckenradverzahnung 5.8

4.1 Außendurchmesser
4.2 Kopfkreisdurchmesser
4.3 Kopfkehlhalbmesser
4.4 Kehlkreis-Mittenabstand
4.5 Fußkreisdurchmesser
4.6 Zahnbreite
4.7 Kennzeichen der Bezugselemente
4.8 Rundlauf- und Planlauftoleranz des Radkörpers
4.9 Oberflächen-Kennzeichen nach DIN EN ISO 1302

5.2 Teilzeichnungen von Zahnrädern mit Angaben

In Teilzeichnungen von Zahnrädern sind folgende Maßeintragungen erforderlich: Kopfkreis-Ø, Fußkreis-Ø und Zahnbreite sowie Oberflächenangaben für die Zahnflanken, die an den Teilkreis bzw. an die Teilkreislinie gesetzt werden.

Nach DIN 3966 ist die Maßangabe für den Teilkreis für die Herstellung und Prüfung des Zahnrades nicht erforderlich. Der Teilkreisdurchmesser geht stets aus den zusätzlichen Angaben hervor, z. B. beim Geradstirnrad aus Modul m und Zähnezahl z; $d = m \cdot z$.

Kopfkreise werden in breiter Volllinie, Teilkreise in schmaler Strichpunktlinie und Fußkreise in Ansichtsdarstellungen als schmale Volllinie gezeichnet. In Zusammenstellungszeichnungen entfällt zumeist der Fußkreis, s. S. 137.

Oft reicht in Teilzeichnungen eine Schnittdarstellung und die Nabenform mit den zugehörigen Maßeintragungen und Angaben aus, 5.9.

Stirnräder übertragen Drehbewegungen zwischen parallelen Wellen, wobei eine Übersetzung durch das Zähnezahlverhältnis z_2/z_1 stattfinden kann.

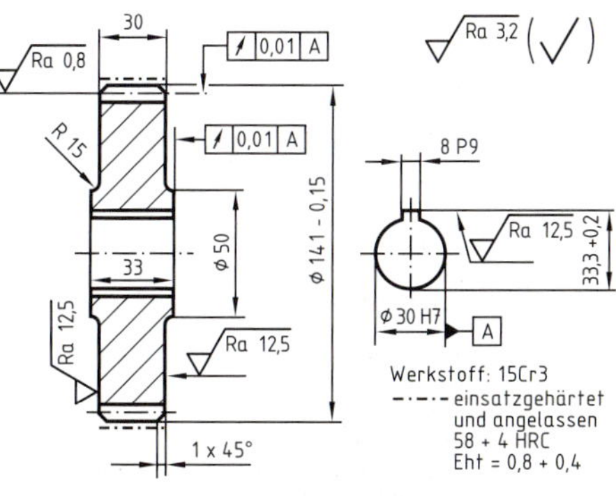

5.9 *Teilzeichnung eines Geradstirnrades*

Stirnrad			außenverzahnt
Modul		m_n	3
Zähnezahl		z	45
Bezugsprofil			DIN 867
Schrägungswinkel		β	0°
Flankenrichtung			–
Profilverschiebungsfaktor		x	0
Verzahnungsqualität Toleranzfeld			8 e 26 DIN 3967
Achsabstand im Gehäuse mit Abmaßen		a	100,5 ± 0,027
Gegenrad	Sachnummer		
	Zähnezahl	z	22

Kegelräder werden zwischen sich schneidenden Achsen angeordnet.

Geradzahn-Kegelrad		
Modul	m_n	3
Zähnezahl	z	20
Teilkegelwinkel	δ	45°
Äußerer Teilkreisdurchmesser	d_e	60
Äußere Teilkegellänge	R_e	42, 426
Fußwinkel	ϑ_f	4° 41′ 21″
Profilwinkel	α_p	20°
Verzahnungsqualität		8 DIN 3967
Gegenrad	Sachnummer	
	Zähnezahl z	20

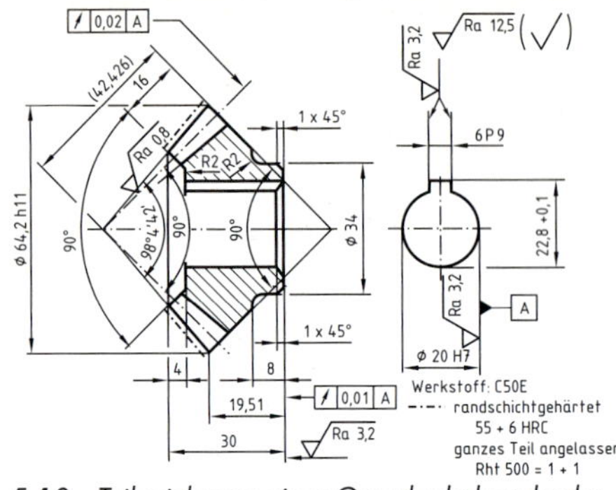

5.10 Teilzeichnung eines Geradzahnkegelrades mit einem Achswinkel $\sum = 90°$

Ein- und mehrgängige **Schnecken** und zugehörige **Schneckenräder** übertragen Drehbewegungen zwischen sich kreuzenden Achsen mit großer Übersetzung ins Langsame. Stirn- bzw. Axialmodule siehe DIN 780-2.

Schneckenrad		
Zähnezahl	z_2	40
Modul (Stirnmodul)	m	3,15
Teilkreisdurchmesser	d_2	126
Profilverschiebungsfaktor	x_2	–
Zahnhöhe	h	6,93
Flankenrichtung		rechtssteigend
Verzahnungsqualität		nach Vereinbarung
Schnecke	Sachnummer	
	Zähnezahl z_1	1
Achsabstand im Gehäuse mit Abmaßen	a	78 ± 0,025

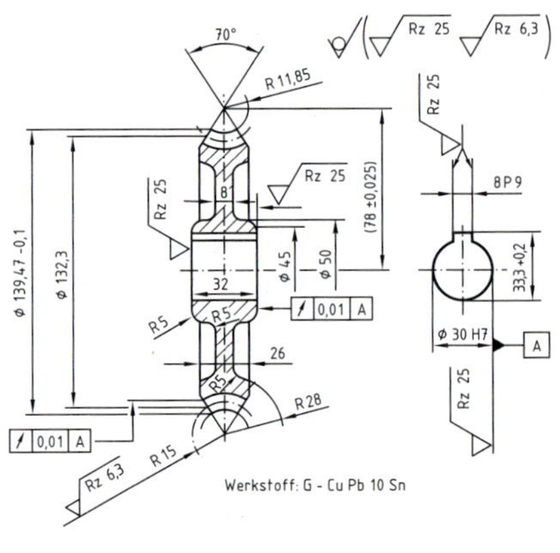

5.11 Teilzeichnung eines Schneckenrades

Erfolgskontrolle:

1. Welche Aufgaben haben die verschiedenen Arten der Zahnräder wie Stirnräder, Kegelräder, Schnecken und Schneckenräder sowie Schraubräder? (S. 139 ... 141)
2. Erklären Sie die Konstruktion der Evolventenzahnform. (S. 134 und 135)
3. Was ist die Grundlage der Evolventenverzahnung für Stirn- und Kegelräder? (S. 135)

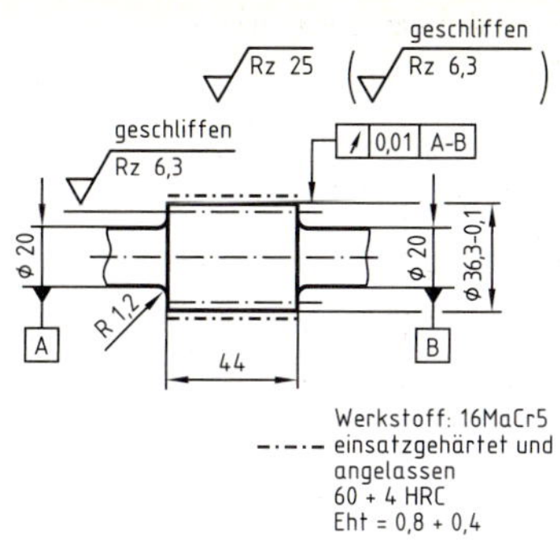

5.12 Teilzeichnung einer Schnecke

Schnecke		
Zähnezahl	z_1	1
Mittenkreis-durchmesser	d_{m1}	30
Modul (Axialmodul)	m	3,15
Zahnhöhe	h	6,93
Flankenrichtung		rechts-steigend
Steigungshöhe	p_{z1}	9,896
Mittensteigungs-winkel	γ_m	5°59′40″
Flankenform nach DIN 3975		I
Axialteilung	p_x	9,896
Verzahnungs-qualität		nach Verein-barung
Sachnummer des Schneckenrades		

Schraubräder werden zwischen sich kreuzenden Wellen angeordnet. Miteinander kämmende Schraubräder besitzen die gleiche Flankenrichtung.

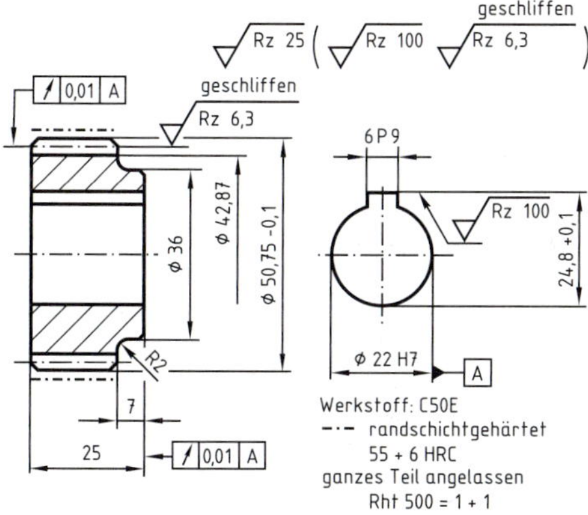

5.13 Teilzeichnung eines Schraubrades

Schraubrad			
Modul		m_n	1,75
Zähnezahl		z	27
Bezugsprofil			DIN 867
Schrägungs-winkel		β	45°
Flankenrichtung			links-steigend
Profilverschie-bungsfaktor			–
Verzahnungs-qualität Toleranzfeld			6 fe S′
Achsabstand im Gehäuse mit Abmaßen		α	47,25 ± 0,02
Gegen-rad	Sach-nummer		
	Zähne-zahl	z	27

4. Erklären Sie folgende Bezeichnungen an einem Geradstirnrad: m, p, d, h, h_a, h_f, d_a, d_f und a. (S. 133)
5. Welche Darstellungsmöglichkeiten gibt es für Zahnräder und Zahnradpaarungen? (S. 137)
6. Welche sind die wichtigsten zusätzlichen Angaben bei der Darstellung eines Geradstirnrades nach DIN 3966? (S. 138 und 139)

Maße von Schrägstirnrädern

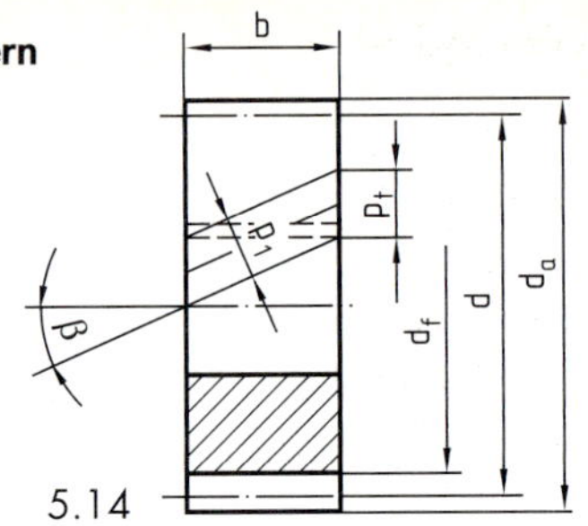

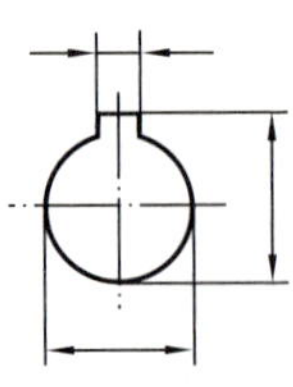

Die Zähne des Schrägstirnrads sind vereinfacht dargestellt (Schraubenlinien). 5.14

Benennung		Beziehungen
Normalmodul	mm	$m_n = \frac{p_n}{\pi} = m_t \cdot \cos\beta$; gewählt nach DIN 780
Stirnmodul	mm	$m_t = \frac{p_t}{\pi} = \frac{m_n}{\cos\beta}$
Normalteilung	mm	$p_n = p_t \cdot \cos\beta = m_n \cdot \pi$
Stirnteilung	mm	$p_t = \frac{p_n}{\cos\beta} = \frac{m_n \cdot \pi}{\cos\beta}$
Zähnezahl		$z = \frac{d}{m_t} = \frac{d \cdot \cos\beta}{m_n}$
Teilkreis-Ø[2]	mm	$d = z \cdot m_t = \frac{z \cdot m_n}{\cos\beta}$
Kopfkreis-Ø[2]	mm	$d_a = d + 2\,m_n$
Grundkreis-Ø[2]	mm	$d_b = d \cdot \cos\alpha_t$
Zahnhöhe[2]	mm	$h = 2\,m_n + c$; $c = 0{,}1 \ldots 0{,}3\,m_n$[1]
Kopfhöhe[2]	mm	$h_a = m_n$
Fußhöhe[2]	mm	$h_f = m_n + c$
Achsabstand[2]	mm	$a = \frac{d_1 + d_2}{2} = m_t \frac{z_1 + z_2}{2}$
Eingriffwinkel	°	α_t; $\cos\alpha_t = \frac{d_b}{d}$ α_n; $\tan\alpha_n = \tan\alpha_t \cdot \cos\beta$
Schrägungswinkel	°	$\lvert\beta\rvert = 90° - \lvert\gamma\rvert$ für normale Lagerung $\geq 25°$[3]
Steigungswinkel	°	$\lvert\gamma\rvert = 90° - \lvert\beta\rvert$
Zähnezahlverhältnis		$u = \frac{z_2}{z_1}$; $u \geq 1$
Übersetzung		$i = \frac{n_a}{n_b}$; n_a = Drehzahl des treibenden Rades n_b = Drehzahl des getriebenen Rades

[1] festgelegt $c = 0{,}25\,m_n$ [2] ohne Profilverschiebung [3] festgelegt nach DIN 3978

Bei Schrägstirnrädern sind mehr Zähne gleichzeitig in Eingriff als bei Geradstirnrädern (größerer Überdeckungsgrad). Daher sind sie bei gleichen Abmessungen höher belastbar. Schrägstirnräder laufen auch ruhiger in Getrieben. Sie sind deshalb für höhere Drehzahlen besser geeignet. Schrägstirnräder ergeben aber zusätzliche Lagerbelastungen durch Axialkräfte aufgrund des Schrägungswinkels β.

Maße von Geradzahnkegelrädern

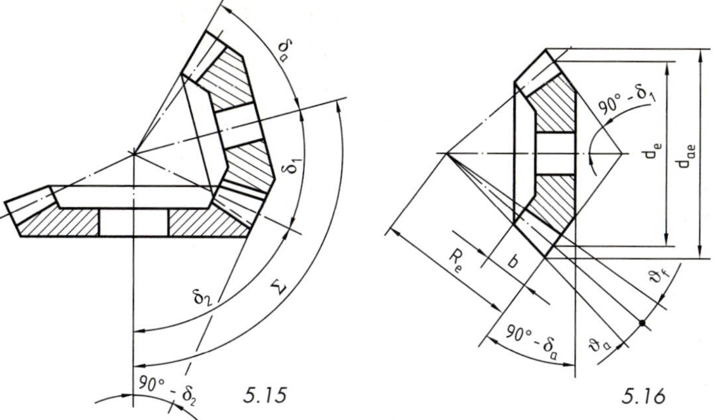

5.15 5.16

Beim Kegelrad werden die Maße für Modul, Teilung, Teilkreis-Ø und Kopfkreis-Ø auf den Radrücken (Rückenkegel) bezogen.

Benennung		Ritzel	Rad
Modul	mm	$m = m_e$ frei wählbar, z.B. nach DIN 780-1	
Teilung	mm	$p = m \cdot \pi$	
Zähnezahl		z_1	z_2
äußerer Teilkreis-Ø	mm	$d_{e1} = z_1 \cdot m$	$d_{e2} = z_2 \cdot m$
äußerer Kopfkreis-Ø	mm	$d_{ae1} = d_{e1} + 2 \cdot m \cdot \cos \delta_1$	$d_{ae2} = d_{e2} + 2 \cdot m \cdot \cos \delta_2$
äußere Teilkegellänge	mm	$Re = \frac{d}{2 \cdot \sin \delta} = \frac{z \cdot m}{2 \cdot \sin \delta}$	
Zahnhöhe	mm	$h = 2 \cdot m + c;\ c = 0{,}1 \ldots 0{,}3\ m$[1]	
Kopfhöhe	mm	$h_a = m$	
Fußhöhe	mm	$h_f = m + c$	
Zahnbreite	mm	$b \leq \frac{R_e}{3}$	
Profilwinkel	°	$\alpha_p = 20°$	
Achsenwinkel	°	$\Sigma = \delta_1 + \delta_2$	
Teilkegelwinkel	°	$\delta_1;\ \tan \delta_1 = \frac{\sin \Sigma}{u + \cos\Sigma}$	$\delta_2;\ \tan \delta_3 = \frac{\sin \Sigma}{\frac{1}{u} + \cos \Sigma}$
Kopfkegelwinkel	°	$\vartheta_{a1} = \vartheta_1 + \vartheta_{a1}$	
Kopfwinkel	°	ϑ_c $\tan \vartheta_a = \frac{h_a}{R_e}$	
Fußwinkel	°	ϑ_f $\tan \vartheta_f = \frac{h_f}{R_e}$	
Zähnezahlverhältnis/ Übersetzung		$u = \frac{z_2}{z_1};\ u \geq 1$ / $i = \frac{n_a}{n_b}$	

[1] gewählt c = 0,2 m

Maße von Schnecke (Zylinderschnecke) und Schneckenrad

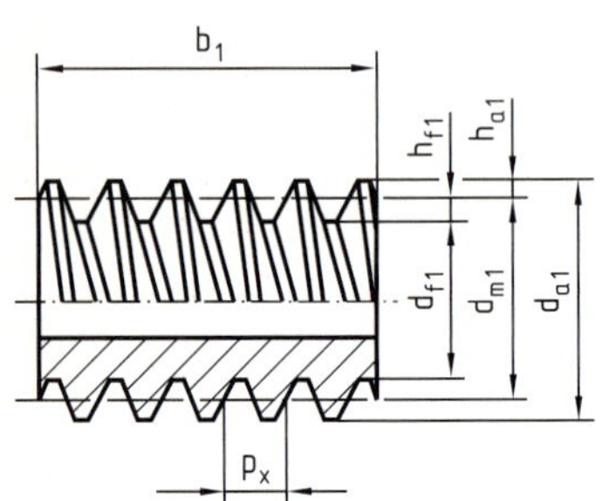

5.17

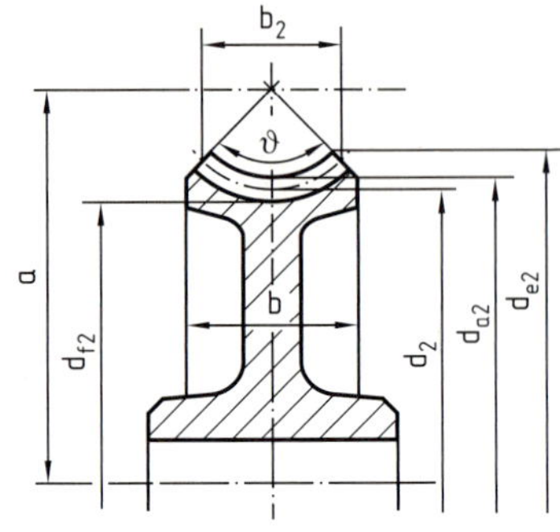

5.18

5

Benennung		Schnecke	Schneckenrad
Modul	mm	$m_x = \frac{p_x}{\pi}$	m_t
Bei einem Achsenwinkel $\Sigma = 90°$ ist Modul m_x der Schnecke gleich Modul m_t des Schneckenrades: $m = m_x = m_t$, gewählt nach DIN 780-2.			
Teilung	mm	$p_x = m \cdot \pi$	$p_2 = m \cdot \pi = \frac{d_2 \cdot \pi}{z_2}$
Zähnezahl		z_1 (ein- oder mehrg.)	$z_2 = \frac{d_2}{m}$
Steigungshöhe	mm	$p_{z1} = z_1 \cdot p_x$	
Mittensteigungswinkel	°	γ_m; $\tan \gamma_m = \frac{z_1 \cdot m}{d_{m1}} = \frac{p_{z1}}{d_{m1} \cdot \pi}$	
Eingriffwinkel	°	α_n = z.B. 20°	
Mittenkreis-Ø	mm	$d_{m1} = \frac{m \cdot z_1}{\tan \gamma_m}$	
Kopfkreis-Ø	mm	$d_{a1} = d_{m1} + 2 \cdot m$	$d_{a2} = d_2 + 2 \cdot m$
Fußkreis-Ø	mm	$d_{f1} = d_{m1} - 2{,}4 \cdot m$	$d_{f2} = d_2 - 2{,}4 \cdot m$
Außen-Ø	mm		$d_{e2} \approx d_{a2} + m$
Zahnhöhe	mm	$h_1 = 2{,}2 \cdot m$	$h_2 = 2{,}2 \cdot m$
Kopfhöhe	mm	$h_{a1} = m$	$h_{a2} = m$
Fußhöhe	mm	$h_{f1} = 1{,}2 \cdot m$	$h_{f2} = 1{,}2 \cdot m$
Zahnbreite	mm	$b_1 \geq 2 \cdot m \cdot \sqrt{1 + z_2}$	
Nutzbare Zahnbreite	mm		$b_2 = \sqrt{d_{a1} - d_1}$
Zahnbr. d. Schneckenr.	mm		$b = b_2 + 2 \cdot m$
Achsabstand	mm	$a = \frac{d_{m1} + d_2}{2}$	
Zähnezahlverhältnis/ Übersetzung		$u = \frac{z_2}{z_1}$; $u \geq 1$ / $i = \frac{n_a}{n_b}$	

5.3 Darstellungen von Federn in technischen Zeichnungen nach DIN ISO 2162-1

	Darstellung			Benennung
	Ansicht	Schnitt	vereinfacht	
Druckfedern	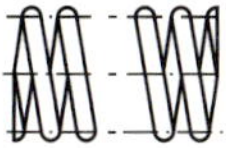	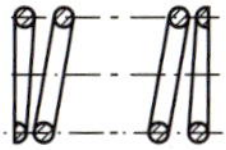	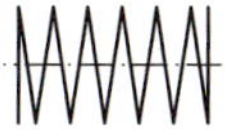	Zylindrische Schrauben-Druckfeder aus Draht mit rundem Querschnitt
Druckfedern	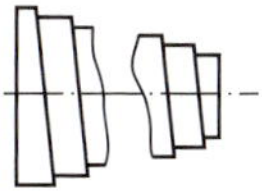	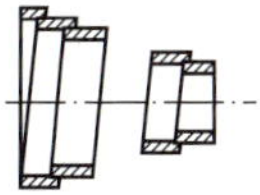		Kegelige Schrauben-Druckfeder aus Band mit rechteckigem Querschnitt (Kegelstumpffeder)
Zugfedern	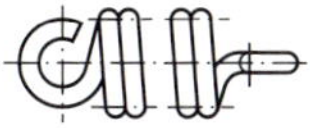	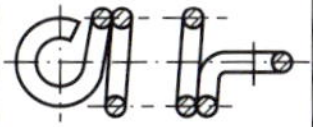		Zylindrische Schrauben-Zugfeder aus Draht mit rundem Querschnitt
Drehfedern	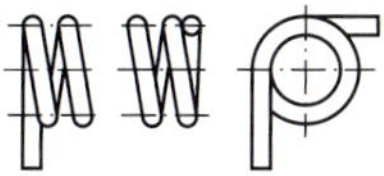	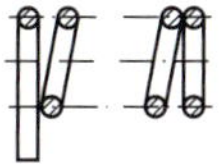		Zylindrische Schrauben-Drehfeder aus Draht mit rundem Querschnitt (Wickelrichtung rechts) (Schenkelfeder)
Tellerfedern	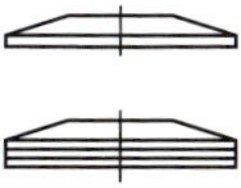	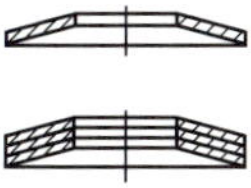	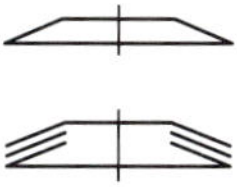	Tellerfeder und Tellerfederpaket
Blattfedern			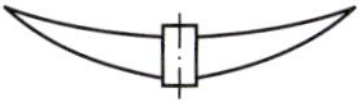	Halbelliptische Blattfeder
Blattfedern			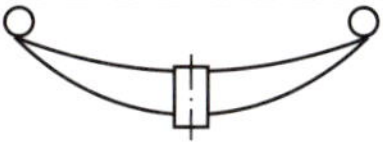	Halbelliptische Blattfeder mit Augen

In den Ansichts- und Schnittdarstellungen von Federn, die unterbrochen erfolgt, werden nur die Mittellinien der kreisförmigen Drahtquerschnitte durchgezogen.
DIN ISO 2162-1 legt die Regeln für die vereinfachte Darstellung von Druck-, Zug-, Dreh-, Teller-, Spiral- und Blattfedern fest, wie im oberen Bild gezeigt wird. Bei vereinfachten Darstellungen von Federn mit nicht kreisförmigem Querschnitt ist das entsprechende Symbol nach ISO 5261, z. B. □, ▭, anzugeben. Die übliche Winkelrichtung rechts (RH) muss im Unterschied zur Winkelrichtung links (LH) nicht angegeben werden.
DIN ISO 2162-2 enthält ein vorgedrucktes Datenblatt für Druckfedern. DIN ISO 2162-3 erläutert die Begriffe für die technische Produktdokumentation von Federn. Zylindrische Schraubenfedern als Druck- und Zugfedern werden vorwiegend auf Verdrehung beansprucht.

Druckfedern

Richtlinien für die Darstellung und Ausführung von kaltgeformten Druckfedern enthält DIN 2095 und von vergüteten DIN 2096. An den Enden einer Druckfeder ist stets eine Windung angelegt und auf d/4 abgeschliffen, um eine gleichmäßige Beanspruchung zu erreichen.

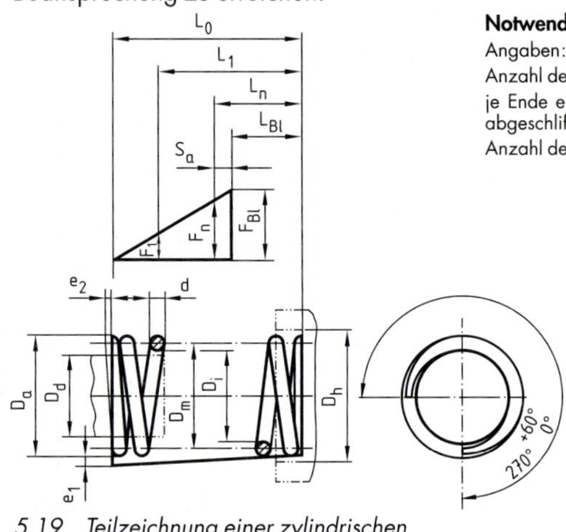

5.19 Teilzeichnung einer zylindrischen Druckfeder mit Prüfdiagramm

Patentiert gezogener Federdraht nach DIN EN 10270-1		
Kurz-zeich.	Draht-Ø	Verwendung
SL	1–10	niedrige statische Beanspruchung
SM	0,3–20	mittlere statische oder selten dynamische Beanspruchung
DM	0,3–20	mittlere dynamische Beanspruchung
SH	0,3–20	hohe statische oder geringe dynamische Beanspruchung
DH	0,05–20	hohe statische oder mittlere dynamische Beanspruchung
Draht-Ø (Auswahl): 0,1; 0,2; 0,32; 0,4; 0,5; 0,63; 0,8; 1,0; 1,25; 1,6; 2,0; 2,5; 3,2; 4,0; 5,0; 6,3; 8,0; 10; 12,5; 16,0 mm		

Notwendige Eintragungen

Angaben:

Anzahl der federnden Windungen …

je Ende eine Windung angebogen und auf $\frac{D}{4}$ abgeschliffen

Anzahl der Gesamtwindungen …

Maße:

D_a = äußerer Windungsdurchmesser, wenn die Feder sich in einer Bohrung bewegt

D_i = innerer Windungsdurchmesser, wenn die Feder auf einem Dorn geführt wird

D_m = mittlerer Windungsdurchmesser für die Berechnung

d = Drahtdurchmesser

L_0 = Länge der unbelasteten Feder

Falls für die Genauigkeit erforderlich:

e_1 = zulässige Abweichung der Mantellinie von der Senkrechten an der unbelasteten Feder

e_2 = zulässige Abweichung in der Parallelität der geschliffenen Federauflageflächen

Für die Federprüfung ist ein Prüfdiagramm mit folgenden Angaben einzutragen:

F_1 = größte im Betrieb auftretende Federkraft

F_n = Prüfkraft

L_1 und L_n = Längen der belasteten Feder, zugeordnet zu F_1 und F_n

L_{Bl} = Blocklänge der Feder, wenn alle Windungen anliegen

S_a = Summe der Mindestabstände zwischen den einzelnen federnden Windungen

Bezeichnung eines Federdrahts nach DIN EN 10270-1, Federdrahtsorte SL, Nenndurchmesser 1 mm, verzinkt: Federdraht EN 10270-1-SL-1-Z.

Normenhinweis

DIN EN 13906-1 Berechnung und Konstruktion von Druckfedern
DIN EN 13906-2 Berechnung und Konstruktion von Zugfedern
DIN 2098-1 Zylindrische Schraubenfedern aus runden Drähten, Baugrößen
DIN 2099-1 und -2 Angaben für kaltgeformte Druck- und Zugfedern, Vordrucke
DIN EN 10270-1 Unlegierter Federstahldraht
DIN EN 10270-2 Ölschlussvergüteter Federstahldraht

Zugfedern

Richtlinien für die Darstellung und Ausführung von zylindrischen Zugfedern enthält DIN 2097. Zugfedern werden bis 17 mm Draht-Ø aus federhartem Werkstoff kaltgeformt und über 17 mm sowie bei hoher Beanspruchung schon ab 10 mm schlussvergütet. Sie besitzen an den Enden Ösen, wobei als Ösenform die ganze deutsche Öse, 5.20, zu bevorzugen ist.

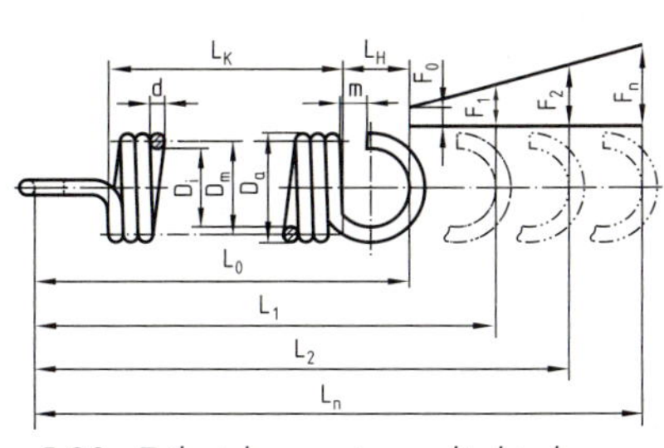

5.20 Teilzeichnung einer zylindrischen Zugfeder mit Prüfdiagramm

Notwendige Eintragungen

Angaben:

Anzahl der federnden Windungen i ...
je Ende eine ganze deutsche Öse angebogen

Maße:

D_0 oder D_i = äußerer oder innerer Windungsdurchmesser

D_m = mittlerer Windungsdurchmesser

$L_0 = L_K + L_H$ Länge der unbelasteten Feder

$L_0 \approx L_K + 2 \times 0{,}8 \cdot D_i$

$L_K = d \times (i + 1)$

m = Hakenöffnungsweite

Für die Federprüfung ist ein Prüfdiagramm mit folgenden Angaben einzutragen:

F_0 = Vorspannkraft, die durch das Wickeln erzeugt wird

F_1 = größte im Betrieb auftretende Federkraft

F_n = Prüfkraft

L_0, L_1, und L_n = Federlängen zugeordnet zu den Federkräften F_0, F_1 und F_n

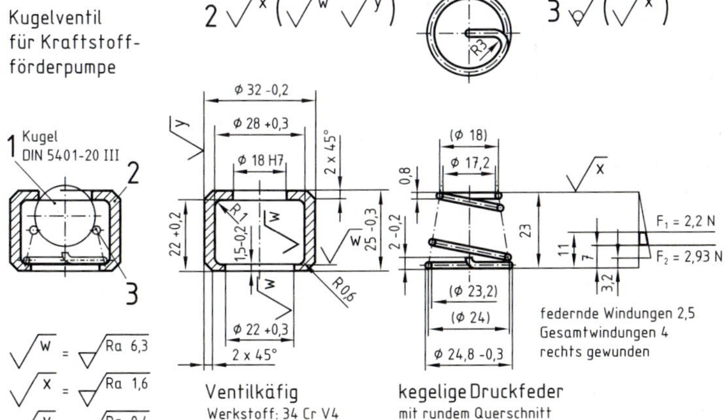

5.21 Künftig werden Ra- sowie Rz-Angaben an derselben Stelle des Oberflächensymbols eingetragen.

Drehfedern (Schenkelfedern) sind räumlich gewundene Biegefedern. Sie zählen zu den zylindrischen Schraubenfedern. Bei Belastung dürfen sich ihre Windungen nur zusammenziehen.

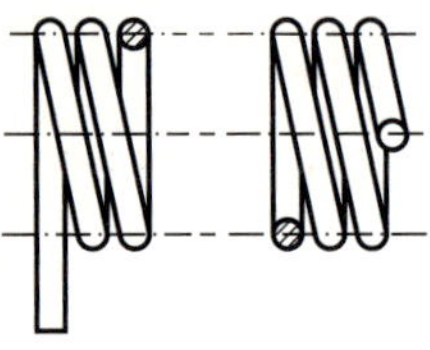

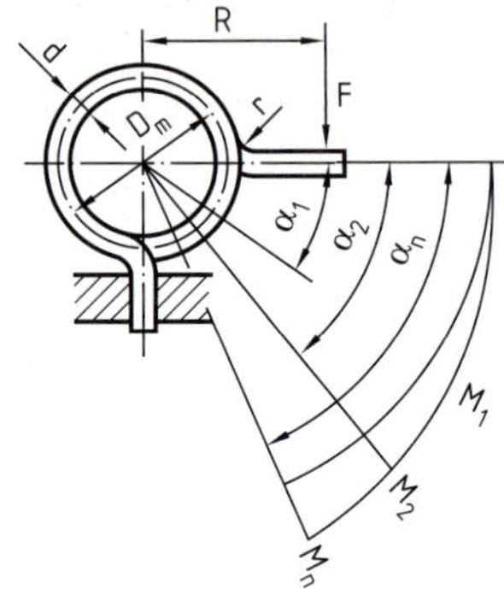

5.22

5

Tellerfedern sind in Ausrichtung belastbare Biegefedern mit der Form kegeliger Ringscheiben. Sie werden bevorzugt ruhend als auch schwingend eingesetzt und zumeist als Federpakete oder Federsäulen eingebaut.

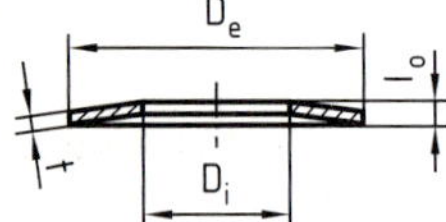

Norm-Bezeichnung z.B. für
Reihe A, D_e = 20, D_i = 10,2
Tellerfeder DIN 2093 - A 20

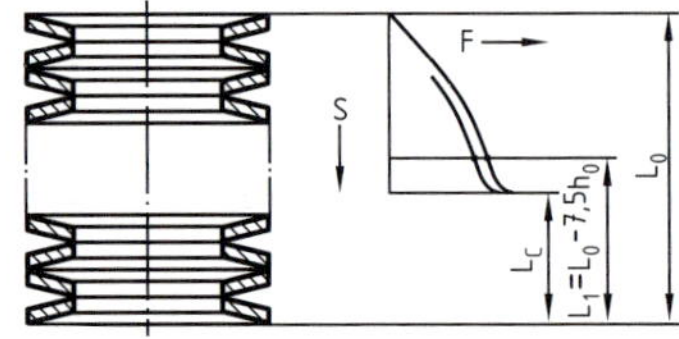

5.23 und 24

Drehstabfedern sind auf Verdrehung beanspruchte gerade Rundstäbe. Die Drehmomentübertragung erfolgt durch Vierkant-, Sechskant- oder verzahnte Köpfe.

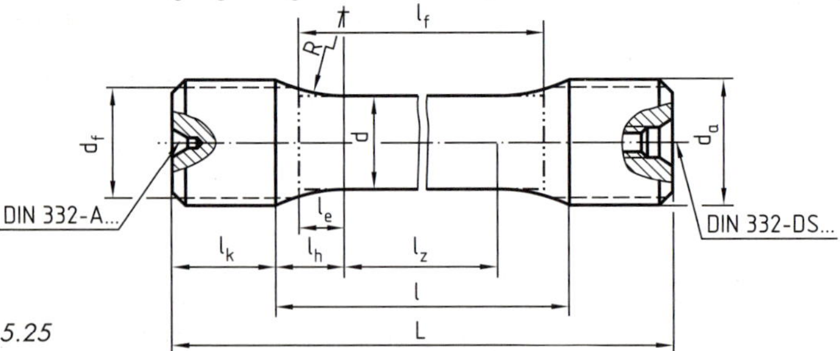

5.25

Normenhinweis

DIN EN 13906-3 Berechnung und Konstruktion von Drehfedern
DIN 2091 Drehstabfedern mit rundem Querschnitt, Berechnung und Konstruktion
DIN 2092 Tellerfedern, Darstellung, Berechnung
DIN 2093 Tellerfedern

Erfolgskontrolle:

1. Welche Maße sind bei der Darstellung einer Schrauben-Druckfeder ohne Prüfdiagramm anzugeben? (S. 146)
2. Zeichnen Sie das Sinnbild einer Schrauben-Druckfeder. (S. 145)
3. Welche Maße sind bei der Darstellung einer Schrauben-Zugfeder ohne Prüfdiagramm anzugeben? (S. 147)
4. Zeichnen Sie das Sinnbild einer Schrauben-Zugfeder. (S. 145)
5. Nach welcher DIN-Norm ist die Zeichnungsvereinfachung von Schrauben-, Druck- und Zugfedern durch Vordruckzeichnungen möglich? (S. 146)

5.4 Anfertigen von technischen Zeichnungen

Blattaufteilung

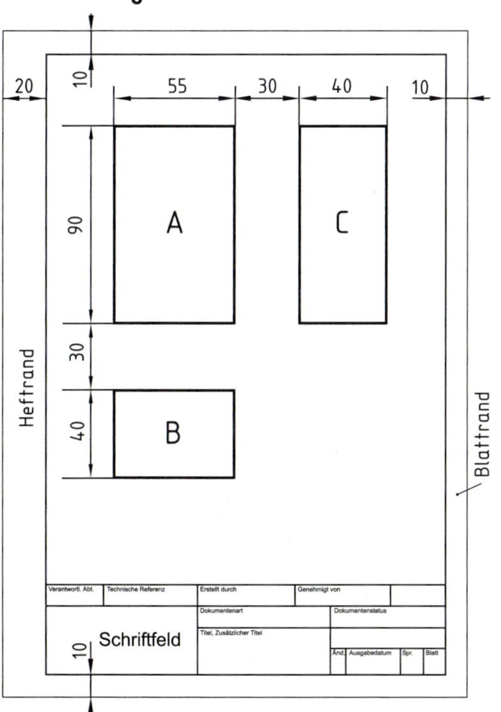

5.26 Blattaufteilung für A4-Formate in Hochlage

Beispiel für Rechtecksäule 55 x 40 x 90

Höhenverteilung
  Vorderansicht A (Höhe)
+ Zwischenabstand
+ Draufsicht B (Dicke)
  Zeichenfläche (vertikal)

Diese Zeichenfläche (vertikal) zwischen Schriftfeld und Blattrand vermitteln.

Breitenaufteilung
  Vorderansicht A (Breite)
+ Zwischenabstand
+ Seitenansicht C (Dicke)
  Zeichenfläche (horizontal)

Diese Zeichenfläche (horizontal) zwischen Heftrand und Blattrand vermitteln.

5.4.1 Anleitung zum Anfertigen von Zeichnungen nach Zeichenschritten

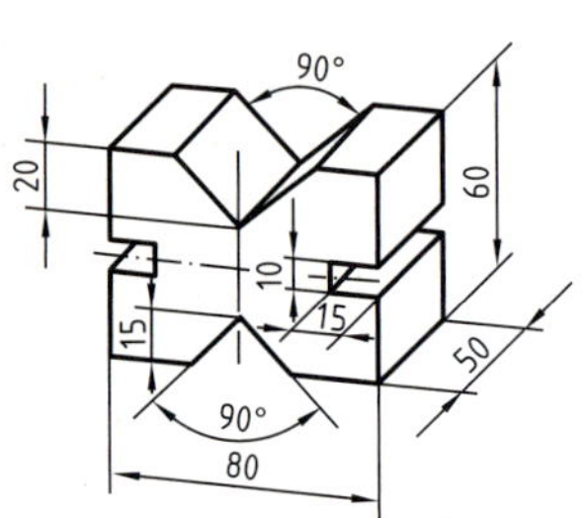

5.27 Festlegen der zu zeichnenden Ansichten und des Maßstabes

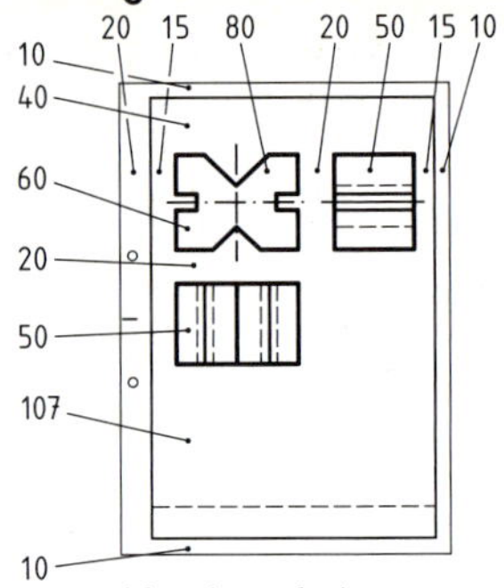

Beispiel für Blattaufteilung A4
5.28 Zeichenblatt mit den Maßen von Bild 2.49 für die Breite und Höhe wie in Bild 2.50 aufteilen

5

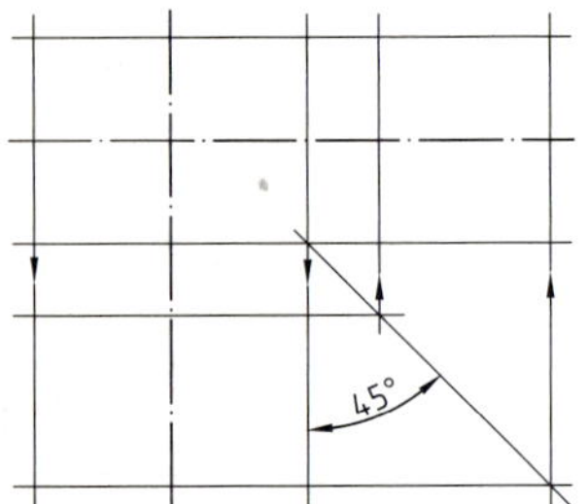

5.29 Zeichnen der Mittellinien in A sowie der Umrisse des Werkstückes (Hüllform) durch schmale Linien mit Schiene und Winkel zugleich in der A, B und C

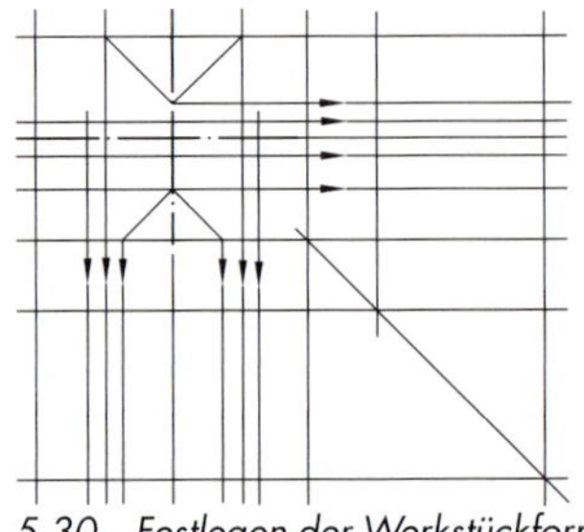

5.30 Festlegen der Werkstückform, d. h. die Lage und Länge jeder Kante bestimmen, zugleich aus A in B und C durch Projizieren (Loten) mit Schiene und Winkel

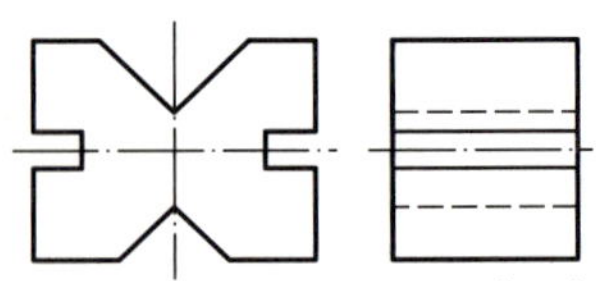

5.31 Abradieren aller Hilfslinien, Prüfen des Entwurfs, Ausziehen des Entwurfs unter Einhaltung der Linienbreiten, z. B. Liniengruppe 0,5 mm

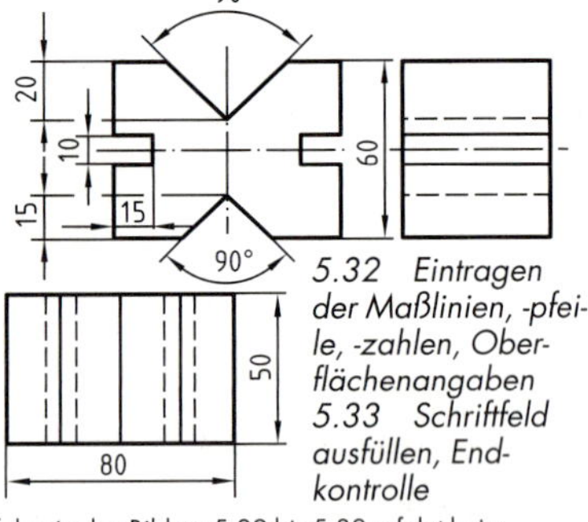

5.32 Eintragen der Maßlinien, -pfeile, -zahlen, Oberflächenangaben
5.33 Schriftfeld ausfüllen, Endkontrolle

Die hier zur Verdeutlichung getrennt dargestellte Zeichenfolge in den Bildern 5.29 bis 5.32 erfolgt beim Zeichnen schrittweise nacheinander nur in einer Darstellung, 5.32.

5.4.2 Schriftfelder und Stücklisten

Die Firmen des Maschinenbaus richten sich im Allgemeinen bei der Gestaltung der Schriftfelder für technische Produktdokumentationen nach DIN EN ISO 7200 und für Stücklisten nach DIN 6771-2. Die technischen Zeichnungen erhalten ein Schriftfeld. Es wird im Abstand von je 10 mm von den Blattkanten so angeordnet, dass es nach dem Falten der Zeichnung auf A4 sichtbar in der unteren rechten Ecke erscheint, s. Seite 22. Aus organisatorischen Gründen und im Hinblick auf die maschinelle Datenverarbeitung sowie die wirtschaftliche Erstellung der Dokumentationen legt DIN EN ISO 7200 für alle Benutzer die gleichen Datenfelder fest.

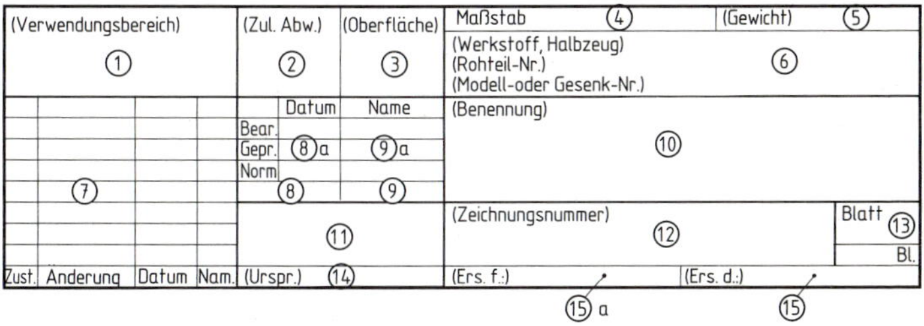

(Verwendungsbereich) ①
(Zul. Abw.) ②
(Oberfläche) ③
Maßstab ④
(Gewicht) ⑤
(Werkstoff, Halbzeug)
(Rohteil-Nr.)
(Modell-oder Gesenk-Nr.) ⑥
⑦
Datum | Name
Bear.
Gepr. ⑧a ⑨a
Norm
⑧ ⑨
(Benennung) ⑩
⑪
(Zeichnungsnummer) ⑫
Blatt ⑬
Bl.
Zust. | Änderung | Datum | Nam. | (Urspr.) ⑭ | (Ers. f.:) | (Ers. d.:)
⑮ a ⑮

5.34 Bisheriges Grundschriftfeld für Zeichnungen DIN 6771-1 (05.2004 zurückgezogen)

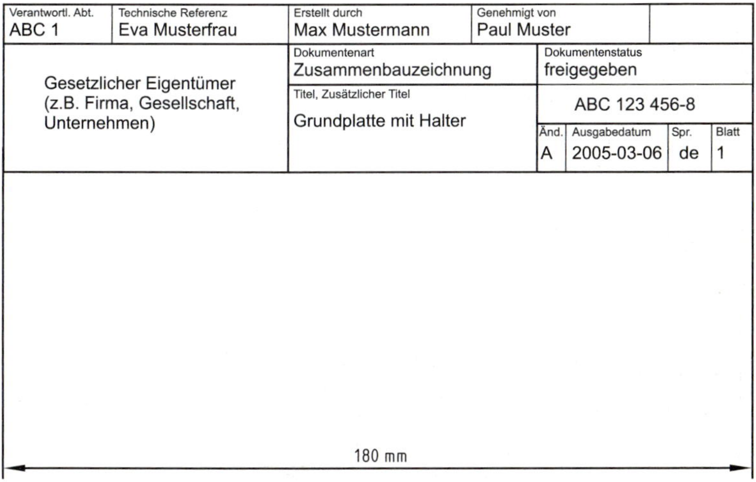

Verantwortl. Abt. ABC 1	Technische Referenz Eva Musterfrau	Erstellt durch Max Mustermann	Genehmigt von Paul Muster				
Gesetzlicher Eigentümer (z.B. Firma, Gesellschaft, Unternehmen)		Dokumentenart Zusammenbauzeichnung		Dokumentenstatus freigegeben			
		Titel, Zusätzlicher Titel Grundplatte mit Halter		ABC 123 456-8			
				Änd. A	Ausgabedatum 2005-03-06	Spr. de	Blatt 1

180 mm

5.35 Schriftfeld für technische Produktdokumentationen (Auswahl) nach DIN EN ISO 7200/Nachfolger für DIN 6771-1, hier mit Maßangabe, die im Gebrauch entfällt

Datenfelder sind begrenzte Gebiete, die für bestimmte Daten verwendet werden. In der DIN EN ISO 7200 wurde die Anzahl der Datenfelder in Schriftfeldern auf ein Mindestmaß begrenzt. Wenn nötig dürfen die Datenfelder z. B. für Maßstab, Projektionssymbol, Toleranzen und Oberflächenangabe außerhalb des Schriftfeldes angegeben werden.

Diese Datenfelder müssen ein Schriftfeld zur Identifizierung enthalten. Außerdem gibt es beschreibende (Tab. 1) und administrative (Tab. 2) Datenfelder.

Feldname	**Titel** Inhalt des Dokumentes	**Zusätzlicher Titel** weitere Informationen über das Produkt, z. B. „komplett mit Halter"
Sprachabhängig	ja	ja
Empfohlene Anzahl der Zeichen	25/30 (Japanisch oder Chinesisch)	2 x 25/30 (Japanisch oder Chinesisch)
Verbindlichkeit	ja	ja

Tab. 1: Beschreibende Datenfelder

Die Position des Schriftfeldes für technische Zeichnungen ist in der ISO 5457 festgelegt. Die Gesamtbreite ist mit 180 mm festgelegt (siehe Abb. 5.27).

Die Stücklisten nach DIN 6771-2 sind das Verzeichnis der Einzelteile einer Baugruppe oder eines ganzen Erzeugnisses. Sie dienen zum Austausch von technischen Informationen innerhalb und außerhalb eines Betriebes, insbesondere für die Fertigungsvorbereitung. Stücklisten werden entweder in der Gruppen- oder Hauptzeichnung auf das Schriftfeld aufgesetzt oder wegen der besseren Datenverarbeitbarkeit als getrennte (lose) Stücklisten auf A4-Format untergebracht.

Nach DIN 6771-2 werden zwei Stücklistenformen unterschieden. Die Stückliste der Form A besteht aus dem Schriftfeld nach DIN EN ISO 7200 und dem darüber angeordneten Stücklistenfeld mit den Spalten: (1) Pos., (2) Menge, (3) Einheit, (4) Benennung, (5) Sachnummer und (6) Bemerkung. Diese Stückliste hat das Format A4 hoch nach DIN 476, Beispiel s. S. 154.

Die Stückliste der Form B besteht ebenfalls aus dem Schriftfeld nach DIN EN ISO 7200 und dem darüber angeordneten Stücklistenfeld, das gegenüber der Stückliste der Form A um die Spalten (6) Werkstoff und (7) Gewicht kg/Einheit erweitert ist. Die Spalten 6 ... 8 des Vordrucks dürfen auch ohne Spaltenüberschrift oder mit geänderter Spaltenüberschrift ausgeführt werden. Beispiel s. S. 155. Diese Stückliste hat das Format A4 quer nach DIN EN ISO 216. Der Heftrand beträgt mindestens 15 mm.

Das Kurzzeichen für die Bezeichnung des Vordrucks einer Stückliste setzt sich aus dem Kennbuchstaben für die Stücklistenform und der Kennziffer für das Rastermaß (ebenfalls nach DIN EN ISO 7200) zusammen.

Feldname	**Gesetzlicher Eigentümer**, z. B. Firma, Gesellschaft, Unternehmen, gekürzter Handelsname oder ein Emblem	**Sachnummer** diese muss eindeutig in der Organisation des gesetzlichen Eigentümers sein	**Änderungsindex** um verschiedene Versionen eines Dokumentes identifizieren zu können	**Ausgabedatum** ist das Datum der ersten offiziellen Freigabe	**Abschnitt/ Blattnummer** durch diese wird das Blatt identifiziert	**Anzahl der Abschnitte/Blätter** gesamte Anzahl der Blätter, aus denen ein Dokument besteht	**Sprachzeichen** um die Sprache anzuzeigen
Sprachabhängig	–	nein	nein	nein	nein	nein	nein
Empfohlene Anzahl der Zeichen	nicht festgelegt	16	2	10	4	4	4 pro Sprache
Verbindlichkeit	ja	ja	optimal	ja	ja	optimal	optimal

Tab. 1: Identifizierende Datenfelder

Feldname	**Verantwortliche Abteilung** Name der organisatorischen Einheit	**Technische Referenz** Name der Person, die Kenntnis über den Inhalt des Dokumentes hat	**Genehmigende Person** Name der Person, die das Dokument genehmigt hat	**Ersteller** die Person, die das Dokument ausgearbeitet oder überarbeitet hat	**Dokumentenart** Stellung des Dokumentes bezüglich des Inhaltes und des Darstellungsformates	**Klassifikation/Schlüsselwörter** Text/ Kennung für eine Wiederauffindung	**Dokumentenstatus** Lebenszyklus des Dokumentes	Seitenzahl	Seitenanzahl	**Papierformat** Formatangabe des Originaldokumentes
Sprachabhängig	nein/ja (Sprachenabhängigkeit)	nein/ja (Sprachenabhängigkeit)	nein/ja (Sprachenabhängigkeit)	nein/ja (Sprachenabhängigkeit)	ja	nein/ja (Sprachenabhängigkeit)	ja	nein	nein	nein
Empfohlene Anzahl der Zeichen	10	20	20	20	30	nicht festgelegt	20	4	4	4
Verbindlichkeit	optimal	optimal	ja	ja	ja	optimal	optimal	optimal	optimal	optimal

Tab 2: Administrative Datenfelder

5

72 x b

b/2 b b/2 a 2a

1 Pos.	2 Menge	3 Einheit	4 Benennung	5 Sachnummer/Norm-Kurzbezeichnung	6 Bemerkung
1	1	Stck	Treibstange		E295
2	2	Stck	Buchse		CuSn11Pb2-c
3	2	Stck	Lagersegment		CuSn11Pb2-c
4	2	Stck	Stellkeil		E295
5	1	Stck	Sechskantschraube	ISO 4017 - M16 x 130 - 5.6	
6	2	Stck	Scheibe		S275JR
7	2	Stck	Scheibe		S275JR
8	1	Stck	Kronenmutter	DIN 979 - M16 - Ø5	
9	1	Stck	Splint	ISO 1234 - 4 x 35 - St	
10	2	Stck	Sechskantschraube	ISO 4017 M16 x 50 - 5.6	
11	2	Stck	Scheibe		S275JR
12	2	Stck	Kegel-Schmiernippel	DIN 71412 - AM8 x 1 - St	

Feld für Schutzvermerk

Verantwortl. Abt.	Technische Referenz	Erstellt durch	Genehmigt von	
		Dokumentenart	Dokumentenstatus	
		Titel, Zusätzlicher Titel Treibstange mit Gleitlagern	Änd. Ausgabedatum Spr. Blatt	

5.36 Beispiel eines ausgefüllten Stücklistenvordrucks

Feld für Schutzvermerk

112 x b

1	2	3	4	5	6	7	8
Pos.	Menge	Einheit	Benennung	Sachnummer/Norm-Kurzbezeichnung	Werkstoff	Gewicht kg/Einheit	Bemerkung
1	1	Stck	Einsatzkegel		C15E		
2	1	Stck	Flansch		E295		
3	1	Stck	Bolzen		E295		
4	1	Stck	Führungsachse		E295		
5	1	Stck	Flansch		E295		
6	1	Stck	Zylinderstift	ISO 2338 - A - 4 x 12	St		
7	1	Stck	Nutmutter		C45E		
8	1	Stck	Senkschraube	ISO 2009 - M4 x 8	5.8		
9	1	Stck	Ring		E295		
10	1	Stck	Zylinderstift	ISO 2338 - A - 3 x 6	St		
11	1	Stck	Zylinderstift	ISO 2338 - A - 5 x 12	St		

Verantwortl. Abt. | Technische Referenz | Erstellt durch | Genehmigt von

Dokumentenart | Dokumentenstatus

Titel, Zusätzlicher Titel
Einsatzdorn

Änd. | Ausgabedatum | Spr. | Blatt

5.37 Beispiel eines ausgefüllten Stücklistenvordrucks

5.4.3 Zeichnungs- und Stücklistensatz

Ein Zeichnungs- und Stücklistensatz umfasst alle zur Herstellung eines Erzeugnisses notwendigen Zeichnungen und Stücklisten. Den Aufbau eines konventionellen fertigungsorientierten Zeichnungs- und Stücklistensatzes zeigt 5.37. Dieser ist nach dem Zusammenbaufluss der Baugruppen bei der Montage des Erzeugnisses aufgebaut.

Stücklisten sind für jede Haupt- und Gruppenzeichnung aufzustellen und können fest oder lose sein. Aus den Konstruktionsstücklisten entstehen die für die Abwicklung eines Auftrages bestimmten Fertigungsstücklisten.

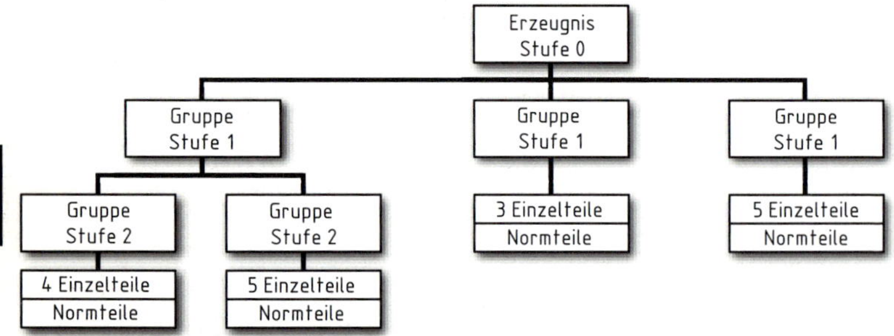

5.38 Zeichnungsstammbau eines Erzeugnisses

Der modernen industriellen Fertigung liegt der innerbetriebliche Informationsfluss mithilfe der elektronischen Datenverarbeitung zugrunde. Für jedes Erzeugnis wird eine technische Produktdokumentation angefertigt. Diese umfasst alle Informationen, die für die Beschreibung (Zeichnung), Herstellung (NC-Programme), Installation, Wartung und Gebrauch benötigt werden.

Technische Zeichnungen und Stücklisten sind für die Produktdokumentation von grundlegender Bedeutung. Sie enthalten geometrische (Maßangaben), technologische (Werkstoffangaben) und organisatorische Informationen (teilebezogene Angaben), S. 157. Der Aufbau eines Zeichnungs- und Stücklistensatzes soll dem Anwendungszweck und der Erzeugnisstruktur entsprechen.

Im Allgemeinen empfiehlt sich die Anwendung der Baukastenstückliste. Hierbei werden in der übergeordneten Stückliste nur die Hauptgruppen und in den Hauptgruppenstücklisten nur die Baugruppen angegeben. Wegen ihres modularen Aufbaus liegen Baukastenstücklisten allen EDV-Stücklistenverwaltungssystemen zugrunde. Aus Baukastenstücklisten können leicht andere Stücklistenformen abgeleitet und aufgestellt werden, z. B. Strukturstücklisten, Mengenübersichtsstücklisten usw.

Normenhinweis
DIN 4000 Sachmerkmalleiste
DIN 6763 Nummerung, Grundbegriffe
DIN 6789-1 Dokumentationssystematik

5.4.4 Informationsinhalt von technischen Zeichnungen und Stücklisten

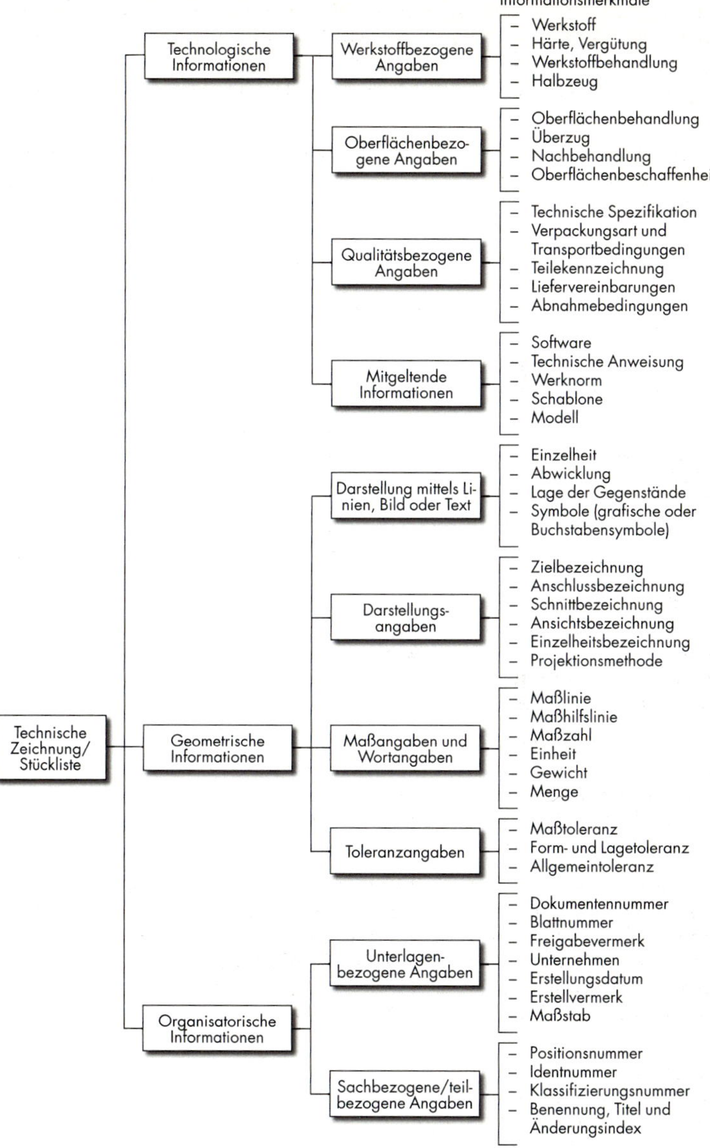

5

5.4.5 Sachnummernsystem

Man ist bestrebt, die in den einzelnen Bereichen eines Unternehmens verwendeten verschiedenen Nummernsysteme, z. B. für die Zeichnungsverwaltung, Arbeitsplanverwaltung, Lager- und Ersatzteilwesen, den modernen Erfordernissen, insbesondere im Hinblick auf den Einsatz der elektronischen Datenverarbeitung (EDV), anzupassen. Die Tendenz geht dahin, die in einem integrierten Produktionsablauf notwendigen Unterlagen wie Zeichnungen, Stücklisten, Arbeitspläne, Material- und Lohnkarten mithilfe der EDV zu erstellen. Dazu benötigt man in dem jeweiligen Unternehmen ein Sachnummernsystem, das allen Anforderungen gerecht wird.

Das in der Praxis angewandte zweckmäßige Sachnummernsystem stellt ein Parallelnummernsystem dar, das aus einem identifizierenden und klassifizierenden Teil besteht.

Die Identifizierungsnummer dient der eindeutigen und unverwechselbaren Kennzeichnung eines Gegenstandes. Sie besteht aus einer systemfreien Zählnummer und einer angehängten Vergabebereichsnummer, die die einzelnen Werke eines Konzerns oder einzelne Konstruktionsabteilungen eines Unternehmens kennzeichnet.

Die Klassifizierungsnummer ist aussagefähig und hat zwei Aufgaben:

1. die nähere verwendungsunabhängige Beschreibung eines Werkstückes, wie Form, Funktion, Abmessungen, Gewicht, Werkstoff usw.,
2. die Zusammenführung gleicher und ähnlicher Werkstücke durch die gleiche oder ähnliche Klassifizierungsnummer durch Anwenden von Klassifizierungssystemen, Sachmerkmalleisten, Formenschlüssel usw.

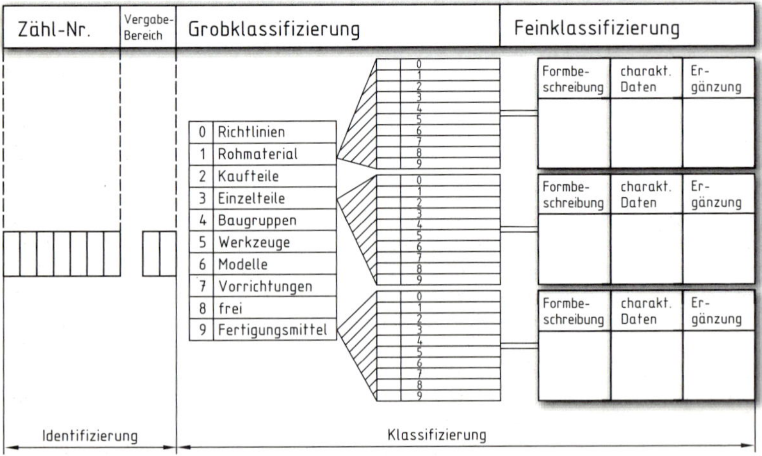

5.39 Beispiel für den Aufbau eines Sachnummernsystems mit Parallelverschlüsselung

6 Geometrische Produktspezifkation, Grenzmaße, Toleranzen, Passungen und zugehöriges ISO-System

6.1 Geometrische Produktspezifikation

Begriff und Anliegen

Wenn der Konstrukteur ein Teil für ein technisches Produkt entwirft, stellt er sich die Dimensionen und Formen dieses Teils **idealisiert** vor. Wird das Teil gefertigt, so liegt ein Werkstück vor, dessen Oberfläche nicht ideal glatt und dessen Geometrie fehlerbehaftet ist. Nach ihrer Herstellung sollen unterschiedliche Teile zusammengefügt werden, beispielsweise zu einer Maschine oder einem Getriebe. Die Teile müssen also **genau genug** gefertigt werden, sodass sie zusammenpassen. Andererseits muss die Anforderung an Präzision gering genug sein, um **wirtschaftlich fertigen** zu können.

Neben dem Spezifizieren, wie die Teile auszusehen haben, ist es also erforderlich, dass auch angegeben wird, mit welcher Qualität die Teile zu fertigen sind. Wie die Geometrie mit ihren zulässigen Abweichungen eines herzustellenden Teiles für ein Produkt festgelegt wird, wird in unterschiedlichen Normenwerken dargelegt. Der international für diesen Bereich der Qualitätssicherung verwendete Begriff heißt „Geometrische Produktspezifikation", kurz GPS.

GPS definiert die Maße und die Form eines Werkstücks mitsamt der geforderten Fertigungspräzision.

6

Diese Angaben werden beispielsweise durch eine technische Zeichnung gemacht. Es ist erforderlich, den Zusammenhang herzustellen zwischen dem Produktteil, wie es sich ein Konstrukteur vorstellt, dem gefertigten Werkstück und dem gemessenen – man sagt „erfassten" – Werkstück. Dies sind drei Ebenen, also drei verschiedene fachliche Welten, die in Beziehung zu bringen sind:

1. die Spezifikationsebene, in der sich der Konstrukteur mehrere Darstellungen des künftigen Werkstücks vorstellt – die technische Zeichnung;
2. die Ebene der physikalischen Verkörperung des Werkstücks – die Herstellung;
3. die Ebene der Prüfung, in der eine Darstellung eines Werkstücks zur Untergliederung (Aufteilung) des Werkstücks durch Messgeräte verwendet wird – die Qualitätssicherung.

Seit über hundert Jahren gibt es industriemäßig das technische Zeichnen und die Tolerierungspraxis. Um den Zusammenhang der oben genannten drei fachlichen Ebenen herzustellen, wurden GPS-Normen von Technischen Komitees (ICs) in der ISO entsprechend aktueller Bedürfnisse erarbeitet und veröffentlicht. Seit 1992 haben internationale Organisationen für Normung begonnen, eine systematische Übersicht über alle GPS-Normen zu schaffen und Grundlagen für die geometrische Produktspezifikation zu legen. Das Ziel dabei ist, die Verschiedenheit von Zielvorstellungen und Darstellungen oder gar Widersprüche in den Festlegungen auszuräumen sowie Lücken zu schließen. Es sollen die Arbeiten der unterschiedlichen Komitees harmonisiert werden und in einer Übersicht, dem so genannten „Masterplan", strukturiert werden. Den Masterplan gibt es in der Norm

ISO 14638:1996, deren deutsche Fassung als Vornorm DIN V 32950:1997 erhältlich ist. Die für die Normung der GPS zuständigen Komitees sind ISO/TC 213 und CEN/TC 290.

Vorgehensweise mit Hilfe der GPS-Matrix

Für eine systematische Spezifizierung der geometrischen Merkmale eines Werkstücks wird die Geometrie eines Produktes mit 18 verschiedenen Merkmalen charakterisiert. Dabei stehen die in Klammern gesetzten Zahlen für die Nummern der **18 geometrischen Eigenschaften bzw. Merkmale des Werkstücks** (Elements) in der Tabelle der Normenübersicht, der so genannten GPS-Matrix:

Dimensionelle Merkmale:	Maße (1.) von Radien (3.) und Winkeln (4.) sowie Abstände (2.), d. h. Höhen und Stufenabstände,
Geometrische Merkmale:	Formen (5. bis 8.), die Richtung (9.) und die Lage, d. h. Position (10.) eines Elementes und sein Lauf (11. und 12.), d. h. z. B. bei Rotationselementen die Formeigenschaften der Achse, die die Drehbewegung beeinflussen
Bezüge (13.):	Stellen oder Systeme im Werkstück, auf die sich unterschiedliche Elemente beziehen, beispielsweise eine Ebene, auf die sich weitere Ebenen oder Linien beziehen
Oberflächenbeschaffenheit:	Rauheitsprofil (14.), Welligkeitsprofil (15.), Primärprofil (16.), Oberflächenfehler (17.)
Kanten (18.)	

Diese Merkmale liefern 18 Zeilen der Normentabelle (GPS-Matrix). Den Spalten dieser Tabelle sind die unterschiedlichen Aufgabenfelder der Konstruktion und Qualitätssicherung zugeordnet. Diese gliedern sich in sechs Aufgabenfelder, sodass die GPS-Matrix sechs Spalten hat.

- Es gibt zwei Aufgabenfelder, also Gruppen von Normen, die sich mit der **Spezifikation** der Dimension und Geometrie eines Werkstücks befassen.

  Spezifizieren bedeutet, dass es Symbole für die technische Zeichnung, also eine Zeichnungssprache, geben muss, in der einerseits das gewünschte Produkt selbst beschrieben wird und andererseits die maximal zulässigen Fertigungsabweichungen.

  Die Charakterisierung der zulässigen Abweichung nennt man **Tolerierung**. Diese beiden Bereiche betreffen in erster Linie die Konstruktion. **Qualitätssicherung** bedeutet, das gefertigte Werkstück mit dem idealen Objekt, also Istgeometrie mit Sollgeometrie, zu vergleichen.

- Deshalb gibt es ein drittes Aufgabenfeld, das festlegt, wie eine spezifizierte Toleranz und gemessene Abweichungen in Beziehung zu setzen sind. Die Normen aus diesem Aufgabenbereich haben das Ziel, die Umsetzung des **Vergleichs** Sollwerkstück mit Istwerkstück zu konkretisieren.
- Das vierte Aufgabenfeld umfasst Normen, die **Vorschriften** für **Messmethoden** und **Auswerteverfahren** liefern, um die Ergebnisse international vergleichbar zu machen.

- Die Normen, die das fünfte Aufgabenfeld abdecken, beschreiben die **Messeinrichtungen**, Messgeräte und Messverfahren, ihre Eigenschaften und Unsicherheiten.
- Das sechste Aufgabenfeld hat die **Kalibrierung** der Messeinrichtungen zum Gegenstand.

Da die Aufgabenfelder ineinander greifen und im Einzelfall fließend ineinander übergehen können, deckt häufig eine einzelne allgemeine GPS-Norm zwei oder mehr Aufgabenfelder ab, wie beispielsweise DIN ISO 286:1990 zum Merkmal Maß die beiden ersten Aufgabenfelder.

> Da die verschiedenen Aufgabenfelder aufeinander folgen und bis zu einem gewissen Grade auch ineinander übergehen, werden sie „Kettenglieder" genannt und man spricht in diesem Zusammenhang von „Normenketten".

Die Zielsetzung des vorliegenden Werkes „Technisches Zeichnen" betrifft insbesondere die ersten drei Aufgabenfelder, wobei der Schwerpunkt auf den ersten beiden, den die Konstruktion betreffenden Kettengliedern liegt. Im Besonderen wird in diesem sechsten Kapitel der Blick aber auch auf die Qualitätssicherung gerichtet, indem die Tolerierung gemäß dem zweiten Kettenglied sowie der Vergleich des Istwerkstücks mit dem Sollelement gemäß dem dritten Kettenglied im Überblick dargelegt werden.

Deshalb sei hier der Wortlaut aus DIN V 32950:1997-04, welches die deutsche Fassung der ISO/TR 14638:1995 ist, wiedergegeben:

Kettenglied 1 – Angabe der Produktdokumenten-Codierung:

Dieses Kettenglied enthält die Gruppe von allgemeinen GPS-Normen, die die Zeichnungseintragung von Werkstückeigenschaften behandeln. Die Eintragung wird häufig als „Code"-Symbol angegeben, eine symbolische Darstellung der geometrischen Eigenschaft. Diese Normen definieren die Symbole, wie das Symbol und die zugehörigen „grammatischen" Regeln anzuwenden sind, und die kleinen Differenzen im Symbol, die zu einer großen Änderung in der Bedeutung führen können.

Kettenglied 2 – Definition der Toleranzen – Theoretische Definition und Werte:

Dieses Kettenglied enthält die Gruppe von allgemeinen GPS-Normen, die mit den in der Normenkette eingetragenen „Code"-Symbolen zusammenhängende numerische Werte festlegen. Die Normen legen die Regeln der Übertragung des Codes in „menschenverständliche" und „maschinenverständliche" (mathematische) Werte in SI-Einheiten fest, z. B. das Maß in mm – und umgekehrt.

Die Ableitung der Eigenschaft von der Geometrie wird auch in diesem Kettenglied angegeben. Diese Normen definieren das theoretisch genaue Formelement mit zugehörigen Toleranzen.

Kettenglied 3 – Definitionen für das Istformelement – Eigenschaft oder Kenngröße:

Dieses Kettenglied enthält die Gruppe von allgemeinen GPS-Normen mit dem Ziel, die Bedeutung des theoretisch genauen Formelementes mit Ergänzungsdefinitionen zu erweitern, sodass auch die nicht ideale Geometrie (Istformelement-Eigenschaft) in Bezug auf die Toleranzeintragung (Code-Symbol) immer widerspruchsfrei definiert ist. Die Definitionen der Eigenschaften des Istformelementes in diesem Kettenglied basieren auf einem Satz von Messpunkten. Das Istformelement muss als wörtliche Formulierung und als mathematischer Ausdruck definiert werden, um dem menschlichen Verständnis dieser Definition ebenso gerecht zu werden wie den maschinellen Berechnungen.

Es gibt nicht nur so genannte **allgemeine GPS-Normen**, die ein oder auch mehrere Tabelleneinträge der GPS-Matrix mit den bisher genannten 18 Merkmalszeilen abdecken. Das GPS-Modell ist weitaus komplexer:

Die in Abschnitt 6.6 dargelegte Grundregel des Unabhängigkeitsprinzips für technische Zeichnungen (ISO 8015) und Grundregeln und Verfahren für die GPS-Bemaßung, Dimensionierung und Tolerierung (ISO 1101, ISO 286-1) sowie die Vornorm zur Gesamtübersicht, dem GPS-Masterplan (ISO/TR 14638), werden **GPS-Grundnormen** genannt und sind allen Merkmalszeilen und allen Kettengliedern übergeordnet.

6

Normen, die einige oder alle Normenketten umfassen oder beeinflussen, heißen **globale GPS-Normen**.

Typisches Beispiel hierfür ist die ISO 1 zur Festlegung der Referenztemperatur für die industrielle Längenmessung. Ein weiteres Beispiel, das für die Qualitätssicherung zunehmend an Bedeutung gewinnt, ist die DIN EN ISO 14253-1: Prüfung von Werkstücken und Messgeräten durch Messen (Entscheidungsregeln für die Feststellung von Übereinstimmung oder Nichtübereinstimmung mit Spezifikationen) sowie weitere Normen und Richtlinien zur Bestimmung der Messunsicherheit.

Die bisher genannten 18 geometrischen Merkmale machen die **Matrix der allgemeinen GPS-Normen** aus. Sie bilden den Hauptteil der GPS-Normen, welcher die Regeln für Zeichnungseintragungen, Definitionen und Prüfverfahren für verschiedene Arten der geometrischen Eigenschaften beinhaltet. Die zentrale GPS-Norm zur Form- und Lagetolerierung mit Zeichnungseintragungen ist die ISO 1101. Wesentliche Teile daraus sind Gegenstand des Abschnitts 6.5.

Grundlagen für die Tolerierung von Maßen und entsprechende Tabellen liefert das ISO-System für Grenzmaße und Passungen (ISO 286), Teil 1: Grundlagen für Toleranzen, Abmaße und Passungen, Teil 2: Tabellen der Grundtoleranzgrade und Grenzabmaße für Bohrungen und Wellen, was in den Abschnitten 6.2 und 6.4 behandelt wird.

Zusätzlich zur 18x6-Matrix der allgemeinen GPS-Normen gehören zwei weitere Matrizen zum GPS-Matrixmodell, deren zugehörige Normen **ergänzende GPS-Normen** genannt werden.

Dies ist zum einen eine 7x6-Matrix mit Toleranznormen für bestimmte Fertigungsverfahren: Spanen (A1), Gießen (A2), Schweißen (A3), Thermoschneiden (A4), Kunststoffformen (A5), metallischer und anorganischer Überzug (A6) und Anstrich (A7). So befasst sich Abschnitt 6.3 mit der für die spanabhebende Fertigung (Matrixzeile A1) relevanten **ergänzenden Norm** ISO 2768 zu Allgemeintoleranzen ohne einzelne Toleranzeintragung für Längen- und Winkelmaße (Teil 1) und für Form und Lage (Teil 2). Ferner befasst sich Abschnitt 6.3.2 mit der entsprechenden Norm für das Gießen, die in Zukunft auch als GPS-ISO-Norm herauskommen soll. Derzeit wird aber noch die nationale Norm DIN 1680 angewendet.

Zum anderen gibt es die 3x6-Matrix mit Geometrienormen für Maschinenelemente: Gewindeteile (B1), Zahnräder (B2) und Keilwellen (B3).

6.2 Grundbegriffe zu Maß-, Form- und Lagetoleranzen

Ein Werkstück kann nicht mit wirtschaftlich vertretbarem Aufwand so gefertigt werden, dass es nahezu die Idealgeometrie des konstruierten Produktes annimmt. Andererseits muss es so präzise gefertigt werden, dass seine Funktion und Austauschbarkeit gewährleistet ist. Dazu dient die Spezifizierung dessen, wie groß die Abweichungen von dem Idealprodukt sein dürfen, d. h. die Spezifizierung von Maß-, Form- und Lagetoleranzen. Zur Maßtoleranz gehören die Passungen.

Ein zu fertigendes Produkt, d. h. Werkstück, lässt sich aufteilen in einzelne geometrische Formelemente, also Linien, Ebenen, Kreise, Kugeln bzw. Kugelabschnitte, Zylinder und Kegel. Deshalb wird in den GPS-Normen ISO 1101 und ISO 14660 der Begriff des Elementes oder Geometrieelementes definiert: Ein **Element** ist ein bestimmtes kennzeichnendes Teil eines Werkstücks, wie ein Punkt, eine Linie oder eine Fläche. Nach DIN ISO 286 wird der Einfachheit halber und wegen der Bedeutung zylindrischer Werkstücke mit kreisförmigem Querschnitt der Begriff „Welle" und der Begriff „Bohrung" in einem verallgemeinerten Sinn verwendet. Diese beiden Begriffe werden auch für Teile mit nicht kreisförmigem Querschnitt benutzt. Der Begriff **Welle** wird in den GPS-Normen zur Beschreibung eines äußeren Formelementes eines Werkstücks einschließlich nichtzylindrischer Formelemente und **Bohrung** entsprechend für innere Formelemente angewendet.

Die geometrischen Merkmale des idealen Produktes sind die Nennmerkmale: Das **Nennmaß** N ist das ideale Sollmaß eines Elementes. Es ist das Maß, das in der technischen Zeichnung auf jeden Fall anzugeben ist. Es ist die Größenangabe, auf die sich die Angaben zur Tolerierung beziehen, und wird deshalb als **Nulllinie** dargestellt.

Für die Maßtolerierung werden in der ISO 286 folgende Begriffe definiert:

- Das Höchstmaß G_o als größtes zugelassenes Maß weicht um das obere Abmaß A_o und das Mindestmaß G_u als kleinstes zugelassenes Maß um das untere Abmaß A_u vom Nennmaß ab.
- Die Maßtoleranz T ist die Differenz zwischen den Grenzmaßen, und zwar zwischen Höchstmaß G_o und Mindestmaß G_u, also $T = G_o - G_u$
- Ein Toleranzfeld wird in der grafischen Darstellung durch die beiden Grenzmaße oder die beiden Grenzabmaße begrenzt, s. Abb. 6.1 bis 6.3.

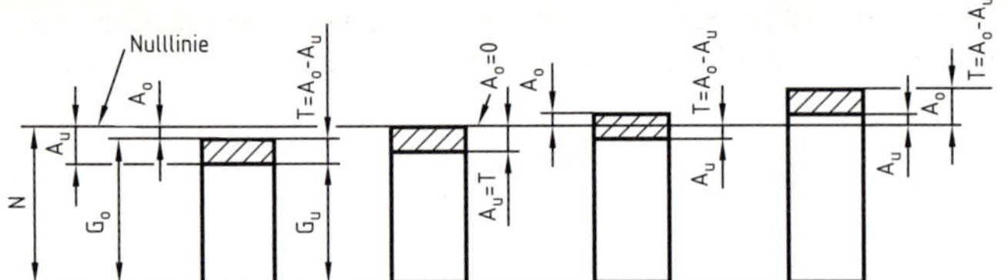

6.1 Nennmaß mit Grenzabmaßen und Maßtoleranzfeld

Für unterschiedliche, geforderte Fertigungsgenauigkeiten gibt es entsprechende **Toleranzklassen**, die mit einem Kurzzeichen, das sich aus einem Buchstaben und einer Zahl zusammensetzt, kodiert sind, z. B. H7 (Bohrungen) oder h7 (Wellen). Die Buchstaben stehen für das jeweilige Grundabmaß und die Zahlen sind die des Grundtoleranzgrades.

Das **Grundabmaß** ist dabei das Maß, das die Toleranzfeldlage zur Nulllinie festlegt. Es ist im Allgemeinen das Abmaß, das der Nulllinie am nächsten liegt, s. Bild 6.8. Die Grundtoleranz IT ist jede zum System für Grenzmaße und Passungen gehörende Toleranz. Die Buchstaben IT bedeuten „Internationale Toleranz".

6

Der **Grundtoleranzgrad** ist eine Gruppe von Toleranzen, die dem gleichen Genauigkeitsniveau für alle Nennmaße zugeordnet wird. Er wird durch die Buchstaben IT und eine nachfolgende Zahl, z. B. 7, gekennzeichnet. Der Grundtoleranzfaktor (i, I) ist ein Faktor, der in Abhängigkeit vom Nennmaß zur Berechnung der Grundtoleranz dient.

Ein **toleriertes Maß** besteht entweder aus dem Nennmaß und dem Kurzzeichen der geforderten Toleranzklasse oder dem Nennmaß und den Abmaßen.

Die verbindlichen Tabellen und Berechnungsmethoden zur Maßtolerierung sind in der GPS-Norm ISO 286-1 abgedruckt. Wie die Tabellen anzuwenden sind, ist in Abschnitt 6.4 dargelegt, mit Auszügen aus den Tabellen für die häufigsten Toleranzklassen.

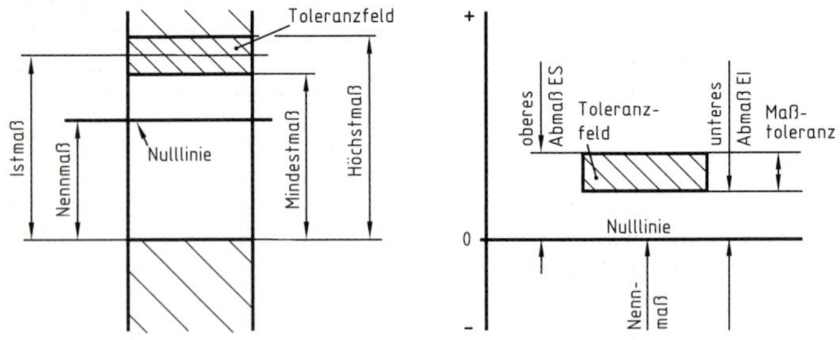

6.2 und 3 Darstellungsmöglichkeiten für Toleranzfelder, wobei 6.3 zu bevorzugen ist

Das am gefertigten Werkstück gemessene Istmaß I muss zwischen den Grenzmaßen liegen, andernfalls ist das Teil Ausschuss oder muss nachgearbeitet werden.

Beispiel: $50 \begin{smallmatrix} +0{,}011 \\ -0{,}005 \end{smallmatrix}$

Nennmaß	=	50 mm
oberes Abmaß	=	0,011 mm
unteres Abmaß	=	–0,005 mm
Höchstmaß (früher: Größtmaß)	=	50,011 mm
Mindestmaß (früher: Kleinstmaß)	=	49,995 mm
Istmaß (gemessen)	=	50,005 mm
Maßtoleranz	=	0,016 mm

Hilfsmaße werden in Klammern gesetzt und sind für die geometrische Bestimmung der Form der Werkstücke nicht erforderlich, s. S. 117.

Theoretisch genaue Maße besitzen keine Grenzabmaße. Sie bestimmen z. B. die theoretisch genaue Lage eines Punktes oder einer Linie und werden durch rechteckige Rahmen gekennzeichnet, s. S. 118.

6

Die **Maximum-Material-Grenze** ist dasjenige Grenzmaß, welches das größere Materialvolumen ergibt. Es ist bei der Welle das Höchstmaß und bei der Bohrung das Mindestmaß.

Die **Minimum-Material-Grenze** ist dasjenige Grenzmaß, welches das kleinere Materialvolumen ergibt. Es ist bei der Welle das Mindestmaß und bei der Bohrung das Höchstmaß.

Die **Allgemeintoleranz** ist eine Toleranz nach einem Toleranzsystem, die durch eine allgemein gültige Eintragung in der Zeichnung, z. B. im Schriftfeld, festgelegt wird, z. B. Allgemeintoleranz ISO 2768-m.

Wenn zwei Formelemente, eine Welle und eine Bohrung, als Passteile zu fügen sind, so tritt Spiel oder Übermaß auf. Unter Spiel versteht man die positive Differenz zwischen dem Maß der Bohrung und dem der Welle und unter Übermaß die negative Differenz der beiden Teile vor dem Fügen, s. Bild 6.4. **Übermaß** heißt, dass der Durchmesser der Welle größer ist als der Durchmesser der Bohrung.

Unter Passung versteht man die Beziehung, die sich aus der Maßdifferenz zweier Passteile vor dem Fügen ergibt. Beide Passteile haben dasselbe Nennmaß. Eine **Passung** wird bestimmt durch die Angabe des Nennmaßes und der Kurzzeichen für die beiden Toleranzklassen von Welle und Bohrung, z. B. 40 H7/f7, deren Werte ebenfalls in Abschnitt 6.4 für die in der Praxis am häufigsten auftretenden Toleranzklassen vertafelt sind.

Analog zu den Toleranzbegriffen für Maß werden Begriffe für Spiel und Passung wie folgt definiert:

Unter **Spiel** versteht man die positive Differenz zwischen dem Maß der Bohrung und dem Maß der Welle vor dem Fügen, Bild 6.4. **Höchstspiel** ist entsprechend die positive Differenz zwischen Höchstmaß der Bohrung und Mindestmaß der Welle. **Mindestspiel** ist die positive Differenz zwischen Mindestmaß der Bohrung und Höchstmaß der Welle, Bild 6.5.

Höchstübermaß ist die negative Differenz zwischen Mindestmaß der Bohrung und Höchstmaß der Welle (bei Übermaß- und Übergangspassungen). **Mindestübermaß** ist die negative Differenz zwischen Höchstmaß der Bohrung und Mindestmaß der Welle, Bild 6.5.

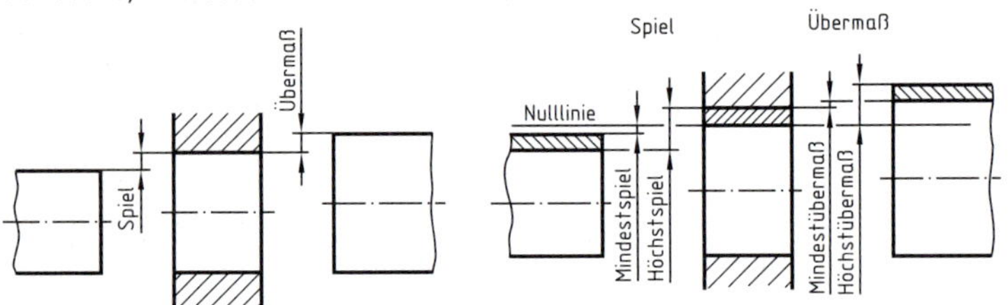

6.4 und 5 Darstellung von Spiel und Übermaß bei Passteilen vor dem Fügen

6

Bei einer **Spielpassung** entsteht beim Fügen von Bohrung und Welle immer Spiel. Das Mindestmaß der Bohrung ist größer oder gleich dem Höchstmaß der Welle. Die **Übermaßpassung** weist beim Fügen von Bohrung und Welle immer Übermaß auf. Das Höchstmaß der Bohrung ist kleiner oder gleich dem Mindestmaß der Welle. Bei einer **Übergangspassung** entsteht beim Fügen von Bohrung und Welle entweder Spiel oder Übermaß. Dies ist abhängig von den Istmaßen von Bohrung und Welle.

Die **Passtoleranz** ist die arithmetische Summe der Toleranzen von Bohrung und Welle, die zu einer Passung gehören. Die Passtoleranz besitzt kein Vorzeichen.

$P_T = T_B + T_W$

Das **Passtoleranzfeld** einer Passung wird durch die Grenzwerte von Spiel und Übermaß festgelegt, z. B. bei einer Spielpassung durch Höchst- und Mindestspiel. Die Lage des Passtoleranzfeldes zur Nulllinie lässt die Art der Passung erkennen.

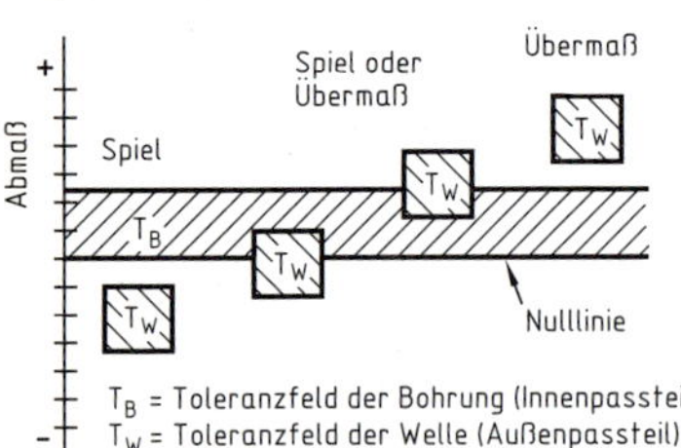

6.6 Darstellung von Passungen im System der Einheitsbohrung

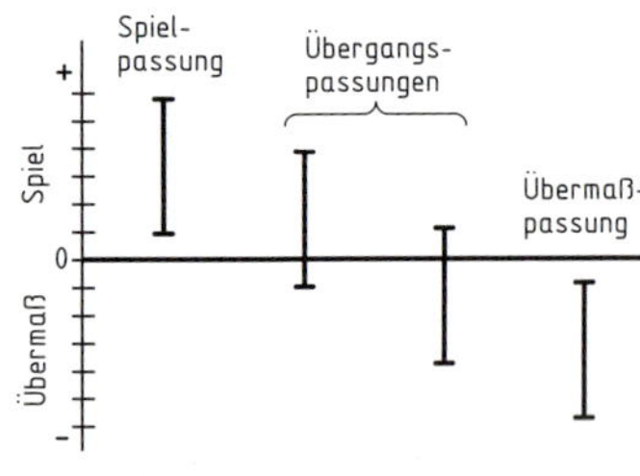

6.7 Darstellung von Passtoleranzfeldern

6.3 Allgemeintoleranzen nach DIN ISO 2768-1

Allgemeintoleranzen für Längen- und Winkelmaße mit vier Toleranzklassen dienen zur Vereinfachung von Zeichnungen. Durch die Wahl einer Toleranzklasse soll die jeweilige werkstattübliche Genauigkeit berücksichtigt werden.

Ist für ein einzelnes Nennmaß eine kleinere Toleranz erforderlich oder eine größere wirtschaftlich, dann wird diese neben dem Nennmaß angegeben.

Tabelle 1 Grenzabmaße für Längenmaße

Toleranzklasse	Grenzabmaße für Nennmaßbereich in mm							
	0,5 bis 3	über 3 bis 6	über 6 bis 30	über 30 bis 120	über 120 bis 400	über 400 bis 1000	über 1000 bis 2000	über 2000 bis 4000
f (fein)	± 0,05	± 0,05	± 0,1	± 0,15	± 0,2	± 0,3	± 0,5	–
m (mittel)	± 0,1	± 0,1	± 0,2	± 0,3	± 0,5	± 0,8	± 1,2	± 2
c (grob)	± 0,2	± 0,3	± 0,5	± 0,8	± 1,2	± 2	± 3	± 4
v (sehr grob)	–	± 0,5	± 1	± 1,5	± 2,5	± 4	± 6	± 8

Bei Nennmaßen unter 0,5 mm sind die Grenzabmaße direkt am Nennmaß anzugeben.

Tabelle 2 Grenzabmaße für Rundungshalbmesser und Fasenhöhen

Toleranzklasse	Grenzabmaße für Nennmaßbereich in mm		
	0,5 bis 3	über 3 bis 6	über 6
f (fein) m (mittel)	± 0,2	± 0,5	± 1
c (grob) v (sehr grob)	± 0,4	± 1	± 2

Bei Nennmaßen unter 0,5 mm sind die Grenzabmaße direkt am Nennmaß anzugeben.

Tabelle 3 Grenzabmaße für Winkelmaße

Toleranzklasse	Grenzabmaße in Winkeleinheiten für Nennmaßbereiche des kürzeren Schenkels in mm				
	bis 10	über 10 bis 50	über 50 bis 120	über 120 bis 400	über 400
f (fein) m (mittel)	± 1°	± 30′	± 20′	± 10′	± 5′
c (grob)	± 1° 30′	± 1°	± 30′	± 15′	± 10′
v (sehr grob)	± 3°	± 2°	± 1°	± 30′	± 20′

Sollen die Allgemeintoleranzen nach DIN ISO 2768-1 gelten, so ist im oder neben dem Schriftfeld Folgendes einzutragen, z. B. für Toleranzklasse mittel:

ISO 2768 – m oder Allgemeintoleranz ISO 2768 – m

Für Neukonstruktionen soll nur noch die Allgemeintoleranz nach DIN ISO 2768-1 gelten. Die Grenzabmaße der Toleranzklassen m und f in DIN ISO 2768-1 sind identisch mit denen in DIN 7168, s. umrahmte Bereiche.

6.3.1 Allgemeintoleranzen für Form und Lage nach DIN ISO 2768-2

DIN ISO 2768-2 dient zur Vereinfachung von Zeichnungen und legt Allgemeintoleranzen in drei Toleranzklassen für Form und Lage fest. Durch die Wahl einer bestimmten Toleranzklasse soll die jeweils werkstattübliche Genauigkeit berücksichtigt werden.

Wenn kleinere Toleranzen für Form und Lage erforderlich oder größere wirtschaftlich sind, sollen diese Toleranzen direkt nach ISO 1101 angegeben werden, s. S. 186 ff. Auf diesen Seiten sind auch die Begriffe Form- und Lagetoleranzen kurz erläutert.

Allgemeintoleranzen für Form und Lage sollen angewendet werden, wenn der Tolerierungsgrundsatz nach ISO 8015 gilt und dies in der Zeichnung eingetragen ist. Dieser Tolerierungsgrundsatz besagt, dass keine gegenseitige Beziehung zwischen Maß-, Form- und Lagetoleranzen besteht (Unabhängigkeitsprinzip).

Allgemeintoleranzen für Geradheit und Ebenheit						
Toleranzklasse	Nennmaßbereich mm					
	bis 10	über 10 bis 30	über 30 bis 100	über 100 bis 300	über 300 bis 1000	über 1000 bis 3000
H	0,02	0,05	0,1	0,2	0,3	0,4
K	0,05	0,1	0,2	0,4	0,6	0,8
L	0,1	0,2	0,4	0,8	1,2	1,6

Allgemeintoleranzen für Rechtwinkligkeit				
Toleranzklasse	Nennmaßbereich mm			
	bis 100	über 100 bis 300	über 300 bis 1000	über 1000 bis 3000
H	0,2	0,3	0,4	0,5
K	0,4	0,6	0,8	1
L	0,6	1	1,5	2

Allgemeintoleranzen für Symmetrie				
Toleranzklasse	Nennmaßbereich mm			
	bis 100	über 100 bis 300	über 300 bis 1000	über 1000 bis 3000
H	0,5			
K	0,6		0,8	1
L	0,6	1	1,5	2

Allgemeintoleranzen für Form und Lage gelten für Formelemente, bei denen Form- und Lagetoleranzen nicht einzeln angegeben sind.

Sie sind für alle Eigenschaften der Formelemente anwendbar mit Ausnahme der Zylinderform, Profil einer beliebigen Linie oder Fläche, Neigung, Koaxialität, Position und Gesamtlauf.

Allgemeintoleranzen für Lauf (Rundlauf und Planlauf) haben für die Toleranzklassen folgende Werte (mm):

Toleranzklasse	H	K	L
Lauftoleranzen	0,1	0,2	0,5

Zeichnungseintragung

Sollen die Allgemeintoleranzen nach DIN ISO 2768-2 in Verbindung mit den Allgemeintoleranzen nach DIN ISO 2768-1 gelten, dann sind folgende Eintragungen in der Zeichnung erforderlich, z. B.

ISO 2768 – mK

Sollen die Allgemeintoleranzen für Maße nicht gelten, dann entfällt der entsprechende Kennbuchstabe, z. B.

ISO 2768 – K

6

6.3.2 Allgemeintoleranzen und Bearbeitungszugaben an Gussrohteilen

In DIN 1680-1 sind die Allgemeintoleranzen und die Bearbeitungszugaben an spanend zu bearbeitenden Flächen von Gussrohteilen aus metallischen Werkstoffen erläutert.

DIN 1680-2 enthält das System der Allgemeintoleranzen für Gussrohteile sowie die Werte der Grenzabmaße für Längenmaße und Dickenmaße in Abhängigkeit von der Toleranzklasse und dem Nennmaßbereich.

DIN ISO 8062 legt ein System für Toleranzgrade und Grade für erforderliche Bearbeitungszugaben für die Maße von Gussstücken fest.

Es gibt 16 Toleranzgrade CT1 bis CT16.

Die Bearbeitungszugaben (RMA) an Rohgussstücken ist eine Materialzugabe.

Es gibt 10 Grade für erforderliche Bearbeitungszugaben (A bis K), um durch nachfolgendes spanendes Bearbeiten gießtechnisch bedingte Einflüsse an der Oberfläche zu beseitigen sowie den gewünschten Oberflächenzustand und die erforderliche Maßhaltigkeit zu erreichen.

Beispiel für Angaben von Gusstoleranzen nach DIN ISO 8062:

Allgemeintoleranzen ISO 8062 – CT12

Tabelle 1: Gusstoleranzen (Auswahl)

Rohgussstück Nennmaß mm		Gesamte Gusstoleranz															
		Gusstoleranz CT[2][3]															
über	bis einschließlich	1	2	3	4	5	6	7	8	9	10	11	12	13[4]	14[4]	15[4]	16[4][5]
–	10	0,09	0,13	0,18	0,26	0,36	0,52	0,74	1	1,5	2	2,8	4,2	-	-	-	-
10	16	0,1	0,14	0,2	0,28	0,38	0,54	0,76	1,1	1,6	2,2	3	4,4	-	-	-	-
16	25	0,11	0,15	0,22	0,3	0,42	0,58	0,82	1,2	1,7	2,4	3,2	4,6	6	89	10	12
25	40	0,12	0,17	0,24	0,32	0,46	0,64	0,9	1,3	1,8	2,6	3,6	5	7	9	11	14
40	63	0,13	0,18	0,26	0,36	0,5	0,7	1	1,4	2	2,8	4	5,6	8	10	12	16
63	100	0,14	0,2	0,28	0,4	0,56	0,78	1,1	1,6	2,2	3,2	4,4	6	9	11	14	18
100	160	0,15	0,22	0,3	0,44	0,62	0,88	1,2	1,8	2,5	3,6	5	7	10	12	16	20
160	250	-	0,24	0,34	0,5	0,7	1	1,4	2	2,8	4	5,6	8	11	14	18	22
250	400	-	-	0,4	0,56	0,78	1,1	1,6	2,2	3,2	4,4	6,2	9	12	16	20	25
400	630	-	-	-	0,64	0,9	1,2	1,8	2,6	3,6	5	7	10	14	18	22	28
630	1000	-	-	-	-	1	1,4	2	2,8	4	6	8	11	16	20	25	32
1000	1600	-	-	-	-	-	1,6	2,2	3,2	4,6	7	9	14	18	23	29	37

[2] Für Wanddicken in den Graden CT1 bis CT15 gilt der nächst höhere Grad [4] Für Maße bis zu 16 mm sind Allgemeintoleranzen von CT13 bis CT16 nicht festgelegt. Für diese Maße sind individuelle Toleranzen anzugeben [5] Grad 16 gilt nur für Wanddicken von Gussstücken, die allgemein mit Grad CT15 festgelegt sind

Tabelle 2: Erforderliche Bearbeitungszugaben (RMA)

Größtes Maß1)		Erforderliche Bearbeitungszugabe mm									
		Grad der erforderlichen Bearbeitungszugabe									
über	bis einschließlich	A[2]	B[2]	C	D	E	F	G	H	J	K
–	40	0,1	0,1	0,2	0,3	0,4	0,5	0,5	0,7	1	1,4
40	63	0,1	0,2	0,3	0,3	0,4	0,5	0,7	1	1,4	2
63	100	0,2	0,3	0,4	0,5	0,7	1	1,4	2	1,8	4
100	160	0,3	0,4	0,5	0,8	1,1	1,5	2,2	3	2,8	6
160	250	0,3	0,5	0,7	0,1	1,4	2	2,8	4	4	8
250	400	0,4	0,7	0,9	1,3	1,8	2,5	3,5	5	5,5	10
400	630	0,5	0,8	1,1	1,5	2,2	3	4	6	7	12
630	1000	0,6	0,9	1,2	1,8	2,5	3,5	5	7	9	14
1000	1600	0,7	1	1,4	2	2,8	4	5,5	8	10	16
1600	2500	0,8	1,1	1,6	2,2	3,2	4,5	6	9	11	18
2500	4000	0,9	1,3	1,8	2,5	3,5	5	7	10	13	20
4000	6300	1	1,4	2	2,8	4	5,5	8	11	14	22
6300	10000	1,1	1,5	2,2	3	4,5	6	9	12	16	24

[1] Größtes Maß des Gusstückes nach der Endbearbeitung
[2] Die Grade A und B sind nur in besonderen Fällen anzuwenden, z.B. bei Serienfertigung, wenn die Modelleinrichtung, das Gießverfahren und das Bearbeitungsverfahren unter Berücksichtigung der Spannflächen und Bezugsflächen oder Bezugsstellen zwischen dem Kunden und der Gießerei vereinbart wurden.

6.4 System für Grenzmaße und Passungen nach DIN ISO 286-1 und -2

Damit Teile ihre Funktion erfüllen können (Einbau ohne Nacharbeit, Austausch untereinander), sind sie so zu fertigen, dass ihre jeweiligen Istmaße innerhalb des Toleranzfeldes liegen. Die Definitionen der notwendigen Grundbegriffe wie Istmaß oder Toleranzfeld sind in Abschnitt 6.2 angegeben. Passteile, d. h. zu fügende Teile, müssen entsprechend ihrer Funktion mit Spiel oder Übermaß gefertigt werden. Dieser Abschnitt gilt der Darlegung des ISO-Systems für Grenzmaße und Passungen. Die Grundlagen dieses ISO-Systems sind in der DIN ISO 286, Teile 1 und 2, zusammengefasst. Dieses ISO-System enthält die Grundlagen und die berechneten Werte der Grundtoleranzen und Grundmaße sowie Passungen.

Das ISO-System für Grenzmaße und Passungen wird seit Jahrzehnten in nahezu allen Ländern der Erde angewendet. Es hat seinen Ursprung in den ISA-Passungen, dem Ergebnis einer internationalen Normungsarbeit, die 1928 begonnen hatte. Die ISA (International Federation of the National Standardization Association / Internationale Vereinigung der nationalen Normenvereinigungen) hatte mit dieser Normungsarbeit die damals in verschiedenen Ländern bekannten Passungssysteme vereinheitlicht. Demzufolge wurden die nach dem Ersten Weltkrieg in Deutschland geschaffenen DIN-Passungen durch die ISA-Passungen ersetzt. Die Nachfolgeorganisation der ISA ist seit 1947 der internationale Normenausschuss ISO, d. h. International Organization for Standardization. Nach ihr sind die ISA-Passungen in ISO-Passungen umbenannt worden.

Im ISO-System für Grenzmaße und Passungen werden die Begriffe Welle und Bohrung so angewendet wie in Abschnitt 6.2 definiert, nämlich als verallgemeinerte innere und äußere Formteile. Ein System, das die zu einem Grenzmaßsystem gehörenden Wellen und Bohrungen umfasst, wird Passungssystem genannt. Zur Spezifizierung von Passungssystemen werden die Begriffe Einheitswelle und Einheitsbohrung eingeführt:

Eine **Einheitswelle** ist eine Welle und eine **Einheitsbohrung** ist eine Bohrung, die dem ISO-Passsystem der Einheitswelle bzw. Einheitsbohrung zu Grunde gelegt wird. Die geforderten Spiele oder Übermaße werden bei dem Passungssystem der Einheitswelle dadurch erreicht, dass den Bohrungen mit verschiedenen Toleranzklassen Wellen mit einer einzigen Toleranzklasse, und beim Passungssystem der Einheitsbohrung, dass den Wellen mit verschiedenen Toleranzklassen Bohrungen mit einer einzigen Toleranzklasse zugeordnet werden. Im Passungssystem der Einheitswelle ist das obere Abmaß Null und das Höchstmaß der Welle gleich dem Nennmaß. Bei dem der Einheitsbohrung ist das untere Abmaß Null und das Mindestmaß der Bohrung gleich dem Nennmaß.

6.4.1 Grundlagen

Das ISO-System für Grenzmaße und Passungen gilt für Nennmaße im Intervall von 1 bis 3150 mm mit 18 **Grundtoleranzgraden** (IT1 ... IT 18). In Tabelle 1 der ISO 286-1 sind die Grundtoleranzwerte vertafelt, der Teil bis zum Nennmaß 250 mm ist in diesem Buch als Auszug auf der folgenden Seite 172 zusammengestellt.

Zusätzlich zu den 18 Grundtoleranzgraden gibt es für die Nennmaße, die kleiner oder gleich 500 mm sind, zwei weitere in der Praxis nur selten angewendete Toleranzgrade IT01 und IT0, die in Anhang A der GPS-Norm ISO 286-1 Tabelle 5 vertafelt wurden und in nachfolgender Tabelle mit abgedruckt sind.

6

Grundtoleranzen nach DIN ISO 286-1 (Auswahl)
(Zahlenwerte in µm)

Grundtoleranzgrade	Anzahl von i[2]	Nennmaßbereich in mm[1]									
		bis 3	> 3 bis 6	> 6 bis 10	> 10 bis 18	> 18 bis 30	> 30 bis 50	> 50 bis 80	> 80 bis 120	> 120 bis 180	> 180 bis 250
IT01	–	0,3	0,4	0,4	0,5	0,6	0,6	0,8	1	1,2	2
IT0	–	0,5	0,6	0,6	0,8	1	1	1,2	1,5	2	3
IT1	–	0,8	1	1	1,2	1,5	1,5	2	2,5	3,5	4,5
IT2	–	1,2	1,5	1,5	2	2,5	2,5	3	4	5	7
IT3	–	2	2,5	2,5	3	4	4	5	6	8	10
IT4	–	3	4	4	5	6	7	8	10	12	14
IT5	7	4	5	6	8	9	11	13	15	18	20
IT6	10	6	8	9	11	13	16	19	22	25	29
IT7	16	10	12	15	18	21	25	30	35	40	46
IT8	25	14	18	22	27	33	39	46	54	63	72
IT9	40	25	30	36	43	52	62	74	87	100	115
IT10	64	40	48	58	70	84	100	120	140	160	185
IT11	100	60	75	90	110	130	160	190	220	250	290
IT12	160	100	120	150	180	210	250	300	350	400	460
IT13	250	140	180	220	270	330	390	460	540	630	720
IT14	400	250	300	360	430	520	620	740	870	1000	1150
IT15	640	400	480	580	700	840	1000	1200	1400	1600	1850
IT16	1000	600	750	900	1100	1300	1600	1900	2200	2500	2900
IT17	1600	1000	1200	1500	1800	2100	2500	3000	3500	4000	4600
IT18	2500	1400	1800	2200	2700	3300	3900	4600	5400	6300	7200

[1] Nennmaßbereich 1 ... 500 mm, [2] Anzahl der Grundtoleranzfaktoren i

Nach DIN 7172 sind die Grundtoleranzen für Längenmaße von 3150 ... 10 000 mm festgelegt.

Die Lage des **Toleranzfeldes zur Nulllinie** ist eine Funktion des Nennmaßes und wird für Wellen mit Kleinbuchstaben (a ... zc) und für Bohrungen mit Großbuchstaben (A ... ZC) gekennzeichnet. Wegen ihrer Verwendung zur Kennzeichnung anderer Begriffe werden folgende Buchstaben nicht für die Lage von Toleranzfeldern verwendet: I, i, L, O, o, Q, q, W, w. Die Buchstaben „es" kennzeichnen obere Abmaße von Wellen und „ES" obere Abmaße von Bohrungen, entsprechend „ei" und „EI" die unteren Abmaße von Wellen und Bohrungen. Eine **Toleranzklasse** wird mit dem Buchstaben für das Grundmaß und der Zahl des Grundtoleranzgrades bezeichnet, z. B. h7 bei Wellen und H7 bei Bohrungen. Ein **toleriertes Maß** besteht entweder aus dem Nennmaß und dem Kurzzeichen der geforderten Toleranzklasse (z. B. 32H7 oder 100g6) oder aus dem Nennmaß und den Abmaßen (z. B. $100\,^{-0{,}0012}_{-0{,}034}$). Zu einer Auswahl von ISO-Toleranzfeldern s. S. 178.

Angaben für eine Passung zwischen einem Paar zu fügender Formelemente:

- gemeinsames Nennmaß,
- Kurzzeichen der Toleranzklasse für die Welle und
- Kurzzeichen der Toleranzklasse für die Bohrung.

Als Erstes wird das Nennmaß notiert und rechts davon die Toleranzklassenkurzzeichen in Bruchschreibweise, wobei das Zeichen für die Bohrung auf dem Bruchstrich notiert wird und das für die Welle unterm Strich. Eine Auswahl von Passtoleranzfeldern ist auf Seite 179 vertafelt.

Berechnung der Grundabmaße für Wellen und Bohrungen

Die Grundabmaße für Wellen und Bohrungen werden nach den Formeln in DIN ISO 286 -1 (dort Seite 23–25) berechnet.Das Grundabmaß ist im Allgemeinen jenes, das den der Nulllinie am nächsten liegenden Grenzen entspricht. Das ist jeweils das obere Abmaß für die Wellen a bis h und das untere Abmaß für die Wellen k bis zc, siehe Bild 6.8.

Im Allgemeinen ist das Grenzabmaß, das dem Grundabmaß einer Bohrung entspricht, genau symmetrisch bezogen auf die Nulllinie zu dem Grenzabmaß, das dem Grundabmaß für eine Welle mit demselben Buchstaben entspricht. Entsprechend ist das Grundabmaß jeweils das untere Abmaß für die Bohrungen der Toleranzfeldlagen A bis H und das obere Abmaß für die Bohrungen der Toleranzfeldlagen K bis ZC.

Beispiele zum Festlegen der Grenzmaße

für Bohrungen Ø 60 H7
Nennmaßbereich 50 bis 80 mm
Grundtoleranz = 30 μm
Grundabmaß = 0 μm
oberes Abmaß = Grundabmaß + Grundtoleranz = 30 μm
unteres Abmaß = Grundabmaß = 0 μm
Höchstmaß = 60 + 0,03 = 60,03 mm
Mindestmaß = 60 – 0 = 60 mm

für Wellen Ø 60 g6
Nennmaßbereich 50 bis 80 mm
Grundtoleranz = 19 μm
Grundabmaß = –10 μm
oberes Abmaß = Grundabmaß = –10 μm
unteres Abmaß = Grundabmaß – Grundtoleranz = –29 μm
Höchstmaß = 60 – 0,01 = 59,990 mm
Mindestmaß = 60 – 0,029 = 59,971 mm

Kennzeichnung der ISO-Toleranzfelder

Nach DIN ISO 286 wird bei einem tolerierten Maß (Passmaß) das entsprechende Toleranzfeld durch die Angabe von Nennmaß und Toleranzklasse, z. B. 30 H7, bestimmt. Bei der Toleranzklasse dient der Buchstabe zur Lagebestimmung und die Zahl zur Größenbestimmung des Toleranzfeldes. Eintragen von Kurzzeichen der Toleranzklasse s. S. 122.

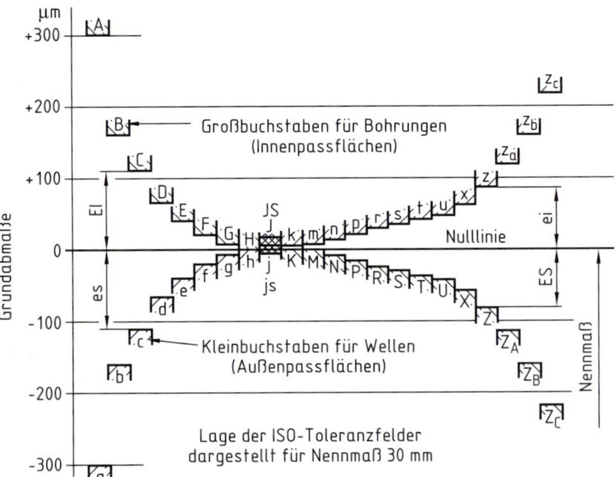

6.8 Grundabmaße bestimmen die Lage der Toleranzfelder zur Nulllinie

Die Kennzeichnung der Abmaße nach DIN ISO 286 ist für Bohrungen ES und EI, für Wellen es und ei, für obere Abmaße ES und es sowie für untere Abmaße EI und ei.

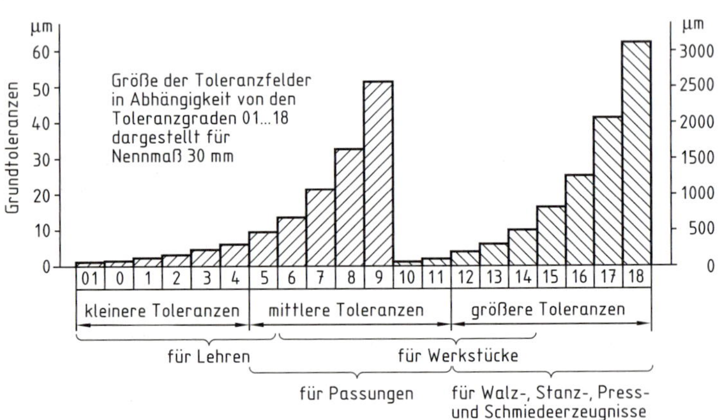

6.9 Grundtoleranzen (Maßtoleranzen) bestimmen die Größe der Toleranzfelder

Zur Erreichung der verschiedenen Toleranzgrade wählt man in der Regel als Bearbeitungsverfahren:

- für die feinen Toleranzgrade 01, 0, 1 ... 4, deren Maßtoleranzen einige 0,001 mm betragen: Läppen, Honen und Feinstschleifen;
- für die mittleren Toleranzgrade 5 ... 11, deren Maßtoleranzen einige 0,01 mm ausmachen: Schleifen, Reiben, Feindrehen, Ziehen, Räumen, Fräsen, Hobeln u.a.;
- für die groben Toleranzgrade 12 ... 18, deren Maßtoleranzen einige 0,1 mm (sogar bis einige Millimeter) groß sind: Stanzen, Walzen, Pressen, Schmieden, Gießen u. a.

Jede für den jeweiligen Betriebszweck zu klein gewählte Toleranz verteuert in erheblichem Maße das Erzeugnis. Daher werden, wenn es die Betriebssicherheit erlaubt, weite Maßtoleranzen angewendet.

Die Lage der Toleranzfelder zur Nulllinie bzw. zum Nennmaß ist durch Buchstaben gekennzeichnet, und zwar bei Bohrungen (Innenpassmaßen) durch die Großbuchstaben A ... Z und bei Wellen (Außenpassmaßen) durch die Kleinbuchstaben a ... z.

Außerdem gibt es die Toleranzfeldlagen: CD, cd, EF, ef, FG, fg (nur bis zum Nennmaß 10 mm für die Feinmechanik); JS, js für alle Nennmaßbereiche; sowie ZA, za, ZB, zb, und ZC, zc (letztere für Übermaßpassungen mit großem Übermaß).

Die Großbuchstaben I, L, O, Q, W und die Kleinbuchstaben i, l, o, q, w entfallen, um Verwechselungen zu vermeiden.

Wie Bild 6.8 zeigt, liegen die Toleranzfelder der Großbuchstaben A ... H über der Nulllinie. Daher haben ihre Grenzabmaße das Vorzeichen +, ihre Grenzmaße sind größer als das Nennmaß. Das Mindestmaß bei H ist gleich dem Nennmaß. Die Toleranzfelder der Großbuchstaben M ... ZC liegen unter der Nulllinie. Folglich haben ihre Grenzabmaße das Vorzeichen – und ihre Grenzmaße sind kleiner als das Nennmaß.

Wie Bild 6.8 zeigt, liegen die Toleranzfelder der Kleinbuchstaben a ... h unter der Nulllinie. Die Grenzabmaße haben daher das Vorzeichen –, ihre Grenzmaße sind kleiner als das Nennmaß. Das Höchstmaß bei h ist gleich dem Nennmaß. Die Toleranzfelder der Kleinbuchstaben k ... zc liegen über der Nulllinie. Folglich haben ihre Grenzabmaße das Vorzeichen + und ihre Grenzmaße sind größer als das Nennmaß.

Beispiel:	Passmaß	60 H7	60 f7
	Nennmaß	60,000 mm	60,000 mm
	oberes Abmaß	+ 0,030 mm	– 0,030 mm
	unteres Abmaß	0,000 mm	– 0,060 mm
	Grenzmaße		
	Höchstmaß	60,030 mm	59,970 mm
	Mindestmaß	60,000 mm	59,940 mm

6.4.2 Bilden von Passungen durch Kombinieren von Toleranzklassen

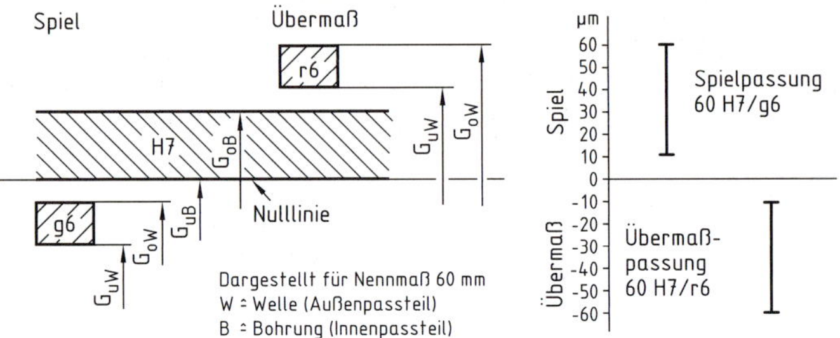

6.10 Maßtoleranzfelder von Passungen

6.11 Passtoleranzfelder von Passungen

Bei einer Paarung von Passteilen besitzen Bohrung und Welle je ein toleriertes Maß mit gleichem Nennmaß, z. B. 60 mm. Die Toleranzklassen der beiden Passteile legen die entsprechenden Toleranzfelder fest. Diese werden im Hinblick auf die Funktion der zu fügenden Teile gewählt, z. B. H7/g6 (Spielpassung).

Die Grenzmaße der beiden zugehörigen Toleranzfelder bestimmen das Höchst- und Mindestspiel der zu fügenden Teile, 6.10.

$$\text{Höchstspiel} = G_{oB} - G_{uW} = 60{,}030 - 59{,}971 = 0{,}059\ \text{mm}$$

$$\text{Mindestspiel} = G_{uB} - G_{oW} = 60{,}000 - 59{,}990 = 0{,}010\ \text{mm}$$

Die an den gefertigten Teilen gemessenen Istmaße bestimmen das tatsächliche Spiel oder Übermaß.

Die grafische Darstellung eines Passtoleranzfeldes einer Passung zeigt die mögliche Schwankung von Spiel bzw. Übermaß, 6.11.

Die Lage des Passtoleranzfeldes zur Nulllinie (Spiel = 0) lässt die Art der Passung (Spiel-, Übergangs- oder Übermaßpassung) erkennen. Übungen zum Erkennen von Passungen zeigen S. 183 und 442.

6.4.3 Passsysteme der Einheitsbohrung und Einheitswelle

Da alle Toleranzklassen für Bohrungen und Wellen beliebig miteinander kombiniert werden können, ergibt sich eine Vielzahl von Toleranzklassenkombinationen.

Messzeuge, insbesondere Grenzlehren, sind infolge ihrer Genauigkeit in der Anschaffung sehr teuer. Aus Gründen der Kostenersparnis werden die Toleranzklassenkombinationen nach dem System der Einheitsbohrung oder der Einheitswelle ausgewählt und somit die Anzahl der erforderlichen Arbeits- und Prüflehren verringert.

Im ISO-Passsystem der Einheitsbohrung nach DIN 7154-1 und -2 erhält bei allen Toleranzklassenkombinationen die Bohrung die Toleranzfeldlage H mit dem Grundabmaß EI = 0.

Um die verschiedenartigen Passungen festzulegen, wird für Wellen die Lage der Toleranzfelder zur Nulllinie entsprechend gewählt, s. 6.12.

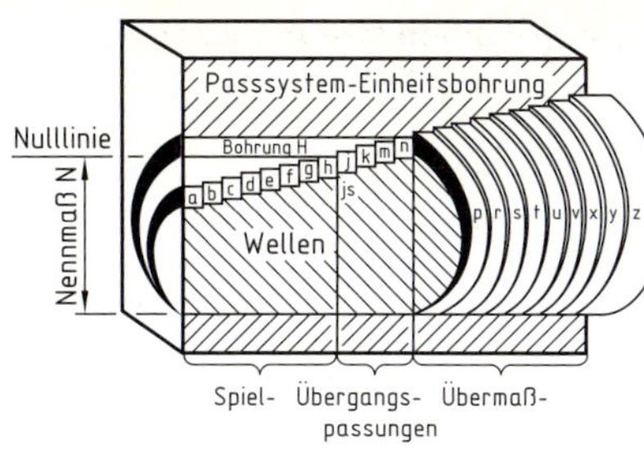

Beim Passsystem der Einheitsbohrung wurden für die H-Toleranzfelder der Bohrungen 8 Toleranzklassen H6 ... H13 ausgewählt. Diesen Toleranzklassen ist je eine Reihe bestimmter Toleranzklassen für Wellen zugeordnet, s. Tabellenauswahl.

6.12 Passsystem der Einheitsbohrung

H 7	za6	z6	x6	u6	t6	**s6**	**r6**	p6
H8	zc8	zb8	za8	z8	**x8**	**u8**	t8	s8
H 11	zc11	zb11	za11	z11	x11	**h9**	**h11**	**d9**

H 7	**n6**	m6	**k6**	**j6**	**h6**	**g6**	f6	**f7**
H 8	h8	**h9**	**f7**	f8	**e8**	**d9**	c9	b9
H 11	d11	**c11**	b11	b12	**a11**			

6

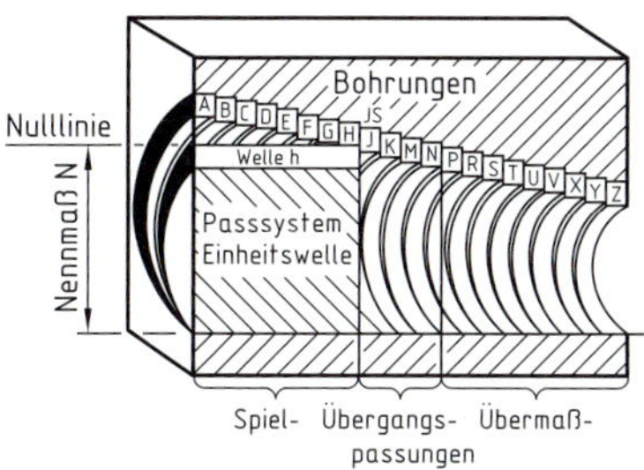

Im ISO-Passsystem der Einheitswelle nach DIN 7155-1 und -2 erhält bei allen Toleranzklassenkombinationen die Welle die Toleranzfeldlage h mit dem Grundabmaß es = 0.
Um die verschiedenartigen Passungen festzulegen, wird für Bohrungen die Lage der Toleranzfelder entsprechend gewählt, 6.13.

6.13 Passsystem der Einheitswelle

Beim Passsystem der Einheitswelle wurden für die h-Toleranzfelder der Welle folgende 8 Toleranzklassen ausgewählt: h5, h6, h8 ... h13. Diesen Toleranzklassen ist je eine Reihe bestimmter Toleranzklassen für Bohrungen zugeordnet, s. Tabellenauswahl.

h6	ZA7	Z7	X7	U7	T7	S7	R7	P7
h9	ZC9	ZB9	ZA9	Z9	X9	U9	T9	**H8**
h11	ZC11	ZB11	ZA11	Z11	X11	H9	**H11**	D9

h6	N7	M7	K7	J7	**H7**	G7	F7	**F8**
h9	H9	**H11**	**F8**	**E9**	**D10**	C10	**C11**	B10
h11	**D10**	D11	**C11**	B11	B12	**A11**		

Passungsauswahl nach DIN 7157

Auswahl von ISO-Toleranzfeldern (Zahlenwerte in µm)

Innenpassmaße (Bohrungen) | Außenpassmaße (Wellen)

µm
+300
+200
+100
0
-100
-200
-300

Toleranzfelder dargestellt für Nennmaß 100 mm

ISO-Toleranzk.-zeichen		Innenpassmaße (Bohrungen)					Außenpassmaße (Wellen)										
Reihe 1		H7	H8			F8	x8[1] u8		r6	n6			h6	h9			f7
Reihe 2				H11	G7			s6			k6	j6			h11	g6	
Nennmaßbereich in mm[2]	1 ... 3	+10 0	+14 0	+60 0	+12 +2	+20 +6	+34 +20	+20 +14	+16 +10	+10 +4	+6 0	+4 −2	0 −6	0 −25	0 −60	−2 −8	−6 −16
	> 3 ... 6	+12 0	+18 0	+75 0	+16 +4	+28 +10	+46 +28	+27 +19	+23 +15	+16 +8	+9 +1	+6 −2	0 −8	0 −30	0 −75	−4 −12	−10 −22
	> 6 ... 10	+15 0	+22 0	+90 0	+20 +5	+35 +13	+56 +34	+32 +23	+28 +19	+19 +10	+10 +1	+7 −2	0 −9	0 −36	0 −90	−5 −14	−13 −28
	> 10 ... 14	+18 0	+27 0	+110 0	+24 +6	+43 +16	+67 +40	+39 +28	+34 +23	+23 +12	+12 +1	+8 −3	0 −11	0 −43	0 −110	−6 −17	−16 −34
	> 14 ... 18						+72 +45										
	> 18 ... 24	+21 0	+33 0	+130 0	+28 +7	+53 +20	+87 +54	+48 +35	+41 +28	+28 +15	+15 +2	+9 −4	0 −13	0 −52	0 −130	−7 −20	−20 −41
	> 24 ... 30						+81 +48										
	> 30 ... 40	+25 0	+39 0	+160 0	+34 +9	+64 +25	+99 +60	+59 +43	+50 +34	+33 +17	+18 +2	+11 −5	0 −16	0 −62	0 −160	−9 −25	−25 −50
	> 40 ... 50						+109 +70										
	> 50 ... 65	+30 0	+46 0	+190 0	+40 +10	+76 +30	+133 +87	+72 +53	+60 +41	+39 +20	+21 +2	+12 −7	0 −19	0 −74	0 −190	−10 −29	−30 −60
	> 65 ... 80						+148 +102	+78 +59	+62 +43								
	> 80 ... 100	+35 0	+54 0	+220 0	+47 +12	+90 +36	+178 +124	+93 +71	+73 +51	+45 +23	+25 +3	+13 −9	0 −22	0 −87	0 −220	−12 −34	−36 −71
	>100 ... 120						+198 +144	+101 +79	+76 +54								
	>120 ... 140	+40 0	+63 0	+250 0	+54 +14	+106 +43	+233 +170	+117 +92	+88 +63	+52 +27	+28 +3	+14 −11	0 −25	0 −100	0 −250	−14 −39	−43 −83
	>140 ... 160						+253 +190	+125 +100	+90 +65								
	>160 ... 180						+273 +210	+133 +108	+93 +68								
	>180 ... 200	+46 0	+72 0	+290 0	+61 +15	+122 +50	+308 +236	+151 +122	+106 +77	+60 +31	+33 +4	+16 −13	0 −29	0 −115	0 −290	−15 −44	−50 −96
	>200 ... 225						+330 +258	+159 +130	+109 +80								
	>225 ... 250						+356 +284	+169 +140	+113 +84								

[1] Bis Nennmaßbereich 24 mm gilt Toleranzfeld x8, erst über 24 mm u8.
[2] Nennmaßbereich 1 ... 500 mm.

Passungsauswahl nach DIN 7157

Auswahl von Passtoleranzfeldern (Zahlenwerte in µm)

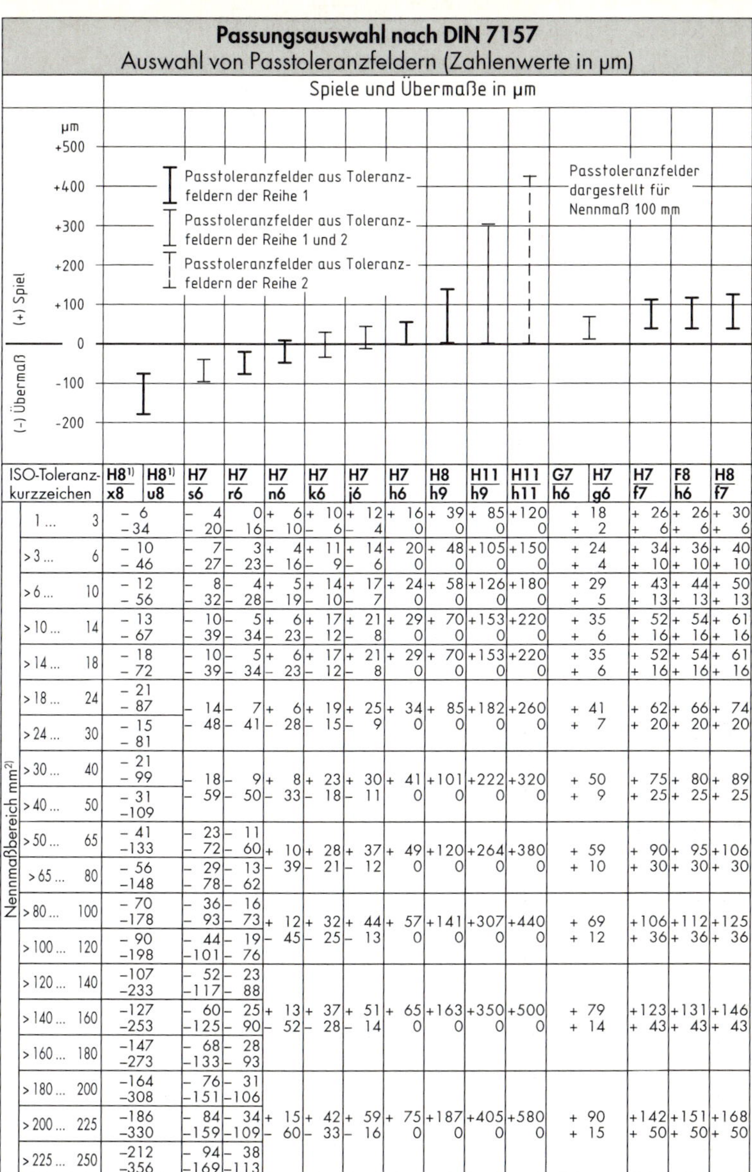

Nennmaßbereich mm[2] / ISO-Toleranzkurzzeichen	H8[1]/x8, H8[1]/u8	H7/s6	H7/r6	H7/n6	H7/k6	H7/j6	H7/h6	H8/h9	H11/h9	H11/h11	G7/h6, H7/g6	H7/f7	F8/h6	H8/f7
1 ... 3	− 6 − 34	− 4 − 20	0 − 16	+ 6 − 10	+ 10 − 6	+ 12 − 4	+ 16 0	+ 39 0	+ 85 0	+120 0	+ 18 + 2	+ 26 + 6	+ 26 + 6	+ 30 + 6
> 3 ... 6	− 10 − 46	− 7 − 27	− 3 − 23	+ 4 − 16	+ 11 − 9	+ 14 − 6	+ 20 0	+ 48 0	+105 0	+150 0	+ 24 + 4	+ 34 + 10	+ 36 + 10	+ 40 + 10
> 6 ... 10	− 12 − 56	− 8 − 32	− 4 − 28	+ 5 − 19	+ 14 − 10	+ 17 − 7	+ 24 0	+ 58 0	+126 0	+180 0	+ 29 + 5	+ 43 + 13	+ 44 + 13	+ 50 + 13
> 10 ... 14	− 13 − 67	− 10 − 39	− 5 − 34	+ 6 − 23	+ 17 − 12	+ 21 − 8	+ 29 0	+ 70 0	+153 0	+220 0	+ 35 + 6	+ 52 + 16	+ 54 + 16	+ 61 + 16
> 14 ... 18	− 18 − 72	− 10 − 39	− 5 − 34	+ 6 − 23	+ 17 − 12	+ 21 − 8	+ 29 0	+ 70 0	+153 0	+220 0	+ 35 + 6	+ 52 + 16	+ 54 + 16	+ 61 + 16
> 18 ... 24	− 21 − 87	− 14 − 48	− 7 − 41	+ 6 − 28	+ 19 − 15	+ 25 − 9	+ 34 0	+ 85 0	+182 0	+260 0	+ 41 + 7	+ 62 + 20	+ 66 + 20	+ 74 + 20
> 24 ... 30	− 15 − 81													
> 30 ... 40	− 21 − 99	− 18 − 59	− 9 − 50	+ 8 − 33	+ 23 − 18	+ 30 − 11	+ 41 0	+101 0	+222 0	+320 0	+ 50 + 9	+ 75 + 25	+ 80 + 25	+ 89 + 25
> 40 ... 50	− 31 −109													
> 50 ... 65	− 41 −133	− 23 − 72	− 11 − 60	+ 10 − 39	+ 28 − 21	+ 37 − 12	+ 49 0	+120 0	+264 0	+380 0	+ 59 + 10	+ 90 + 30	+ 95 + 30	+106 + 30
> 65 ... 80	− 56 −148	− 29 − 78	− 13 − 62											
> 80 ... 100	− 70 −178	− 36 − 93	− 16 − 73	+ 12 − 45	+ 32 − 25	+ 44 − 13	+ 57 0	+141 0	+307 0	+440 0	+ 69 + 12	+106 + 36	+112 + 36	+125 + 36
> 100 ... 120	− 90 −198	− 44 −101	− 19 − 76											
> 120 ... 140	−107 −233	− 52 −117	− 23 − 88	+ 13 − 52	+ 37 − 28	+ 51 − 14	+ 65 0	+163 0	+350 0	+500 0	+ 79 + 14	+123 + 43	+131 + 43	+146 + 43
> 140 ... 160	−127 −253	− 60 −125	− 25 − 90											
> 160 ... 180	−147 −273	− 68 −133	− 28 − 93											
> 180 ... 200	−164 −308	− 76 −151	− 31 −106	+ 15 − 60	+ 42 − 33	+ 59 − 16	+ 75 0	+187 0	+405 0	+580 0	+ 90 + 15	+142 + 50	+151 + 50	+168 + 50
> 200 ... 225	−186 −330	− 84 −159	− 34 −109											
> 225 ... 250	−212 −356	− 94 −169	− 38 −113											

[1] Bis Nennmaß 24 mm : $\frac{H8}{x8}$; über 24 mm Nennmaß: $\frac{H8}{u8}$ [2] Nennmaßbereich 1 ... 500 mm

6

Aus der Lage der Toleranzfelder gefügter Passteile entstehen:

Spielpassungen: Bohrungen H mit Wellen a bis h, Wellen h mit Bohrungen A bis H;

Übergangspassungen: Bohrungen H mit Wellen j, k, m, n, Wellen h mit Bohrungen J, K, M, N;

Übermaßpassungen: Bohrungen H mit Wellen r ... zc, Wellen h mit Bohrungen R ... ZC.

6.4.4 Passungsauswahl nach DIN 7157

Die Auswahl engt die anzuwendenden Toleranzklassenkombinationen im System der Einheitsbohrung und Einheitswelle zum Zwecke einer wirtschaftlichen Fertigung durch Verringerung der Werk-, Spann- und Messzeuge weiter ein. Diese Auswahl genügt fast allen Anforderungen der Praxis, sodass nur in Sonderfällen hiervon abgewichen werden soll, z. B. beim Einbau von Wälzlagern. Die Paarung der Toleranzklassen ist in DIN 7157 festgelegt. Die Reihe I ist die Grundreihe, S. 178, die den meisten Anforderungen der Fertigung genügt, soll stets bevorzugt werden:

Reihe I	$\frac{H8}{x8/u8}$	$\frac{H7}{r6}$	$\frac{H7}{n6}$	$\frac{H7}{h6}$	$\frac{H8}{h9}$	$\frac{H7}{f7}$	$\frac{F8}{h6}$	$\frac{H8}{f7}$	$\frac{F8}{h9}$	$\frac{E9}{h9}$	$\frac{D10}{h9}$	$\frac{C11}{h9}$

Reicht die Reihe I nicht aus, so können die folgenden Toleranzklassenkombinationen aus den Reihen 1 und 2, S. 177, gewählt werden:

Reihe II	$\frac{H7}{s6}$	$\frac{H7}{k6}$	$\frac{H7}{j6}$	$\frac{H11}{h9}$	$\frac{G7}{h6}$	$\frac{H7}{g6}$	$\frac{H8}{e8}$	$\frac{H8}{d9}$	$\frac{D10}{h11}$	$\frac{C11}{h11}$

Die Bohrungen der Paarungen für Toleranzklassenkombinationen aus Reihe 2, die bereits mit Spiralbohrern ohne Nacharbeit hergestellt werden können, sind folgende:

Reihe III	$\frac{H11}{h11}$	$\frac{H11}{d9}$	$\frac{H11}{c11}$	$\frac{A11}{h11}$	$\frac{H11}{a11}$

Die einzelnen Firmen wählen sich aus den Auswahlreihen entsprechend ihrem Fertigungsprogramm nur einige Toleranzklassenkombinationen aus und erklären diese durch die Werknormen für ihr Werk verbindlich.

Nach der Auswahl sind die Übermaß- und Übergangspassungen vorwiegend im System der Einheitsbohrung und die Spielpassungen im System der Einheitswelle festgelegt, wobei auch die Toleranzklassen g6, f7, e8, d9, c11 und a11 für abgesetzte Wellen mit H-Bohrungen Spielpassungen der Einheitsbohrung ergeben.

Gezogene Halbzeuge, z. B. Wellen und Bolzen ohne Absätze, werden vorteilhaft ohne Nacharbeit für Spielpassungen im System der Einheitswelle verwendet. Wo aus konstruktiven Gründen abgesetzte Wellen notwendig sind, wählt man das Passsystem der Einheitsbohrung.

6.4.5 Richtlinien für die Anwendung wichtiger Toleranzklassenkombinationen

DIN 7154 E. Bohrg.	DIN 7155 E. Welle	DIN 7157 Auswahl	Sitzart [1]	Anwendungsbeispiele
Übermaßpassungen				
H7/s6 H7/r6	R7/h6 S7/h6	H8/x8 bis u8 H7/r6	Presssitzteile nur unter hohem Druck oder durch Schrumpfen zusammenfügbar. Zusätzliche Sicherung gegen Verdrehung ist nicht erforderlich.	Kupplungen auf Wellenenden, Buchsen in Radnaben, festsitzende Zapfen und Bunde, Bronzekränze auf Schneckenradkörpern, Ankerkörper auf Wellen.
Übergangspassungen				
H7/n6	N7/h6	H7/n6	Festsitzteile nur unter hohem Druck zusammenfügbar. Hierbei zusätzliche Sicherung gegen Verdrehen erforderlich.	Zahn- und Schneckenräder, Lagerbuchsen, Winkelhebel, Radkränze auf Radkörpern, Antriebsräder.
H7/m6	M7/h6		Treibsitzteile lassen sich unter erheblichem Kraftaufwand, z. B. mit Handhammer, zusammenfügen und wieder auseinander treiben. Sichern gegen Verdrehen ist erforderlich.	Teile an Werkzeugmaschinen, die ohne Beschädigung ausgewechselt werden müssen, z. B. Zahnräder, Riemenscheiben, Kupplungen, Zylinderstifte, Passschrauben, Kugellagerinnenringe.
H7/k6	K7/h6	H7/k6	Haftsitzteile lassen sich unter geringem Kraftaufwand zusammenfügen. Ein Sichern gegen Verdrehen und Verschieben ist erforderlich.	Riemenscheiben, Zahnräder und Kupplungen sowie Wälzlagerinnenringe auf Wellen für mittlere Belastungen, Bremsscheiben.
H7/j6	J7/h6	H7/j6	Schiebesitzteile lassen sich bei guter Schmierung von Hand zusammenfügen und verschieben. Ein Sichern gegen Verschieben und Verdrehen ist notwendig.	Häufig auszubauende, aber durch Keile gesicherte Scheiben, Räder und Handräder; Buchsen, Lagerschalen, Kolben auf der Kolbenstange, Wechselräder.
Spielpassungen				
H7/h6	H7/h6	H7/h6	Gleitsitzteile können bei guter Schmierung durch Handdruck verschoben werden.	Pinole im Reitstock, Fräser auf Fräsdornen, Wechselräder, Säulenführungen, Dichtungsringe.
H7/g6	G7/h6	H7/g6	Enge Laufsitzteile gestatten gegenseitige Bewegung ohne merkliches Spiel.	Schieberäder in Wechselgetrieben, verschiebbare Kupplungen, Spindellagerungen an Schleifmaschinen und Teilapparaten.
H7/f7	F8/h6	H7/f7	Laufsitzteile gewähren ein leichtes Verschieben der Passteile und weisen ein reichliches Spiel auf, das eine einwandfreie Schmierung erleichtert.	Meist angewandte Lagerpassung bei Lagerung von Wellen in zwei Lagern, z. B. Kurbel- und Nockenwellenlagerung; Gleitführungen.
H8/e8	E8/h8		Leichte Laufsitzteile haben reichliches Spiel.	Mehrfach gelagerte Wellen, bei denen ein einwandfreies Ausrichten und Fluchten nicht voll gewährleistet ist.

[1] nach DIN ISO 286 auch Passcharakter genannt

6

6.4.6 Prüfen der Passmaße durch Grenzlehren

Die Passmaße der gefertigten Werkstücke prüft man im Allgemeinen mit festen Grenzlehren, und zwar die Innenpassmaße, z. B. für Bohrungen, mit Grenzlehrdornen, 6.14, und die Außenpassmaße, z. B. für Wellen, mit Grenzlehrringen oder Grenzrachenlehren, 6.15. Es wird festgestellt, ob das Istmaß zwischen dem vorgeschriebenen Höchst- und Mindestmaß liegt und somit das gefertigte Werkstück maßhaltig bzw. lehrenhaltig ist.

Bei dieser Prüfung mit Grenzlehren nach dem Tolerierungsgrundsatz „alt" liegen alle Formabweichungen innerhalb der Maßtoleranz (Hüllbedingung), 6.16 ... 19.

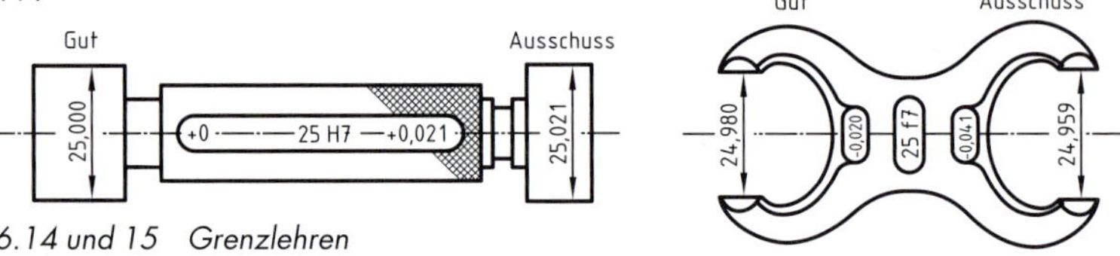

6.14 und 15 Grenzlehren

Hüllprinzip nach DIN 7167[1)]

Bei Wellen darf die Oberfläche des Formelementes die geometrisch ideale Form (Zylinder) mit Höchstmaß nicht überschreiten. Ferner darf an keiner Stelle das Istmaß das Mindestmaß unterschreiten.

Bei Bohrungen darf die Oberfläche des Formelementes die geometrisch ideale Form (Zylinder) mit Mindestmaß nicht unterschreiten. Ferner darf an keiner Stelle das Istmaß das Höchstmaß überschreiten.

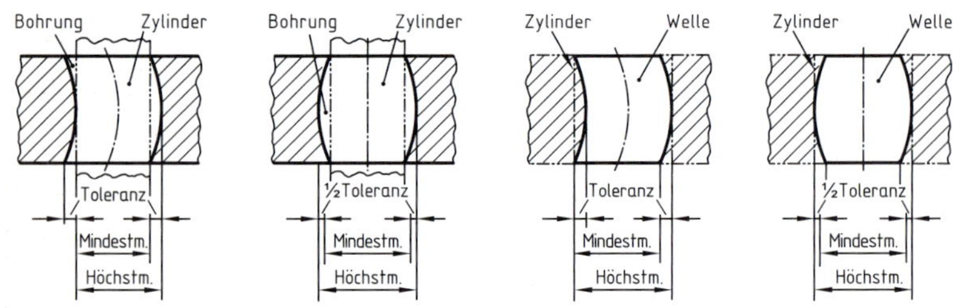

6.16 ... 19 Hüllbedingung für Tolerierungsgrundsatz „alt"

Die Anwendung des Unabhängigkeitsprinzips für Maß-, Form- und Lagetoleranzen in einer Zeichnung soll durch den Hinweis ISO 8015 gekennzeichnet werden. Hierbei erfolgt das Prüfen der Istmaße an Formelementen von Werkstücken durch Zweipunktmessungen. An Formelementen mit Passfunktionen ist vorzugsweise das Hüllprinzip anzuwenden. Die entsprechenden Passmaße sind dann mit dem Symbol Ⓔ (engl. Envelope) zu kennzeichnen, s. S. 413 ... 418. Das Hüllprinzip nach ISO 8015 entspricht DIN 7167.

Ist in der Zeichnung keine Angabe über den Tolerierungsgrundsatz gemacht, so gilt stets das Hüllprinzip nach DIN 7167.

[1)] Weitere Erläuterungen siehe Tolerierungsgrundsätze S. 194 und 195.

6.4.7 Übung zum Erkennen einer Passung (s. auch 6.10 und 11)

	Innenpassfläche (Bohrung)	Außenpassfläche (Welle)	Paarung
Passmaß	25 H 7	25 f7	25 H7/f7
Passsystem			Einheitsbohrung
Tabellenwert	$25^{+0{,}021}_{0{,}000}$	$25^{-0{,}020}_{-0{,}041}$	–
Nennmaß	25	25	25
oberes Abmaß	+ 0,021	– 0,020	–
unteres Abmaß	0,000	– 0,041	–
Höchstmaß	25,021	24,980	–
Mindestmaß	25,000	24,959	–
Maßtoleranz	0,021	0,021	–
Istmaß, z. B.	25,010	24,970	–
Höchstspiel	–	–	+ 0,062
Mindestspiel	–	–	+ 0,020
Istspiel, z. B.	–	–	+ 0,040
Passungsart	–	–	Spielpassung
Passtoleranz	–	–	0,042

6

Darstellen der Maßtoleranzfelder und des zugeordneten Passtoleranzfeldes einer Passung

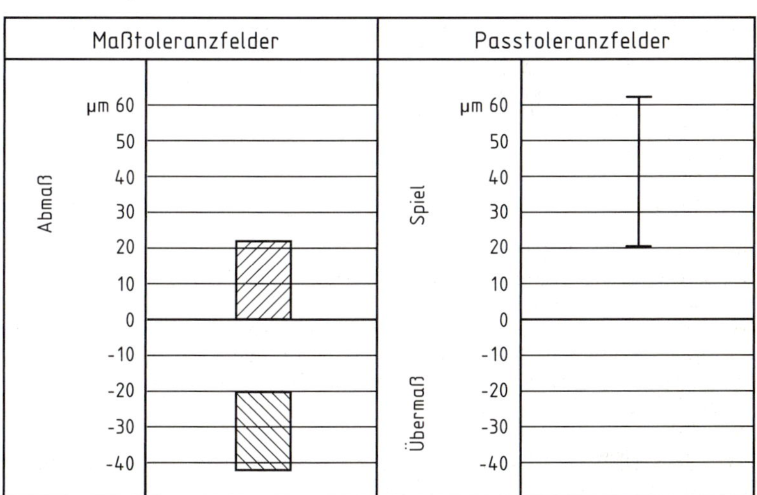

6.20 Maßtoleranzfelder und Passtoleranzfeld für Passmaß 25 H7/f7

6.4.8 Toleranzklassen für den Einbau von Wälzlagern nach DIN 5425-1

Bei einem eingebauten Wälzlager sitzt der Innenring auf der Welle und der Außenring im Gehäuse. Je nach der Lastrichtung, z. B. Punktlast, Umfangslast oder unbestimmte Lastrichtung, und dem Verwendungszweck sind für Wellen und Gehäuse verschiedene Toleranzklassen festgelegt. Wälzlagerbohrungen weisen die Toleranzfeldlage H und Wälzlageraußenringe die Toleranzfeldlage h auf; s. auch S. 324.

Lastrichtung	Toleranzfeldlagen für Wellen		Anwendungsbeispiele
	Kugellager	Rollenlager	
Umfangslast für Innenring	h, k, j, m, n	k, m, n, p, r	Stirnradgetriebe Elektromotoren
Punktlast für Innenring	j, h, g, f		Laufräder mit stillstehender Achse Seilrollen
unbestimmt	bestimmt der vorherrschende Lastfall		Schwinggetriebe Kurbelgetriebe

Lastrichtung	Toleranzfeldlagen für Gehäuse		Anwendungsbeispiele
	Kugellager	Rollenlager	
Punktlast für Außenring	J, H, G, F		Stirnradgetriebe Elektromotoren
Umfangslast für Außenring	J, K, M, N, P		Laufräder mit stillstehender Achse Seilrollen
unbestimmt	bestimmt der vorherrschende Lastfall		Schwinggetriebe Kurbelgetriebe

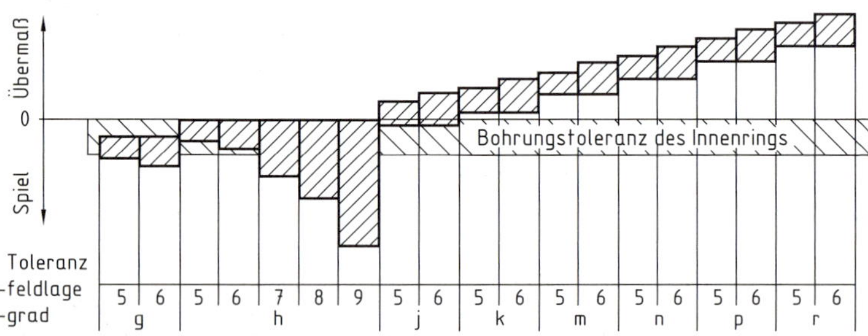

6.21 Toleranzklassen für Wellen

Der Toleranzgrad für Wellen hängt von den Anforderungen an die Laufgenauigkeit und Laufruhe ab. Allgemein gilt der Toleranzgrad 6.

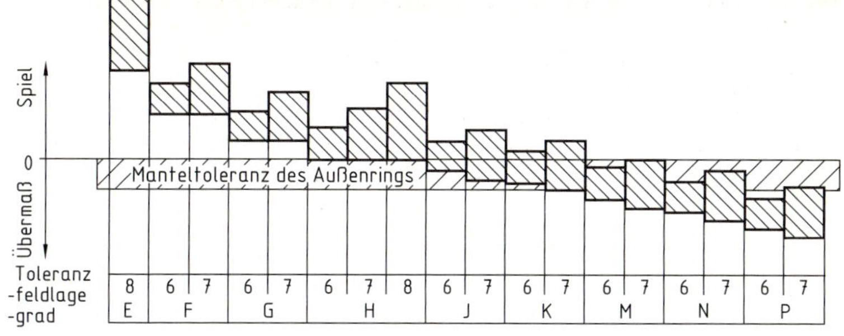

6.22 Toleranzklassen für Gehäusebohrungen

Die Gehäusebohrungen besitzen im Allgemeinen den Toleranzgrad 7 und bei erhöhten Anforderungen den Toleranzgrad 6.

Die Rauheit der Passflächen ist den Lagerungsfällen anzupassen. Bei untergeordneten Lagerungsfällen sollen relativ größere Rauheitswerte Rz 25 ... 10 und bei höheren Anforderungen an die Genauigkeit kleinere Rauheitswerte Rz 10 ... 4 gewählt werden.

Normenhinweis

DIN 7167	Zusammenhang zwischen Maß-, Form- und Parallelitätstoleranzen
DIN 7172	Toleranzen und Grenzabmaße für Längenmaße über 3150 bis 10 000 mm
DIN ISO 8015	Tolerierungsgrundsatz (Unabhängigkeitsprinzip)
EN ISO 9000	Qualitätssicherungsnormen

Erfolgskontrolle:

1. Wie wird ein toleriertes Maß (Passmaß) nach DIN ISO 286 angegeben und welche Bedeutung haben die Kurzzeichen der Toleranzklasse? (S. 122)
2. Was verstehen Sie unter einer Maßtoleranz und unter einer Passtoleranz? (S. 163 und 166)
3. Erläutern Sie den Begriff Passung. Welche Arten von Passungen gibt es und wie unterscheiden sich diese? (S. 165 bis 166)
4. Wie ist das Passsystem der Einheitsbohrung und wie das der Einheitswelle aufgebaut? (S. 166 und 176)
5. Bestimmen Sie für die tolerierten Maße 30 H7/f7, 30 H7/h6, 36 H7/k6 und 36 H7/r6 das Passsystem, die Grenzabmaße und Maßtoleranzen für Bohrung und Welle, Höchstspiel, Mindestspiel bzw. Höchstübermaß und Mindestübermaß, Art der Passungen und die jeweilige Passtoleranz. Tragen Sie diese Angaben in eine Tabelle ein, und zeichnen Sie in ein Schaubild (Einheit µm) in übersichtlicher Anordnung mit selbst gewähltem Maßstab die Maßtoleranzfelder und Passtoleranzfelder der tolerierten Maße. (S. 442)

6.5 Eintragen von Form- und Lagetoleranzen nach DIN EN ISO 1101

In den bisherigen Abschnitten wurde dargelegt, wie **Maß**toleranzen zu spezifizieren sind. Maßtoleranzen sind die für die Praxis der Konstruktionszeichnung wichtigsten Spezifikationen. Es gibt jedoch auch Produkte, für deren Funktion und Wirtschaftlichkeit der Herstellung es unerlässlich ist, eine zusätzliche Eintragung von Form- und Lagetoleranzen vorzunehmen.

Der Begriff „Form- und Lagetoleranz" wird als Oberbegriff für die geometrischen Merkmale Form, Richtung, Ort (d. h. Lage) und Lauf verwendet. In der GPS-Norm DIN EN ISO 1101 werden Grundsätze der symbolischen Darstellung und Eintragung auf Zeichnungen sowie die Festlegung der geometrischen Definitionen gegeben.

Zum weiteren Verständnis der Tolerierung von Formen ist es hilfreich und wichtig, dass dabei einfache geometrische Grundkörper betrachtet werden. Ein Produkt setzt sich aus einzelnen Teilen zusammen: Linien, Ebenen, Kreise, Zylinder, Kugeln und Kegel.

6

Die GPS-Norm ISO 14660 liefert die Grundbegriffe und Definitionen ür Geometrieelemente:

Ein **Element** oder **Geometrieelement** ist ein Punkt, eine Linie oder eine Fläche. Ein **vollständiges** Geometrieelement ist eine Fläche oder eine Linie auf einer Fläche. Ein **abgeleitetes** Geometrieelement ist ein Mittelpunkt, eine mittlere Linie oder eine mittlere Fläche, der bzw. die von einem oder mehreren vollständigen Geometrieelementen abgeleitet ist. Eine geometrische Form, die durch ein Längen- oder Winkelmaß definiert ist, heißt **Maßelement**.

Im Zusammenhang mit dem Begriff Maßtoleranz wurde der Begriff Nennmaß definiert. Entsprechend wird der Begriff des Nenn-Geometrieelementes definiert:

Ein **vollständiges Nenn-Geometrieelement** ist ein theoretisch genaues, vollständiges Geometrieelement, das durch eine technische Zeichnung oder andere Mittel definiert ist. Ein **abgeleitetes** Nenn-Geometrieelement ist ein Mittelpunkt, eine mittlere Linie oder eine mittlere Fläche, der bzw. die von einem oder mehreren theoretisch genauen vollständigen Geometrieelementen abgeleitet ist. Dazu wird in ISO 14660 noch angemerkt, dass auf der technischen Zeichnung abgeleitete Nenn-Geometrieelemente grundsätzlich durch strichpunktierte Linien dargestellt werden.

In der GPS-Norm DIN EN ISO 1101 sind die Definitionen der Toleranzbegriffe dazu wie folgt gegeben:

Eine Form- und Lagetoleranz eines Elementes definiert die Zone, innerhalb der alle Punkte eines geometrischen Elementes (Punkt, Linie, Fläche, Mittellinie) liegen müssen. Diese Zone heißt **Toleranzzone**. Das tolerierte Element kann innerhalb der Toleranzzone beliebige Form und jede beliebige Richtung annehmen, es sei denn, es wird eine einschränkende Angabe, z. B. als Wortangabe, gemacht. In der Zeichnung ergeben sich die auf den Seiten 191 und 192 angegebenen Zonen.

Die Formtoleranzen sind im Einzelnen Geradheit, Ebenheit und Zylindrizität. Sie werden in DIN EN ISO 1101 detailliert definiert:

Ein Istelement wird durch Messen von Einzelpunkten angenähert. Mittels mathematischer Verfahren wird eine geometrische Form, die optimal durch die gemessenen Einzelpunkte geht, errechnet, beispielsweise eine Linie, eine Ebene oder ein Zylindermantel. Optimal heißt in diesem Zusammenhang, dass ein vorher vereinbartes Maß für die senkrechten Abstände der Einzelpunkte von der berechneten geometrischen Form minimal ist. Wenn die senkrechten Abstände der Einzelpunkte von der berechneten geometrischen Form (Linie oder Fläche) gleich oder kleiner sind als die festgelegte Toleranz, dann wird das gefertigte Teil als einwandfrei angenommen.

Ferner werden in der DIN EN ISO 1101

- Profiltoleranzen,
- Richtungstoleranzen (Parallelität, Rechtwinkligkeit und Neigung),
- Ortstoleranzen (Position, Konzentrizität – für Mittelpunkte, Koaxialität – für Achsen und Symmetrie) sowie
- Lauf (einfacher Lauf und Gesamtlauf)

genannt und ihre Symbole für die Zeichnung definiert.

Als Bezug für ein toleriertes Element soll möglichst das geometrische Element gewählt werden, das auch bei Funktion des Werkstücks als Ausgangsbasis dient, z. B. S. 192, Nr. 14.

Symbole für tolerierte Eigenschaften

Formtoleranz		Richtungstoleranz		Ortstoleranz		Lauftoleranz
Geradheit	—	Parallelität	//	Position	⌖	Rundlauf/Planlauf/ kreisförmiger Lauf, radial, axial in beliebiger oder vorgegebener Richtung ↗
Ebenheit	▱	Rechtwinkligkeit	⊥	Konzentrizität	◎	
Rundheit	○	Neigung	∠	Koaxialität	◎	
Zylinderform	⌭			Symmetrie	⌯	
Profil einer beliebigen Linie	⌒	Profil einer beliebigen Linie	⌒	Profil einer beliebigen Linie	⌒	Gesamtlauf/ Gesamtrundlauf/ Gesamtplanlauf ⌰
Profil einer beliebigen Fläche	⌓	Profil einer beliebigen Fläche	⌓	Profil einer beliebigen Fläche	⌓	

Zusätzliche Symbole

Beschreibung	Symbole	Beschreibung	Symbole
Kennzeichnung des Tolerierten Elements		Kennzeichnung des Bezuges	A A
Kennzeichnung der Bezugsstelle	⌀2 / A1	Theoretisch genaues Maß	[50]
Projizierte Toleranzzone	Ⓟ	Maximum-Material-Bedingung	Ⓜ
Minimum-Material-Bedingung	Ⓛ	Freier Zustand-Bedingung (nicht-formstabile Teile)	Ⓕ
Hüllbedingung	Ⓔ	Gemeinsame Zone	CZ
Innendurchmesser	LD	Außendurchmesser	MD
Flankendurchmesser	PD	Linienelement	LE
nicht konvex	NC	jeder beliebige Querschnitt	ACS

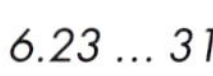

6.23 … 31

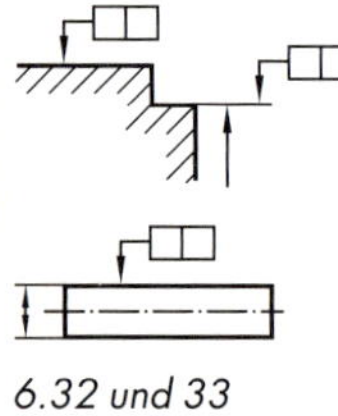

6.32 und 33

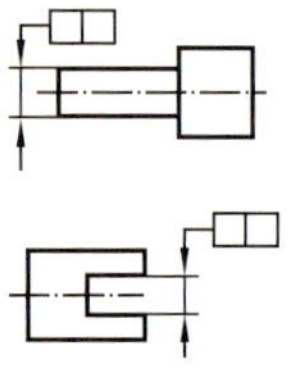

6.34 und 35

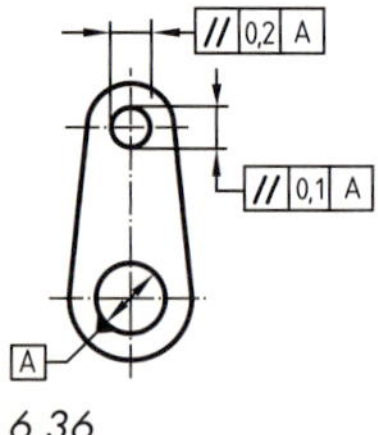

6.36

Toleranzrahmen

Die geometrischen Toleranzen werden in einem rechteckigen Rahmen angegeben, der in zwei/mehrere Kästchen unterteilt ist. Diese Kästchen enthalten, von links nach rechts (6.25 bis 6.31),

- das Symbol für die zu tolerierende Eigenschaft,
- den Toleranzwert in der Einheit der Längenmaße, Ø und SØ,
- Buchstaben für Bezugselemente, falls notwendig.

Toleranzen die für mehr als ein Element gilt, müssen mit der Anzahl und „x" eingetragen werden (6.28, 6.29).

Angaben zur Beschreibung weiterer Merkmale innerhalb der Toleranzzone müssen in der Nähe des Toleranzrahmens eingetragen werden (6.30).

Falls mehrere tolerierte Merkmale für ein Element festgelegt werden, dürfen die Toleranzangaben untereinander gesetzt werden (6.31).

Tolerierte Elemente

Der Toleranzrahmen wird mit dem tolerierten Element durch eine Bezugslinie mit Bezugspfeil wie folgt verbunden:

- Bezieht sich die Toleranz auf die Linie oder Fläche, so wird der Bezugspfeil auf die Umrisslinie des Elementes oder eine Maßhilfslinie gesetzt, dabei muss der Bezugspfeil versetzt von der Maßlinie angebracht werden, 6.32 und 33.
- Bezieht sich die Toleranz auf die Achse oder Mittelebene als toleriertes Element, so werden Bezugspfeil und Bezugslinie als Verlängerung der Maßlinie gezeichnet, 6.34 und 35.

Toleranzzonen

Die Breite der Toleranzzone gilt in der festgelegten Richtung oder senkrecht zur festgelegten Form des Teiles, 6.36. Die Toleranzzone ist zylindrisch oder kreisförmig, wenn vor dem Toleranzmaß das Ø-Symbol steht, 6.37.

Im Allgemeinen ist die Richtung der Breite der Toleranzzone senkrecht zur geometrischen Form des Teiles.

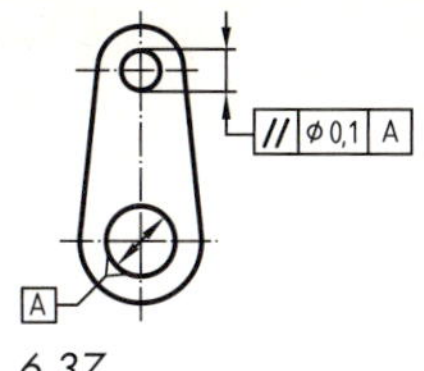

6.37

Bezüge

Bezieht sich ein toleriertes Element auf einen Bezug, so wird dieser im Allgemeinen durch einen Bezugsbuchstaben gekennzeichnet, der im Toleranzrahmen wiederholt wird. Zur Kennzeichnung des Bezuges wird ein Großbuchstabe in einem Bezugsrahmen angegeben, der mit einem ausgefüllten oder leeren Bezugsdreieck verbunden ist, 6.38 ... 40.

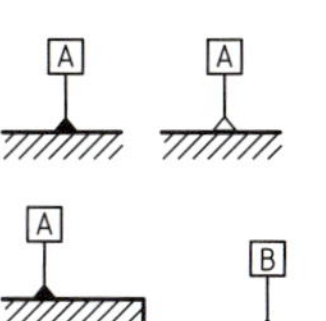

6.38 ... 40

Das Bezugsdreieck mit dem Bezugsbuchstaben steht:

- auf der Umrisslinie des Elementes oder auf der Maßhilfslinie (aber getrennt von ihr), wenn der Bezug die Linie oder Fläche selbst ist, 6.38 ... 40,
- als Verlängerung der Maßlinie, wenn der Bezug die Achse oder Mittelebene ist, 6.41 und 42.

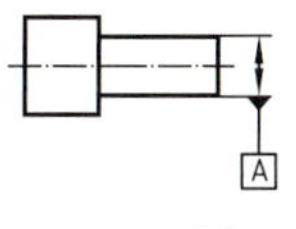

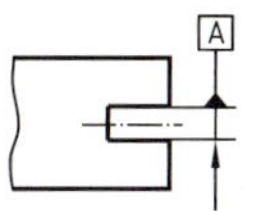

6.41 ... 42

6.43 zeigt den Bezug von 2 Elementen mit gemeinsamer Achse.

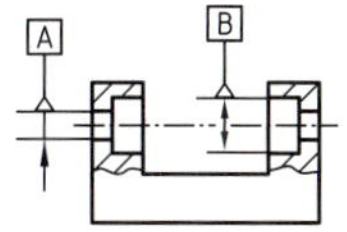

6.43

Ein einzelner Bezug ist durch einen Großbuchstaben zu kennzeichnen, 6.44.

Ein durch zwei Bezüge gebildeter gemeinsamer Bezug wird durch zwei Bezugsbuchstaben gekennzeichnet, die durch einen Strich getrennt sind, 6.45.

Ist die Reihenfolge bei mehreren Bezügen von Bedeutung, so werden diese nach 6.46 angegeben, wobei die Reihenfolge von links nach rechts die Rangordnung angibt.

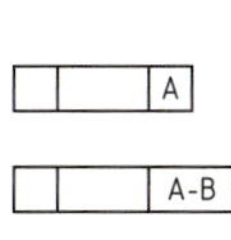

6.44 ... 46

6

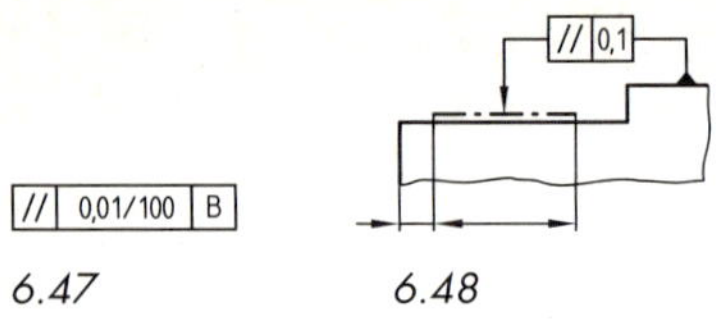

6.47 6.48

Einschränkende Festlegungen

Soll die Toleranz auf einer eingeschränkten Länge an jeder möglichen Stelle gelten, so wird der Wert dieser Länge hinter dem Toleranzwert angegeben und von diesem durch einen Schrägstrich getrennt, 6.47. Im Falle einer Fläche wird dieselbe Kennzeichnung angewendet.

Wird die Toleranz nur auf eine eingeschränkte Länge angewendet, so wird dies wie in 6.48 bemaßt.

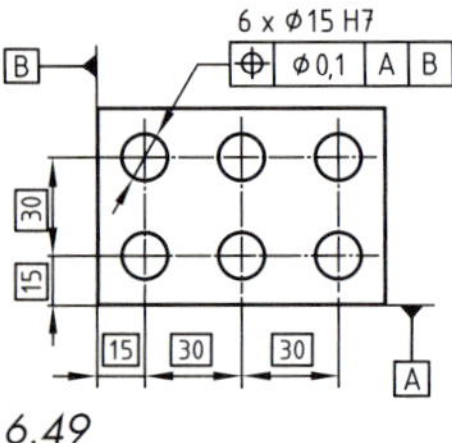

6.49

Theoretisch genaue Maße

Sind für ein Element Positions-, Profil- oder Neigungstoleranzen vorgeschrieben, so dürfen die Maße, die die theoretisch genaue Lage bzw. das theoretisch genaue Profil oder den theoretisch genauen Winkel bestimmen, nicht toleriert werden, 6.49. Diese Maße werden in einen rechteckigen Rahmen gesetzt, 6.49. Die entsprechenden Istmaße des Teils unterliegen nur der im Toleranzrahmen angegebenen Positions-, Profil- oder Neigungstoleranz.

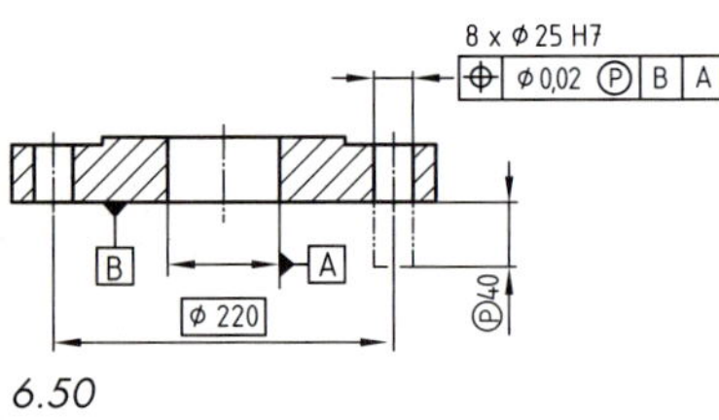

6.50

Projizierte (vorgelagerte) Toleranzzone

Eine projizierte (vorgelagerte) Toleranzzone wird nicht auf das Element (z. B. Bohrung) selbst, sondern auf dessen äußere Projektion angewendet und mit dem Symbol Ⓟ gekennzeichnet, 6.50.

Maximum-Material-Bedingung

Soll für den angegebenen Toleranzwert die Maximum-Material-Bedingung gelten, wird dies durch das Symbol Ⓜ gekennzeichnet, und zwar hinter

dem Toleranzwert, 6.51,
dem Bezugsbuchstaben, 6.52,
beiden, 6.53,

je nachdem, ob sich die Maximum-Material-Bedingung auf das tolerierte Element, das Bezugselement oder beide bezieht.

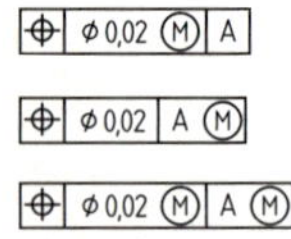

6.51 ... 53

Eintragen von Form- und Lagetoleranzen nach DIN EN ISO 1101

Nr.	Arten	Symbole	Toleranzzone	Zeichnungseintragung und Erklärung
1	Formtoleranzen	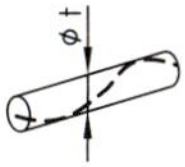 —	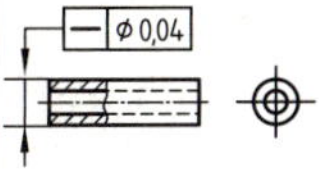	**Geradheitstoleranzen einer Linie** Die Achse des tolerierten Zylinders muss innerhalb einer zylindrischen Toleranzzone vom Durchmesser 0,04 liegen.
2		⏥		 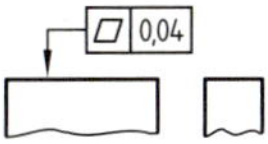 **Ebenheitstoleranz** Die Fläche muss zwischen zwei parallelen Ebenen vom Abstand 0,04 liegen.
3		○		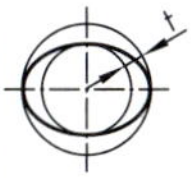 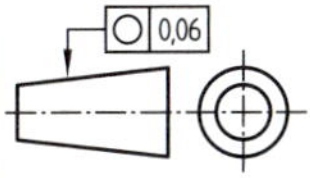 **Rundheitstoleranz** Die Umfangslinie jedes Querschnitts muss zwischen zwei in derselben Ebene liegenden konzentrischen Kreisen vom Abstand 0,06 liegen.
4		⌭		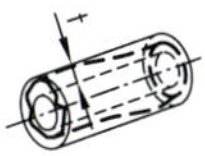 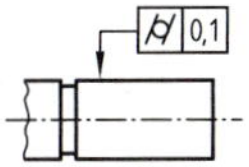 **Zylinderformtoleranz** Die tolerierte Zylindermantelfläche muss zwischen zwei koaxialen Zylindern vom Abstand 0,1 liegen.
5		⌒		 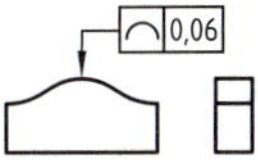 **Profilformtoleranz einer beliebigen Linie** Das tolerierte Profil muss in jedem parallelen Schnitt zur Zeichenebene zwischen zwei Linien liegen, die Kreise vom Durchmesser 0,06 einhüllen.
6		⌓		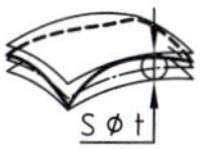 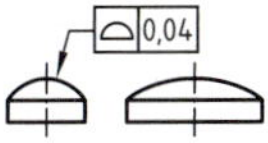 **Profilformtoleranz einer beliebigen Fläche** Die tolerierte Fläche muss zwischen zwei parallelen Flächen liegen, die Kugeln vom Durchmesser 0,04 einhüllen.
7	Richtungstoleranzen	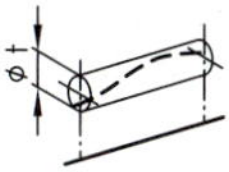 //	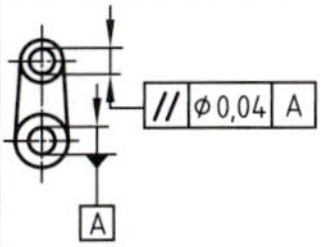	**Parallelitätstoleranz, z. B. einer Linie zu einer Bezugslinie** Die tolerierte Achse muss innerhalb eines Zylinders vom Durchmesser 0,04 liegen, der parallel zur Bezugsachse A ist.
8		⊥		 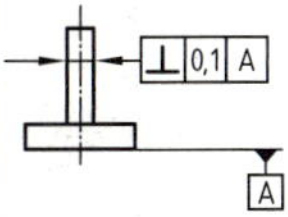 **Rechtwinkligkeitstoleranz, z. B. einer Linie zu einer Bezugsebene** Die tolerierte Achse des Zylinders muss zwischen zwei parallelen, zur Bezugsfläche und zur Pfeilrichtung senkrechten Ebenen vom Abstand 0,1 liegen.

6

Eintragen von Form- und Lagetoleranzen nach DIN ISO 1101				
Nr.	**Arten**	**Symbole**	**Toleranzzone**	**Zeichnungseintragung und Erklärung**
9	Richtungstoleranzen	∠		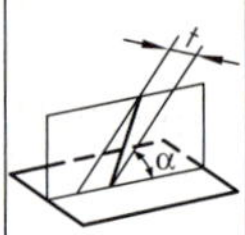 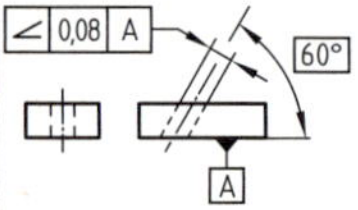 **Neigungstoleranz, z. B. einer Linie zu einer Bezugsebene** Die tolerierte Achse der Bohrung muss zwischen zwei parallelen Ebenen vom Abstand 0,08 liegen, die um 60° zur Bezugsfläche A geneigt sind.
10	Ortstoleranzen	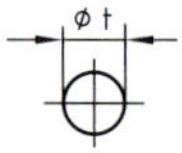 ⌖	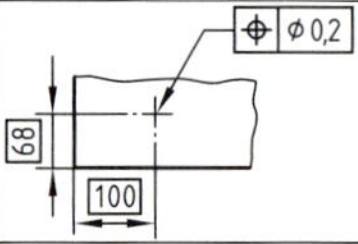	**Positionstoleranz, z. B. eines Punktes** Der tatsächliche Schnittpunkt muss in einem Kreis vom Ø 0,2 liegen, dessen Mitte mit der theoretisch genauen Lage des tolerierten Punktes übereinstimmt.
11	Ortstoleranzen	◎		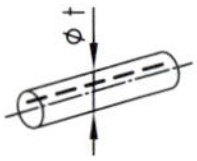 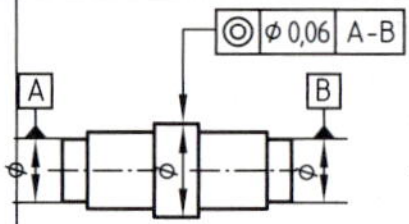 **Koaxialitätstoleranz einer Achse** Die tolerierte Achse des Zylinders muss innerhalb eines zur Bezugsachse A–B koaxialen Zylinders vom Ø 0,06 liegen.
12	Ortstoleranzen	⌯		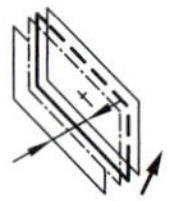 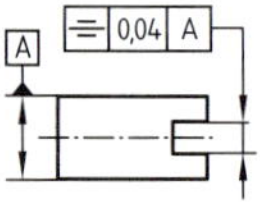 **Symmetrietoleranz, z. B. einer Mittelebene** Die tolerierte Mittelebene der Nut muss zwischen zwei parallelen Ebenen vom Abstand 0,04 liegen, die symmetrisch zur Mittelachse des Bezugselementes A liegen.
13	Lauftoleranzen	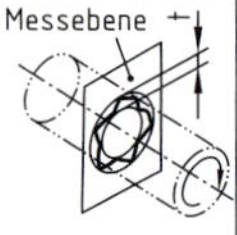 ↗	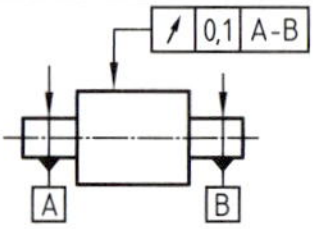 Messebene	**Rundlauftoleranz** Bei einer Drehung um die Bezugsachse A–B darf die Rundlaufabweichung in jeder Maßebene senkrecht zur Achse 0,1 nicht überschreiten.
14	Lauftoleranzen	↗		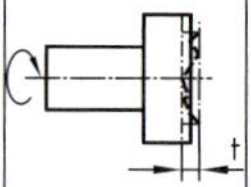 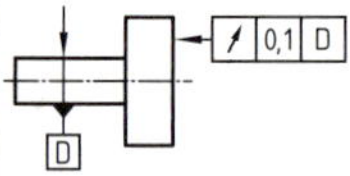 **Planlauftoleranz** Bei einer Drehung um die Achse D darf die Planlaufabweichung an jeder beliebigen Messstelle nicht größer als 0,1 sein.
15	Lauftoleranzen	⌰		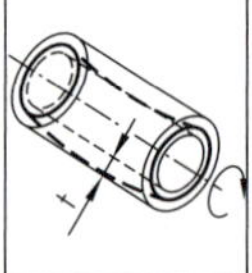 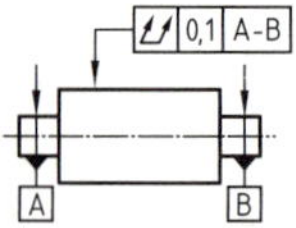 **Gesamtrundlauftoleranz** Bei mehrmaliger Drehung um die Bezugsachse A–B und axialer Verschiebung von Werkstück und Messvorrichtung müssen alle Punkte der Oberfläche des tolerierten Elements innerhalb der Gesamtrundlauftoleranz t = 0,1 sein.
16	Lauftoleranzen	⌰		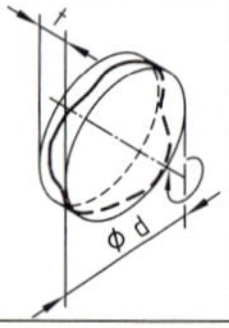 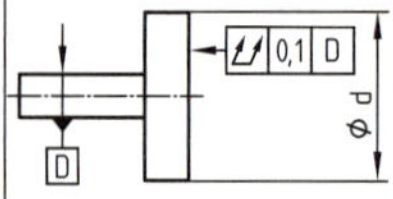 **Gesamtplanlauftoleranz** Bei mehrmaliger Drehung um die Bezugsachse D und radialer Verschiebung von Werkstück und Messvorrichtung müssen alle Punkte der Oberfläche des tolerierten Elements innerhalb der Gesamtplanlauftoleranz von t = 0,1 bleiben.

Beispiele für das Eintragen von Form- und Lagetoleranzen

Der Winkelhebel 1 sitzt auf einer Welle Ø 8 und trägt zwei Rastbolzen, die durch Drehen der Welle wechselweise einrasten sollen. Das einwandfreie Einrasten kann am besten durch Angabe von Funktionstoleranzen für die Achsen der beiden äußeren Löcher in Verbindung mit den theoretischen Maßen ihrer Lochabstände gewährleistet werden.

Beim Gewindeflansch 2 sind im Hinblick auf seine Funktion angegeben:

die Positionstoleranzen der Achsen der vier Löcher zur Bezugsachse B, die Rechtwinkligkeitstoleranz der Gewindeachse zur Bezugsebene A, die Parallelitätstoleranz der Flanschfläche zur Bezugsebene A.

Der Kugelzapfen 3 dient als Teil der Lenkung zur Führung eines Rades. Um einen festen Sitz zu erzielen, ist am Kegel eine Geradheits- und Rundheitstoleranz eingetragen. Eine einwandfreie Lagerung gewährleistet die Angabe einer Rundlauftoleranz für den Kugelkopf in Bezug auf den Kegel.

Bei der Hohlwelle 4 werden hohe Anforderungen an die Laufgenauigkeit gestellt.

Um diese Bedingungen zu erfüllen, sind Lauftoleranzen für Rund- und Planlauf zur Bezugsachse A sowie Zylinderformtoleranzen am Außen-Ø 45 eingetragen.

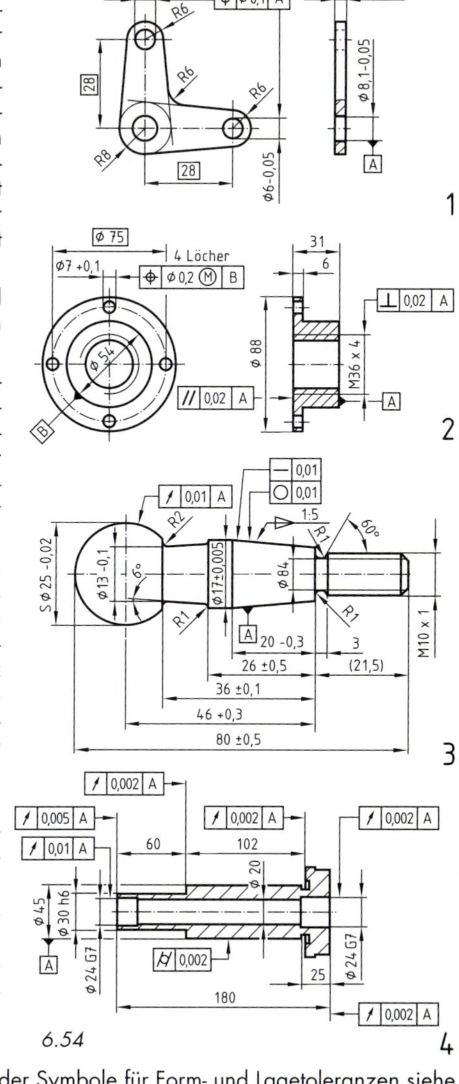

6.54

Größenverhältnisse und Maße der Symbole für Form- und Lagetoleranzen siehe DIN ISO 7083 und S. 385.

6.6 Tolerierungsgrundsätze

Maßtoleranzen in Verbindung mit den zugehörigen Nennmaßen können weder die Geometrie eines Bauteiles genau beschreiben noch die geometrische Funktionsfähigkeit der Passflächen hinreichend festlegen. Die geometrische Funktionsfähigkeit wird durch die bei der Fertigung entstehenden Abweichungen von Maß, Form und Lage (Grobgestalt) erheblich beeinflusst.

Daher wurden in den letzten Jahren zwei Tolerierungsgrundsätze für die Abhängigkeit zwischen Maß-, Form- und Lagetoleranzen entwickelt.

Hüllprinzip nach DIN 7167 ohne Zeichnungsangabe

Das Hüllprinzip als sog. alter Tolerierungsgrundsatz basiert auf dem Taylor'schen Grundsatz für ein Grenzlehrensystem, das für zylindrische Wellen und Bohrungen sowie parallele ebene Flächen gilt, die miteinander gepaart werden sollen. Wenn nur Maßtoleranzen angegeben sind, dann begrenzen diese auch die Form- und Parallelitätsabweichungen. Der gesamte Toleranzraum darf für die Formabweichungen genutzt werden. Der bei der Fertigung entstehende Formtoleranzanteil engt den verbleibenden Toleranzraum zur Ausnutzung der Maßtoleranz entsprechend ein, 6.55 und 56.

Die Hüllbedingung lautet:

- Bei Wellen darf die Oberfläche des Formelementes die geometrische ideale Form (Zylinder) mit Höchstmaß (Maximum-Material-Maß) nicht überschreiten. Ferner darf das Istmaß das Mindestmaß an keiner Stelle unterschreiten. Der Zylinder mit Höchstmaß entspricht dem Gutlehrring.
- Bei Bohrungen darf die Oberfläche des Formelementes die geometrisch ideale Form (Zylinder) mit Mindestmaß nicht unterschreiten. Ferner darf das Istmaß das Höchstmaß an keiner Stelle überschreiten. Der Zylinder mit Mindestmaß entspricht dem Gutlehrdorn.

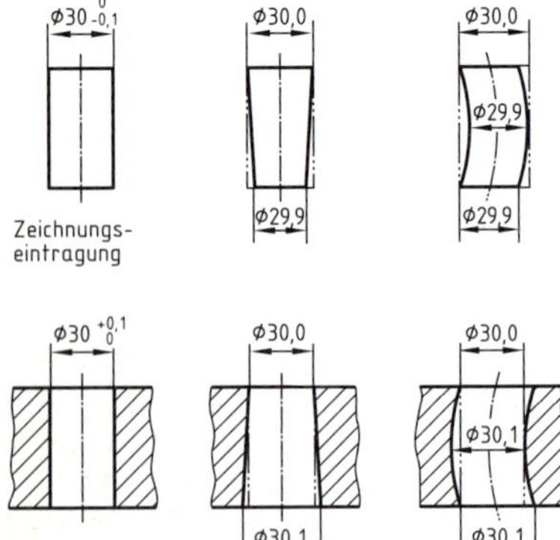

Die Hülle ist nur für einfache Formelemente definiert, z. B. für Kreiszylinder.

Die Hüllbedingung gilt stets, wenn in der Zeichnung nicht auf die Tolerierung nach ISO 8015 hingewiesen ist, z. B. S. 408, 409, 423.

6.55 und 56

Unabhängigkeitsprinzip für Maß, Form und Lage nach DIN ISO 8015 mit Zeichnungsangabe

Mit Überarbeitung der internationalen Norm ISO 1101, Form- und Lagetoleranzen, wurde ein neuer Tolerierungsgrundsatz ISO 8015 erarbeitet, der die Nachteile des alten Tolerierungsgrundsatzes vermeidet. Danach gelten alle Maß-, Form- und Lagetoleranzen unabhängig voneinander. Die Maßtoleranzen begrenzen nur die Istmaße an einem Formelement, nicht aber seine Formabweichungen, z. B. nicht die Rundheits- und Geradheitsabweichungen bei zylindrischen Flächen und nicht die Ebenheitsabweichungen an parallelen Flächen.

Die Messung der Istmaße erfolgt durch Zweipunktmessungen, wobei Formabweichungen nicht erfasst werden können, außer mit Messmaschinen und entsprechenden Auswertprogrammen, die sehr kostenintensiv sind. Formabweichungen können durch Zeichnungseintragungen begrenzt werden, und zwar durch einzeln eingetragene Formtoleranzen, Allgemeintoleranzen für Form und durch Anwendung der Hüllbedingung.

Form- und Lagetoleranzen gelten nach ISO 8015 unabhängig von den Istmaßen der einzelnen Formelemente eines Bauteils. Form- und Lageabweichungen dürfen ihren Größtwert erreichen, unabhängig davon, ob die Querschnitte der Formelemente Maximum-Material-Maß haben oder nicht. So darf ein Zylinder mit Maximum-Material-Maß an jedem Querschnitt die Rundheitstoleranz durch ein Gleichdick ausnutzen und zusätzlich über die Länge um die Geradheitstoleranz gebogen sein, wie 6.58 zeigt.

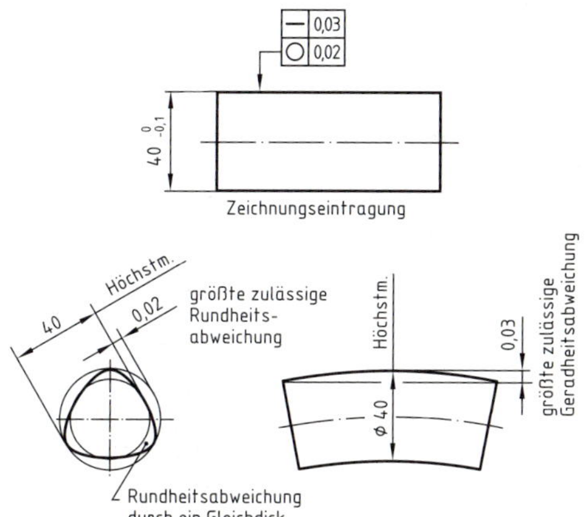

6.57 und 58

Die Anwendung des Unabhängigkeitsprinzips ist in der Zeichnung durch den Hinweis Tolerierung ISO 8015 angezeigt. An Passflächen, die eine Funktion zu erfüllen haben, ist zur Erfassung der Formabweichungen das Hüllprinzip anzuwenden. Die Maße der Passflächen sind hinter der Maßtoleranz mit dem Symbol Ⓔ zu kennzeichnen, z. B. S. 413 ... 418. Das Hüllprinzip nach ISO 8015 entspricht dem Hüllprinzip nach DIN 7167.

6.7 Prüfung von Werkstücken

In den bisherigen Abschnitten dieses Kapitels wurde dargelegt, wie neben der Spezifizierung der Nennmaße innerhalb einer Zeichnung auch quantifiziert wird, wie groß die Abweichungen eines gefertigten Werkstücks sein dürfen. Die Spezifizierung der zulässigen Abweichungen wurde mit dem Begriff Tolerierung eingeführt. Für die Maße sind dies die Maßtoleranzen (Abschnitte 6.2 bis 6.4) und für die Geometrie sind dies die in Abschnitt 6.5 erläuterten Form- und Lagetoleranzen.

Ein gefertigtes Werkstück ist im Rahmen der Qualitätssicherung, d. h. der Prüfung, mit dem konstruierten Teil zu vergleichen. Dafür sind die Istmaße und Istform des Werkstücks zu erfassen. In Abschnitt 6.4.6 wurde aufgezeigt, wie bestimmte Maße von Werkstücken mit Hilfe von Grenzlehren geprüft werden. Allgemeinere Vergleiche der Istwerte von Merkmalen eines Werkstücks mit den Nennwerten des konstruierten Teils werden mithilfe von messenden Instrumenten durchgeführt. Für einfache Längenmaße sind dies beispielsweise Messschieber oder Bügelmessschrauben. Der erste Schritt des Erfassens der Istwerte eines Werkstücks ist die Aufnahme von Messwerten. In einem weiteren Schritt werden die einzelnen Werte rechnerisch weiterverarbeitet. Betrachtet man ein einfaches Beispiel, bei dem als zu prüfendes Maß der Durchmesser einer Welle zu erfassen ist, so kann man mehrmals diesen Durchmesser mit einer Bügelmessschraube messen. Die Einzelwerte können um wenige Mikrometer voneinander verschieden sein, man sagt, sie streuen. Als Durchmesser-Istwert wird der Mittelwert aller Einzelwerte genommen. Dieser Mittelwert wird **Schätzer** des Wellendurchmessers genannt. Ferner wird die **Streuung** der Einzelwerte (ihre Standardabweichung) berechnet, welche ein Maß für die **Unsicherheit** der Messung ist. Der Schätzer der zu erfassenden Größe, in diesem Beispiel das Maß „Durchmesser einer Welle", gemeinsam mit der Unsicherheit wird **vollständiges Messergebnis** genannt. Das vollständige Messergebnis ist dann mit der Toleranzzone zu vergleichen. Entsprechend wird bei der Form- und Lagetolerierung vorgegangen: Die Istgeometrie, in ISO 14660 als **wirkliche Oberfläche eines Werkstücks**, wird messtechnisch erfasst, indem die Positionen einzelner auf der Oberfläche verteilter Punkte gemessen werden. Für solche Messungen werden Instrumente wie Rundheitsmessgeräte oder Koordinatenmessgeräte eingesetzt. Aus den Werten der Einzelpunkte werden mithilfe mathematischer Verfahren die Parameter der gewünschten geometrischen Merkmale ermittelt, man sagt auch hier wieder: geschätzt. Die geschätzte Istgeometrie eines Teiles bzw. Elementes wird **erfasstes vollständiges Geometrieelement** bzw. **erfasstes abgeleitetes Geometrieelement** genannt.

Durch die Streuung von Werten bei Wiederholungsmessungen wird die Unsicherheit der Messung erfasst, die mit dem Messobjekt und mit dem Messinstrument zusammenhängt. Zusätzlich zur statistischen Streuung können systematische Fehler auftreten, die vom Messgerät verursacht werden. Das fünfte und sechste Aufgabenfeld der GPS-Normensystematik (also Normen aus dem fünften und sechsten Kettenglied) haben die Unsicherheit der Messmittel zum Gegenstand. Darin wird festgelegt, in welcher Form die Unsicherheit eines Messgerätes vom Hersteller angegeben sein muss.

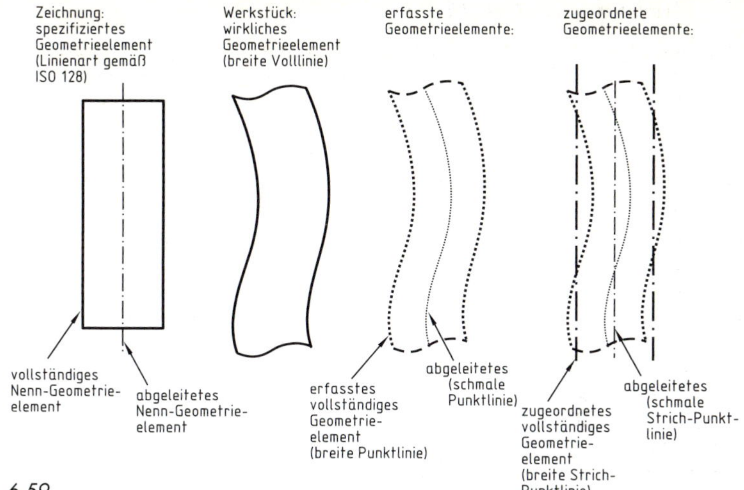

6.59

Die Systematik der GPS-Normung wurde zu Beginn dieses sechsten Kapitels erläutert. Neben den gerätebedingten Messunsicherheiten kann es zu Messunsicherheiten kommen, die durch äußere Bedingungen, wie beispielsweise klimatische Verhältnisse oder Gebäudeschwingungen im Prüflabor oder am Messplatz, verursacht werden. Alle Unsicherheiten werden untersucht und zusammengerechnet zu einer Gesamtunsicherheit U. Der Schätzer y für die Istgröße eines Merkmals gemeinsam mit der Gesamtunsicherheit U bildet das vollständige Messergebnis:

$$y \pm U$$

Das damit gegebene Intervall für das Istmaß [y–U,y+U] ist für eine Gut/Schlecht-Prüfung mit dem Toleranzfeld in Beziehung zu setzten. Die globale GPS-Norm ISO 14253 fordert die Berücksichtigung der Messunsicherheit bei Prüfentscheidungen. Liegt das gesamte Intervall des Istmaßes vollständig innerhalb vom Toleranzfeld, so ist das gefertigte Werkstück „gut". Liegt das Intervall des Istmaßes vollständig außerhalb des Toleranzfeldes, so ist das gefertigte Werkstück zu verwerfen bzw. nachzubearbeiten. Problematisch und nicht entscheidbar ist der Fall, bei dem Toleranzfeld und Istmaßintervall sich teilweise überlappen und teilweise nicht. Entscheidungsregeln für die Feststellung, ob eine Übereinstimmung zwischen Istmerkmalen und in der Konstruktion spezifizierten Nennmerkmalen vorliegt, werden in Teil 1 der globalen GPS-Norm DIN EN ISO 14253 „Prüfung von Werkstücken und Messgeräten durch Messen" gegeben.

7 Darstellende Geometrie

7.1 Konstruktion technischer Kurven

7.1.1 Ellipsenkonstruktionen

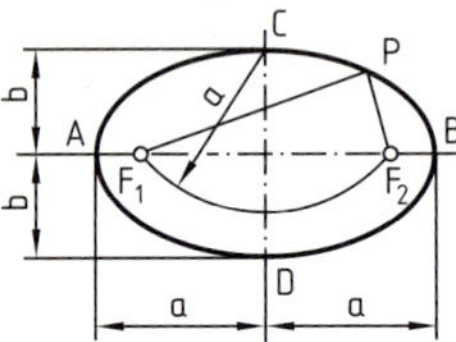

7.1 Ellipse

Bei allen Punkten der Ellipse ist die Summe ihrer Entfernungen von den beiden Brennpunkten F_1 und F_2 gleich der großen Achse 2a.

Für alle Ellipsenpunkte, auch für die Scheitelpunkte A, B, C und D gilt:

$$F_1P + F_2P = 2a$$

Die beiden Verbindungslinien eines Ellipsenpunktes mit den Brennpunkten werden auch Brennstrahlen genannt.

Die Brennpunkte F_1 und F_2 liegen auf der großen Achse und ergeben sich durch Zirkelschlag um einen der Endpunkte C und D der kleinen Achse 2b mit der halben großen Achse a als Halbmesser. Eine Ellipse kann gezeichnet werden, wenn die große Achse 2a und die kleine Achse 2b bekannt sind.

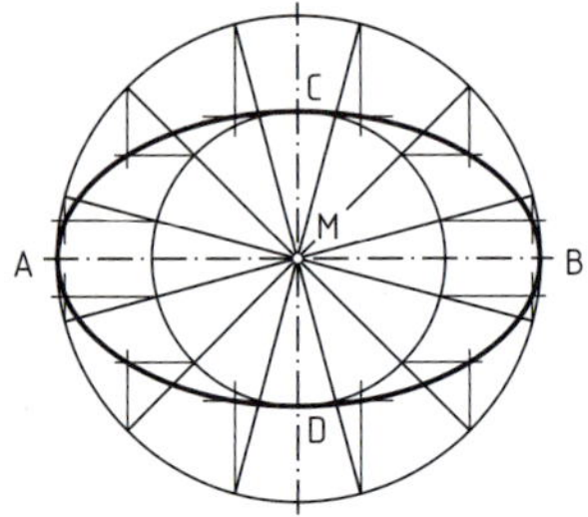

7.2 Ellipsenkonstruktion mittels zweier Kreise

Zeichnen einer Ellipse mittels zweier Kreise

Beschreibe um M mit der halben großen AB/2-Achse und halben kleinen CD/2-Achse je einen Hilfskreis. Ziehe durch M beliebig viele Durchmesser. Von deren Schnittpunkten mit dem großen Kreis ziehe senkrechte Linien, von den Schnittpunkten mit dem kleinen Kreis waagerechte Linien. Die Verbindung ihrer Schnittpunkte ergibt die Ellipse.

Ellipsenkonstruktion mithilfe beider Achsen

Zeichne die große (2a) und kleine (2b) Ellipsenachse. Um einen Endpunkt der kleinen Achse schlage einen Kreis mit dem Halbmesser a, der die große Achse in den Brennpunkten F_1 und F_2 schneidet. Teile die Hauptachse in zwei Strecken r_1 und r_2 auf und beschreibe um den Brennpunkt F_1 Kreise mit dem Halbmesser r_2 und um F_2 mit r_1 und umgekehrt. Diese Kreise schneiden sich in Ellipsenpunkten. Um eine Anzahl von Ellipsenpunkten zu erhalten, sind die Halbmesser r_1 und r_2 zu verändern; ihre Summe muss aber stets 2a ergeben.

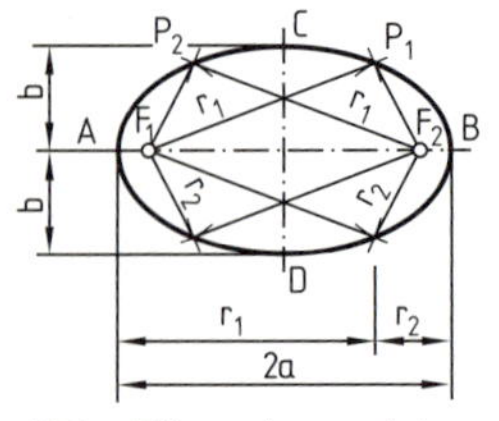

7.3 Ellipsenkonstruktion mittels beider Achsen

Einzeichnen einer Ellipse in ein Parallelogramm

Schlage über der schmalen Seite eines Parallelogramms den Halbkreis und teile den Halbmesser BE vom Punkt B aus stets wieder im gleichen Verhältnis. Errichte in den Teilungspunkten 1, 2, 3 auf dem Halbmesser BE die Senkrechten. Fälle dann von den Schnittpunkten mit dem Halbkreis Lote auf die Parallelogrammseite und ziehe durch die Fußpunkte Parallelen zur Parallelogrammachse AB.

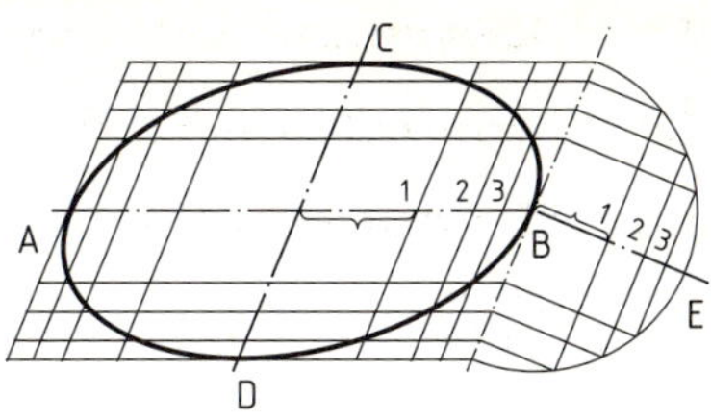

7.4 Ellipse in einem Parallelogramm

Diese Parallelogrammachse AB ist vom Mittelpunkt aus ebenfalls stets wieder im gleichen Verhältnis wie BE zu teilen, durch die Teilungspunkte sind die Parallelen zur Achse DC zu ziehen. Die Schnittpunkte einander entsprechender Parallelen sind Ellipsenpunkte.

Vereinfachte Ellipsenkonstruktionen siehe S. 261 und 262.

7.1.2 Parabelkonstruktionen

Für jeden Punkt der Parabel ist die Entfernung von einer Geraden, der Leitlinie l, und einem festen Punkt, dem Brennpunkt F, stets gleich.

$$P_1F = P_1L_1$$

$$P_2F = P_2L_2$$

Der Scheitelpunkt S der Parabel ist der Mittelpunkt der Strecke LF.

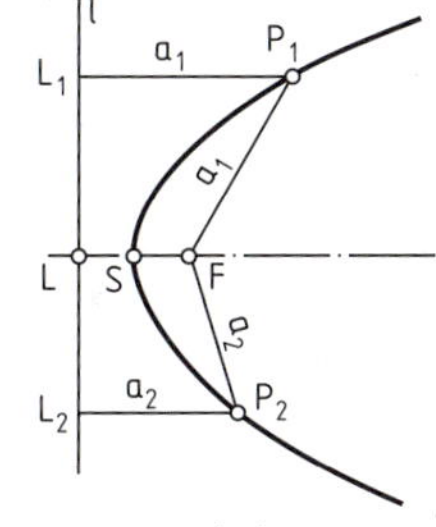

7.5 Parabel

Konstruktion der Parabel, wenn Leitlinie und Brennpunkt gegeben sind

Fälle vom Brennpunkt F das Lot auf die Leitlinie L und halbiere die Strecke LF. Der Mittelpunkt ist der Scheitelpunkt S. Ziehe in verschiedenen Abständen Parallelen zur Leitlinie L. Beschreibe mit dem jeweiligen Abstand a der Parallelen von der Leitlinie Kreise um F. Die Schnittpunkte der Kreise mit den zugehörigen Parallelen sind Parabelpunkte.

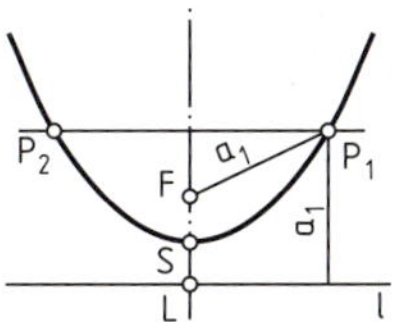

7.6 Parabelkonstruktion mit Leitlinie und Brennpunkt

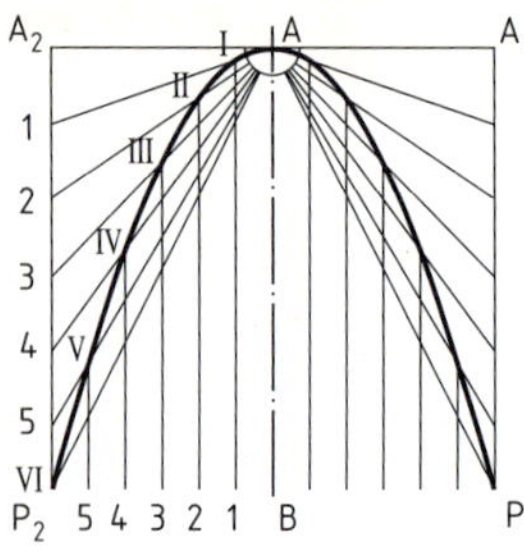

7.7 *Parabelkonstruktion*

Konstruktion der Parabel, wenn die Achse mit dem Scheitelpunkt A und zwei symmetrischen Parabelpunkten gegeben ist

Zeichne die Parabelachse mit dem Scheitelpunkt A und den beiden symmetrischen (= spiegelbildlichen) Parabelpunkten P_1 und P_2. Konstruiere das Rechteck A_1, P_1, P_2, A_2, dessen Mittellinie die Parabelachse ist.

Teile die Rechteckseite A_2P_2 in eine Anzahl gleicher Teile und verbinde die Teilpunkte mit dem Scheitelpunkt A. Die Halbseite BP_2 ist ebenfalls in die gleiche Anzahl Teile wie A_2P_2 zu teilen; durch die Teilpunkte sind die Parallelen zur Parabelachse zu ziehen. Die Schnittpunkte gleich bezeichneter Geraden sind Parabelpunkte. Die rechte Parabelseite ist genauso zu konstruieren.

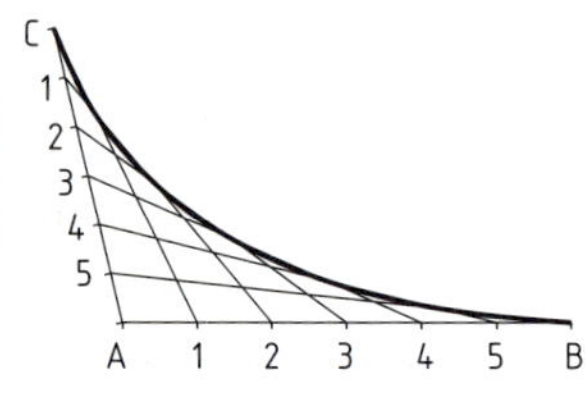

7.8 *Parabelkonstruktion bei gegebenen Tangenten*

Konstruktion der Parabel bei gegebenen Tangenten (Hüllkonstruktion)

Teile die Tangenten AB und AC in die gleiche Anzahl Teile.

Kennzeichne die Teilpunkte laufend von A nach B und von C nach A. Verbinde die gleich bezeichneten Teilpunkte miteinander. Dadurch entstehen Tangenten, welche die Parabel einhüllen.

Zeichne die Parabel mithilfe eines Kurvenlineals ein.

7.1.3 Hyperbelkonstruktionen

Für jeden Punkt der Hyperbel ist die Differenz der Entfernungen von den beiden Brennpunkten F_1 und F_2 gleich 2a.

$$F_2P_1 - F_1P_1 = 2a$$

$$F_1P_2 - F_2P_2 = 2a$$

Die Hyperbel besteht aus zwei getrennten Ästen. Die Asymptoten sind Tangenten, die die Hyperbel im Unendlichen berühren.

Durch die Angabe der Entfernungen der beiden Brennpunkte und Scheitelpunkte ist eine Hyperbel bestimmt und kann gezeichnet werden.

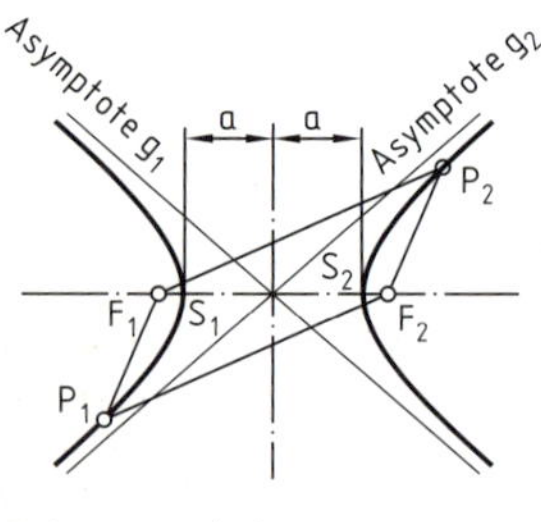

7.9 *Hyperbel*

Hyperbelkonstruktion

Zeichne zunächst eine Gerade und lege darauf die gegebene Hyperbelachse $S_1S_2 = 2a$ und die beiden gegebenen Brennpunkte F_1 und F_2 sowie den Mittelpunkt M fest. Zum Bestimmen der Asymptoten schlage um M einen Kreis durch die beiden Brennpunkte F_1 und F_2. Dann errichte auf der Hyperbelachse in S_1 und S_2 Senkrechte, die den Kreis um M in den Punkten A, B, C und D schneiden.

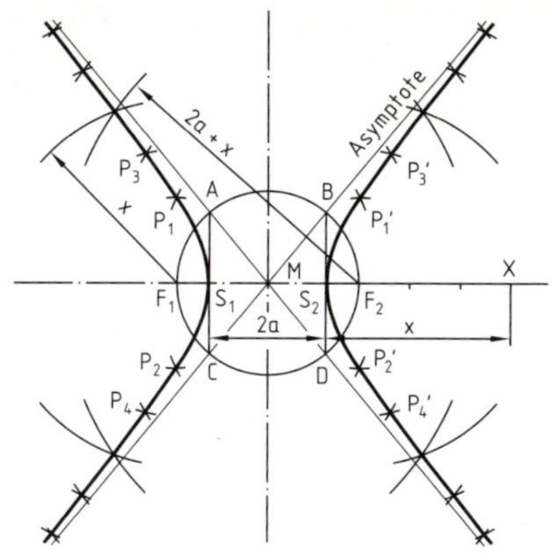

7.10 Hyperbelkonstruktion

Die Verlängerungen der Verbindungslinien AD und BC sind die Asymptoten der Hyperbel. Bei der Punktkonstruktion nimmt man z. B. auf der rechten Verlängerung der Hyperbelachse einen Punkt X beliebig an und erhält so die Strecke x.

Dann schlägt man mit dem Radius x nacheinander um F_1 und F_2 Kreisbogen, ferner mit dem Radius $2a + x$ ebenfalls Kreisbogen um F_1 und F_2. Dadurch ergeben sich 4 Punkte auf beiden Hyperbelästen.

Um eine Anzahl von Hyperbelpunkten zeichnen zu können, ist die Lage des Punktes X und damit die Strecke x zu verändern.

Konstruktion einer gleichseitigen Hyperbel bei gegebenen Asymptoten und einem Hyperbelpunkt

Ziehe durch den Punkt P zu den Asymptoten g_1 und g_2 die Parallelen. Ziehe beliebige Strahlen durch den Punkt 0. In den Schnittpunkten, z. B. A und B, einer jeden Geraden mit den beiden Parallelen zu den Asymptoten werden die Senkrechten errichtet. Die Schnittpunkte sind Punkte der Hyperbel.

7.11 Konstruktion einer gleichseitigen Hyperbel

Die adiabatische Kompressions- und Expansionslinie von Gasen verläuft nach einer gleichseitigen Hyperbel. Dabei wird auf der Asymptoten g_1 der Druck des Gases im Zylinder und auf der Asymptoten g_2 der Kolbenhub aufgetragen. Unter einer adiabatischen Kompression oder Expansion versteht man eine theoretische Verdichtung oder Entspannung, die ohne Wärmeabgabe des Gases im Zylinder an die Umgebung erfolgt.

7.1.4 Konstruktion von Spiralen

Die Spirale ist eine ebene Kurve, die Windungen mit einer bestimmten Öffnung um einen Punkt zieht.

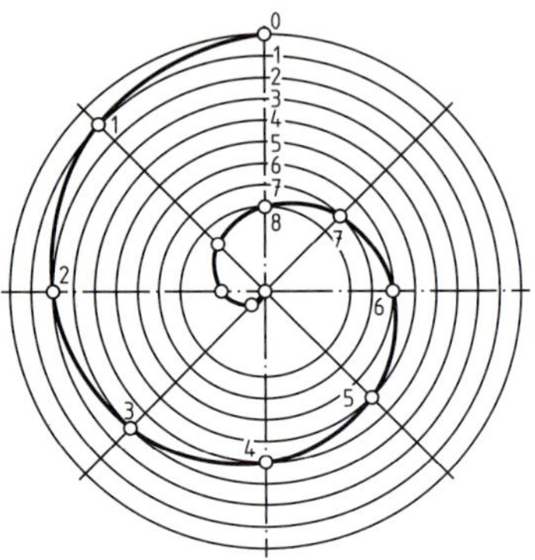

7.12 Archimedische Spirale

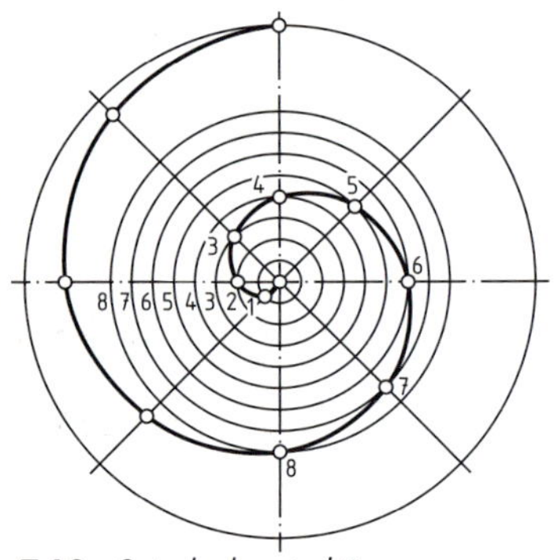

7.13 Spiralenkonstruktion

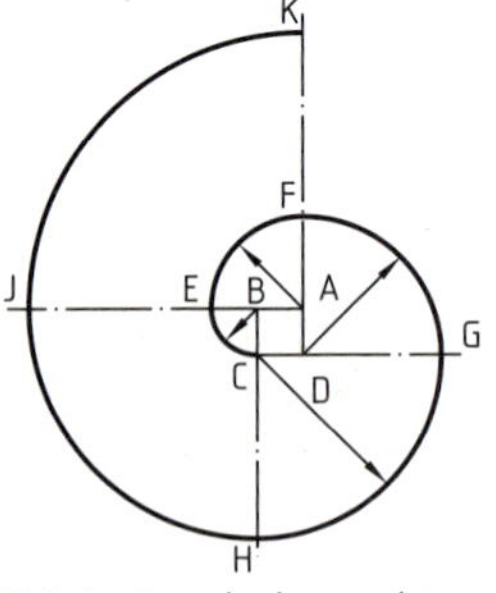

7.14 Spiralenkonstruktion mit gegebenem Quadrat

Archimedische Spirale

Zeichne zunächst das Achsenkreuz und dann mit dem gegebenen Radius den Umkreis für eine bestimmte Anzahl von Spiralgängen, z. B. 1½ Gänge. Entsprechend dieser Gangzahl teile den senkrechten Halbmesser in ebenso viele Teile, z. B. 1½ Teile. Den ersten Teil von 0 bis 8 und von 8 bis zum Mittelpunkt unterteile dann in eine Anzahl unter sich gleicher Teile, in diesem Beispiel 8 gleiche Teile. Durch Eintragen des Diagonalkreuzes ist die Kreisfläche in 8 gleiche Teile zerlegt. Wenn man durch die vorhin gefundenen acht Teilungspunkte Hilfskreise um den Mittelpunkt zieht, erhält man in den Schnittpunkten der Kreise mit den 8 Halbmessern 8 Punkte der gesuchten Spirale, die zu einem Spiralengang miteinander zu verbinden sind. Für das Festlegen der übrigen inneren Spiralenpunkte ziehe die (im Beispiel 2) kleineren Hilfskreise mit einem gleichen Kreisabstand wie beim 1. Teil der Spiralengänge. Dann verbinde die Schnittpunkte der Hilfskreise mit den entsprechenden Radien.

Bei 7.13 verfahre zur Konstruktion der Spirale entsprechend von innen nach außen.

Angenäherte Spiralenkonstruktion mit gegebenem Quadrat

Eine angenäherte Spirale, die in den meisten Fällen für die Praxis genügt, zeichnet man mithilfe eines gegebenen Quadrats, z. B. ABCD, dessen Seiten über A, B, C und D hinaus zu verlängern sind. Schlage nun nacheinander Viertelkreisbogen, und zwar mit AB als Radius um B vom Punkt C aus beginnend, dann von dem gefundenen Schnittpunkt E aus mit dem Radius AE um A als Zirkelaufsatzpunkt, weiter mit DF um D, sodann mit CG um C, mit BH um B, mit AJ um A usw. So erhält man die Spirale.

Archimedische Planspiralen werden in Drehfuttern zum zentrischen Spannen der Spannbacken verwendet.

7.1.5 Evolvente (Abwicklungslinie)

Ein Punkt auf einer Geraden, die auf einem Kreis abrollt, beschreibt eine Evolvente.

Entsprechend beschreibt auch das freie Ende eines stramm gezogenen Fadens, der von einem feststehendem Zylinder abgewickelt wird, eine Evolvente.

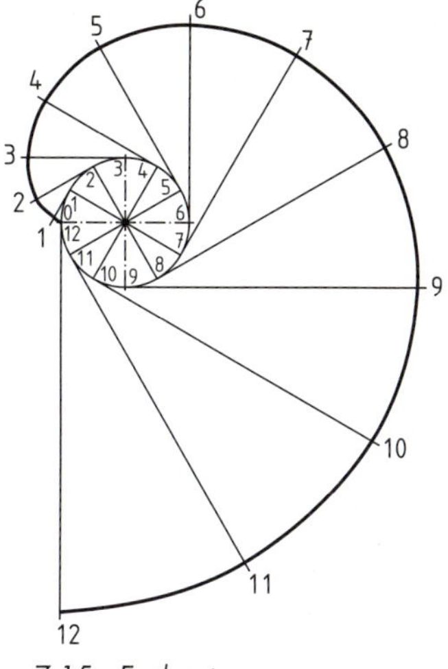

7.15 Evolvente

Evolvente

Zeichne mit dem gegebenen Radius, z.B. 10 mm, einen Kreis und teile diesen in 12 gleiche Teile ein. Dann ziehe durch die Teilungspunkte Tangenten an den Kreis. Auf jeder Tangente trage die Strecke ab, die jeweils vom Anfangspunkt 0 (das ist der Schnittpunkt der waagerechten Mittellinie mit dem Kreis) bis zum zugehörigen Tangentenberührungspunkt mit dem Kreis reicht, z.B. von 0 bis 2 auf der Tangente, die den Kreis in 2 berührt. Durch die Verbindung der so gefundenen Punkte erhält man die Evolvente.

Die Zahnflanken der Zahnräder werden vorwiegend als Evolventen ausgebildet, damit sie sich mit geringer Reibung aufeinander abwälzen.

7.1.6 Zykloide (Radlinie)

Eine Zykloide wird von einem Punkt eines Kreises beschrieben, der auf einer Geraden abrollt.

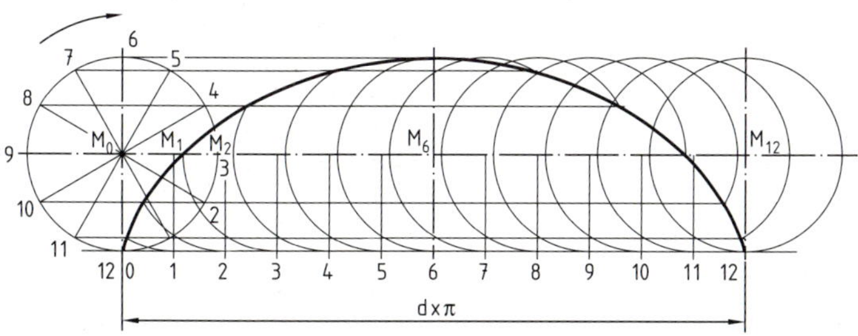

7.16 Zykloide

Zykloide

Zeichne zunächst eine Gerade und bestimme auf ihr einen beliebigen Punkt 0. Dann zeichne einen beliebigen Kreis, der die Gerade im Punkt 0 berührt. Den Kreis teile in gleiche, z. B. 12 Teile und trage diese Teile von 0 aus auf der Geraden ab. In den Teilungspunkten der Geraden errichte Senkrechte. Darauf ziehe Parallelen durch die Teilpunkte des Kreises zur Geraden. Um die Schnittpunkte der Senkrechten mit der Kreismittellinie schlage dann Hilfskreise mit dem gegebenen Radius. Dort, wo jeweils der entsprechende Hilfskreis, z. B. 3, die zugehörige Parallele, z. B. 9 ... 3, in M_1 schneidet, findet man die Zykloidenpunkte, die dann zur Zykloidenkurve zu verbinden sind, 7.16.

Zahnräder in Uhrwerken haben Zykloidenverzahnung, wobei der Zahnfuß als Hypozykloide (Inradlinie) und der Zahnkopf als Epizykloide (Aufradlinie) ausgeführt ist.

Epizykloide (Aufradlinie)

Eine Epizykloide beschreibt ein Punkt eines Kreises, der außen auf dem Kreisbogen des Grundkreises abrollt.

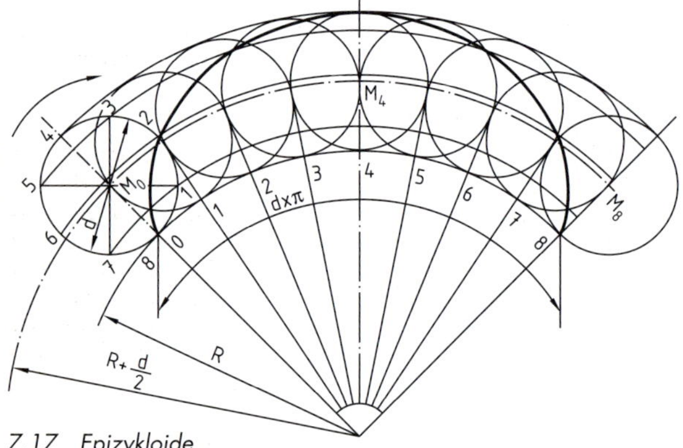

7.17 Epizykloide

Zeichne den Kreisbogen des Grundkreises mit dem Radius R und dann den Rollkreis in seiner Anfangsstellung. Darauf teile den Rollkreis in eine Anzahl gleicher Teile, z. B. 8, und trage ebenso viele Teile der gleichen Größe auf dem Grundkreis von der Anfangsstellung des Rollkreises aus ab. Dadurch ergibt sich die Länge der Rollbahn, die gleich dem Umfang des Rollkreises ist.

Die weitere Konstruktion entspricht der der Zykloide.

Hypozykloide (Inradlinie)

Eine Hypozykloide beschreibt einen Punkt eines Kreises, der innen in dem Kreisbogen des Grundkreises abrollt.

Die Konstruktion der Hypozykloide entspricht in etwa der der Epizykloide und der Zykloide.

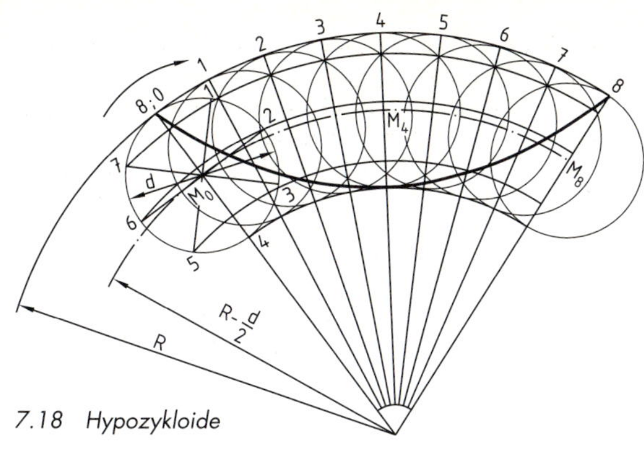

7.18 Hypozykloide

7.1.7 Schraubenlinie, Schraubenfläche, Schraubengang

Eine Schraubenlinie, auch Wendel genannt, entsteht, wenn ein Punkt auf einem sich gleichmäßig drehenden Zylinder in Richtung der Drehachse mit konstanter Geschwindigkeit bewegt wird, z. B. die Drehstahlschneide beim Langdrehen.

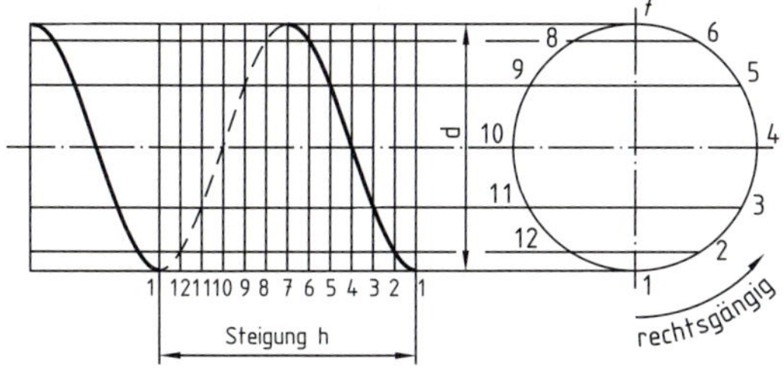

7.19 Rechtsgängige Schraubenlinie

Die Steigung ist die Entfernung zwischen dem Anfangs- und dem Endpunkt einer Windung. Die Abwicklung der Schraubenlinie ergibt ein rechtwinkliges Dreieck.

Bei der Konstruktion teile den Kreisumfang und die Steigung einer Schraubenlinienwindung in die gleiche Anzahl Teile. Zeichne die Mantellinien und nummeriere sie fortlaufend. Die Schnittpunkte gleich benannter waagerechter und senkrechter Mantellinien ergeben Punkte der Schraubenlinie.

Eine Schraubenfläche entsteht, wenn eine Strecke, deren Verlängerung durch die Drehachse geht, längs eines sich gleichmäßig drehenden Zylinders verschoben wird.

Durch die Endpunkte der Strecke AB entstehen zwei Schraubenlinien, wie bei 7.20 beschrieben ist.

Ein flacher Schraubengang entsteht, wenn ein Rechteck, dessen verlängerte Seiten durch die Drehachsen gehen, längs eines sich gleichmäßig drehenden Zylinders verschoben wird.

Die entstehenden vier Schraubenlinien werden wie bei 7.19 konstruiert.

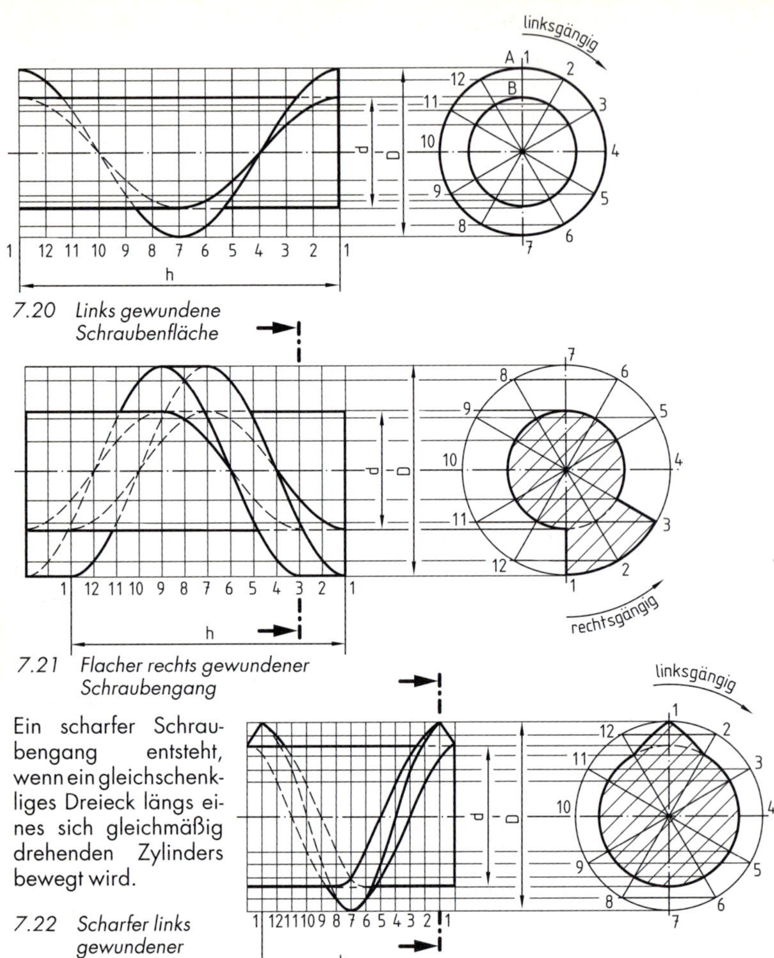

7.20 *Links gewundene Schraubenfläche*

7.21 *Flacher rechts gewundener Schraubengang*

Ein scharfer Schraubengang entsteht, wenn ein gleichschenkliges Dreieck längs eines sich gleichmäßig drehenden Zylinders bewegt wird.

7.22 *Scharfer links gewundener Schraubengang*

Erfolgskontrolle:

1. Was verstehen Sie unter folgenden geometrischen Kurven: Ellipse, Parabel, Hyperbel, Spirale, Evolvente, Zykloide, Epizykloide, Schraubenlinie, Schraubenfläche, Schraubengang? (s. Kapitel 7.1)
2. Wo finden in der Technik die verschiedenen geometrischen Kurven Anwendung? (s. Kapitel 7.1)
3. Zeichen Sie auf DIN-A4-Blätter je eine der unter 1. aufgeführten geometrischen Kurven in doppelter Größe wie die Konstruktionen in Kapitel 7.1.

7.2 Projektionszeichnen (Dreitafelprojektion)

Mithilfe der Projektion (lateinisch projektio = Entwurf) lassen sich Punkte, Strecken, Flächen und Körper auf einer Ebene darstellen. Dabei bedient man sich der Zentralprojektion und der Parallelprojektion nach DIN ISO 5456-1 ... 4.

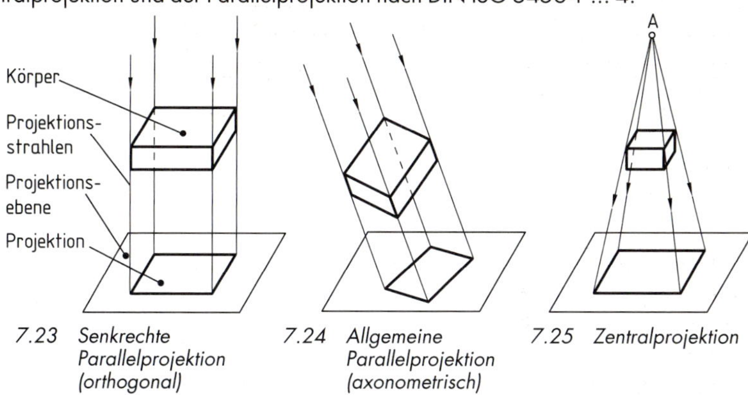

7.23 Senkrechte Parallelprojektion (orthogonal)

7.24 Allgemeine Parallelprojektion (axonometrisch)

7.25 Zentralprojektion

Bei der **senkrechten Parallelprojektion**, auch orthogonale oder rechtwinklige Parallelprojektion genannt, verlaufen die Projektionsstrahlen parallel zueinander und treffen senkrecht auf die Projektionsebene. Der Punkt A bzw. das Auge ist ins Unendliche gerückt. Diese Darstellung liefert weniger anschauliche, jedoch maßgerechte Abbildungen. Daher wird sie im technischen Zeichnen angewendet, 7.23, DIN ISO 5456-2.

Bei der **allgemeinen Parallelprojektion,** axonometrische Projektion, DIN ISO 5456-3, verlaufen die Projektionsstrahlen parallel zueinander und treffen schräg auf die Projektionsebene. Der Punkt A bzw. das Auge ist ins Unendliche gerückt. Diese Projektionsart wird auch schräge oder schiefe Parallelprojektion genannt und liefert sehr anschauliche Abbildungen, die aber nur eine gewisse Maßgenauigkeit aufweisen, 7.24. Sie wird auch bei der axonometrischen Projektion angewendet, mit der Maschinenteile und Rohrleitungsverläufe anschaulich dargestellt werden.

Bei der **Zentralprojektion,** DIN ISO 5456-4, gehen Projektionsstrahlen durch einen festen Punkt A, berühren die Ecken und Kanten des Körpers, treffen dann auf die Projektionsebene und bilden dort den Gegenstand ab. Auch die Abbildungen in den Projektionsebenen werden Projektionen genannt. Der Punkt A kann mit dem Auge und die Projektionsstrahlen können mit den Sehstrahlen verglichen werden. Die Zentralprojektion liefert anschauliche, aber wenig maßgerechte Abbildungen, 7.25.

Senkrechte Parallelprojektion als Dreitafelprojektion

Ein Punkt, eine Strecke, eine Fläche oder ein Körper wird meist in drei zueinander senkrecht stehende Ebenen projiziert, und zwar in die Projektionsebene der Vorderansicht (Aufriss), der Draufsicht (Grundriss) und der Seitenansicht (Seitenriss). Die drei Projektionsebenen bilden zusammen mit den Achsen x, y und z eine

Raumecke, 7.26. Durch Klappen der Draufsicht um die x-Achse nach unten und der Seitenansicht um die z-Achse nach rechts kommen die beiden aufgeklappten Projektionsebenen in die Ebene der Vorderansicht zu liegen. Aus der dreiachsigen Raumecke entsteht somit eine Fläche mit den senkrecht aufeinander stehenden Achsen y und xz. Zwischen der Seitenansicht und Draufsicht werden die Körperkanten durch Zirkelschläge oder mittels einer Geraden unter 45° zur Projektionsachse übertragen, 7.26.

7.2.1 Projektion eines Punktes

Die Projektionen eines in der Raumecke liegenden Punktes P bezeichnet man im Allgemeinen in der Ebene der

Draufsicht	(Grundriss, erste Projektionsebene) mit P′ oder P_1,
Vorderansicht	(Aufriss, zweite Projektionsebene) mit P″ oder P_2,
Seitenansicht	(Seitenriss, dritte Projektionsebene) mit P‴ oder P_3.

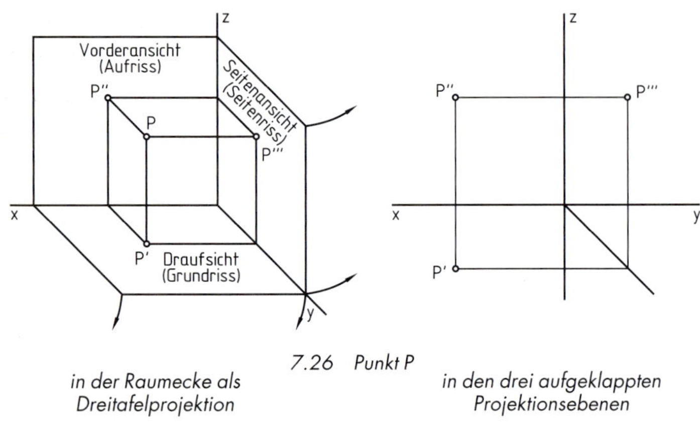

7.26 Punkt P

in der Raumecke als Dreitafelprojektion — *in den drei aufgeklappten Projektionsebenen*

Ein Punkt P im Raum wird eindeutig festgelegt durch zwei Projektionen, z. B. P′ und P″, bzw. durch die entsprechenden senkrechten Entfernungen von zwei Projektionsebenen. Die dritte Projektion P‴ bzw. die senkrechte Entfernung von der dritten Projektionsebene lässt sich konstruktiv bestimmen.

7.2.2 Projektion von Strecken

Zwei Punkte A und B bestimmen im Raum eine Strecke.

Eine Kante bzw. Strecke erscheint nur in der Projektionsebene in wahrer Länge, zu der sie parallel verläuft. Eine zur Projektionsebene geneigte Strecke bildet sich stets verkürzt ab.

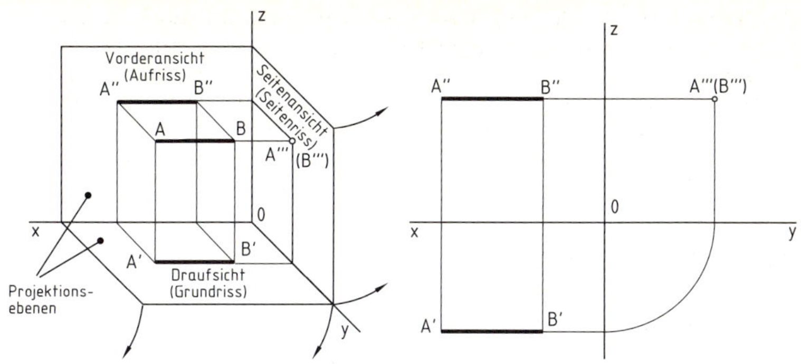

7.27 Strecke AB parallel zu zwei Projektionsebenen
in der Raumecke *in den drei aufgeklappten Projektionsebenen*

In 7.27 liegt die Strecke AB parallel zu den Projektionsebenen der Vorderansicht und Draufsicht und steht senkrecht auf der Ebene der Seitenansicht. Die Projektionen A′B′ und A″B″ besitzen daher die wahre Länge der Strecke AB. In der Projektionsebene der Seitenansicht erscheint sie als Punkt A‴, der eingeklammerte Punkt B‴ ist verdeckt.

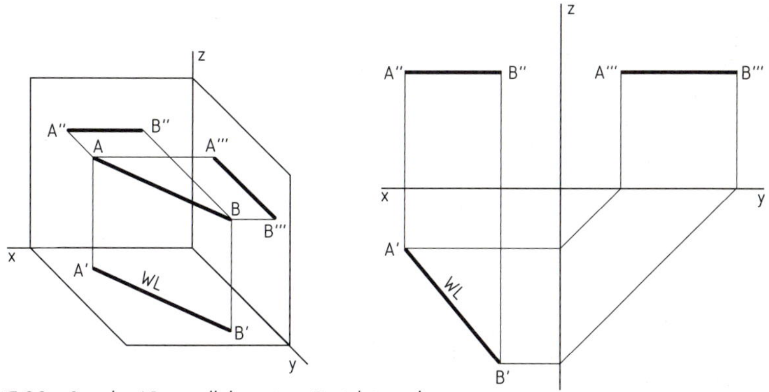

7.28 Strecke AB parallel zu einer Projektionsebene

In 7.28 liegt die Strecke AB nur zur Projektionsebene der Draufsicht parallel, daher erscheint sie hier als A′B′ in wahrer Länge (WL). Da AB zu der Projektionsebene der Vorderansicht als A″B″ und der Seitenansicht als A‴B‴ schiefwinklig steht, ist sie in diesen Ansichten jeweils verkürzt gezeichnet.

Bei der Projektion der Strecke AB in der Raumecke 7.28 bildet AB mit ihrer Projektion A″B″ und den Projektionsstrahlen AA″ und BB″ ein Projektionstrapez, das auf der Ebene der Vorderansicht senkrecht steht. Ein weiteres Trapez steht senkrecht auf der Ebene der Seitenansicht. Es wird entsprechend gebildet aus AB, A'''B''', AA''' und BB'''. Die Projektionstrapeze dienen bei Strecken, die zu keiner Projektionsebene parallel verlaufen, zum Ermitteln der wahren Länge, 7.29.

Bestimmen der wahren Längen von Strecken, die zu keiner Projektionsebene parallel liegen

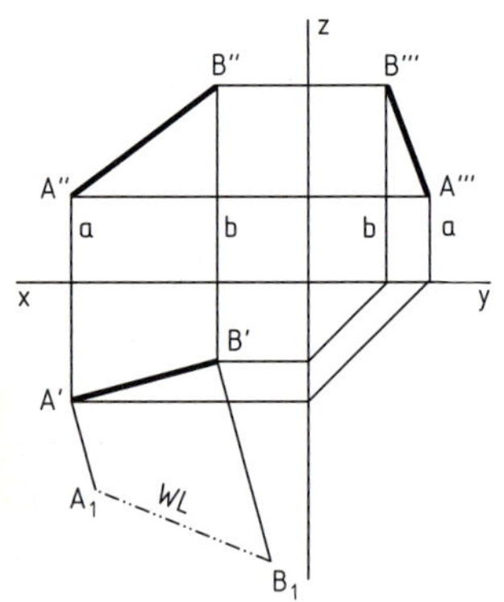

7.29 Ermitteln der wahren Länge durch Umklappen des Projektionstrapezes

Durch Umklappen

Da in 7.29 die Strecke AB zu allen drei Projektionsebenen schräg liegt, erscheinen alle drei Projektionen verkürzt. In 7.29 ist ihre wahre Länge durch Umklappen des Projektionstrapezes A'B' B_1A_1 in die Ebene der Draufsicht ermittelt. Dies geschieht durch Abgreifen der beiden parallelen Trapezseiten a und b aus der Vorderansicht bzw. Seitenansicht, die an die Projektion A'B' rechtwinklig angetragen werden. Die Verbindung ihrer Endpunkte A_1 und B_1 ergibt die wahre Länge der im Raum liegenden Strecke AB.

Die auf den Projektionsebenen der Vorder- und Seitenansicht senkrecht stehenden Projektionstrapeze in 7.30 und 7.31 können auch entsprechend umgeklappt werden.

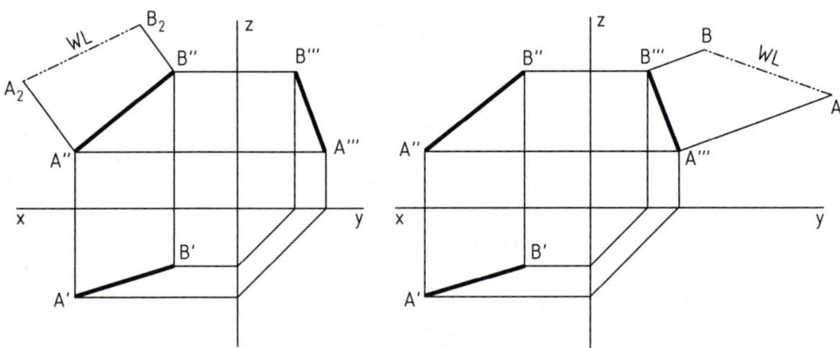

7.30 und 31 Ermitteln der wahren Längen durch Umklappen

Durch Drehen

Die wahre Länge der Projektion, z. B. A''B'' in der Vorderansicht, entsteht, wenn man die Projektion A'B' in der Draufsicht so weit um den festen Punkt B' dreht, dass A'B' parallel zu der Projektionsachse x und damit auch parallel zur Projektionsebene der Vorderansicht zu liegen kommt. Der Endpunkt A_2 der wahren Länge in der Vorderansicht ergibt sich durch Übertragen der Senkrechten aus der Draufsicht von A_1 aus und durch Verlängern der Waagerechten A''A''' über A'' hinaus. Die Verbindung A_2B'' ist die gesuchte wahre Länge der im Raum liegenden Strecke AB.

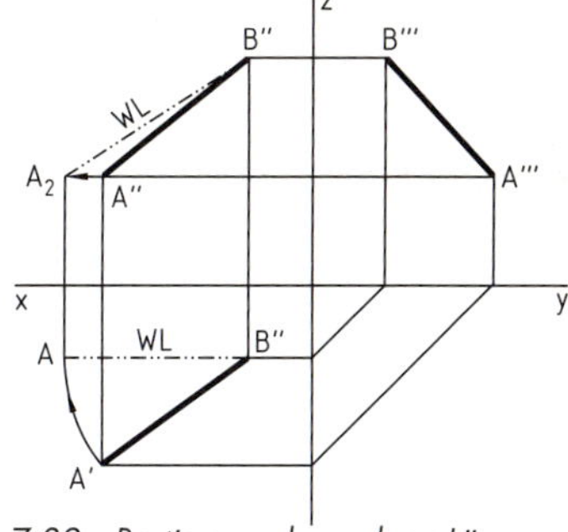

7.32 Bestimmen der wahren Länge durch Drehen

Die wahre Länge kann auch in der Draufsicht und Seitenansicht ermittelt werden, 7.33 und 7.34.

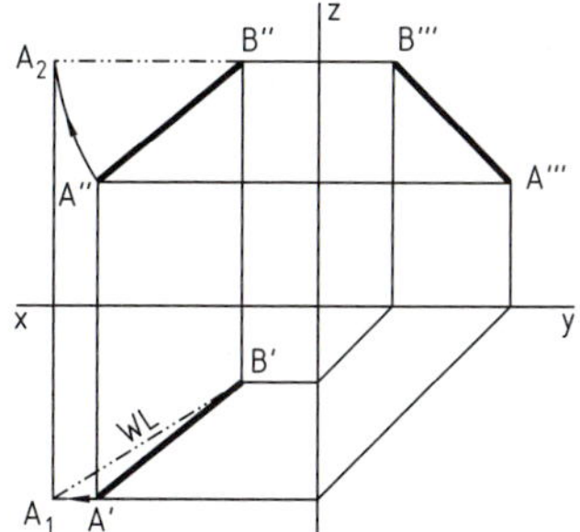

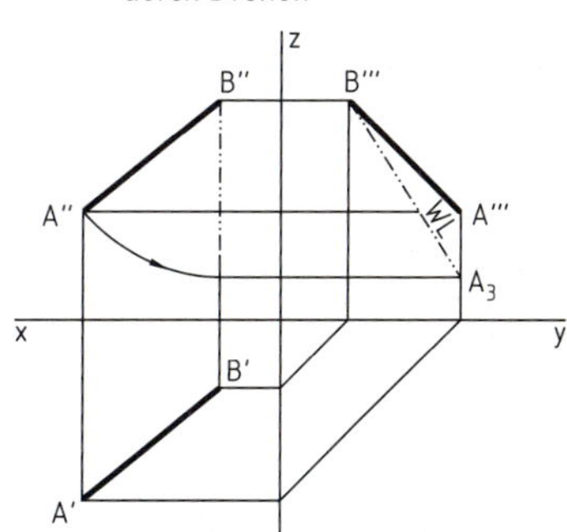

7.33 und 34 Bestimmen der wahren Länge durch Drehen

Bei der Konstruktion von Abwicklungen werden die wahren Längen der gesuchten Strecken durch Drehen oder Umklappen bestimmt, da die Abmessungen der Mantelflächen in den Ansichten in vielen Fällen verkürzt erscheinen.

Übungen im räumlichen Vorstellen:

1. Fertigen Sie eine räumliche Ecke aus Karton an, wie in 7.27 dargestellt. Halten Sie entsprechend 7.28 einen Bleistift in die räumliche Ecke und erkennen Sie die Projektionen in den drei Ansichten. Führen Sie die beim Bestimmen der wahren Länge erforderlichen Drehungen und Umklappungen aus, wie auf den Seiten 210 und 211 beschrieben.
2. Ermitteln Sie die wahre Länge der im Raum liegenden Strecke AB durch Klappen des Projektionstrapezes in die Projektionsebene der Vorderansicht und Seitenansicht auch zeichnerisch, S. 210.
3. Bestimmen Sie die wahre Länge der im Raum liegenden Strecke AB durch Drehen parallel zur Projektionsebene der Draufsicht bzw. der Seitenansicht auch zeichnerisch, S. 211.

7.2.3 Projektion von ebenen Flächen

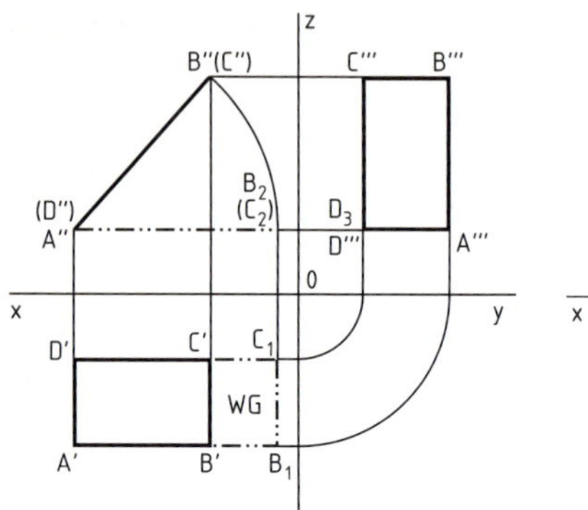

7.35 Bestimmen der wahren Größe der Fläche ABCD durch Drehen

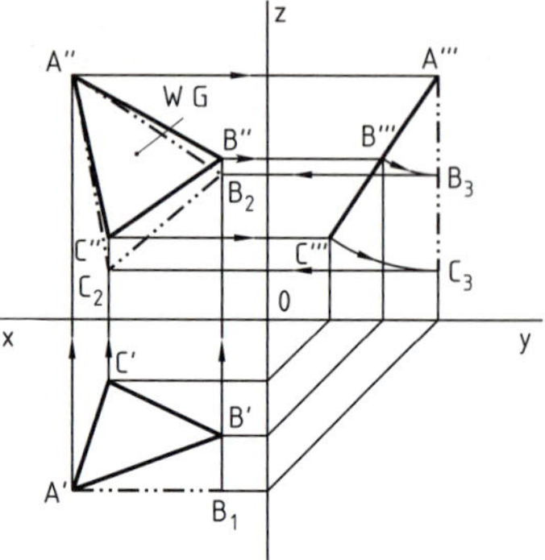

7.36 Bestimmen der wahren Größe (WG) der Fläche ABC durch Drehen

Bestimmen der wahren Größe einer Fläche durch Drehen

7.35 zeigt die Fläche ABCD, die senkrecht zur Projektionsebene der Vorderansicht steht und daher dort als Gerade erscheint. Da diese Fläche zur Ebene der Draufsicht und Seitenansicht schräg liegt, wird sie hier verkürzt gezeichnet.

Eine ebene Fläche bildet sich nur dort in wahrer Größe ab, wo sie parallel zur Projektionsebene liegt, 7.25.

Durch Drehen der Fläche ABCD um die Seite AD parallel zur Projektionsebene der Draufsicht ergibt sich dort die wahre Größe $A'B_1C_1D'$ dieser Fläche.

Die im Raum liegende Dreieckfläche ABC, 7.36, liegt zu keiner Projektionsebene parallel, daher muss ihre wahre Größe ermittelt werden. Die Fläche ABC, die auf der Projektionsebene der Seitenansicht senkrecht steht und dort als Strecke A'''C''' erscheint, wird z. B. um den Eckpunkt A''' in die parallele Lage $A'''C_3$ zur z-Achse gedreht. Sie erscheint nun in der Vorderansicht in ihrer wahren Größe (strichpunktiert eingezeichnet).

Zum Bestimmen der Eckpunkte der Fläche $A''B_2C_2$ in der Vorderansicht zieht man die Parallelen zur xy-Achse durch B_3 und C_3 der Seitenansicht und projiziert aus der Draufsicht die Projektionsstrahlen von B' und C' in der Vorderansicht. Die Verbindung der so gefundenen Schnittpunkte B_2 und C_2 mit A'' ergibt die Fläche $A''B_2C_2$, welche die wahre Größe der im Raum liegenden Fläche ABC darstellt. Beim Konstruieren der wahren Größe der Projektionsfläche A'B'C' in der Draufsicht muss die Projektion A'''C''' in der Seitenansicht parallel zur xy-Achse gedreht werden.

7.2.4 Bestimmen von Durchstoßpunkten

Die meisten Durchdringungen lassen sich auf zwei Grundkonstruktionen zurückführen: Den Durchstoßpunkt einer Geraden mit einer ebenen oder gekrümmten Fläche bestimmen.

Bei der Konstruktion von Durchstoßpunkten werden Hilfsebenen bzw. Hilfsschnitte gelegt.

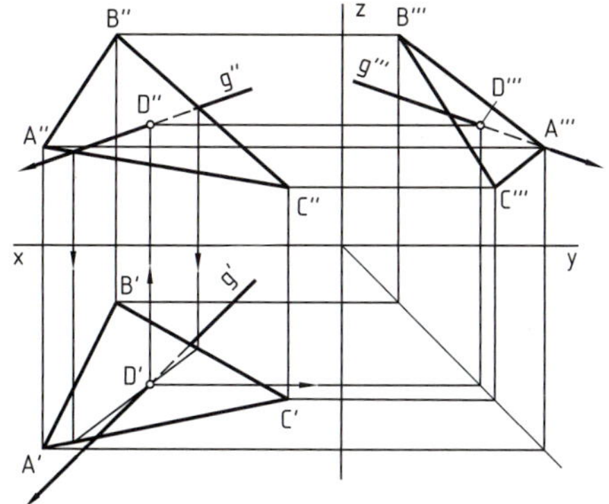

7.37 Gerade durchstößt ebene Fläche.

Hilfsebene

7.38 Durch die räumliche Darstellung des Durchstoßpunktes wird die Hilfsebene, die senkrecht zur Vorderansicht liegt, sichtbar.

Durchstoßpunkt einer Geraden mit einer ebenen Fläche

Von der Dreieckfläche, die geneigt und gedreht im Raum liegt, und der Geraden g sind die Vorderansicht, die Draufsicht und die Seitenansicht mit den Projektionen g'', g' und g''' gegeben. Gesucht ist der Durchstoßpunkt in den drei Ansichten.

Durch die Gerade g legt man eine Hilfsebene, die auf der Projektionsebene einer Ansicht, z. B. auf der Vorderansicht, senkrecht steht, 7.37. In der Vorderansicht erscheint dann die Hilfsebene als Strecke und fällt mit der Geraden g'' zusammen. Der Schnittpunkt der Geraden g' mit der in der Draufsicht eingezeichneten Schnittgeraden von Hilfsebene und Dreieckfläche ist der Durchstoßpunkt in der Draufsicht.

Bei der Konstruktion projiziert man aus der Vorderansicht die scheinbaren Schnittpunkte der Geraden g'' mit den Dreieckseiten auf die entsprechenden Seiten der Draufsicht und verbindet sie miteinander. Der Schnittpunkt dieser Schnittgeraden mit g' ist der Durchstoßpunkt in der Draufsicht. Senkrecht darüber liegt der Durchstoßpunkt in der Vorderansicht.

Durch entsprechendes Projizieren ergibt sich der Durchstoßpunkt in der Seitenansicht.

Bestimmen von Durchstoßpunkten einer Geraden mit ebenflächigen Körpern am Beispiel einer Pyramide

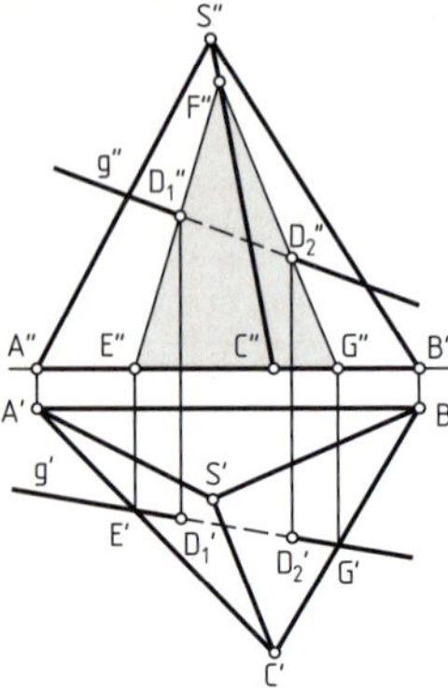

7.39 Normalebene

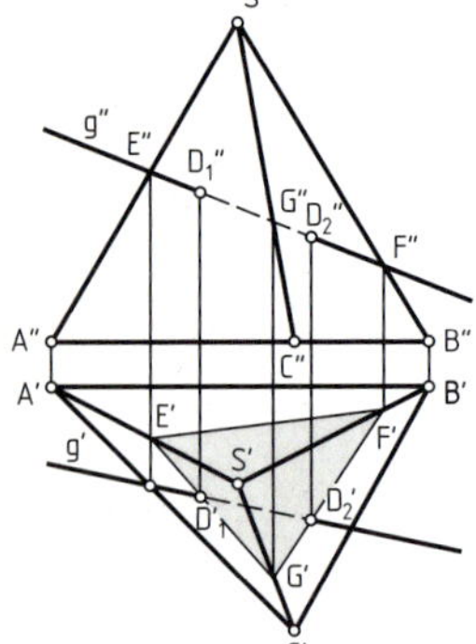

7.40 Hauptebene

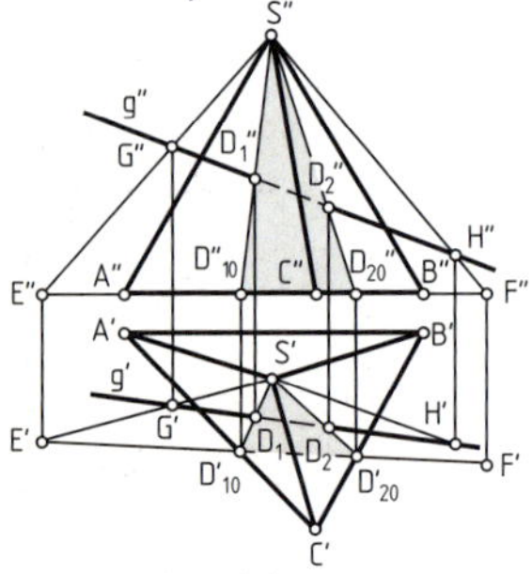

7.41 Scheitelebene

Die Wahl der Hilfsebene zur Ermittlung der Durchstoßpunkte einer Geraden mit ebenflächigen Körpern wird am Beispiel einer Pyramide gezeigt.

1. Hilfsebene senkrecht zur Draufsicht (Normalebene), 7.39

Wählt man eine Hilfsebene, in der die Gerade g liegt und die senkrecht zur Draufsicht liegt, dann ist g' zugleich die Projektion der Hilfsebene in der Draufsicht. Die Hilfsebene schneidet die Pyramide in der Vorderansicht in den Schnittgeraden E"F" und F"G", auf denen die Projektionen der Durchstoßpunkte D_1'' und D_2'' liegen. D_1' und D_2' liegen auf Senkrechten durch D_1'' und D_2''.

2. Hilfsebene senkrecht zur Vorderansicht (Hauptebene), 7.40

Wählt man eine Hilfsebene, in der die Gerade g liegt und die senkrecht auf der Vorderansicht steht, dann ist g" zugleich die Projektion der Hilfsebene in der Vorderansicht. Diese Hilfsebene schneidet die Pyramide in der Draufsicht in den Schnittlinien E'F', F'G' und E'G', auf denen die Projektionen der Durchstoßpunkte D_1' und D_2' liegen.

3. Hilfsebene durch die Pyramidenspitze (Scheitelebene), 7.41

Legt man die Hilfsebene, in der die Gerade g liegt, durch die Pyramidenspitze, dann ergibt sich in der Draufsicht E'F' als Schnittgerade dieser Hilfsebene mit der Projektionsebene. Diese Schnittgerade wird mithilfe der beiden frei gewählten Punkte E und F konstruiert.

Die Hilfsebene schneidet die Pyramide in der Draufsicht in den Schnittlinien $S'D_{10}'$ und $S'D_{20}'$ und in der Vorderansicht in den Schnittlinien $S''D_{10}''$ und $S''D_{20}''$. Die Schnittpunkte dieser Schnittlinien mit den Projektionen der Geraden sind die gesuchten Durchstoßpunkte.

Konstruktion von Durchstoßpunkten an verschiedenen Grundkörpern

Durchstoßpunkte einer Geraden mit der Mantelfläche eines Sechskantprismas

Die Hilfsebene wird entlang der Geraden senkrecht zur Projektionsebene der Draufsicht gelegt (Normalebene).

Aus der Draufsicht projiziert man die Schnittgeraden der Hilfsebene mit der Prismenmantelfläche in die Vorderansicht, wobei sich die gesuchten Durchstoßpunkte ergeben.

Die Gerade g zeichnet man in drei Ansichten mithilfe der Projektionen zweier Hilfspunkte auf der Geraden.

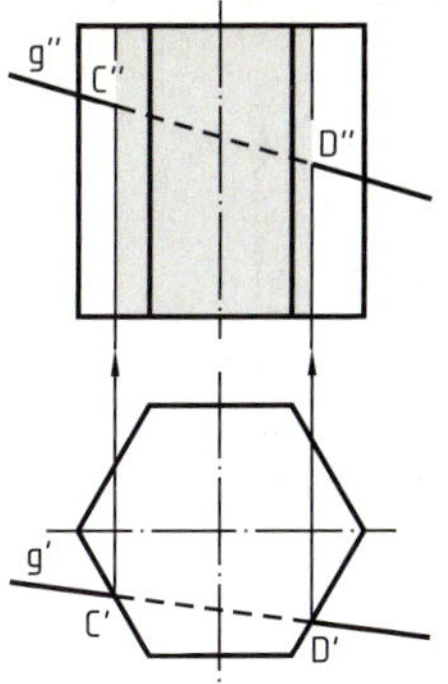

7.42 Gerade – Sechskantprisma

Durchstoßpunkte einer Geraden mit einer Zylindermantelfläche

Die Hilfsebene wird entlang der Geraden senkrecht zur Projektionsebene der Draufsicht gelegt. Aus der Draufsicht wird die Schnittgerade der Hilfsebene mit der Zylindermantelfläche in die Vorderansicht projiziert, wobei sich die gesuchten Durchstoßpunkte ergeben.

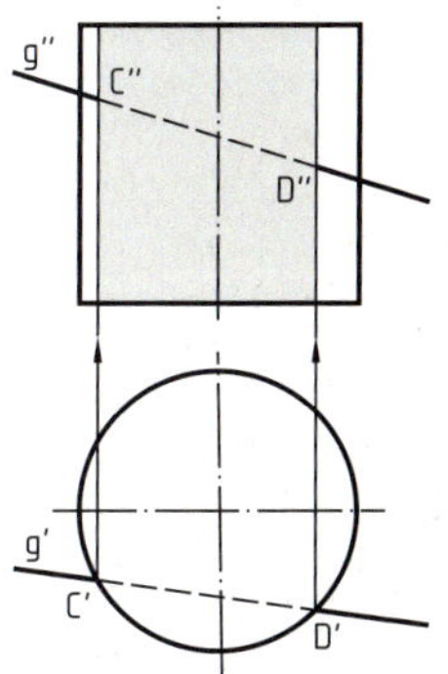

7.43 Gerade – Zylinder

Durchstoßpunkte einer Geraden mit einer Kegelmantelfläche

Beim Kegel legt man die Hilfsebene zweckmäßigerweise durch die Kegelspitze (Scheitelebene) und durch die Gerade g. Dabei ergeben sich die Schnittgeraden der Hilfsebene mit der Kegelmantelfläche als Mantellinien. Die Schnittgerade der Hilfsebene mit der Projektionsebene der Draufsicht wird mithilfe zweier Punkte A und B auf der Geraden g konstruiert. Diese bestimmt die Mantellinien, welche die Schnittfläche der Hilfsebene begrenzen. Auf ihnen liegen die gesuchten Durchstoßpunkte.

Übung: *Konstruieren Sie auf einem DIN-A4-Blatt in doppelter Größe wie in 7.42 … 44 die Durchstoßpunkte einer Geraden mit einem Sechskantprisma, einem Zylinder und einem Kegel.*

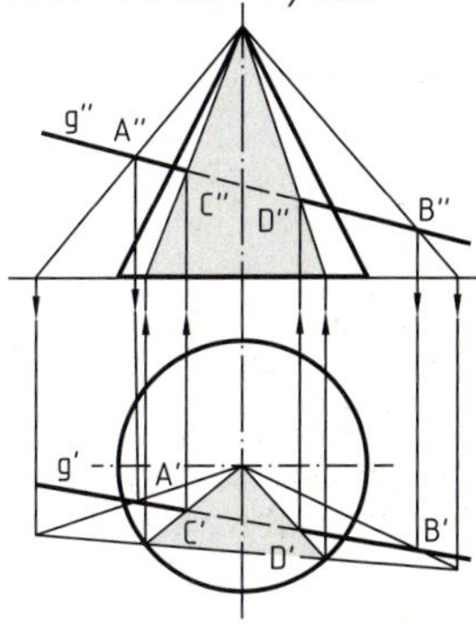

7.44 Gerade – Kegel

7.2.5 Durchdringung von ebenen Flächen

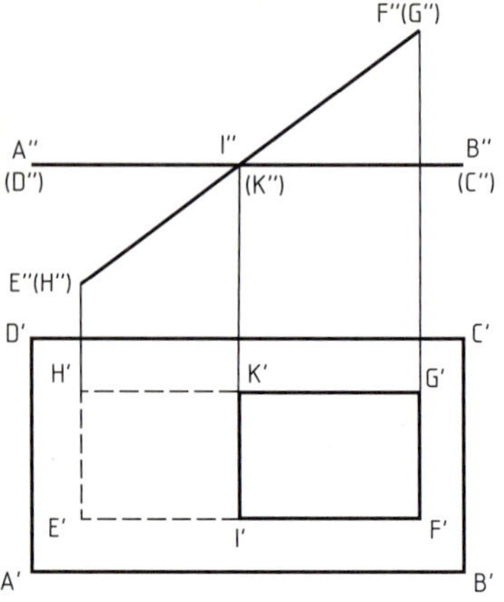

7.45 Schnittkante zweier Rechteckflächen

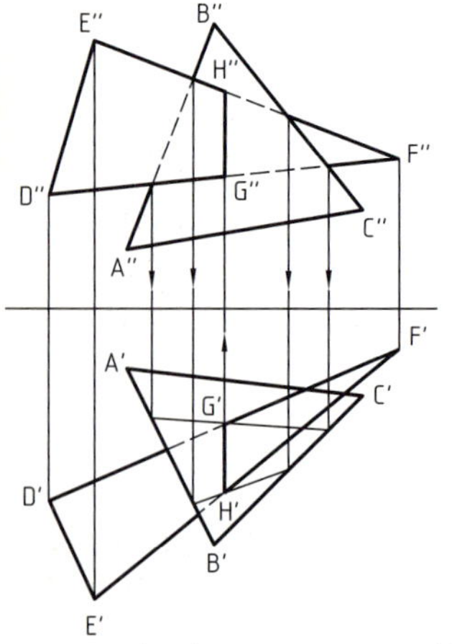

7.46 Schnittkante zweier Dreieckflächen

Zwei ebene Flächen schneiden sich in einer Geraden

Begrenzte ebene Flächen, z.B. Dreieckflächen, 7.46, schneiden sich in Schnittkanten. Hierbei erhält man die Schnittkante der beiden Dreieckflächen durch Verbinden der Durchstoßpunkte zweier Seiten einer Dreieckfläche mit der anderen Dreieckfläche.

In 7.45 liegt die Rechteckfläche ABCD parallel zur Projektionsebene der Draufsicht und die Rechteckfläche EFGH steht senkrecht auf der Projektionsebene der Vorderansicht. Die Projektion von I'' und K'' in die Draufsicht ergibt die Endpunkte der Schnittkante I'K'.

Um in 7.46 die Schnittkante der beiden zur Projektionsebene der Vorderansicht und Draufsicht schräg liegenden Dreieckflächen ABC und DEF zu erhalten, werden zwei Hilfsebenen senkrecht zur Vorderansicht gelegt. Diese verlaufen durch die Dreieckseiten D''F'' und E''F''. Die in die Projektionsebene der Draufsicht projizierten entsprechenden Schnittkanten der Hilfsschnittflächen mit der Dreieckfläche A'B'C' schneiden die Dreieckseiten D'F' und E'F' in den Durchstoßpunkten G' und H'. Die Schnittkante in der Draufsicht erhält man durch Verbinden der Punkte G' und H', die in die Vorderansicht übertragen werden müssen.

Der Kreiskegel in 7.47 wird aus seiner senkrechten Lage um 30° zur Projektionsebene der Draufsicht gekippt. Die Verkantung erfolgt parallel zur Projektionsebene der Vorderansicht. Hierbei erscheint die Höhe des Kreiskegels in wahrer Größe, während der Grundkreis als Ellipse sichtbar wird. Diese kann in der Draufsicht aus dem Grundkreis des senkrecht stehenden Kegels und aus dem geneigten Kegel in der Vorderansicht konstruiert werden.

7.2.6 Projektion von geneigten Körpern

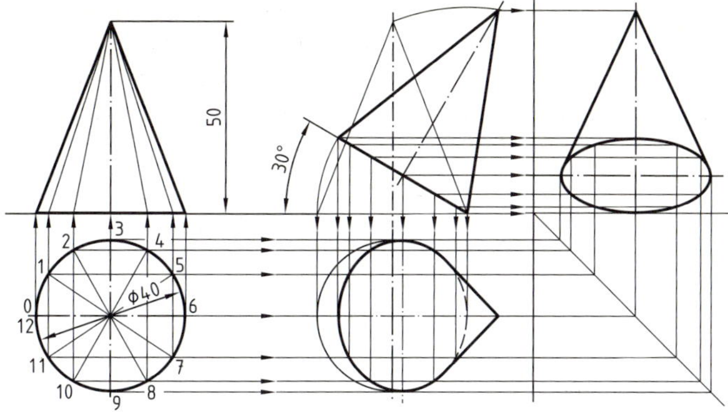

7.47 Geneigter gerader Kreiskegel

Darstellen eines zu allen drei Projektionsebenen geneigten Körpers durch Kippen und Drehen

Körper zu zwei Projektionsebenen *zu drei Projektionsebenen geneigt*

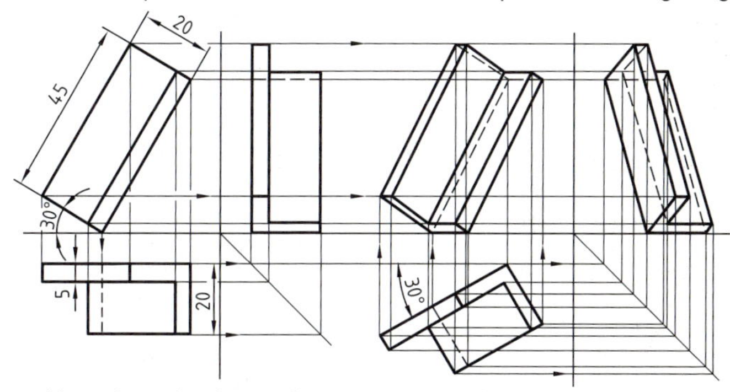

7.48 Stahl aus der senkrechten Stellung parallel zur Projektionsebene der Vorderansicht um 30° gekippt

7.49 Gekippter Stahl um 30° zur Projektionsebene der Vorderansicht gedreht

Den Körper kippt man zunächst parallel zu einer Ebene, den Winkelstahl z. B. um 30° parallel zur Projektionsebene der Vorderansicht. Die Drehung erfolgt um einen bestimmten Winkel gegenüber der parallelen Projektionsebene, z. B. beim Winkelstahl um 30° zur Projektionsebene der Vorderansicht. Dabei wird die betreffende Projektion des gekippten Körpers, im Beispiel die Draufsicht, nur unter einem anderen Winkel zur Projektionsachse aufgezeichnet. Die beiden übrigen Projektionen der Vorderansicht (A) und der Seitenansicht (C) bestimmt man durch Loten aus der gekippten und gedrehten Projektion.

7.3 Schnitte und Abwicklungen

Normalschnitte an Grundkörpern

Bei Normalschnitten steht die Schnittebene senkrecht zu zwei oder zu einer Projektionsebene.

Schnittebene senkrecht zu zwei Projektionsebenen

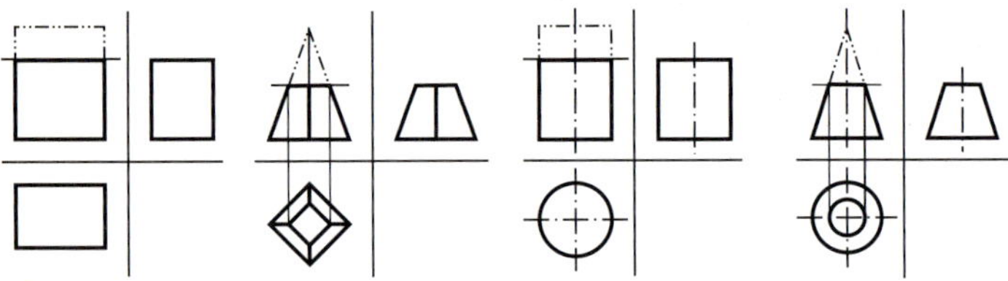

7.50

Schnittebenen senkrecht zu einer Projektionsebene und geneigt zu einer anderen

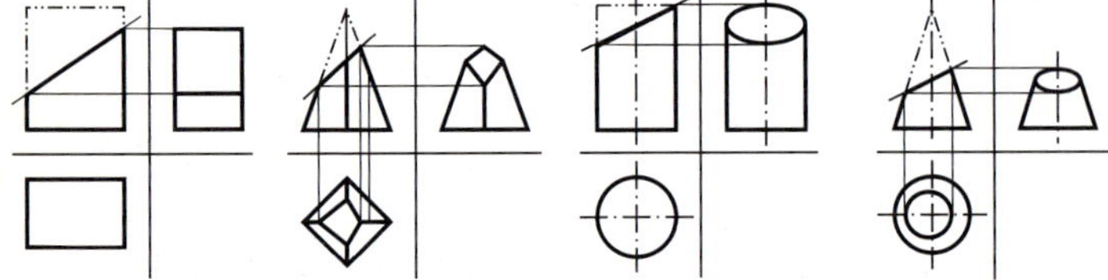

7.51

7

Bei Normalschnitten an Grundkörpern verlaufen die Schnittebenen entweder senkrecht zu zwei Projektionsebenen, 7.50, oder senkrecht zu einer Projektionsebene und zu einer anderen geneigt, 7.51. Diese verändern die Körper je nach ihrer Grundform und der Lage der Schnittebenen.

Normalschnitte parallel oder geneigt zur Grundfläche verändern bei prismatischen und zylindrischen Körpern die Draufsicht nicht. Normalschnitte an Pyramiden, Kegeln und Kugeln, die parallel zur Grundfläche verlaufen, verändern die Draufsicht, während Schnittebenen, die geneigt zur Grundfläche liegen, die Draufsicht und Seitenansicht verändern.

Schiefe Schnitte an Grundkörpern

Schief im Raum liegende Schnittebenen, die zu keiner Projektionsebene senkrecht stehen, verändern je nach Form des geschnittenen Grundkörpers zwei oder alle drei Ansichten. Diese Schnittebenen können durch ihre Spuren e_1 und e_2 oder durch die Projektionen der Eckpunkte der Schnittfläche gegeben sein. Die Konstruktion dieser Punkte erfolgt entweder mithilfe von Höhenlinien oder mithilfe von Frontlinien, s. S. 254 ... 259.

Prismenschnitte und Abwicklungen s. S. 48 und 49.

7.3.1 Zylinderschnitte und Abwicklungen

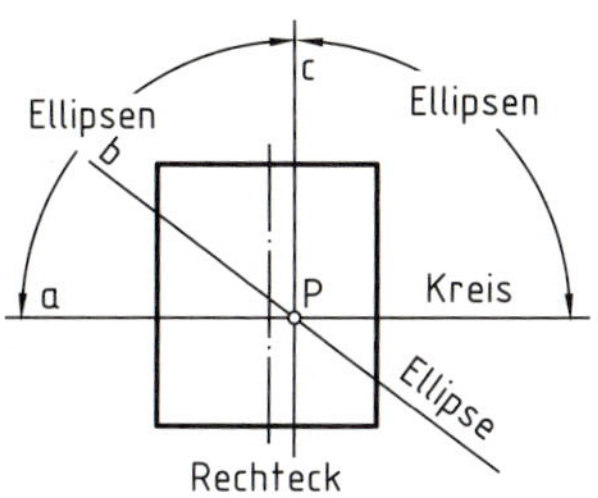

7.52 Lage der Schnittebenen am Zylinder

Je nach Lage der Schnittebene am Zylinder ergeben sich:

a) Kreise,
b) Ellipsen oder
c) Rechtecke.

Schrägschnitte an Zylindern und Abwicklung nach dem Mantellinienverfahren

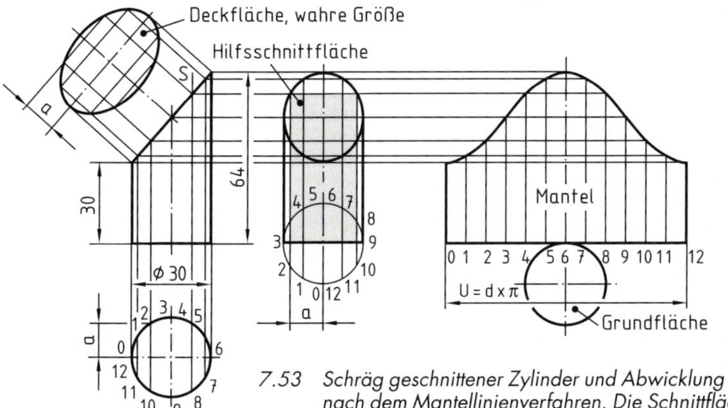

7.53 Schräg geschnittener Zylinder und Abwicklung nach dem Mantellinienverfahren. Die Schnittfläche erscheint in der Vorderansicht als Schnittgerade.

Zur Konstruktion der Schnittkurve eines schräg geschnittenen Zylinders und deren Mantelabwicklung sowie zur Ermittlung der wahren Größe der Schnittfläche ist es zweckmäßig, zuerst den Zylindermantel in der Draufsicht gleichmäßig zu unterteilen. Die Teilungspunkte erhalten fortlaufende Ziffern. Man denkt sich Hilfsschnitte parallel zur Zylinderachse durch entsprechende Teilungspunkte der Draufsicht, z.B. 4 und 8, gelegt. Dort, wo sich in der Seitenansicht die Umrisslinien der entsprechenden Hilfsschnittfläche mit der Körperschnittfläche schneiden, liegen Punkte der Schnittkurve. Die Umrisslinien der Hilfsschnittfläche ermittelt man durch senkrechte und waagerechte Projektionsstrahlen.

Bei der Mantelabwicklung ist die Schnittkurve die Verbindung der Schnittpunkte der waagerechten Projektionsstrahlen aus der Vorderansicht und der senkrechten Mantelteilungslinien des abgewickelten Zylinderumfanges $d \cdot \pi$.

Zum Bestimmen der wahren Größe der Deckfläche errichtet man in der Vorderansicht auf der Schnittgeraden in den Teilungspunkten Senkrechte und überträgt die in der Draufsicht abgegriffenen halben Sehnenlängen (z. B. a) beiderseits der Mittellinie auf die zugehörigen Senkrechten.

Beim Herstellen von Rohrecken, Rohrkrümmern, T-Rohrstücken und Rohrabzweigen sowohl aus Rohrstücken als auch aus Blechen, die dann entsprechend gebogen und zusammengelötet, geschweißt oder genietet werden, sind die Einzelteile als Abwicklungen auf dem Blech oder einer Schablone anzureißen. Die Papierschablone ist auf das Blech oder um das Rohr zu legen. Danach wird angerissen und ausgeschnitten. Die entsprechenden Zugaben für Falzen, Löten und gegebenenfalls für Bördelschweißnähte sind zu berücksichtigen. Die aufzureißenden Werkstücke bzw. Teile werden stets in natürlicher Größe gezeichnet und angerissen.

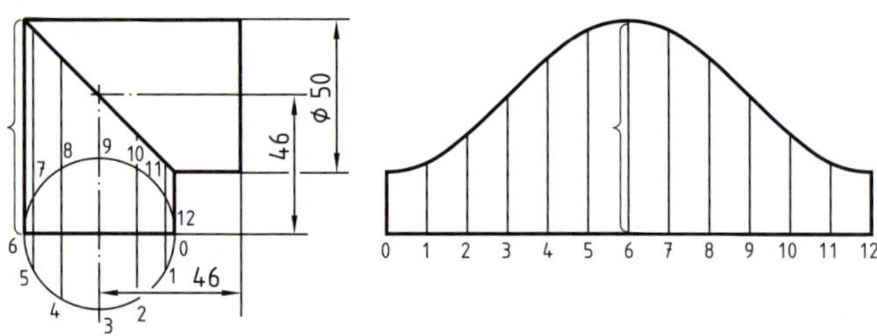

7.54 Abwicklung einer Rohrecke 90°

Die Abwicklung entspricht der Mantelabwicklung des schräg geschnittenen Zylinders, *7.55*, nach dem Mantellinienverfahren.

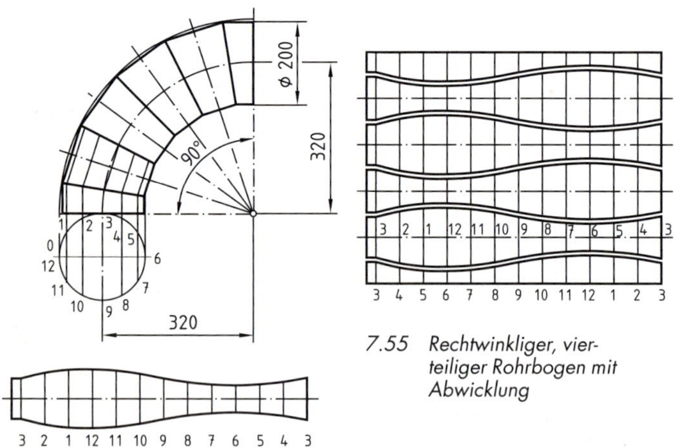

7.55 Rechtwinkliger, vierteiliger Rohrbogen mit Abwicklung

Beim Aufreißen des 4-teiligen Rohrkrümmers von 90° mit Anschlussstutzen zeichnet man mit dem Baumaß r = 320 mm den mittleren Viertelkreis, dann den inneren mit r = 220 mm und den äußeren mit r = 420 mm.

Zum Ermitteln der Lage der Trennfugen zwischen Anschlussstutzen und der Segmente wird der mittlere Viertelkreis in 4 · 2 + 2 = 10 gleiche Teile eingeteilt. Die Mittelpunktstrahlen durch die entsprechenden Teilungspunkte ergeben die Lagen der Trennfugen. Die Konstruktion lässt erkennen, dass die Anschlussstutzen je ein halbes Segment darstellen. Beim Abwickeln eines Segmentes, *7.55*, teilt man den Grundkreis eines Anschlussstutzens in z. B. 12 gleiche Teile und errichtet in diesen Teilungspunkten fortlaufend Senkrechte auf den Trennfugen. Die Höhe der Mantelfläche in den Teilungspunkten kann als Abstand zwischen den Trennfugen von den zugehörigen Senkrechten abgetragen werden. Die halbe Höhe wird beiderseits einer Mittellinie in die Abwicklung übertragen. *7.55* zeigt die gesamte Abwicklung des Rohrbogens als Sparschnitt auf einer Blechtafel. Die Abwicklung der einzelnen Segmente, die gegeneinander verschoben sind, erfolgt, wie in *7.55* dargestellt ist.

7.3.2 Kegelschnitte und Abwicklungen

Je nach Lage der Schnittebene an einem Kegel entstehen die folgenden Kegelschnitte:

a) Schnitt rechtwinklig zur Achse durch die Kegelspitze: Punkt

b) senkrecht zur Achse in beliebiger Höhe: Kreis

c) schräg zur Achse: Ellipse

d) parallel zu einer Mantellinie: Parabel

e) parallel oder schiefwinklig zur Hauptachse durch beide Kegel: Hyperbel

f) durch die Kegelspitze: Dreieck

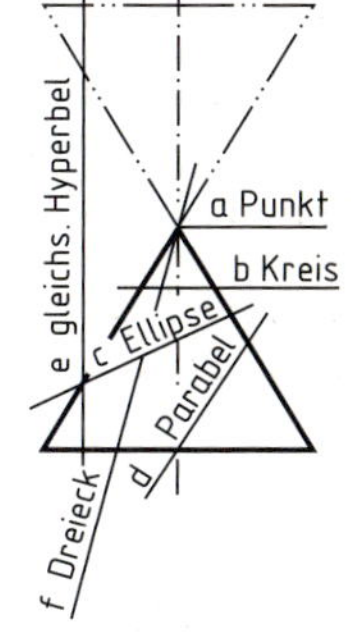

7.56 Schnitte am Kegel

7

Zeichnerische Darstellung eines Kegels mit Mantelabwicklung

Die Abwicklung eines Kegels mit zylindrischer Grundfläche ist ein Kreisausschnitt mit dem Radius der Mantellänge L. Die Bogenlänge des Kreisausschnittes ist gleich dem Umfang des Kegelgrundkreises (U = d x π). Bei bekanntem Winkel α kann die Abwicklung gezeichnet werden.

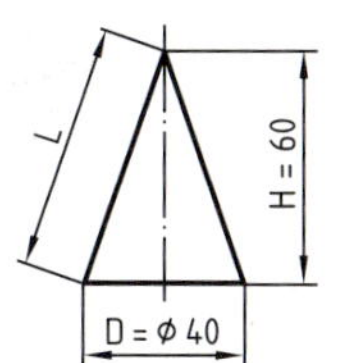

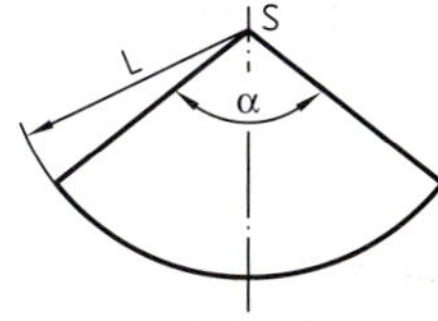

7.57 Kegel und Abwicklung

Kegel mit Kreisschnitt und Abwicklung

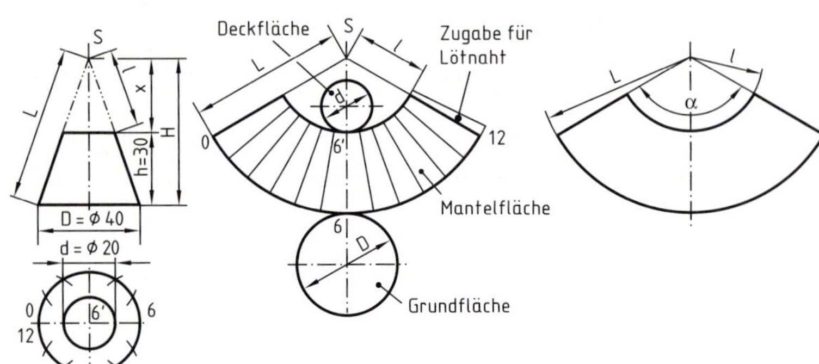

7.58 Abgestumpfter Kegel und Abwicklung

7.59 Zeichnerische Darstellung der Mantelabwicklung

Der Winkel wird berechnet nach der Formel: $\alpha = \frac{D}{L} \cdot 180°$

beim Vollkegel, wenn D und H gegeben:

$$L = \sqrt{\left(\frac{D}{2}\right)^2 + H^2}$$

$$L = \sqrt{20^2 + 60^2} = \sqrt{400 + 3600}$$

$$L = \sqrt{4000}$$

$$L = 63{,}25 \text{ mm}$$

$$\alpha = \frac{40}{63{,}25} \cdot 180° = 113°50'$$

beim abgestumpften Kegel, wenn D, d und h gegeben:

$$L = \sqrt{\left(\frac{D}{2}\right)^2 + H^2}$$

$$H = \frac{D \cdot h}{D - d}$$

$$l = \sqrt{\left(\frac{d}{2}\right)^2 + X^2}$$

$$X = \frac{d \cdot h}{D - d}$$

Die Mantelabwicklung eines abgestumpften Kegels ist ein Kreisringausschnitt. Er ist durch die Größe des Winkels und der beiden Radien L und l bestimmt.

Bei der Mantelabwicklung eines abgestumpften Kegels nach 7.58 wird der Grundkreis der Draufsicht in 12 gleiche Teile geteilt, dann werden um S mit den Radien L und l Kreisbogen geschlagen.

Von dem Schnittpunkt der Teilungslinie mit dem großen Kreisbogen trägt man je 6 gleiche Teilstrecken des Kegelgrundkreises ab. Die Verbindung der so gefundenen Schnittpunkte 0 und 12 mit dem Punkt S ergibt zwischen den Kreisbögen die Mantelabwicklung. An die Teilungspunkte 6 und 6' legt man die Kreise der Grund- und Deckfläche.

Kegel mit Ellipsenschnitt und Abwicklung

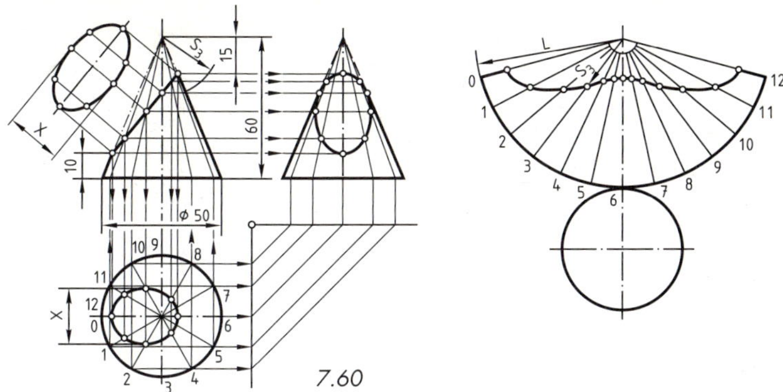

7.60

Zwei Arten von Hilfsebenen bzw. Hilfsschnitten ermöglichen die Konstruktion der Schnittkurven:

1. Hilfsschnitte werden so durch die Kegelachse gelegt, dass sie den Kegel in der Vorderansicht in Mantellinien schneiden und in der Draufsicht als Durchmesser des Kegelgrundkreises erscheinen. Die Hilfsschnitte sind dabei so zu führen, dass der Kegelgrundkreis in eine Anzahl gleicher Teile geteilt wird, z. B. 12 Teile, 7.60 (Mantellinienverfahren).

   Die Schnittpunkte der Mantellinien mit der Schnittgeraden in der Vorderansicht werden auf die entsprechenden Hilfsdurchmesser der Draufsicht gelotet und ergeben dort Schnittkurvenpunkte. Die Schnittkurve in der Seitenansicht ist die Verbindungslinie der Schnittpunkte von waagerechten Parallelen aus der Vorderansicht mit den zugehörigen Mantellinien der Seitenansicht.

   Die Abwicklung des Kegels beginnt mit der Darstellung des Kreisausschnittes vom Radius L = Mantellänge und der Bogenlänge $d \cdot \pi$ des Kegelgrundkreises. Die Bogenlänge wird in eine Anzahl gleicher Teile geteilt. Durch die Teilungspunkte des Kreisbogens sind jetzt Mittelpunktstrahlen (Mantelteilungslinien) zu legen. Ihre zugehörigen Längen findet man in der Vorderansicht auf den äußeren Mantellinien, indem durch den Schnittpunkt der Schnittgeraden mit der entsprechenden Mantellinie eine Waagerechte gelegt wird. Der Abstand von der Kegelspitze bis zum Schnittpunkt der Waagerechten ist dann die gesuchte Länge. Die wahre Größe der Schnittfläche ergibt sich durch Umklappen in die Zeichenebene. In den Teilungspunkten werden Senkrechte zur Schnittgeraden errichtet und auf diesen beiderseits einer Mittellinie die zugehörigen, aus der Draufsicht entnommenen Mittenabstände abgetragen, z. B. x.

2. Hilfsschnitte senkrecht zur Kegelachse erscheinen in der Vorderansicht als Durchmesser und in der Draufsicht als Kreisabschnitte. Die Schnittpunkte der Haupt- und Hilfsschnittflächen in der Vorderansicht werden auf die zugehörigen Hilfskreise in der Draufsicht gelotet, z. B. 7.61.

Kegel mit Parabelschnitt und Abwicklung

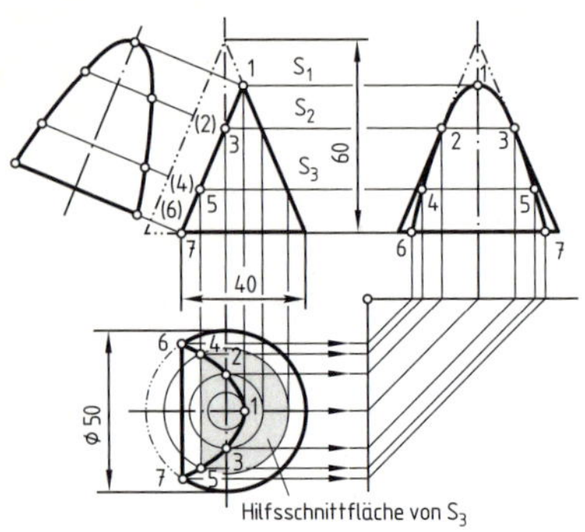

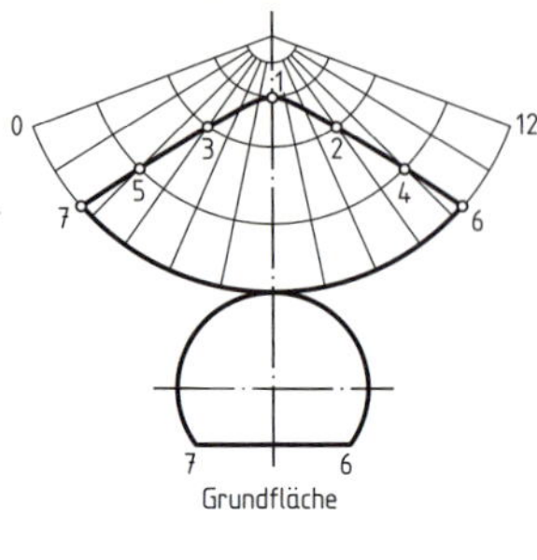

7.61

Kegel mit Hyperbelschnitt und Abwicklung

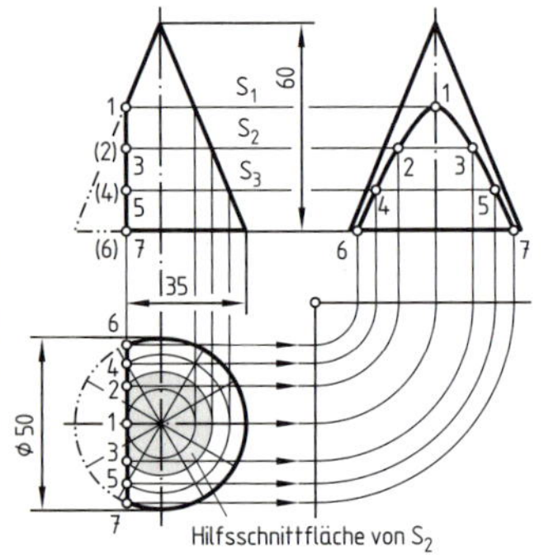

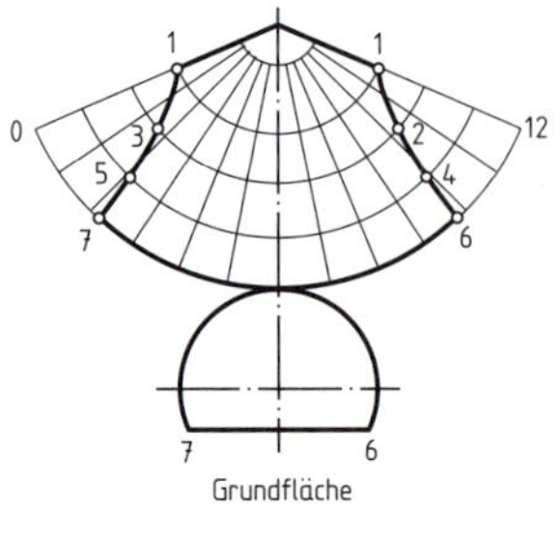

7.62

7

Kegel mit Dreieckschnitt und Abwicklung

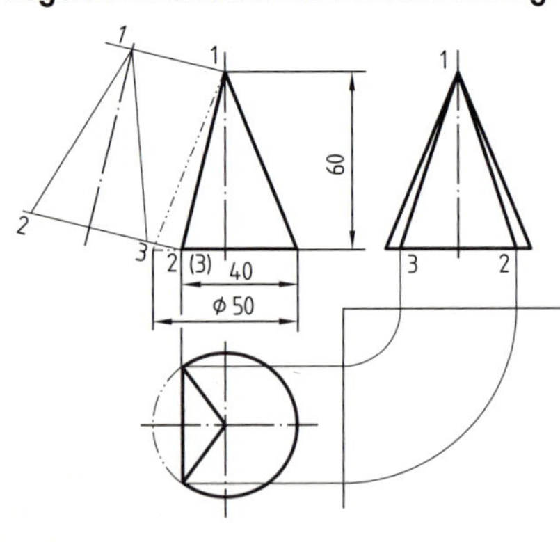

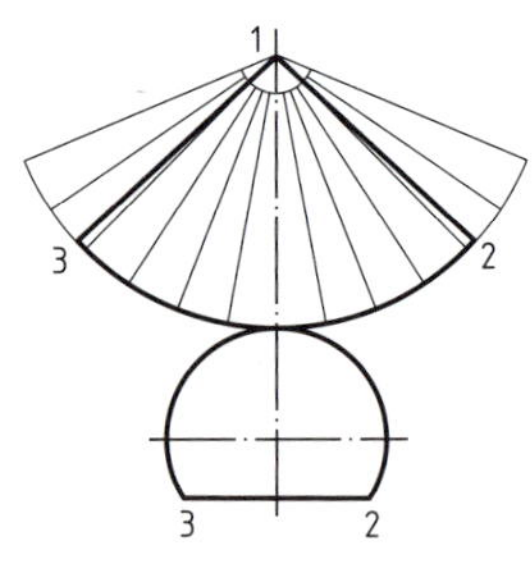

7.63

Die Schnittkurve in der Seitenansicht lässt sich durch Übertragen der Kurvenpunkte aus der Vorderansicht und der Draufsicht konstruieren.

Die Darstellung der Abwicklung und der wahren Größe der Deckfläche entspricht der Beschreibung nach 7.61.

Schiefer Kreiskegel mit Abwicklung

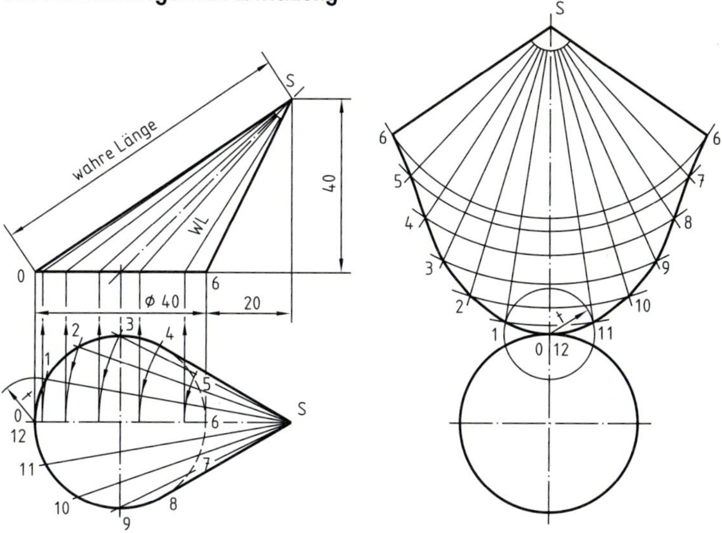

7.64 Schiefer Kreiskegel mit Abwicklung

Man teilt in der Draufsicht den Grundkreis in z. B. 12 gleiche Teile und zeichnet die zugehörigen Mantellinien ein, die hier verkürzt erscheinen. Es ist zweckmäßig, in der Vorderansicht die Mantellinien in wahrer Länge einzutragen. Daher sind in der Draufsicht um die Kegelspitze S Kreise durch die Teilungspunkte zu schlagen und mit der Kegelachse zum Schnitt zu bringen. Danach werden die Schnittpunkte in die Vorderansicht projiziert. Dort ergibt ihre Verbindung mit der Kegelspitze S die wahren Längen der Mantellinien.

Bei der Abwicklung sind die wahren Längen der Mantellinien aus der Vorderansicht zu entnehmen. Man zeichnet zunächst die Mantellinie S 0, schlägt dann um 0 einen Kreisbogen mit der Teilung t und um S einen Bogen mit der wahren Länge der Mantellinie S 1, die sich in den Punkten 1 und 11 der Abwicklungskurve schneiden. Die übrigen Kurvenpunkte ergeben sich als Schnittpunkte der Kreise mit der wahren Länge der Mantellinien und der Teilung t als Radien.

Die Abwicklung eines abgestumpften schrägen Kreiskegels wird ebenso konstruiert wie die vorhergehende 7.64. Die wahren Längen der Mantellinien werden in der Vorderansicht durch die als Gerade erscheinende Schnittfläche festgelegt.

7.3.3 Abwicklung von Übergangskörpern nach dem Dreieckverfahren

Nach dem Dreieckverfahren lassen sich selbst schwierige Körperformen abwickeln. Die abzuwickelnde Fläche wird dabei in einzelne schmale Dreiecke zerlegt, deren wahre Seitenlängen in einer getrennten Zeichnung ermittelt werden. Die Abwicklung ergibt sich dann durch das Aneinanderreihen der Dreiecke in wahrer Größe.

Übergangskörper Quadrat – Kreis

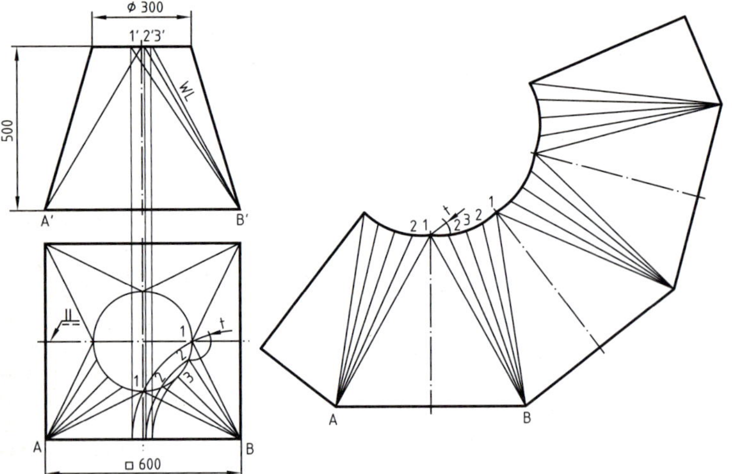

7.65 Dunstrohr mit Abwicklung

Beim Übergangskörper mit quadratischer und kreisrunder Endfläche wird in der Draufsicht ein Viertelkreis in z. B. 4 gleiche Teile geteilt, und die Teilungspunkte werden mit 1, 2, 3, 2 und 1 beziffert sowie mit dem Punkt B verbunden. Kreisbogen um B durch die Teilungspunkte schneiden die Seite A B. Die Schnittpunkte werden in die Vorderansicht gelotet und ergeben die Teilungspunkte 1′, 2′, 3′ usw. Ihre Verbindung mit B′ ist die jeweilige wahre Seitenlänge.

Bei der Abwicklung wird zunächst das gleichschenklige Dreieck A 1 B mit der wahren Seitenlänge B′ 1′ gezeichnet. Die dann um 1 mit dem Radius t und um B bzw. A mit B′ 2′ geschlagenen Kreisbogen schneiden sich beiderseits in den Punkten 2. Auf gleiche Weise findet man alle übrigen Kurvenpunkte.

Man teilt in der Draufsicht den halben Kreisumfang der beiden Kreise des Übergangskörpers je in eine gleiche Anzahl Teile, z. B. 6, und projiziert die entsprechenden Teilungspunkte in die Vorderansicht, 7.66. In beiden Ansichten entsteht durch wechselseitiges Verbinden der Teilungspunkte des großen und kleinen Kreises die Zickzacklinie 0–1–2–3 usw. Zum Bestimmen der wahren Länge der Verbindungsstrecken wird neben der Vorderansicht ein rechter Winkel gezeichnet

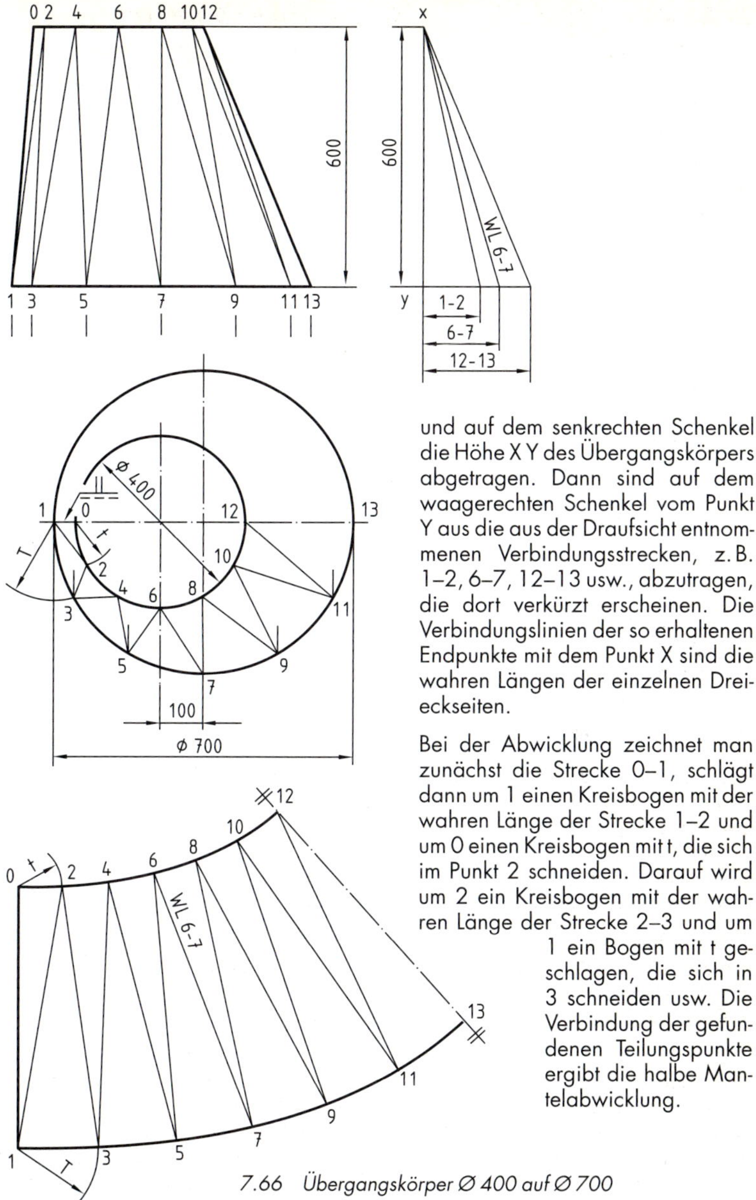

und auf dem senkrechten Schenkel die Höhe X Y des Übergangskörpers abgetragen. Dann sind auf dem waagerechten Schenkel vom Punkt Y aus die aus der Draufsicht entnommenen Verbindungsstrecken, z. B. 1–2, 6–7, 12–13 usw., abzutragen, die dort verkürzt erscheinen. Die Verbindungslinien der so erhaltenen Endpunkte mit dem Punkt X sind die wahren Längen der einzelnen Dreieckseiten.

Bei der Abwicklung zeichnet man zunächst die Strecke 0–1, schlägt dann um 1 einen Kreisbogen mit der wahren Länge der Strecke 1–2 und um 0 einen Kreisbogen mit t, die sich im Punkt 2 schneiden. Darauf wird um 2 ein Kreisbogen mit der wahren Länge der Strecke 2–3 und um 1 ein Bogen mit t geschlagen, die sich in 3 schneiden usw. Die Verbindung der gefundenen Teilungspunkte ergibt die halbe Mantelabwicklung.

7.66 Übergangskörper Ø 400 auf Ø 700

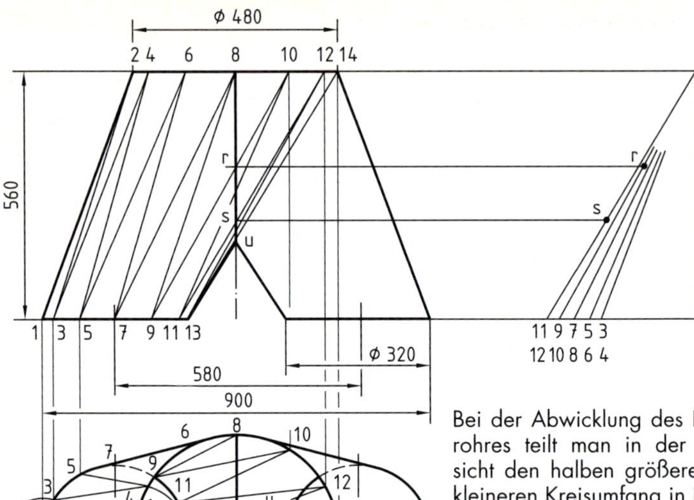

Bei der Abwicklung des Hosenrohres teilt man in der Draufsicht den halben größeren und kleineren Kreisumfang in je eine gleiche Anzahl Teile, z. B. 6, und projiziert die Teilungspunkte in die Vorderansicht. Durch wechselseitiges Verbinden der Teilungspunkte entstehen Zickzacklinien. Die wahren Längen dieser Verbindungsstrecken werden neben der Vorderansicht über Hilfsdreiecke bestimmt. Die Abwicklung wird anschließend mithilfe der wahren Längen der Verbindungslinien konstruiert.

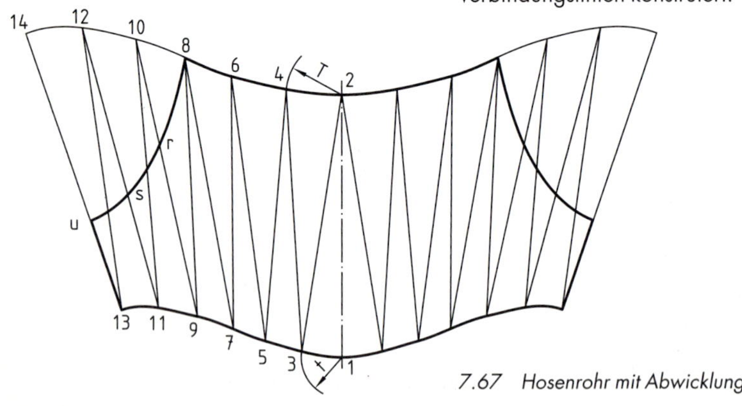

7.67 Hosenrohr mit Abwicklung

7.3.4 Pyramidenschnitte und Abwicklungen

Bei der Abwicklung von Pyramiden und abgestumpften Pyramiden ist zunächst die wahre Mantellänge zu ermitteln. Man schlägt um M mit MA′ einen Kreisbogen bis zur waagerechten Mittellinie und projiziert den Radius bis zur Grundkante der Pyramide in der Vorderansicht. Die Verbindungslinie AB′ ergibt die wahre Mantellänge. Die Abwicklung ähnelt der eines Kegels.

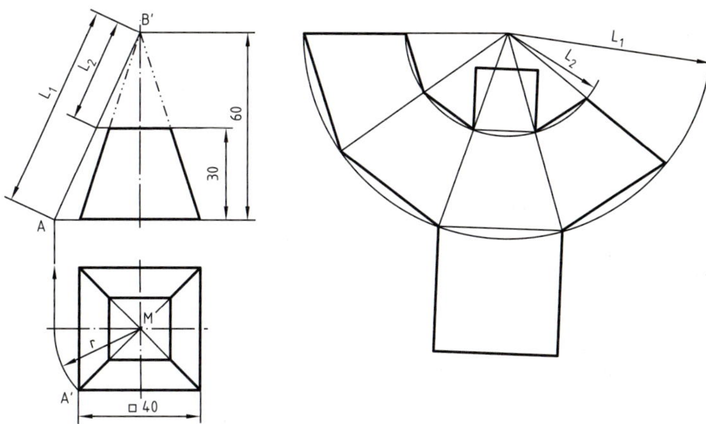

7.68 Vierseitiger Pyramidenstumpf mit Abwicklung

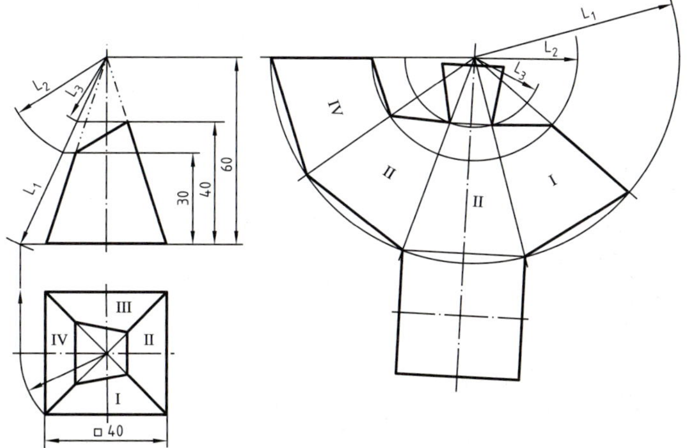

7.69 Schräg geschnittene vierseitige Pyramide mit Abwicklung

7

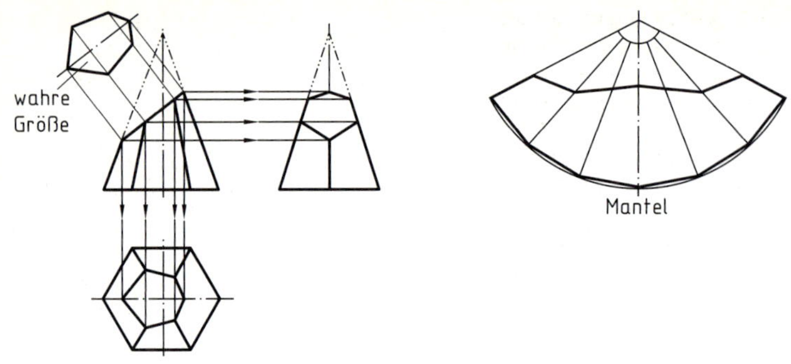

7.70 Sechsseitige schräg geschnittene Pyramide mit Abwicklung

7.3.5 Kugelschnitte und Abwicklungen

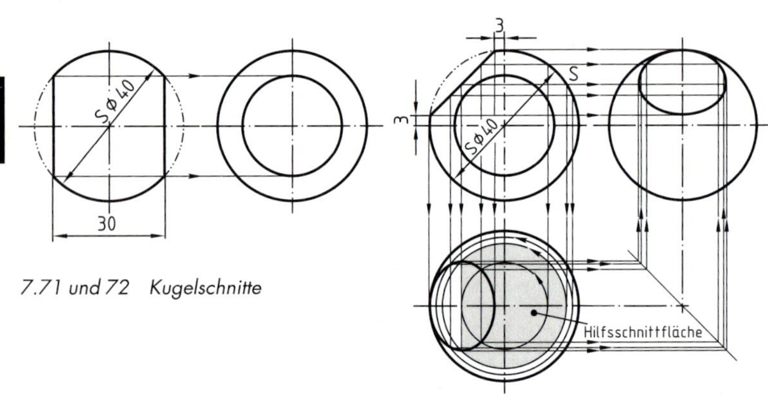

7.71 und 72 Kugelschnitte

Da die Oberfläche einer Kugel allseitig gekrümmt ist, kann eine Abwicklung nur annähernd genau mithilfe von Radialschnitten oder parallelen Scheibenschnitten erfolgen. Je mehr Schnitte gelegt werden, desto genauer wird die Abwicklung.

Kugelabwicklung durch Radialschnitte

Bei der Kugelabwicklung teilt man den Kreis in beliebig viele gleiche Teile, z. B. 12 oder wie in 7.73 in 16 gleiche Teile, verbindet die entsprechenden Teilungspunkte durch Geraden, welche durch den Mittelpunkt gehen. Von diesen Kreisteilungspunkten sind Senkrechte auf die waagerechte Mittellinie zu fällen. Mit den Abständen dieser neuen Schnittpunkte vom Mittelpunkt als Radien werden um den Mittelpunkt Hilfskreise geschlagen. Die Senkrechten von den Schnittpunkten zu den gegenüberliegenden Schnittpunkten dieser Hilfskreise mit den Kreisdurchmessern trägt man in 8 gleichen Abständen auf

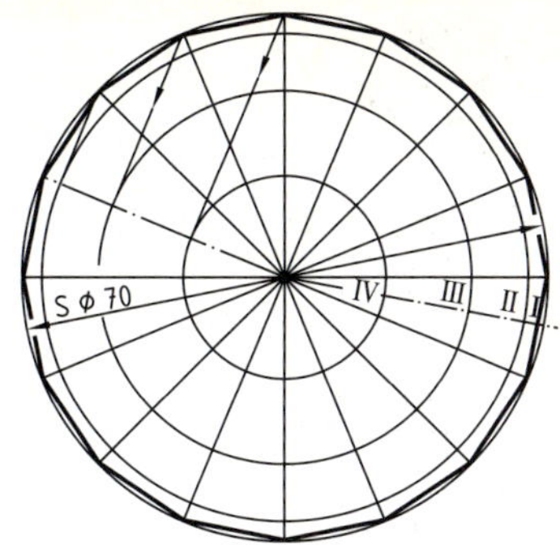

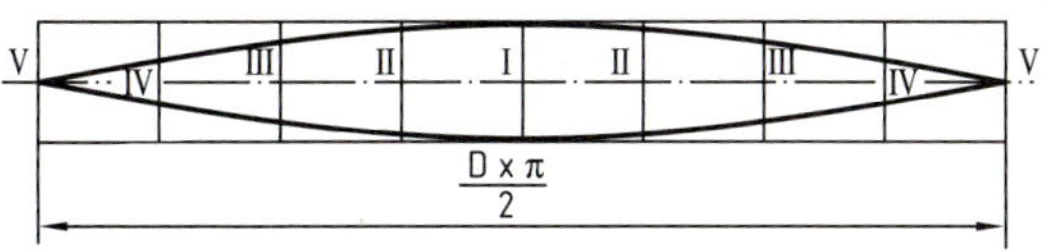

7.73 Kugelabwicklung

einer Geraden ab, die gleich der Hälfte des Kugelumfanges ist. Die Verbindung der einzelnen Endpunkte ergibt die Form und Größe eines der 16 gleichen Teile des Kugelmantels, die auch sphärische Zweiecke genannt werden.

Kugelabwicklung durch parallele Scheibenschnitte

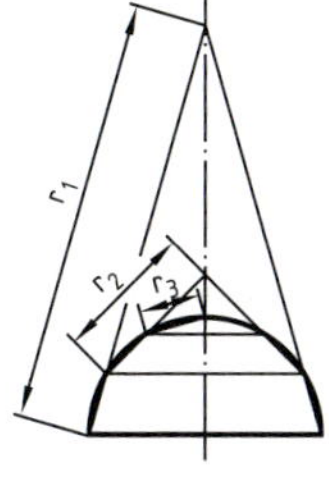

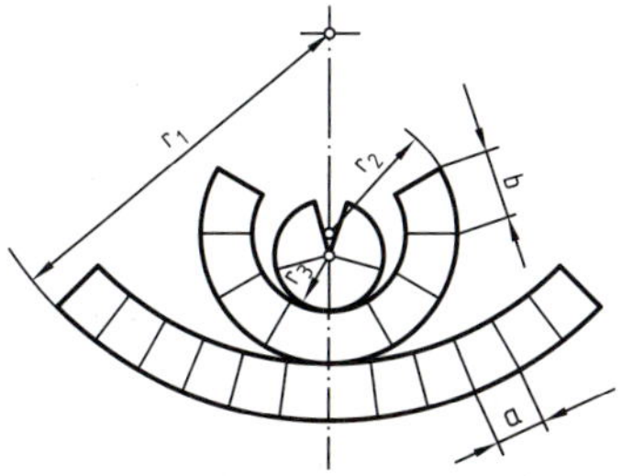

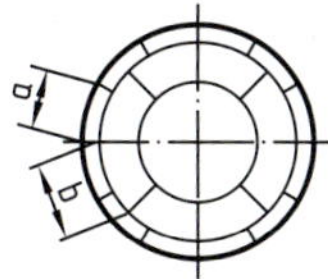

7.74 Kugelabwicklung

Durch parallele Schnitte wird die Kugel in z. B. 3 Scheiben zerlegt und deren Oberfläche als Mantel eines Kegelstumpfes abgewickelt. Für jede Kugelscheibe wird ein entsprechender Kegel ermittelt, dessen Seitenlängen r_1, r_2, r_3 der Abwicklung der Kegelstümpfe zugrunde gelegt werden. Je größer die Anzahl der Kugelscheiben, desto genauer ist die Kugelabwicklung.

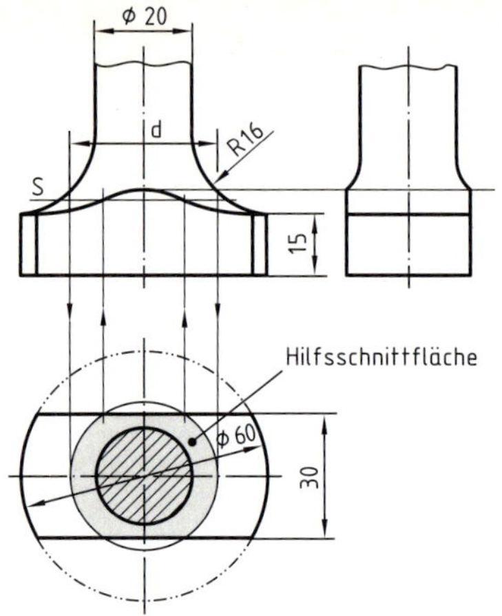

7.75 Stangenende

7.3.6 Drehkörper

Wird ein Drehkörper, z. B. ein Stangenende, parallel zur Drehachse geschnitten, so erfolgt die Konstruktion der Schnittkurve durch Hilfsschnitte, die senkrecht zur Drehachse liegen. Der Hilfsschnitt ergibt in der Vorderansicht einen Durchmesser d, zu dem in der Draufsicht der entsprechende Hilfskreis gezeichnet wird. Die Punkte, in denen der Hilfskreis die Hauptschnittebene schneidet, werden in der Vorderansicht auf die Gerade, welche die Hilfsschnittebene darstellt, übertragen. Diese Schnittpunkte sind Kurvenpunkte. Der höchste Punkt der Schnittkurve wird durch Übertragen aus der Seitenansicht von links ermittelt.

Ist der Durchmesser des Bolzens gleich der Breite des Fußes, so weist die Schnittkurve eine Spitze auf.

7.4 Durchdringungen und Abwicklungen

Durchdringen sich Körper mit ebenen Flächen, so entstehen als Durchdringungsfiguren gerade Linien, wenn aber ein oder beide Körper gekrümmte Flächen haben, dann entstehen Kurven.

Bei Körperdurchdringungen legt man zweckmäßigerweise nur Hilfsebenen bzw. Hilfsschnitte, die die Körper möglichst in geradlinig begrenzten Flächen oder Kreisflächen schneiden. Ist das nicht möglich, so müssen die entstehenden Schnittkurven wie Ellipse, Parabel oder Hyperbel besonders konstruiert werden.

Die Konstruktionen von Körperdurchdringungen lassen sich im Allgemeinen auf folgende Grundkonstruktionen zurückführen: Eine Kante oder Mantellinie durchstößt die ebene oder gekrümmte Fläche eines Körpers.

7.4.1 Durchdringungen und Abwicklungen von Prismen

Durchdringen sich ebene Körper, so entstehen an den zusammenstoßenden Oberflächen gerade Durchdringungslinien. Die Durchstoßpunkte von Körperkanten mit Körperflächen sind Endpunkte der Durchdringungsgeraden.

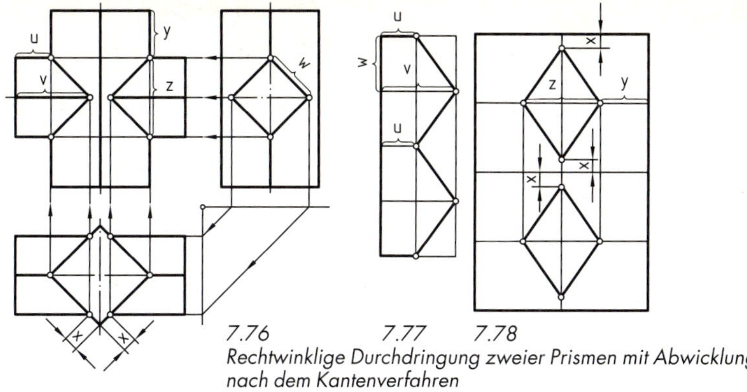

7.76 7.77 7.78
Rechtwinklige Durchdringung zweier Prismen mit Abwicklung nach dem Kantenverfahren

Es werden zunächst die Ansichten, in denen die Durchdringungslinien mit den Körperkanten zusammenfallen, z. B. in 7.76 die Draufsicht und die Seitenansicht, gezeichnet. Dann ermittelt man die senkrechten Kanten der Vorderansicht aus der Draufsicht und die waagerechten aus der Seitenansicht. Danach sind die Durchstoßpunkte aus der Draufsicht in die Vorderansicht zu projizieren. Die Verbindung dieser Durchstoßpunkte ergibt die Durchdringungsgerade: Kantenverfahren.

Die Mantelabwicklung des Durchdringungsprismas ist mit den Maßen u, v, w nach 7.77 zu zeichnen. Bei der Mantelabwicklung des senkrechten Prismas 7.78 werden die Maße x, y und z für die Eckpunkte der Mantelausschnitte aus der Vorderansicht und Draufsicht nach 7.76 entnommen.

Schiefwinklige Durchdringung

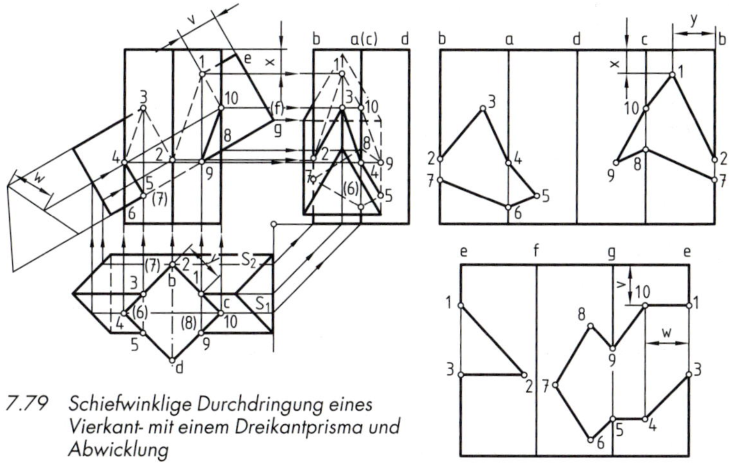

7.79 Schiefwinklige Durchdringung eines Vierkant- mit einem Dreikantprisma und Abwicklung

7.79 zeigt die Durchdringung einer Vierkant- und Dreikantsäule, deren Körperachsen schiefwinklig zueinander liegen. Der besseren Übersicht wegen tragen die Durchstoßpunkte Ziffern und die Körperkanten Buchstaben. Die Durchstoßpunkte 1, 3, 5, 6, 7, 8 und 9 findet man aus der Draufsicht. Da die anderen Durchstoßpunkte 2, 4 und 10 aus keiner der Ansichten zu bestimmen sind, werden Hilfsschnitte gelegt, und zwar für 4 und 10 ein Schnitt S_1 parallel zur Projektionsebene der Vorderansicht durch a–c. Dieser Hilfsschnitt erscheint in der Draufsicht als Gerade und wird von hier in die Vorderansicht gelotet. Dort, wo sich die Umrisslinien der Hilfsschnittfläche beider Körper treffen, liegen die Durchstoßpunkte 4 und 10. Den Durchstoßpunkt 2 findet man mithilfe eines durch b gelegten Hilfsschnittes S_2. Aus der Vorderansicht und Draufsicht werden die Durchstoßpunkte in die Seitenansicht übertragen. Beim Festlegen der Ausschnitte der Mantelabwicklungen ermittelt man die Lage der Durchstoßpunkte jeweils aus der Ansicht, in der die hierfür erforderlichen Längen und Breitenmaße in wahrer Größe abzugreifen sind. So greift man für die Ausschnitte der Mantelabwicklung des stehenden Vierkantprismas zum Bestimmen des linken Mantelausschnittes die Abstände der Punkte 7, 2, 6, 4, 5 und 3 von den Bezugskanten a und b bis zu den entsprechenden Durchstoßpunkten in der Draufsicht, die zugehörigen Höhen in der Vorderansicht ab und überträgt sie in die Mantelabwicklung.

In gleicher Weise werden die Punkte 7, 2, 8, 10 und 9 gefunden. Punkt 1 kann mithilfe der Abstände y aus der Draufsicht und x aus der Vorderansicht bestimmt werden.

7

7.4.2 Pyramidendurchdringungen und Abwicklungen

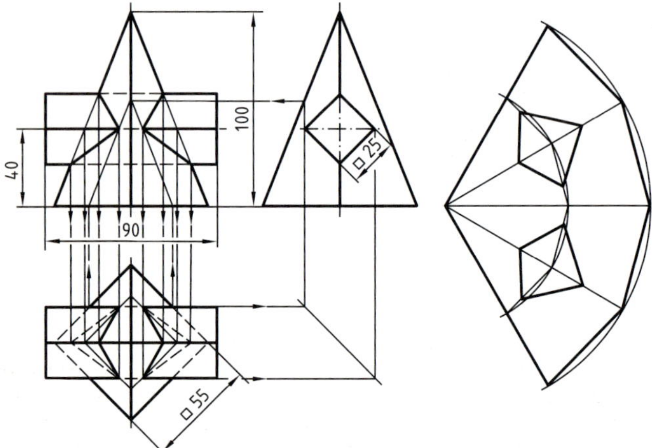

7.80 Rechtwinklige Durchdringung einer Pyramide mit einer Quadratsäule und Mantelabwicklung

Die Ausschnitte der Mantelabwicklung des schräg liegenden Dreikantprismas ergeben sich durch die Abstände und Höhen der Durchstoßpunkte, die aus der Vorderansicht zu entnehmen sind. Die Entfernungen von den Bezugskanten werden für die Punkte 2, 4 und 10 an dem eingeklappten Dreieck abgegriffen.

Pyramidendurchdringungen nach dem Hilfsebenenverfahren

Schräge Durchdringung Pyramide – Prisma

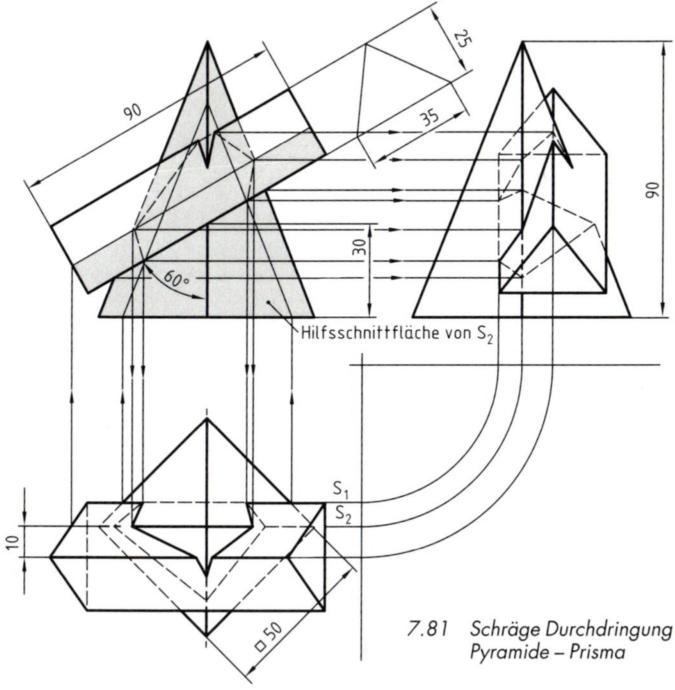

7.81 Schräge Durchdringung Pyramide – Prisma

Die Durchstoßpunkte der Kanten des Dreikantprismas durch die Pyramidenflächen, die sich nicht aus den Ansichten erkennen lassen, werden durch Hilfsschnitte parallel zur Projektionsebene der Vorderansicht, z. B. S_1 und S_2, ermittelt. Dort, wo sich in der Vorderansicht die Umrisslinien der Hilfsschnittflächen beider Körper, die von S_2 ist eingezeichnet, schneiden, liegen die gesuchten Durchstoßpunkte. Diese werden in die Draufsicht und Seitenansicht übertragen. Die Konstruktion entspricht in etwa der in 7.79.

7

7.4.3 Zylinderdurchdringungen und Abwicklungen
Typische rechtwinklige Zylinderdurchdringungen

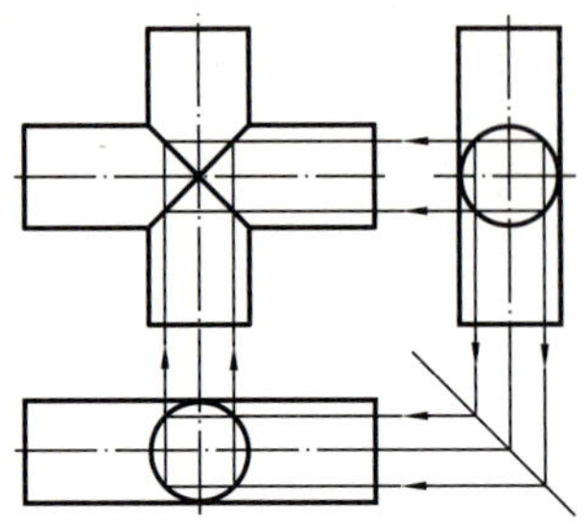

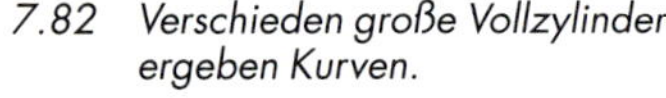

7.82 *Verschieden große Vollzylinder ergeben Kurven.*

7.83 *Zwei gleich große Vollzylinder ergeben ein Diagonalkreuz.*

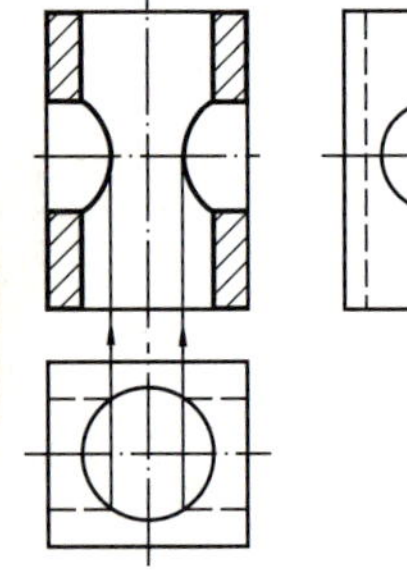

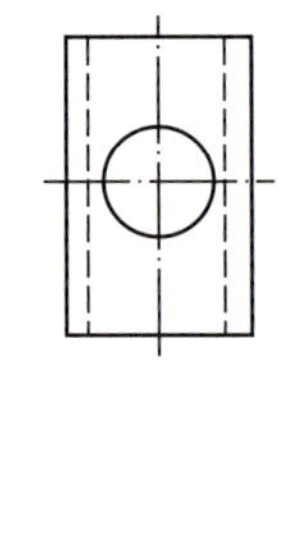

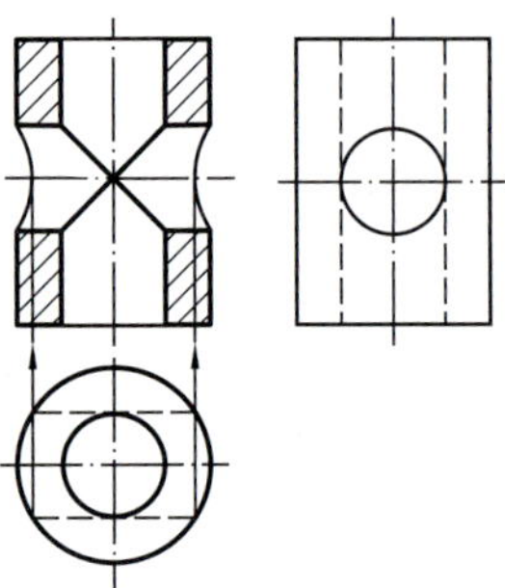

7.84 *Zwei Bohrungen mit verschiedenem Durchmesser ergeben Kurven.*

7.85 *Zwei Bohrungen mit gleichem Durchmesser ergeben ein Diagonalkreuz.*

Durchdringung zweier Zylinder mit gleichen Durchmessern

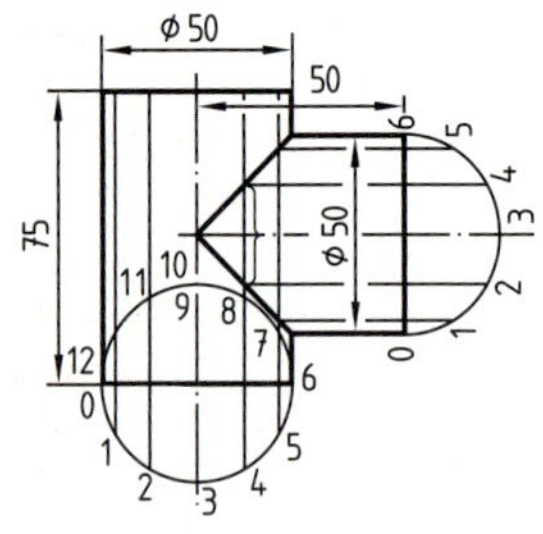

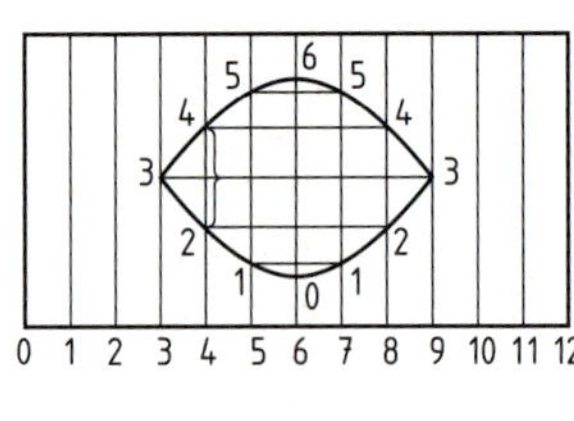

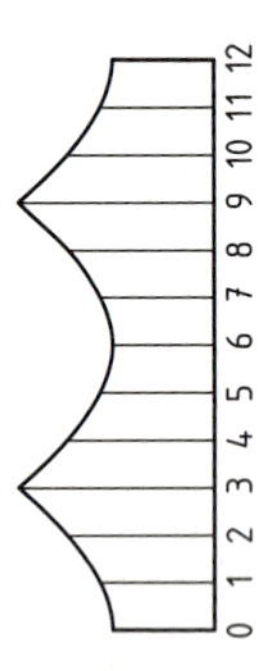

7.86 *Rechtwinklige Durchdringung zweier Zylinder mit gleichen Durchmessern und Abwicklung*

Zylinderdurchdringung nach dem Mantellinienverfahren

Die Durchdringungskurven zweier Zylinder gleicher Durchmesser, deren Achsen sich rechtwinklig schneiden, erscheinen als Geraden. Bei der Abwicklung werden die Höhen der Mantellinien aus der Vorderansicht entnommen.

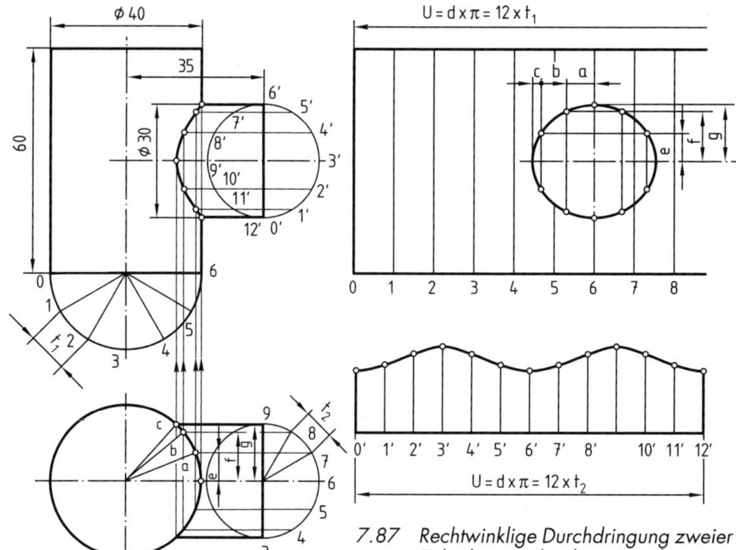

7.87 Rechtwinklige Durchdringung zweier Zylinder verschiedener Durchmesser mit Abwicklung

7.87 zeigt die Durchdringung zweier Zylinder verschiedener Durchmesser. Der Umfang des kleinen Zylinders wird in z. B. 12 gleiche Teile geteilt, die zugehörigen Mantellinien werden in beiden Ansichten eingezeichnet. Die Punkte der Durchdringungskurve werden als Durchstoßpunkte der Mantellinien des kleinen mit der Fläche des großen Zylinders ermittelt. Dabei denkt man sich Hilfsschnittebenen durch die Mantellinien senkrecht zur Projektionsebene der Draufsicht gelegt. Die Schnittpunkte der Mantellinien des kleinen Zylinders mit der als Kreis erscheinenden Fläche des großen Zylinders werden aus der Draufsicht auf die zugehörigen Mantellinien der Vorderansicht projiziert. Die Verbindung der so gefundenen Punkte ergibt die Durchdringungskurve.

Bei der Abwicklung des großen Zylindermantels zeichnet man in das Rechteck die Mantellinien, z. B. 1–12, ein. Von der waagerechten Mittellinie des Ausschnittes aus werden beiderseits in den Abständen e, f und g Parallelen gezeichnet. Aus der Draufsicht entnimmt man die zugehörigen Bogenmaße a, b und c und zieht in diesen Abständen Parallelen zu der Mantellinie 6. Die entstehenden Schnittpunkte sind Kurvenpunkte des Ausschnittes. Die Abwicklung des kleinen Zylinders erfolgt wie unter 7.87 beschrieben.

Rechtwinklige Durchdringung eines Zylinders und eines Dreikantprismas nach dem Hilfsebenenverfahren

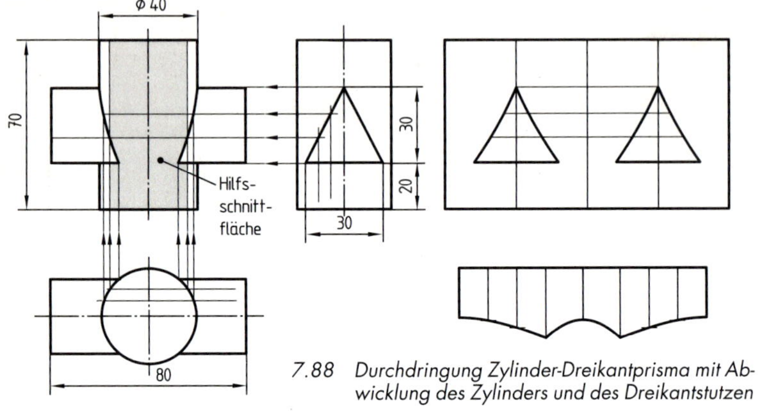

7.88 Durchdringung Zylinder-Dreikantprisma mit Abwicklung des Zylinders und des Dreikantstutzen

Einzelne Punkte der Durchdringungskurven in 7.88 werden durch Hilfsschnitte, z. B. parallel zur Projektionsebene der Vorderansicht, ermittelt. Diese erscheinen in der Draufsicht und Seitenansicht als Geraden und in der Vorderansicht als Hilfsschnittflächen. Die Hilfsschnittfläche S_1 ist eingezeichnet.

7

Hilfskugelverfahren

Das Hilfskugelverfahren vereinfacht die Konstruktion der Durchdringungskurven von Drehkörpern.

Nach dem Hilfskugelverfahren werden die Durchdringungskurven von Drehkörpern vorteilhaft konstruiert, wenn sich deren Achsen schneiden und dabei in derselben Ebene liegen. Zur Ermittlung der Durchdringungskurven benötigt man hierbei nur eine Ansicht.

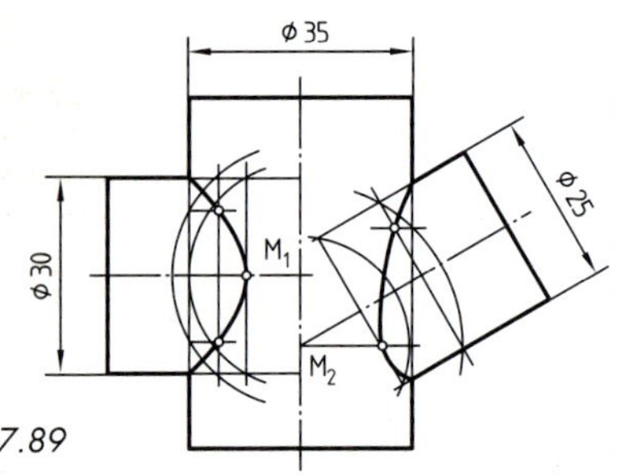

7.89

Um die Schnittpunkte der Drehkörperachsen werden Kugeln beliebiger Durchmesser gelegt. Jede Hilfskugel schneidet die Oberfläche der Drehkörper in Kreisen, die in der Ansicht als Durchmesser erscheinen. Die Schnittpunkte einander zugehöriger Durchmessergeraden sind Punkte der Durchdringungskurve. Berührt eine Hilfskugel die Mantellinien beider Drehkörper, so erscheinen die Durchdringungskurven als Geraden, 7.93.

Um die Schnittpunkte M_1 und M_2 der Zylinderachsen werden Kreise beliebiger Durchmesser gezogen, die die Umrisslinien der Zylinder schneiden, 7.89. Daraufhin zeichnet man die zugehörigen Durchmesser ein. Die Schnittpunkte entsprechender Geraden sind Punkte der Durchdringungskurve.

Schiefwinklige Durchdringung zweier Zylinder mit versetzten Achsen nach dem Mantellinienverfahren

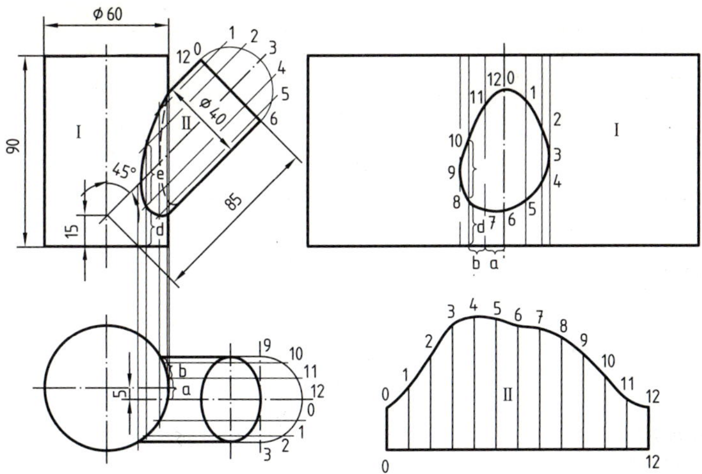

7.90 Schiefwinklige Durchdringung zweier Zylinder mit versetzten Achsen

Die Durchdringungskurve in 7.90 wird ebenso konstruiert wie die in 7.87.

Bei der Abwicklung I zieht man beiderseits der senkrechten Mittellinie Parallelen mit den Abständen der Bogenmaße a, b usw. aus der Draufsicht. Die Punkte der Ausschnittkurve werden auf diese Parallelen durch die Maße d, e usw. aus der Vorderansicht übertragen. In der Abwicklung II entnimmt man die Höhen der Mantellinien aus der Vorderansicht.

Durchdringung von Zylindern mit versetzten und einer räumlich geneigten Achse

Um die Durchdringung von zwei Zylindern mit versetzten Achsen, wobei eine Achse räumlich geneigt ist, konstruieren zu können, wird zweckmäßigerweise die Durchdringung in eine neue Projektionsebene, auch Hilfsriss genannt, projiziert. Diese steht senkrecht auf der Projektionsebene der Draufsicht und verläuft parallel zur räumlich geneigten Zylinderachse. Die neue Projektionsebene wird in die Ebene der Draufsicht umgeklappt. Alle gesuchten Abmessungen erscheinen hier in wahrer Größe. Die Durchdringung wird in der umgeklappten Projektionsebene konstruiert und von hier aus in die Ebene der Draufsicht und Vorderansicht gelotet. Die Konstruktion der Ellipsen erfolgt ebenfalls mithilfe der Umklappung. Für eine Abwicklung können die wahren Größen aus der Hilfsebene entnommen werden.

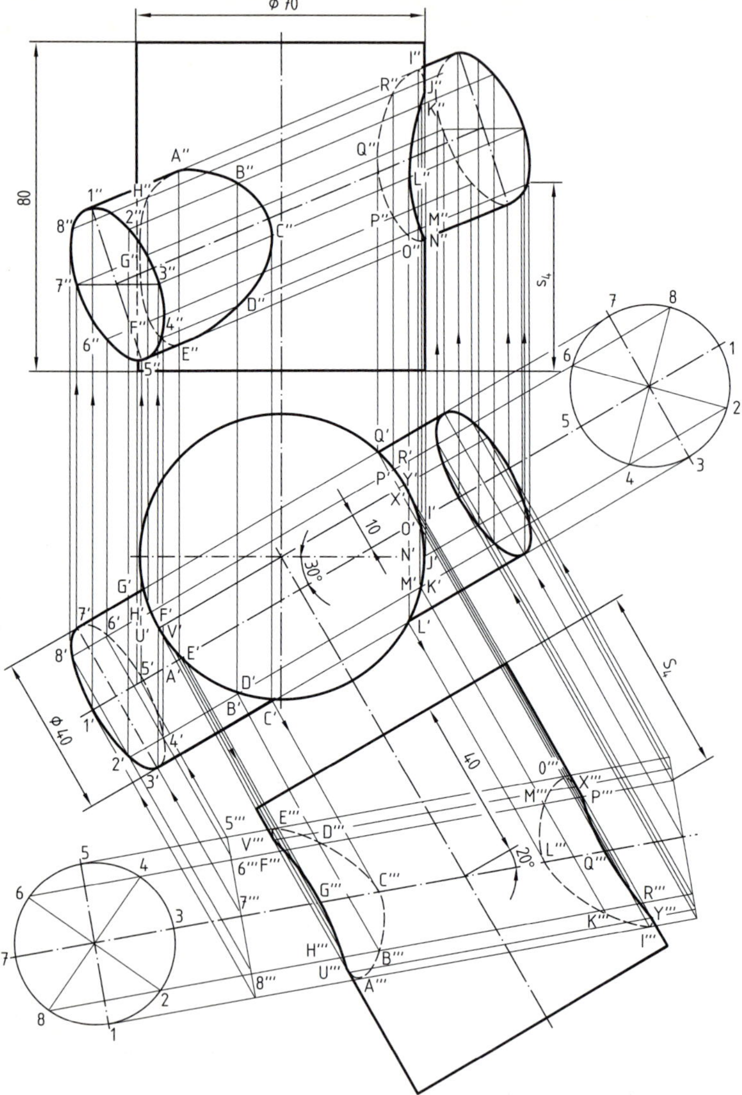

7.91 Zylinderdurchdringungen mit versetzten Achsen, wobei eine Achse räumlich geneigt ist

7.4.4 Kegeldurchdringungen

Kegeldurchdringungen mit sich schneidenden Achsen werden zweckmäßigerweise nach dem Hilfskugelverfahren konstruiert.

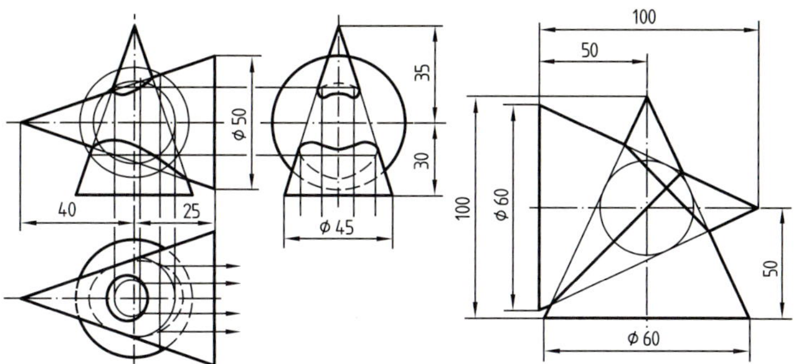

7.92 Rechtwinklige Durchdringung zweier Kegel

7.93 Berührt eine Hilfskugel die Mantellinien beider Drehkörper, so erscheinen die Durchdringungslinien als Geraden.

In 7.92 ist in der Vorderansicht die Durchdringungskurve nach dem Hilfskugelverfahren konstruiert. Die Hilfskugeln schneiden die Kegeloberflächen in Kreisen, die sich in der Draufsicht als Kreise bzw. als Strecken abbilden, deren Schnittpunkte Kurvenpunkte ergeben. Aus der Vorderansicht und Draufsicht wird die Durchdringungskurve der Seitenansicht ermittelt.

Hilfsebenen bzw. Hilfsschnitte ergeben eine zweite Möglichkeit der Kurvenkonstruktion. Diese ist anzuwenden, wenn die Kegelachsen sich nicht schneiden, s. 7.95.

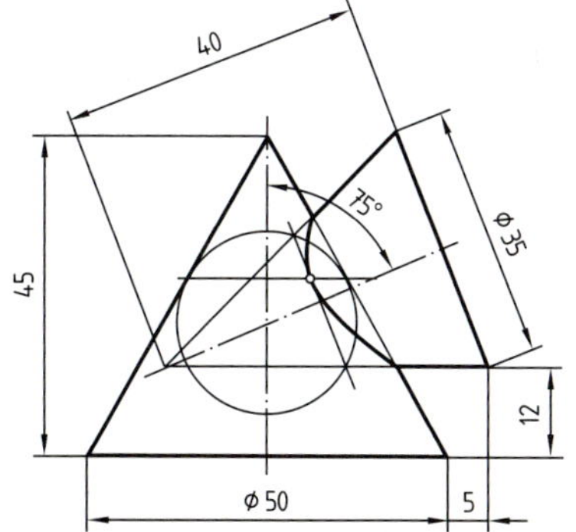

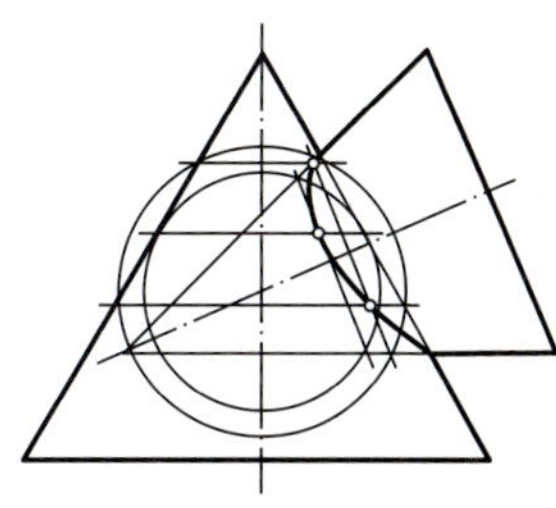

7.94 Schiefwinklige Durchdringung zweier Kegel, deren Achsen sich schneiden. Hilfskugelkonstruktion

7

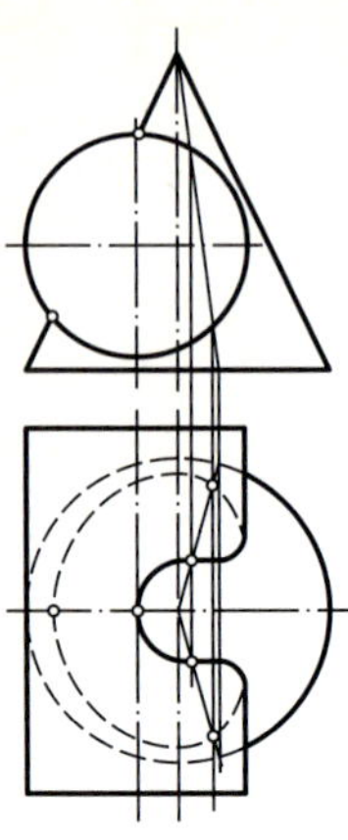

7.95 Hilfsebenenverfahren (Scheitelebene)

Bei der Durchdringung Kegel – Zylinder mit versetzten Achsen, 7.95, sind die Hilfsebenen (Scheitelebenen) so durch die Kegelspitze zu legen, dass die entstehenden Hilfsschnittflächen am Kegel Dreiecke und am Zylinder Rechtecke ergeben. Die Schnittpunkte der Umgrenzungslinien entsprechender Hilfsschnittflächen sind Punkte der Durchdringungskurven.

Abwicklung eines kegeligen Rohrabzweiges

Die wahren Längen der Mantellinien für die Abwicklung des kegeligen Rohrabzweiges ergeben sich in der Vorderansicht auf den Begrenzungslinien des Kegels. Sie werden von dort z. B. durch Zirkelschläge um die Kegelspitze in die Abwicklung übertragen, 7.96.

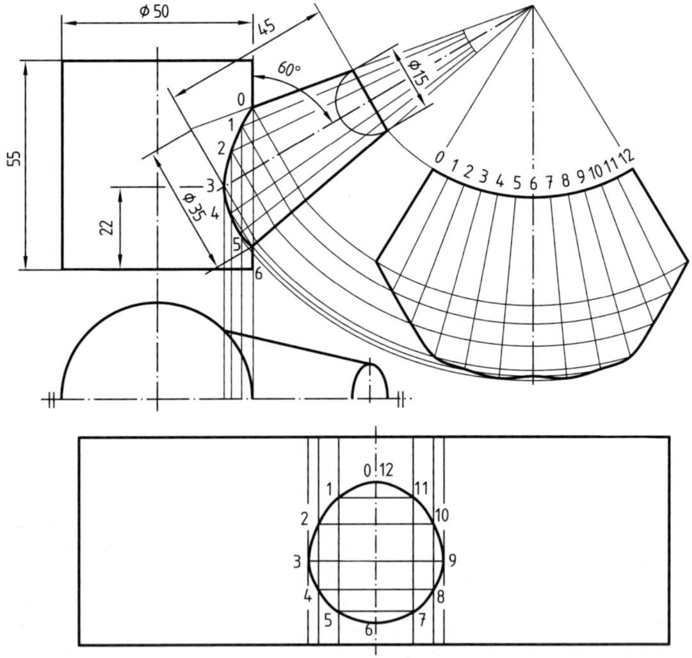

7.96 Abwicklung eines kegeligen Rohrabzweiges

7.4.5 Kugeldurchdringungen

Bei der zentrischen Durchdringung einer Kugel mit einem Zylinder oder Kegel ist die Durchdringungskurve in der Vorderansicht A eine Gerade, 7.97 und 7.98.

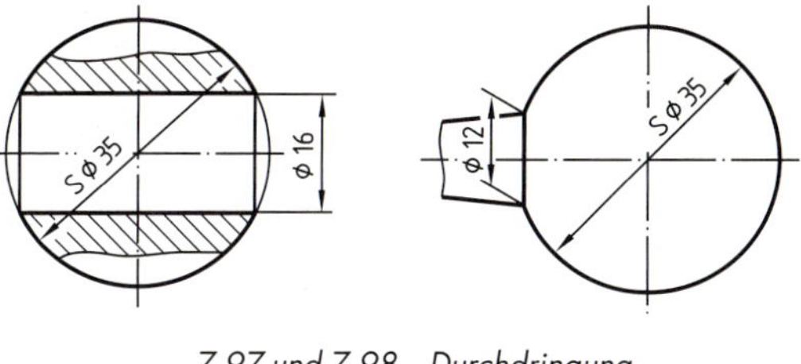

7.97 und 7.98 Durchdringung
Kugel – Zylinder *Kugel – Kegel*

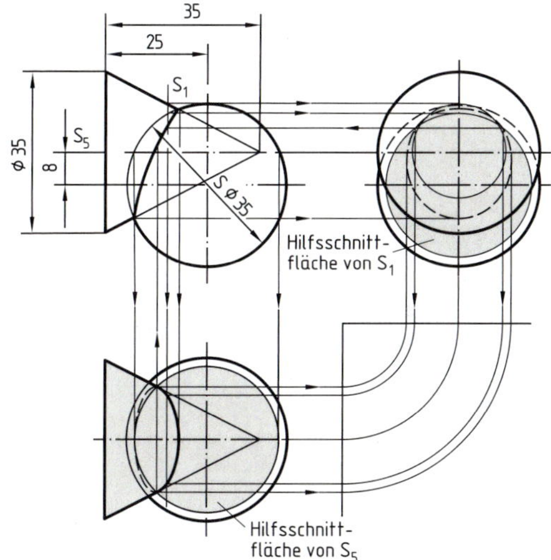

7.99 Durchdringung Kugel – Kegel

a) **Hilfsebenenverfahren**

Es werden Hilfsebenen bzw. Hilfsschnitte parallel zur Projektionsebene der Seitenansicht gelegt, z. B. S_1. Diese schneiden den Kegel und die Kugel in Kreisflächen. Dort, wo sich die beiden Kreisbogen der Hilfsschnittfläche schneiden, liegen Punkte der Durchdringungskurve. Aus der Seitenansicht werden diese Punkte in die Vorderansicht und Draufsicht übertragen. Der Hilfsschnitt S_5 durch die Kegelachse ergibt in der Draufsicht und Seitenansicht jeweils die beiden äußersten Punkte der Durchdringungskurve.

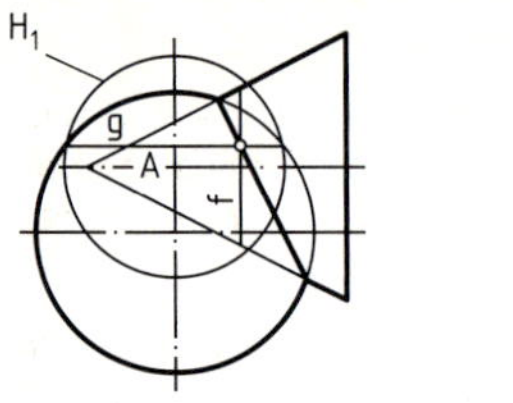

7.100 Hilfskugelverfahren

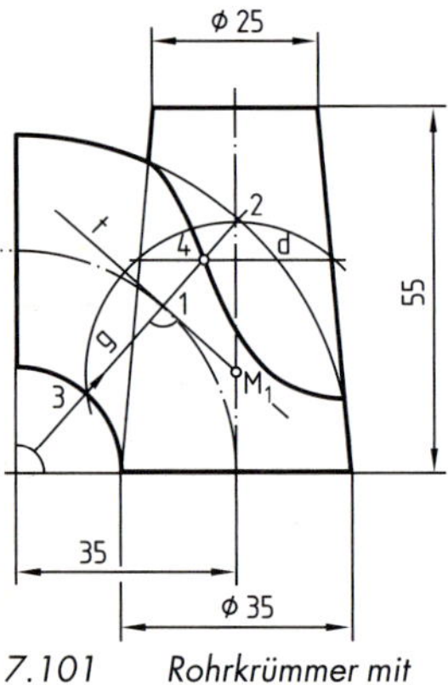

7.101 Rohrkrümmer mit kegeligem Abzweig

b) **Hilfskugelverfahren**
Die Hilfskugeln, z. B. H_1, sind um den Schnittpunkt A der Kegelachse mit der senkrechten Kugelachse zu legen. Diese schneiden beide Körper in Kreisen, die sich in der Vorderansicht als Strecken, z. B. g und f, abbilden. Die Schnittpunkte der Strecken sind Punkte der Durchdringungskurve.

7.4.6 Ringkörperdurchdringungen

Bei der Konstruktion der Durchdringungskurven eines Rohrkrümmers mit kegeligem Abzweig nach dem Hilfskugelverfahren sind zuerst die Mittelpunkte der Hilfskugeln zu bestimmen.
Es wird eine Gerade g durch den Mittelpunkt des Rohrkrümmers gelegt. Im Schnittpunkt 1 der Geraden g legt man an den Mittenkreis des Rohrkrümmers eine Tangente t. Diese schneidet die Kegelachse im Mittelpunkt M_1 der Hilfskugel, deren Radius durch die Schnittpunkte 2 und 3 der Geraden g mit den Mantellinien des Rohrkrümmers festgelegt wird. Der Schnittpunkt 4 der Geraden g mit dem Durchmesser d ist ein Punkt der Durchdringungskurve. Zur Bestimmung weiterer Durchdringungspunkte ist eine Anzahl von Geraden durch den Mittelpunkt des Rohrkrümmers zu legen.

Erfolgskontrolle:

1. Welche Schnittkurven können durch die Lage der Schnittebenen am Zylinder und am Doppelkegel entstehen? (S. 219 und 221)
2. Konstruieren Sie auf einem DIN-A4-Blatt je einen Schrägschnitt am Sechskantprisma, Zylinder und Kegel mit Abwicklung. (S. 49, 219 und 223)
3. Worauf ist bei der Wahl der Hilfsebenen für die Konstruktion von Durchdringungskurven an Körpern zu achten? (S. 232)
4. Wann kann bei der Konstruktion von Durchdringungskurven an Körpern das Hilfskugelverfahren angewandt werden? (S. 238)
5. Konstruieren Sie auf DIN-A4-Blättern folgende Körperdurchdringungen:
   Vierkant- mit Dreikantprisma[1] (S. 233),
   Pyramide mit Vierkantprisma[1] (S. 234),
   zwei Zylinder mit ungleichen Ø[1] (S. 236 und 237),
   Kegel mit Kegel (S. 241),
   Kegel mit Zylinder[1] (S. 242),
   Kegel mit Kugel (S. 243),
   Ringkörper (S. 244).

[1] mit rechtwinklig schneidenden und mit versetzten Achsen

7.5 Zweitafelprojektion

Die darstellende Geometrie ist die Grundlage des Projektionszeichnens. Daher werden in diesem Abschnitt als Ergänzung und Vertiefung zu den Abschnitten 7.2 ... 7.4 die wichtigsten Begriffe und Grundkonstruktionen der darstellenden Geometrie behandelt.

In der darstellenden Geometrie bedient man sich zur Darstellung eines räumlichen Gegenstandes in einer zweidimensionalen Ebene neben der Eintafel- im Wesentlichen der Zweitafel- und der Dreitafelprojektion.

Senkrechte Zweitafelprojektion

Bei der senkrechten Zweitafelprojektion werden zwei aufeinander senkrecht stehende Projektionsebenen verwendet, und zwar die der Draufsicht (Grundrissebene π_1) und die der Vorderansicht (Aufrissebene π_2). Die Gerade, in der sich beide Ebenen schneiden, ist die Projektionsachse oder Rissachse x_{12}. Diese trennt die erste und zweite Projektionsebene voneinander. Bei der Zweitafelprojektion dreht man die Projektionsebene der Draufsicht so um die Projektionsachse, dass sie in die Ebene der Vorderansicht fällt, 7.103. Dabei lässt man die Umrandung und Bezeichnung der Bildebene fort, 7.105.

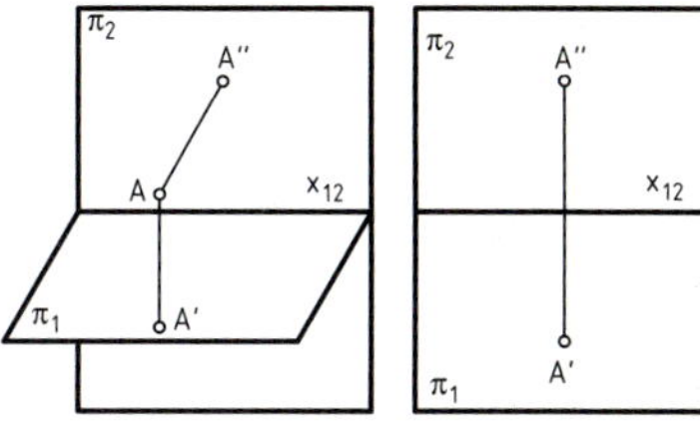

7.102 und 103 Projektion eines Punktes

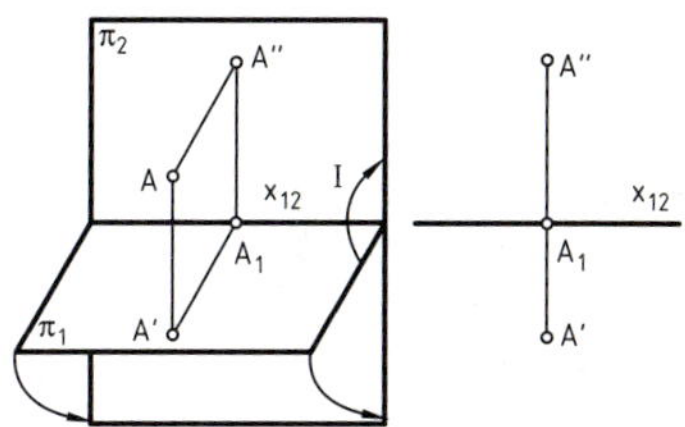

7.104 und 105 Projektion eines Punktes

7.5.1 Projektion eines Punktes

Abbildungen von Raumpunkten auf die Projektionsebenen werden neben den Buchstaben meist mit Strichen versehen, um sie den Projektionsebenen zuordnen zu können. So erhält die Abbildung eines Raumpunktes in der Draufsicht einen Strich A′ und in der Vorderansicht zwei Striche A″.

Fällt man das Lot von A″ auf die Draufsicht, so erhält man den Punkt A_1 auf der Projektionsachse x_{12}, 7.104 und 105. Um die Strecke A_1A' liegt der Raumpunkt A vor der Ebene der Vorderansicht und um die Strecke $A''A_1$, über der Ebene der Draufsicht.

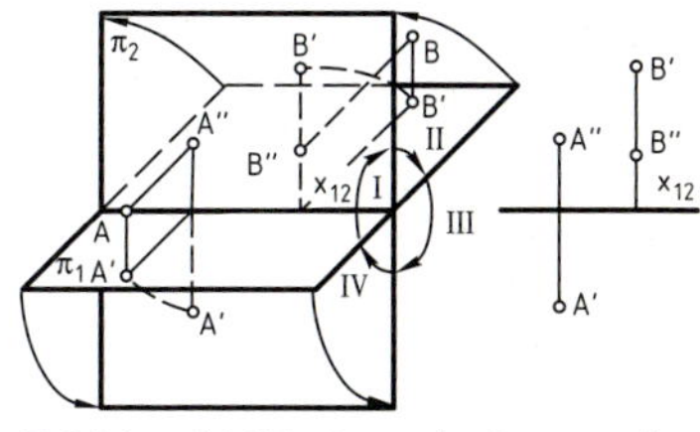

7.106 und 107 Lage der Raumpunkte

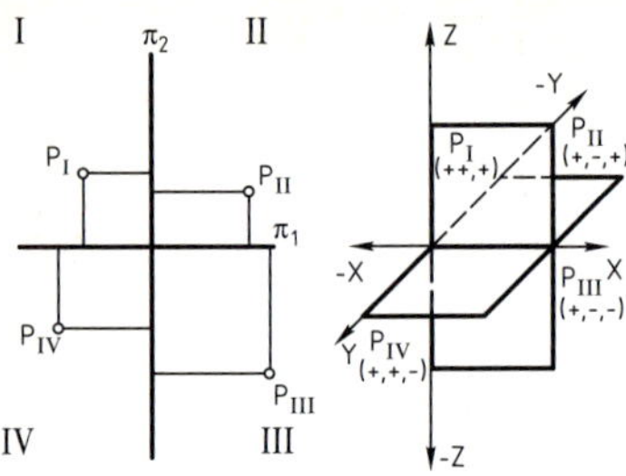

7.108 und 109 Raumquadranten

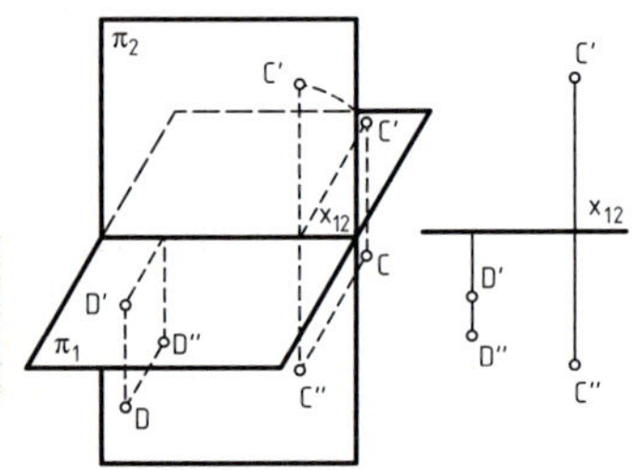

7.110 und 111 Lage der Raumpunkte

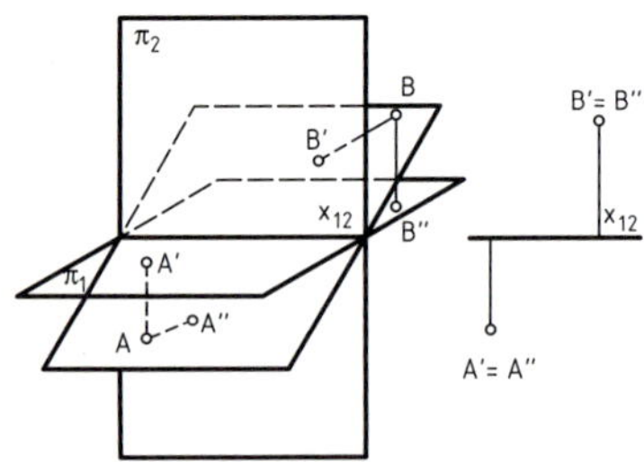

7.112 und 113 Punkte auf der Koinzidenzebene

Die Raumpunkte können auch hinter der Ebene der Vorderansicht oder unter der Ebene der Draufsicht liegen, 7.106 und 107, 7.110 und 111. Ihre Lage lässt sich mithilfe der vier Raumquadranten I, II, III und IV ermitteln, in die der Raum von den zwei Bildebenen der Draufsicht und der Vorderansicht geteilt wird, 7.108 und 109.

Hierbei liegt der

I. Quadrant über der Draufsicht und vor der Vorderansicht,
II. Quadrant über der Draufsicht und hinter der Vorderansicht,
III. Quadrant unter der Draufsicht und hinter der Vorderansicht,
IV. Quadrant unter der Draufsicht und vor der Vorderansicht.

Die Lage der Raumpunkte kann eindeutig mit einem räumlichen x-y-z-Koordinatensystem festgelegt werden. Dann haben die Koordinaten x, y, z der Raumpunkte in den vier Quadranten folgende Vorzeichen:

P_I: I. Raumquadrant: +,+,+
P_{II}: II. Raumquadrant: +,–,+
P_{III}: III. Raumquadrant: +,–,–
P_{IV}: IV. Raumquadrant: +,+,–

Liegt ein Punkt auf einer Ebene, die den II. und IV. Quadranten halbiert, dann fallen seine Projektionen zusammen, z. B. A′ und A″ sowie B′ und B″ in 7.112 und 113. Diese Ebene wird Koinzidenzebene (koinzidieren = lat. zusammenfallen) genannt.

Liegt ein Punkt auf einer Ebene, die den I. und III. Quadranten halbiert, dann liegen seine Projektionen symmetrisch zur Rissachse.

Falls Punkte in einer Bildebene liegen, dann ist A = A′ und B = B″, wobei A″ und B′ auf der Projektionsachse x_{12} liegen, 7.114 und 115.

Übungen:

1. *In welchem Raumquadranten liegen folgende Raumpunkte (x, y, z)? S. 7.108 und 109:*
   A: (20, –30, –30)
   B: (20, 20, 40)
   C: (40, –50, 30)
   D: (40, 20, –50)
2. *Auf welcher Ebene liegen folgende Raumpunkte?*
   E: (30, 0, 30)
   F: (20, 20, 0)

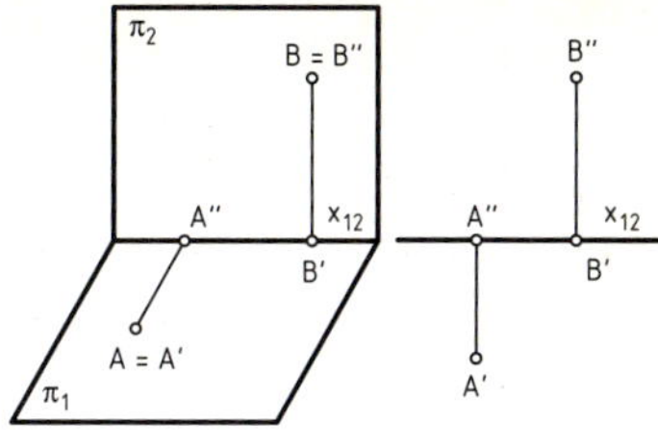

7.114 und 115 Punkte auf einer Ebene

7.5.2 Projektion einer Geraden

Eine Strecke wird im Raum durch zwei Punkte, z. B. A und B, bestimmt. Verlängert man diese Strecke über ihre beiden Endpunkte hinaus, so erhält man eine Raumgerade g. Durch die Projektionen A′ und B′ ist g′ in der Draufsicht und durch A″ und B″ ist g″ in der Vorderansicht festgelegt, 7.116 und 117.

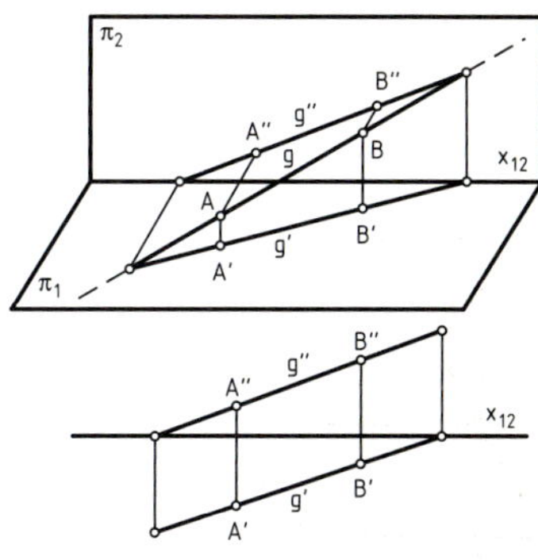

7.116 und 117 Projektion einer Geraden

Verschiedene Lagen einer Geraden

Die Projektionen einer Geraden sind im Allgemeinen wieder Gerade, wobei die Ausnahmen Bild 7.118 und 119 zeigen.

Steht die Raumgerade g senkrecht auf der Ebene der Draufsicht, dann ist die Projektion g′ ein Punkt und g″ eine Gerade, die senkrecht auf der Projektionsachse x_{12} steht.

Steht die Raumgerade g senkrecht auf der Ebene der Vorderansicht, dann ist die Projektion g′ eine Gerade, die senkrecht auf der Projektionsachse x_{12} steht, und g″ ein Punkt.

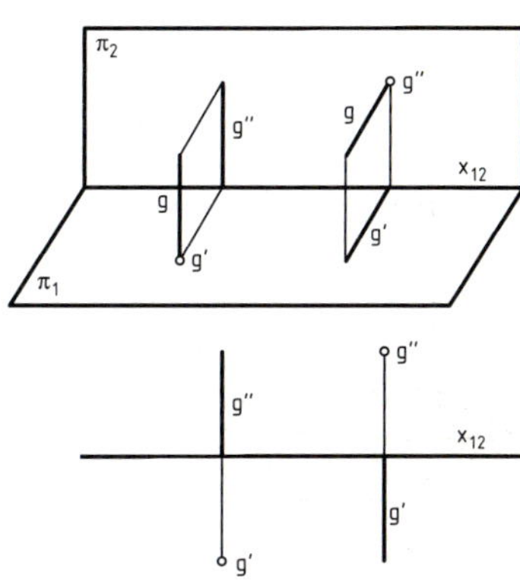

7.118 und 119 Geraden als Sonderfälle

7

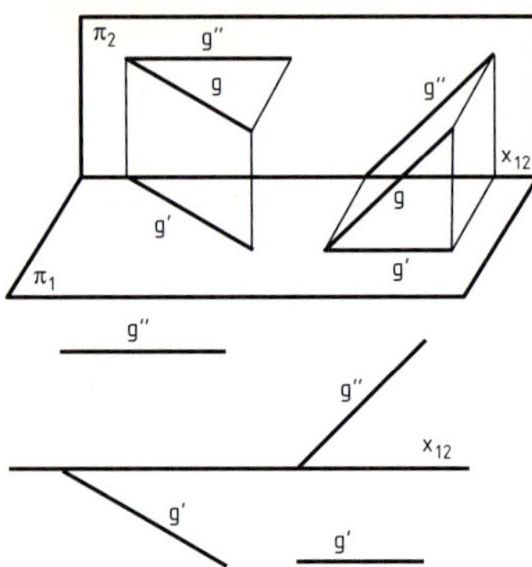

7.120 und 121 Projektionen von Hauptlinien

Verläuft eine Raumgerade g parallel zur Ebene der Draufsicht, so wird sie als Höhenlinie bezeichnet, 7.120. Liegt die Raumgerade g parallel zur Vorderansicht, so wird sie als Frontlinie bezeichnet, 7.121. Höhen- und Frontlinien werden auch Hauptlinien genannt.

7.122 und 123 Projektionen von Raumgeraden

Verläuft eine Raumgerade g parallel zur Ebene der Draufsicht und der Vorderansicht, dann liegen ihre Projektionen g' und g'' parallel zur Bildachse x_{12}. In diesem Fall ist die Raumgerade g zugleich Höhen- und Frontlinie, 7.122.

Verläuft eine Raumgerade g parallel zur Ebene der Seitenansicht, die senkrecht auf der Ebene der Draufsicht und Vorderansicht steht, dann stehen die Projektionen g' und g'' senkrecht auf der Projektionsachse x_{12}, 7.123.

Lage zweier Geraden zueinander

Zwei Raumgeraden, die nicht zusammenfallen, können entweder sich schneiden, windschief sein oder parallel zueinander sein.

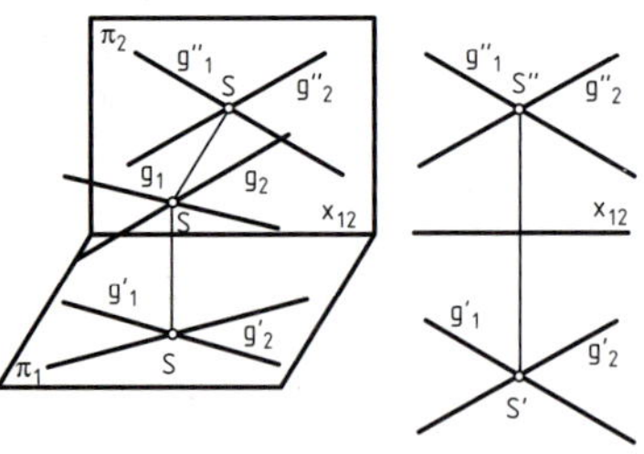

7.124 und 125 Zwei sich schneidende Geraden

Zwei Raumgeraden g_1 und g_2 schneiden sich, wenn auch ihre Projektionen g_1' und g_2' sich schneiden und die Schnittpunkte ihrer Projektionen S' und S'' auf einer Senkrechten zur Projektionsachse x_{12}, einer Ordnungslinie, liegen, 7.124 und 125.

Zwei Raumgeraden g_1 und g_2 kreuzen sich, wenn die Schnittpunkte ihrer Projektionen in Draufsicht S' und Vorderansicht S" nicht auf der gleichen Ordnungslinie liegen, 7.126 und 7.127.

Zwei Raumgeraden g_1 und g_2 sind parallel zueinander, wenn die Projektionen der Geraden in Draufsicht und Vorderansicht auch parallel sind, 7.128 und 129.

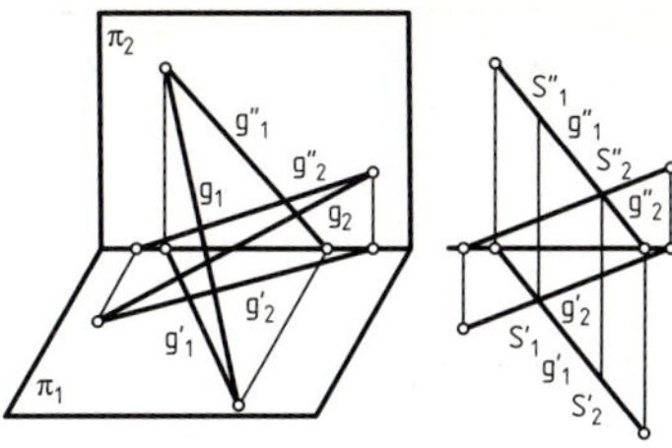

7.126 und 127 Zwei sich kreuzende Geraden

7.5.3 Darstellen einer Ebene durch ihre Spuren

Es wird zwischen begrenzten Ebenen, z. B. Seitenflächen von Prismen und Pyramiden, und unbegrenzten Flächen, z. B. wenn Seitenflächen über ihre Seitenlinien verlängert werden, unterschieden. Die unbegrenzten ebenen Flächen schneiden die Projektionsebenen in Schnittlinien, die als Spuren oder Spurgeraden bezeichnet werden. Mithilfe dieser Spuren in Draufsicht und Vorderansicht kann eine unbegrenzte Ebene dargestellt werden.

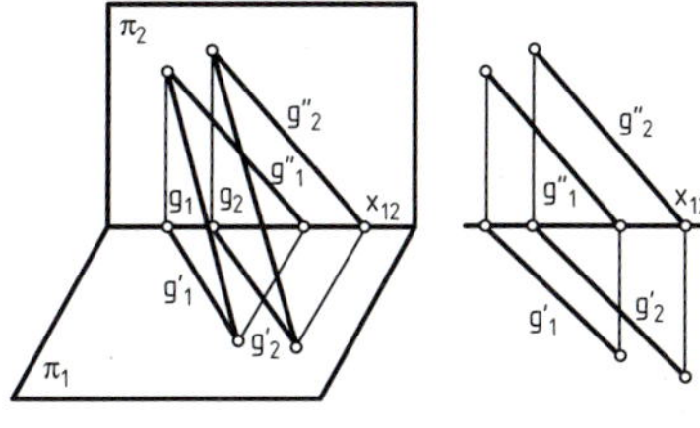

7.128 und 129 Zwei parallele Geraden

Je nach Lage der Ebenen im Raum gibt es verschiedene Lagen der Spuren:

1. Die Ebene liegt parallel zur Draufsicht. Es bildet sich nur die Spur e_2 in der Vorderansicht ab, die gleichzeitig auch Höhenlinie ist, 7.130.
2. Die Ebene liegt parallel zur Vorderansicht. Es bildet sich nur die Spur e_1 in der Draufsicht ab, 7.131.
3. Die Ebene steht senkrecht zur Draufsicht und Vorderansicht. Die Spuren bilden eine Gerade, die senkrecht auf der Projektionsachse x_{12} steht, s. 7.132.
4. Die Ebene steht senkrecht zur Vorderansicht und bildet mit der Draufsicht einen Winkel, s. 7.133.

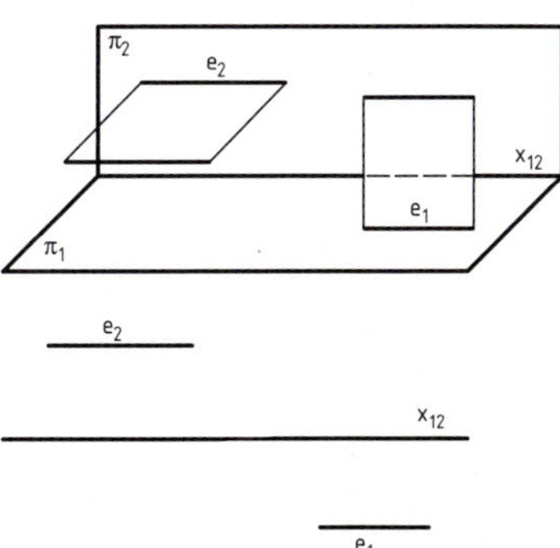

7.130 und 131 Projektionen von Ebenen

7

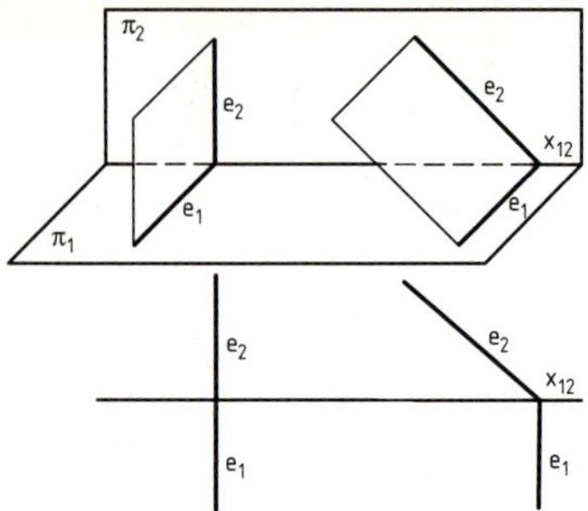

7.132 und 133 *Projektionen von Ebenen*

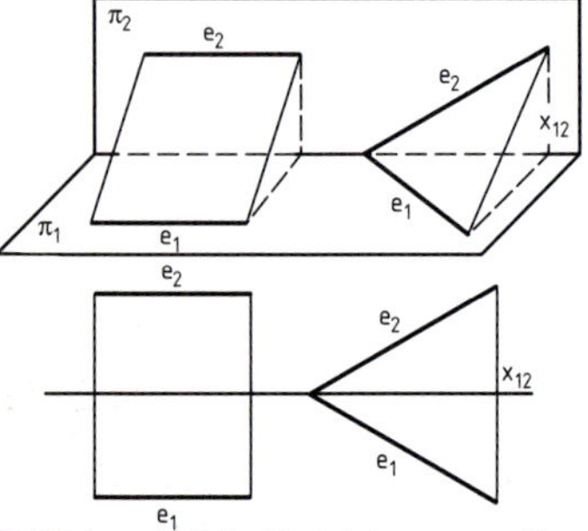

7.134 und 135 *Projektionen von Ebenen*

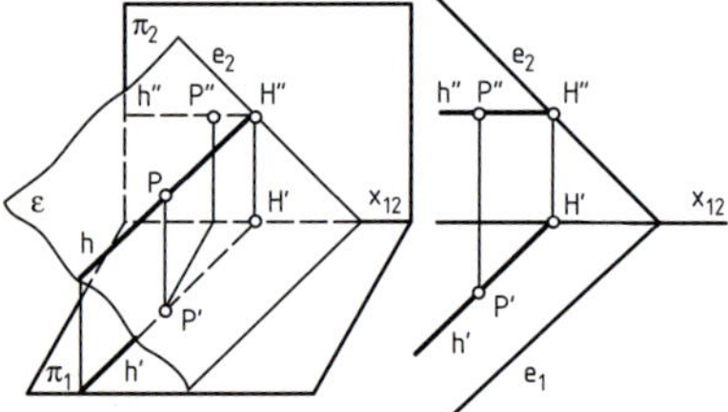

7.136 und 137 *Punkt P liegt auf Höhenlinie h*

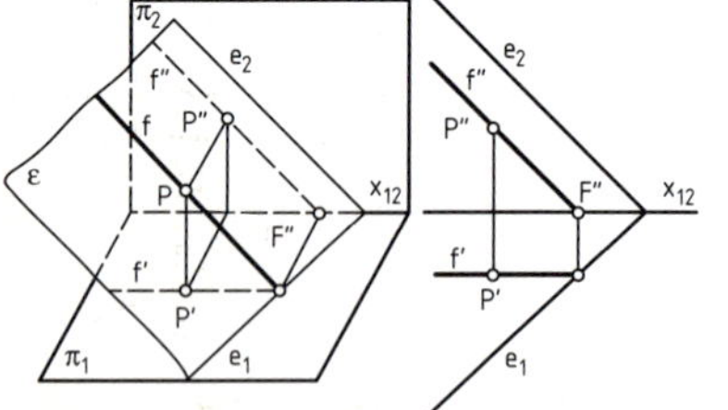

7.138 und 139 *Punkt P liegt auf Frontlinie*

5. Die Projektionsebene liegt parallel zur Projektionsachse x_{12} und ist zur Draufsicht und zur Vorderansicht geneigt. Die Spuren e_1 und e_2 verlaufen parallel zur Projektionsachse x_{12}, 7.134.

6. Die Ebene liegt schief zu den Projektionsebenen und zur Projektionsachse. Die Spuren e_1 und e_2 schneiden sich auf der Projektionsachse x_{12}, 7.135.

7. Die Ebene geht durch die Projektionsachse x_{12}. Hier fallen die Spuren e_1 und e_2 mit der Projektionsachse x_{12} zusammen.

Punkt in der Ebene

Ein Raumpunkt P liegt dann in einer durch ihre Spuren e_1 und e_2 gegebenen Ebene ε, wenn seine Projektionen P′ und P″ auch auf den Projektionen h′ und h″ der durch den Raumpunkt P verlaufenden Höhenlinie h liegen. Die Höhenlinie h und ihre Projektion h′ verlaufen parallel zur Spur e_1 in der Draufsicht, 7.136 und 137.

Ein Raumpunkt P liegt in einer durch ihre Spuren e_1 und e_2 gegebenen Ebene ε, wenn seine Projektionen P′ und P″ auch auf den Projektionen f′ und f″ der durch den Raumpunkt P verlaufenden Frontlinie liegen. Die Frontlinie f und ihre Projektion f″ verlaufen parallel zur Spur e_2 in der Vorderansicht, 7.138 und 139.

Mithilfe der Hauptlinien (Höhen- und Frontlinien) kann überprüft werden, ob ein gegebener Raumpunkt in einer durch seine Spuren festgelegten Ebene liegt.

Gerade in der Ebene

Eine Gerade g liegt in einer durch ihre Spuren e_1 und e_2 gegebenen Ebene ε, wenn die Spurpunkte S_1 und S_2 der Geraden g auf den Spuren der Ebene e_1 und e_2 liegen. Hierbei muss S_1 auf e_1 und S_2 auf e_2 liegen, 7.140 und 141.

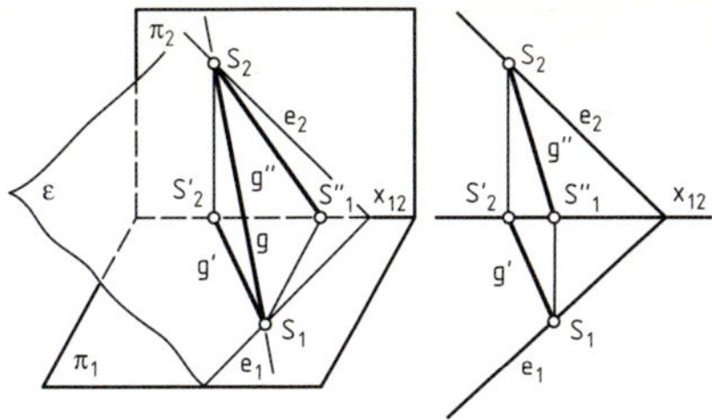

7.140 und 141 Gerade g liegt in einer Ebene

Stützdreieck einer Ebene

Das rechtwinklige Dreieck PP'F' mit der Frontlinie PF' als Hypotenuse und mit den Katheten PP' und P'F' wird Stützdreieck der Ebene ε genannt, weil es die räumliche Lage der Ebene gegenüber der Projektionsebene der Draufsicht festhält, 7.142 und 143.

Der Winkel $\alpha = \sphericalangle$ PF'P' ist der Neigungswinkel der Ebene ε gegenüber der Projektionsebene der Draufsicht. Er wird durch Umklappen des Stützdreiecks in die Ebene der Draufsicht gefunden. Die Strecke F'[P] ist die wahre Größe der Frontlinie F'P.

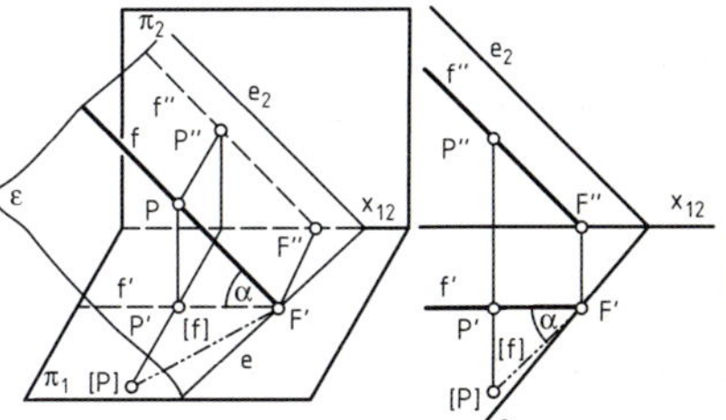

7.142 und 143 Stützdreieck einer Ebene

Ermitteln der Spuren einer Ebene

Eine begrenzte Ebene sei als Dreieckfläche durch die Projektionen ihrer Eckpunkte A, B und C in beiden Ansichten gegeben, 7.144.

Es werden in beiden Ansichten die Dreieckseiten über die Eckpunkte verlängert und zum Schnitt mit der Projektionsachse x_{12} gebracht und in diesen Punkten die Senkrechten errichtet. Die Schnittpunkte dieser Senkrechten mit den Verlängerungen der Dreieckseiten in der jeweils anderen Ansicht ergeben die Spurpunkte der entsprechenden Dreieckseiten auf den gesuchten Spuren e_1 und e_2 der Ebene.

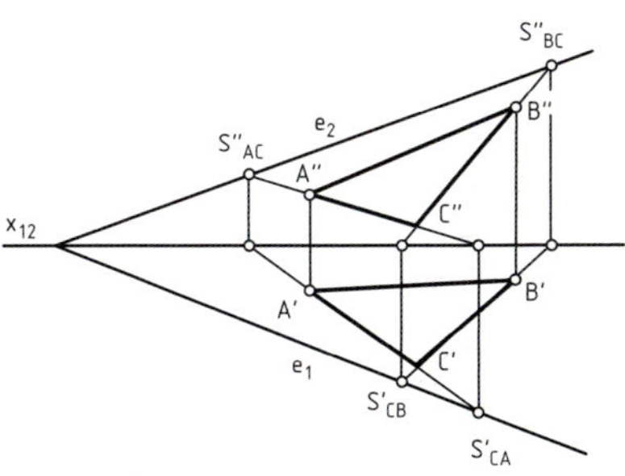

7.144 Spurenermittlung bei einer Dreieckfläche

Bestimmen der wahren Größe einer Fläche durch Drehen um eine Hauptlinie (Höhen- oder Frontlinie)

Das Bestimmen der wahren Längen von Strecken ist auf den Seiten 207 ... 211 behandelt.

Die wahre Größe einer Dreieckfläche erhält man durch Drehen des Dreiecks, z. B. um eine Höhenlinie h_A, die durch den Punkt A geht, parallel zur Draufsicht, 7.145. Hierbei wandern die Eckpunkte B und C auf Kreisen, die sich in der Draufsicht als Senkrechte zur Höhenlinie h'_A abbilden.

Der Punkt [C'] ergibt sich durch Umklappen des Stützdreiecks für Punkt C in der Draufsicht.

Der Schnittpunkt der Verlängerung von [C'] D' mit der Senkrechten durch B' auf h'_A ergibt [B'].

Die Konstruktion kann auch mit einer Frontlinie durchgeführt werden, wobei die Dreieckfläche parallel zur Vorderansicht gedreht wird.

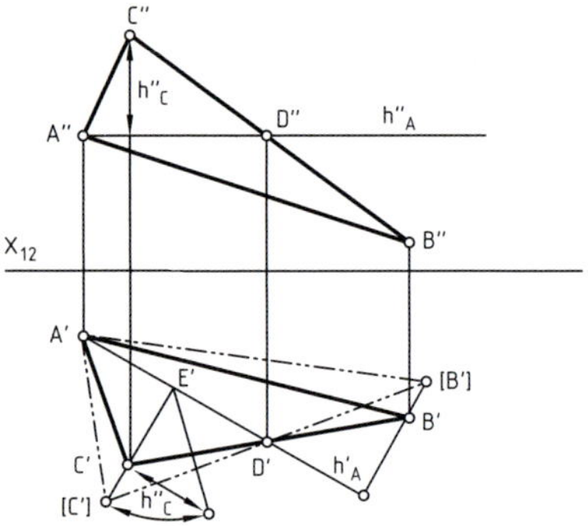

7.145 Wahre Größe durch Drehen um eine Höhenlinie

Ermitteln der wahren Größe einer Dreieckfläche durch Drehen um eine Spur

Die Spur der Ebene kann als Höhenlinie mit der Höhe h = 0 aufgefasst werden. Daher entspricht die Konstruktion der wahren Größe der Dreieckfläche in Bild 7.146 der in Bild 7.145. Der Punkt [B'] wird mithilfe des Stützdreiecks B' B_1D_0 bestimmt. Er liegt auf der Senkrechten zur Spur e_1 durch B' und auf dem Kreis um D_0 mit dem Radius B_1D_0. [A'] und [C'] liegen auf den Senkrechten zur Spur e_1, die durch A' und C' gehen. Die Lage von [A'] und [C'] auf den Senkrechten wird ebenfalls über Stützdreiecke bestimmt (hier nicht im Detail aufgeführt).

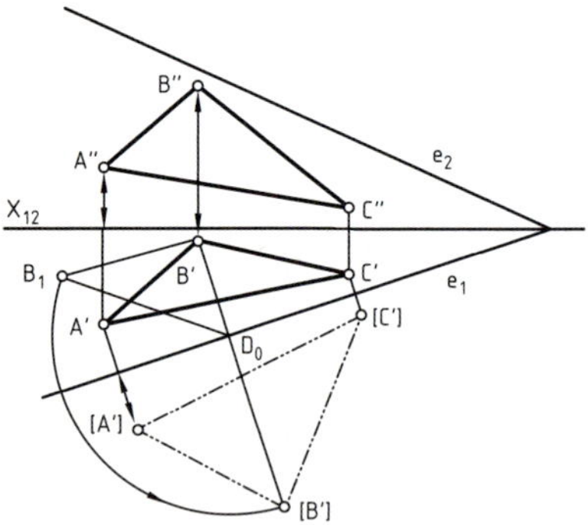

7.146 Wahre Größe durch Drehen um eine Spur

Durchstoßpunkt von Gerade und Ebene

Der Durchstoßpunkt D der Geraden g mit einer durch ihre Spuren e_1 und e_2 gegebenen Ebene soll bestimmt werden, 7.147. Dazu wird durch die Gerade g eine Hilfsebene gelegt, die z. B. senkrecht zur Draufsicht steht. Dort fällt die Spur der Hilfsebene mit g′ zusammen. Die Hilfsebene schneidet die Ebene der Vorderansicht in der Spur E″F″. Diese schneidet g″ in der Projektion des Durchstoßpunktes D″. D′ liegt auf der Senkrechten bzw. Ordnungslinie durch D″.

Die Konstruktion des Durchstoßpunktes einer Geraden g mit einer durch ihre Eckpunkte gegebenen Dreiecksfläche, 7.148, beschreibt S. 213.

7.147

7.148

7.149

Schnittgerade zweier Ebenen

Zwei Ebenen, die nicht zueinander parallel sind, schneiden sich in einer Geraden. Die beiden Ebenen sind durch ihre Spuren e_1 und e_3 in der Draufsicht und e_2 und e_4 in der Vorderansicht gegeben, 7.149. Die Spurpunkte D_1 und D_2 der Schnittgeraden s der beiden Ebenen sind die Schnittpunkte der Spuren e_1 und e_3 in der Draufsicht sowie von e_2 und e_4 in der Vorderansicht.

Die Konstruktion der Schnittgeraden zweier ebener Dreieckflächen, 7.150, beschreibt S. 216.

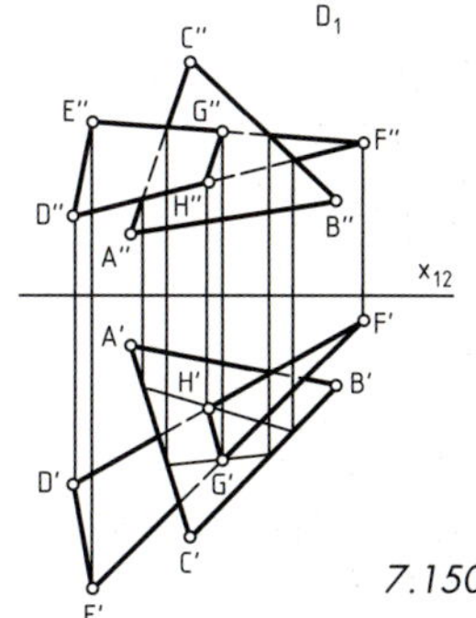

7.150

7.5.4 Schiefe Schnitte an Grundkörpern

Steht eine Schnittebene, die einen Körper schneidet und durch ihre Spuren e_1 und e_2 gegeben ist, nicht mehr senkrecht auf der Projektionsebene der Draufsicht und auch nicht mehr senkrecht auf der Projektionsebene der Vorderansicht, so liegt ein schiefer Schnitt vor.

Die Projektion der Schnitt- bzw. Deckfläche erscheint in der Vorderansicht nicht mehr als Strecke wie in 7.151, sondern als Vieleck mit der gleichen Eckenzahl wie die Deckfläche in 7.152.

Die Konstruktion der Deckfläche löst man mit Hilfsebenen, die entweder parallel zur Projektionsebene der Draufsicht verlaufen und die Deckfläche des Körpers in Höhenlinien schneiden, oder parallel zur Projektionsebene der Vorderansicht verlaufen und die Deckfläche des Körpers in Frontlinien schneiden.

Die Höhenlinien h und ihre Projektionen h′ verlaufen parallel zur Spur e_1 in der Draufsicht, s. 7.136 und 137.

Die Frontlinien f und ihre Projektionen f″ verlaufen parallel zur Spur e_2 in der Vorderansicht, s. 7.138 und 139.

Schiefer Schnitt an einem geraden Dreikantprisma: Bild 7.152

Die schief im Raum liegende Schnittebene, die das Dreikantprisma in 7.152 schneidet, ist durch ihre Spuren e_1 und e_2 gegeben. Die Eckpunkte der Schnitt- bzw. Deckfläche A″B″C″ in der Vorderansicht sollen mithilfe der Höhenlinien bestimmt werden.

7

Bei der Konstruktion mithilfe der Höhenlinien zieht man in der Draufsicht zur Spur e_1 Parallelen durch A′, B′ und C′. Die zugehörigen Projektionen der Höhenlinien h_A″, h_B″ und h_C″ schneiden die Kanten des Prismas in den Punkten A″, B″ und C″.

Die wahre Größe der Schnitt- bzw. Deckfläche wird über eine neue Seitenansicht konstruiert. Diese wird so gelegt, dass die neue Projektionsebene senkrecht auf der Draufsicht und senkrecht auf der Schnittebene steht. Ihre Projektionsachse x_{13} steht daher senkrecht auf e_1. Die Schnitt- bzw. Deckfläche erscheint in der neuen Projektionsebene als Strecke. Ihre wahre Größe erhält man durch Umklappen der Schnittfläche um e_1.

Die Höhen für die Mantelabwicklung können aus der Vorderansicht entnommen werden.

Schiefer Schnitt an einer geraden Pyramide: Bild 7.154

Für die Konstruktion der Deckfläche einer schief geschnittenen geraden Pyramide wird eine neue Projektionsebene x_{13} gewählt, die senkrecht auf der Draufsicht und senkrecht auf e_1 steht. Diese Projektionsebene wird um x_{13} in die Zeichenebene geklappt, sodass die Schnittebene dort als Normalschnitt erscheint.

Die Eckpunkte der Deckfläche werden aus der neuen Projektionsebene in die Draufsicht übertragen und von dort mittels Frontlinien f′, die in der Draufsicht parallel zur Projektionsachse x_{12}, und f″, die in der Vorderansicht parallel zur Spur e_2 verlaufen, in die Vorderansicht übertragen.

Die Abwicklung der schief geschnittenen geraden Pyramide wird mithilfe der neuen Projektionsebene mit der Projektionsachse x_{13} genauso konstruiert wie die Abwicklung der geraden Pyramide mit Normalschnitt in 7.153.

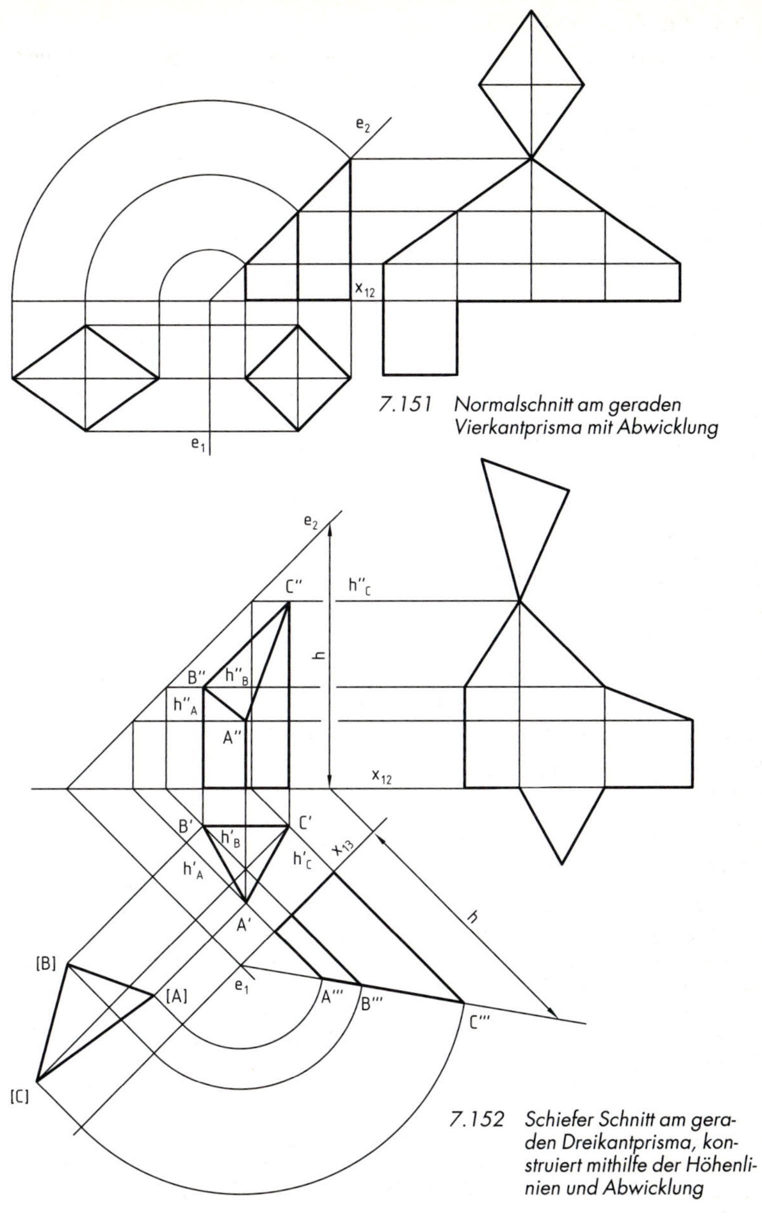

7.151 Normalschnitt am geraden Vierkantprisma mit Abwicklung

7.152 Schiefer Schnitt am geraden Dreikantprisma, konstruiert mithilfe der Höhenlinien und Abwicklung

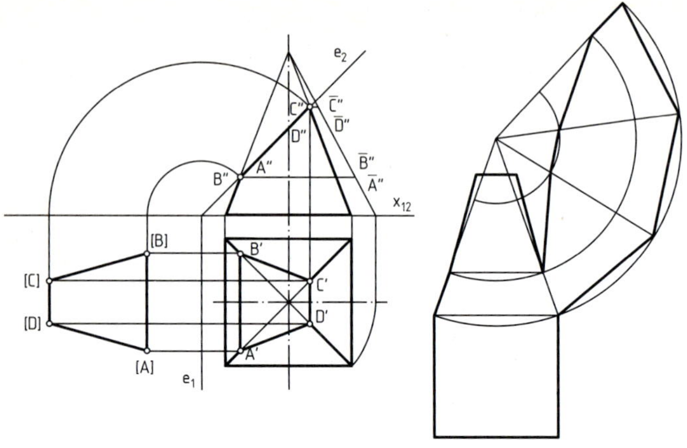

7.153 Normalschnitt an gerader Pyramide mit Abwicklung

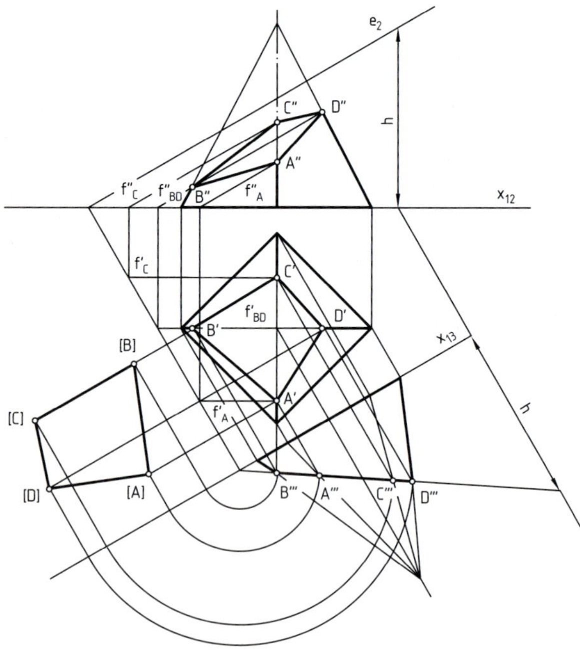

7.154 Schiefer Schnitt an gerader Pyramide, konstruiert mithilfe der Frontlinien

Schiefer Schnitt an einem geraden Zylinder: Bild 7.156

Steht die Schnittebene bei einem geraden Zylinder weder senkrecht auf der Draufsicht noch senkrecht auf der Vorderansicht, so erscheint die Schnittfläche in der Vorderansicht als Ellipse. Der tiefste und der höchste Punkt der Ellipse A″ und B″ liegen auf einer Frontlinie, die durch den Mittelpunkt der Ellipse geht und in der Draufsicht senkrecht auf e_1 steht und durch A′ und B′ verläuft.

Die Punkte C′ und D′ liegen auf der Achse, die als Frontlinie anzusehen ist und in der Vorderansicht parallel zu e_2 verläuft. Ihre Schnittpunkte mit den Außenkanten des Zylindermantels ergeben die Punkte C″ und D″. Weitere Punkte der Ellipse in der Vorderansicht werden mithilfe der Höhenlinienkonstruktion gefunden. Für die Konstruktion der wahren Größe der Deckfläche bzw. Schnittfläche wird eine neue Projektionsebene mit der Projektionsachse x_{13} gewählt, die senkrecht auf der Draufsicht und senkrecht auf e_1 steht, sodass dort die Schnittfläche als Strecke erscheint und hier ein Normalschnitt vorliegt.

Die wahre Größe der Schnittfläche erhält man durch Umklappen der Draufsicht um e_1.

Die Konstruktion der Abwicklung des schief geschnittenen Zylinders erfolgt mithilfe der neuen Projektionsebene mit der Projektionsachse x_{13}, weil dort ein Normalschnitt vorliegt, der dem in 7.155 entspricht.

Schiefer Schnitt an einem geraden Kegel: Bild 7.158

Für die Konstruktion der Schnittellipse an einem schief geschnittenen geraden Kegel wird eine neue Projektionsebene mit der Projektionsachse x_{13} gewählt, die senkrecht auf der Draufsicht und senkrecht auf e_1 steht. Diese Projektionsebene wird um x_{13} in die Zeichenebene geklappt, sodass die Schnittebene dort als Normalschnitt erscheint.

Von dort werden die Schnittpunkte der Mantellinien mit der Schnittgeraden in die Draufsicht projiziert und ergeben dort die Punkte der Schnittellipse. Mithilfe der Höhenlinienkonstruktion werden die zugehörigen Schnittpunkte auf die Mantellinien in die Vorderansicht übertragen.

Die wahre Größe der Schnittfläche erhält man durch Umklappen der Draufsicht um e_1.

Erfolgskontrolle:

1. Was sind Hauptlinien (Höhen- oder Frontlinien) und wie verlaufen diese? (S. 248)
2. Was verstehen Sie unter den Spuren einer Ebene? (S. 249)
3. Wann wird eine Ebene als Höhenlinie und wann als Frontlinie abgebildet? (S. 248)
4. Wann liegt ein Punkt bzw. eine Raumgerade in einer durch ihre Spuren e_1 und e_2 gegebenen Ebene ε? (S. 251)
5. Konstruieren Sie je einen schiefen Schnitt mit Abwicklung an folgenden geraden Körpern auf einem DIN-A3-Blatt in doppelter Größe wie in diesem Buch:
   Dreikantprisma,
   Pyramide,
   Zylinder und
   Kegel.
   Vergleichen und überprüfen Sie danach ihre Konstruktionen mit den entsprechenden Konstruktionen auf den Seiten 255, 256, 258 und 259.

7

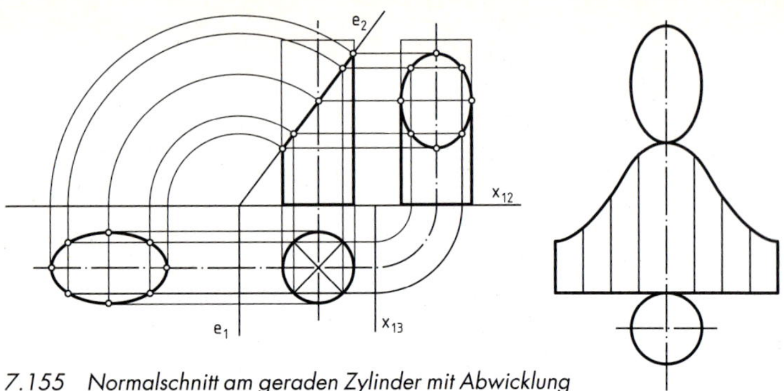

7.155 Normalschnitt am geraden Zylinder mit Abwicklung

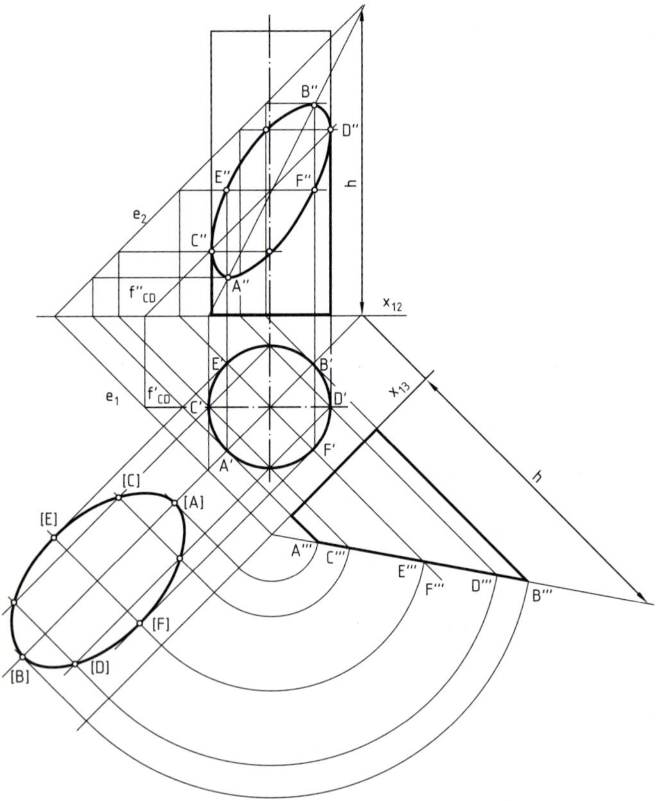

7.156 Schiefer Schnitt am geraden Zylinder, konstruiert mithilfe der Höhenlinien

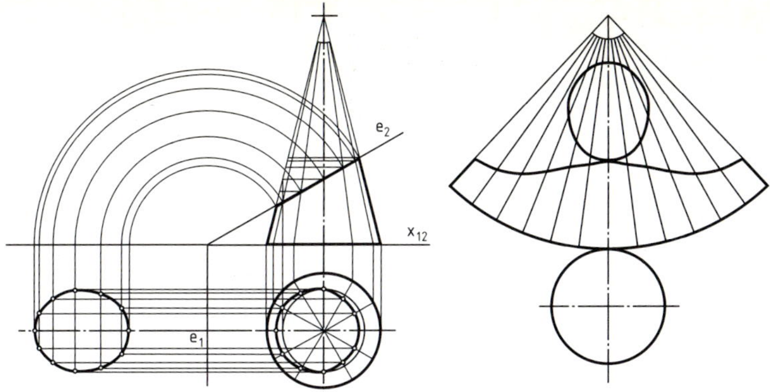

7.157 *Normalschnitt am geraden Kegel*

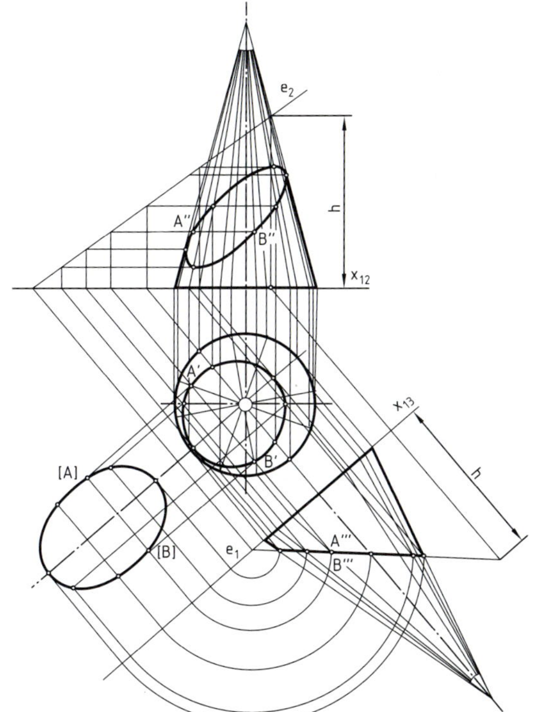

7.158 *Schiefer Schnitt am geraden Kegel, konstruiert mithilfe der Höhenlinien*

7

7.6 Axonometrische Darstellungen nach DIN ISO 5456-3

Axonometrische Projektionen sind parallelperspektivische Darstellungen. Da der Fluchtpunkt der Körperkanten ins Unendliche gerückt ist, werden parallele Körperkanten auch als Parallelen gezeichnet. Zu den axonometrischen Projektionen zählen die isometrische und die dimetrische Darstellung. Sie geben von Gegenständen anschauliche Bilder wieder.

Der darzustellende Gegenstand wird mit seinen Hauptansichten, Achsen und Kanten parallel zu den Koordinatenachsen gezeichnet. Die Lage des Gegenstandes ist so zu wählen, dass die Hauptansicht und die anderen Ansichten, die in der technischen Zeichnung ausgewählt wurden, deutlich erkennbar sind.

Achsen sowie der Verlauf von Symmetrieebenen eines Gegenstandes sind nur zu zeichnen, wenn diese unerlässlich sind. Verdeckte Umrisse und Kanten sind möglichst nicht darzustellen.

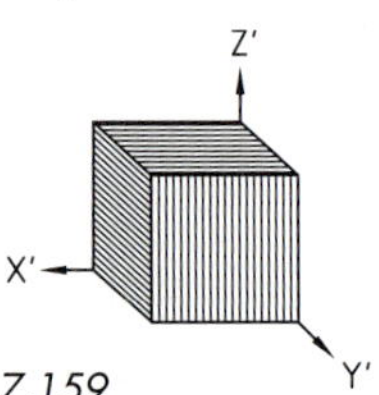

7.159

Eine Schraffur zum Hervorheben eines Schnittes ist vorzugsweise mit dem Winkel von 45° zu den Achsen und Umrissen eines Schnittes zu zeichnen. Eine Schraffur zum Hervorheben von Ebenen, die parallel zu den Koordinatenachsen liegen, ist vorzugsweise parallel zu den Koordinatenebenen zu zeichnen, 7.159.

Die Maßeintragung an axonometrischen Darstellungen sollte nur in Sonderfällen erfolgen unter Berücksichtigung der Bemaßungsregeln nach ISO 129. Die Lage der Koordinatenachsen X bzw. Y ist nach Vereinbarung zu wählen, wobei eine Achse (Z-Achse) vertikal ist.

Isometrische Projektion

Die isometrische Projektion ist eine rechtwinklige Parallelprojektion, bei der die Projektionsebene drei gleiche Winkel mit den drei Koordinatenachsen X, Y und Z bildet. Die Projektionen X', Y' und Z' der drei Koordinatenachsen X, Y und Z auf die Projektionsebene (Zeichenfläche) zeigt 7.160.

Die isometrische Projektion eines Würfels mit Kreisen in den sichtbaren Seiten ist in 7.161 dargestellt.

Die vereinfachte isometrische Darstellung von Rohrleitungen zeigen die Seiten 263 ... 265.

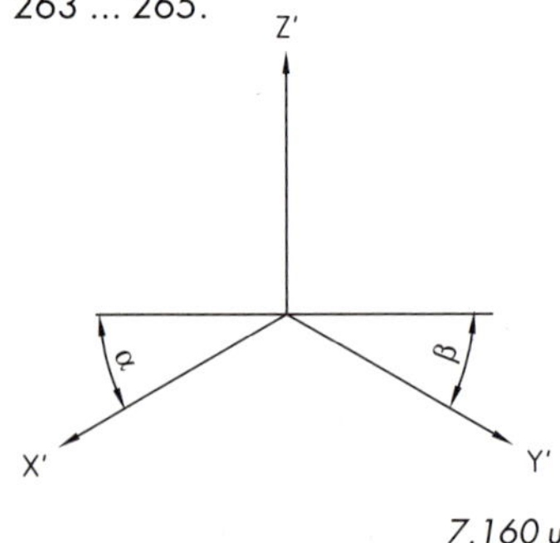

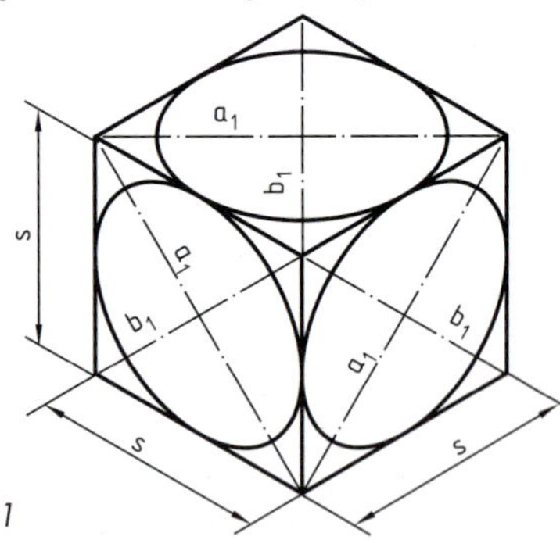

7.160 und 161

Die angenäherte Ellipsenkonstruktion erfolgt durch Krümmungskreise. Ihre Mittelpunkte liegen auf den Ellipsenachsen bzw. ihren Verlängerungen.

Krümmungs-R ≈ 1,06 · s Kreisradien r ≈ 0,3 · s

z. B. R ≈ 53 mm
r ≈ 15 mm

Die einzuzeichnenden Viertelkreisbogen werden von den Mittellinien der Körperflächen begrenzt.

Vereinfachte Ellipsenkonstruktion

Die vereinfachte Konstruktion der Ellipse durch 4 Kreisbogen erspart die Berechnung der Krümmungsradien. In dem Rhombus werden die beiden stumpfen Ecken A und C mit den Mitten E und F der beiden gegenüberliegenden Rhombusseiten verbunden. Die Schnittpunkte der Verbindungslinien mit der großen Ellipsenachse ergeben die Mittelpunkte der kleinen Krümmungskreise. Die Mittelpunkte der beiden großen Krümmungskreise sind die stumpfen Rhombusecken, 7.163.

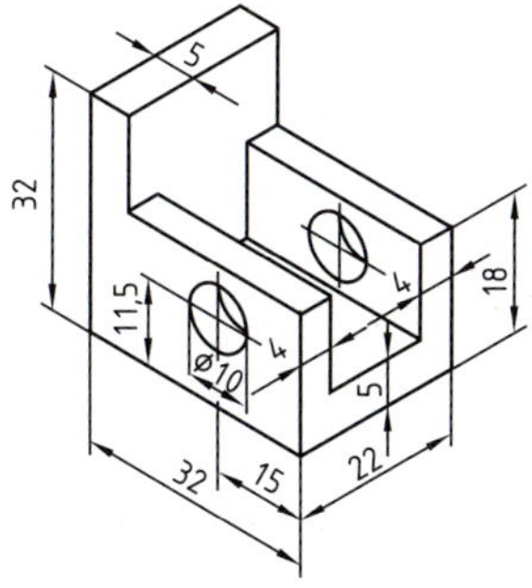

7.164 Beispiel für isometrische Darstellung mit Maßeintragung

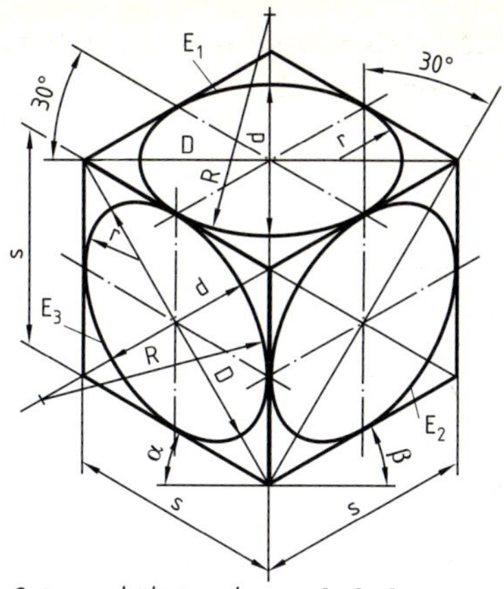

Seitenverhältnis a : b : c = 1 : 1 : 1.

a = s	*α = 30°*
b = s	*β = 30°*
c = s	

7.162 Isometrische Darstellung eines Würfels mit Kreisen

7.163

7.165 Isometrisches Liniennetz

Dimetrische Projektion

Die dimetrische Projektion wird angewendet, wenn eine Ansicht des darzustellenden Bauteils besonders wichtig ist. Die Projektion der drei Koordinatenachsen zeigt 7.166. Das Verhältnis der Maßstäbe auf den Koordinatenachsen entspricht dem Seitenverhältnis des Würfels a:b:c = 1:1:0,5.

Die dimetrische Projektion eines Würfels mit Kreisen auf den sichtbaren Seiten zeigt 7.167.

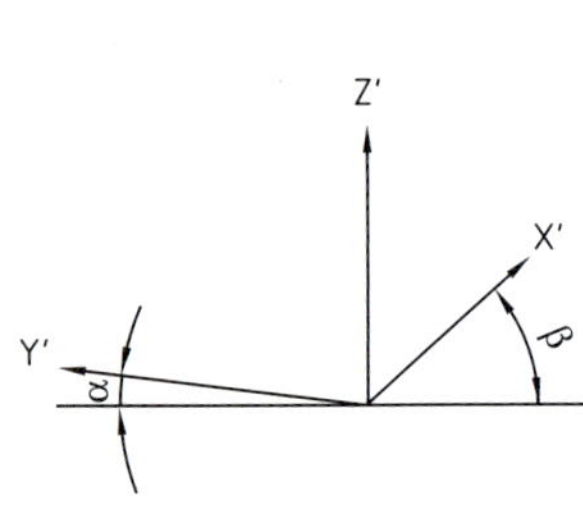

$a : b : c = 1 : 1 : 1/2$
$\alpha = 7°$
$\beta = 42°$

7.166 und 167

Angenäherte Ellipsenkonstruktionen

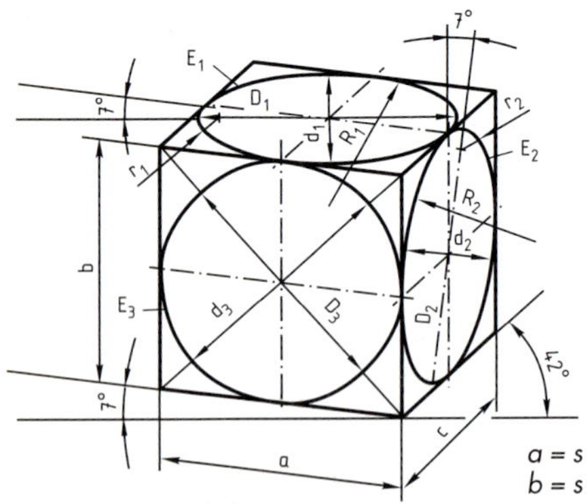

$a = s$
$b = s$

Seitenverhältnis a:b:c = 1:1:½
Neigungswinkel zur Waagerechten 7° und 42°

7.168 Dimetrische Darstellung eines Würfels mit Kreisen

Die großen und kleinen Achsen der in den Flächen eines dimetrisch dargestellten Würfels einbeschriebenen Ellipsen stehen aufeinander senkrecht. Ist s die Kantenlänge des Würfels, so gilt für die Achsen der Ellipsen E_1 und E_2 in den Deck- und Seitenflächen:

Große Achse
$D_1 = D_2 = 1{,}06 \cdot s$
Kleine Achse
$d_1 = d_2 \approx D : 3$

z. B. $s = 50$ mm
$D_1 = 53$ mm
$d_1 = 17{,}6$ mm

Die Achsen der Ellipse E_3 in der Vorderfläche fallen mit den Diagonalen dieser Fläche zusammen.

$$D_3 \approx 1{,}06 \cdot s$$
$$d_3 \approx 0{,}9 \cdot D_3$$

z. B. $a = 50$ mm
$D_3 \approx 53$ mm
$d_3 \approx 47{,}7$ mm

Die Ellipsen E_1 und E_2 werden annähernd genau durch Krümmungskreise konstruiert. Ihre Radien betragen:

$$\text{Krümmungs-R} \approx 1{,}6 \cdot s$$
$$\text{Kreisradien r} \approx 0{,}06 \cdot s$$

z. B. $a = 50$ mm
$R \approx 80$ mm
$r \approx 3$ mm

7

Der Mittelpunkt des großen Krümmungskreises liegt auf der Verlängerung der kleinen Ellipsenachse d und der des kleinen Krümmungskreises auf der großen Ellipsenachse D. Den großen und kleinen Krümmungskreisbogen verbindet man mit dem Kurvenlineal oder von Hand. Die Ellipsen berühren die Körperkanten in den Mittellinien der Flächen.

Da die Ellipse E_3 in der Vorderfläche nur geringfügig von der Kreisform abweicht, wird sie meistens als Kreis gezeichnet.

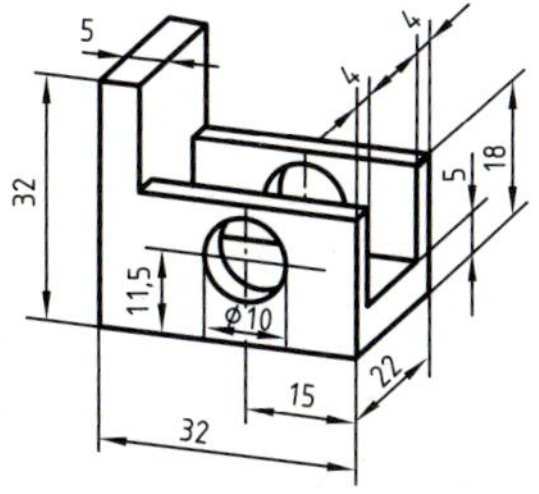

7.169 Beispiele für die dimetrische Darstellung mit Maßeintragung

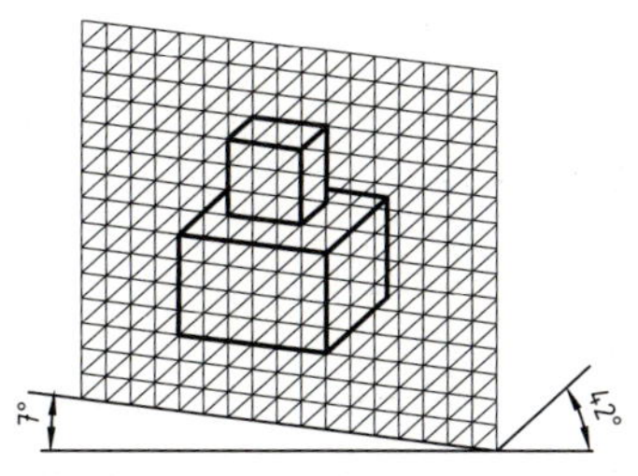

7.170 Schrägbildpapier

Zeichnen einer Konsole in dimetrischer Darstellung nach gegebener technischer Zeichnung in Zeichenschritten

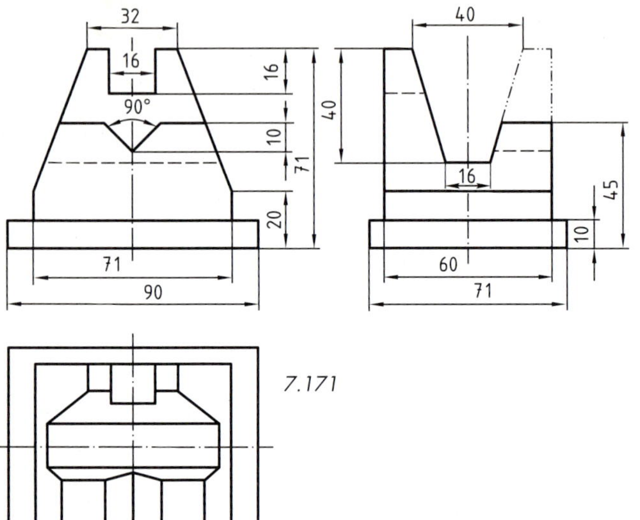

7.171

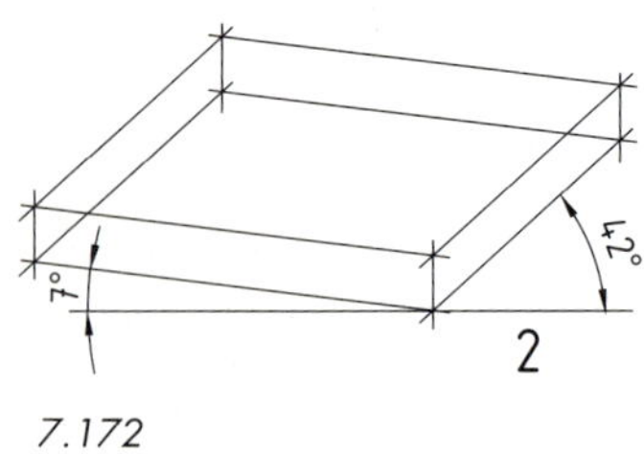

7.172

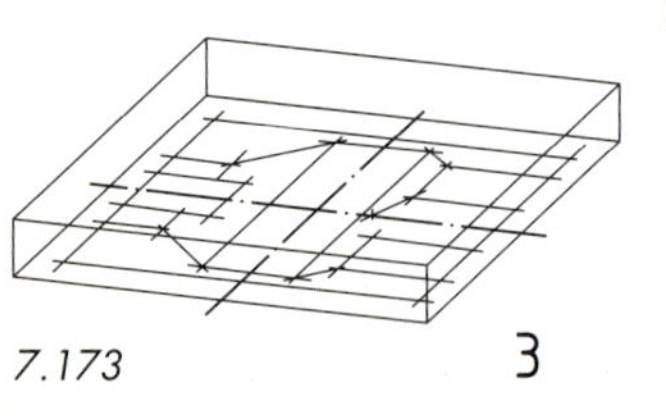

7.173

A Aufgabe:

1. Zu der gegebenen Vorderansicht (A) und Seitenansicht (C) mit Maßen im M 1:1 ist die Draufsicht (B) zu ergänzen.
2. Anhand der technischen Zeichnung ist im M 1:1 auf A3-Blatt (Transparent) die dimetrische Darstellung zu zeichnen, wobei C von links als Hauptansicht zu wählen ist, ohne die verdeckten Körperkanten und Maße einzutragen. Der Entwurf ist in Tusche auszuziehen, die kennzeichnende Hilfskonstruktion muss stehen bleiben.

B Arbeitsfolge: Erfassen der Aufgabe. Lesen der technischen Zeichnung. Ergänzen von B und Erkennen der Teilformelemente. Die schrägen Kanten am Aufbaukörper bilden sich in B verkürzt ab. Durch Projizieren aus A und C ergibt sich die Draufsicht B. Diese dient als Hilfskonstruktion beim Erstellen der Dimetrie.

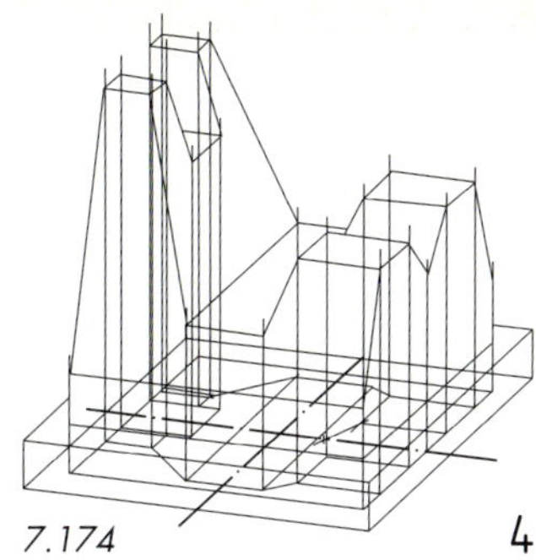

7.174 4

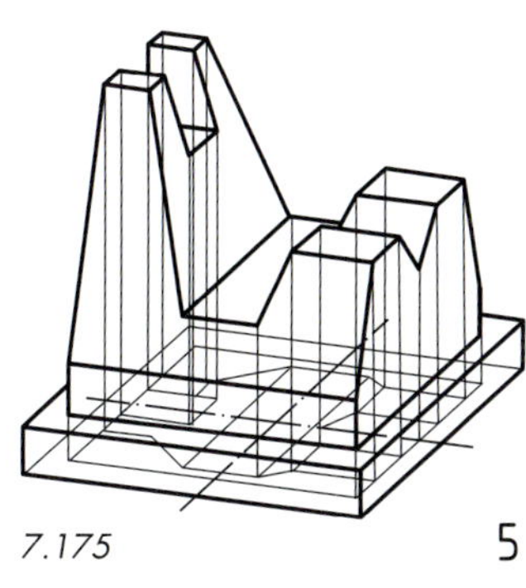

7.175 5

C Zeichenschritte:

1. Ergänzen von B.
2. Entwerfen der Grundplatte □ 71 x 10 x 90 an der Waagerechten unter ∢ 7° und 42°, dabei die vorderen Kanten 71 und 10 mm in M 1:1, die nach hinten führenden nur zur Hälfte = 45 mm lang zu zeichnen sind.
3. Einzeichnen von B des Aufbaukörpers als dimetrische Fläche mittig in die Grundfläche der Grundplatte.
4. In deren Eckpunkten sind die Senkrechten der Hilfskonstruktion zu errichten. Dadurch werden die Umrisskanten des Unterteils des Auflagebocks gefunden und mit den Höhen- und Breitenmaßen aus A und C auch die Eckpunkte der Auflageflächen. Durch Verbindungen der entsprechenden Eckpunkte ergeben sich die Umrisskanten des Auflageteils = die dimetrische Gestalt der Konsole. Testen des Dimetrie-Entwurfs.
5. Ausziehen der Dimetrie in Tusche unter Beibehaltung der kennzeichnenden Hilfskonstruktion.

Vereinfachte isometrische Darstellung von Rohrleitungen nach DIN ISO 6412-2

Rohre und Rohrleitungen, auch Fließlinien genannt, können nach DIN ISO vereinfacht in orthogonaler oder isometrischer Projektion mithilfe von grafischen Symbolen dargestellt werden. Die Fließlinie wird als einzelne breite Volllinie gezeichnet, wobei Bögen vereinfacht als Scheitelpunkt der Verlängerungen oder als Kreisbögen dargestellt werden (7.176 ... 7.179).

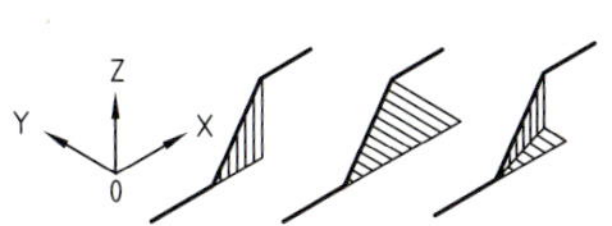

7.176

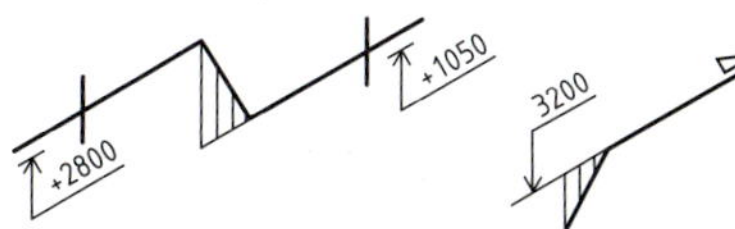

7.177 *Höhenangaben sind auf einer Hinweislinie parallel zur zugeordneten Fließlinie einzutragen*

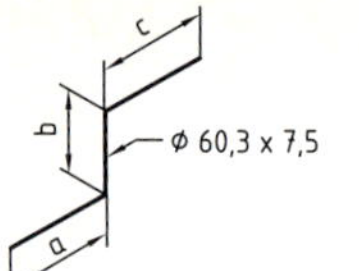

7.178 Rohre mit Bögen werden von Mittellinie zu Mittellinie bemaßt

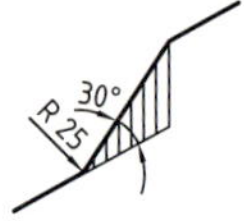

7.179 Bemaßung von Radien und Winkeln an Bögen

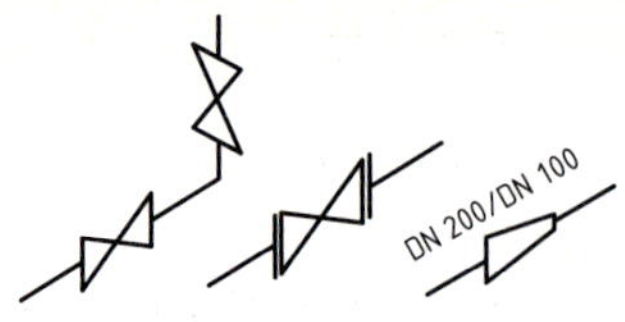

7.180 Beispiele von isometrisch dargestellten Symbolen für Ventile und Reduzierstücke

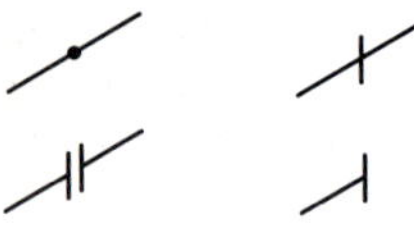

7.181 Beispiele für Verbindungen und Flansche

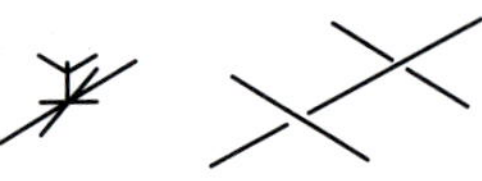

7.182 Beispiele für Hänger, Stützen und Kreuzungen

Darstellen von Rohrleitungen im Koordinatensystem

Zur Vereinheitlichung ist es zweckmäßig, die Hauptrichtungen der Koordinaten festzulegen. Die positive Richtung der Z-Achse entspricht der Richtung, in der sich eine Rechtsschraube drehen würde, wenn sie mit der positiven X-Achse zur positiven Y-Achse dreht, 7.178. Alle Koordinatenwerte in Pfeilrichtung vom Ursprung gesehen sind positiv und in entgegengesetzter Richtung negativ. Die Richtungen der Koordinaten X, Y, Z werden als Hauptrichtung und die von ihnen eingeschlossenen Flächen als Hauptebenen bezeichnet.

Um Linienzüge in isometrischer Projektion eindeutig darzustellen, ist es sinnvoll, die Hauptebenen durch eine Schraffur zu kennzeichnen, 7.172. Dabei sind die Ebenen der Vorderansicht (Koordinaten Y Z) und Seitenansicht (Koordinaten X Z) senkrecht und die Ebenen der Draufsicht (Koordinaten X Y) unter –30° zu schraffieren.

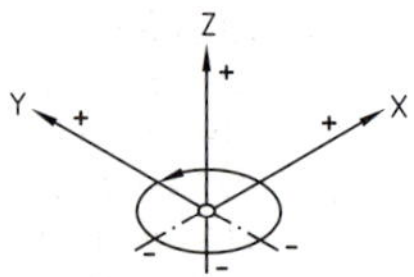

7.183 Hauptrichtungen der Koordinaten

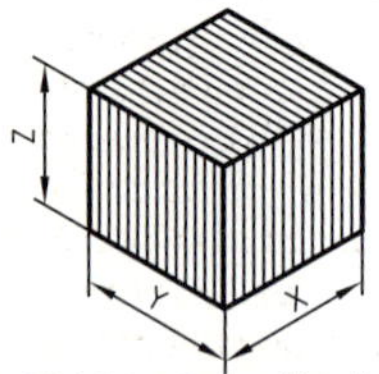

7.184 Schraffur der Hauptebenen

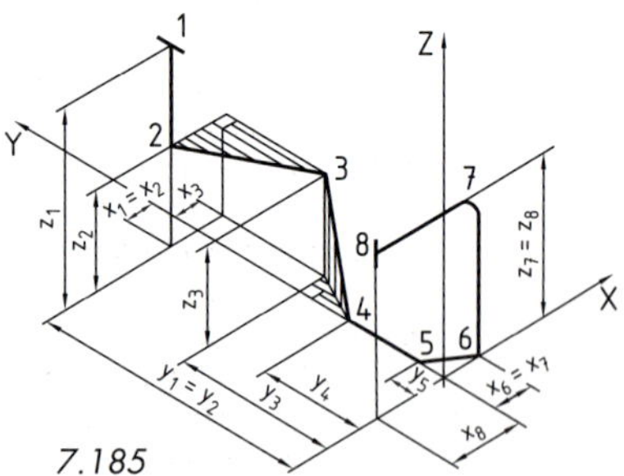

7.185

8.1 Einführung

Was ist eine Norm?

Laut der DIN EN 45020 ist eine Norm ein „Dokument, das mit Konsens erstellt und von einer anerkannten Institution angenommen wurde und das für die allgemeine und wiederkehrende Anwendung Regeln, Leitlinien oder Merkmale für die Tätigkeiten oder deren Ergebnisse festlegt, wobei ein optimaler Ordnungsgrad in einem gegebenen Zusammenhang angestrebt wird."

Normen beziehen sich stets auf einen Normungsgegenstand. Insofern nimmt die DIN EN 45020 eine Sonderstellung innerhalb des Normenwerks ein, da hier der Normungsgegenstand die Normen selbst sind und einige grundlegende Eigenschaften von Normen definiert werden.

Der Nutzen der Normung

Normen haben in praktisch allen gesellschaftlichen Bereichen eine fundamentale Bedeutung. Ohne Normen hätte weder die industrielle Revolution des 19. Jahrhunderts noch die Entwicklung moderner Computer-, Kommunikations- bzw. Informationstechnologien stattgefunden. Normen sind ebenso bei der Globalisierung von außerordentlicher Bedeutung. In der Produktionswirtschaft bildet die Normung ein unabdingbares Instrument der industriellen Rationalisierung. Normen setzen nicht nur im Messwesen, z. B. bei Testmethoden, einheitliche Maßstäbe für die Produktqualität, sondern auch in den Bereichen der Arbeitssicherheit, des Umweltschutzes und des Verbraucherschutzes. Normen dienen zum Speichern von Wissen und bewahren den Anwender davor, das Rad bzw. die Schraube neu zu erfinden. Gleichermaßen tragen entsprechend aktualisierte Normen dazu bei, den Stand der Technik in unterschiedlichen Bereichen den Anwendern zugänglich zu machen.

Allgemeine Merkmale von Normungsorganisationen

Normen werden in Normungsorganisationen erstellt. Diese unterscheiden sich üblicherweise in nationale, regionale und internationale Normungsorganisationen, die dementsprechend nationale, regionale und internationale Normen herausgeben. Trotz unterschiedlicher Arbeitsfelder und „Hoheitsgebiete" weist die Normungsarbeit in diesen Organisationen eine Reihe von Gemeinsamkeiten auf. Die Mitarbeit an Normungsprojekten ist ebenso wie die Anwendung von Normen freiwillig. Der Normungsprozess steht grundsätzlich allen interessierten Kreisen offen und ist transparent gestaltet. Entscheidungen werden soweit möglich gleichberechtigt auf der Basis eines Konsenses getroffen. Die eigentliche Normungsarbeit wird in Komitees geleistet. Weiterhin wird auf ein widerspruchsfreies Normenwerk abgezielt, das den Stand der Technik repräsentiert und die wirtschaftlichen Gegebenheiten bzw. den allgemeinen Nutzen berücksichtigt. Der internationalen Normung wird grundsätzlich gegenüber der regionalen und nationalen Normung ein höherer Rang eingeräumt. Der maßgebliche Unterschied zwischen nationaler, regionaler und internationaler Normung liegt im geografischen Geltungsbereich der entsprechenden Normen. Normungsorganisationen haben häufig Vereinsstatus und betonen hierdurch die Gemeinnützigkeit ihres Anliegens. Das Deutsche Institut für Normung, DIN e.V., ist ebenfalls ein eingetragener Verein.

Die nationale Normung

Die Normung in nationalen Normungsorganisationen vollzieht sich weitgehend nach den oben geschilderten Grundsätzen.

Unterschiede zwischen nationalen Normungsorganisationen beruhen beispielsweise auf unterschiedlichen, teils historisch bedingten „Normungskulturen" oder der unterschiedlichen Einbettung der Normungsorganisationen in die gesellschaftlichen Strukturen.

Hauptträger der Normungsarbeit in Deutschland ist das DIN. Das DIN ist von staatlicher Seite vertraglich anerkannt und mit dem Recht ausgestattet, deutsche Interessen auf der Ebene der internationalen Normung zu vertreten. Prinzipiell ist jedermann berechtigt, ein Normungsprojekt beim DIN zu beantragen. Zur Mitgliedschaft im DIN sind Unternehmen und andere juristische Personen zugelassen. Neben dem DIN sind in Deutschland ebenfalls der Verein Deutscher Ingenieure e.V. (VDI) und der Verband der Elektrotechnik, Elektronik und Informationstechnik e.V. (VDE) im Bereich der technischen Vereinheitlichung aktiv. Das DIN und der VDE haben 1970 die Deutsche Kommission für Elektrotechnik (DKE) im DIN und VDE gegründet. Die DKE erstellt Normen und Sicherheitsbestimmungen in der Elektro- und Informationstechnik und vertritt die deutschen Interessen in der regionalen und internationalen elektrotechnischen Normung.

Die internationale Normung

Träger der internationalen Normung sind die Internationale Organisation für Normung (International Organization for Standardization, ISO), die Internationale Elektrotechnische Kommission (International Electrotechnical Commission, IEC) und die Internationale Telekommunikationsunion (International Telecommunication Union, ITU).

Auch hier gelten weitgehend die oben geschilderten Prinzipien der Normung. Zur Mitgliedschaft bei ISO sind im Wesentlichen die nationalen Normungsorganisationen berechtigt.

Erste Ansätze zur internationalen Normung gab es bereits verhältnismäßig früh. So wurde die IEC 1906 und die Vorläuferin der ISO, die International Federation of the National Standardizing Associations (ISA), 1926 gegründet. Die ISA stellte ihre Aktivitäten allerdings 1942 ein und ISO wurde 1947 gegründet. Seit ihrer Gründung hat ISO mehr als 13700 internationale Normen veröffentlicht.

Die internationalen Normungsorganisationen und die Welthandelsorganisation (WTO) kooperieren bei dem Aufbau eines fairen und offenen Weltwirtschaftssystems. Ein effizientes System an internationalen Normen wird hierfür als Grundgerüst betrachtet. Im Allgemeinen Zoll- und Handelsabkommen (General Agreement on Tariffs and Trade, GATT) wird ausdrücklich die internationale Normung als Instrument des Abbaus von Handelshemmnissen gewürdigt.

Zu den Erfolgsgeschichten der internationalen Normung zählt beispielsweise der vereinheitlichte Container, der aus dem Weltwarenverkehr nicht mehr wegzudenken ist. Großen Bekanntheitsgrad hat auch die Normenreihe ISO 9000 ff. zum Qualitätsmanagement erreicht.

Die europäische Normung

ISO, IEC und die ITU finden auf europäischer Ebene ihre Entsprechungen im Europäischen Komitee für Normung (Comité Européen de Normalisation, CEN), im Europäischen Komitee für Elektrotechnische Normung (Comité Européen de Normalisation Électrotechnique, CENELEC) und im Europäischen Institut für Telekommunikationsnormen (European Telecommunication Standards Institute, ETSI).

CEN und CENELEC wurden bereits Anfang der 60er-Jahre des letzten Jahrhunderts aus privater Initiative gegründet, nahmen die eigentliche Normungsarbeit allerdings erst im Laufe der 70er-Jahre auf. CEN und CENELEC wurden erst in den 70er-Jahren von der Europäischen Union, die damals noch Europäische Gemeinschaft hieß, als europäische Normungsorganisationen formal anerkannt.

Auf europäischer Ebene gelten weitgehend die oben geschilderten Prinzipien. Zur Mitgliedschaft bei CEN und CENELEC sind ähnlich wie auf internationaler Ebene im Wesentlichen die nationalen Normungsorganisationen berechtigt.

Die Besonderheit der europäischen Normung liegt darin, dass sie ein politisches Instrument der Europäischen Union zur Schaffung eines einheitlichen europäischen Binnenmarktes darstellt. Ein einheitliches europäisches Normenwerk soll dazu beitragen, Handelshemmnisse innerhalb der Europäischen Union abzubauen. Die Europäische Union legt hierzu in Richtlinien, die grundsätzlich Gesetzescharakter haben, allgemeine Anforderungen in den Bereichen Gesundheit, Sicherheit und Umwelt fest. Diese allgemeinen Richtlinien (Gesetze) werden in einem weiteren Schritt durch technische Normen konkretisiert. Den europäischen Normungsorganisationen kommt hierbei von der EU-Kommission der Auftrag zu, diese Normen zu erstellen. Diese harmonisierten Normen müssen dann innerhalb von sechs Monaten in die nationalen Normenwerke der Mitgliedsstaaten überführt und alte bzw. anders lautende nationale Normen zurückgezogen werden. Die Mitgliedsstaaten der Europäischen Union haben zudem eine Mitteilungspflicht („Notifikationspflicht“) gegenüber den anderen Mitgliedsstaaten und der EU-Kommission für den Fall, dass sie ein neues nationales Normungsprojekt in die Wege leiten.

Den europäischen Richtlinien zur Gesundheit, Sicherheit und Umwelt müssen solche Produkte und Dienstleistungen grundsätzlich genügen, die in diese Kategorien fallen und in der Europäischen Union in Umlauf kommen. Mit dem CE-Kennzeichen (CE = „Communautés Européennes“, zu deutsch „Europäische Gemeinschaften“) zeigt ein Hersteller bzw. Anbieter die Konformität seiner Produkte zu den europäischen Richtlinien an. Das CE-Kennzeichen ist kein Qualitäts-, sondern ein Konformitätszeichen und gilt im Allgemeinen als „Reisepass“ für Produkte innerhalb der Europäischen Union. Maßgeblich ist hierbei die Konformität zu den Richtlinien und nicht etwa zu den entsprechenden Europäischen Normen, deren Anwendung grundsätzlich freiwillig ist. Wer aber Europäische Normen anwendet, darf sich sicher sein, auch den entsprechenden Richtlinien zu genügen.

Die Europäische Union misst der Normung aber auch in anderen Politikbereichen große Bedeutung bei. Hierzu zählen beispielsweise die Osterweiterung und die Initiative „eEurope", die auf einen beschleunigten Übergang zur Informationsgesellschaft abzielt.

Die europäischen Normungsorganisationen kooperieren sehr eng mit ihren internationalen Schwesterorganisationen. So können ISO- und IEC-Normen verhältnismäßig einfach in das europäische Normenwerk überführt und umgekehrt Europäische Normen verhältnismäßig einfach in das internationale Normenwerk aufgenommen werden. Wo immer möglich, werden internationale Normen in das europäische Normenwerk übernommen. Die Europäische Union behält es sich allerdings vor, dann von internationalen Normen abzuweichen, wenn dies im europäischen Interesse ist.

Prinzipiell sind alle nationalen Normungsorganisationen in Europa Mitglied bei einer der europäischen Normungsorganisationen und gestalten dort aktiv die Harmonisierung des europäischen Normenwerkes mit. Europäische Normen, die in das deutsche Normenwerk überführt wurden, erkennt man an der Schreibweise: DIN EN ... . DIN EN ISO ... besagt, dass die Norm nicht nur auf deutscher und europäischer, sondern auch auf internationaler Ebene Gültigkeit hat.

Aktuelle Tendenzen in der Normung

- In den Bereichen, in denen die Komplexität der Normungsobjekte zunimmt, steigt tendenziell auch die Komplexität bzw. Abstraktheit der entsprechenden Normen.
- Insbesondere in den sich rasant entwickelnden Bereichen der Hochtechnologie gibt es einen ausgeprägten Bedarf an der schnellen Erarbeitung von Normen. Der klassische Normungsprozess kann dies nicht immer gewährleisten. Hierauf haben die Normungsorganisationen mit einer Reihe „normativer Dokumente", z. B. ‚CEN Workshop Agreements', reagiert, die erheblich schneller erstellt werden können als „klassische Normen", allerdings nicht denselben Status aufweisen. Bei der Erstellung dieser Dokumente wird insbesondere vom teils zeitaufwendigen Konsensprinzip abgerückt.
- Die ökonomische bzw. strategische Relevanz von Normen tritt zunehmend in den Vordergrund. So orientiert sich das Verhalten von Unternehmen in der Normung nicht immer nur an sachlichen oder naturwissenschaftlichen Maßstäben, sondern vermehrt auch an den eigenen wirtschaftlichen Interessen. Je nach Ausgestaltung einer Norm können die wirtschaftlichen Interessen bestimmter Akteure teils erheblich beeinflusst werden. Die strategische Relevanz der Normung erkennt man unter anderem auch daran, dass sehr viele Normungsorganisationen Strategiepapiere zur Normung veröffentlicht haben.
- Die internationale und europäische Normung dominiert zusehends die nationale Normung in Europa. Dementsprechend werden die nationalen Normungsaktivitäten zunehmend auf die europäische bzw. internationale Ebene verlagert. Über 85 Prozent der Normungsaktivitäten des DIN finden gegenwärtig auf der europäischen bzw. internationalen Ebene statt.
- Der politische Einfluss der EU im Bereich der Normung wird auch in Zukunft spürbar bleiben. So zielen die jüngsten Initiativen der EU gerade im Bereich

der Konstruktion von Produkten darauf ab, mittels entsprechender Normen verstärkt ökologischen Gesichtspunkten Geltung zu verschaffen.

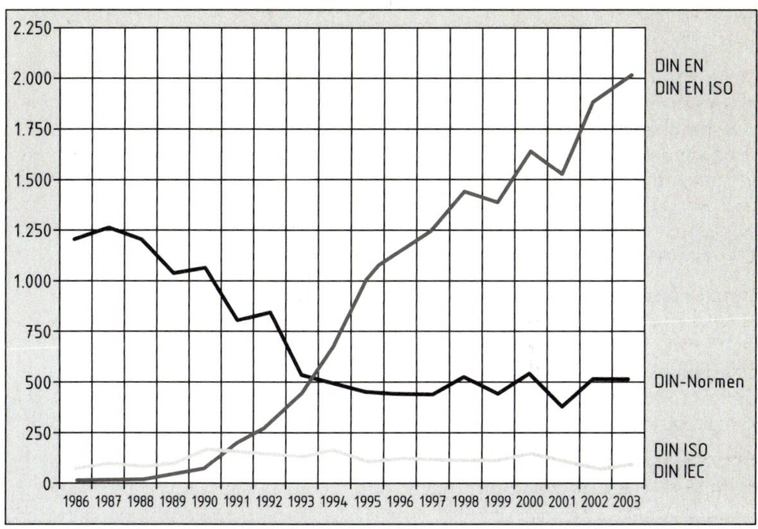

8.1 Entwicklung des Europäischen Normenwerkes DIN, DIN EN

Entstehung der DIN-Normen

In den Normenausschüssen des DIN sind Fachleute aus der Industrie, der Wissenschaft und den Behörden vertreten, die aus den Erfahrungen oder aus den zur Verfügung gestellten Werknormen Normenentwürfe erarbeiten. Diese Entwürfe werden nach eingehender Kontrolle durch die Normenprüfstelle des DIN in den „DIN-Mitteilungen + elektronorm" angezeigt und damit der Öffentlichkeit zur Stellungnahme vorgelegt. Nach Ablauf der Einspruchfrist und Beratung der Einsprüche lässt der jeweilige Normenausschuss die DIN-Norm veröffentlichen. Weiteres siehe DIN 820, Normungsarbeit T1 ... T4, T11 ... T13, T15, T120.

DIN-Normen enthalten die vom Deutschen Institut für Normung erarbeiteten Fassungen der Normen. Kopf und Fußleiste einer DIN-Norm zeigt 8.2.

DK 774.43	DEUTSCHE NORM	**Dezember 1992**
	Technische Zeichnungen Maßeintragung Grundlagen der Anwendung	**DIN** 406 Teil 11
Technical drawings; Dimensioning; Rules for the application Dessins technique; Cotation; Règles por l'application		Ersatz für DIN 406 T 3/07.75 und mit DIN 406 T 10/12.92 und DIN 406 T 12/12.92 Ersatz für DIN 406 T 2/08.81
	Normenausschuss Zeichnungswesen (NZ) im DIN Deutsches Institut für Normung e.V.	

Alleinverkauf der Normen durch Beuth Verlag GmbH, Burggrafenstraße 6, 10787 Berlin

8.2

Vornormen werden nur dann herausgegeben, wenn noch hinreichende praktische Erfahrungen fehlen. Nach Vornormen soll bereits gearbeitet werden. Beiblätter enthalten nur Informationen zu Normen, jedoch keine zusätzlichen Festlegungen.

Inhalt der DIN-Normen

Dienstleistungsnormen
Gebrauchstauglichkeitsnormen
Liefernormen
Maßnormen
Planungsnormen
Prüfnormen
Qualitätsnormen
Sicherheitsnormen
Stoffnormen
Verfahrensnormen
Verständigungsnormen

Einführung der DIN-Normen

Die DIN-Normen gelten als verpflichtende Empfehlungen und sind daher nach Möglichkeit überall anzuwenden unter Berücksichtigung der DIN EN- und DIN ISO-Normen.

Änderung der DIN-Normen

Von Zeit zu Zeit wird der Inhalt der Normen geprüft, um sie gegebenenfalls dem Stand der Technik anzupassen. Die Änderungen stehen in den regelmäßig erscheinenden DIN-Mitteilungen + elektronorm.

DIN-Katalog für technische Regeln

Der DIN-Katalog enthält in Band 1 die nach Sachgruppen geordneten technischen Regeln wie Normen, Normenentwürfe und Vorschriften wie Gesetze und Verordnungen mit technischen Festlegungen. Der Band 2 beinhaltet internationale Normen und ausgewählte ausländische Normen. Der DIN-Katalog wird monatlich aktualisiert.

8

Normnummerung

Auch bei der neuen Schreibweise der DIN-Nummern, die aus Teilen bestehen, werden die Teilnummern nur noch mit einem Bindestrich angeschlossen, wobei der Zusatz „Teil" entfällt,

z. B. Gewinde und Gewindeteile DIN ISO 6410-1.

Im Interesse einer höheren Anwenderfreundlichkeit von ISO- und IEC-Normen, die unverändert zu Europäischen Normen erklärt werden, wurde beschlossen, diese künftig mit EN ISO ... zu benummern.

Bei der Übernahme ins Deutsche Normenwerk wird entsprechend die Normnummer DIN EN ISO ... eingeführt.

Bei der Produktbezeichnung in Stücklisten wird wie bisher üblich nur die ISO-Normnummer angegeben.

Als Beispiel für das neue Benummerungssystem sind die Normnummern einer Zylinderschraube mit Schlitz (bisher DIN 84) gewählt worden:

international: ISO 1207
europäisch: EN ISO 1207
national: DIN EN ISO 1207

Die Normnummern älterer DIN EN Normen werden erst bei deren Überarbeitung entsprechend umgestellt.

Deutsches Informationszentrum für technische Regeln
Das Deutsche Informationszentrum für technische Regeln DITR im DIN ist die zentrale Auskunftsstelle für alle in Deutschland Beachtung findenden in- und ausländischen wie internationalen Regeln, die dort in einer Datenbank gespeichert sind. Ferner bietet das DITR eine DIN-Normenbibliothek als CD-ROM an, die durch den Beuth-Vertrieb bezogen werden kann.

Normung innerhalb eines Werkes
Die Normung innerhalb eines Werkes wird von der Normenstelle aus durchgeführt. Sie bestellt die Normen und überwacht ihre Gültigkeit anhand der DIN-Mitteilungen + elektronorm. Die Normenstelle arbeitet mit dem DIN zusammen, bereitet die Normen für den Betrieb aus, leitet die Schaffung von Werknormen für die Konstruktion und Fertigung und prüft die Zeichnungen auf Norm.

8.2 Normzahlen und Normzahlreihen nach DIN 323-1, Grundreihen

Hauptwerte							
Grundreihen							
R 5	R 10	R 20	R 40	R 5	R 10	R 20	R 40
1,00	1,00	1,00	1,00	2,5	3,15	3,15	3,15
			1,06				3,35
		1,12	1,12			3,55	3,55
			1,18				3,75
	1,25	1,25	1,25	4,00	4,00	4,00	4,00
			1,32				4,25
		1,40	1,40			4,50	4,50
			1,50				4,75
1,60	1,60	1,60	1,60		5,00	5,00	5,00
			1,70				5,30
		1,80	1,80			5,60	5,60
			1,90				6,00
	2,00	2,00	2,00	6,30	6,30	6,30	6,30
			2,12				6,70
		2,24	2,24			7,10	7,10
			2,36				7,50
2,50	2,50	2,50	2,50		8,00	8,00	8,00
			2,65				8,50
		2,80	2,80			9,00	9,00
			3,00				9,50
				10,00	10,00	10,00	10,00

Zweck

Die Normzahlen NZ dienen einer weitgehenden Ordnung und Vereinfachung im technischen und wirtschaftlichen Schaffen. Ihre Anwendung bringt erhebliche wirtschaftliche Vorteile.

8

Man wendet sie an zur Bemessung von Größen aller Art, die durch Zahlen ausgedrückt werden können, z. B. Hauptmaße von Gegenständen, Kräfte, Drücke, Inhalte, Drehzahlen, Leistungen, Fördermengen, Übersetzungen usw., mit dem Ziel, dass an verschiedenen Stellen die gleichen Größen bevorzugt werden. Auch Einzelgrößen sind nach NZ festzulegen, da meist später eine Stufung erforderlich wird. Besonders geeignet sind die NZ für die Stufung von Größen nach Normzahlreihen. Bei Größenreihen von Konstruktionen wählt man für die Kenngrößen, z. B. bei zylindrischen Behältern für Durchmesser und Höhe, Normzahlreihen, sodass sich für die übrigen Kenngrößen bei multiplikativen Zusammenhängen wieder Normzahlen ergeben. Die Reihen mit den gröbsten Stufensprüngen sind zu bevorzugen. Siehe DIN 323-2.

Aufbau

Die Grundreihen der Normzahlen entstehen, indem die Zwischenbereiche der Zehnerstufen (Zehnerpotenzen) 1, 10, 100 usw. in eine den Reihen entsprechende Anzahl geometrisch gleicher Stufen aufgeteilt werden. Teilt man die Zehnerpotenzen in zehn geometrisch gleiche Stufen, so erhält man die Grundreihe R10. Bei feineren Stufungen wird je ein Glied dazwischen geschoben, sodass sich 20 Glieder je Zehnerstufe ergeben (R20). Bei weiterem Einschieben eines Gliedes ergibt sich die Reihe R40.

Die Grundreihen R5, R10, R20 und R40 sind als Hauptwerte in DIN 323-1 aufgeführt.

Die theoretischen Werte der Normzahlen sind unendliche Dezimalbrüche, die für die praktische Anwendung ausscheiden.

Rundwerte sollen nur dann angewendet werden, wenn die Hauptwerte in der Praxis Schwierigkeiten bereiten oder wenn handelsübliche Größen übernommen werden sollen, s. S. 101.

8

Die Normzahlreihen sind geometrische Reihen, bei denen jedes Glied aus dem vorhergehenden durch Multiplizieren mit einem bestimmten Faktor, dem Stufensprung, hervorgeht. Dieser beträgt: 1,6 für R5, 1,25 für R10, 1,12 für R20 und 1,06 für R40. Die Hauptwerte sind Glieder dieser Grundreihen.

Abgeleitete Reihen entstehen aus den Grundreihen, indem man nur jedes 2., 3., 4. usw. Glied entnimmt. Beim Entnehmen z. B. jedes 3. Gliedes der Reihe R10 lautet die abgeleitete Reihe R10/3: 1, 2, 4, 8, 16 ...

Normzahlreihen können begrenzt werden, z. B. eine begrenzte Reihe mit 6 Gliedern R10/3 (1 ... 32): 1, 2, 4, 8, 16, 32.

Nur bestimmte Maße sind arithmetisch gestuft, z. B. Blechdicken, Schraubenlängen und Werkzeugmaschinenvorschübe.

Stufungsbeispiel von Maßen und Inhalt bei zylindrischen Behältern nach Normzahlen

Größe Nr.	1	2	3	4	...
Durchmesser d (R 10) mm	100	125	160	200	...
Höhe h (R 10) mm	125	160	200	250	...
Inhalt V (R 10/3) Liter	1	2	4	8	...

8.3 Werkstoffe

Einteilung der Stähle nach DIN EN 10020

Als Stahl werden Werkstoffe bezeichnet, deren Massenanteil an Eisen größer ist als der jedes anderen Elementes und die im Allgemeinen weniger als 2 % Kohlenstoff aufweisen. Ausnahme sind einige Chromstähle mit > 2 % C.

Nach dieser Norm werden die Stähle im Hinblick auf die maßgebenden Gehalte der einzelnen Elemente bzw. die Kombination der Elemente in unlegierte, nicht rostende und legierte Stähle unterschieden.

Die Stahlsorten werden nach folgenden Hauptgüteklassen unterteilt:

Hauptgüteklassen:

Unlegierte Stähle sind Stahlsorten, bei denen keiner der Grenzwerte in Spalte A erreicht wird.

Nichtrostende Stähle sind Stähle mit einem Massenanteil Chrom von mindestens 10,5% und höchstens 1,2% Kohlenstoff.

Andere legierte Stähle sind Stahlsorten, die nicht der Definition für nichtrostende Stähle entsprechen und bei denen wenigstens einer der Grenzwerte nach Spalte B erreicht wird.

Vorgeschriebene Elemente	Grenzwert Massenanteil in %	
	A	B
Aluminium	0,30	
Bor	0,0008	
Bismut	0,10	
Cobalt	0,30	
Chrom	0,30	0,50
Kupfer	0,40	0,50
Lanthanide (einzeln gewertet)	0,10	
Mangan	1,65	1,80
Molybdän	0,08	0,10
Niob	0,06	0,08
Nickel	0,30	0,50
Blei	0,40	
Selen	0,10	
Silicium	0,60	
Tellur	0,10	
Titan	0,05	0,12
Vanadium	0,10	0,12
Wolfram	0,30	
Zirconium	0,05	0,12
Sonstige (mit Ausnahme von Kohlenstoff, Phosphor, Schwefel, Stickstoff)	0,10	

Kurznamen der Stähle

Nach der DIN EN 10027-1 werden die Kurznamen der Stähle nach dem folgenden Schema gegliedert.

Hauptsymbole		Zusatzsymbole für Stähle	Zusatzsymbole für Stahlerzeugnisse
Buchstabe	Eigenschaften	Gruppe 1 Gruppe 2	s. Tabellen
		an ...	+ an + an ...

Das Hauptsymbol beinhaltet den Buchstaben für den Verwendungszweck und die Angaben für die mechanischen oder physikalischen Eigenschaften, z. B. die Mindeststreckungsgrenze R_e für die geringste Erzeugnisdicke.

Die Zusatzsymbole für Stahl werden in zwei Gruppen unterteilt, nämlich in die Gruppe 1 und die Gruppe 2. Die Zusatzsymbole der Gruppe 2 sind stets nur in Verbindung mit denen der Gruppe 1 zu verwenden und an diese anzuhängen. Die Zusatzsymbole der Stähle für den Stahlbau sind als Beispiel auf S. 277 aufgeführt.

Die Zusatzsymbole der Stahlerzeugnisse sind den Tabellen 1, 2 und 3 in EN 10027-1 zu entnehmen, S. 277. Sie werden mit einem Pluszeichen an den Stahlnamen angehängt.

Hauptsymbole der Stähle nach EN 10027-1

Kennbuchstabe	Kennzeichnende Eigenschaft	Stahlgruppen
S	$R_{e\,min}$	Stähle für den Stahlbau GS für Stahlguss (wenn erforderlich)
P	$R_{e\,min}$	Druckbehälterstähle GP für Stahlguss (wenn erforderlich)
L	$R_{e\,min}$	Stähle für Leitungsrohre
E	$R_{e\,min}$	Maschinenbaustähle
B	$R_{e\,min}$	Betonstähle
Y	R_m	Spannstähle
R	R_m	Schienenstähle
R	$R_{e\,min}$	Kaltgewalzte Flacherzeugnisse aus höherfesten Stählen zum Kaltumformen
D	C = kaltgewalzt D = warmgewalzt X = Art des Walzens	Flacherzeugnisse zum Kaltumformen
T	H (RC Härte) bzw. $R_{e\,min}$	Verpackungsblech und Band
M	Höchstzulässige Ummagnetisierungsverluste in W/kg	Elektroblech und Band
C	mittlerer C-Gehalt x 100	Unlegierte Stähle mit einem mittleren Mn-Gehalt < 1% außer Automatenstähle GC für Stahlguss (wenn erforderlich)
	mittlerer C-Gehalt x 100, danach Symbole für Legierungselemente	Unlegierte Stähle mit ≥ 1 % Mn, unlegierte Automatenstähle sowie legierte Stähle, sofern der mittlere Gehalt der einzelnen Legierungselemente unter 5 % liegt (G für Stahlguss)
X	mittlerer C-Gehalt x 100, danach Symbole für Legierungselemente	Legierte Stähle (außer HS-Stähle), sofern der mittlere Gehalt zumindest eines Legierungselements ≥ 5 % beträgt GX für Stahlguss (wenn erforderlich)
HS	%-Gehalt der Legierungselemente	Schnellarbeitsstähle

Zusatzsymbole der Stähle für den Stahlbau nach DIN EN 10027-1

Gruppe 1

Kerbschlagarbeit in Joule			Prüftemp. °C
27 J	40 J	60 J	
JR	KR	LR	+ 20
J0	K0	L0	0
J2	K2	L2	– 20
J3	K3	L3	– 30
J4	K4	L4	– 40
J5	K5	L5	– 50
J6	K6	L6	– 60

Gruppe 2

C = mit besonderer Kaltumformbarkeit
D = für Schmelzüberzüge
E = für Emaillierung
F = zum Schmieden
H = Hohlprofile
L = für Niedrigtemperatur
M = thermomechanisch umgeformt
N = normalgeglüht oder normalisierend gewalzt
P = für Spundbohlen
Q = vergütet
S = für Schiffsbau
T = für Rohre
W = wetterfest

Beispiele der Zusatzsymbole für Stahlerzeugnisse (Auszüge)			
Tab. 1 Symbole für besondere Anforderungen		Tab. 2 Symbole für die Art der Überzüge	
+ CH	Kernhärtbarkeit	+ A	feueraluminiert
+ H	mit besonderer Härtbarkeit	+ AS	mit Al-Si-Legierungsüberzug
+ Z15	Mindestbrucheinschnürung 15 %	+ AZ	mit Al-Zn-Legierungsüberzug (> 50 % Al)
+ Z25	Mindestbrucheinschnürung 25 %	+ CE	elektrolytisch verchromt
+ Z35	Mindestbrucheinschnürung 35 %	+ CU	Kupferüberzug
Tab. 3 Symbole für den Behandlungszustand			
+ A	weichgeglüht	+ N	normalgeglüht oder normalisierend gewalzt
+ AC	geglüht zur Erzielung kugeliger Carbide	+ NT	Normal geglüht und angelassen
+ AT	lösungsgeglüht	+ QO	Ölgehärtet
+ C	kaltverfestigt, z. B. durch Walzen oder Ziehen	+ QT	Vergütet
+ Cnnn	kaltverfestigt auf nnn N/mm^2 Mindestzugfestigkeit	+ QW	Wassergehärtet
+ CR	kaltgewalzt	+ SR	Spannungsarmgeglüht
+ HC	Warm-kalt geformt	+ T	Angelassen
		+ U	Unbehandelt

8

Unlegierte Baustähle für warmgewalzte Erzeugnisse nach DIN EN 10025-1 bis -6

Die Baustähle nach DIN EN 10025-1 bis -6 sind unlegierte Qualitätsstähle und legierte Edelstähle.

Die Stahlsorten sind entsprechend der DIN EN 10020 in Hauptgüteklassen eingeteilt und sind in Gütegruppen in DIN EN 10025-2 und -6 angegeben.

DIN EN 10025-1 legt Anforderungenm für Flach- und Langerzeugnisse aus warmgewalzten Baustählen fest, ausgenommen Hohlprofile und Rohre. Sie sind zur Verwendung in geschweißten, geschraubten und genieteten Bauteilen bestimmt.

Die einzelnen Gütegruppen unterscheiden sich voneinander im Wesentlichen in der Schweißneigung und in der Kerbschlagarbeit.

Die Desoxidationsarten werden wie folgt bezeichnet:

Freigestellt: Nach Wahl des Herstellers.

FN: Unberuhigter Stahl nicht zulässig.

FF: Vollberuhigter Stahl mit ausreichendem Gehalt an stickstoffbindenden Elementen.

Technologische Eigenschaften:

DIN EN 10025-2 bis -6 enthalten auch Angaben über die technologischen Eigenschaften der Baustähle im Hinblick auf Schweißeignung, Warmumformbarkeit und Kaltumformbarkeit (Kaltbiegen, Walzprofilieren und Stabziehen).

8

Normenhinweis:

DIN EN 10025-1: Warmgewalzte Erzeugnisse aus Baustählen; Allgemeine Technische Lieferbedingungen für Feinkornbaustähle

DIN EN 10025-2: Techn. Lieferbedingungen für unlegierte Stähle

DIN EN 10025-3: Techn. Lieferbedingungen für normalgeglühte / normalisierend gewalzte schweißgeeignete Feinkornbaustähle

DIN EN 10025-4: Techn. Lieferbedingungen für thermomechanisch gewalzte schweißgeeignete Feinkornbaustähle

DIN EN 10025-5: Techn. Lieferbedingungen für wetterfest Baustähle

DIN EN 10025-6: Techn. Lieferbedingungen für Flacherzeugnisse aus Stählen in geschweißten, geschraubten und genieteten Bauteilen.

Mechanische Eigenschaften für Flach- und Langerzeugnisse nach DIN EN 10025-2

Stahlsorte Kurzname nach DIN EN 10027-1	Werkstoffnummer nach DIN EN 10027-2	Desoxidationsart	Stahlart nach EN 10020	Streckgrenze R_{eH}, N/mm², min. für Nenndicken in mm ≤ 16	> 16 ≤ 40	> 40 ≤ 63	> 63 ≤ 80	> 80 ≤ 100	Zugfestigkeit R_m N/mm² für Nenndicken in mm < 3	≥ 3 ≤ 100
S185	1.0035	freigestellt	Unlegierter Qualitätsstahl	185	175	175	175	175	310 bis 540	290 bis 510
S235JR	1.0038	FN		235	225	215	215	215	360 bis 510	360 bis 510
S235JO	1.0114	FN		235	225	215	215	215		
S235J2	1.0117	FF		235	225	215	215	215		
S275JR	1.0044	FN		275	265	255	245	235	430 bis 580	410 bis 560
S275J0	1.0143	FN								
S275J2	1.0145	FF								
S355JR	1.0045	FN		355	345	335	325	315	510 bis 680	490 bis 630
S355J0	1.0553	FN								
S355J2	1.0577	FF								
S355K2	1.0596	FF								
E295	1.0050	FN		295	285	275	265	255	490 bis 660	470 bis 610
E335	1.0060	FN		335	325	315	305	295	590 bis 770	570 bis 710
E360	1.0070	FN		360	355	345	335	325	690 bis 900	670 bis 830
S450J0	1.0590	FF		450	430	410	390	380	–	550 bis 720

FN unberuhigter Stahl nicht zugelassen FF vollberuhigter Stahl

Mechanische Eigenschaften der normalgeglühten Stähle nach DIN EN 10025-3

Bezeichnung		Stahlart n. DIN EN 10020	Mindeststreckgrenze R_{eH}, N/mm², min					Zugfestigkeit R_m, N/mm²	
			für Nenndicken in mm					für Nenndicken in mm	
nach DIN EN10027-1	Werkstoffnr. DIN EN 10027-2		≤ 16	> 16 ≤ 40	> 40 ≤ 63	> 63 ≤ 80	> 80 ≤ 100	≤ 100	> 100 ≤ 200
S275N S275NL	1.0490 1.0941	Unlegierte Qualitätsstähle	275	265	255	245	235	370 bis 510	350 bis 480
S355N S355NL	1.0545 1.0546		355	345	355	325	315	470 bis 630	450 bis 600
S420N S420NL	1.8902 1.8912	Legierte Edelstähle	420	400	390	370	360	520 bis 680	500 bis 650
S460N S460NL	1.8901 1.8903		460	440	430	410	400	550 bis 720	530 bis 700

Mechanische Eigenschaften der thermomechanisch gewalzten Stähle nach DIN EN 10025-4

Bezeichnung		Stahlart nach DIN EN 10020	Mindeststreckgrenze R_{eH}, N/mm², min					Zugfestigkeit R_m, N/mm²	
			für Nenndicken in mm					für Nenndicken in mm	
nach DIN EN10027-1	Werkstoffnr. DIN EN 10027-2		≤ 16	> 16 ≤ 40	> 40 ≤ 63	> 63 ≤ 80	> 80 ≤ 100	≤ 40	> 40 ≤ 63
S 275M S275ML	1.8818 1.8819	Legierte Edelstähle	275	265	255	245	245	370 bis 530	350 bis 510
S355M S355ML	1.8823 1.8834		355	345	335	325	325	470 bis 630	440 bis 600
S420M S420ML	1.8825 1.8836		420	400	390	380	370	520 bis 680	480 bis 650
S460M S460ML	1.8827 1.8838		460	440	430	410	400	540 bis 720	510 bis 690

Mechanische Eigenschaften für Flach- und Langerzeugnisse aus wetterfestem Baustahl nach DIN EN 10025-05

Bezeichnung		Desoxidationsart	Stahlart nach DIN EN 10020	Mindeststreckgrenze R_{eH}, N/mm², min					Zugfestigkeit R_m, N/mm²	
				für Nenndicken in mm					für Nenndicken in mm	
nach DIN EN10027-1	Werkstoffnr. DIN EN 10027-2			≤ 16	> 16 ≤ 40	> 40 ≤ 63	> 63 ≤ 80	> 80 ≤ 100	> 3	≥ 3 ≤ 100
S235J0W S235J2W	1.8958 1.8961	FN FF	Legierte Edelstähle	235	225	215	215	215	360 bis 510	360 bis 510
S355J0WP S355J2WP	1.8945 1.8946	FN FF		355	345	-	-	-	510 bis 680	470 bis 630
S355J0W S355J2W S355K2W	1.8959 1.8965 1.8967	FN FF FF		355	345	335	315	370	510 bis 680	470 bis 630

Mechanische Eigenschaften der vergüteten Stähle nach DIN EN 10025-6

Bezeichnung		Desoxidationsart	Stahlart n. DIN EN 10020	Mindeststreckgrenze R_{eH}, N/mm², min			Zugfestigkeit R_m, N/mm²	
				für Nenndicken in mm			für Nenndicken in mm	
nach DIN EN10027-1	Werkstoffnr. DIN EN 10027-2			> 3 ≤ 50	> 50 ≤ 100	> 100 ≤ 150	≥ 3 ≤ 50	≥ 50 ≤ 100
S460Q S460QL S460QL1	1.8908 1.8906 1.8916	FF FF FF		460	440	400	550 bis 720	
S500Q S500QL S500Q1	1.8924 1.8909 1.8984	FF FF FF		500	480	440	590 bis 770	
S550Q S550QL S550Q1	1.8904 1.8926 1.8986	FF FF FF		550	530	490	640 bis 820	
S620Q S620QL S620Q1	1.8914 1.8927 1.8987	FF FF FF	Legierte Edelstähle	620	580	560	700 bis 890	
S690Q S690QL S690Q1	1.8931 1.8928 1.8988	FF FF FF		690	630	630	770 bis 940	760 bis 930
S890Q S890QL S890Q1	1.8940 1.8983 1.8925	FF FF FF		890	830	–	940 bis 1100	880 bis 1100
S690Q S690QL	1.8941 1.8933	FF FF		960	–	–	980 bis 1150	–

Unlegierte Baustähle (Auswahl)

Werkstoff	Kurzname nach DIN EN 10027-1	C in % ≈	Zugfestigkeit Rm[2] N/mm²	Bruchdehnung min. %	Sonstige Eigenschaften
Vergütungsstahl DIN EN 10083	C22[1]; C22E; C22R	0,22	470...620	22	hohe Festigkeit und Zähigkeit
	C35; C35E; C35R	0,35	600...750	19	
	C45; C45E; C45R	0,45	650...800	16	
	C60; C60E; C60R	0,60	800...950	13	
Einsatzstahl DIN EN 10084	C10E; C10R	0,10	500...650	16	verschleißfest; zäher Kern
	C15E; C15R	0,15	600...800	14	
Automatenstahl DIN EN 10087	15SMn13	0,15	430...600		warm gewalzt
	10S20	0,10	360...530		
Blankstahl DIN EN 10277-2	S235JRG2C+C	0,2	390...690	10	kalt verformt (gezogen)
	C35+C	0,35	580...880	8	

Niedrig legierte Stähle (Auswahl)

Diese Stähle enthalten nicht mehr als insgesamt 5 % an Legierungsmitteln.

Werkstoff	Kurzname	Werkstoff Nr.	C in % ≈	Zugfestigkeit Rm [2] n/mm²	Bruchdehnung min. %	Sonstige Eigenschaften	Verwendung
Vergütungsstahl DIN EN 10083	34Cr4	1.7033	0,34	800... 950	14	hohe Festigkeit, große Zähigkeit	hochbeanspruchte Bauteile: Wellen, Achsen, Triebwerksteile
	37Cr4	1.7034	0,37	850...1000	13		
	41Cr4	1.7035	0,41	900...1100	12		
	34CrMo4	1.7220	0,34	900...1100	12		
	42CrMo4	1.7225	0,42	1000...1200	11		
	36CrNiMo4	1.6511	0,36	1000...1200	11		
	34CrNiMo6	1.6582	0,34	1000...1200	10		
Einsatzstahl DIN EN 10084	17Cr3	1.7016	0,17	750...1050	11	harte, verschleißfeste Oberfläche, weicher und zäher Kern	Zahn-, Kegelräder, Zapfen, Bolzen, Wellen
	16MnCr5	1.7131	0,16	800...1100	10		
	20MnCr5	1.7147	0,20	1000...1300	8		Getrieberäder (nur aus Zyanbad geh.)
Federstahl DIN EN 10089	38Si7	1.5023	0,36	1300...1600	8	Wasserh.	Federringe und Federplatten für Schraubensicherungen
	55Cr3	1.7176	0,55	1400...1700	3	Ölhärter	Schraubenfedern, hochbeanspruchte Fahrzeugblattfedern
	54SiCr6	1.7102	0,51	1450...1750	6		Drehfeder höherer Güte

[1] zurückgezogen [2] Zumeist für Proben 16...40 mm

Stahlguss für allgemeine Verwendungszwecke nach DIN EN 10293

Kurzname	Werkstoff Nr.	Streckgrenze $R_{p0,2}$ N/mm² min	Zugfestigkeit R_m N/mm² min	Bruchdehnung (L_0 = 5 d_0) % min	Brucheinschnürung % min	Kerbschlagarbeit (ISO-V-Probe) Mittelwert J min % 30 mm	> 30 mm
GE200	1.0420	200	380	25	40	35	35
GE240	1.0446	240	450	22	31	27	27
GE300	1.0558	300	600	15	21	27	20

Die Stahlgusssorten GE200 und GE240 sind gut schweißbar. Bei der Stahlgusssorte GE240 kann ein Vorwärmen erforderlich sein. GE300 lässt sich nur unter Einhaltung besonderer Maßnahmen schweißen.

Gusseisen mit Lamellengrafit nach DIN EN 1561

Kurzname DIN EN 1561	Zugfestigkeit R_m N/mm²	Brinellhärte HB 30	Hinweise
EN-GJL-100	100	–	Die technologischen Angaben beziehen sich auf Normalproben (= 30 mm Ø). Mit steigender Abkühlungsgeschwindigkeit, vor allem mit abnehmender Wanddicke, entsteht ein zunehmend perlitisches Grundgefüge höherer Festigkeit.
EN-GJL-150	150	170	
EN-GJL-200	200	200	
EN-GJL-250	250	220	
EN-GJL-300	300	240	
EN-GJL-350	350	260	

Gusseisen mit Kugelgrafit nach DIN EN 1563

Kurzname		Zugfestigkeit R_m N/mm² min	Dehngrenze $R_{p0,2}$ N/mm² min	Bruchdehnung A5 % min	Gefüge
DIN EN 1563	bisher DIN 1693[1]				
EN-GJS-400-15	GGG-40	400	250	15	vowiegend ferritisch
EN-GJS-500-7	GGG-50	500	320	7	ferritisch/perlitisch
EN-GJS-600-3	GGG-60	600	370	3	perlitisch/ferritisch
EN-GJS-700-2	GGG-70	700	420	2	vorwiegend perlitisch
EN-GJS-800-2	GGG-80	800	480	2	perlitisch

Entkohlend geglühter Temperguss nach DIN EN 1562

Kurzname DIN EN 1562	Zugfestigkeit[2] N/mm² min	Bruchdehnung % min	Brinellhärte HB max.	Kennzeichnende Gefügebestandteile
EN-GJMW-350-4	350	4	230	Ferrit bis Perlit und/oder Austenit
EN-GJMW-360-12	360	12	200	
EN-GJMW-400-5	400	5	220	
EN-GJMW-450-7	450	7	220	

Nicht entkohlend geglühter Temperguss nach DIN EN 1562

EN-GJMB-350-10	350	10	bis 150	Ferrit + Temperkohle
EN-GJMB-450-6	450	6	150...200	Perlit + Ferrit + Tpk.
EN-GJMB-550-4	550	4	180...230	Perlit + Tpk. + Ferrit
EN-GJMB-650-2	650	2	210...260	Perlit + Temperkohle
EN-GJMB-700-2	700	2	240...290	Entkohlung b. t<8 mm

[1] zurückgezogen 10.2005 [2] Durchmesser der Zugproben 12 mm

8

Kupfer-Zink-Legierungen nach DIN EN 1652

Werkstoff		Zusammensetzung in %	Verwendung
Kurzzeichen	Nummer		
CuZn30	CW 505L	Cu = 69 ... 71, Zn Rest	sehr gut tiefziehfähig, Hülsen, Instrumente
CuZn33	CW 506L	Cu = 66 ... 68, Zn Rest	sehr gut kalt umformbar, Drahtgeflecht, Rohrniete
CuZn37	CW 508L	Cu = 62 ... 64, Zn Rest	gut kalt umformbar, Tiefziehen, Drücken
CuZn40	CW 509L	Cu 59,5 ... 61,5, Zn Rest	gut warm und kalt umformbar, Beschlag- und Schlossteile
CuZn39Pb2	CW 612L	Cu = 58,5 ... 59,8 Pb = 1,5 ... 2,5, Zn Rest	gut warm umformbar, Formdrehteile aller Art

Blei- und Zinn-Gusslegierungen nach DIN ISO 4381 (Auswahl)[1]

Kurzname	Zusammensetzung in %	$R_{p0,2}$ N/mm²	HB 10/250/180	Verwendung als Lagermetall
PbSb15SnAs	Pb 80 ... 83 Sb 13,5 ... 15,5 Sn 0,9 ... 1,7 Cu 0,7	39	18	Reine Gleitbeanspruchung bei geringer Belastung und niedriger Gleitgeschwindigkeit. Im hydrodynam. Bereich, gerollte Buchsen, Gleitscheiben, Getriebebuchsen
PbSb15Sn10	Pb 71 ... 77 Sb 14 ... 16 Sn 9 ... 11 Cu 0,7	43	21	Reine Gleitbeanspruchung bei mittlerer Belastung und Gleitgeschwindigkeit. Im hydrodynam. Bereich geringe Stoßbeanspruchung, mittlere Beanspruchung Gleitlager, Gleitschuhe, Kreuzköpfe
SnSb8Cu4	Sn 87 ... 89 Sb 7 ... 8 Cu 3 ... 4 Pb 0,35	47	22	Gute Gleiteigenschaften, hohe Gleitgeschwindigkeit. Im hydrodynam. Bereich mittlere Belastung, hoch beanspruchte Walzwerkslager
SnSb12Cu6Pb	Sn 76 ... 82 Sb 11 ... 13 Cu 5 ... 7 Pb 1 ... 3	61	25	Gute Gleiteigenschaften, hohe bis niedrige Gleitgeschwindigkeit, mittlere Belastung im hydrodynam. Bereich, hoher Verschleißwiderstand, Gleitlager in Turbinen und Getrieben

[1] Normbezeichnung eines Lagermetalls, z.B.: Lagermetall ISO 4381 – PbSb15Sn10

Kupfer-Knetlegierungen nach DIN ISO 4382-2

Kurzname	Zusammensetzung in %	$R_{p0,2}$ N/mm²	HB 2,5/62,5/10	Verwendung als Lagermetall
CuSn8P	Cu 80 ... 82 Sn 7,5 ... 9 Zn 0,3 Ni 0,3	300	120	Kombination von hoher Belastung, Geschwindigkeit, Schlag- und Stoßbeanspruchung möglich, gehärtete Welle erforderlich (55 HRC)
CuZn31Si1	Cu 84 ... 86 Zn 28,5 ... 33,3 Fe 0,4 Si 0,7 ... 1,3	350	135	Kombination von hoher Belastung, mittlerer Geschwindigkeit, Schlag- und Stoßbeanspruchung möglich, gehärtete Welle erforderlich
CuZn37Mn2-Al2Si	Cu 85 ... 88 Zn 32 ... 40 Al 1 ... 2,5 Mn 1,5 ... 3,5	300	150	Hoher Verschleißwiderstand, brauchbar bei Mangelschmierung, gehärtete Welle erforderlich
CuAl9Fe4Ni4	Cu 81 ... 86 Sn 0,2 Zn 0,5 Al 8 ... 11 Ni 2,5 ... 5	400	160	Sehr harte Legierung für Konstruktionsteile mit Gleitbeanspruchung, gehärtete Welle erforderlich

Aluminium und Aluminiumlegierungen nach DIN EN 573-1 bis -4

Diese Normen geben Auskunft über ein numerisches Bezeichnungssystem und ein Bezeichnungssystem mit chemischen Symbolen von Aluminium und Aluminiumlegierungen sowie deren chemischen Zusammensetzungen und Erzeugnisformen.

DIN EN 573-1 beschreibt das neue numerische System mit 4 Ziffern zur Bezeichnung von Aluminium und Aluminiumknetlegierungen. Diese setzt sich nacheinander aus folgenden Elementen zusammen:

- der Vorsilbe EN
- dem Buchstaben A für Aluminium
- dem Buchstaben W für Halbzeug
- einem Bindestrich
- vier Ziffern für die chemische Zusammensetzung
- wenn erforderlich durch einen Buchstaben zur Kennzeichnung einer Variante

Die erste der vier Ziffern in der Bezeichnung beschreibt die Legierungsgruppe:

1xxx	Reinaluminium		z. B. EN AW-1050A
2xxx	Al Cu	(Al Cu-Legierung)	EN AW-2024
3xxx	Al Mn	(Al Mn-Legierung)	EN AW-3003
4xxx	Al Si	(Al Si-Legierung)	EN AW-4046
5xxx	Al Mg	(Al Mg-Legierung)	EN AW-5182
6xxx	Al Mg Si	(Al Mg Si-Legierung)	EN AW-6082
7xxx	Al Zn Mg	(Al Zn Mg-Legierung)	EN AW-7020
8xxx	sonstige Al-Legierungen		EN AW-8011A

Das Bezeichnungssystem mit chemischen Symbolen nach DIN EN 573-2 basiert auf der Angabe der Mindestreinheit bei Al-Werkstoffen und auf den chemischen Symbolen der wichtigsten Bestandteile von Legierungen, die, falls nötig, mit Angaben des jeweiligen Massenanteils versehen sind.

Bezeichnungsbeispiele für Aluminium-Knetlegierungen nach DIN EN und DIN

Numerisch	Chemische Symbole	DIN-Bezeichnung
EN AW1050A	EN AW-AL 99,5	DIN Al 99,5
EN AW-2024	EN AW-AL Cu4Mg1	DIN Al CuMg2
EN AW-3003	EN AW-AL Mn1Cu	DIN Al MnCu
EN AW-4046	EN AW-AL Si10Mg	–
EN AW-5182	EN AW-AL Mg4,5Mn0,4	DIN Al Mg5Mn
EN AW-6082	EN AW-AL SiMgMn	DIN Al MgSi1
EN AW-7020	EN AW-AL Zn4,5Mg1,5	DIN Al Zn4,5Mg1
EN AW-8011 A	EN AW-AL FeSi(A)	DIN Al FeSi

In DIN EN 573-3 sind die Grenzen der chemischen Zusammensetzungen von Aluminium und Aluminium-Knetlegierungen nach Legierungsgruppen numerisch geordnet festgelegt.

DIN EN 573-4 gibt eine Übersicht der zurzeit lieferbaren Erzeugnisformen von Aluminium und Aluminium-Knetlegierungen, wobei die einzelnen Hauptanwendungsgebiete aufgelistet sind.

Künftig soll bei der Bezeichnung von Aluminium-Werkstoffen immer die numerische Bezeichnung verwendet werden. Diese ist eindeutig, weltweit in fast allen Industrienationen anerkannt und über das internationale Legierungsregister harmonisiert.

nach VAW-aluminium AG, Bonn

Normenhinweis: DIN EN 1706 Aluminium und Aluminiumlegierungen für Gussstücke

8

8.4 Maßnormen für Angabe in Stück- und Bestelllisten

Stahlprofile für Stahlsorten nach DIN EN 10025-1 bis -6, DIN EN 10083 und DIN EN 10084

Erzeugnis	Norm	Nr.
Warmgewalzter Bandstahl, Dicke > 3 mm	DIN EN	10051 [1]
Warmgewalzter Flachstahl für allgemeine Verwendung	DIN EN	10058
Warmgewalzter Vierkantstahl	DIN EN	10059
Warmgewalzter Sechskantstahl	DIN EN	10061
Warmgewalzter Rundstahl	DIN EN	10060
Warmgewalzter Rundstahl für Schrauben und Niete	DIN EN	10060
Warmgewalzter Halbrundstahl und Flachhalbrundstahl	DIN	1018 [5]
Warmgewalzter Breitflachstahl	DIN	59200
Warmgewalzter gleichschenkliger scharfkantiger Winkelstahl	DIN	1022
Warmgewalzter scharfkantiger T-Stahl mit parallelen Flansch- und Stegseiten (TPS-Stahl)	DIN	59051
Warmgewalzter rundkantiger T-Stahl	DIN EN	10055
Warmgewalzte schmale I-Träger, I-Reihe	DIN	1025-1 [2]
Warmgewalzte breite I-Träger, IPB-Reihe und IB-Reihe	DIN	1025-2 [3]
Breite I-Träger, IPBL-, IPBv-, IPE-Reihe auf T3, 4, 5	DIN	1025-3, -4, -5 [3]
Warmgewalzter rundkantiger U-Stahl	DIN	1026-1
Warmgewalzter rundkantiger Z-Stahl	DIN	1027
Warmgewalzter gleichschenkliger rundkantiger Winkelstahl	DIN EN	10056-1
Warmgewalzter ungleichschenkliger rundkantiger Winkelstahl	DIN EN	10056-1
Federstahl, warmgewalzt, für geschichtete Blattfedern	DIN EN	10092-1

Blankstahlerzeugnisse

Erzeugnis		Norm
Blanke Stahlwellen, ISO-Toleranzfeld h 9	Maße und Grenzabmaße	DIN EN 10278
Blanker Rundstahl, ISO-Toleranzfeld h 11	Maße und Grenzabmaße	DIN EN 10278
Polierter Rundstahl, ISO-Toleranzfeld h 9	Maße und Grenzabmaße	DIN EN 10278
Blanker Rundstahl, ISO-Toleranzfeld h 8	Maße und Grenzabmaße	DIN EN 10278
Blanker Rundstahl, ISO-Toleranzfeld h 9	Maße und Grenzabmaße	DIN EN 10278
Blanker scharfkantiger Flachstahl	Maße und Grenzabmaße	DIN EN 10278
Blanker Sechskantstahl	Maße und Grenzabmaße	DIN EN 10278
Blanker Vierkantstahl	Maße und Grenzabmaße	DIN EN 10278
Keilstahl, gezogen		DIN 6880

Bleche und Drähte aus Stahl

Erzeugnis	Norm	Nr.
Warmgewalztes Blech unter 3 mm Dicke (Feinblech)	DIN EN	10051
Kaltgewalztes Blech unter 3 mm Dicke (Feinblech)	DIN EN	10131
Warmgewalztes Blech von 3 bis 150 mm Dicke (Mittel- u. Grobblech)	DIN EN	10029
Wellblech, Pfannenblech, verzinkt	DIN	59231
Stahldraht, kalt gezogen	DIN EN	10218-2
Stahldrähte für Stahlseile	DIN EN	10264-1 u. -2
Runder Federstahldraht, patentiert gezogen, A, B, C und II	DIN EN	10270-1
Runder Federstahldraht, vergütet, FD und VD	DIN EN	10270-2

Rohre

Erzeugnis	Norm	Nr.
Nahtlose Rohre aus unlegierten Stählen DIN EN 10208-1, DIN EN 10216-2, DIN EN 10224,	DIN EN	10297-1 [4]
Nahtlose Präzisionsstahlrohre, kalt gezogen oder gewalzt	DIN EN	10264-1 u. -2
Geschweißte Stahlrohre, Abmessungen und Gewichte	DIN EN	10220
Geschweißte Präzisionsstahlrohre, kalt gezogen mit besonderer Maßgenauigkeit	DIN EN	10305-2
Geschweißte Präzisionsstahlrohre, einmal kaltgezogen oder -gewalzt	DIN EN	10305-3
Stahlrohre, mittelschwere Gewinderohre	DIN EN	10255
Stahlrohre, schwere Gewinderohre	DIN EN	10255

[1] und DIN EN 10048
[2] und DIN EN 10024
[3] und DIN EN 10034
[4] und DIN EN 10216-2 und DIN EN 10224
[5] zurückgezogen 3.2005 kein Ersatz

Vereinfachte Angabe von Stäben und Profilen nach DIN ISO 5261

Diese Norm enthält Festlegungen für die vereinfachte Angabe von Stäben und Profilen in Zusammenbau- und Einzelteilzeichnungen, z. B. für Metallbaukonstruktionen aus Blechen und Profilen und Zusammenbauten.

Die vereinfachte Angabe von Stäben und Profilen besteht aus der Normbezeichnung und bei Erfordernis der Länge, die durch einen Mittestrich voneinander getrennt werden. Dies gilt auch für das Ausfüllen von Stücklisten.

Beispiel: Winkelprofil ISO 657-1 – 50 x 50 x 4 – 500

Wenn in Normen keine Bezeichnung festgelegt ist, ergibt sich die Bezeichnung aus dem grafischen Symbol oder Kurzzeichen sowie den erforderlichen Maßen.

Beispiel: L 89 x 60 x 7– 600

Die Bezeichnung darf auch in der Zusammenbau- oder Teilzeichnung in der Nähe des entsprechenden Stabes oder Profils angeordnet werden, s. S. 370.

Benennung der Stähle	Maße	Symbol Maße	Benennung der Stähle	Maße	Symbol Maße
Rundstab	⌀d	d	Quadratischer Stab	b	b
Rohr	t, ⌀d	d x t	Rohr mit quadratischem Querschnitt	t, b	b x t
Flachstab	b, h	b x h	Sechskantstab	s	s
Rohr mit rechteckigem Querschnitt	h, t, b	b x h x t	Rohr mit sechseckigem Querschnitt	t, s	s x t
Dreikantstab	b	b	Halbrundstab	h, b	b x h

Benennung der Profile	Symbol	Kennzeichen	Benennung der Profile	Symbol	Kennzeichen
Winkelprofil	L	L	H-Profil	H	H
T-Profil	T	T	U-Profil	[	U
I-Profil	I	I	Z-Profil	Z	Z

In der früheren DIN 1353-2 waren Abkürzungen enthalten, die in Stücklisten und Schriftfeldern evtl. noch anzutreffen sind und deshalb hier aufgeführt werden:

Band	Bd	Flach	Fl	Rohr	Ro	Schlauch	Shl
Blech	Bl	Folie	Fol	Rund	Rd	Tafel	Tfl
Draht	Dr	Platte	Pl	Sechskant	6kt	Vierkant	4kt

8

8.5 Anschlussmaße

Gewindearten (Auswahl)

Die Form der Außen- und Innengewinde richtet sich nach dem Verwendungszweck als Befestigungs- oder Bewegungsgewinde. **Spitzgewinde** dient vorwiegend für Befestigungen.

Metrisches ISO-Gewinde *8.3 Theoretisches Profil*

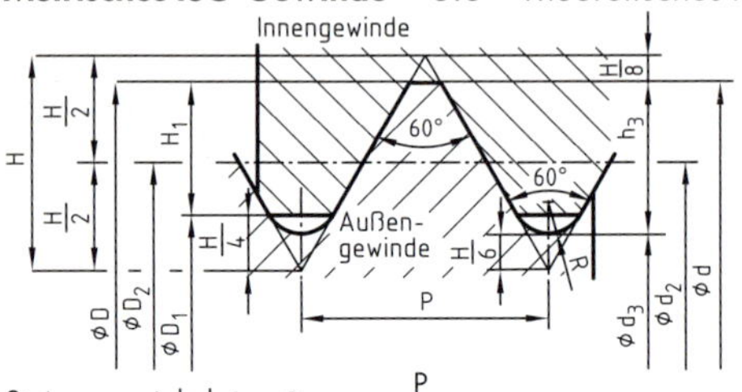

Regelgewinde nach DIN 13-1

d = D = Gewinde-Nenn-Ø

P = Steigung

H = Höhe des Profildreiecks = 0,86603 P

H_1 = Flankenüberdeckung = 0,54127 P

d_2 = D_2 = Flanken-Ø = d – 0,64953 P

D_1 = Kern-Ø der Mutter = $d - 2H_1$

d_3 = Kern-Ø des Bolzens = d – 1,22687 P

h_3 = Gewindetiefe am Bolzen = 0,61343 P

$R = \frac{H}{6} = 0{,}14434\,P$

Steigungswinkel: $\tan\beta = \frac{P}{d_2 \cdot \pi}$

Kernquerschnitt: $A_{d3} = \frac{d_3^{\,2}\,\pi}{4}$

Spannungsquerschnitt: $A_s = \frac{\pi}{4}\left(\frac{d_2 + d_3}{2}\right)^2$

Gewinde Nenn-Ø d = D	Steigung	Flanken-Ø	Kern-Ø		Gewindetiefe		Rundung	Spannungsquerschnitt A_S
Reihe 1	P	$d_2 = D_2$	d_3	D_1	h_3	H_1	R	mm²
3	0,5	2,675	2,387	2,459	0,307	0,271	0,072	5,03
4	0,7	3,545	3,141	3,242	0,429	0,379	0,101	8,78
5	0,8	4,48	4,019	4,134	0,491	0,433	0,115	14,2
6	1	5,35	4,773	4,917	0,613	0,541	0,144	20,1
8	1,25	7,188	6,466	6,647	0,767	0,677	0,18	36,6
10	1,5	9,026	8,16	8,376	0,92	0,812	0,217	58,0
12	1,75	10,863	9,853	10,106	1,074	0,947	0,253	84,3
16	2	14,701	13,546	13,835	1,227	1,083	0,289	157
20	2,5	18,376	16,933	17,294	1,534	1,353	0,361	245
24	3	22,051	20,319	20,752	1,84	1,624	0,433	353
30	3,5	27,727	25,706	26,211	2,147	1,894	0,505	561
36	4	33,402	31,093	31,670	2,454	2,165	0,577	817
42	4,5	39,077	36,479	37,129	2,76	2,436	0,65	1120
48	5	44,752	41,866	42,587	3,067	2,706	0,722	1470
56	5,5	52,428	49,252	50,046	3,374	2,977	0,794	2030
64	6	60,103	56,639	57,505	3,681	3,248	0,866	2680

Die **metrischen ISO-Feingewinde** sind in DIN 13-2 … -11 nach Steigungen geordnet festgelegt. Vorzugsweise ist stets das Regelgewinde anzuwenden.

Auswahl der ISO-Feingewinde nach DIN ISO 261 Reihe 1 und 2[1)]

Nenn-Ø d = D												
Reihe	1	8	10	12		16		20		24		30
	2				14		18		22		27	
Steigung P	fein	1	1,25	1,25	1,5	1,5	1,5	1,5	1,5	2	2	2
Reihe	extra fein	0,75	0,75	1	1	1	1	1	1	1,5	1,5	1,5

Nenn-Ø d = D												
Reihe	1		36		42		48		56		64	
	2	33		39		45		52		60		68
Steigung P	fein	2	3	3	3	3	3	4	4	4	4	4
Reihe	extra fein	1,5	1,5	1,5	1,5	1,5	1,5	2	2	2	2	2

1) ISO 261; Reihe 3 wurde nicht berücksichtigt

8

Whitworth-Rohrgewinde nach DIN EN ISO 228-1

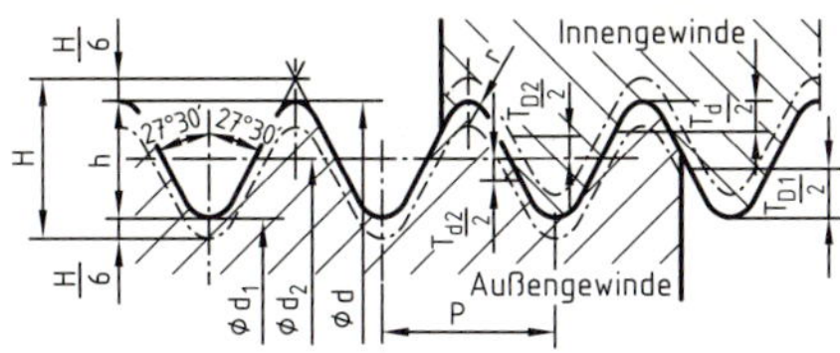

Whitworth-Rohrgewinde mit zylindrischem Innen- und Außengewinde für nicht in Gewinde dichtende Verbindungen.[1)]

$P = \frac{25{,}4}{z}$

$r = 0{,}137329\ P$
$H = 0{,}960491\ P$
$h = 0{,}640327\ P$

Gewindemaße (Auswahl)

	Außen-Ø	Flanken-Ø	Kern-Ø	Steigung	Anzahl der Teilungen auf 25,4 mm	Gewinde-tiefe
	$d = D$	$d_2 = D_2$	$d_1 = D_1$	P	z	h
G 1/16	7,723	7,142	6,561	0,907	28	0,581
G 1/8	9,728	9,147	8,566	0,907	28	0,581
G 1/4	13,157	12,301	11,445	1,337	19	0,856
G 3/8	16,662	15,806	14,950			
G 1/2	20,955	19,793	18,631	1,814	14	1,162
(G 5/8)	22,911	21,749	20,587			
G 3/4	26,441	25,279	24,117			
(G 7/8)	30,201	29,039	27,877			
G 1	33,249	31,770	30,291	2,309	11	1,479
(G 1 1/8)	37,897	36,418	34,939			
G 1 1/4	41,910	40,431	38,952			
G 1 1/2	47,803	46,324	44,845			
(G 1 3/4)	53,746	52,267	50,788			
G 2	59,614	58,135	56,656			

Bewegungsgewinde sind Trapez- und Sägengewinde

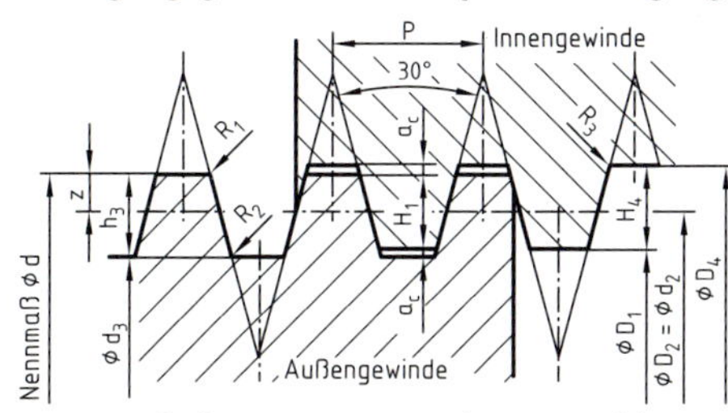

8

Metrisches ISO-Trapezgewinde DIN 103 (Nennprofil) wird in Bewegungsspindeln geschnitten zur Übertragung von Kräften in beiden Achsrichtungen, z. B. bei Leitspindeln.

$D_1 = d - 2H_1 \quad = d - P,\ H_1 = 0{,}5\ P$
$H_4 = H_1 + a_c \quad = 0{,}5\ P + a_c$
$h_3 = H_1 + a_c \quad = 0{,}5\ P + a_c$
$z = 0{,}25\ P \quad = H_1/2$
$D_4 = d + 2a_c,\ d_3 = d - 2h_3$
$d_2 = D_2 = d - 2z = d - 0{,}5\ P$

Nennmaße für Trapezgewinde (Auswahl)

Nenn-Ø	Steigung	Flanken-Ø	Außen-Ø	Kern-Ø		Nenn-Ø	Steigung	Flanken-Ø	Außen-Ø	Kern-Ø	
d	P	$d_2 = D_2$	D_4	d_3	D_1	d	P	$d_2 = D_2$	D_4	d_3	D_1
8	1,5	7,250	8,300	6,200	6,500	40	7	36,500	41,000	32,000	33,000
10	2	9,000	10,500	7,500	8,000	44	7	40,500	45,000	36,000	37,000
12	3	10,500	12,500	8,500	9,000	48	8	44,000	49,000	39,000	40,000
16	4	14,000	16,500	11,500	12,000	52	8	48,000	53,000	43,000	44,000
20	4	18,000	20,500	15,500	16,000	60	9	55,500	61,000	50,000	51,000
24	5	21,500	24,500	18,500	19,000	70	10	65,000	71,000	59,000	60,000
28	5	25,500	28,500	22,500	23,000	80	10	75,000	81,000	69,000	70,000
32	6	29,000	33,000	25,000	26,000	90	12	84,000	91,000	77,000	78,000
36	6	33,000	37,000	29,000	30,000	100	12	94,000	101,000	87,000	88,000

[1)] DIN EN 10226-1 Rohrgewinde für im Gewinde dichtende Verbindungen – kegelige Außengewinde und zylindrische Innengewinde.

Maße für die Gewindeprofile nach DIN 103

P	1,5	2	3	4	5	6	7	8	9	10
a_c	0,15	0,25	0,25	0,25	0,25	0,5	0,5	0,5	0,5	0,5
$h_3 = H_4$	0,9	1,25	1,75	2,25	2,75	3,5	4	4,5	5	5,5
H_1	0,75	1	1,5	2	2,5	3	3,5	4	4,5	5
R_1 max.	0,075	0,125	0,125	0,125	0,125	0,25	0,25	0,25	0,25	0,25
R_2 max.	0,15	0,25	0,25	0,25	0,25	0,5	0,5	0,5	0,5	0,5

Sägengewinde findet Anwendung zur Übertragung von Kräften durch Bewegungsspindel in nur einer Achsrichtung, z. B. bei Schlagspindelpressen.

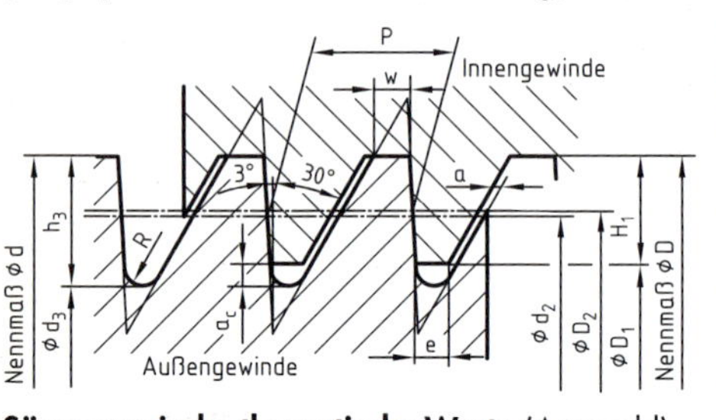

Metrisches Sägengewinde

DIN 513 (Nennprofil)

$H_1 = 0{,}75\,P$

$H_3 = H_1 + a_c = 0{,}86777\,P$

$a = 0{,}1 \cdot \sqrt{P}$ (Axialspiel)

$a_c = 0{,}11777\,P$

$w = 0{,}26384\,P$

$e = 0{,}26384\,P - 0{,}1\sqrt{P} = w - a$

$R = 0{,}12427\,P$

$D_1 = d - 2H_1 = d - 1{,}5 \cdot P$

$d_3 = d - 2h_3$

$d_2 = d - 0{,}75\,P$

$D_2 = d - 0{,}75 \cdot P + 3{,}1758 \cdot a$

Sägengewinde, theoretische Werte (Auswahl)

P	h_3	H_1	w	a_c	R	P	h_3	H_1	w	a_c	R
2	1,736	1,5	0,528	0,236	0,249	9	7,810	6,75	2,375	1,060	1,118
3	2,603	2,25	0,792	0,353	0,373	10	8,678	7,5	2,638	1,178	1,243
4	3,471	3	1,055	0,471	0,497	12	10,413	9	3,166	1,413	1,491
5	4,339	3,75	1,319	0,589	0,621	14	12,149	10,5	3,694	1,649	1,740
6	5,207	4,5	1,583	0,707	0,746	16	13,884	12	4,221	1,884	1,988
7	6,074	5,25	1,847	0,824	0,870	18	15,620	13,5	4,749	2,120	2,237
8	6,942	6	2,111	0,942	0,994	20	17,355	15	5,277	2,355	2,485

8

Rundgewinde ist für wechselseitige stoßartige Beanspruchungen, wobei die Gewinde durch Schmutz starkem Verschleiß unterliegen, z. B. Eisenbahnkupplungen. Sie lassen sich auch in Blech pressen, z. B. Edison-Gewinde an Glühlampenfassungen.

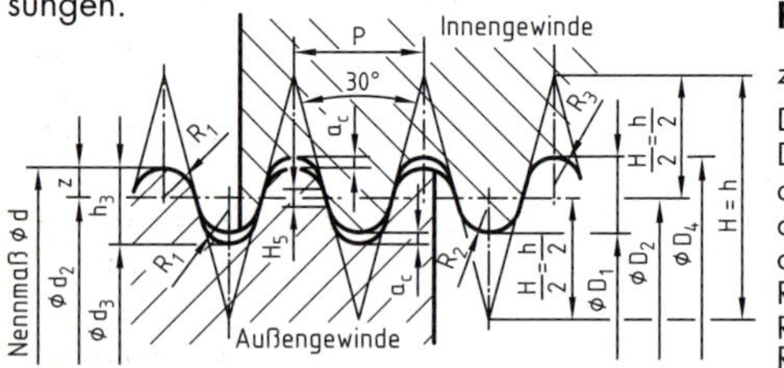

Rundgewinde DIN 405

$z = 0{,}25\,P = \frac{h_3}{2}$

$D_4 = d + 2a_c = d + 0{,}1\,P$

$D_1 = D_4 - 2\,H_4 = D_4 - P = d - 0{,}9\,P$

$d_3 = d - 2h_3 = d - P$

$d_2 = D_2 = d - 2z = d - 0{,}5\,P$

a_c = Spiel = 0,05 P

$R_1 = 0{,}23851\,P$

$R_2 = 0{,}25597\,P$

$R_3 = 0{,}22105\,P$

Zuordnungen der Steigungen zu den Durchmessern

d	z	P	$h_3 = H_4$	H_5	R_1	R_2	R_3
8 bis 12	10	2,540	1,270	0,212	0,606	0,650	0,561
14 bis 38	8	3,175	1,588	0,265	0,757	0,813	0,702
40 bis 100	6	4,233	2,117	0,353	1,010	1,084	0,936
105 bis 200	4	6,350	3,175	0,530	1,515	1,625	1,404

z bedeutet Gangzahl auf 1 Zoll.

Toleranzen für metrische ISO-Gewinde allgemeiner Anwendung

DIN ISO 965-1 enthält die Grundlagen des Toleranzsystems für metrische ISO-Gewinde. Dieses legt die Toleranzen fest durch die Toleranzgrade 3 ... 9 und durch die Toleranzfeldlagen G und H für Innengewinde sowie e, f, g und h für Außengewinde. Die Angabe einer Toleranzklasse besteht aus einer Ziffer für den Toleranzgrad und einem Buchstaben für die Toleranzfeldlage, s. S. 174.

DIN ISO 965-2 enthält die Grenzmaße für Außen- und Innengewinde allgemeiner Anwendung für die Toleranzklasse mittel.

Toleranzklasse		Toleranzklassen für den Oberflächenzustand: blank oder phosphatiert	Toleranzklassen für den Oberflächenzustand: blank, phosphatiert oder für dünne galvanische Schutzschichten	Hinweis
fein	Innengewinde	4H; 5H		Präzisionsgewinde
fein	Außengewinde	4h	4g	Präzisionsgewinde
mittel	Innengewinde	5H für Regelgewinde bis M1,4 und Feingewinde mit Steigung 0,25 mm 6H für Regelgewinde ab M1,6 und Feingewinde mit Steigung 0,35 mm bis 8 mm		allgemeine Anwendung
mittel	Außengewinde	6h	6h für Regelgewinde und Feingewinde bis M1,4 6g für Regelgewinde und Feingewinde ab M1,6	allgemeine Anwendung
grob	Innengewinde	–	7H für Regelgewinde ab M3 und Feingewinde mit Steigung 0,5 mm bis 8 mm	wenn Probleme bei der Fertigung auftreten können
grob	Außengewinde	–	8g für Regelgewinde ab M3 und Feingewinde mit Steigung 0,5 mm bis 8 mm	wenn Probleme bei der Fertigung auftreten können

Die Bezeichnung eines Gewindes besteht aus dem Gewindemaß mit Kennbuchstaben und dem Kurzzeichen der Toleranzfelder beim Innengewinde für Flanken-D_2 und Kerndurchmesser D_1 und beim Außengewinde für Flanken-d_2 und Außendurchmesser d, 8.3, 8.4 und 8.6.

Sind die Toleranzfelder für Flanken- und Kerndurchmesser bzw. für Flanken- und Außendurchmesser gleich, was im Allgemeinen der Fall ist, dann werden die Kurzzeichen nicht wiederholt, 8.5.

Für Gewinde ohne Toleranzangabe gilt die Toleranzklasse mittel mit 6H für das Innengewinde und 6g für das Außengewinde.

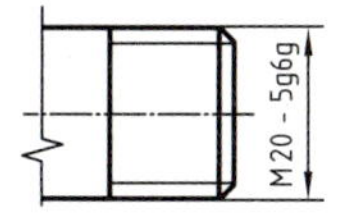

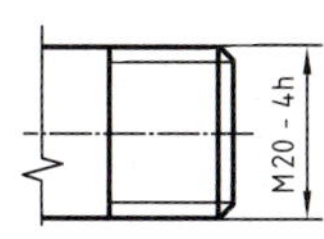

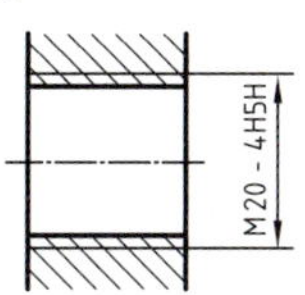

8.4 ... 6 Eintragen von Gewindetoleranzen

Verbindungselemente nach DIN EN ISO 4753 (Auswahl)[1)]

Gewindeenden mit metrischem ISO-Außengewinde, wobei die Enden innerhalb der Gesamtlänge liegen.

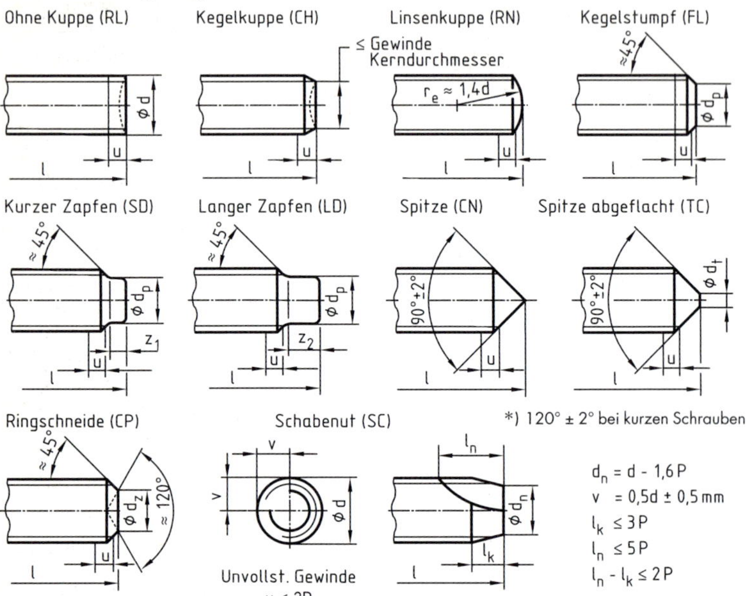

8

Gewinde-Ø d mm	d_p h14	d_t h16	d_z h14	z_1 + IT14 0	z_2 + IT14 0
3,5	2,2	–	1,7	0,88	1,75
4	2,5	–	2	1	2
4,5	3	–	2,2	1,12	2,25
5	3,5	–	2,5	1,25	2,5
6	4	1,5	3	1,5	3
7	5	2	4	1,75	3,5
8	5,5	2	5	2	4
10	7	2,5	6	2,5	5
12	8,5	3	8	3	6
14	10	4	8,5	3,5	7
16	12	4	10	4	8
18	13	5	11	4,5	9
20	15	5	14	5	10
22	17	6	15	5,5	11
24	18	6	16	6	12

[1)] DIN EN ISO 4753 ersetzt DIN 78 ohne Angabe der Schraubenüberstände.

Gewindeausläufe und Gewindefreistiche nach DIN 76-1 für metrische ISO-Gewinde nach DIN 13-1 und DIN ISO 261

1. Außengewinde (Bolzengewinde)

1.1 Gewindeausläufe

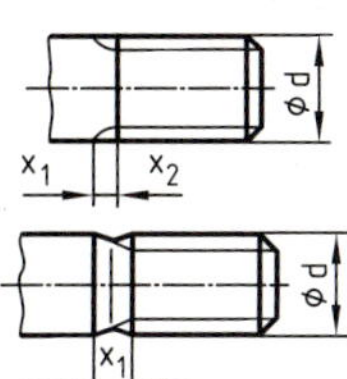

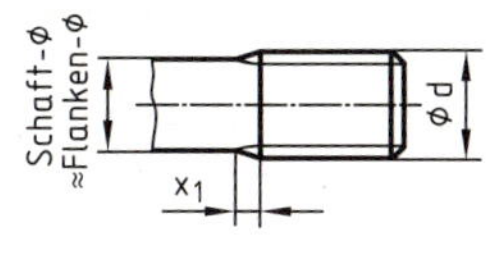

1.2 Abstand des letzten vollen Gewindeganges von der Anlagefläche

(bei Teilen mit Gewinde annähernd bis Kopf)

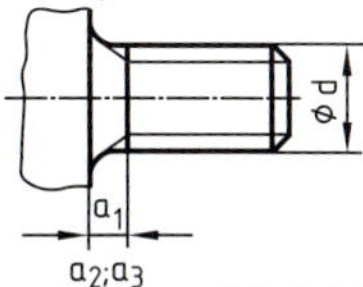

1.3 Gewindefreistich Form A Regelfall Form B kurz

Achtung: Verbindungselemente mit Gewindefreistich erreichen nicht die Prüf- und Bruchkräfte nach DIN EN ISO 898-1 oder die Bruchkräfte und Bruchdrehmomente nach DIN EN 28839

2. Innengewinde (Muttergewinde) Gewindegrundlöcher

2.1 mit Gewindeauslauf

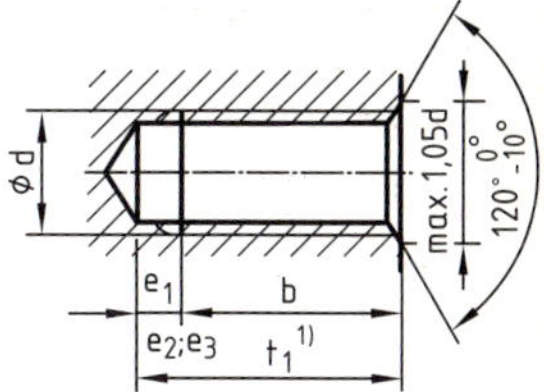

2.2 mit Gewindefreistich Form C (Regel) und D

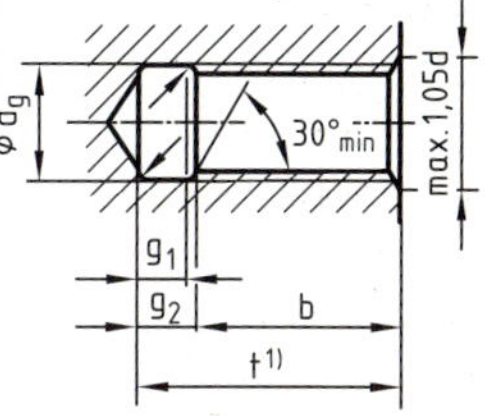

b = nutzb. Gewindelänge
e_1 = Regelfall
e_2 = kurz, e_3 = lang

[1] Zulässige Abweichungen für das errechnete Maß t: $^{+0,05\,P}_{0}$

Maße in mm

Gewinde d		Gewinde-auslauf	Abstand	Außengewindefreistich				Grund-lochüber-hang	Innengewindefreistich			
Steigung P	Regelgewinde	x_1 Regel	a_1 Regel	d_g h13	g_1 min. A Regel	g_2 max. A Regel	r ≈	e_1 Regel	d_g H13	g_1 min. C Regel	g_2 max. C Regel	r ≈
0,5	**3**	1,25	1,5	d–0,8	1,1	1,75	0,2	2,8	d + 0,3	2	2,7	0,2
0,6	**3,5**	1,5	1,8	d–1	1,2	2,1	0,4	3,4	d + 0,3	2,4	3,3	0,4
0,7	**4**	1,75	2,1	d–1,1	1,5	2,45	0,4	3,8	d + 0,3	2,8	3,8	0,4
0,75	**4,5**	1,9	2,25	d–1,2	1,6	2,6	0,4	4	d + 0,3	3	4	0,4
0,8	**5**	2	2,4	d–1,3	1,7	2,8	0,4	4,2	d + 0,3	3,2	4,2	0,4
1	**6; 7**	2,5	3	d–1,6	2,1	3,5	0,6	5,1	d + 0,5	4	5,2	0,6
1,25	**8**	3,2	3,75	d–2	2,7	4,4	0,6	6,2	d + 0,5	5	6,7	0,6
1,5	**10**	3,8	4,5	d–2,3	3,2	5,2	0,8	7,3	d + 0,5	6	7,8	0,8
1,75	**12**	4,3	5,25	d–2,6	3,9	6,1	1,0	8,3	d + 0,5	7	9,1	1,0
2	**14;16**	5	6	d–3	4,5	7	1	9,3	d + 0,5	8	10,3	1
2,5	**18;20;22**	6,3	7,5	d–3,6	5,6	8,7	1,2	11,2	d + 0,5	10	13	1,2
3	**24; 27**	7,5	9	d–4,4	6,7	10,5	1,6	13,1	d + 0,5	12	15,2	1,6

Gewindeauslauf x_1 und Abstand a_1 gelten immer, wenn keine anderen Angaben gemacht sind
Normbezeichnung für Gewindefreistich Form B: Gewindefreistich DIN 76-B

8

Schlüsselweiten nach DIN 475-1 und -2 Auswahl für Schrauben, Armaturen, Fittings und Schraubenschlüssel

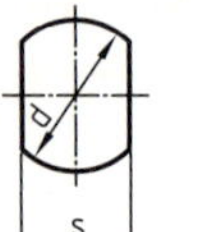

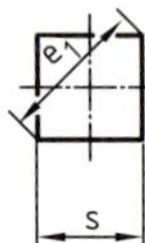

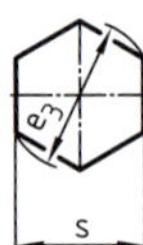

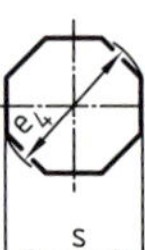

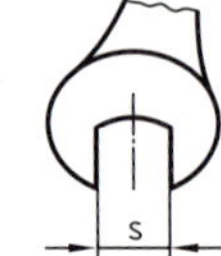

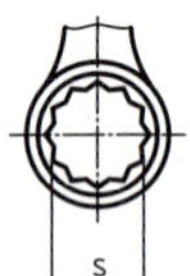

Nennmaß SW (max.)	Schrauben, Armaturen, Fittings							Schraubenschlüssel		
		Eckenmaß						Schlüsselweite s		
	SW min. Reihe 1	2kant d	4kant e_1	4kant e_2 min.	6kant e_3 min. Reihe 1	6kant e_3 min. Reihe 2	8kant e_4 min.	min.	max. Reihe 1	max. Reihe 2
17	16,73	19	24	22	18,90	18,72		17,05	17,30	17,40
18	17,73	21	25,4	23,5	20,03	19,85		18,05	18,30	18,40
19	18,67	22	26,9	25	21,10	20,88		19,06	19,36	19,46
20	19,67	23	28,3	26	22,23	21,65		20,06	20,36	20,46
21	20,67	24	29,7	27	23,36	22,78	22,7	21,06	21,36	21,46
22	21,67	25	31,1	28	24,49	23,91	23,8	22,06	22,36	22,46
23	22,67	26	32,5	30,5	25,62	25,04	24,9	23,06	23,36	23,46
24	23,67	28	33,9	32	26,75	26,17	26	24,06	24,36	24,46
25	24,67	29	35,5	33,5	27,88	27,30	27	25,06	25,36	25,46
26	25,67	31	36,8	34,5	29,01	28,43	28,1	26,08	26,48	26,58
27	26,67	32	38,2	36	30,14	29,56	29,1	27,08	27,48	27,58
28	27,67	33	39,6	37,5	31,27	30,69	30,2	28,08	28,48	28,58
30	29,67	35	42,4	40	33,53	32,95	32,5	30,08	30,48	30,58
32	31,61	38	45,3	42	35,72	35,03	34,6	32,08	32,48	32,58

Normbezeichnung für Schlüsselweite SW 17, Reihe 1: DIN 475 – SW 17– 1

Schlüsselweite und Eckenmaße nach DIN ISO 272

für Sechskantschrauben und -muttern

Nenn-Ø	M3	M4	M5	M6	M8	M10	M12	M14	M16	M20	M24	M30
SW, S	5,5	7	8	10	13	16	18	21	24	30	36	46
6 kt, e_3	6,01	7,66	8,79	11,05	14,38	17,77	20,03	23,36	26,75	33,53	39,98	51,28

Werkzeug-Vierkante und Schaftdurchmesser DIN 10 für rotierende Werkzeuge

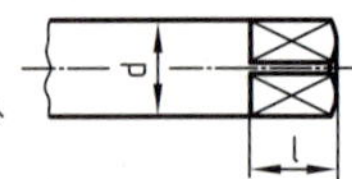

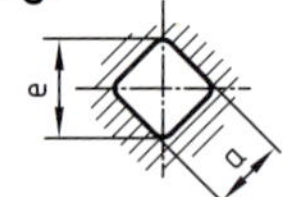

Nennmaß	Vierkant				Zylinderschaft		
	Innenvierkant		Außenvierkant		Durchmesserbereich		Vorzugsdurchmesser
a	a		a		*d*		*d*
	max.	min.	max.	min.	über	bis	
2,4	2,56	2,42	2,4	2,31	2,83	3,2	–
2,7	2,56	2,72	2,7	2,61	3,2	3,6	3,5
3	3,16	3,02	3	2,91	3,6	4,01	4
3,4	3,61	3,43	3,4	3,28	4,01	4,53	4,5
3,8	4,01	3,83	3,8	3,68	4,53	5,08	5
4,3	4,51	4,33	4,3	4,18	5,08	5,79	5,5
4,9	5,11	4,93	4,9	4,78	5,79	6,53	6
5,5	5,71	5,53	5,5	5,38	6,53	7,33	7
6,2	6,46	6,24	6,2	6,05	7,33	8,27	8
7	7,26	7,04	7	6,85	8,27	9,46	9
8	8,26	8,04	8	7,85	9,46	10,67	10
9	9,26	9,04	9	8,85	10,67	12	11:12
10	10,26	10,04	10	9,85	12	13,33	–
11	11,32	11,05	11	10,82	13,33	14,67	14
12	12,32	12,05	12	11,82	14,67	16	16
13	13,32	13,05	13	12,82	16	17,33	–
14,5	14,82	14,55	14,5	14,32	17,33	19,33	18

Schraubensenkungen nach DIN EN ISO 15065, DIN 74, DIN 974-1 und -2
Durchgangslöcher nach DIN EN 20273
Bohrerdurchmesser für Gewindekernlöcher nach DIN 336

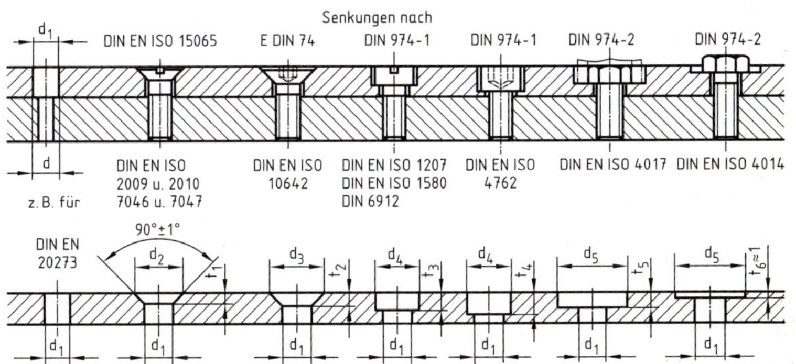

Nach DIN 974 sind die Senktiefen t_3, t_4 und t_5 je nach Anwendungsfall zu wählen, d. h.:
Senktiefe t = max. Schraubenkopfhöhe + max. Scheibendicke + Zugabe

Gewinde nach DIN 13 Reihe 1	Kernloch-Ø d für Stahl	Durchgangslöcher d_1 DIN EN 20273		Senkungen nach: DIN EN ISO 15065 z.B. für Senkschraube DIN EN ISO 2009		E DIN 74 z.B. Senkschraube DIN EN ISO 10642 Form F		DIN 974-1 z.B. für Zylinderschraube DIN EN ISO			DIN 974-2 z.B. für Sechskantschraube DIN EN ISO 4017	
		fein f H12	mittel m H13					Reihe 1	1207	4762	Reihe 1	
				d_2	$t_1 \approx$	d_3	$t_2 \approx$	d_4 H13	t_3 *)	t_4 *)	d_5 H13	t_5 *)
M 3	2,5	3,2	3,4	6,3	1,55	6,94	1,8	6,5	2,4	3,4	11	2,6
M 4	3,3	4,3	4,5	9,4	2,55	9,18	2,3	8	3,2	4,6	13	3,4
M 5	4,2	5,3	5,5	10,4	2,58	11,47	3,0	10	4	5,7	15	4,3
M 6	5	6,4	6,6	12,6	3,13	13,71	3,6	11	4,7	6,8	18	4,8
M 8	6,8	8,4	9	17,3	4,28	18,25	4,6	15	6	9	24	6,3
M 10	8,5	10,5	11	20	4,65	22,73	5,9	18	7	11	28	7,5
M 12	10,2	13	13,5			27,21	6,9	20	8	13	33	8,6
M 16	14	17	17,5			33,99	8,2	26	10,5	17,5	40	11,5
M 20	17,5	21	22			40,71	9,4	33	12,5	21,5	46	14
M 24	21	25	26					40	14,5	25,5	58	17

*) Maße für Senkungen ausgewählter Schrauben ohne Unterlegscheibe bzw. Sicherungselemente

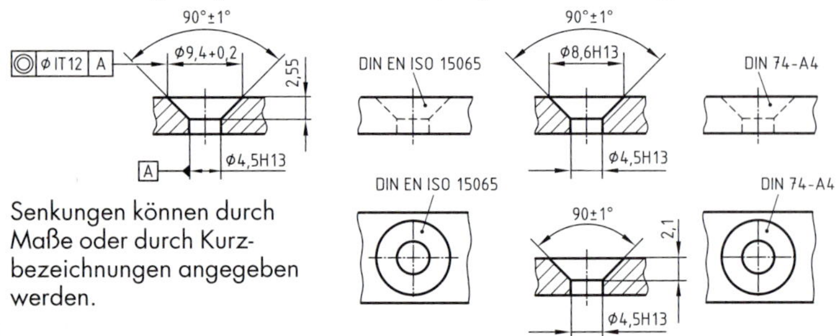

Senkungen können durch Maße oder durch Kurzbezeichnungen angegeben werden.

8

Wellenenden

Zylindrische und kegelige Wellenenden sind in ihren Abmessungen genormt. Sie übertragen Drehmomente durch Kupplungen, Zahnräder, Riemenscheiben usw. DIN 748 enthält die mit dem jeweiligen Durchmesser der zylindrischen Wellenenden übertragbaren Drehmomente.

Zylindrische Wellenenden nach DIN 748-1
ohne Wellenbund

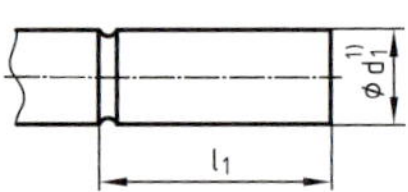

mit Wellenbund

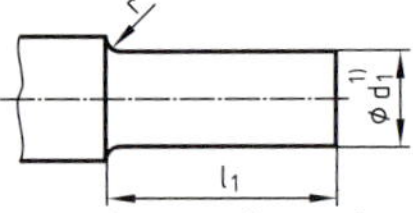

Kegelige Wellenenden mit Außengewinde nach DIN 1448

Passfelder parallel zur Achse bis d_1 = 220 mm

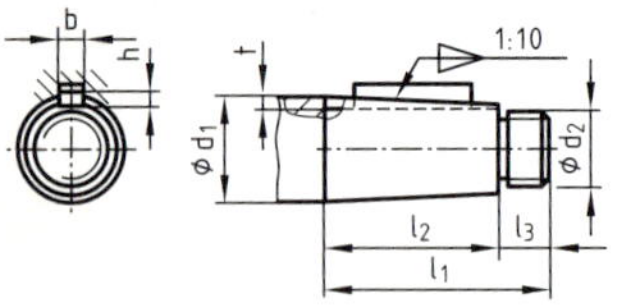

Kegelige Wellenenden mit Innengewinde nach DIN 1449

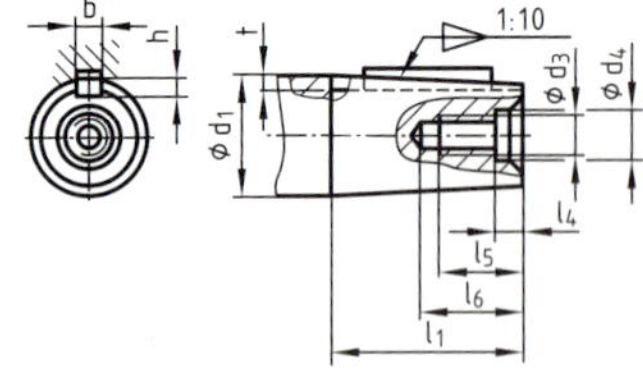

Maße der Wellenenden nach DIN 748-1, DIN 1448 und DIN 1449 (Auswahl)

d_1 [1)]	l_1 lang	l_1 kurz	l_2 lang	l_2 kurz	l_3	l_4	l_5	l_6 min.	r max.	t lang	t kurz	b x h	d_2	d_3	d_4
12	30	18	18	–	12	3,2	10	14	0,6	1,7	–	2x2	M 8x1	M 4	4,3
14										2,3	–	3x3			
16	40	28	28	16						2,5	2,2		M 10x1,25		
19						4	12,5	17		3,2	2,9	4x4		M 5	5,3
20	50	36	36	22	14	5	16	21		3,4	3,1		M 12x1,25	M 6	6,4
22															
24										3,9	3,6	5x5			
25	60	42	42	24	18	6	19	25	1	4,1	3,6		M 16x1,5	M 8	8,4
28															
30	80	58	58	36	22	7,5	22	30		4,5	3,9		M 20x1,5	M 10	10,5
32										5	4,4	6x6			
35															
38						9,5	28	37,5					M 24x2	M 12	13
40	110	82	82	54	28					7,1	6,4	10x8			
42															
45						12	36	45				12x8	M 30x2	M 16	17
48															
50									1,6				M 36x3		

[1)] Toleranzklasse k6 für d_1 bis 50 mm und m6 für d_1 = 55 ... 630 mm.

Normbezeichnung für zyl. Wellenende nach DIN 748 z.B.: Wellenende 50x110 DIN 748

Zylindrische Wellenenden für elektrische Maschinen DIN EN 50 347

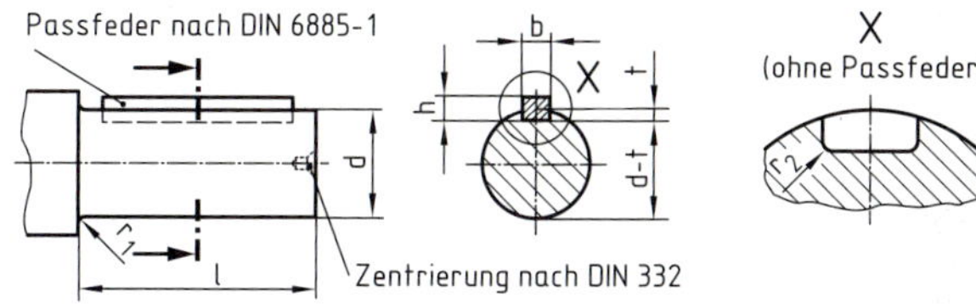

Normbezeichnung z. B. Wellenende DIN 748-E60 m 6 x 140

9 Normteile

Normteile werden in der Regel in Zeichnungen nicht bemaßt, sondern nur in Stücklisten mit der genauen Normbezeichnung aufgeführt.

Bei der Bezeichnung genormter Produkte folgt nach der Benennung die Normnummer und nach einem Mittenstrich der Merkmale-Block. Dieser kann bestehen aus Kennbuchstaben für Form und Art, Zählnummer, Kennwerten (z. B. Maße), Werkstoffangaben und Ausführungsangaben (z. B. Oberflächenbehandlungen).

Beispiel für die Normbezeichnung eines Fertigteils, z. B. Sechskantschraube nach DIN EN ISO 4014 (entspricht ISO 4014) mit Gewinde M 8, Länge L = 50 mm und der Festigkeitsklasse 8.8:

Sechskantschraube ISO 4014 – M 8 x 50 – 8.8

Beispiel für die Normbezeichnung eines Halbzeugs, z. B. Rundstahl nach DIN EN 10060 mit Ø 20 mm aus einem Stahl mit dem Kurznamen S235JR:

Rundstab EN 10060 – 20 x 3000 M / Stahl EN 10025-2-S235JR

9.1 Schrauben und Muttern

Die DIN EN ISO 4759-1 in Anlehnung an DIN 267-2 legt die Toleranzen für Verbindungselemente (Schrauben und Muttern) und Produktklassen fest:

	Produktklasse A	Produktklasse B	Produktklasse C
Toleranzbereich: Schaft und Auflagefläche	eng	eng	weit
Andere Merkmale	eng	weit	weit

Die Festigkeitsklassen für Schrauben werden nach DIN EN ISO 898-1 durch zwei Zahlen festgelegt, die durch einen Punkt getrennt sind. Die erste Zahl gibt $^1/_{100}$ der Nennzugfestigkeit in N/mm² und die zweite das 10-fache des Verhältnisses der unteren Streckgrenze R_{eL} ($R_{p\,0,2}$) zur Nennzugfestigkeit R_m (Streckgrenzenverhältnis) an.

Beispiel: 8.8 bedeutet: $8: R_m = 8 \cdot 100 = 800$ N/mm²

$8: R_{p\,0,2}/R_m = {}^{640}/_{800} = {}^{8}/_{10}$

Die Multiplikation beider Zahlen ergibt $^1/_{10}$ der Streckgrenze. Das Streckgrenzenverhältnis kennzeichnet die Zähigkeit einer Schraube.

Bezeichnungssystem der Festigkeitsklassen für Schrauben (ohne Festigkeitsklasse 9.8)

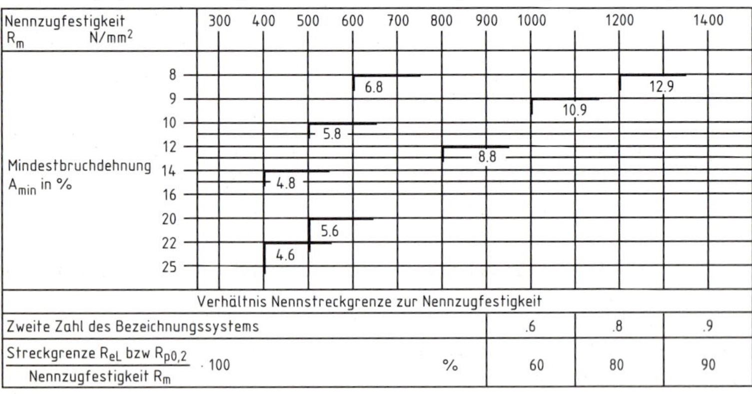

Um die Mindestabstreiffestigkeit einer Mutter auf einer Schraube zu gewährleisten, sind die nachstehenden Festigkeitsklassen für Muttern und die zugehörigen Festigkeitsklassen der Schrauben festgelegt.

Festigkeitsklassen für Muttern mit Nennhöhen ≥ 0,8 D nach DIN EN 20898-2

Kennzahl der Festigkeitsklasse der Mutter	4	5	6	8	10	12
Prüfspannung Spmin N/mm²	400	500	600	800	1000	1200
Vickershärte HVmax	302				353	
Festigkeitsklasse der zugehörigen Schraube	bis 4.8	bis 5.8	6.6 u. 6.8	8.8	10.9	12.9

Schrauben und Muttern der Festigkeitsklassen nach DIN EN ISO 898-1 und DIN EN 20898-2 können im Temperaturbereich von -50°C bis +300°C eingesetzt werden. Die mechanischen Eigenschaften gelten nur für Raumtemperatur zwischen 15 und 35 °C.

Tabelle zur überschlägigen Dimensionierung von Schraubenverbindungen mit Regelgewinde nach Schraubenwähler der Fa. Bauer u. Schaurte, Neuss

Betriebskraft pro Schraube							
statisch in Achsrichtung F_B (N)	dynamisch in Achsrichtung F_B (N)	statisch und/oder dynam. senkrecht zur Achsrichtung Q (N)	Vorspannkraft [1] F_V (N)	Nenndurchmesser [1] (mm) für Festigkeitsklasse 6.8	8.8	10.9	12.9
1600	1000	320	2500	4	4	–	–
2500	1600	500	4000	5	5	4	4
4000	2500	800	6300	6	6	5	5
6300	4000	1250	10000	7 [2]	7 [2]	6	5
10000	6300	2000	16000	9 [2]	8	7 [2]	7 [2]
16000	10000	3150	25000	12	10	9 [2]	8
25000	16000	5000	40000	14	14	12	10
40000	25000	8000	63000	18	16	14	12
63000	40000	12500	100000	22	20	16	16
100000	63000	20000	160000	27	24	20	20
160000	100000	31500	250000	–	30	27	24
250000	160000	50000	400000	–	–	30	30

[1] Die angegebenen Nenndurchmesser und Vorspannkräfte gelten für Schaftschrauben; bei Dehnschrauben ist wegen des verringerten Taillenquerschnittes diejenige Abmessung zu wählen, die der nächsthöheren Laststufe entspricht.

[2] Maße M7 und M9 nur in Sonderfällen anwenden.

Beispiel: Welchen Gewindedurchmesser muss eine Schaftschraube haben, wenn sie eine axiale schwellende Betriebskraft von F_B = 40000 N aufnehmen soll?

Aus oben stehender Tabelle erhält man folgende Maße:

6.8: M22; 8.8: M20; 10.9: M16; 12.9: M16.

Eine genaue Schraubenberechnung unter Berücksichtigung aller Randbedingungen ergibt folgende Maße:

6.8: M18; 8.8: M16; 10.9: M14; 12.9: M12.

Mit der überschlägigen Dimensionierung nach oben stehender Tabelle liegt man stets auf der sicheren Seite.

Sechskant-, Zylinderschrauben und Sechskantmuttern

DIN EN ISO 4014

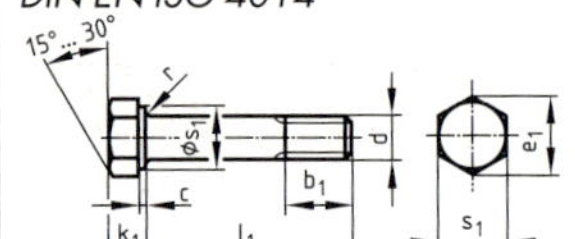

Sechskantschrauben mit Schaft Produktklassen A und B

DIN EN ISO 4017

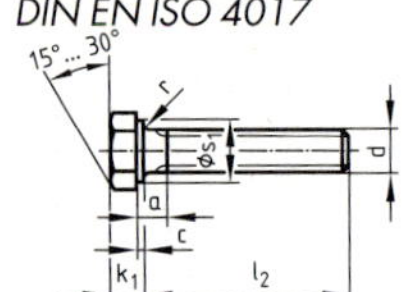

Sechskantschrauben mit Gewinde bis Kopf Produktklassen A und B

DIN EN ISO 4762

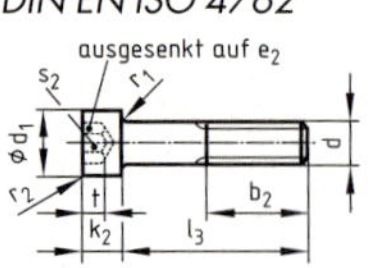

Zylinderschrauben mit Innensechsk. ISO 4762 Produktklasse A

d	a	b_1	b_2	d_1	e_1	e_2	k_1	k_2	s_1	s_2	t min.	l_1 von	l_1 bis	l_2 von	l_2 bis	l_3 von	l_3 bis
M 4	2,1	14 20	20	7	7,66	3,44	2,8	4	7	3	2	25	45	8	40	6	40
M 5	2,4	16 22	22	8,5	8,79	4,58	3,5	5	8	4	2,5	25	55	10	50	8	50
M 6	3	18 24	24	10	11,05	5,723	4	6	10	5	3	30	65	12	60	10	60
M 8	4	22 28	28	13	14,38	6,86	5,3	8	13	6	4	40	90	16	80	12	80
M10	4,5	26 32	32	16	17,77	9,15	6,4	10	16	8	5	45	11	20	100	16	100
M12	5,3	30 36	36	18	20,03	11,43	7,5	12	18	10	6	50	0	25	120	20	120
M16	6	38 44	44	24	26,75	16	10	16	24	14	8	65	13	30	200	25	160
M20	7,5	46 52	52	30	33,53	19,44	12,5	20	30	17	10	80	0	40	200	30	200
M24	9	54 60	60	36	39,98	21,73	15	24	36	19	12	90	16	50	200	40	200

9

DIN EN ISO 4032

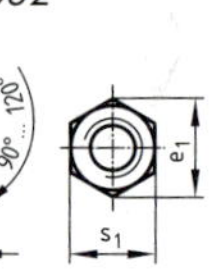

Sechskantmuttern Typ 1 P.klassen A und B

DIN EN ISO 4035

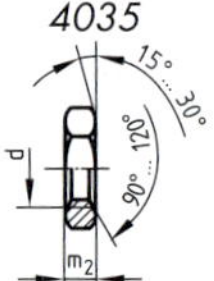

Sechskantmuttern niedrige Form A und B P.klassen A und B

DIN EN ISO 7040

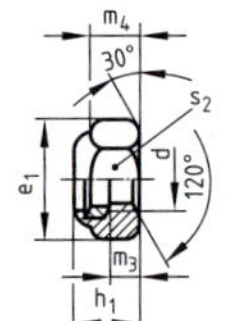

Sechskantmuttern selbstsichernd

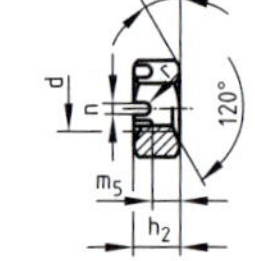

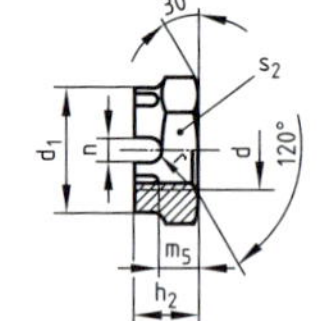

Kronenmuttern DIN 979 Produktklassen A und B

d	d_1	e_1	h_1	h_2	m_1	m_2	m_3	m_4	m_5	n	s_1	s_2	Splint ISO 1234
M 4		7,66	5,5		3,2	2,2	2,9	2,3			7	7	
M 5		8,79	6,2		4,7	2,7	4,4	3,5			8	8	
M 6		11,05	7,4	5	5,2	3,2	4,9	3,9	2,5	2	10	10	1,6 x 14
M 8		14,38	8,9	6,5	6,8	4	6,4	5,1	3,5	2,5	13	13	2 x 16
M 10		17,77	11,2	8	8,4	5	8,0	6,4	4	2,8	16	16	2,5 x 20
M 12	16	20,03	14,2	10	10,8	6	10,4	8,3	5	3,5	18	18	3,2 x 22
M 16	22	26,75	17,8	13	14,8	8	14,1	11,2	7	4,5	24	24	4 x 28
M 20	28	32,95	20,7	16	18	10	16,9	13,5	10	4,5	30	30	4 x 36
M 24	34	39,55	25,0	19	21,5	12	20,2	16,1	11	5,5	36	36	5 x 40

Bitte beachten: Bei den ISO-Sechskantschrauben und -muttern liegen im Vergleich zu den entsprechenden DIN-Werten bei einigen Größen veränderte Schlüsselweiten und Mutternhöhen vor!

Zylinder-, Senk-, Vierkantschrauben und Gewindestifte

Zylinderschrauben mit Schlitz P.klasse A DIN EN ISO 1207

Flachkopfschrauben mit Schlitz P.klasse A DIN EN ISO 1580

Zylinderschrauben mit Innensechskant DIN 7984

d	b	d_1	d_2	e	k_1	k_2	k_3	n	s	t_1	t_2	t_3	l_1	l_2
M 3	12	5,5	5,6	2,3	2	1,8	2	0,8	2	0,85	0,7	1,5	4 … 30	5 … 20
M 4	14	7	8	2,87	2,6	2,4	2,8	1,2	2,5	1,1	1	2,3	5 … 40	6 … 25
M 5	16	8,5	9,5	3,44	3,3	3	3,5	1,2	3	1,3	1,2	2,7	6 … 50	8 … 30
M 6	18	10	12	4,58	3,9	3,6	4	1,6	4	1,6	1,4	3	8 … 60	10 … 40
M 8	22	13	16	5,72	5	4,8	5	2	5	2	1,9	3,8	10 … 80	12 … 80
M 10	26	16	20	8,01	6	6	6	2,5	7	2,4	2,4	4,5	12 … 80	16 … 100

Vierkantschrauben mit Bund DIN 478

Vierkantschrauben mit Kernansatz DIN 479

Vierkantschrauben mit Bund und Kuppe DIN 480

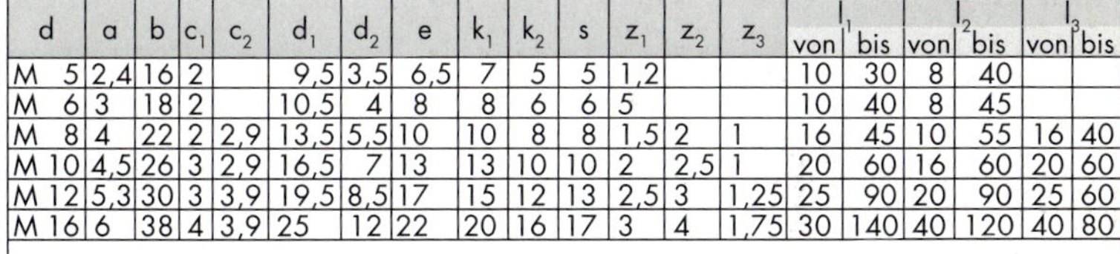

d	a	b	c_1	c_2	d_1	d_2	e	k_1	k_2	s	z_1	z_2	z_3	l_1 von	l_1 bis	l_2 von	l_2 bis	l_3 von	l_3 bis
M 5	2,4	16	2		9,5	3,5	6,5	7	5	5	1,2			10	30	8	40		
M 6	3	18	2		10,5	4	8	8	6	6	5			10	40	8	45		
M 8	4	22	2	2,9	13,5	5,5	10	10	8	8	1,5	2	1	16	45	10	55	16	40
M 10	4,5	26	3	2,9	16,5	7	13	13	10	10	2	2,5	1	20	60	16	60	20	60
M 12	5,3	30	3	3,9	19,5	8,5	17	15	12	13	2,5	3	1,25	25	90	20	90	25	60
M 16	6	38	4	3,9	25	12	22	20	16	17	3	4	1,75	30	140	40	120	40	80

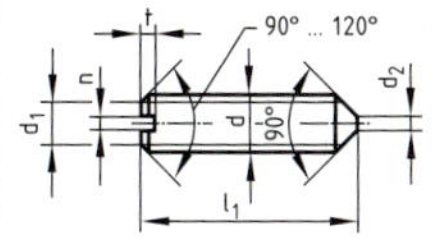

Gewindestifte mit Schlitz und Spitze DIN EN 27434

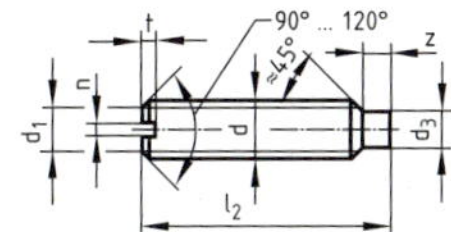

Gewindestifte mit Schlitz und Zapfen DIN EN 27435

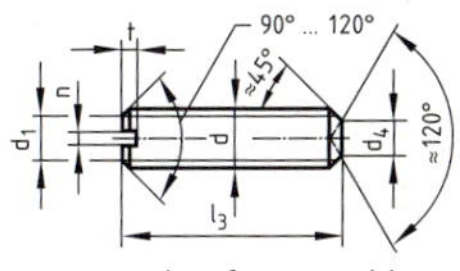

Gewindestifte mit Schlitz und Ringschneide DIN EN 27436

d	P[1)]	d_1 ≈	d_2	d_3 max.	d_4	n	t max.	z	l_1 von	l_1 bis	l_2 von	l_2 bis	l_3 von	l_3 bis
M 3	0,5	3	0,3	2	1,4	0,4	1,05	1,5	4	16	5	16	3	16
M 4	0,7	4	0,4	2,5	2	0,6	1,42	2	6	20	6	20	4	20
M 5	0,8	5	0,5	3,5	2,5	0,8	1,63	2,5	8	25	8	25	5	25
M 6	1	6	1,5	4	3	1	2	3	8	30	8	30	6	30
M 8	1,25	8	2	5,5	5	1,2	2,5	4	10	40	10	40	8	40
M 10	1,5	10	2,5	7	6	1,6	3	5	12	50	12	50	10	50
M 12	1,75	12	3	8,5	8	2	3,6	6	14	50	14	60	12	60

[1)] Steigung

Scheiben und Ringe

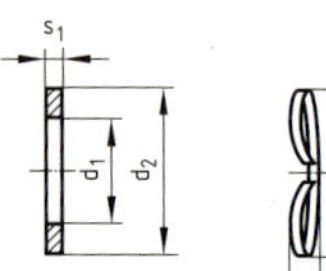

Scheiben DIN EN ISO 7089 für Schrauben und Muttern

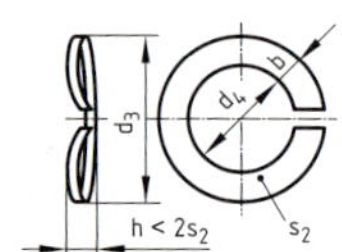

Federringe DIN 128[1)] Form A Bezeichnung z. B. Federring DIN 128 – A8

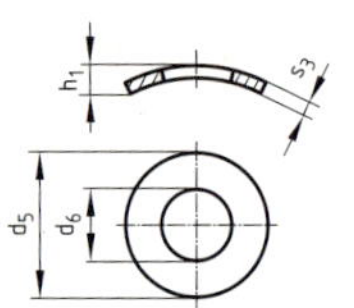

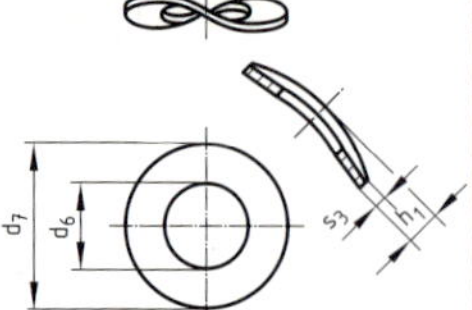

Federscheiben DIN 137[1)]

Form A gewölbt für Zylinder, Halbrundschrauben und -muttern M 4 … M 10

Form B gewellt für Sechskantschrauben und -muttern M 4 … M 24

d	b	d_1	d_2	d_3	d_4	d_5	d_6	d_7	h_1	h_2	s_1	s_2	s_3
M 4	1,5	4,3	9	7,6	4,1	8	4,3	9	1,6	2	0,8	0,8	0,5
M 5	1,8	5,3	10	9,2	5,1	10	5,3	11	1,8	2,2	1	1	0,5
M 6	2,5	6,4	12	11,8	6,1	11	6,4	12	2,2	2,6	1,6	1,3	0,5
M 8	3	8,4	16	14,8	8,1	15	8,4	15	3,4	3	1,6	1,6	0,8
M 10	3,5	10,5	20	18,1	10,2	18	10,5	21	4	4,2	2	1,8	1
M 12	4	13	24	21,1	12,2		13	24		5	2,5	2,1	1,2
M 16	5	17	30	27,4	16,2		17	30		6,3	3	2,8	1,6
M 20	6	21	37	33,6	20,2		21	36		7,4	3	3,2	1,6
M 24	7	25	44	40	24,5		25	44		8,2	4	4	1,8

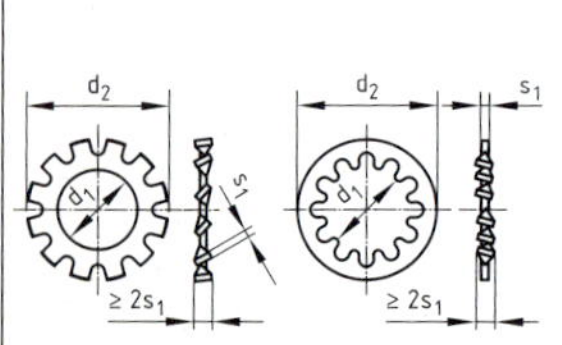

Federnde Zahnscheiben DIN 6797[1)]
A außengezahnt J innengezahnt

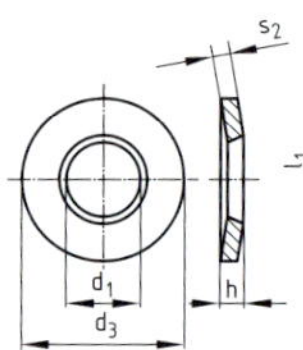

Spannscheiben DIN 6796

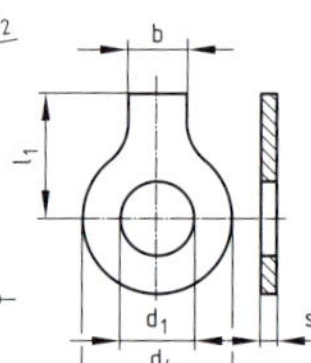

Scheiben mit Lappen DIN 93[1)]

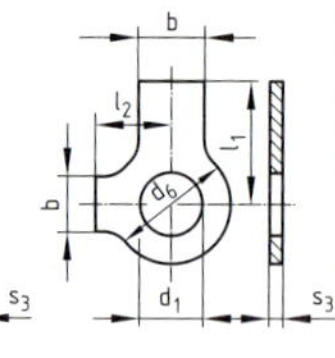

Scheiben mit zwei Lappen DIN 463

d	b	d_1	d_2	d_3	d_4	d_5	d_6	f	h	l_1	l_2	s_1	s_2	s_3
M 4	5	4,3	8	9	14	14	9	2,5	1,3	14	6,5	0,5	1	0,38
M 5	6	5,3	10	11	17	17	11	3,5	1,6	16	8	0,6	1,2	0,5
M 6	7	6,4	11	14	19	19	12	3,5	2	18	9	0,7	1,5	0,5
M 8	8	8,4	15	18	22	22	17	3,5	2,6	20	11	0,8	2	0,75
M 10	10	10,5	18	23	26	26	21	4,5	3,2	22	13	0,9	2,5	0,75
M 12	12	13	20,5	29	30	32	24	4,5	4	28	15	1	3	1
M 16	15	17	26	39	36	40	30	5,5	5,3	32	18	1,2	4	1
M 20	18	21	33	45	42	45	36	6,5	6,4	36	21	1,4	5	1
M 24	20	25	38	56	50	50	44	7,5	7,8	42	25	1,5	6	1

Darstellung von Schraubensicherungen s. S. 304 [1)] zurückgez. 05.2003, keine Nachfolger

Senkschrauben mit Schlitz und Kreuzschlitz (Einheitskopf) [1]

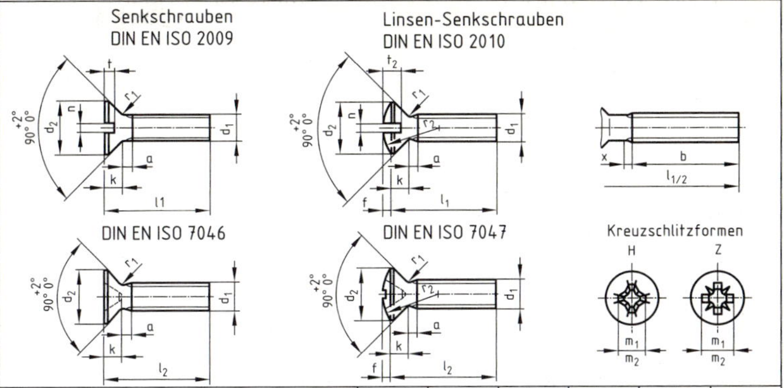
Senkschrauben
DIN EN ISO 2009
Linsen-Senkschrauben
DIN EN ISO 2010
DIN EN ISO 7046
DIN EN ISO 7047
Kreuzschlitzformen
H
Z
90° +2° 0°
t
t2
n
d2
d1
r1
r2
a
k
f
l1
l2
x
b
l1/2
m1
m2

			Gewinde	M3	M4	M5	M6	M8	M10
d_1			Gewinde	M3	M4	M5	M6	M8	M10
P			Steigung	0,5	0,7	0,8	1	1,25	1,5
a			max.	1	1,4	1,6	2	2,5	3
b				25	38	38	38	38	38
d_2			max. Kopf-Ø	5,5	8,4	9,3	11,3	15,8	18,3
f			≈	0,7	1	1,2	1,4	2	2,3
k			max.	1,65	2,7	2,7	3,3	4,65	5
m_1	DIN ISO 7046	Hilfsmaße	Form H	3,2	4,6	5,2	6,8	8,9	10
			Form Z	3	4,4	4,9	6,6	8,8	9,8
m_2	DIN ISO 7047	Hilfsmaße	Form H	3,4	5,2	5,4	7,3	9,6	10,4
			Form Z	3,1	5	5,3	7,1	9,5	10,3
n			Nennmaß	0,8	1,2	1,2	1,6	2	2,5
r_1			max.	0,8	1	1,3	1,5	2	2,5
r_2			≈	8,5	9,5	11	12	16,5	19,5
t_1			min.	0,6	1	1,1	1,2	1,8	2
t_2			min.	1,2	1,6	2	2,4	3,2	3,8
x			max.	1,25	1,75	2	2,5	3,2	3,3
l_1			von	5	6	8	8	10	12
			bis	30	40	50	60	80	80
l_2			von	4	5	6	8	10	12
			bis	30	40	50	60	60	60
Stufen der Längen l_1 und l_2 x) Werte nicht für l_2				4	5	6	8	10	12
				16	22	25	30	35	40
				45	50	60	70x)	80x)	

Normbezeichnung einer Senkschraube mit Kreuzschlitz nach DIN EN ISO 7046 z.B.: Senkschraube ISO 7046 – M5 x 30 – 4.8 – Z

Senkungen für Senkschrauben mit Einheitsköpfen nach DIN EN ISO 15065

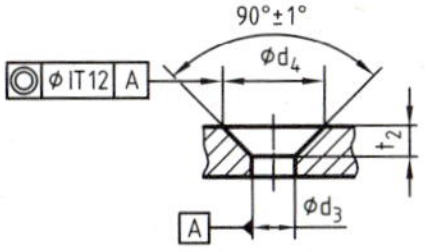
90°±1°
Ød4
Ø IT12 A
t2
Ød3
A

	3	4	5	6	8	10
Nenngröße	3	4	5	6	8	10
d_3	3,4	4,5	5,5	6,6	9	11
d_4	6,3	9,4	10,4	12,6	17,3	20
t_2 ≈	1,55	2,55	2,58	3,13	4,28	4,65

Normbezeichnung einer Senkung, z.B. für Nenngröße 5: Senkung ISO 15065-5

[1] Auswahl

9.2 Schraubenverbindungen mit Schraubensicherungen

Schraubenverbindungen sind zu sichern, wenn sie sich durch Stöße und Erschütterungen losdrehen können. Die Sicherungen sind kraftschlüssig, z. B. durch Federringe, Federscheiben, selbstsichernde Muttern, oder formschlüssig, z. B. durch Splinte, Sicherungsbleche mit Nase. Eine wirksame Schraubenverbindung liegt erst dann vor, wenn neben der Mutter auch der Schraubenkopf gesichert ist. Ausgenommen hiervon ist Kronenmutter mit Splint.

Kraftschlüssige Sicherungen

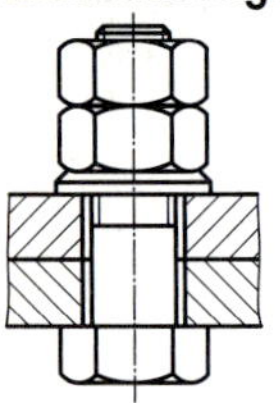

9.1 Sechskantschraube mit Doppelmutter

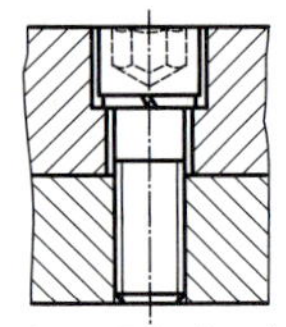

9.2 Zylinderschraube mit Innensechskant ISO 4762 mit Federring DIN 128[1]

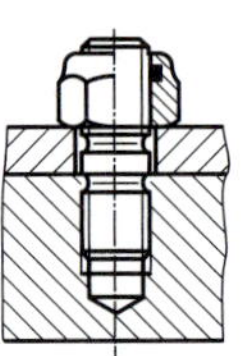

9.3 Stiftschraube DIN 938 mit Sechskantmutter mit Klemmteil ISO 7040

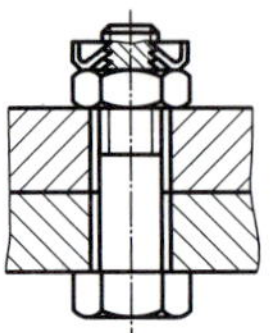

9.4 Sechskantschraube mit Schaft ISO 4014 mit Sicherungsmutter DIN 7967[1]

Formschlüssige Sicherungen

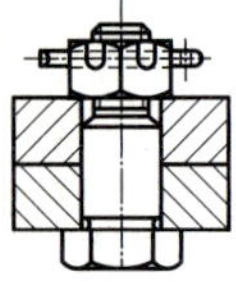

9.5 Sechskant-Passschraube DIN 609 mit Kronenmutter DIN 979 und Splintsicherung

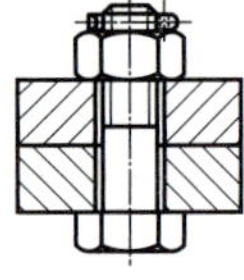

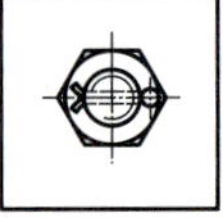

9.6 Sechskantschraube mit Schaft ISO 4014 mit Splintsicherung ISO 1234

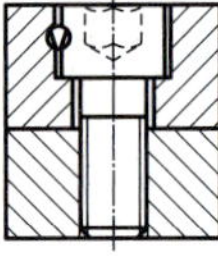

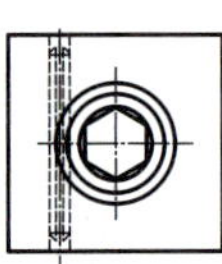

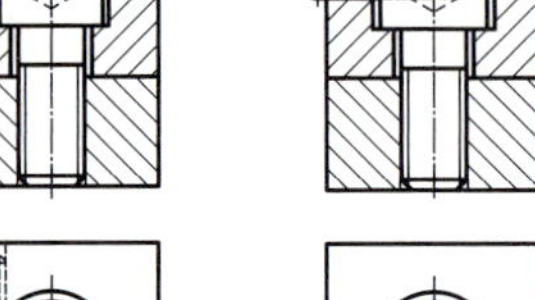

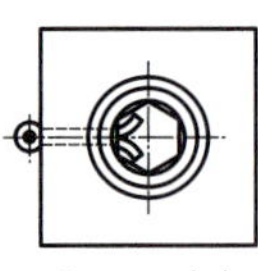

9.7 Zylinderschraube mit Innensechskant ISO 4762
a) mit Kerbstiftsicherung ISO 8740
b) mit Splintsicherung ISO 1234

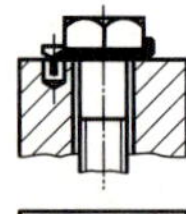

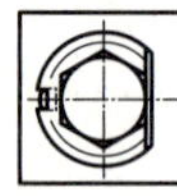

9.8 Schraubenkopfsicherung durch Scheibe mit Nase DIN 432[1]

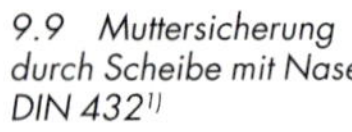

9.9 Muttersicherung durch Scheibe mit Nase DIN 432[1]

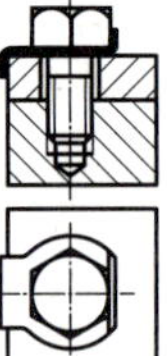

9.10 Schraubenkopfsicherung durch Scheibe mit Lappen DIN 93[1]

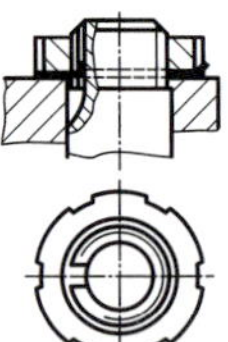

9.11 Nutmutter DIN 1804 mit Scheibe mit Innennase DIN 462

[1] zurückgez. 05.2003, kein Nachfolger

9.3 Niete und Nietverbindungen

Nietverbindungen sind unlösbare Verbindungen im Metallbau. Sie können nicht ohne Zerstören der Niete gelöst werden. Feste Nietverbindungen finden im Stahlbau, dichte im Kesselbau, feste und dichte im Behälterbau Anwendung. Nietverbindungen werden immer mehr durch Schweißverbindungen ersetzt. Ein geschlagener Niet besteht aus Setzkopf, Schaft und Schließkopf.

Erfahrungswerte für die Nietlänge L:

Halbrundniete DIN 124 ($d < 20$), $l \approx$ Klemmlänge + $1{,}5 \cdot d$
Halbrundniete DIN 124 ($d > 20$), $l \approx$ Klemmlänge + $1{,}7 \cdot d$
Senkniete DIN 302 $l \approx$ Klemmlänge + d

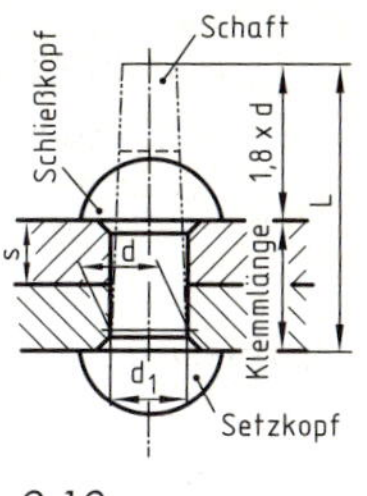

9.12 Nietverbindung

Nietverbindungsarten

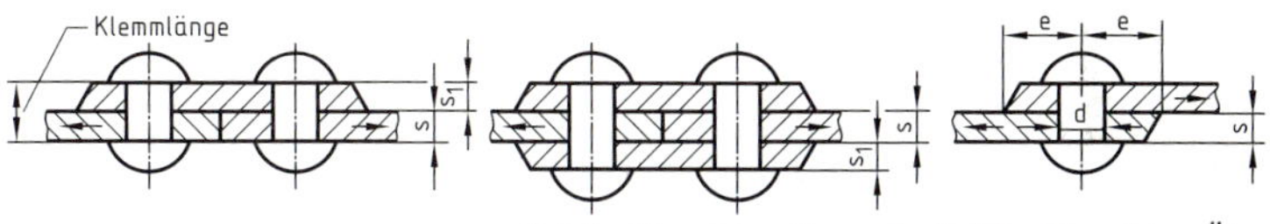

9.14 Einreihige Doppellaschennietung *9.15 Einreihige Überlappungsnietung*

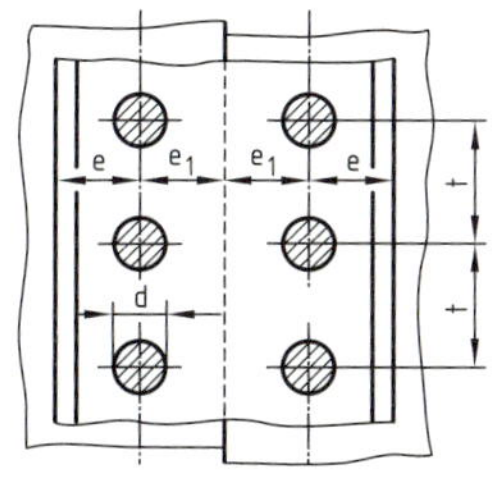

9.13 Einreihige Laschennietung

Bei der Überlappungsnietung werden überlappte Bleche, bei der einseitigen Laschennietung voreinander stoßende Bleche mit einer Lasche und bei der Doppellaschennietung voreinander stoßende Bleche mit einer oberen und einer unteren Lasche vernietet.

Nach der Anzahl der beanspruchten Querschnitte eines Nietes auf Abscheren unterscheidet man einschnittige, z. B. 9.13 und 9.15, und mehrschnittige Nietverbindungen, z. B. zweischnittig, 9.14.

9

Erfahrungswerte für Nietabstände bei kraftbeanspruchten Nieten im Metallbau:

Nietteilung	$t = 3{,}0 \ldots 3{,}5\, d_1$
Endabstand in Kraftrichtung	$e_1 = 2{,}0 \ldots 2{,}5\, d_1$
Randabstand senkr. zur Kraftrichtung	$e_2 = 1{,}5 \ldots 2{,}0\, d_1$
Nietreihenabstand	$e_3 = 3{,}0 \ldots 3{,}5\, d_1$

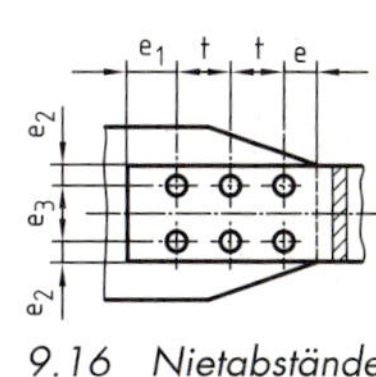

9.16 Nietabstände

Normenhinweis

DIN 101 Niete, technische Lieferbedingungen
DIN 997 Anreißmaße (Wurzelmaße) für Form- und Stabstahl
DIN 998 Lochabstände in ungleichschenkligen Winkelstählen
DIN 999 Lochabstände in gleichschenkligen Winkelstählen

Niete von 1 ... 9 mm Ø vorwiegend für die Blechnietung. Die Nietlöcher werden 0,2 ... 0,5 mm größer gebohrt als der Nietdurchmesser. Die Blechnietung erfolgt kalt.

Niete von 10 ... 36 mm Ø für den Stahlbau, z. B. DIN 124, werden warm genietet. Die entsprechenden Nietloch-Ø sind 1 mm größer zu bohren.

Halbrundniete nach DIN 660 und Senkniete nach DIN 661

9.17 Halbrundniet DIN 660 *9.18 Schließkopfform* *9.19 Senkniet DIN 661* *9.20 Schließkopfform*

Rohrniet-Ø	d_1	1	1,2	1,6	2	2,5	3	4	5	6	8
Loch-Ø	d	1,05	1,25	1,65	2,1	2,6	3,1	4,2	5,2	6,3	8,4
Halbrundkopf	d_2	1,8	2,1	2,8	3,5	4,4	5,2	7	8,8	10,5	14
	k	0,6	0,7	1	1,2	1,5	1,8	2,4	3	3,6	4,8
	$r_1 \approx$	1	1,2	1,6	1,9	2,4	2,8	3,8	4,6	5,7	7,5
Senkkopf	d_2	1,8	2,1	2,8	3,5	4,4	5,2	7	8,8	10,5	14
	k	0,5	0,6	0,8	1	1,2	1,4	2	2,5	3	4
DIN 660 l	von	2	2	2	2	3	3	4	5	6	8
	bis	6	8	12	20	25	30	40	40	40	40
DIN 661 l	von	2	2	2	3	4	5	6	8	10	12
	bis	5	6	8	10	12	16	20	25	30	40

Stufung der Länge l: 2 3 4 5 6 8 10 12 14 16 18 20 22 25 28 30 32 35 38 40

Normbezeichnung z.B. (d_1 = 4, l = 20 aus St):
Niet DIN 660 – 4 x 20 – St

Linsenniete nach DIN 662 und Flachrundniete nach DIN 674

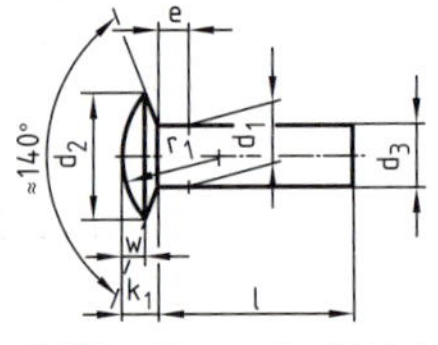

9.21 Linsenniet DIN 662

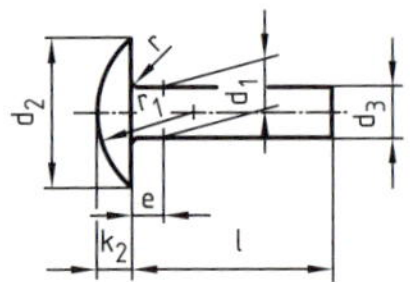

9.22 Flachrundniet DIN 674

Normbezeichnung z. B. (d_1 = 4, l = 8 aus St):
Niet DIN 662 – 4 x 8 – St

Rohrniete nach DIN 7340 werden aus Rohr gefertigt und z. B. bei Geräten der Fernmeldetechnik als feste Verbindungen angewendet.

Beispiel: Rohrniet DIN 7340 – B 4 x 0,5 x 10 – Al99,5
d_1 = 4 mm,
Dicke s = 0,5 mm,
Länge l = 10 mm,
Werkstoff Al99,5 = Aluminium 99,5%

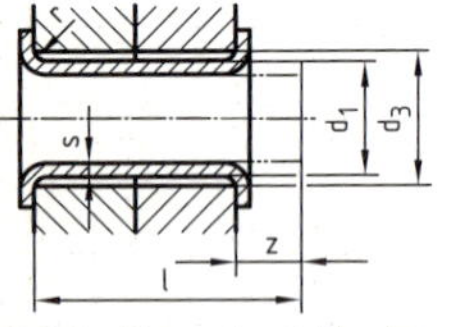

9.23 Form A mit Flachkopf

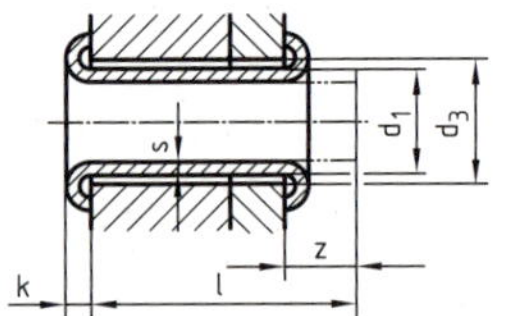

9.24 Form B mit angerolltem Rundkopf

9.4 Stifte und Stiftverbindungen

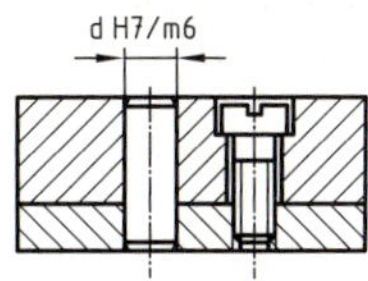

9.25
Befestigung durch Zylinderschraube und Zylinderstift

Stifte sichern als Verbindungselement eine bestimmte Lage aneinander liegender Teile. Bei Schraubverbindungen nehmen sie zusätzlich die Scherkräfte auf, da Schrauben, ausgenommen Passschrauben, nicht auf Abscherung beansprucht werden sollen.

Zylinderstifte nach DIN EN ISO 2338

Sie werden angewendet für nicht oder nur selten zu lösende Verbindungen.

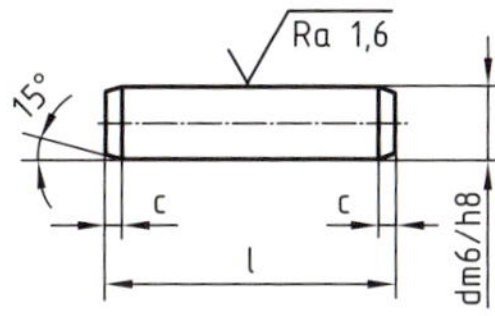

Normbezeichnung (d, Toleranzklasse m6 oder h8 x l), z,B.:

9.26 Zylinderstift ISO 2338-5 h8 x 14-St

Ø d		1,2	1,5	2	2,5	3	4	5	6	8	10	12	16	20	25	30
l	von	4	4	6	6	8	8	10	12	14	18	22	26	35	50	60
	bis	12	16	20	24	32	40	50	60	80	95	140	180	200	200	200
Stufung der Länge	l	4	5	6	8	10	12	14	16	18	20	22	24	26	28	30
		32	35	40	45	50	55	60	65	70	75	80	85	90	...	200

Kegelstifte nach DIN EN 22339[1] und DIN EN 28736

Die zugehörigen Bohrungen werden mit Kegelreibahlen nach DIN 9 aufgerieben.

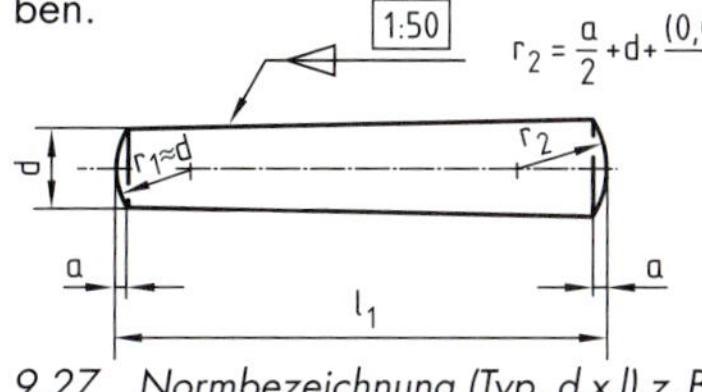

9.27 Normbezeichnung (Typ, d x l) z. B.: Kegelstift ISO 2339-A-10 x 60-St

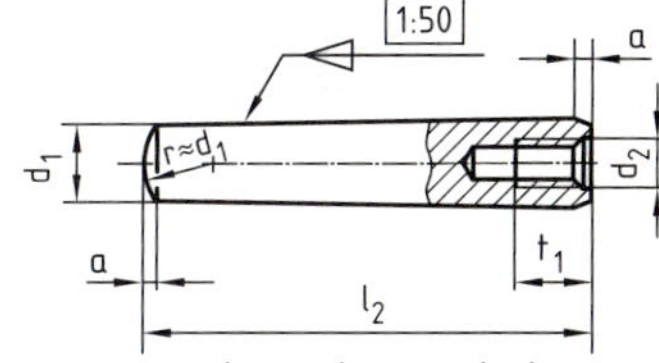

9.28 Normbezeichnung (d x l) z. B.: Kegelstift ISO 8736-A-10 x 75-St: Kegelstift mit Innengewinde für lösbare Verbindungen

Ø d/h 10		1,5	2	2,5	3	4	5	6	8	10	12	16	20	25	30
a		0,2	0,25	0,3	0,4	0,5	0,6	0,8	1	1,2	1,6	2	2,5	3	4
l_1	von	8	10	10	12	14	18	22	22	26	32	40	45	50	55
	bis	24	35	35	45	55	60	90	120	160	180	200	200	200	200
l_2	von							16	18	22	26	32	40	50	60
	bis							60	80	100	120	160	200	200	200
Stufung der Länge	l_1	8	10	12	14	16	18	20	22	24	26	28	30	32	36
		40	45	50	55	60	65	70	75	80	85	90	95	...	200

[1] Ausführung A geschliffen, Ausführung B gedreht

Kerbstifte bis Ø 25 mm haben am Umfang drei eingedrückte Kerben. Man wendet sie an für feste Verbindungen. Die zugehörigen Bohrungen werden mit dem Spiralbohrer gefertigt.

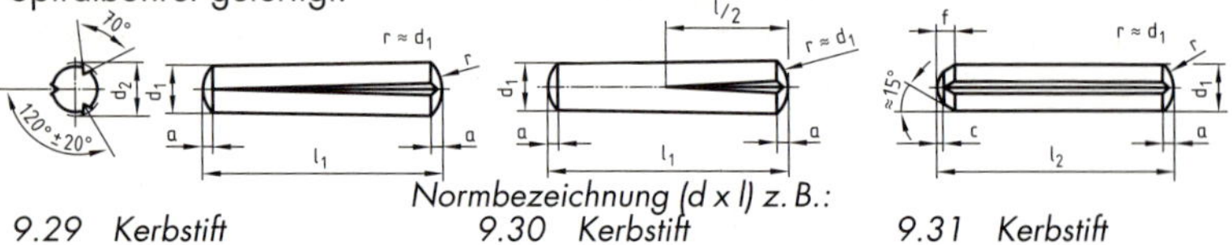

Normbezeichnung (d x l) z. B.:

9.29 Kerbstift ISO 8744 – 5 x 30 – St

9.30 Kerbstift ISO 8745 – 5 x 30 – St

9.31 Kerbstift ISO 8740 – 5 x 30 – St

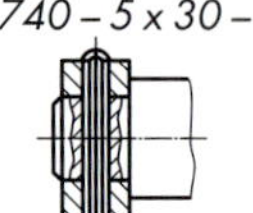

Normbezeichnung (d x l) z. B.:

9.32 Kerbstift ISO 8741 – 5 x 30 – St

9.33 Kerbstift ISO 8742 – 5 x 30 – St

$Ød_1$		2	2,5	3	4	5	6	8	10	12
DIN EN ISO 8744 l_1	von	8	8	8	8	8	10	12	14	14
	bis	30	30	40	60	60	80	100	120	120
DIN EN ISO 8740 l_2	von	8	10	10	10	14	14	14	14	18
	bis	30	30	40	60	60	80	100	100	100
DIN EN ISO 8741 l_3	von	8	8	8	10	10	12	14	18	26
	bis	30	30	40	60	60	80	100	160	180
DIN EN ISO 8742 l_4	von	12	12	12	18	18	22	26	32	40
	bis	30	30	40	60	60	80	100	160	200

Kerbnägel DIN EN ISO 8746 und DIN EN ISO 8747 stellen Verbindungen her, die weder gelöst noch belastet werden dürfen, z. B. bei der Befestigung von Schildern. Die Bohrungen besitzen die Toleranzklasse H11.

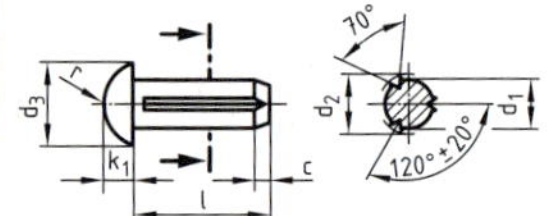

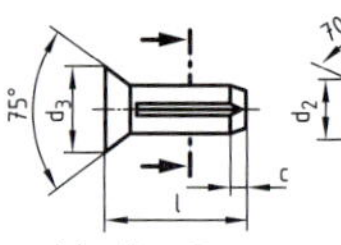

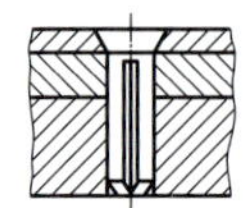

Normbezeichnung (d x l) z. B.:

9.34 Kerbnagel ISO 8746 – 5 x 20 – St

9.35 Kerbnagel ISO 8747 – 5 x 20 – St

9.36 Anwendungsbeispiel

	$Ød_1$	2	3	4	5	6	8
	d_3	3,7	5,45	7,25	9,1	10,8	14,4
	k_1	1,3	1,95	2,55	3,15	3,75	5,0
	c	0,6	0,9	1,2	1,5	1,8	2,4
DIN EN ISO 8746 l	von	3	4	5	6	8	10
	bis	10	16	20	25	30	35
DIN EN ISO 8747 l	von	3	4	5	6	8	10
	bis	10	16	20	25	30	35

Spannstifte, geschlitzt nach DIN EN ISO 8752, können auch zusammen mit Sechskantschrauben zur Sicherung der Lage gefügter Teile zueinander angewendet werden. Die Aufnahmebohrungen haben den gleichen Nenndurchmesser der Spannstifte und die Toleranzklasse H12, sodass sie nur durch Bohren hergestellt werden.

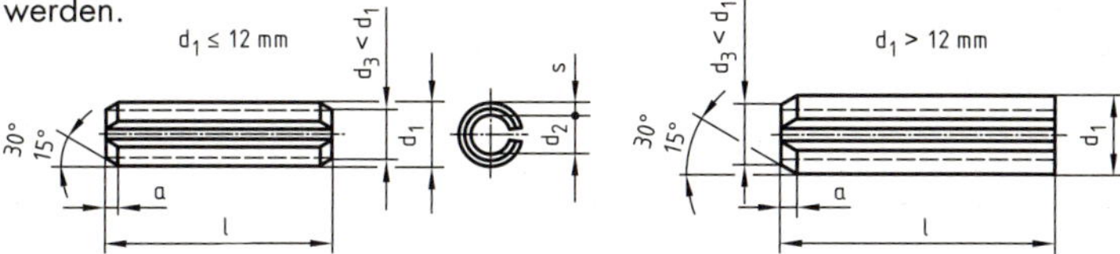

9.37 Normbezeichnung (d x l) z. B.: Spannstift ISO 8752 – 10 x 40 – A – St

Nenn-Ø		2	2,5	3	3,5	4	4,5	5	6	8	10	12
DIN EN ISO 8752	s	0,4	0,5	0,6	0,75	0,8	1		1,2	1,5	2	2,5
	a	0,35	0,4	0,5	0,6	0,65	0,8	0,9	1,2	1,6	2,0	2,0
	d_1	2,3	2,8	3,3	3,8	4,4	4,8	5,4	6,4	8,5	10,5	12,5
	$d_2 \approx$	1,5	1,8	2,1	2,3	2,8	2,9	3,4	4	5,5	6,5	7,5
für Schrauben									M 3	M 4	M 5	M 6
l	von	4		4		4		5	10	10	10	10
	bis	30		40		50		80	100	120	160	180

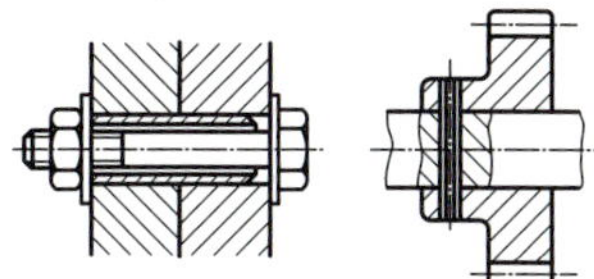

Spiralspannstifte nach DIN EN ISO 8750 und DIN EN ISO 8751 weisen aufgrund ihres spiralförmigen Querschnitts eine hohe elastische Verformbarkeit auf, sodass sie dynamisch belastbar sind.

9.38 Anwendungsbeispiele für Spannstifte

Nietstifte, DIN 7341, werden bei festen Verbindungen angewendet, die keiner besonderen Beanspruchung unterliegen. Der Außendurchmesser d_1 hat die Toleranzklasse h9 oder h11.

Normbezeichnung für Form A (d x l) z. B.:
Nietstift DIN 7341 – A5 h11 x 10 – St

Anwendungsbeispiele der Form A

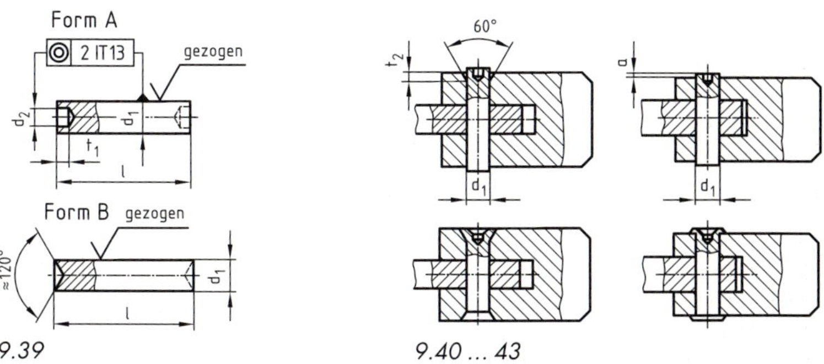

9.39

9.40 … 43

9

9.5 Bolzen und Bolzenverbindungen

Bolzen verbinden zwei oder mehr Teile formschlüssig, wobei meist ein Teil beweglich bleibt, z. B. der Gelenkbolzen bei Laschenverbindungen und Gliederketten. Für Neukonstruktionen sollen nur noch Bolzen nach DIN EN 22340 und DIN EN 22341 verwendet werden.

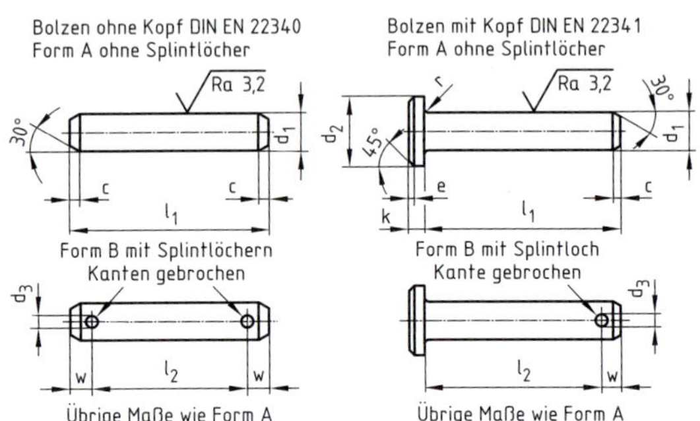

9.44

Normbezeichnung eines Bolzens DIN EN 22340 Form A, d_1 = 10 h11, l_1 = 50 aus St:
Bolzen ISO 2340-A-10 x 50 – St
Normbezeichnung eines Bolzens DIN EN 22340 Form B, d_1 = 10 h11, l_1 = 100, l_2 = 88 (Splintlochabstand) aus St: Bolzen ISO 2340-B-10 x 100 x 88 – St

d_1[1)] h 11	4	5	6	8	10	12	14	16	18	20
d_2 h 14	6	8	10	14	18	20	22	25	28	30
d_3 H 13	1	1,2	1,6	2	3,2	3,2	4	4	5	5
k js 14	1	1,6	2	3	4	4	4	4,5	5	5
r	0,6	0,6	0,6	0,6	0,6	0,6	0,6	0,6	1	1
w	2,2	2,9	3,2	3,5	4,5	5,5	6	6	7	8
c max.	1	2	2	2	2	3	3	3	3	4
e ≈	0,5	1	1	1	1	1,6	1,6	1,6	1,6	2
l_1 von	8	10	12	16	20	24	28	32	35	40
js 15 bis	40	50	60	80	100	120	140	160	180	200
Scheibe[1)] d_4	8	10	12	16	20	25	28	28	30	32
ISO 8738 s	0,8	1	1,6	2	2,5	3	3	3	4	4
Splint ISO 1234	1x6	1,2x8	1,6x10	2x12	3,2x12	3,2x20	4x25	4x25	5x30	5x30

Stufung der Länge l_1: 8 10 12 14 16 18 20 22 26 28 30 32 35 40 45 50 55 60 65 70 75 80 85 90 95 100 ... 200

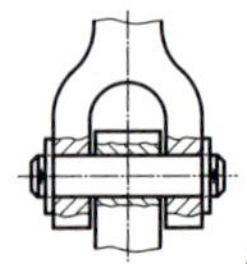

1

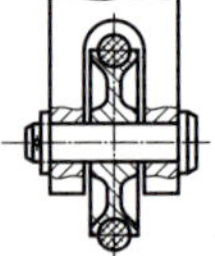

2

9.45 Anwendungsbeispiele:

1) d_4 Scheibenaußendurchmesser nach DIN 28738, d_1 (H11) Scheibe = d_1 Bolzen, Länge der Bolzen mit Splintlöchern sind aus der Klemmlänge (Werkstück) plus Spiel (Erfahrungswert) plus $d_3/2$ (halber Splintloch-Ø) bzw. plus Scheibendicke s (2s) zu ermitteln. Hierbei ist falls nötig auf die nächste Bolzenlänge aufzurunden.

9.6 Sicherungen für Achsen und Wellen

Stellringe nach DIN 705 (ohne Nachfolger, zurückgez. 05.2003)

Form A bis d_1 = 70 mit 1 Gewindestift
über d_1 = 70 mit 2 Gewindestiften

Form B nur bis d_1 = 150

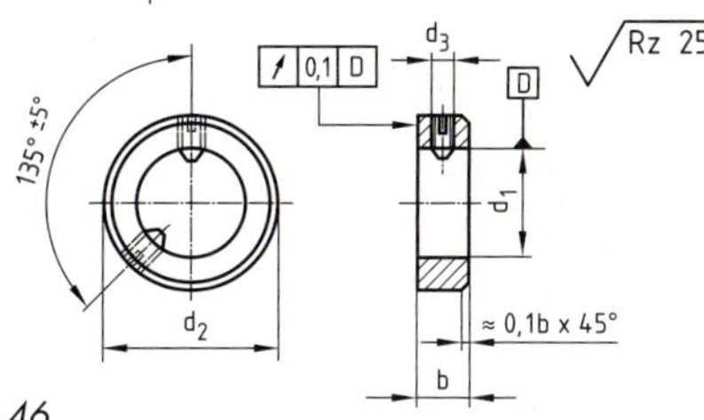

9.46

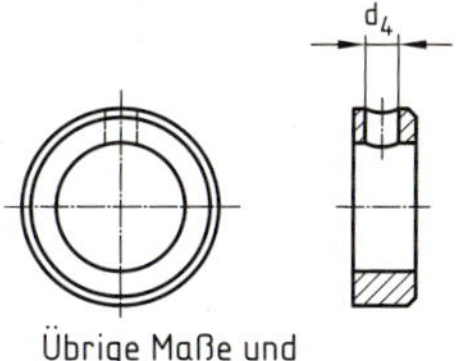

Übrige Maße und Angaben wie Form A

9.47

Normbezeichnung z. B. für d_1 = 16 mm, Form A: Stellring DIN 705-A16-St

Runddraht-Sprengringe und Sprengringnuten für Wellen und Bohrungen nach DIN 7993

Form A für Wellen

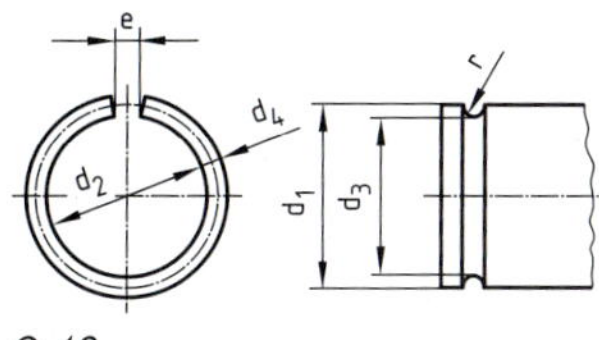

9.48

Form B für Bohrungen

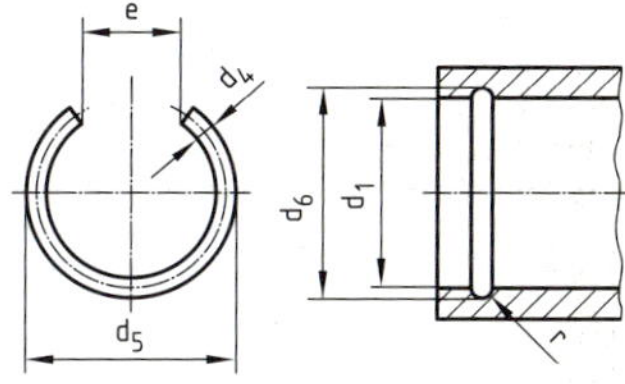

9.49

Normbezeichnung z. B. für d_1 = 24 mm: Sprengring DIN 7993-A24

Sicherungsscheiben nach DIN 6799

ungespannt

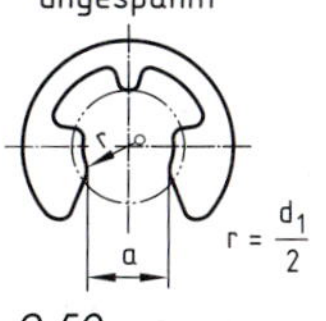

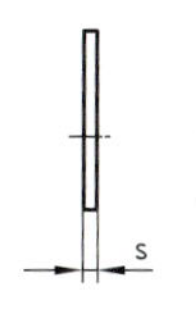

9.50

gespannt

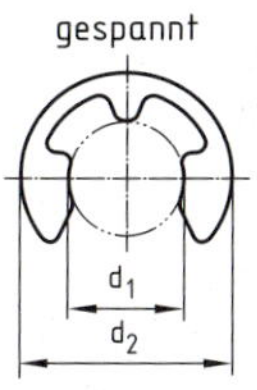

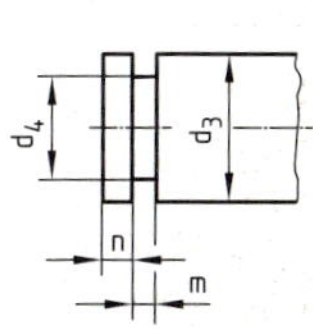

9.51

Nennmaß d_1[1]	d_2 gespannt	a	s	s Grenzabmaße	d_3 von	d_3 bis	m	m Grenzabmaße	n ≥	d_4
8	16,3	6,52	1,0	± 0,03	9	12	1,05	+ 0,08	1,8	7
9	18,8	7,63	1,1		10	14	1,15		2	8
10	20,4	8,32	1,2		11	15	1,25		2	9
12	23,4	10,45	1,3		13	18	1,35		2,5	10
15	29,4	12,61	1,5		16	24	1,55		3	12
19	37,6	15,92	1,75		20	31	1,80		3,5	15
24	44,6	21,88	2,0		25	38	2,05		4	19
30	52,6	25,80	2,5		32	42	2,55		4,5	24

[1] Auswahl, Normbezeichnung z.B. für d_1 = 10 mm: Sicherungsscheibe DIN 6799-10

Sicherungsringe für Wellen nach DIN 471 und für Bohrungen nach DIN 472

Sie sichern Teile gegen Längsverschieben, wobei auch Längskräfte aufgenommen werden können.

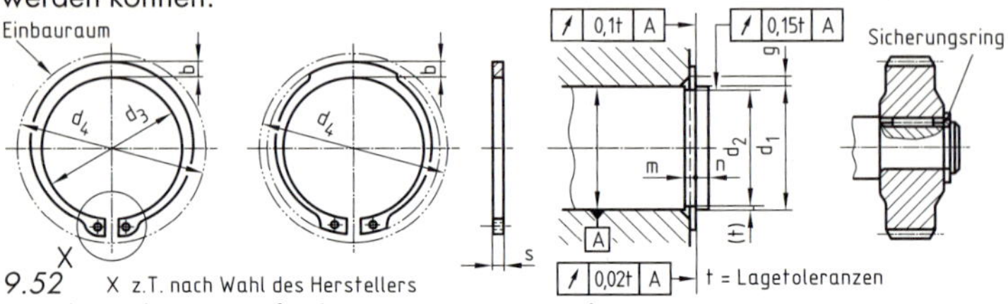

9.52 X z.T. nach Wahl des Herstellers

Normbezeichnung z. B. für d_1 = 30, s = 1,5 mm: Sicherungsring DIN 471 – 30 x 1,5

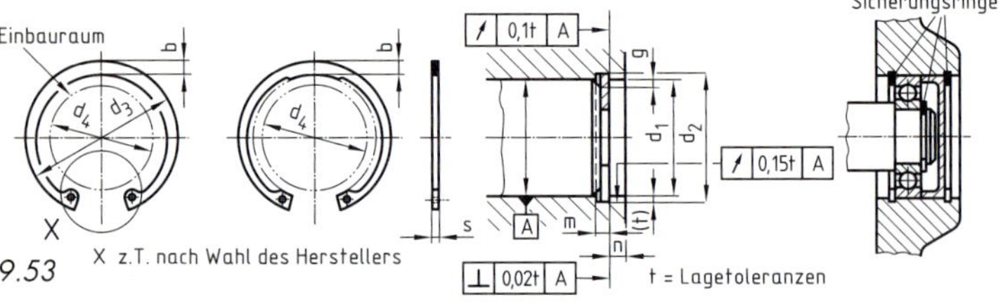

9.53 X z.T. nach Wahl des Herstellers

Normbezeichnung z. B. für d_1 = 20, s = 1 mm: Sicherungsring DIN 472 – 20 x 1

Maße der Sicherungsringe, Regelausführung (Auswahl)

Wellen- u. Bohrungs- Ø d_1	für Wellen DIN 471							für Bohrungen DIN 472						
	s h11	a ≈	b ≈	d_2	d_4 gespannt	m s+0,1 H13	n ≥	s h11	a ≈	b ≈	d_2	d_4 gespannt	m s+0,1 H13	n ≥
10	1	3,3	1,8	9,6	17	1,1	0,6	1	3,2	1,4	10,4	3,3	1,1	0,6
12		3,3	1,8	11,5	19		0,8		3,4	1,7	12,5	4,9		0,8
14		3,5	2,1	13,4	21,4		0,9		3,7	1,9	14,6	6,2		0,9
16		3,7	2,2	15,2	23,8		1,2		3,8	2	16,8	8		1,2
18	1,2	3,9	2,4	17	26,2	1,3	1,5		4,1	2,2	19	9,4		1,5
20		4	2,6	19	28,4				4,2	2,3	21	11,2		
22		4,2	2,8	21	30,8				4,2	2,5	23	13,2		
24		4,4	3	22,9	33,2		1,7	1,2	4,4	2,6	25,2	14,8	1,3	1,8
25		4,4	3	23,9	34,2				4,5	2,7	26,2	15,5		
26		4,5	3,1	24,9	35,5				4,7	2,8	27,2	16,1		
28	1,5	4,7	3,2	26,6	37,9	1,6	2,1		4,8	2,9	29,4	17,9		2,1
30		5	3,5	28,6	40,5				4,8	3	31,4	19,9		
32		5,2	3,6	30,3	43		2,6		5,4	3,2	33,7	20,6		2,6
34		5,4	3,8	32,3	45,4			1,5	5,4	3,3	35,7	22,6	1,6	
36	1,75	5,6	4	34	47,8	1,85	3		5,4	3,5	38	24,6		3
38		5,8	4,2	36	50,2				5,5	3,7	40	26,4		
40		6	4,4	37,5	52,6		3,8	1,75	5,8	3,9	42,5	27,8	1,85	3,8
42		6,5	4,5	39,5	55,7				5,9	4,1	44,5	29,6		
45		6,7	4,7	42,5	59,1				6,2	4,3	47,5	32		
48		6,9	5	45,5	62,5				6,4	4,5	50,5	34,5		
50	2	6,9	5,1	47	64,5	2,15	4,5	2	6,5	4,6	53	36,3	2,15	4,5

a = radiale Breite des Auges in Einzelheit X

9.7 Keile und Keilverbindungen

Bei Keilverbindungen unterscheidet man im Hinblick auf die Eintreibrichtung zur Achse Längs- und Querkeile und nach der Verwendung Befestigungs-, Spann- und Stellkeile.

Keile erzeugen durch ihren Anzug (Neigung) feste, aber wieder lösbare Spannungsverbindungen. Die geringe Neigung 1:100 der Keilflächen bewirkt die Selbsthemmung der eingetriebenen Keile.

Keilneigung: Stellkeile 1:5 bis 1:15, keine Selbsthemmung,
öfter zu lösende Keile 1:20,
selten zu lösenden Keile 1:30 oder 1:40,
Dauerverbindungen 1:100.

Für Keile verwendet man blanken Keilstahl, und zwar für $h \leq 25$ mm E295+C und für $h > 25$ mm E335+C nach DIN 6880.

Längskeile finden Anwendung zur Befestigung umlaufender Teile auf Wellen, z. B. Riemenscheiben, Kupplungen usw.

Keile nach DIN 6886 für Wellen-Ø d von 6 ... 500 mm

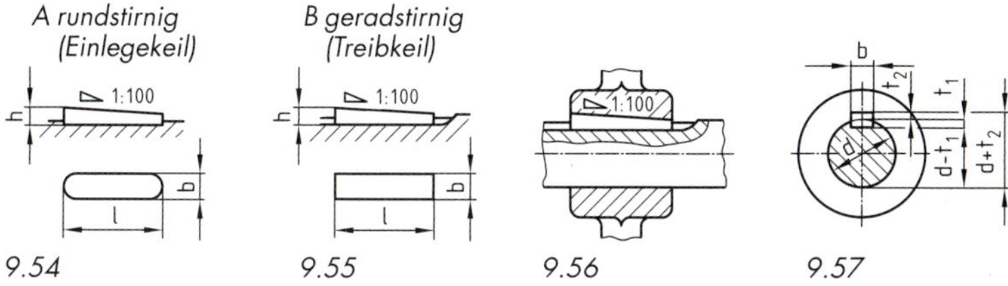

9.54 *9.55* *9.56* *9.57*

Normbezeichnung eines Keiles der Form A (b x h x l) z. B.: Keil DIN 6886-A 20 x 12 x 125

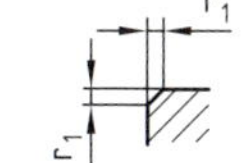

9.58 Kantenbrechung (allseitig) nach Wahl des Herstellers Schrägung

9.59 Kantenbrechung (allseitig) nach Wahl des Herstellers Rundung

9.60 Rundung des Nutgrundes für Welle und Nabe

Die Toleranzklasse für die Breite der Wellen- und Nabennut der Keile nach DIN 6886 ist D 11, für alle anderen Keile ist es D 10.

Hohlkeile nach DIN 6881 für Wellen-Ø d von 22 ... 150 mm

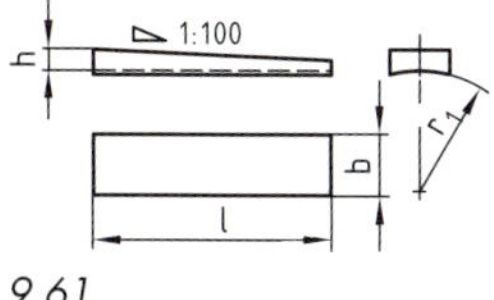

9.61

9.62

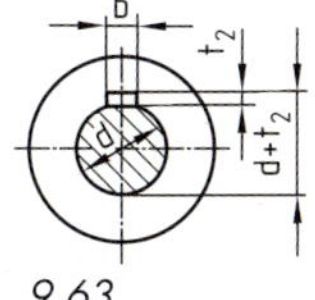

9.63

Normbezeichnung (b x h x l) z. B.: Hohlkeil DIN 6881 – 8 x 3,5 x 40

Flachkeile nach DIN 6883 für Wellen-Ø d von 22 … 230 mm

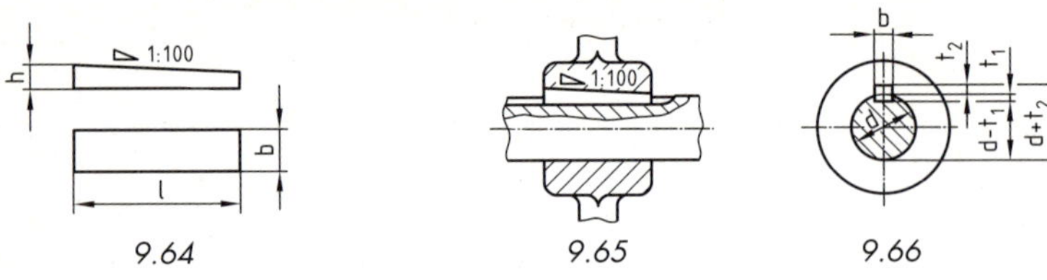

9.64 9.65 9.66

Normbezeichnung (b x h x l) z. B.: Flachkeil DIN 6883 – 12 x 6 x 70

Nasenflachkeile nach DIN 6884 für Wellen-Ø d von 22 … 230 mm

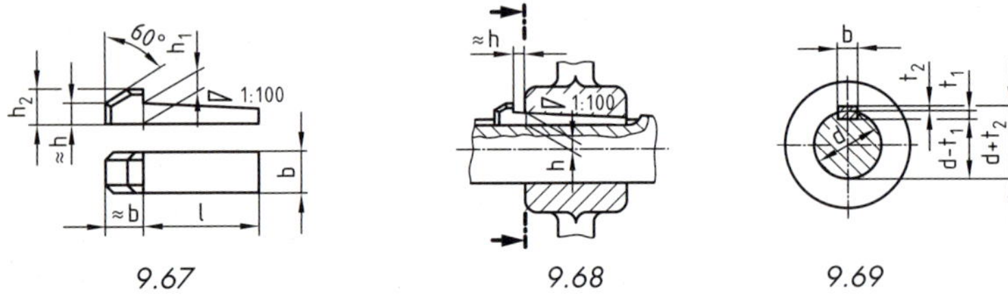

9.67 9.68 9.69

Normbezeichnung (b x h x l): Nasenflachkeil DIN 6884 – 10 x 6 x 50

Nasenkeile nach DIN 6887 für Wellen-Ø d von 10 … 500 mm

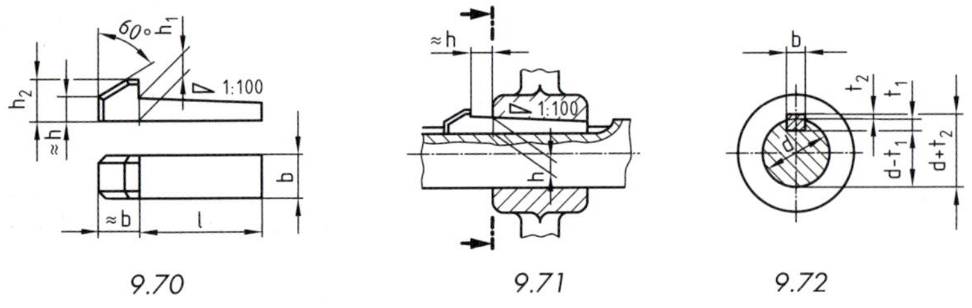

9.70 9.71 9.72

Normbezeichnung z. B.: Nasenkeil DIN 6887 – 8 x 7 x 63

Nasenhohlkeile nach DIN 6889 für Wellen-Ø von 22 … 150 mm

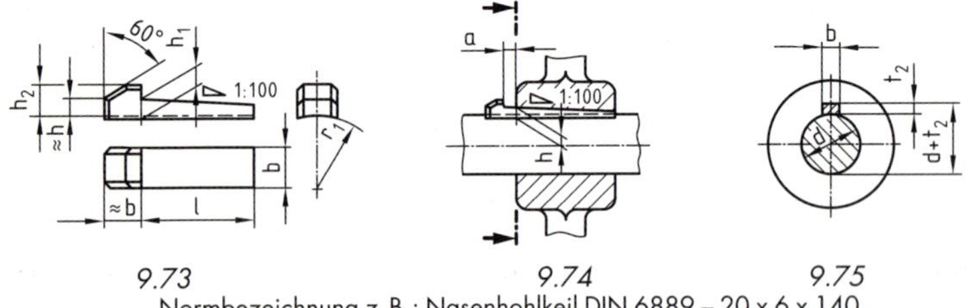

9.73 9.74 9.75

Normbezeichnung z. B.: Nasenhohlkeil DIN 6889 – 20 x 6 x 140

Maße der Längskeile, Hohlkeile, Flachkeile, Nasenflachkeile, Nasenkeile und Nasenhohlkeile (Auswahl)											
Wellen-Ø d über	10	12	17	22	30	38	44	50	58	65	75
bis	12	17	22	30	38	44	50	58	65	75	85
Breite b bzw. b_1	4	5	6	8	10	12	14	16	18	20	22
Höhe h DIN 6881, 6889				3,5	4	4	4,5	5	5	6	7
Höhe h DIN 6883, 6884				5	6	6	6	7	7	8	9
Höhe h DIN 6886, 6887	4	5	6	7	8	8	9	10	11	12	14
t_1 DIN 6881, 6883				1,3	1,8	1,8	1,4	1,9	1,9	1,9	1,8
t_2 DIN 6884, 6889				3,2	3,7	3,7	4	4,5	4,5	5,5	6,5
t_1 DIN 6886, 6887	2,5	3	3,5	4	5	5	5,5	6	7	7,5	9
t_2 DIN 6886, 6887	1,2	1,7	2,2	2,4	2,4	2,4	2,9	3,4	3,4	3,9	4,4
h_1 DIN 6884				5,2	6,2	6,2	6,2	7,2	7,2	8,2	9,2
h_2 DIN 6884				9	10	10	11	13	14	16	18
h_1 DIN 6887	4,1	5,1	6,1	7,2	8,2	8,2	9,2	10,2	11,2	12,2	14,2
h_2 DIN 6887	7	8	10	11	12	12	14	16	18	20	22
h_1 DIN 6889				3,7	4,2	4,2	4,7	5,2	5,2	6,2	7,2
h_2 DIN 6889				7,5	8	8	9	11	11	14	15
$r_1 = r_2$	0,2	0,2	0,4	0,4	0,4	0,5	0,5	0,5	0,5	0,6	0,6
r				15	19	22	25	29	33	38	43
l DIN 6883 von				20	25	32	36	45	50	63	70
l DIN 6883 bis				70	90	125	140	180	200	220	250
l DIN 6881, 6884 bis 6887 und 6889 von	10	12	16	20	25	32	40	45	50	56	63
l DIN 6881, 6884 bis 6887 und 6889 bis	45	56	70	90	110	140	160	180	200	220	250

Das Bemaßen von Keilnuten in Naben und Wellen zeigt S. 114.

9

Querkeile verbinden gewöhnlich Stangen zur axialen Übertragung von Zug- und Druckkräften. Sie erhalten meist einseitigen, selten doppelten Anzug. Querkeile sind noch nicht genormt.

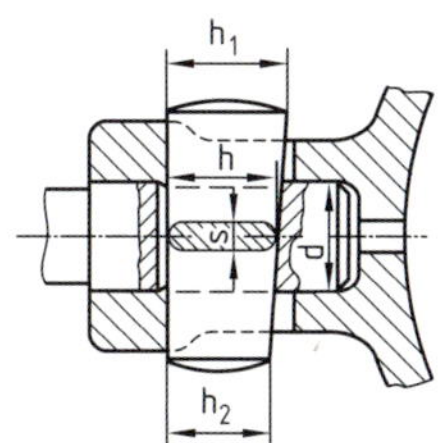

9.76 Querkeilverbindung

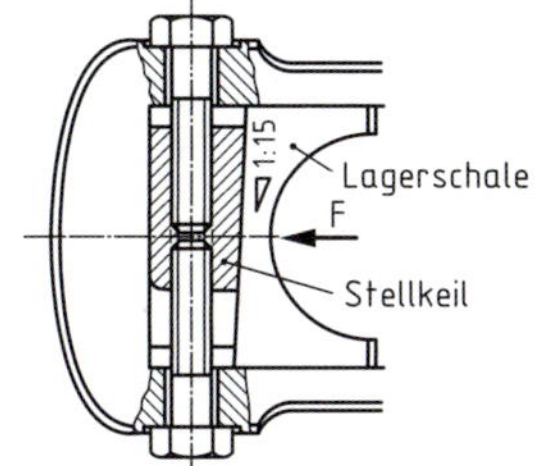

9.77 Stellkeilverbindung

Stellkeile werden zum Spannen und Nachstellen benutzt, wobei das Anstellen durch eine Schraube und das Lösen durch eine Gegenschraube erfolgt.

9.8 Passfedern

Passfedern bilden formschlüssige Mitnehmerverbindungen ohne Anzug für Riemenscheiben, Zahnräder, Kupplungen usw. mit Wellen bei vorwiegend einseitigen Drehmomenten. Sie übertragen die Umfangskräfte nur mit den Seitenflächen. Bei Gleitsitzen können Welle und Nabe gegeneinander verschoben werden.

Passfedern und Nuten, hohe Form, nach DIN 6885-1

für Wellen-Ø von 6 … 500 mm

Sie sind rund- oder geradstirnig, je nachdem ob die Nut mit einem Schaft- oder Scheibenfräser gefertigt worden ist. Der Werkstoff ist E295+C für h ≤ 25 mm und E335+C für h > 25 mm.

Für Werkzeugmaschinen gilt DIN 6885-2 mit den Formen A, C und E. Passfedern mit niedriger Form enthält DIN 6885-3.

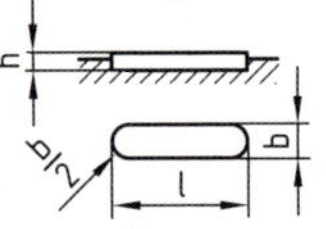

9.78 A rundstirnig ohne Halteschraube

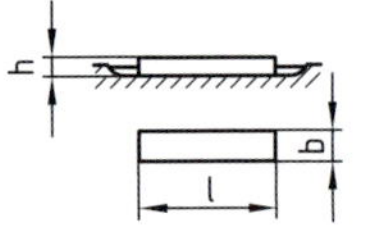

9.79 B geradstirnig ohne Halteschraube

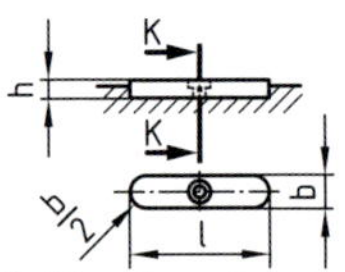

9.80 C rundstirnig für Halteschrauben

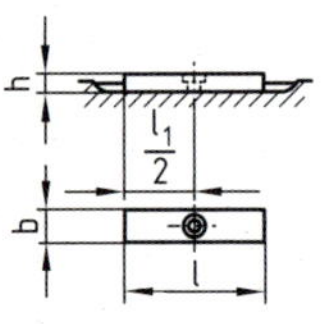

9.81 D geradstirnig für Halteschraube

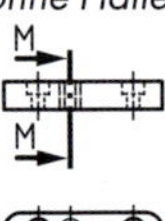

9.82 E rundstirnig für 2 Halteschrauben und 1 oder 2 Abdrückschrauben

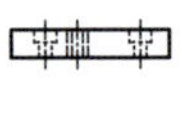

9.83 F geradstirnig für 2 Halteschrauben und 1 oder 2 Abdrückschrauben

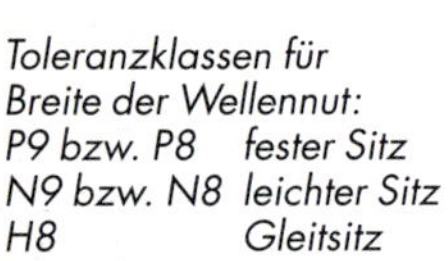

Toleranzklassen für Breite der Wellennut:

P9 bzw. P8	*fester Sitz*
N9 bzw. N8	*leichter Sitz*
H8	*Gleitsitz*

Nabennut:

P9 bzw. P8	*fester Sitz*
JS9 bzw. JS8	*leichter Sitz*
D10	*Gleitsitz*

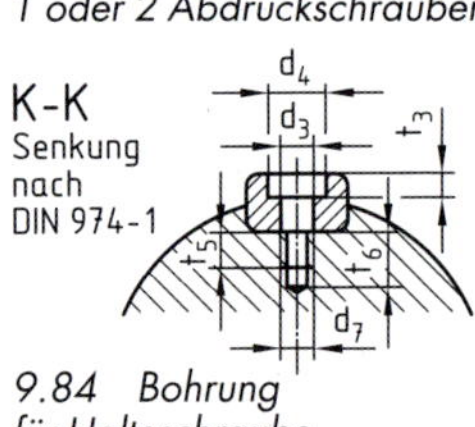

9.84 Bohrung für Halteschraube

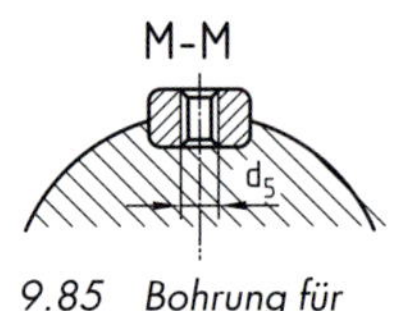

9.85 Bohrung für Abdrückschraube

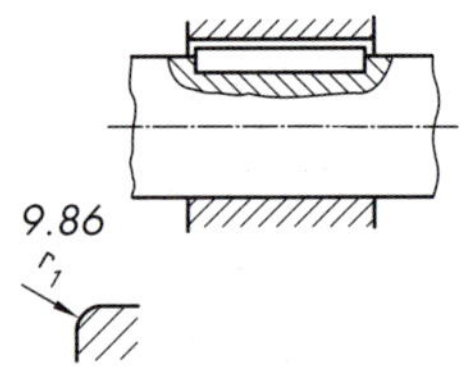

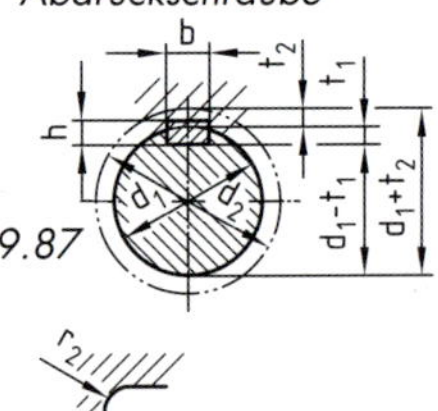

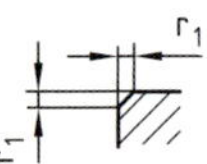

9.88 Kantenbrechung (allseitig) nach Wahl des Herstellers Schrägung

9.89 Kantenbrechung (allseitig) nach Wahl des Herstellers Rundung

9.90 Rundung des Nutgrundes für Welle und Nabe

Nutformen für Wellen

N 1 N 2 N 3

9.91 9.92 9.93

Maße der Passfedern nach DIN 6885-1 (Auswahl)												
für Wellen-Ø über	10	12	17	22	30	38	44	50	58	65	75	85
d_1 bis	12	17	22	30	38	44	50	58	65	75	85	95
Passfeder- b	4	5	6	8	10	12	14	16	18	20	22	25
querschnitt h	4	5	6	7	8	8	9	10	11	12	14	14
Wellennut-tiefe t_1	2,5	3	3,5	4	5	5	5,5	6	7	7,5	9	9
Nabennuttiefe mit Übermaß t_2	1,2	1,7	2,2	2,4	2,4	2,4	2,9	3,4	3,4	3,9	4,4	4,4
mit Rückenspiel t_2	1,8	2,3	2,8	3,3	3,3	3,3	3,8	4,3	4,4	4,9	5,4	5,4
Schrägung oder Rundung r_1 max.	0,25	0,4	0,4	0,4	0,6	0,6	0,6	0,6	0,6	0,8	0,8	0,8
r_2 max.	0,16	0,25	0,25	0,25	0,4	0,4	0,4	0,4	0,4	0,6	0,6	0,6
Bohrungen: d_4				3,4	3,4	4,5	5,5	5,5	6,6	6,6	6,6	9
d. Passfeder d_3				6	6	8	10	10	11	11	11	15
d. Halte- d_5/d_7				M 3	M 3	M 4	M 5	M 5	M 6	M 6	M 6	M 8
schrauben t_3				2,4	2,4	3,2	4,1	4,1	4,8	4,8	4,8	6
der Welle t_5				4	5	6	6	6	7	6	8	9
t_6				7	8	10	10	10	12	11	13	15
Stufung der Passfederlängen:	6 8 10 12 14 16 18 20 22 25 28 32 36 40 45 50 56 63 70 80 90 100 110 125 140 160 180 200 220 250 280 320 360 400											

Jedem Wellendurchmesserbereich ist ein entsprechender Bereich für die Länge der Passfeder zugeordnet.

Normbezeichnung einer Passfeder der Form A (b x h x l) z. B.: Passfeder DIN 6885 – A 12 x 8 x 40.

9

Tangentkeile und -nuten, DIN 268 für stoßartigen Wechseldruck und DIN 271 für nicht stoßartigen Wechseldruck, dienen zur Befestigung von Schwungrädern auf Wellen. Sie werden paarweise um 120° versetzt eingebaut. Tangentkeile ermöglichen eine spielfreie Übertragung großer Kräfte in beiden Richtungen.

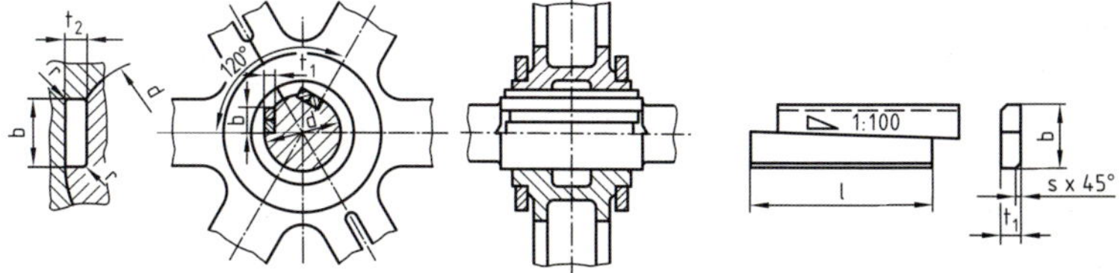

9.94 Tangentkeilverbindung *9.95 Tangentkeil DIN 268/271*

Normbezeichnung: Tangentkeil DIN 268 – 72 x 24 x 250

Scheibenfedern nach DIN 6888

für Wellen-Ø d_1 von 3 ... 38 mm. Werkstoff E335 (St 60-2).

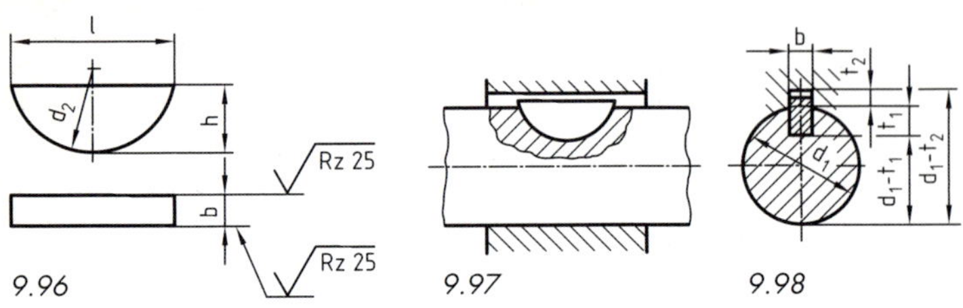

9.96 *9.97* *9.98*

Normbezeichnung (b x h) z. B.: Scheibenfeder DIN 6888 – 4 x 5

Kantenbrechung (allseitig) nach Wahl des Herstellers

Rundung des Nutgrundes für Welle und Nabe

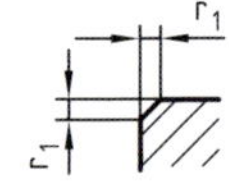

9.99 Schrägung

9.100 Rundung

9.101

Nabennutbreite b: fester Sitz P9
leichter Sitz J9

Wellennutbreite b: fester Sitz P9
leichter Sitz N9

Maße der Scheibenfedern nach DIN 6888 (Auswahl)														
Zuordnung für Wellendurchmesser d_1 I	über		8			10			12			17		
	bis		10			12			17			22		
II	über		12			17			22			30		
	bis		17			22			30			38		
Federabmessungen	b h9		3			4			5			6		
	h h12	3,7	5	6,5	5	6,5	7,5	6,5	7,5	9	7,5	9	(10)	11
	d_2	10	13	16	13	16	19	16	19	22	19	22	25	28
	$r_1 = r_2$		0,2			0,2			0,2			0,4		
	l	9,66	12,65	15,72	12,65	15,72	18,57	15,72	18,57	21,63	18,57	21,63	24,49	27,35
Wellennut t_1	Reihe A	2,5	3,8	5,3	3,5	5,0	6,0	4,5	5,5	7,0	5,1	6,6	7,6	8,6
	Reihe B	2,8	4,1	5,6	4,1	5,6	6,6	5,4	6,4	7,9	6,0	7,5	8,5	9,5
Nabennut t_2	Reihe A		1,4			1,7			2,2			2,6		
	Reihe B		1,1			1,1			1,3			1,7		

Die Reihe A für hohe Nabennut ist zu bevorzugen. Sie gleicht DIN 6885-1 (t_2 mit Rückenspiel). Die Reihe B (niedrigere Nabennut) ist für Werkzeugmaschinen, sie gleicht DIN 6885-2. Die Zuordnung wird gewählt, wenn das gesamte Drehmoment durch die Scheibenfeder ähnlich wie bei einer Passfeder übertragen wird. Die Zuordnung II gilt dort, wo die Scheibenfeder nur zur Feststellung der Lage des Antriebselementes dient und das Drehmoment durch Querkeil oder Kegel übertragen wird.

9.9 Keilwellenverbindungen mit geraden Flanken nach DIN ISO 14

Keilwellenverbindungen werden als feste oder längs bewegliche Verbindungen von Welle und Nabe zur Übertragung von Drehmomenten eingesetzt. Sie besitzen gerade Flanken und sind innenzentriert. Diese Norm legt die Maße für eine leichte und mittlere Reihe fest. Anwendung finden Keilwellenverbindungen z. B. bei Schieberädern in Schaltgetrieben.

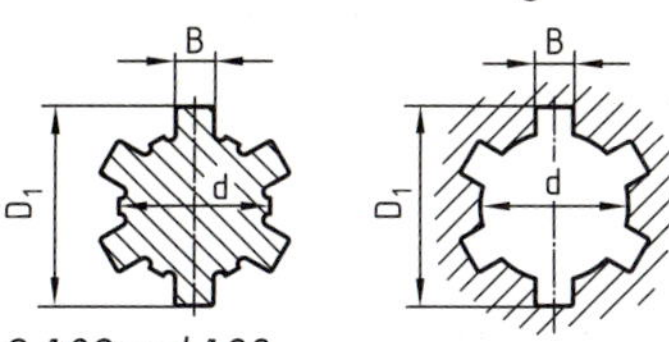

9.102 und 103

Toleranzklassen für Passflächen d (Auswahl)

Gleitsitz	H7/f7
Übergangssitz	H7/g7
Festsitz	H7/h7

Weitere Toleranzen s. DIN ISO 14.

Nennmaße in mm (Auswahl)

Anzahl der Keile n		6								8						
	d	11	13	16	18	21	23	26	28	32	36	42	46	52	56	62
leichte	D_1						26	30	32	36	40	46	50	58	62	68
Reihe	B						6	6	7	6	7	8	9	10	10	12
mittlere	D_1	14	16	20	22	25	28	32	34	38	42	48	54	60	65	72
Reihe	B	3	3,5	4	5	5	6	6	7	6	7	8	9	10	10	12

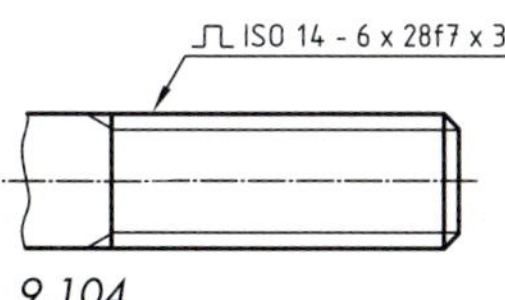

9.104

9.104 zeigt die vereinfachte Darstellung einer Keilwelle nach DIN ISO 6413 mit Angabe der Kurzbezeichnung. Die Art der Wellenverbindung wird durch Symbole angegeben. Dem Symbol können die genormten Bezeichnungen angehängt werden mit den Kurzzeichen W (Welle) und N (Nabe). Ein Zeichnungsbeispiel mit ausführlicher Bemaßung zeigt 9.110.

9

Passverzahnungen mit Evolventenflanken und Bezugsdurchmesser nach DIN 5480-1

Die Evolventenzähne werden nach den Gesetzmäßigkeiten der Verzahnung berechnet. Entsprechend wird die Verzahnung durch das Bezugsprofil, den Bezugsdurchmesser und die Zähnezahl bzw. den Modul bestimmt. Der Eingriffswinkel beträgt im Allgemeinen 30°. Zahnwellenverbindungen können durchmesserzentriert (Außen-Ø oder Innen-Ø) oder flankenzentriert sein.

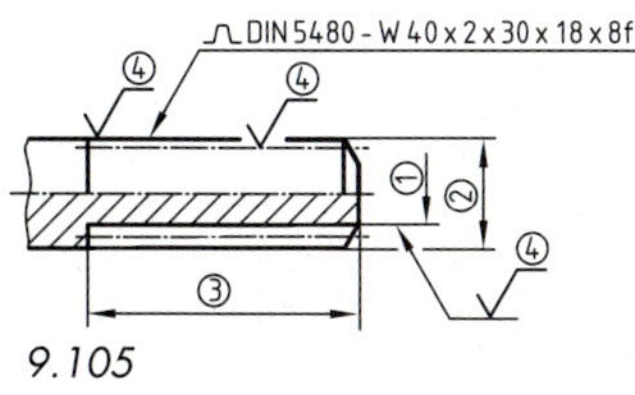

9.105

9.105 zeigt die vereinfachte Darstellung einer Zahnwelle nach DIN ISO 6413 mit Symbol und genormter Kurzbezeichnung. Diese besteht aus Normnummer, Kurzzeichen W (Welle), Bezugsdurchmesser, Modul, Eingriffswinkel, Zähnezahl, Flankenbreite mit Toleranzklasse. Weitere Zeichnungsangaben sind Kopfkreis-Ø ①, Fußkreis-Ø ②, Verzahnungsbreite ③ sowie Oberflächenangaben ④.

Passverzahnungen mit Kerbflanken nach DIN 5481

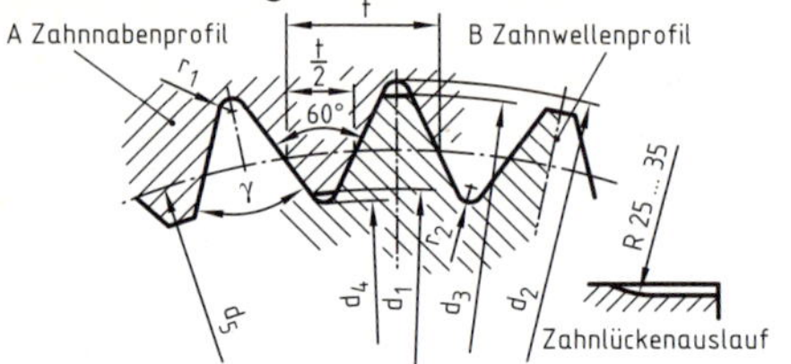

9.106
Normbezeichnung z. B. für Nenn-Ø d_1 x d_2:
Kerbverzahnung
DIN 5481 – 10 x 12

Passverzahnung mit Kerbflanken und Wellenverbindungen mit Evolventenzahnflanken dienen als verschiebbare oder feste Verbindungen von Welle und Nabe zum Zentrieren und zur Drehmomentenübertragung, z. B. zwischen Achsschenkeln und Drehstabfedern am Pkw. Sie haben gegenüber den Keilwellenverbindungen mit geraden Flanken eine geringere Kerbwirkung durch größere Mitnehmerzahl und kleinere Profilhöhe.

Nenn-Ø	d_1[1] A 11	d_2	d_3[1] a 11	d_4	d_5	r_1 ≈	t[2] Teilung für d_5	z Zähnezahl
10 x 12	10,1	12,01	12	10,16	11	0,1	1,152	30
12 x 14	12	14,19	14,20	12,02	13	0,1	1,317	31
15 x 17	14,9	17,32	17,20	14,90	16	0,15	1,571	32
17 x 20	17,3	20,02	20	17,33	18,5	0,15	1,761	33
21 x 24	20,8	23,80	23,9	20,69	22	0,15	2,033	34
26 x 30	26,5	30,03	30	26,36	28	0,25	2,513	35
30 x 34	30,5	34,18	34	30,32	32	0,3	2,792	36
36 x 40	36	40,23	39,9	35,95	38	0,5	3,226	37

[1] Nennmaß [2] errechnet

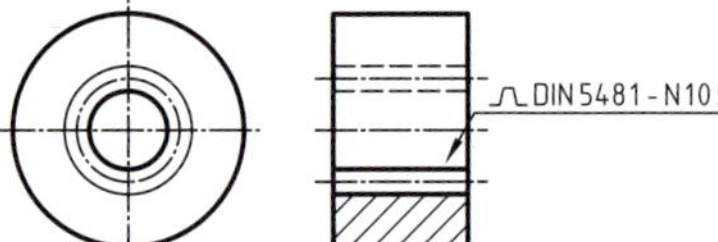

9.107

9.107 zeigt die vereinfachte Darstellung einer Kerbzahnnabe nach DIN ISO 6413 mit der genormten Kurzbezeichnung. Diese besteht aus der Normnummer, dem Kurzzeichen N (Nabe) und dem Produkt der Nenndurchmesser d_1 x d_3. Ein Zeichnungsbeispiel mit ausführlicher Bemaßung zeigen 9.111 und 112.

Polygonprofile haben die Form von Unrunden, wodurch ein kontinuierliches Anwachsen der Mitnehmerwirkung und dadurch eine geringe Kerbwirkung erzielt wird.

Polygonprofile P3G nach DIN 32711 für Fest- und Schiebesitze mit H7/k6, g6.

d_1	d_2	d_3	e_1
18	19,12	16,88	0,56
20	21,26	18,74	0,63
22	23,4	20,6	0,7
25	26,6	23,4	0,8
28	29,8	26,2	0,9
30	32	28	1
32	34,24	29,76	1,12
35	38,5	33,5	1,25
40	42,8	37,2	1,4
45	48,2	41,8	1,6
50	53,6	46,4	1,8

A: Polygonwellenprofil

B: Polygonnabenprofil

Normbezeichnung z. B. für Polygonwellenprofil A P3G mit der Nenngröße 30 und Toleranzklasse k6 für d_1:

Profil DIN 32711 – A P3G 30 – k6

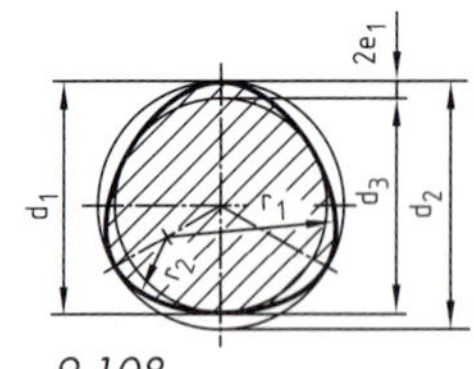

9.108

Polygonprofil P4C nach DIN 32712 für Schiebesitze und Festsitze mit H7/g6, k6

d_1	d_2	e_1	r
18	15	2,0	39,5
20	17	3,0	56,6
22	18	3,0	57
25	21	5,0	90,5
28	24	5,0	92
30	25	5,0	92
32	27	5,0	93,5
35	30	5,0	95
40	35	6,0	113,5
45	40	6,0	116
50	43	6,0	117,5

A: Polygonwellenprofil
B: Polygonnabenprofil

Normbezeichnung z. B. für Polygonwellenprofil A P4C mit der Nenngröße 30 und Toleranzklasse g6 für d_1:

Profil DIN 32712 – A P4C 30 – g6

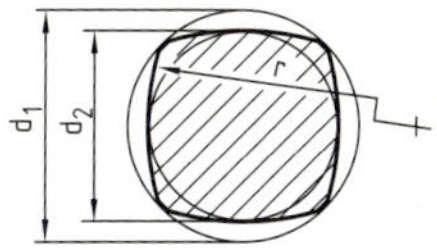

d1
d2
r

9.109

Rz 16 (Rz 63 Rz 4)
Kurve
Wärmebehandlungsbild
randschichtgehärtet und angelassen 55 + 5 HRC Rht = 2 + 2
Kurvenscheibe
C45E

9.110

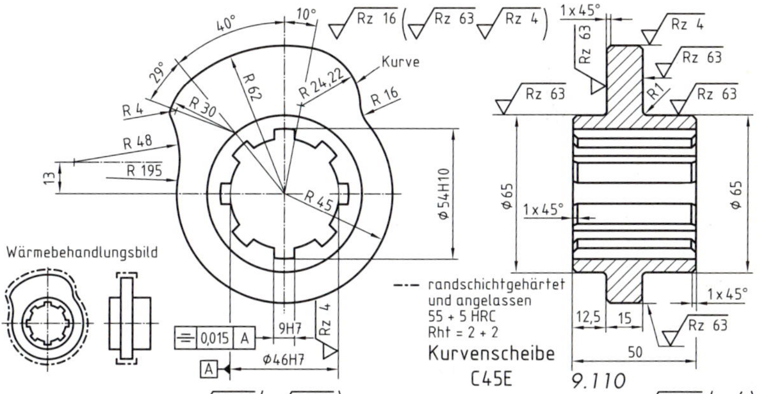

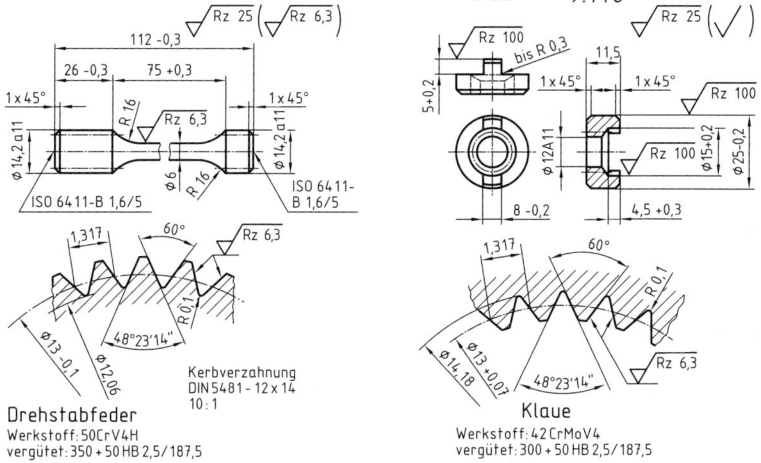

Rz 25 (Rz 6,3)
ISO 6411-B 1,6/5
Kerbverzahnung DIN 5481 - 12 x 14
10 : 1
Drehstabfeder
Werkstoff: 50CrV4H
vergütet: 350 + 50 HB 2,5/187,5
Rz 25
Klaue
Werkstoff: 42CrMoV4
vergütet: 300 + 50 HB 2,5/187,5

9.111 und 112 Drehstabfeder und Klaue

9

9.10 Benennung der Wälzlager

Das Lager dient zur Übertragung von:	Radialkräften	Radialkräften und einseitig wirkenden Axialkräften	
Benennung	Nadellager	Schulterkugellager	Kegelrollenlager
Bildbeispiel			
DIN-Nr.	DIN 617	DIN 615	DIN 720
Zylinderrollenlager einreihig	Zylinderrollenlager zweireihig	Schrägkugellager einreihig	Schrägkugellager zweireihig
			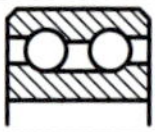
DIN 5412	DIN 5412	DIN 628	DIN 628
Radialkräften und zweiseitig wirkenden Axialkräften		einseitig wirkenden Axialkräften	zweiseitig wirkenden Axialkräften
Rillenkugellager	Tonnenlager	Axial-Rillenkugellager	
			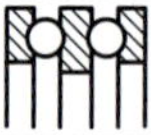
DIN 625	DIN 635	DIN 711	DIN 715
Pendelkugellager	Pendelrollenlager	Axial-Pendelrollenlager	Axial-Rillenkugell. mit kugligen Gehäuseschei.

DIN 630	DIN 635	DIN 728	DIN 715

9

Die Bezeichnung von Wälzlagern setzt sich nach DIN 623-1 zum Zweck der Identifizierung zusammen aus: Benennung, Norm-Nr. und Merkmalegruppen.

Merkmalegruppen sind:

Vorsetzzeichen	(Einzelteile, Werkstoffe)
Basiszeichen	(Lagerart, Maßreihe)
Nachsetzzeichen	(Konstruktion, Käfig, Genauigkeit, Lagerluft)
Ergänzungszeichen	(nach Angabe der Hersteller)

Bezeichnungsbeispiel eines Rillenkugellagers nach DIN 625, Maßreihe 6024, mit 2 Deckscheiben 2Z, Lagerluft C3, Wärmebehandlung S0 und Schmierfettfüllung GH:

Rillenkugellager DIN 625 – 6024 – 2Z C3 S0 GH

Normenhinweis
DIN 616 Wälzlager, Maßpläne
DIN 5418 Einbaumaße für Wälzlager
DIN ISO 281 Dynamische Tragzahlen und nominelle Lebensdauer
DIN ISO 8826-1 Vereinfachte Darstellung von Wälzlagern

Maße von Wälzlagern nach DIN (Auswahl)

Rillenkugellager DIN 625	*Axialrillenkugellager DIN 711 einseitig wirkend*	*Zylinderrollenlager DIN 5412*	*Kegelrollenlager DIN 720*

Rillenkugellager DIN 625-1 Lagerreihe 62				
Kurz-zeichen	d	D	B	r min
6204	20	47	14	1
6205	25	52	15	1
6206	30	62	16	1
6207	35	72	17	1,1
6208	40	80	18	1,1
6209	45	85	19	1,1
6210	50	90	20	1,1
6211	55	100	21	1,5
6212	60	110	22	1,5
6213	65	120	23	1,5
6214	70	125	24	1,5
6215	75	130	25	1,5
6216	80	140	26	2

Axialrillenkugellager DIN 711 Lagerreihe 512					
Kurz-zeichen	d_w	d_g	D_g	H	r min
51204	20	22	40	14	0,6
51205	25	27	47	15	0,6
51206	30	32	52	16	0,6
51207	35	37	62	18	1
51208	40	42	68	19	1
51209	45	47	73	20	1
51210	50	52	78	22	1
51211	55	57	90	25	1
51212	60	62	95	26	1
51213	65	67	100	27	1
51214	70	72	105	27	1
51215	75	77	110	27	1
51216	80	82	115	28	1

Zylinderrollenlager DIN 5412 Lagerreihe NU 2				
Kurz-zeichen	d	D	B	r min
NU 204E	20	47	14	0,6
NU 205E	25	52	15	0,6
NU 206E	30	62	16	0,6
NU 207E	35	72	17	0,6
NU 208E	40	80	18	1,1
NU 209E	45	85	19	1,1
NU 210E	50	90	20	1,1
NU 211E	55	100	21	1,1
NU 212E	60	110	22	1,5
NU 213E	65	120	23	1,5
NU 214E	70	125	24	1,5
NU 215E	75	130	25	1,5
NU 216E	80	140	26	2

Kegelrollenlager DIN 720 Lagerreihe 302							
Kurz-zeichen	d	D	B	C	T	r min	r_1 min
30204	20	47	14	12	15,25	1	1
30205	25	52	15	13	16,25	1	1
30206	30	62	16	14	17,75	1	1
30207	35	72	17	15	18,25	1,5	1,5
30208	40	80	18	16	19,75	1,5	1,5
30209	45	85	19	16	20,75	1,5	1,5
30210	50	90	20	17	21,75	1,5	1,5
30211	55	100	21	18	22,75	2	1,5
30212	60	110	22	19	23,75	2	1,5
30213	65	120	23	20	24,75	2	1,5
30214	70	125	24	21	26,25	2	1,5
30215	75	130	25	22	27,25	2	1,5
30216	80	140	26	22	28,25	2,5	2

Die ausgewählten Rillenkugellager und Zylinderrollenlager gleicher Maßreihe sind gegeneinander austauschbar. Anschlussmaße für Wälzlager s. DIN 5418.

9.11 Lagerung von Wellen mit Wälzlagern

Die Lagerung von Wellen erfolgt meist in zwei Lagerstellen. Hierbei muss beachtet werden, dass sich Toleranzen und Längenänderungen im Betrieb (Wärmedehnung) auswirken können, ohne dass zusätzliche Kräfte (Verspannkräfte) auf die Lager wirken. Es gibt im Wesentlichen zwei Möglichkeiten der Lagerung:

1. **Fest- und Loslagerung**
   Hierbei übernimmt eine Lagerstelle neben ihrem Radiallastanteil auch alle auftretenden Axialkräfte in beiden Richtungen (Festlager). Die andere Lagerstelle überträgt nur ihren Radiallastanteil, da sie in der Axialrichtung nicht festgelegt ist und somit auch keine Kräfte übernehmen kann (Loslager).
2. **Angestellte Lagerung**
   Hierbei übernehmen beide Lager neben ihren Radiallastanteilen auch axiale Kräfte, und zwar das eine Lager Axialkräfte in der einen Richtung und das andere Lager solche in der Gegenrichtung. Hierbei muss das Axialspiel sehr gering eingestellt oder die Lager müssen vorgespannt werden.

Je nach der Kraftrichtung, ob Umfangslast für Innen- oder Außenring vorliegt, ist der Lagereinbau entsprechend zu gestalten.

Dabei gilt die Regel:

Ringe mit Umfangslast erfordern Festsitze. Ringe mit Punktlast können Schiebesitze erhalten, s. S. 184.

Hiermit ergeben sich die in 9.113 gezeigten vier Kombinationen. Die Lagerungen sind symbolisch mit Rillenkugellagern dargestellt, die auch bestimmte Axialkräfte übernehmen können. Bei einer angestellten Lagerung werden häufig Schrägkugellager in O- oder X-Anordnung angewendet.

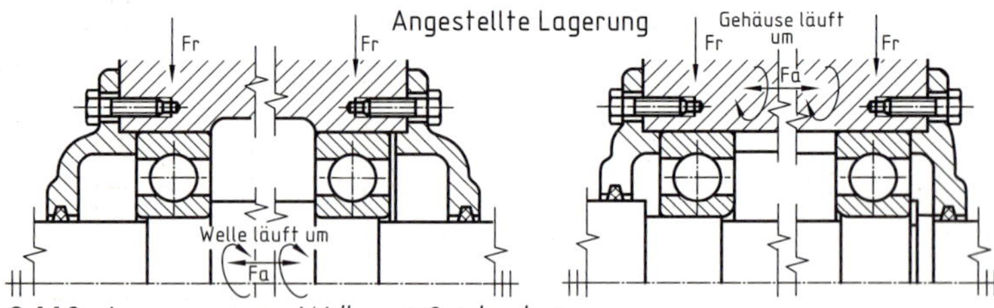

9.113 Lagerungen von Wellen mit Spielandeutung

Vereinfachte Darstellung von Wälzlagern nach DIN ISO 8826-1 und -2

Neben der aufwändigen bildlichen Darstellung in Zeichnungen ermöglicht DIN ISO 8826 die vereinfachte Darstellung von Wälzlagern, wobei der Einbauraum als Quadrat oder Rechteck gezeichnet wird, auch wenn es keinen Innen- oder Außenring gibt.

Bei der allgemeinen vereinfachten Darstellung nach DIN ISO 8826-1 werden die Wälzlager durch ein aufrechtes Kreuz in der Mitte des Wälzlagers gekennzeichnet, das die Begrenzungslinien nicht berühren darf. Die Darstellung wird in breiter Volllinie gezeichnet.

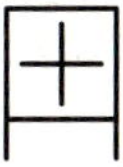

9.114

Die detaillierte vereinfachte Darstellung mit Elementen nach DIN ISO 8826-2 ermöglicht die Angabe der Lastrichtung und der Einstellbarkeit der Wälzlager. Schraffuren sind in vereinfachten Darstellungen zu vermeiden.

Element	Beschreibung	Anwendung
	Lange, gerade Volllinie	Linie, die die Achse des Wälzelements darstellt, mit Einstellmöglichkeit
	Lange, gebogene Volllinie	Linie, die die Achse des Wälzelements darstellt, ohne Einstellmöglichkeit
	Kurze, gerade Volllinie, identisch mit der Mittellinie (radial) jedes Wälzelements	Die Anzahl der Reihen und die Lage der Wälzelemente
	Kugel, Rolle, Nadel	Kreis, schmales und breites Rechteck

Abbildung[1]	Detaillierte, vereinfachte Darstellung	Abbildung[1]	Detaillierte, vereinfachte Darstellung
 Radial-Rillen-kugellager, Zylinder-Rollenlager einreihig		 Schrägkugellager, zweireihig, selbsthaftend	
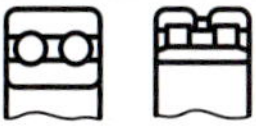 Radial-Rillen-kugellager, Zylinder-Rollenlager zweireihig		 Einseitig wirkendes Axial-Kugellager	
 Kegel-rollenlager, Schräg-kugellager einreihig		 Zweiseitig wirkendes Axial-Kugellager	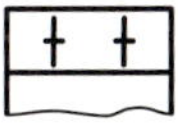
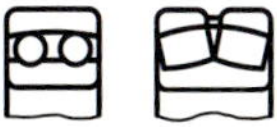 Pendel-kugellager, Radial-Pendel-rollenlager zweireihig		 Axial-Rillenkugellager, einseitig wirkend, mit kugeliger Gehäusescheibe	

[1] Auswahl, unvollständige Zeichnungen

9.12 Gleitlager

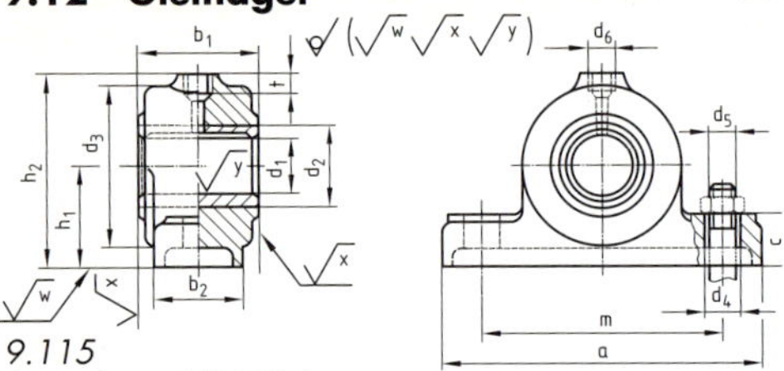

9.115
Augenlager DIN 504
Form A mit Buchse für d_1 = 25 … 150
Form B ohne Buchse für d_1 = 25 … 80; 1 = 10
Normbezeichnung z. B. für Form B, d_1 = 40:
Augenlager DIN 504 – B 40

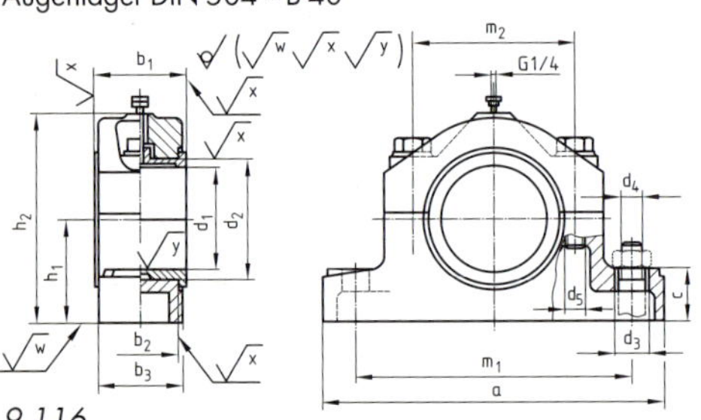

9.116
Deckellager DIN 505 für d_1 = 25 … 150
Normbezeichnung eines vollständigen Deckellagers z. B. mit d_1 = 60: Deckellager DIN 505 – L 60

Die wichtigsten genormten Gleitlager sind Augen-, Deckel- und Flanschlager und werden mit Staufferfett geschmiert. Sie finden Anwendung in Hebe- und Förderanlagen sowie in Landmaschinen. Beim Augenlager nach DIN 504 erfolgt die Wahl der Form des Schmierlochs nach DIN ISO 12128 durch den Hersteller.

Stehlager mit Ringschmierung nach DIN 118 besitzen einen Ölvorratsraum, in den der Schmierring eintaucht und das Öl zu den Gleitlagern fördert.

√w = ∇/Rz 160
√x = ∇/Rz 40
√y = ∇/Rz 16

Allgemeintoleranzen an bearbeiteten Flächen ISO 2768-m
an unbearbeiteten Flächen
DIN 1686-1 – GTB 18
Werkstoff: Lagerkörper GG – 20

Normenhinweis
DIN 118 Stehlager mit Ringschmierung
DIN 502 Flanschlager
DIN 736 Stehlager für Wälzlager

Maße der Augenlager nach DIN 504 (Auswahl)

d_1 D 10 A	d_1 D 10 B	a	b_1	b_2	c	d_2 D 7	d_3	d_4	d_5	d_6	h_1	h_2	m
25 30	35 40	160	60	45	25	35 40	80	14,5	M 12	G ¼	50	95	120
35 40	45 50	190	70	50	30	45 50	90	18,5	M 16		60	110	140
45 50	55 60	220	80	55	35	55 60	100	24	M 20		70	125	160
55 60	65 70	240	90	60	35	65 70	120	24	M 20		80	145	180

Maße der Deckellager nach DIN 505 (Auswahl)

d_1 D 10	a	b_1 0 –0,3	b_2 0 –0,1	b_3	c	d_2 K 7	d_3	d_4	d_5	h_1 ± 0,2	h_2 max.	m_1 GTB 16	m_2
25	165	45	35	40	22	35	15	M 12	M 10	40	78	125	65
30						40							
35	180	50	40	45	25	45				50	95	140	75
40						50							
45	210	55	45	50	30	55	19	M 16	M 12	60	114	160	90
50						60							
55	225	60	50	55	35	65				70	132	175	100
60						70							

Gleitlagerbuchsen aus Kupferlegierungen nach DIN ISO 4379

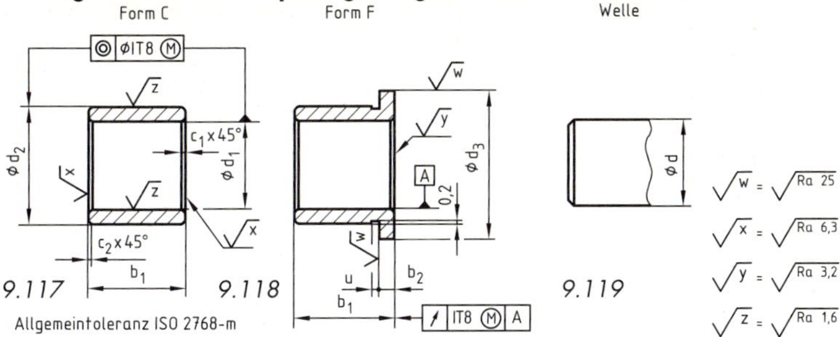

Diese Norm enthält zwei Formen von Gleitlagerbuchsen aus Kupferlegierungen für den allgemeinen Anwendungsfall.

Der Innendurchmesser der Buchse erhält vor dem Einpressen ein Übermaß der Toleranzklasse E6, wobei sich nach dem Einpressen ein Toleranzfeld mit der Toleranzfeldlage H ergibt.

Toleranzen

d_1	d_2		d_3	b_1	Aufnahmebohrung	Wellen-Ø d
E 6 (D6)	≤ 120 > 120	s 6 r 6	d11	h13	H 7	e 7/g 7

Maße der Gleitlagerbuchsen in mm (Auswahl)

d_1	b_1			d_2	d_3	b_2	d_2	d_3	b_2	Fasen 45° C_1 C_2 max.	Fasen 15° C_2 max.	u
				Reihe 1			Reihe 2					
10	–	10	–	12	14	1	16	20	3	0,3	1	1
12	10	15	20	14	16	1	18	22	3	0,5	2	1
14	10	15	20	16	18	1	20	25	3	0,5	2	1
15	10	15	20	17	19	1	21	27	3	0,5	2	1
16	12	15	20	18	20	1	22	28	3	0,5	2	1,5
18	12	20	30	20	22	1	24	30	3	0,5	2	1,5
20	15	20	30	23	26	1,5	26	32	3	0,5	2	1,5
22	15	20	30	25	28	1,5	28	34	3	0,5	2	1,5
25	20	30	40	28	31	1,5	32	38	4	0,5	2	1,5
28	20	30	40	32	36	2	36	42	4	0,5	2	1,5
30	20	30	40	34	38	2	38	44	4	0,5	2	2
32	20	30	40	36	40	2	40	46	4	0,8	3	2
35	30	40	50	39	43	2	45	50	5	0,8	3	2
38	30	40	50	42	46	2	48	54	5	0,8	3	2
40	30	40	60	44	48	2	50	58	5	0,8	3	2
42	30	40	60	46	50	2	52	60	5	0,8	3	2
45	30	40	60	50	55	2,5	55	63	5	0,8	3	2
48	40	50	60	53	58	2,5	58	66	5	0,8	3	2
50	40	50	60	55	60	2,5	60	68	5	0,8	3	2

Als Werkstoffe sind Kupfer-Gusslegierungen nach DIN ISO 4382-1 oder Kupfer-Knetlegierungen nach DIN ISO 4382-2 zu verwenden. Normbezeichnung z. B. Buchse ISO 4379-C 20 x 26 x 20 — CuSn8P bedeutet: Buchse Form C mit d_1 = 20 mm, d_2 = 26 mm und b_1 = 20 mm aus CuSn8P nach DIN ISO 4382-2.

DIN ISO 12128: Schmierlöcher, -nuten und -taschen für Gleitlager.

9.13 Dichtungen nach DIN 3750

Aufgabe, Arten, Benennung, Anwendung, Darstellung

Dichtungen haben die Aufgabe, ruhende oder bewegliche Trennflächen in Maschinen, Apparaten Rohrleitungen, Armaturen usw. abzudichten. Sie werden gegliedert in: Berührungsdichtungen an ruhenden und an gleitenden Flächen, berührungsfreie Dichtungen sowie Bälge und Membranen.

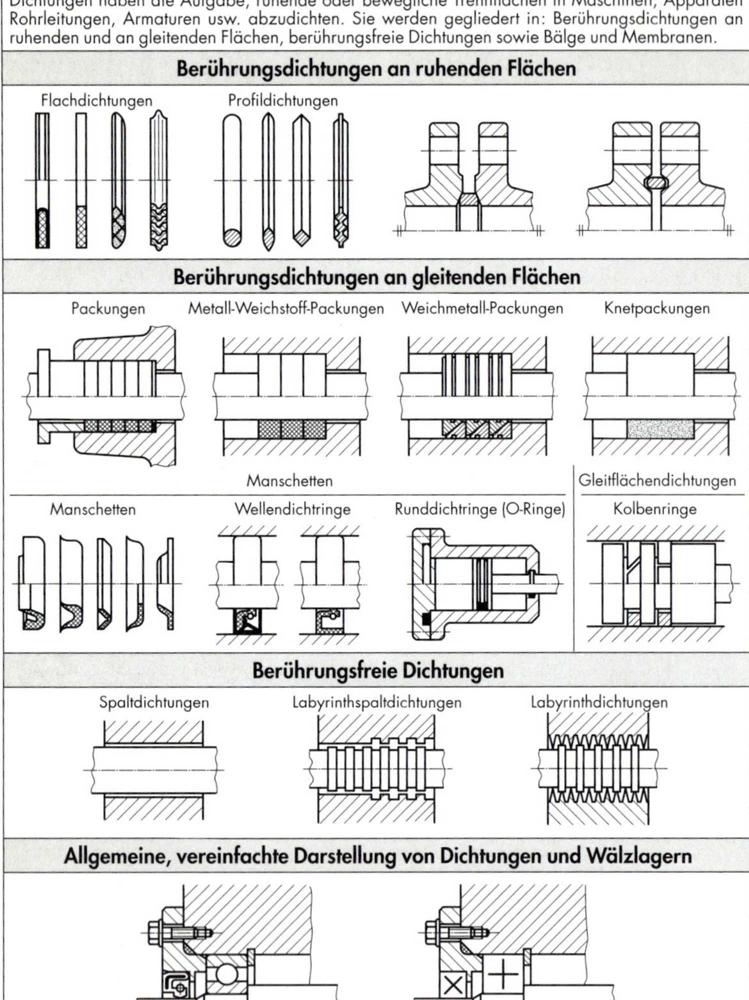

Allgemeine und detaillierte vereinfachte Darstellungen von Dichtungen nach DIN ISO 9222 und Wälzlagern nach DIN ISO 8826-1.

Radial-Wellendichtringe nach DIN 3760 dienen zum Abdichten von drehenden Wellen und von Räumen mit geringem Druckunterschied.

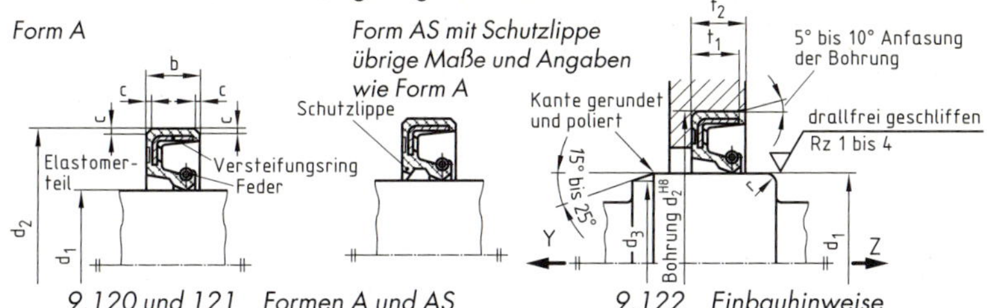

9.120 und 121 Formen A und AS 9.122 Einbauhinweise

Normbezeichnung eines Radial-Wellendichtrings (RWDR) Form A für Wellendurchmesser d_1 = 25 mm, von Außendurchmesser d_2 = 40 mm und Breite b = 7 mm, Elastomerteil aus Acrylnitrit-Butadien-Kautschuk:
Radial-Wellendichtring DIN 3760 – A 25 x 40 x 7 – NBR
oder RWDR DIN 3760 – A 25 x 40 x 7 – NBR

O-Ringe nach DIN 3771 dienen zum Abdichten ruhender und beweglicher Teile sowie sich zueinander drehender Teile, die keinem Dauerbetrieb unterliegen (Armaturenspindeln).

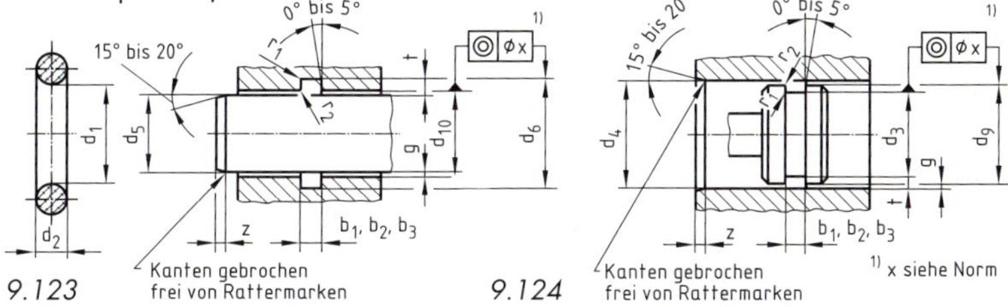

9.123 9.124

Normbezeichnung eines O-Ringes mit Innendurchmesser d_1 = 13,2 mm, Querschnittsdurchmesser d_2 = 1,8 mm, dem Sortenmerkmal N und dem Werkstoff NBR 70:

O-Ring DIN 3771 – 13,2 x 1,8 – N – NBR 70

Filzringe und Filzstreifen nach DIN 5419 dichten Wälzlager in Gehäusen gegen Fettaustritt und Eindringen von Schmutz ab.

Maße der Filzringe DIN 5419

d_1	d_2	b	f	d_1	d_2	b	f
20	30	4	3	40	52	5	4
25	37	5	4	42	54		
28	40			45	57		
30	42			48	64	6,5	5
32	44			50	66		
36	48			55	71		
38	50						

$d_3 = d_1$, $d_4 = d_1 + 1$, ds $(H_{12}) = d_2 + 1$ mm für den angegebenen Bereich

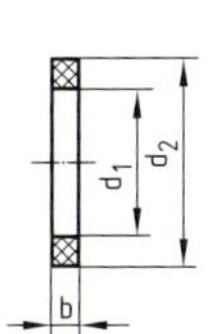

9.125 Filzring

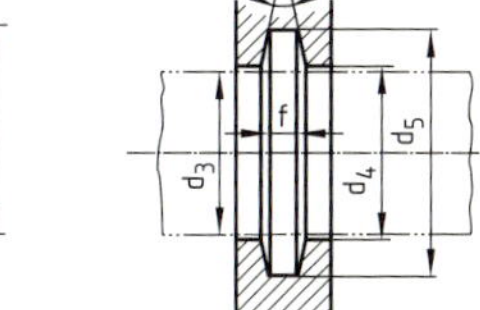

9.126 Ringnut

Normbezeichnung eines Filzringes z. B. d_1 = 40, Filzhärte M 5: Filzring DIN 5419 – 40 – M 5.

Vereinfachte Darstellung von Dichtungen für dynamische Belastung nach DIN ISO 9222-1 und -2

9.127

Bei der vereinfachten allgemeinen Darstellung von Dichtungen nach DIN ISO 9222-1 wird die Dichtung durch ein Rechteck und ein frei stehendes diagonales Kreuz in der Mitte des Rechtecks in breiter Volllinie dargestellt. Das Kreuz darf die Begrenzungslinien nicht berühren. Wenn es notwendig ist die Dichtrichtung anzugeben, darf dem diagonalen Kreuz ein Pfeil hinzugefügt werden.

Bei der detaillierten vereinfachten Darstellung von Dichtungen nach DIN ISO 9222-2 werden die Merkmale durch Elemente dargestellt.

Dichtelemente		Staublippen	Dichtlippen	U-Dichtungen	Labyrinthdichtungen	
statische	dynamische				(männlich)	(weiblich)
—	/	〉	>	L	T	⊔

	Abbildung[1]	Detaillierte, vereinfachte Darstellung	Erklärung
1	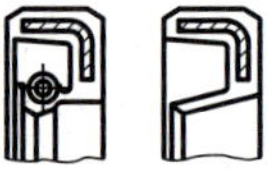		Radial-Wellendichtringe ohne Staublippe
2			Radial-Wellendichtringe mit Staublippe
3			U-Dichtungen
4		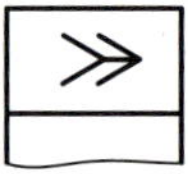	Packungssatz
5		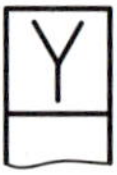	V-Ringe
6			Labyrinthdichtung unabhängig von der Anzahl der Labyrinthe

[1] Auswahl, unvollständige Zeichnungen

9.14 Kupplungen übertragen Drehmomente

Sie dienen als Wellenverbindungen (starr oder ausgleichend) oder als Wellenschalter (Reibkupplung). Die Kupplungen können wie folgt unterteilt werden:

Kupplungen				
nicht schaltbar (formschlüssig)		schaltbar (kraftschlüssig)		
starre Kupplg.	Ausgleichskupplg.	fremdbetätigt	selbstbetätigt	Anlaufkupplg.

Scheibenkupplungen nach DIN 116 sind starre Kupplungen.

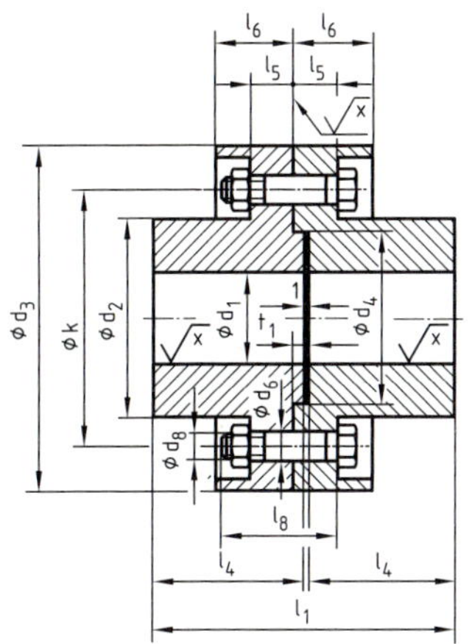

9.128 *Form A*

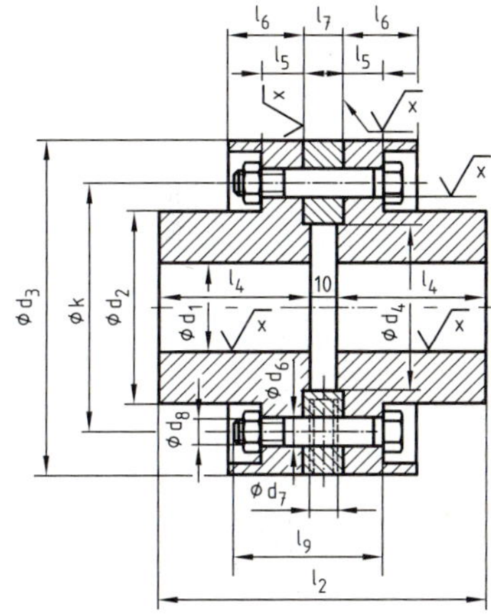

9.129 *Form B*

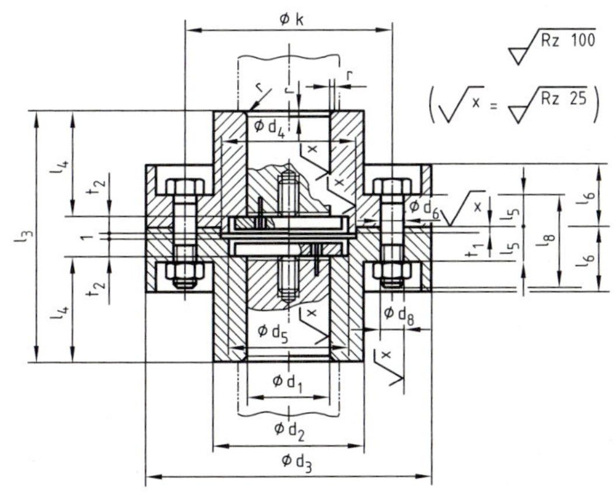

9.130 *Form C (für d_1 bis 160 mm; d_1 möglich 25 ... 250)*

<table>
<tr><th>d_1 [1]</th><th>d_2</th><th>d_3</th><th>d_4</th><th>d_5</th><th>d_6</th><th>k</th><th>l_1</th><th>l_2</th><th>l_3</th><th>l_4</th><th>l_5</th><th>l_6</th><th>r</th><th>t_2</th><th colspan="4">Sechskant-Passschrauben [2] für Form</th><th rowspan="2">übertragbares Drehmoment N_m</th><th>Drehzahl</th></tr>
<tr><th>N7</th><th></th><th></th><th>H7
h8</th><th></th><th>H7</th><th></th><th></th><th></th><th></th><th></th><th></th><th></th><th></th><th></th><th>d_8 M</th><th>A u. C l_8</th><th>B l_9</th><th>Anzahl</th><th>min^{-1} max.</th></tr>
<tr><td>25</td><td rowspan="2">58</td><td rowspan="2">125</td><td rowspan="2">50</td><td rowspan="2">45</td><td rowspan="6">11</td><td rowspan="2">90</td><td rowspan="2">101</td><td rowspan="2">110</td><td rowspan="2">117</td><td rowspan="2">50</td><td rowspan="4">16</td><td rowspan="4">31</td><td>1,6</td><td rowspan="2">8</td><td rowspan="6">10</td><td rowspan="4">45</td><td rowspan="4">60</td><td rowspan="6">3</td><td>46,2</td><td rowspan="2">2120</td></tr>
<tr><td>30</td><td rowspan="4">2</td><td>87,5</td></tr>
<tr><td>35</td><td rowspan="2">72</td><td rowspan="2">140</td><td rowspan="2">65</td><td rowspan="2">55</td><td rowspan="2">100</td><td rowspan="2">121</td><td rowspan="2">130</td><td rowspan="2">141</td><td rowspan="2">60</td><td rowspan="2">10</td><td>150</td><td rowspan="2">2000</td></tr>
<tr><td>40</td><td>236</td></tr>
<tr><td>45</td><td rowspan="2">95</td><td rowspan="2">160</td><td rowspan="2">75</td><td rowspan="2">65</td><td rowspan="2">125</td><td rowspan="2">141</td><td rowspan="2">150</td><td rowspan="2">169</td><td rowspan="2">70</td><td rowspan="4">18</td><td rowspan="2">34</td><td rowspan="2">14</td><td rowspan="4">50</td><td rowspan="2">65</td><td>355</td><td rowspan="2">1900</td></tr>
<tr><td>50</td><td rowspan="3">3</td><td>515</td></tr>
<tr><td>55</td><td rowspan="2">110</td><td rowspan="2">180</td><td rowspan="2">90</td><td rowspan="2">75</td><td rowspan="4">13</td><td rowspan="2">140</td><td rowspan="2">171</td><td rowspan="2">180</td><td rowspan="2">203</td><td rowspan="2">85</td><td rowspan="2">37</td><td rowspan="2">16</td><td rowspan="4">12</td><td rowspan="2">70</td><td rowspan="2">4</td><td>730</td><td rowspan="2">1800</td></tr>
<tr><td>60</td><td>975</td></tr>
<tr><td>70</td><td>130</td><td>200</td><td>100</td><td>85</td><td>160</td><td>201</td><td>210</td><td>233</td><td>100</td><td rowspan="2">23</td><td rowspan="2">41</td><td rowspan="2">4</td><td>16</td><td rowspan="2">60</td><td rowspan="2">80</td><td rowspan="2">6</td><td>1700</td><td>1700</td></tr>
<tr><td>80</td><td>145</td><td>224</td><td>115</td><td>95</td><td>180</td><td>221</td><td>230</td><td>261</td><td>110</td><td>20</td><td>2650</td><td>1600</td></tr>
</table>

[1] d_1 = 25 ... 250 [2] DIN 609

Normbezeichnung einer Scheibenkupplung der Form A mit d_1 = 140: Scheibenkupplung DIN 116 – A 140.

Wellengelenke nach DIN 808 dienen zum Ausgleich von Winkel- und Parallelverlagerungen von Wellen.

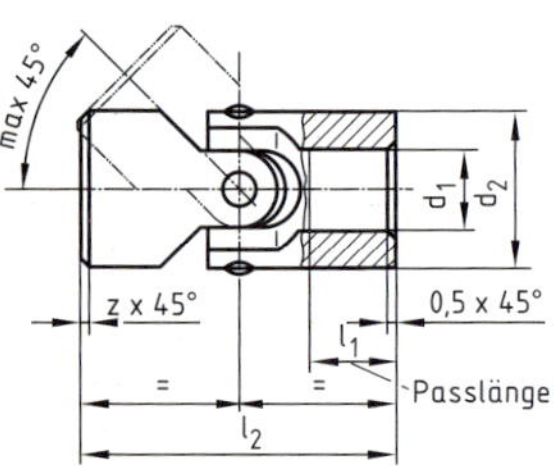

9.131 *Form E*
Einfach-Wellengelenk d_1 = 6 ... 50

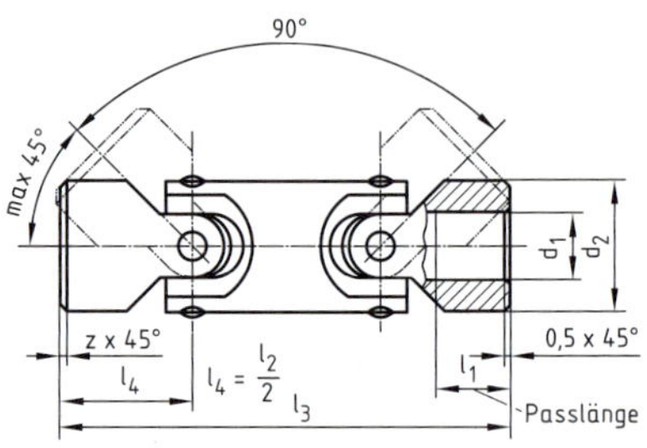

9.132 *Form D*
Doppel- Wellengelenk d_1 = 10 ... 50

Normbezeichnung eines Einfach-Wellengelenks (E) von d_1 = 20 mm und d_2 = 40 mm mit Gleitlager (G): Wellengelenk DIN 808 – E 20 x 40 – G.

Normbezeichnung eines Doppel-Wellengelenks (D) von d_1 = 20 mm und d_2 = 40 mm mit Nadellager (W): Wellengelenk DIN 808 – D 20 x 40 — W.

Die Wellengelenke brauchen der bildlichen Darstellung nicht zu entsprechen; nur die angegebenen Maße sind einzuhalten.

9.15 Keilriemen und Keilriemenscheiben

Beim Keilriementrieb wird die Umfangskraft durch Reibungsschluss infolge Flächenpressung an den Flanken übertragen. Die Schmalkeilriemen nach DIN 7753 werden wegen der kleineren Scheibendurchmesser, -breiten und Achsabstände sowie der höheren Drehzahlen immer häufiger angewandt.

Riemenprofil ISO-Kurzzeichen	obere Riemenbreite b_o	wirksame Riemenbreite $b_w = b_r$	Riemenhöhe h	Abstand h_w ≈	wirksamer Scheibendurchmesser $d_w = d_r \geq$
SPZ	9,7	8,5	8	2	63
SPA	12,7	11	10	2,8	90
SPB	16,3	14	13	3,5	140
SPC	22	19	18	4,8	224

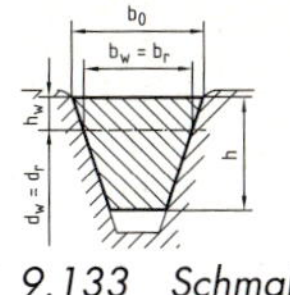

9.133 Schmalkeilriemenprofil

Schmalkeilriemenscheiben nach DIN 2211-1 für Schmalkeilriemen nach DIN 7753-1 und -2 sind auch für Keilriemen nach DIN 2215 und DIN 2216 geeignet.

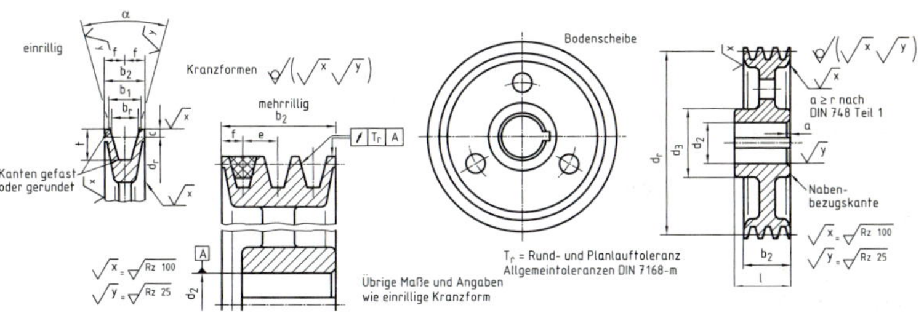

9.134 ... 137

Schmalkeilriemenprofile nach	DIN 7753-1	ISO-Kurzzeichen	SPZ	SPA	SPB	SPC
Keilriemenprofile nach	DIN 2215	Nennbreite	10	13	17	22
	DIN 2216	Nennbreite	10	13	17	22
Richtbreite		b_r	8,5	11	14	19
		$b_1 \approx$	9,7	12,7	16,3	22
		c	2	2,8	3,5	4,8
Nabendurchmesser		d_3	$\approx (1{,}8 \ldots 1{,}6) \cdot d_2$			
Rillenabstand		e	12 ± 0,3	15 ± 0,3	19 ± 0,4	25,5 ± 0,5
		f	8 ± 0,6	10 ± 0,6	12,5 ± 0,8	17 ± 1
Rillentiefe		t	$11^{+0,6}_{\ 0}$	$14^{+0,6}_{\ 0}$	$18^{+0,6}_{\ 0}$	$24^{+0,6}_{\ 0}$
α 34°	für Richtdurchmesser d_r		≤ 80	≤ 118	≤ 190	≤ 315
α 38°	für Richtdurchmesser d_r		> 80	> 118	> 190	> 315
Zulässige Abweichung für α = 34° und 38°			± 1°	± 1°	± 1°	± 30′
Kranzbreite $b_2 = (z - 1)\,e + 2\,f$	für Rillenzahl z	1	16	20	25	34
		2	28	35	44	59,5
		3	40	50	63	85
		4	52	65	82	110,5
		5	64	80	101	136
		6	76	95	120	161,5
		7	88	110	139	187
		8	100	125	158	212,5
		9	112	140	177	238
		10	124	155	196	263,5
		11	136	170	215	289
		12	148	185	234	314,5

Richtdurchmesser $d_r \leq 2000$ mm sind nach Tabelle 2 in DIN 2211-1 zu wählen.

Normbezeichnung einer Schmalkeilriemenscheibe vom Profil SPC, einteilig (1T) mit Richtdurchmesser $d_r = 500$ mm, Rillenzahl $z = 8$, Nabenbohrung $d_2 = 90$ mm mit Passfedernut (PN) nach DIN 6885-1: Scheibe DIN 2211 – SPC – 1T 500 x 8 x 90 PN.

Normenhinweis	DIN 2215	Endlose Keilriemen	DIN 2217-1	Keilriemenscheiben
	DIN 2216	Endliche Keilriemen	DIN 2218	Keilriemen, Berechnung

9.16 Bohrbuchsen nach DIN 172 und 179 (zurückgez. 04.2006)

Sie dienen als genaue Führung von Spiralbohrern in Bohrvorrichtungen und auch als Grundbuchsen für Steckbohrbuchsen nach DIN 173.

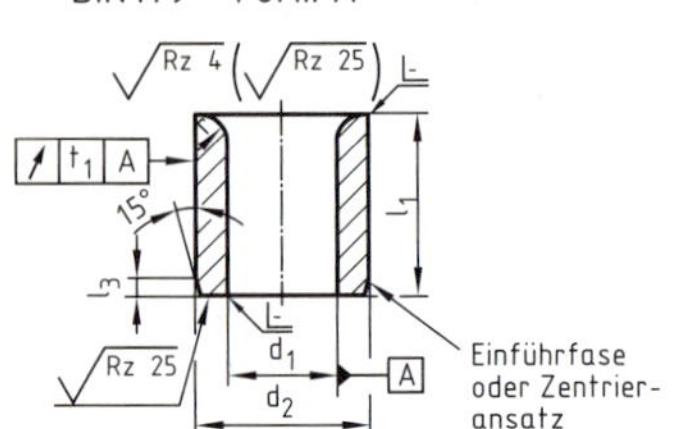

Bohrbuchsen DIN 179

A Bohrung an einem Ende gerundet

B Bohrung an beiden Enden gerundet

9.138 und 139

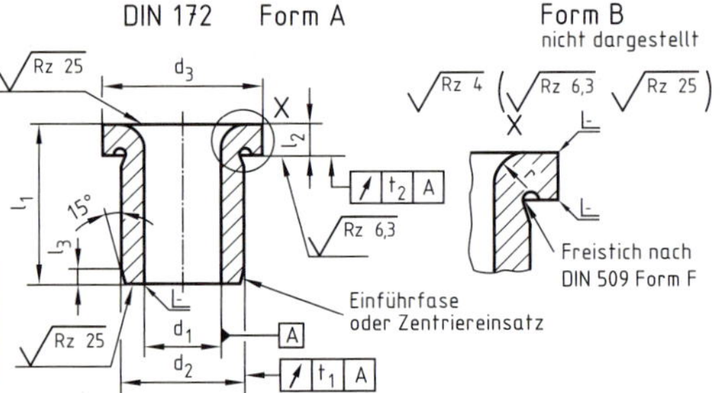

Bundbohrbuchsen DIN 172

A Bohrung an einem Ende gerundet

B Bohrung an beiden Enden gerundet

Normbezeichnung einer Bohrbuchse Form A von $d_1 = 12$ mm und $l = 16$ mm:

Bohrbuchse DIN 179 – A 12 x 16

9.140 und 141

d_1 F7 über	d_1 F7 bis	d_2 n6	d_3	l_1 kurz	l_1 mittel	l_2	l_3	r	t_1	t_2
4	5	8	11	8	12	2,5	1	1	0,01	0,03
5	6	10	13	10	16	3	1,25	1,5	0,02	0,03
6	8	12	15	10	16		1,5	2		
8	10	15	18	12	20	4				
10	12	18	22	12	20		2,5			
12	15	22	26	16	28	5		3		
15	18	26	30	16	28					
18	22	30	34	20	36				0,04	0,05
22	26	35	39	20	36		3	3,5		
26	30	42	46	20	45	6				
30	35	48	52	25	45					
35	42	55	59	30	56					

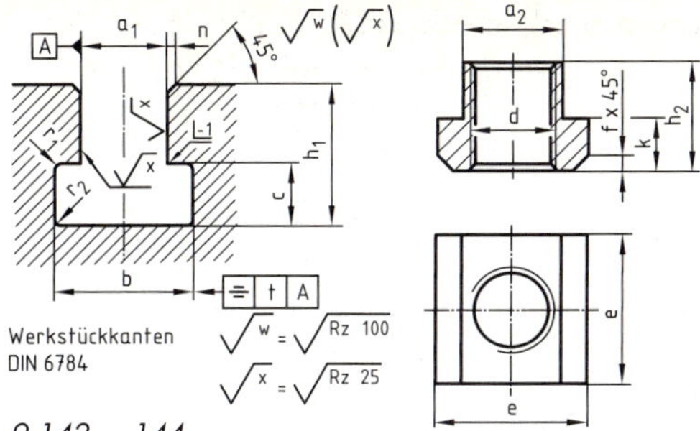

9.142 … 144

T-Nuten und T-Nutenmuttern

T-Nutenabmessungen sind nach DIN 650, T-Nutenmuttern nach DIN 508 und T-Nutenschrauben nach DIN 787 genormt.

Normbezeichnung einer T-Nut mit Breite a = 8 mm und Toleranzklasse H8: T-Nut DIN 650 –18 H8.

a_1 H8	a_2	b	c	d	e	f	h_1	h_2	k	n	r_1	r_2	t
8	$8_{-0{,}3}$	$14{,}5^{+1{,}5}_{0}$	7	M 6	13	1,6	15	10	6	1	0,6	1	0,5
10	$10^{-0{,}5}$	16	7^{+1}_{0}	M 8	15		17	12	6				
12	12	19^{+2}_{0}	8	M 10	18	2,5	20	14	7				
14	14	23	9	M 12	$22^{0}_{-0{,}5}$		23	16	8	1,6		1,6	
18	$18^{-0{,}3}_{-0{,}6}$	30	12^{+2}_{0}	M 16	28		30	20	10		1		
22	22	37^{+3}_{0}	16	M 20	35		38	28	14			2,5	
28	28	46	20	M 24	44	4	48	36	18	2,5			
36	$36_{-0{,}4}$	56^{+4}_{0}	25^{+3}_{0}	M 30	54^{0}_{-1}	6	61	44	22		1,6	4	1
42	$42^{-0{,}7}$	68	32	M 36	65		74	52	26		2	6	

Auch Bedienteile von Maschinen gehören zu den Normteilen. Eine Übersicht über grundlegende Bedienteile wie Griffe und Kurbeln siehe im Anhang auf S. 458.

9

10.1 Einteilung der Fertigungsverfahren nach DIN 8580

Alle Fertigungsverfahren können in 6 Hauptgruppen eingeteilt werden, und zwar nach dem Zusammenhalt der Teilchen eines festen Körpers (Werkstücks):

schaffen: Hauptgruppe 1 — vermindern: Hauptgruppe 3
beibehalten: Hauptgruppe 2 — vermehren: Hauptgruppe 4 … 6

1. Urformen	2. Umformen	3. Trennen	4. Fügen	5. Beschichten	6. Stoffeigenschaft ändern
1.1 aus flüssigem Zustand: Schwerkraftgießen, Druck-, Niederdruck-, Stranggießen…	2.1 Druckumformen: Walzen, Freiformen…	3.1 Zerteilen: Scherschneiden, Messerschneiden, Spalten, Brechen…	4.1 Zusammensetzen: Auflegen, Einlegen…	5.1 aus flüssigem Zustand: Schmelztauchen, Lackieren, Drucken…	6.1 Verfestigen durch Umformen: Walzen, Ziehen, Schmieden…
1.2 aus plastischem Zustand: Pressformen, Spritzgießen, Spritzpressen…	2.2 Zugdruckumformen: Durchziehen, Tiefziehen…	3.2 Spanen mit geometrisch bestimmten Schneiden: Drehen, Bohren, Fräsen, Sägen…	4.2 Füllen: Einfüllen, Tränken…	5.2 aus plastischem Zustand: Spachteln	6.2 Wärmebehandeln: Glühen, Härten, Vergüten…
1.3 aus breiigem Zustand: Gießen von Beton, Gips, Porzellan…	2.3 Zugumformen: Längen, Weiten…	3.3 Spanen mit geometrisch unbestimmten Schneiden: Schleifen, Honen…	4.3 An- und Einpressen: Schrauben, Klemmen, Nageln…	5.3 aus breiigem Zustand: Putzen, Verputzen	6.3 Thermomechanisches Behandeln: Austenitformhärten…
1.4 aus körnigem oder pulverförmigen Zustand: Pressen, Sandformen…	2.4 Biegeumformen: mit gradliniger oder drehender Werkzeugbewegung	3.4 Abtragen: Thermisches, Chemisches Abtragen	4.4 durch Urformen: Ausgießen, Einbetten, Vergießen…	5.4 aus körnigem oder pulverförmigem Zustand: Wirbelsintern…	6.4 Sintern, Brennen
1.5 aus span- oder faserförmigem Zustand: Herstellung von Span- und Faserplatten, Papier…	2.5 Schubumformen: Verschieben mit gradliniger oder drehender Werkzeugbewegung	3.5 Zerlegen: Auseinandernehmen, Lösen kraftschlüssiger Verbindungen…	4.5 durch Umformen: drahtförmiger Körper, Nieten…		6.5 Magnetisieren
		3.6 Reinigen: Reinigungsstrahlen, Mechanisches Reinigen…	4.6 durch Schweißen: Press- und Schmelzverbindungsschweißen	5.6 durch Schweißen: Schmelzauftragschweißen	6.6 Bestrahlen
			4.7 durch Löten: Verbindungsweichlöten, Verbindungshartlöten	5.7 durch Löten: Auftrag-Weichlöten, Auftrag-Hartlöten	6.7 Photochemische Verfahren: Belichten
1.8 aus gas- oder dampfförmigem Zustand			4.8 Kleben: mit physikalischen und chemischen Klebstoffen	5.8 aus gas- oder dampfförmigem Zustand: Vakuumbedampfen, -bestäuben	
1.9 aus ionisiertem Zustand			4.9 Textiles Fügen	5.9 aus ionisiertem Zustand: Galvanisches-, Chemisches Beschichten	

Kombinationen zwischen Hauptgruppen oder innerhalb einer Hauptgruppe sind möglich.

10

10.2 Gestalten und Bemaßen von Gussstücken

Gussstücke können nach folgenden Urformverfahren hergestellt werden:

Handformguss	für Einzelfertigung mithilfe von Modellen, Kernkästen sowie Dreh- und Ziehschablonen;
Maschinenformguss	für die Serienfertigung mithilfe von Modellen und Kernkästen aus metallischen Werkstoffen;
Maskenformguss	mit Modellen aus Metall und einmalig zu verwendenden Masken aus kunstharzgebundenem Sand;
Feinguss	mit einmalig verwendbaren Modellen aus thermoplastischen Werkstoffen, die ausgeschmolzen werden;
Vollformguss	mit einmalig verwendbaren Kunststoffschaummodellen, die in der Form verbleiben und beim Gießen vergasen und verbrennen;
Druckguss	für die Massenfertigung von Teilen hoher Genauigkeit und Oberflächengüte aus Zn-, Al-, Mg-, Cu-, Sn- und Pb-Legierungen.

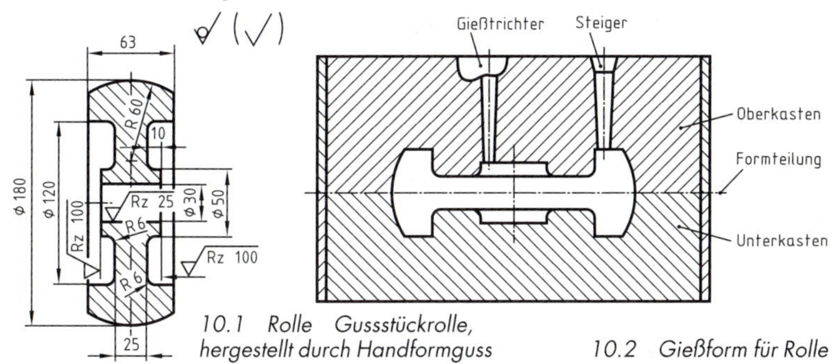

10.1 Rolle Gussstückrolle, hergestellt durch Handformguss

10.2 Gießform für Rolle

Rohteilzeichnungen enthalten im Gegensatz zu Fertigteilzeichnungen nur die erforderlichen Maße für das Gussstück. Sie können auch als Modellzeichnungen verwendet werden. In Fertigteilzeichnungen können Bearbeitungszugaben durch außen liegende schmale Strich-Zweipunkt-Linien oder durch besonders breite Volllinien angedeutet werden.

Neben dem werkstoff-, bearbeitungs- und beanspruchungsgerechten Gestalten ist bei der Einzelfertigung von Gussstücken noch zu achten auf:

1. Anstreben einer einzigen Formteilung im Hinblick auf die Arbeitszeitersparnis und auf die Genauigkeit, 10.2.
2. Einfache Formgebung möglichst ohne Hohlräume, um Kerne zu vermeiden, andernfalls ist eine gute Kernlagerung vorzusehen.
3. Aushebeschrägen mit Neigungen 1:20 bis 1:50 und Rundungen an den Streifenkanten.
4. Vermeiden von Lunkerbildungen und Gussspannungen durch Werkstoffanhäufungen und schroffe Querschnittsübergänge.
5. Berücksichtigen der zulässigen Maßabweichungen bei Gussstücken sowie der notwendigen Bearbeitungszugaben.

Werkstoffgerechtes Gestalten: Berücksichtigen der Eigenschaften und Abkühlungsvorgänge der Gusswerkstoffe (z. B. bei Stahlguss die Wanddicken wegen der hohen Volumenkontraktion beim Erstarren sorgfältig auszulegen).

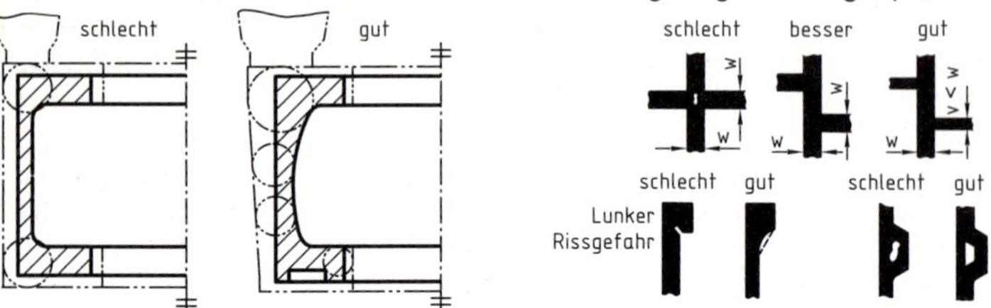

10.3 Richtige Wanddicke: Kontrollkreise zum Speiser hin größer.

10.4 Vermeiden von Lunker und Rissgefahr (richtige Knoten).

Fertigungsgerechtes Gestalten: Berücksichtigen späterer spanender Bearbeitung

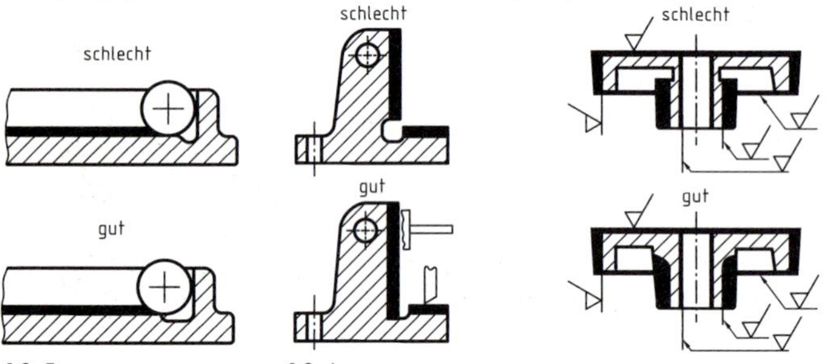

10.5

10.6

Stets genügenden Auslauf für die Bearbeitungswerkzeuge vorsehen.

10.7 Durch Fortfall der Hinterschneidung wird ein Kern eingespart.

Beanspruchungsgerechtes Gestalten durch Kenntnis der auftretenden Beanspruchung und Ausnutzung der Eigenschaften der Werkstoffe

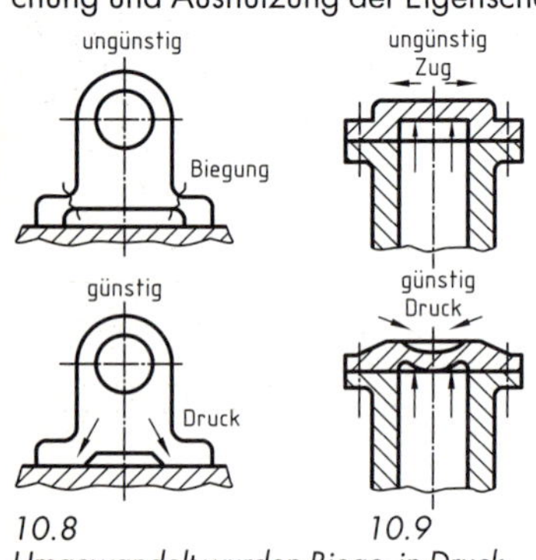

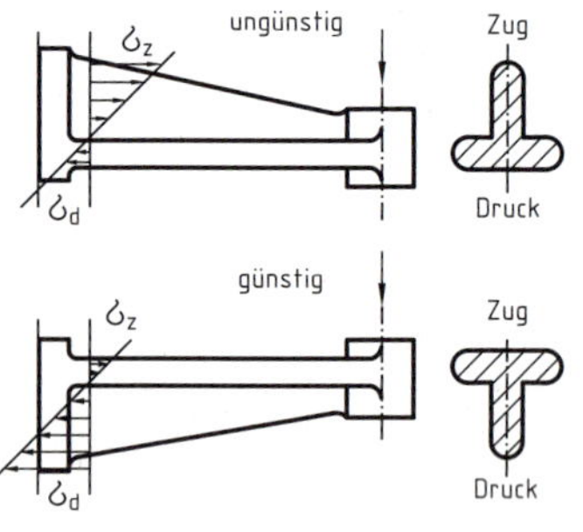

10.8

10.9

Umgewandelt wurden Biege- in Druck- und Zug- in Druckspannungen.

10.10 Beanspruchungsgerechter T-Querschnitt hat geringere Zugspannungen.

10.3 Gestalten und Bemaßen von Gesenkschmiedestücken

Beim Gesenkschmieden findet ein Druckumformen mit gegeneinander bewegten Formwerkzeugen (Gesenken) statt, die das Werkstück ganz oder zu einem wesentlichen Teil umschließen. Die Gravur (Hohlform) der Gesenke ist das negative Abbild der Werkstückform, Gesenkschmiedestücke werden in Hämmern und Pressen hergestellt. Während des Schmiedens bildet sich an den Gesenkschmiedestücken eine Gratnaht.

Vor der Gestaltung sollte bei Wirtschaftlichkeitsbetrachtungen darauf geachtet werden, dass die Summe der Kosten des Schmiedens und der nachträglichen Bearbeitung ein Minimum ergibt. Deshalb kann je nach der Stückzahl ein unterschiedlicher Annäherungsgrad des Schmiedestücks an das Fertigteil in Betracht kommen. Wegen der Formenvielfalt der Gesenkschmiedestücke können Hinweise für ein konstruktives Überarbeiten der Werkstücke nach schmiedetechnischen Gesichtspunkten nur allgemein gegeben werden. Gestaltungsregeln sind in DIN EN 10254 und DIN 7523-2 enthalten. Beispiele von Gesenkschmiedestücken zeigt DIN EN 10243-2.
Für das Gestalten von Gesenkschmiedestücken gibt es vier Hauptgesichtspunkte:

1. Fließgerechtes Gestalten

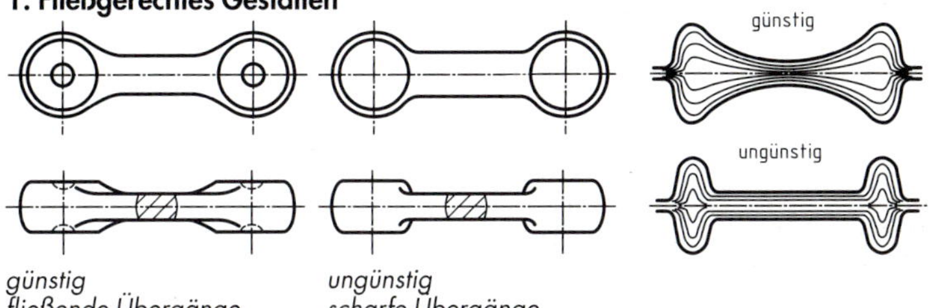

günstig
fließende Übergänge, gerundete Kanten

ungünstig
scharfe Übergänge, scharfe Kanten

10.11 Rundungen und Übergänge

10.12 Gestaltung T-förmiger Querschnitte

Bei fließgerechten Konstruktionen vermeidet man schroffe Richtungswechsel oder entschärft sie durch ausreichende Übergangsradien und führt Querschnittsübergänge weich aus, 10.11 und 10.12. Rippen und Stege sollen möglichst niedrig und gedrungen, Böden und Wände so dick wie möglich ausgeführt werden. Empfohlene Wanddicken verschiedener Querschnittsformen enthält DIN 7523-2.

Langformen gleicher Breite *Scheibenformen*

10.13 Mindestwanddicken der Querschnittformen siehe DIN 7523-2.

DIN EN 10243-1 und -2 Gesenkschmiedestücke aus Stahl, Maßtoleranzen
DIN EN 10254 Gesenkschmiedestücke aus Stahl, allg. technische Lieferbedingungen

2. Werkzeuggerechtes Gestalten

Gesenkschmiedestücke weisen Seitenschrägen auf, damit sie besser aus dem Gesenk entfernt werden können. In der Praxis hat sich eine Neigung der äußeren Seitenflächen von 1 : 10 (6°) und der inneren von 1:6 (9°) als zweckmäßig erwiesen, siehe DIN 7523-2. Lage und Verlauf der Gratnaht beeinflussen die Form des Werkstücks, seine Maßgenauigkeit sowie die Höhe der Werkzeugkosten. Anzustreben ist die Gratnaht in halber Höhe des Schmiedestücks (ergibt häufig symmetrische Form, geringen Werkstoffaufwand/Stückgewicht), 10.14.

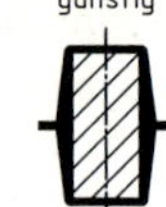

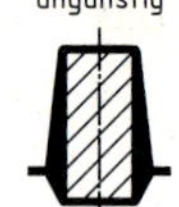

10.14 Abzuspanende Werkstoffmenge bei verschiedener Lage der Gratnaht

günstig:
ebener
Gratnahtverlauf

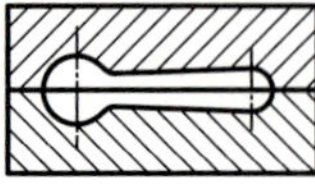

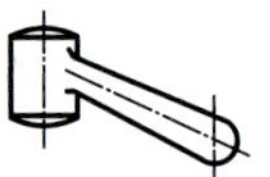

ungünstig:
gekröpfter
Gratnahtverlauf

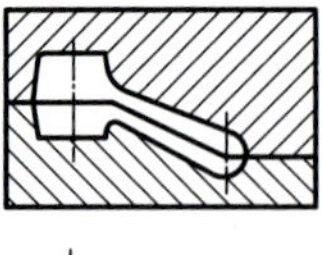

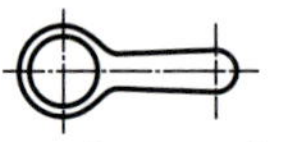

10.15 Gesenke mit ebener und mit gekröpfter Gratnaht

3. Maßgerechtes Gestalten

Da Schwinden und Werkzeugverschleiß Maßschwankungen verursachen, sind die Toleranzen so groß wie möglich zu wählen. Erforderliche engere Toleranzen sollten nur an den wirklich notwendigen Stellen vorgeschrieben werden. Sie verteuern die Fertigung, können aber dann vorteilhaft sein, wenn mit ihrer Hilfe entsprechende Bearbeitungskosten eingespart werden. Bei Gesenkschmiedestücken aus Stahl unterscheidet man nach DIN EN 10243-1 hinsichtlich der Toleranz für Längen-, Breiten- und Höhenmaße, Versatz, Außermittigkeit und Gratansatz die Schmiedegüte F (ausreichende Toleranzen) und die Schmiedegüte E (enge Toleranzen), die vom Gewicht, der Feingliedrigkeit und der Stoffschwierigkeit der Schmiedestücke abhängen.

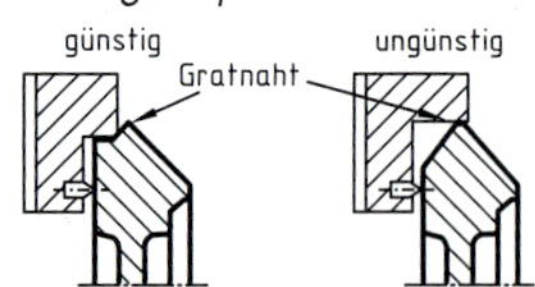

10.16 Spannen dünner Schmiedestücke

4. Bearbeitungsgerechtes Gestalten

Gesenkstücke eignen sich für eine spanende Bearbeitung. Die Bearbeitungszugaben sind nach DIN 7523-2 zu wählen. Sie hängen ab von: Größe der zu bearbeitenden Fläche, Hauptabmessung und Formenklasse des Werkstücks.

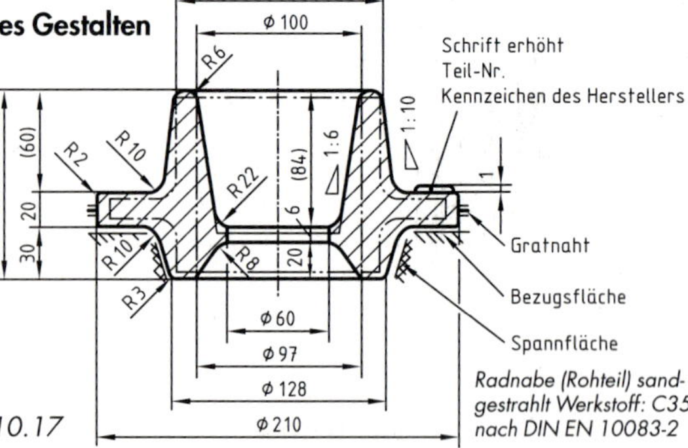

10.17

10.4 Schnitt-, Biege- und Ziehteile

Das Schneiden mit Schneidwerkzeugen ist ein Trennen (Zerteilen) von Werkstoff. Das Biegen mit Stempel und Gegenstempel und das Tiefziehen mit Stempel, Niederhalter und Ziehring sind Umformverfahren.

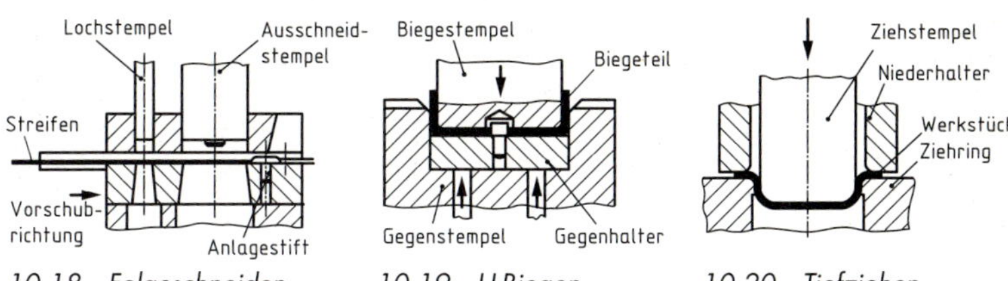

10.18 Folgeschneiden *10.19 U-Biegen* *10.20 Tiefziehen*

Die durch spanlose Formgebung hergestellten Schnitt-, Biege- und Ziehteile werden im Allgemeinen in ihrem Fertigzustand, und zwar in der Gebrauchslage, dargestellt. Ist diese Lage für die Darstellung infolge auftretender Verzerrungen durch eine schiefe Lage ungeeignet, so ist das Teil in eine günstigere Lage zu drehen.

Die Maßeintragung hat neben den Funktionsmaßen im Wesentlichen Fertigungsmaße aufzuweisen, die auf die Herstellung der Schneid-, Biege- und Ziehwerkzeuge Rücksicht nehmen.

Biegeteile werden im Allgemeinen ausgeschnitten und anschließend gebogen. Daher ist es zweckmäßig, sich das Zuschnittteil mit den Formmaßen und den Biegekanten vorzustellen, siehe 10.22. Bei der Bemaßung des Biegeteiles wird dann von Bezugsflächen und Bezugslinien ausgegangen, wobei auftretende Funktionsmaße, z. B. Ø 6 H7 und 10+0,2 in 10.22, zu berücksichtigen sind.

Beim Ziehteil 10.23 ist der Ziehstempeldurchmesser 25, der Stempelradius 5, der Ziehringradius 5 und der Hub während des Ziehvorganges 20 neben der Blechdicke 1 anzugeben.

Normenhinweis

DIN 6930-2 Stanzteile aus Stahl, Allgemeintoleranzen

DIN 6932 Gestaltungsregeln für Stanzteile

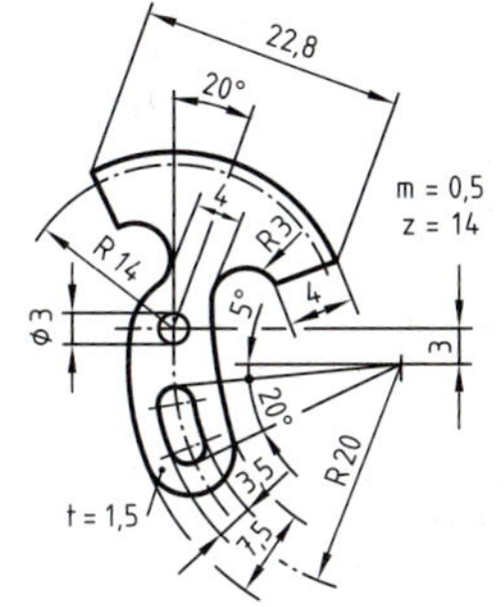

10.21 Zahnsegment

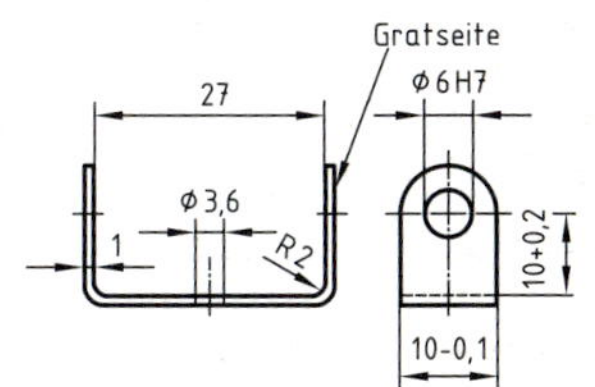

10.22 Halterung

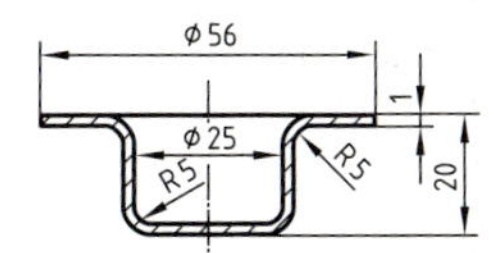

10.23 Napf

10.5 Gebogene Werkstücke, gestreckte Längen und Abwicklungen

Nach DIN 6935 lassen sich Flachstähle und Bleche bis etwa 12 mm Dicke kaltabkanten und kaltbiegen. Um einheitliche Rundungen an den Abkantschienen zu erreichen, sind nur Biegehalbmesser nach DIN 250 zu verwenden. Es soll möglichst nur quer zur Walzrichtung abgekantet werden.

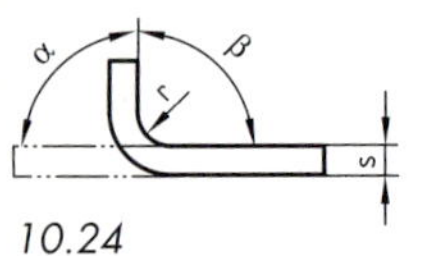

10.24

r = Biegehalbmesser
α = Biegewinkel
β = Öffnungswinkel

Biegehalbmesser DIN 250

r	**1**	1,2	**1,6**	2	**2,5**	3	**4**	5
in	**6**	8	**10**	12	**16**	**20**	**25**	28
mm	**32**	36	**40**	45	**50**	**63**	**80**	**100**

Der kleinste zulässige Biegehalbmesser r_{min} ist abhängig von der Blechdicke s, der Zugfestigkeit des Werkstoffes und dem Abkanten quer oder längs zur Walzrichtung: $r_{min} = 1 \ldots 3 \cdot s$.

Die gestreckte Länge $l = a + b + v$ errechnet man mithilfe des Ausgleichswertes v, der je nach Größe des Öffnungswinkels β von 0 bis 65° negativ oder positiv und über 65° nur negativ sein kann, nach folgenden Beziehungen:

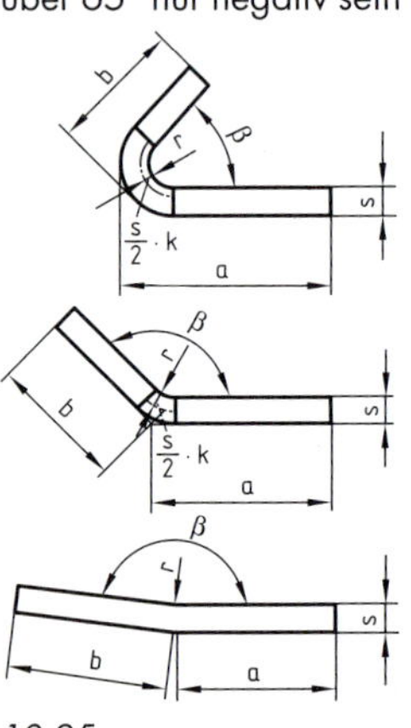

10.25

β = 0° bis 90°:

$$v = \pi \cdot \left(\frac{180° - \beta}{180°}\right) \cdot \left(r + \frac{s}{2} \cdot k\right) - 2\,(r + s)$$

β = > 90° bis 165°:

$$v = \pi \cdot \left(\frac{180° - \beta}{180°}\right) \cdot \left(r + \frac{s}{2} \cdot k\right) - 2\,(r + s) \cdot \tan \frac{180° - \beta}{2}$$

β = > 165° bis 180°, hierbei ist
v = 0 und kann vernachlässigt werden.

Der in den Formeln angegebene Korrekturfaktor k ist abhängig vom Verhältnis r : s und gibt die Abweichung der Lage der neutralen Faser von s/2 an.

Innerer Biegehalbmesser r in Abhängigkeit von Blechdicke s	Verhältnis r : s	über 0,65 bis 1	über 1 bis 1,5	über 1,5 bis 2,4	über 2,4 bis 3,8	über 3,8
Korrekturfaktor k		0,6	0,7	0,8	0,9	1

Der Ausgleichswert v kann auch einem Diagramm in DIN 6935-1 entnommen werden. Beim maschinellen Abkanten ist die kleinste Schenkellänge $b \approx 4 \cdot r$.

An gebogenen Teilen sind der Biege-Innenhalbmesser, die einzelnen Schenkellängen, der Öffnungswinkel und der Querschnitt anzugeben.

Wird neben der Teilzeichnung eine Abwicklung dargestellt, so legt diese Form und Abmessung der Blechzuschnitte fest und erleichtert die Berechnung und Herstellung der Schneid- und Biegewerkzeuge. Die Biegelinie als schmale Volllinie kennzeichnet die Mitte der Biegerundung. Ihre Lage ist durch die anliegende Schenkellänge und die Hälfte des v-Wertes bestimmt.

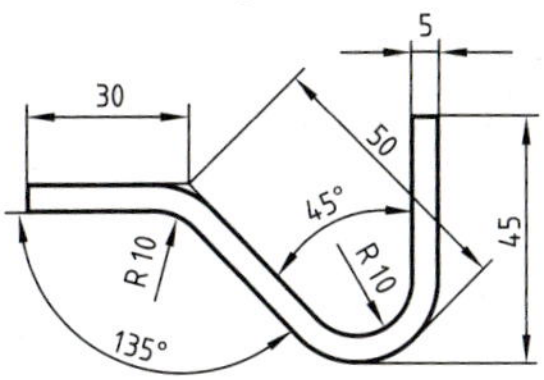

10.26 Haken

10.27 Abwicklung (Zuschnitt)

Gestreckte Längen sind stets auf volle Millimeter aufzurunden.

Abwicklung:

Summe der Schenkellänge 30 + 50 + 45		=	125
für $\beta = 135°$, r = 10, s = 5 ergibt sich	v = – 3,0		
für $\beta = 45°$, r = 10, s = 5 ergibt sich	v = – 1,7	≈	– 4,7
gestreckte Länge		=	120,3
		≈	121

Lage der Biegelinien:

für Schenkellänge = 30 ergibt sich $30 - \frac{3}{2} = 30 - 1{,}5 = 28{,}5 \approx 29$

für Schenkellänge = 45 ergibt sich $45 - \frac{1{,}7}{2} = 45 - 0{,}85 = 44{,}15 \approx 44$

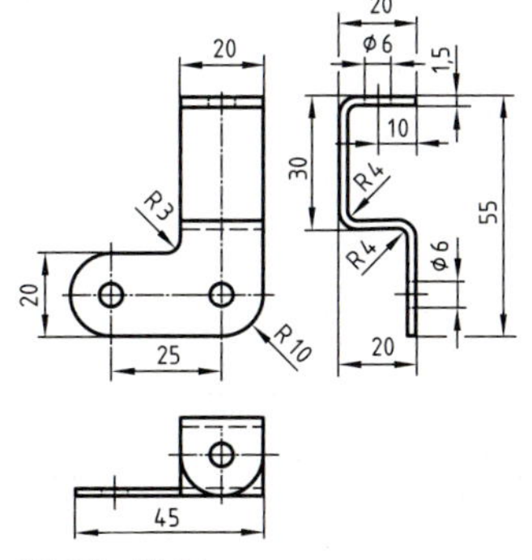

10.28 Halter

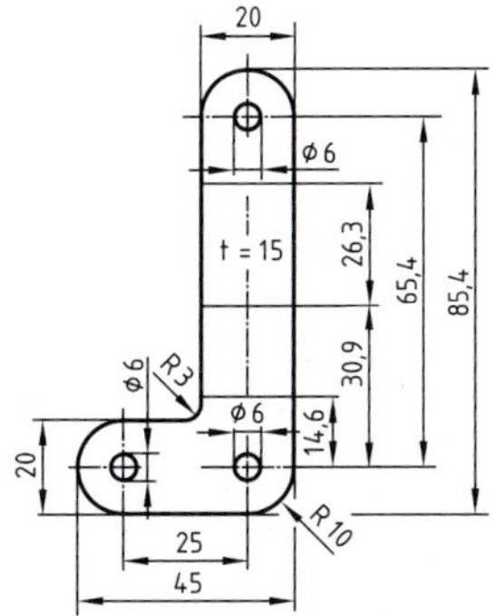

10.29 Abwicklung (Zuschnitt)

Vereinfacht können die gestreckten Längen der Zuschnitte über die mittlere Faser berechnet werden.

10.6 Bemaßungsrichtlinien für die Werkstückbearbeitung auf numerisch gesteuerten Maschinen

Numerisch gesteuerte Werkzeugmaschinen (NC- oder CNC-Maschinen) werden durch Bearbeitungsprogramme, in denen Geometrie-Informationen und Schnittwerte durch Zahlenwerte gespeichert sind, automatisch verfahren. Dadurch entfällt das manuelle Anreißen und Positionieren des Werkzeugs relativ zum Werkstück. Die Eingabe der Arbeitsschritte erfolgt dabei in einer für die numerische Steuerung lesbaren genormten Syntax, dem so genannten G-Code. Diese Codierung ist in der DIN 66025 (Programmablauf für numerisch gesteuerte Arbeitsmaschinen) festgelegt. Die einzelnen Arbeitsschritte werden von Hand an der Maschine eingegeben oder über ein Programmiersystem erstellt und dann über einen Datenträger bzw. eine Datenleitung in die Maschinensteuerung eingelesen. Anschließend werden diese von NC-Maschinen selbstständig ausgeführt.

- Bei NC-Steuerungen (NC = Numerical Control) werden die Bearbeitungsabläufe durch eine geeignete Verdrahtung elektrischer Bauelemente im Steuerrechner (Hardware) erreicht.
- Bei den moderneren CNC-Steuerungen (CNC = Computerized Numerical Control) sind die elektrischen Bauelemente durch ein Systemprogramm (Software) ersetzt worden. Dies ermöglicht es, den gleichen Steuerrechnertyp in verschiedenen Steuerungen einzusetzen.
- Bei DNC-Steuerungen (DNC = Direct Numerical Control) werden mehrere NC-Maschinen von einem zentralen NC-Programmiersystem mit Programmdaten versorgt.

Folgende drei Steuerungsarten werden bei den NC-Maschinen unterschieden:

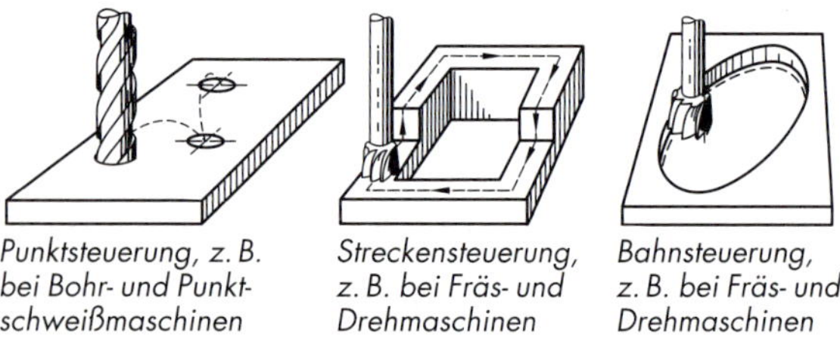

10.30 *Punktsteuerung, z. B. bei Bohr- und Punktschweißmaschinen* — *Streckensteuerung, z. B. bei Fräs- und Drehmaschinen* — *Bahnsteuerung, z. B. bei Fräs- und Drehmaschinen*

10.31 zeigt an einem einfachen Beispiel die Parallelbemaßung. Dabei werden die Maßlinien parallel zu den jeweiligen Maßrichtungen eingetragen. Bei der steigenden Bemaßung, wie in 10.32 dargestellt, werden die Maße vom Ursprung ausgehend in jeder Koordinatenachse eingetragen. Bei Bearbeitung auf NC-Maschinen erleichtert die steigende Bemaßung die Programmierung bzw. die Maßeingabe, da keine Maße um- bzw. ausgerechnet werden müssen. 10.33 zeigt die Koordinatenbemaßung, bei der mittels Angabe von Koordinaten bemaßt wird. Die entsprechenden Koordinaten werden in Tabellen festgehalten. Diese Bemaßungsart findet vor allem bei CNC-Drehmaschinen Anwendung.

Bei der Werkstückkonstruktion ist anzustreben, dass eine Fertigbearbeitung ohne Umspannen erfolgen kann.

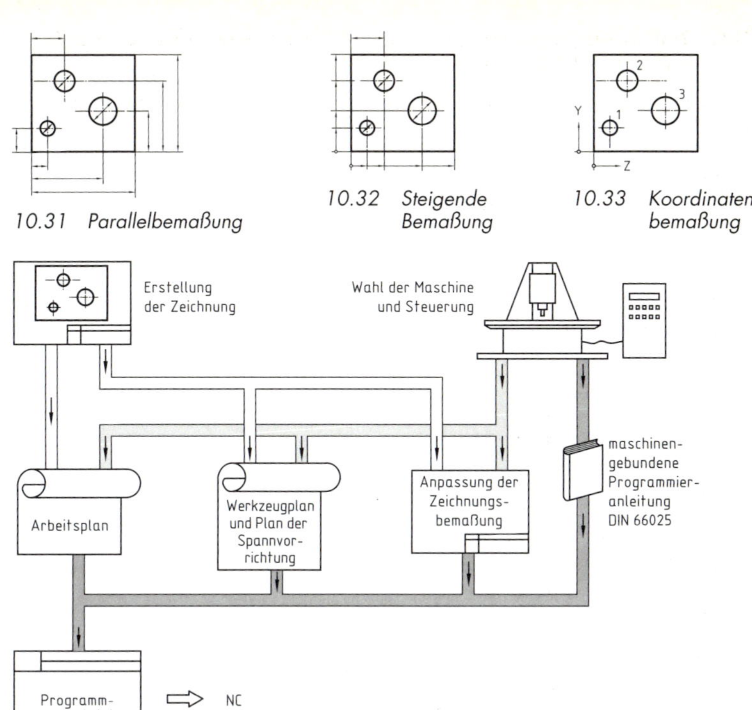

10.31 Parallelbemaßung

10.32 Steigende Bemaßung

10.33 Koordinatenbemaßung

10.34 Informationsfluss und Tätigkeiten bei der manuellen Programmierung für eine NC-Steuerung

10.34 zeigt den Informationsfluss und die Tätigkeiten bei der manuellen Programmierung für eine NC-Steuerung. Ausgehend von der technischen Zeichnung ist zunächst die für die Fertigung vorgesehene NC-Maschine festzulegen, hier beispielsweise eine Koordinatenbohrmaschine.

Unter Berücksichtigung der technischen Zeichnung und der ausgewählten Werkzeugmaschine wird ein Arbeitsplan erstellt und in ihm die Bearbeitungsfolge festgelegt. Neben dem Arbeitsplan ist ein Werkzeugplan aufzustellen und die zweckmäßige Spannvorrichtung festzulegen. Weiter muss in vielen Fällen die technische Zeichnung an die ausgewählte Werkzeugmaschine angepasst werden. So ist beispielsweise die Lage des Nullpunktes oder eine für die Programmierung zweckmäßigere Bemaßung und gegebenenfalls eine erforderliche Maßumrechnung in die technische Zeichnung einzutragen.

Danach beginnt das eigentliche Programmieren, das Schreiben des Programmmanuskriptes. Unter Beachtung der maschinenabhängigen Programmieranleitung (DIN 66025) wird ein Programmformular ausgefüllt. In dieses werden die einzelnen Arbeitsschritte in Form von Sätzen eingetragen. Die notwendigen Maßangaben werden der angepassten Zeichnung entnommen. Weiter ist die Festlegung der Schnittwerte, wie z. B. Schnittgeschwindigkeiten oder Vorschübe, erforderlich. Diese Angaben werden aus Schnittwertetabellen entnommen und ebenfalls im Programmformular anhand der Programmieranleitung eingegeben.

Die Sätze des Programm-Manuskriptes werden entweder von Hand an der NC-Maschine eingegeben oder über Datenschnittstellen (z. B. mit Datenträgern oder über Datenleitungen) in den Datenspeicher der NC-Maschine eingelesen.

Programmierbeispiel Lochplatte
Anhand des Programmierbeispiels Lochplatte sollen die einzelnen Arbeitsschritte kurz erläutert werden. Die Bearbeitung der Lochplatte, 10.35, auf einer numerisch gesteuerten Koordinatenbohrmaschine erfordert eine Punktsteuerung. In die Lochplatte soll Folgendes eingearbeitet werden:

- 3 Durchgangsbohrungen mit einer zylindrischen Senkung
- 3 Durchgangsbohrungen mit einer 60°-Fase
- 2 Gewinde mit einer 60°-Fase

Bei der Konstruktion wurde bereits so weit auf die Fertigung Rücksicht genommen, dass alle Bohrungen und auch der Kerndurchmesser des Gewindes mit dem gleichen Bohrer gebohrt werden können.

Aufbau des Arbeitsplans
Alle Bohrungen werden zunächst zentriert und anschließend mit einem Bohrer (Ø 6,5) vorgebohrt. Danach erfolgt das zylindrische Senken der Bohrungen Nr. 1, 2 und 3. Anschließend werden die drei Bohrungen auf dem Teilkreis (Nr. 6, 7 und 8) sowie die Bohrungen Nr. 4 und 5 mit einer 60°-Fase angesenkt. Als Letztes folgt das Gewindeschneiden an den Bearbeitungsstellen Nr. 4 und 5. Die Werkzeuge werden von Hand gewechselt. Bei größerer Stückzahl ist der Einsatz einer Koordinatenbohrmaschine mit einer automatischen Werkzeugwechselvorrichtung, einem Revolver, wirtschaftlicher.

Aus den für die Maschine zur Verfügung stehenden Spannmitteln werden diejenigen ausgesucht, die eine leichte Aufspannung des Werkstücks ermöglichen. Eine einfache Spannmöglichkeit wird auf der nächsten Seite gezeigt. Hat die Werkzeugmaschine eine ausreichende Möglichkeit der Nullpunktkorrektur, so können die Maße des Werkstücks direkt übernommen werden. Hat der Konstrukteur die drei Bohrungen auf dem Teilkreis noch nicht in kartesischen Koordinaten ausgerechnet und eingetragen, so muss dies der Programmierer nachholen.

Ist die technische Zeichnung fertig an die NC-Maschine angepasst, der Arbeitsplan und der Werkzeugplan fertig und die Spannvorrichtung festgelegt, kann unter Beachtung der maschinenabhängigen Programmieranleitung das Ausfüllen des Programmformulars erfolgen. In dieses werden die einzelnen Arbeitsschritte in Form von Sätzen eingetragen. Das Programm-Manuskript für die Lochplatte ist auf S.348 zu sehen. Das Programm-Manuskript kann durch Nutzung spezieller Ablaufprogramme für Bearbeitungszyklen nach DIN 66025 (z. B. G81 für Bohrzyklen) erheblich verkürzt werden.

Arbeitsschritte bei manueller Programmierung am Beispiel Lochplatte:

Problem

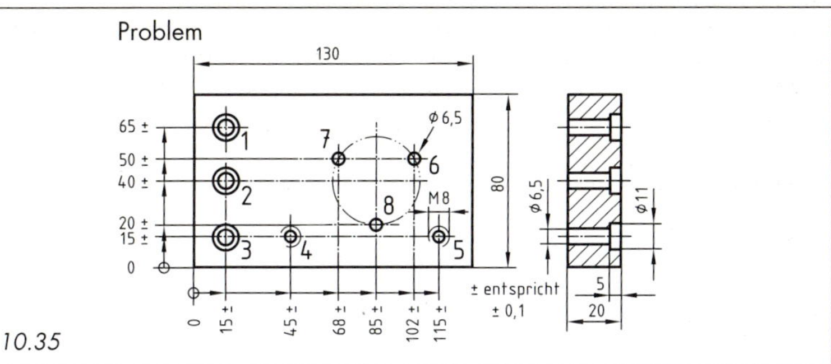

10.35

Arbeitsplan

1 Zentrieren aller Bearbeitungsstellen
2 Bohren aller Bohrungen Ø 6,5 mm
3 Senken der Bohrungen 1, 2, 3
4 Ansenken der Bohrungen 4, 5
5 Ansenken der Bohrungen 6, 7, 8
6 Gewindeschneiden in Bearbeitungsstelle 4, 5

Werkzeugplan

Zentrierbohrer
Spiralbohrer Ø 6,5 mm
Spiralsenker Ø 11mm
Spitzsenker 60°
Maschinengewindeb. M8

Spannmöglichkeit

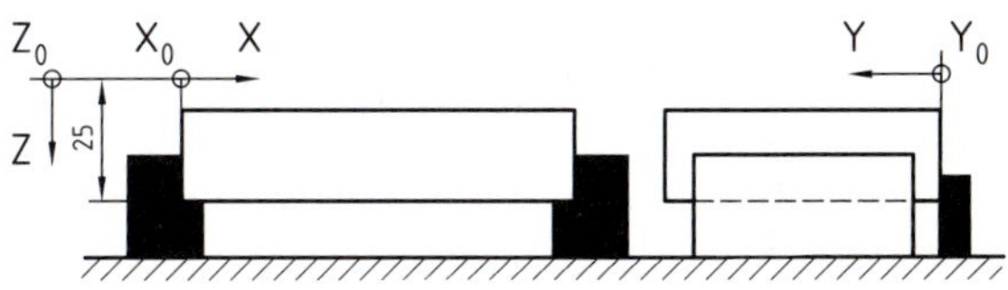

10.36

Bemaßung zur Programmierung

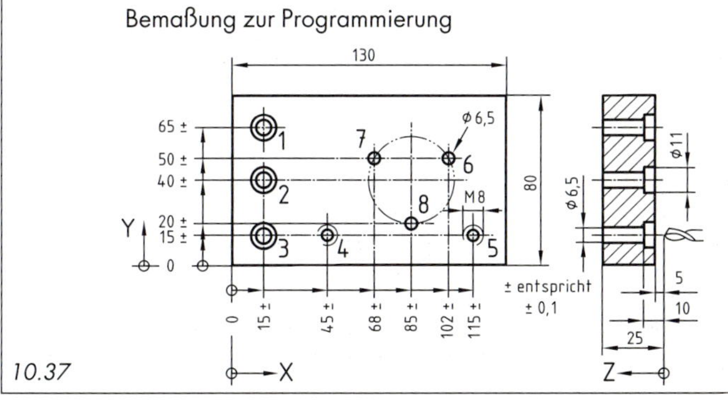

10.37

```
N0000 / LOCHPLATTE /
N0005 / ZENTRIERBOHRER D=3 M M /
N0010 / BOHRER D=6.5 M M /
N0015 / SENKER D=11X5 M M /
N0020 / ANSENKEN GEWD=8.6 M M /
N0025 / ANSENKENBOHRUNG D=6.8 M M /
N0030 / GEWINDE M8 /
N0035 G90
N0040 M05
N0045 / ZENTRIERBOHRER D=3 M M /
N0050 G17 T01 M06
N0055 G00 X15 Y65 S1100 M03
N0060 Z3
N0065 G01 Z-5 F55 M08
N0070 G04 X.2
N0075 G00 Z3 M09
N0080 Y40
N0085 G01 Z-5 M08
N0090 G04 X.2
N0095 G00 Z3 M09
N0100 Y15
N0105 G01 Z-5 M08
N0110 G04 X.2
N0115 G00 Z3 M09
N0120 X45
N0125 G01 Z-5 M08
N0130 G04 X.2
N0135 G00 Z3 M09
N0140 X115
N0145 G01 Z-5 M08
N0150 G04 X.2
N0155 G00 Z3 M09
N0160 X102 Y50
N0165 G01 Z-5 M08
N0170 G04 X.2
N0175 G00 Z3 M09
N0180 X68
N0185 G01 Z-5 M08
N0190 G04 X.2
N0195 G00 Z3 M09
N0200 X85 Y20
N0205 G01 Z-5  M08
N0210 G04 X.2
N0215 G00 Z3 M09
N0220 Z100
N0225 M05
N0230 / SPIRALBOHRER  D=6.5 /
N0235 G17 T02 M06
N0240 G00 X15 Y65 S1100 M03
N0245 Z3
N0250 G01 Z-24 F220 M08
N0255 G00 Z3 M09
N0260 Y40
N0265 G01 Z-24 M08
N0270 G00 Z3 M09
N0275 Y15
N0280 G01 Z-24 M08
N0285 G00 Z3 M09
N0290 X45
N0295 G01 Z-24 M08
N0300 G00 Z3 M09
N0305 X115
N0310 G01 Z-24 M08
N0315 G00 Z3 M09
N0320 X102 Y50
N0325 G01 Z-24 M08
N0330 G00 Z3 M09
N0335 X68
N0340 G01 Z-24 M08
N0345 G00 Z3 M09
N0350 X85 Y20
N0355 G01 Z-24 M08
N0360 G00 Z3 M09
N0365 Z100
N0370 M05
N0375 / STIRNSENKER D=11 M M /
N0380 G17 T03 M06
N0385 G00 X15 Y65 S600 M03
N0390 Z3
N0395 G01 Z-5 F150 M08
N0400 G04 X.3
N0405 G00 Z3 M09
N0410 Y40
N0415 G01 Z-5 M08
N0420 G04 X.3
N0425 G00 Z3 M09
N0430 Y15
N0435 G01 Z-5 M08
N0440 G04 X.3
N0445 G00 Z3 M09
N0450 Z100
N0455 M05
N0460 / SPITZSENKER D=8.6 /
N0465 G17 T04 M06
N0470 G00 X45 Y15 S600 M03
N0475 Z3
N0480 G01 Z-1.05 F60 M08
N0485 G04 X.3
N0490 G00 Z3 M09
N0495 X115
N0500 G01 Z-1.05 M08
N0505 G04 X.3
N0510 G00 Z3 M09
N0515 Z100
N0520 M05
N0525 / SPITZSENKER D=6.8 /
N0530 G17 T05 M06
N0535 G00 X102 Y50 S600 M03
N0540 Z3
N0545 G01 Z-0.15 F60 M08
N0550 G04 X.3
N0555 G00 Z3 M09
N0560 X68
N0565 G01 Z-0.15 M08
N0570 G04 X.3
N0575 G00 Z3 M09
N0580 X85 Y20
N0585 G01 Z-0.15 M08
N0590 G04 X.3
N0595 G00 Z3 M09
N0600 Z100
N0605 M05
N0610 / GEWINDEBOHRER M8 /
N0615 G17 T06 M06
N0620 G00 X45 Y15 S300 M03
N0625 Z3
N0630 G01 Z-26 B45 F600 M08
N0635 Y7 M04
N0640 G00 X115 M03
N0645 Z3 M09
N0650 G01 Z-26 B115 M08
N0655 Y7 M04
N0660 G00 M05
N0665 Z100 M09
N0670 M30
```

Programm-Manuskript für Lochplatte

10.7 Schweißgerechtes Bemaßen und Gestalten

Das Schweißen gehört nach DIN 8580, Einteilung der Fertigungsverfahren, im Wesentlichen zur Hauptgruppe 4.6: Fügen durch Schweißen.

Das Schweißen ist das Vereinigen von Werkstoffen in der Schweißzone unter Anwendung von Wärme und/oder Kraft ohne oder mit Schweißzusatz.

10.7.1 Einteilung der Schweißverfahren, Stoßarten und Fugenformen

Die Schweißverfahren werden nach der Art des Grundwerkstoffes, dem Zweck des Schweißens, dem Ablauf des Schweißens und der Art der Fertigung eingeteilt:[1]

1. Einteilung nach der Art des Grundwerkstoffes:
   Schweißen von Metallen, Schweißen von Kunststoffen, Schweißen von anderen Werkstoffen oder Werkstoffkombinationen
2. Einteilung nach dem Zweck des Schweißens:
   Verbindungsschweißen, Auftragschweißen
3. Einteilung nach dem physikalischen Ablauf des Schweißens:
   Pressschweißen, Schmelzschweißen
4. Einteilung nach dem Grad der Mechanisierung:
   Handschweißen (manuelles Schweißen), Kurzzeichen m; teilmechanisches Schweißen, Kurzzeichen t; vollmechanisches Schweißen, Kurzzeichen v; automatisches Schweißen, Kurzzeichen a

In Zeichnungen sind bei Angabe von Schweißverfahren nur die Ordnungsnummern nach DIN EN ISO 4063 zu verwenden, S. 361.

Wichtige Merkmale einer Schweißkonstruktion sind die Stoßart und die Fugenvorbereitung. Diese werden von der Werkstückdicke, dem Werkstoff, dem Schweißverfahren und der Schweißposition bestimmt.

Die Benennungen für Fugenformen, Stoßarten und Begriffen an Schweißverbindungen sind in DIN EN ISO 17659 dreisprachig festgelegt.

Stoßarten

1. Stumpfstoß	2. Parallelstoß	3. Überlappstoß
4. T-Stoß	5. Doppel-T-Stoß (Kreuzstoß)	6. Schrägstoß
7. Eckstoß	8. Mehrfachstoß	9. Kreuzungsstoß

[1] DIN ISO 857-1

Fugenformen für das Schmelzschweißen (Auswahl)

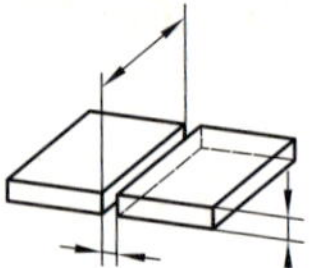

10.38 I-Naht

10.39 HY-Naht mit Schweißbadsicherung

10.40 Y-Naht

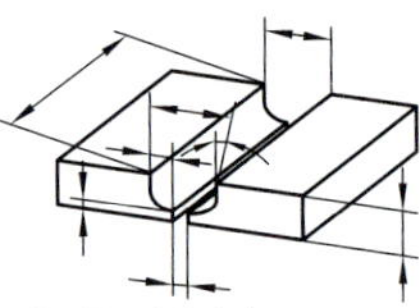

10.41 U-Naht

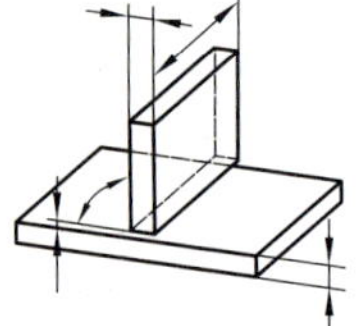

10.42 Kehlnaht (T-Stoß)

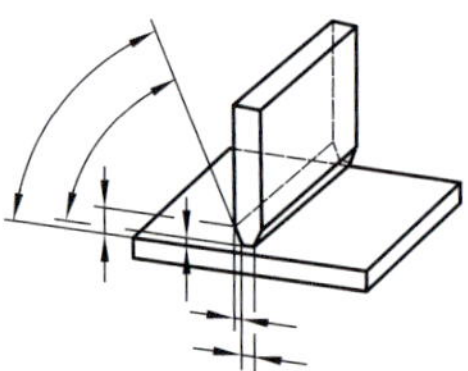

10.43 Doppel-HY-Naht (T-Stoß)

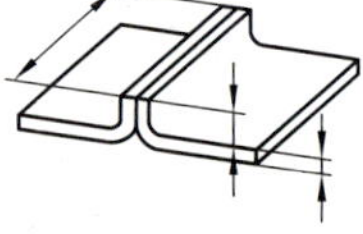

10.44 Bördelnaht

Schweißnahtvorbereitung DIN EN ISO 9692-1, s. S. 362

10.7.2 Symbolische Darstellung von Schweiß- und Lötnähten nach DIN EN 22553

DIN EN 22553 enthält Regeln, die bei der symbolischen Darstellung von Schweiß- und Lötnähten anzuwenden sind, um eine übersichtliche Darstellung von Nähten in Zeichnungen zu erreichen.

Ist die eindeutige Darstellung durch Symbole und Kurzzeichen nicht möglich, dann sind die Nähte gesondert zu zeichnen und vollständig zu bemaßen.

Die bisher an die Projektionsmethoden 1 und 3 gebundenen Darstellungsarten von Nähten wurden nach ISO 2553 vereinheitlicht. Die Lage einseitiger Nähte am Stoß ist in Abhängigkeit von der Stellung des Nahtsymbols zur Bezugsvolllinie durch Ergänzen einer Bezugsstrichlinie jetzt eindeutig geregelt, s. S. 356.

Zeichnerische Darstellung Schweißen und Löten nach DIN EN 22553

Symbole kennzeichnen die Form, Vorbereitung und Ausführung der Naht, sollen aber nicht das anzuwendende Verfahren festlegen.

Grundsymbole der Nahtarten

Benennung	Symbol	Erläuterung	Benennung	Symbol	Erläuterung
Bördelnaht 1			Lochnaht 11		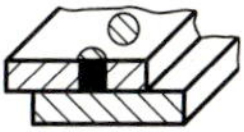
I-Naht 2	||		Punktnaht 12	○	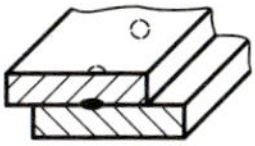
V-Naht 3	V		Liniennaht 13		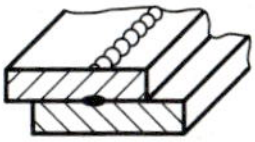
HV-Naht 4			Steilflankennaht 14		
Y-Naht 5	Y		Halb-Steil-flankennaht 15		
HY-Naht 6			Stirnflachnaht 16	|||	
U-Naht 7			Auftragung 17		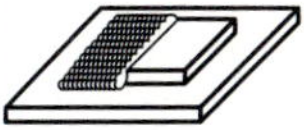
HU-Naht (Jot-Naht) 8			Flächennaht 18	=	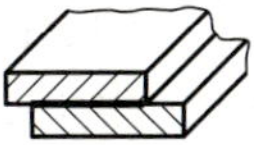
Gegennaht (Gegenlage) 9			Schrägnaht 19	//	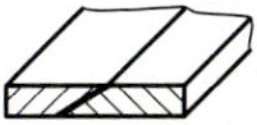
Kehlnaht 10		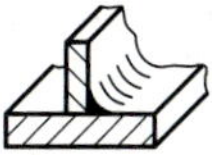	Falznaht 20		

Zeichnerische Darstellung Schweißen und Löten

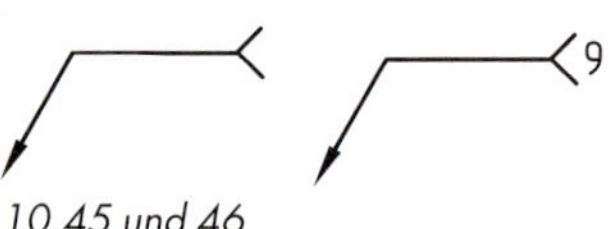

10.45 und 46

Soll nur dargestellt werden, dass die Naht geschweißt wird, ohne Angabe der Nahtart, so ist das nebenstehende Symbol 10.45 zu verwenden. Wird die Naht gelötet, so ist die Kennzahl 9 nach DIN EN ISO 4063 in der Gabel anzugeben, 10.46.

Beispiel zusammengesetzter Symbole der Nahtarten

Benennung	D(oppel-) V-Naht (X-Naht)	D(oppel-) HV-Naht (K-Naht)	D(oppel-) Y-Naht	D(oppel-) U-Naht
Symbol				
Darstellung				
Benennung	D(oppel-) HU-Naht (Doppel-Jot-Naht)	D(oppel-) HY-Naht (K-Stegnaht)	V-Naht mit Gegenlage	Doppel-Kehlnaht
Symbol				
Darstellung				

Zusatz- und Ergänzungssymbole
Grundsymbole können durch ein Symbol für die Form der Oberfläche oder für die Ausführung der Naht ergänzt werden.

Form Ausführung	flach (eben)	konvex (gewölbt)	konkav (hohl)	Wurzel ausgearbeitet Gegen-Lage ausgeführt	Naht eingeebnet durch zusätzliche Bearbeitung	Nahtübergänge kerbfrei
Symbol						

Anwendungsbeispiele für Zusatzsymbole

Benennung	Flache V-Naht	Gewölbte V-Naht	Hohle Kehlnaht	Flache Y-Naht mit Gegennaht	Flache V-Naht eingeebnet	Kehlnaht mit kerbfreiem Nahtübergang
Symbol						
Darstellung						

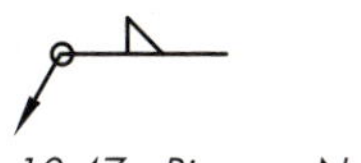

10.47 *Ringsum-Naht*

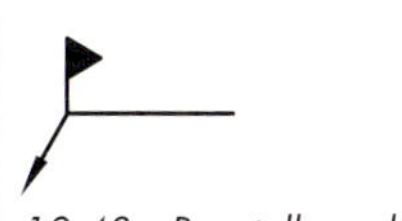

10.48 *Baustellennaht*

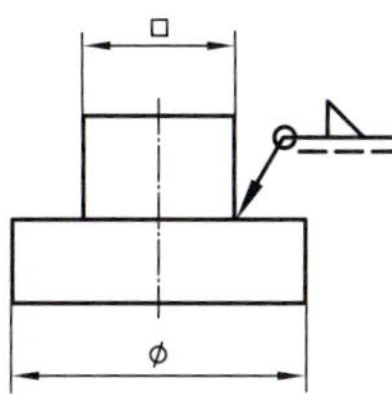

10.49 *Teil mit ringsum verlaufender Kehlnaht*

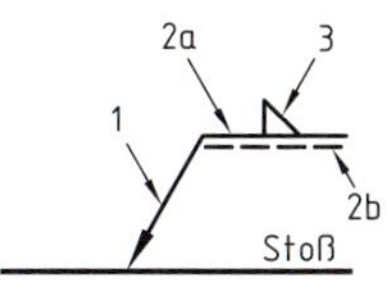

1 Pfeillinie
2a Bezugslinie (Volllinie)
2b Bezugslinie (Strichlinie)
3 Symbol

10.50 *Darstellungsart*

10.51 *Bezugslinien*

Ergänzungssymbole

Ergänzungssymbole geben Hinweise auf den Verlauf der Nähte, z. B. ringsum verlaufend, und auf Baustellennähte, 10.47 … 49.

Lage der Symbole in Zeichnungen

Die symbolische Darstellungsart für Nähte enthält neben dem Symbol noch

- eine Pfeillinie, die mit einer Pfeilspitze auf den Stoß weist (unter 60°),
- eine Bezugslinie, bestehend aus zwei parallelen Linien, einer Volllinie und einer Strichlinie, 10.50 und 51. Letztere kann über oder unter der Volllinie stehen, entfällt aber bei symmetrischen Nähten,
- eine bestimmte Anzahl von Maßen und Angaben, s. S. 357 und 358.

Pfeillinie und Bezugslinie bilden das Bezugszeichen, 10.50. Die Bezugslinie wird an ihrem Ende durch eine Gabel ergänzt auch für Angaben z. B. über Verfahren, Bewertungsgruppe, Position, Zusatzwerkstoffe und Hilfsstoffe, s. S. 359.

Die Linienbreite der Pfeillinie, Bezugslinie, des Symbols und der Beschriftung soll der Linienbreite für die Maßeintragung nach ISO 128 entsprechen, d. h. gleich sein.

Beziehung zwischen Pfeillinie und Stoß

Die Pfeilseite ist die Seite des Stoßes, auf die die Pfeillinie hinweist. Die andere Seite des Stoßes ist die Gegenseite.

Die Pfeillinie soll möglichst auf die obere Werkstückfläche weisen. Die Begriffe Pfeilseite des Stoßes und Gegenseite des Stoßes erläutern die Bilder 10.52 … 57.

Richtung der Pfeillinie

Die Richtung der Pfeillinie zur Naht hat im Allgemeinen, d. h. bei symmetrischen Nähten, keine besondere Bedeutung, s. 10.58 und 59. Bei unsymmetrischen Nähten der Ausführung 4, 6 und 8, S. 351, muss die Pfeillinie zu dem Teil zeigen, an dem die Nahtvorbereitung vorgenommen wird, s. 10.60. Um das bearbeitete Teil noch eindeutiger zu kennzeichnen, kann die Pfeillinie auch abgewinkelt dargestellt werden.

Zeichnerische Darstellung Schweißen und Löten

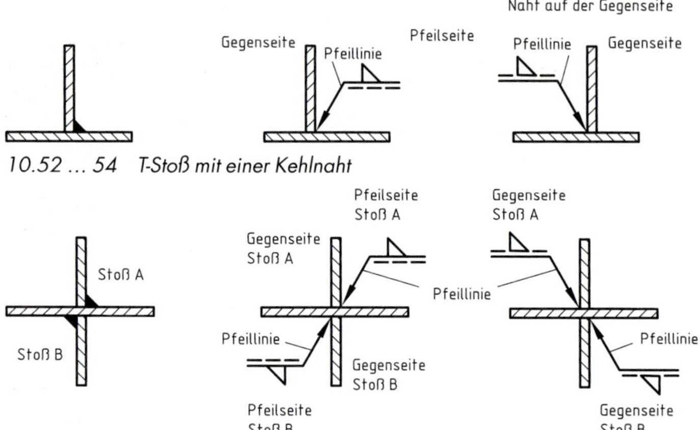

10.52 … 54 T-Stoß mit einer Kehlnaht

10.55 … 57 Doppel-T-Stoß mit zwei Kehlnähten

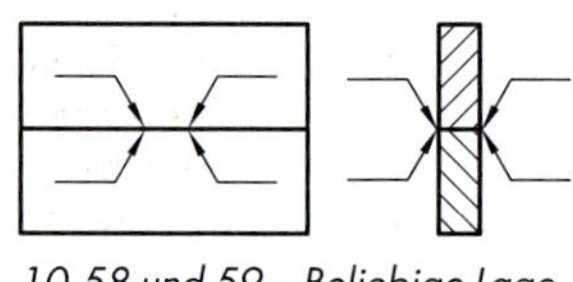

10.58 und 59 Beliebige Lage der Pfeillinie bei symmetrischen Nähten

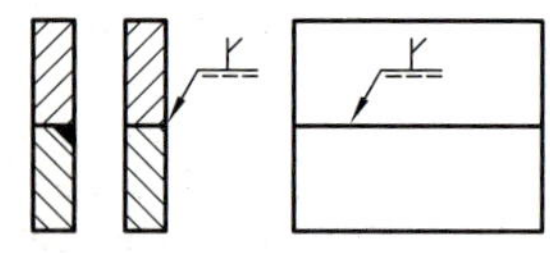

10.60 … 62 Lage der Pfeillinie bei unsymmetrischen Nähten

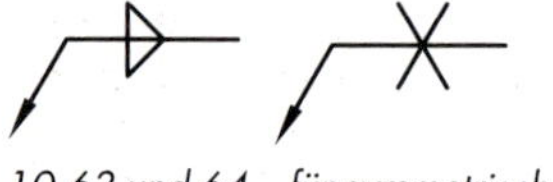

10.63 und 64 für symmetrische Nähte

Lage der Bezugslinie

Die Bezugslinie ist möglichst parallel zur Unterkante der Zeichenunterlage, d. h. in Leserichtung der Zeichnung zu zeichnen, andernfalls ist sie senkrecht anzuordnen.

Lage des Symbols zur Bezugslinie

Das Symbol steht stets senkrecht zur Bezugslinie. Es darf entweder über oder unter der Bezugslinie gesetzt werden, wobei folgende Regel gilt:

- wird das Symbol auf der Seite der Bezugsvolllinie gesetzt, dann befindet sich die Naht auf der Pfeilseite des Stoßes,
- wird das Symbol auf der Seite der Bezugsstrichlinie gesetzt, dann befindet sich die Naht auf der Gegenseite des Stoßes.

Nach der Festlegung für die symbolische Darstellung der Nähte gibt es vier Möglichkeiten für dieselbe Naht, s. S. 357. Daher soll bei Anwendung dieser Norm im deutschsprachigen Raum

- das Symbol stets an der Bezugsvolllinie angeordnet werden,
- das Symbol für die im Querschnitt oder in der Vorderansicht dargestellten Nähte so angeordnet werden, dass der Nahtquerschnitt mit der Stellung des Symbols übereinstimmt,
- innerhalb einer Zeichnung stets die gleiche Darstellungsart benutzt werden.

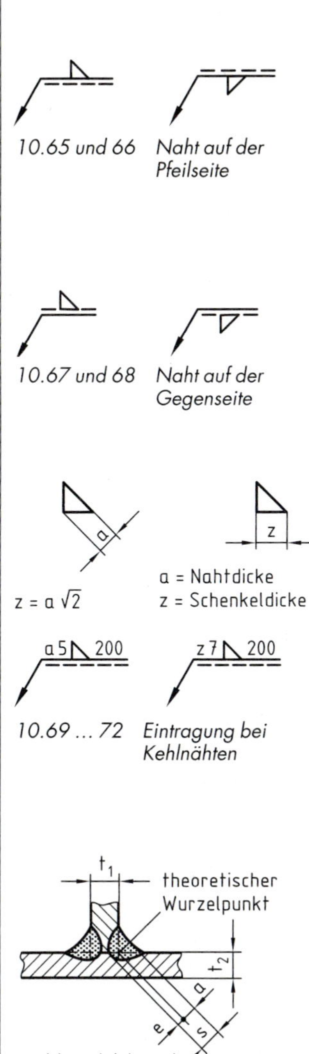

10.65 und 66 Naht auf der Pfeilseite

10.67 und 68 Naht auf der Gegenseite

10.69 … 72 Eintragung bei Kehlnähten

10.73 Kehlnaht mit tiefem Einbrand

Bemaßung der Nähte

Jedem Symbol können Maße zugeordnet werden. Die Hauptmaße für die Nahtdicke sind vor dem Symbol (auf der linken Seite) und die Längenmaße hinter dem Symbol (auf der rechten Seite) einzutragen, s. S. 359 und 360.

Das Fehlen einer Angabe nach dem Symbol bedeutet, dass die Naht ununterbrochen über die gesamte Werkstücklänge verläuft.

Stumpfnähte gelten im Allgemeinen als voll angeschlossen.

Bei Kehlnähten gibt es für die Angabe von Maßen zwei Eintragungsarten, und zwar die Kehlnahtdicke a oder die Schenkeldicke z, 10.69 … 72.

Daher ist der Buchstabe a oder z stets vor das entsprechende Maß zu setzen.

In deutschsprachigen Ländern ist es üblich, bei Kehlnähten die Kehlnahtdicke a anzugeben, während in den USA und anderen Ländern die Schenkeldicke z eingetragen wird.

Die Kehlnahtdicke a ist gleich der Höhe des im Nahtquerschnitt eingeschriebenen größten gleichschenkligen Dreiecks, wobei der Wurzeleinbrand nur in Sonderfällen anteilmäßig berücksichtigt wird, 10.73.

Um das Zeichnen von Hand und das rechnerunterstützte Zeichnen zu vereinfachen, werden in DIN EN 22553 für beidseitige Nähte die zusammengesetzten Grundsymbole nicht durch den Abstand der beiden Bezugslinien getrennt dargestellt, s. 10.63 und 64.

Die Anordnung von Bezugsvolllinie und Bezugsstrichlinie sowie Nahtsymbol kennzeichnet jetzt eindeutig die Lage der Schweißnaht am Stoß, und zwar einheitlich bei beiden Projektionsmethoden 1 (E) und 3 (A), s. S. 356.

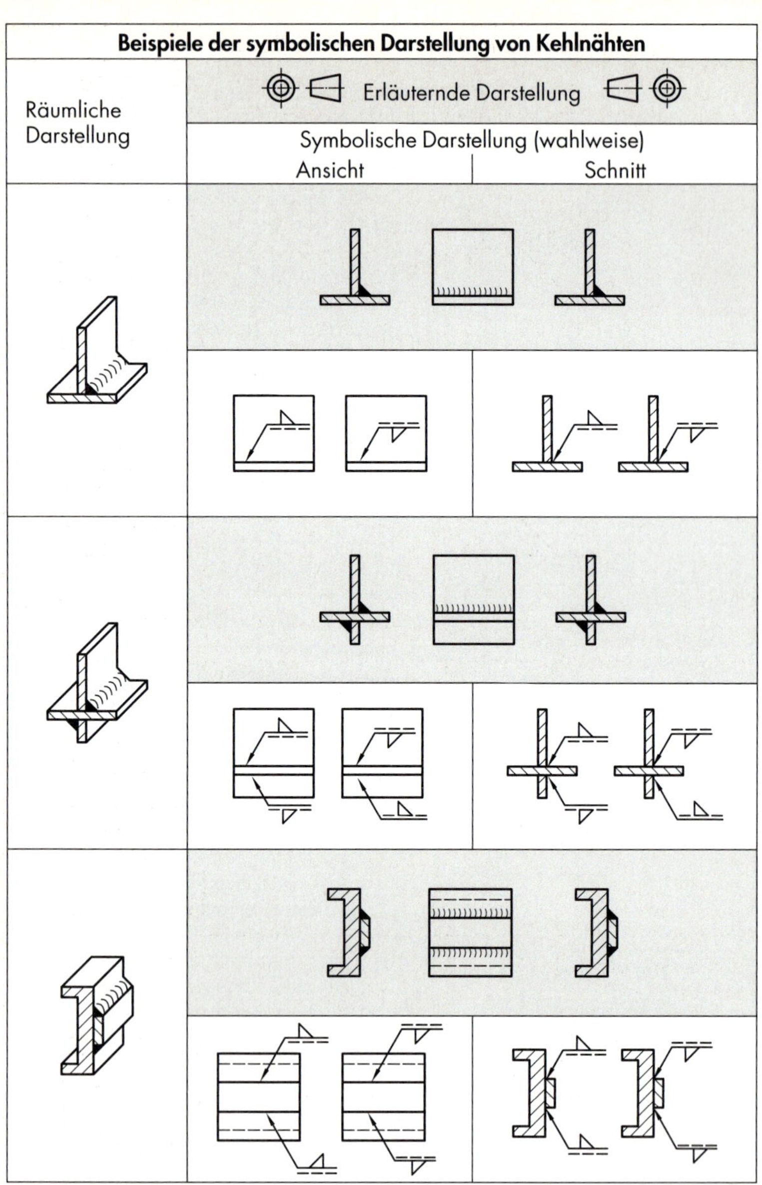

Anwendungsbeispiele für die symbolische Darstellung der Nahtarten zeigt DIN EN 22553.

10

Zeichnerische Darstellung Schweißen und Löten			
Nr.	**Erklärungen**		**Eintragung** Vorderansicht/Draufsicht
1	Stumpfnaht (V-Naht) 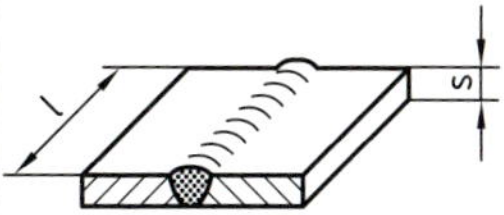	s: Mindestmaß von der Oberfläche des Teils bis zur Unterseite der Durchschweißung	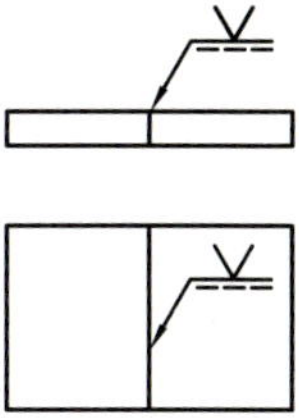
2	Stumpfnaht (I-Naht) 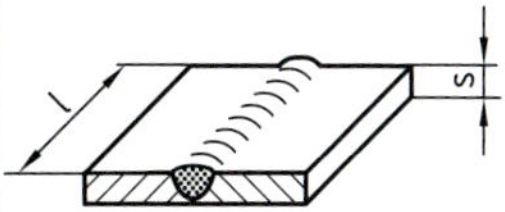	s: Mindestmaß von der Oberfläche des Teils bis zur Unterseite der Durchschweißung	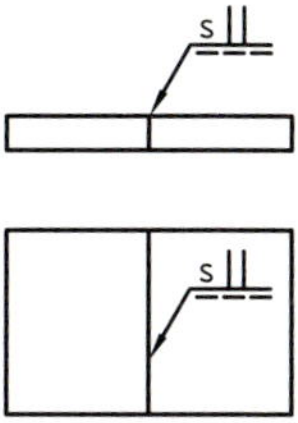
3	Bördelnaht 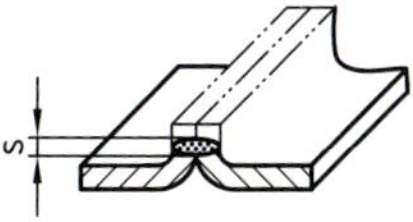	s: Mindestmaß von der Außenfläche der Schweißnaht zur Unterseite der Durchschweißung	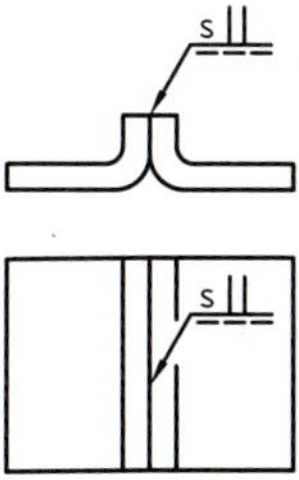
4	Durchgehende Kehlnaht 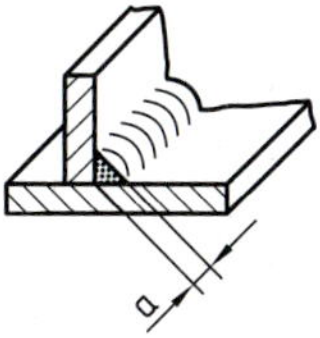	a: Höhe des größten gleichschenkligen Dreiecks, das in die Schnittdarstellung eingetragen werden kann	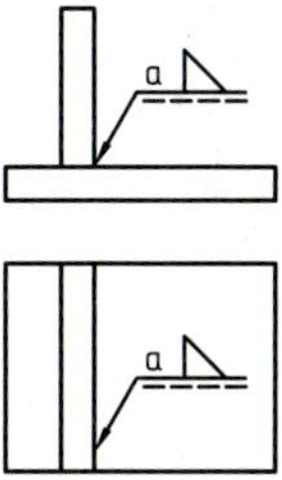

Zeichnerische Darstellung Schweißen und Löten			
Nr.	Erklärungen		Eintragung Vorderansicht/Draufsicht
5	Unterbrochene Kehlnaht 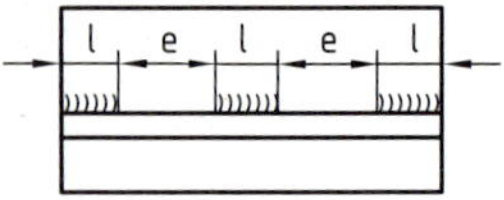	l: Einzelnahtlänge ohne Krater e: Nahtabstand n: Anzahl der Einzelnähte a: Höhe des größten gleichschenkligen Dreiecks	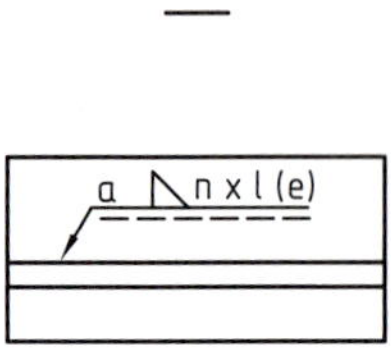 —
6	Versetzte, unterbrochene Kehlnaht 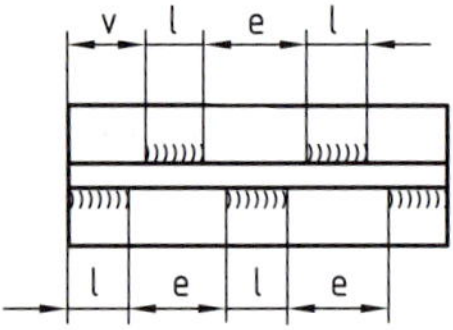	l: e: n: a: } s. Nr. 5 v: Vormaß[1] [1] gehört zur Bemaßung des Teils	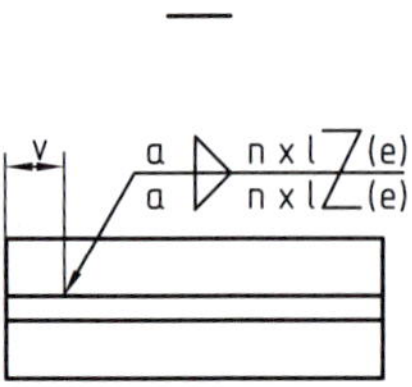 —
7	Widerstandsgeschweißte Punktnaht 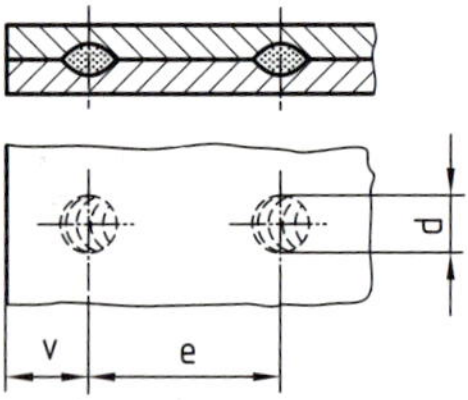	n: e: } s. Nr. 5 d: Punktdurchmesser v: Vormaß[1] [1] gehört zur Bemaßung des Teils	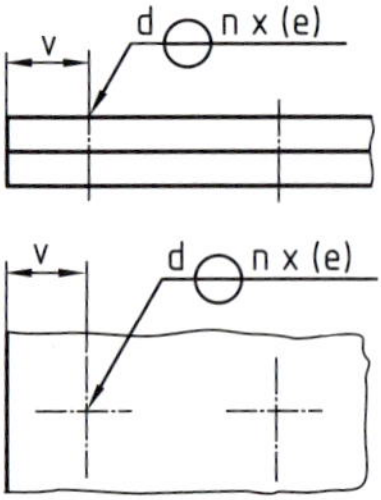
8	Widerstandsgeschweißte Liniennaht, unterbrochen 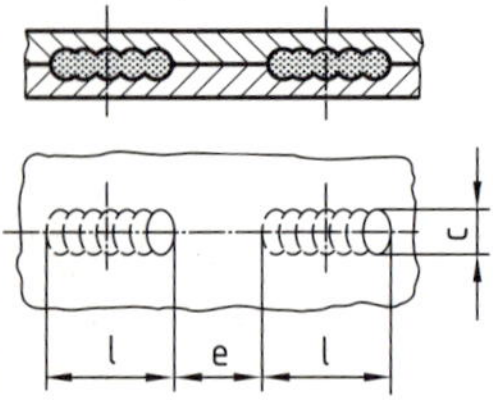	c: Breite der Liniennaht e: Nahtabstand l: Länge der Liniennaht	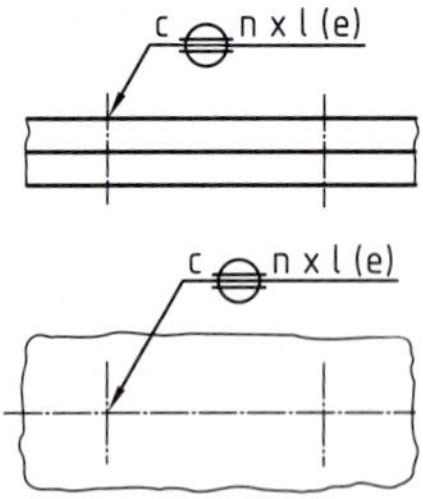

10

Zeichnerische Darstellung Schweißen und Löten

Für einfache Schweißverbindungen genügt meist eine Eintragung, die sich auf alle oder einen Teil der Nähte bezieht, z. B. für Kehlnähte:

Schweißnähte, die nicht besonders gekennzeichnet sind.

Bei gering beanspruchten Kehlnähten wird die Nahtdicke im Allgemeinen mit a = 0,7 x t ausgeführt, wobei t die geringste Blechdicke ist. Die Kehlnahtdicke sollte aber mindestens 3 mm betragen.

Sind für die Ausführung einer Naht nähere Angaben wie Nahtart und Bemaßung erforderlich, so werden diese mit dem Bezugszeichen in die Zeichnung eingetragen, wobei die Pfeillinie auf den Stoß weist.

Weitere Angaben können in der Gabel ergänzt werden, und zwar in folgender Reihenfolge:

Ordnungsnummer des Verfahrens nach DIN EN ISO 4063, z. B. 111 für Lichtbogenschweißen, s. S. 361

Bewertungsgruppe, z. B. nach DIN EN ISO 5817, s. S. 361

Arbeitsposition nach DIN EN ISO 6947

Schweißzusatzwerkstoffe, z. B. nach DIN EN 440, DIN EN ISO 2560

Die einzelnen Angaben sind durch Schrägstriche voneinander zu trennen.

Sollen die zusätzlichen Angaben nicht in der Gabel, sondern getrennt aufgeführt werden, dann ist in der geschlossenen Gabel eine Bezugsangabe einzutragen und diese z. B. in der Nähe des Schriftfeldes zu erläutern, 10.74.

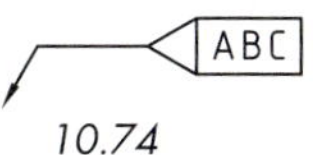

10.74

Erläuterung	Symbolische Darstellung

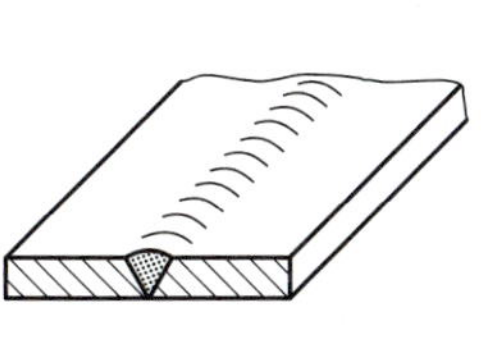

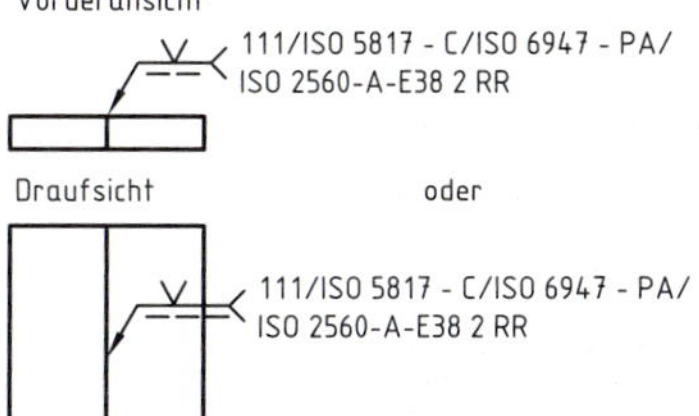

10.75 Durchgehende V-Naht [1)]

Durchgehende V-Naht, hergestellt durch Lichtbogenhandschweißen, Ordnungsnummer 111 nach DIN EN ISO 4063, geforderte Bewertungsgruppe C nach DIN EN ISO 5817, Wannenposition PA nach DIN EN ISO 6947, umhüllte Stabelektrode nach DIN EN ISO 2560-A-E38 2 RR

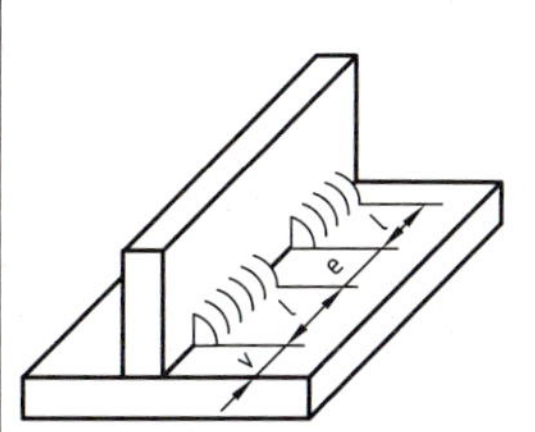

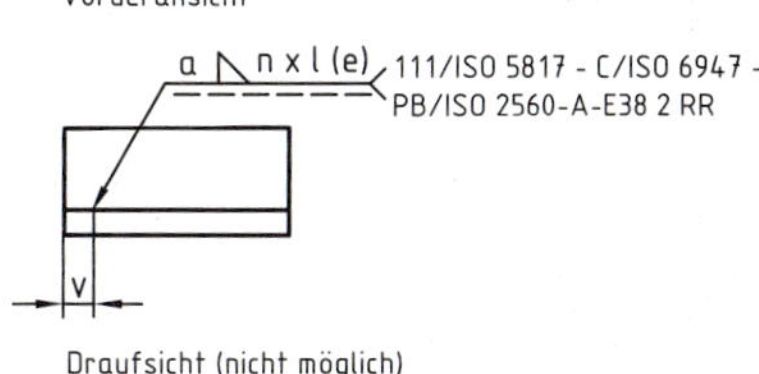

10.76 Unterbrochene Kehlnaht mit Vormaß

Unterbrochene Kehlnaht mit Vormaß, hergestellt durch Lichtbogenhandschweißen, Ordnungsnummer 111 nach DIN EN ISO 4063, geforderte Bewertungsgruppe C nach DIN EN ISO 5817, Horizontal-Vertikalposition PB nach DIN EN ISO 6947, umhüllte Stabelektrode nach DIN EN ISO 2560-A-E 38 2 RR

1) Vereinfachte Nahtangabe möglich, z. B. 111/C/PA/E 38 2 RR

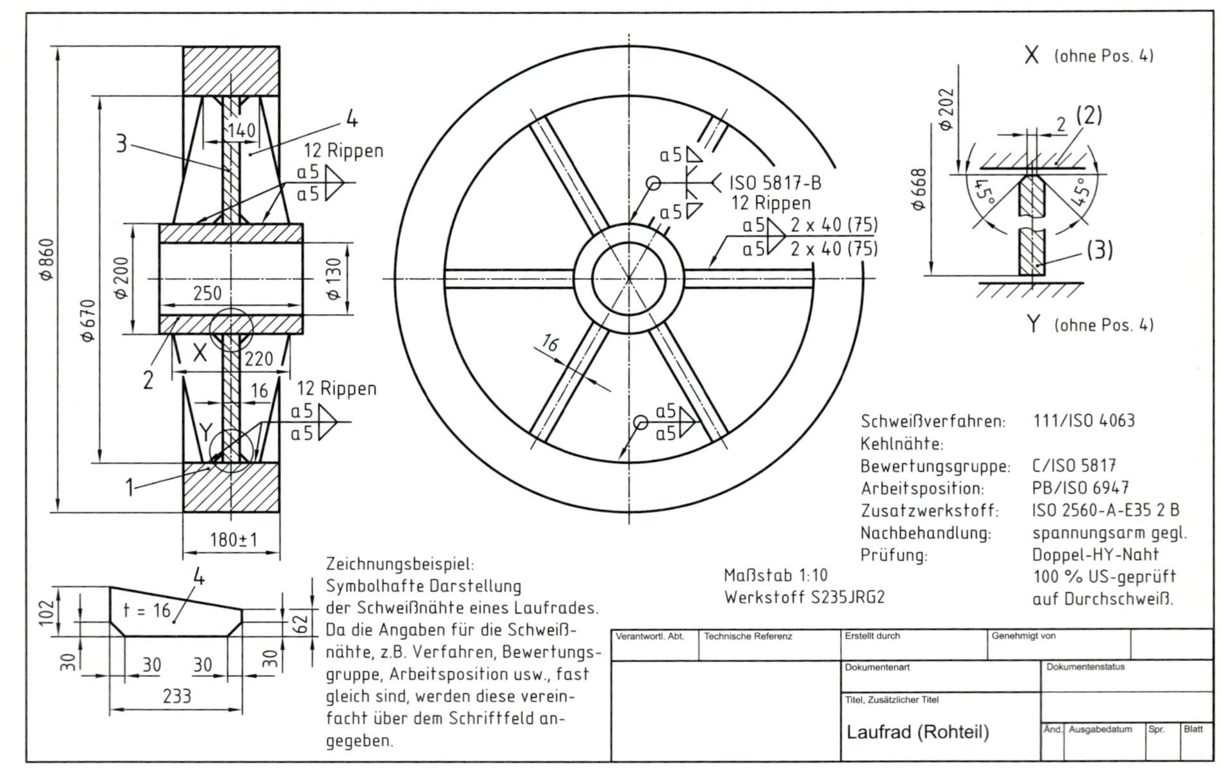
X (ohne Pos. 4)
Y (ohne Pos. 4)
ϕ 202
ϕ 668
2
(2)
(3)
45°
45°
ϕ 860
ϕ 670
ϕ 200
ϕ 130
250
140
220
16
180±1
1
2
3
4
X
Y
12 Rippen
a5
a5
12 Rippen
a5
a5
ISO 5817-B
12 Rippen
a5 2 x 40 (75)
a5 2 x 40 (75)
16
t = 16
102
30
30
30
30
62
233
Schweißverfahren: 111/ISO 4063
Kehlnähte:
Bewertungsgruppe: C/ISO 5817
Arbeitsposition: PB/ISO 6947
Zusatzwerkstoff: ISO 2560-A-E35 2 B
Nachbehandlung: spannungsarm gegl.
Prüfung: Doppel-HY-Naht 100 % US-geprüft auf Durchschweiß.
Maßstab 1:10
Werkstoff S235JRG2
Zeichnungsbeispiel:
Symbolhafte Darstellung der Schweißnähte eines Laufrades. Da die Angaben für die Schweißnähte, z.B. Verfahren, Bewertungsgruppe, Arbeitsposition usw., fast gleich sind, werden diese vereinfacht über dem Schriftfeld angegeben.
Verantwortl. Abt.
Technische Referenz
Erstellt durch
Genehmigt von
Dokumentenart
Dokumentenstatus
Titel, Zusätzlicher Titel
Laufrad (Rohteil)
Änd.
Ausgabedatum
Spr.
Blatt

Ordnungsnummern für Schweißverfahren DIN EN ISO 4063[1)]

Lichtbogenschweißen	1	Widerstandsschw.	2
Metall-Lichtbogenschw.	101	Widerstands-Punktschw.	21
Lichtbogenhandschw.	111	Rollennahtschw.	22
Schwerkraftlichtbogenschw.	112	Überlapp-Rollennahtschw.	221
Metall-Lichtbogenschweißen mit Fülldrahtelektrode o. Schutzgas	114	Gasschmelzschw.	3
Metall-Schutzgasschw.	13	Gasschweißen mit Sauerstoff-Brenngas-Flamme	31
Metall.Inertgasschw. MIG	131	Gasschweißen mit Sauerstoff-Acetylen-Flamme	311
Metall-Aktivgasschw. MAG	135	Gasschweißen mit Sauerstoff-Propan-Flamme	312
Wolfram-Schutzgasschw.	14		
Wolfram-Inertgasschw. WIG	141		

Arbeitspositionen nach DIN EN ISO 6947

Die Arbeitsposition wird durch die Lage der Schweißnaht im Raum und durch die Schweißrichtung bestimmt. Alle Arbeitspositionen der Schweißnähte werden genau durch die Neigung S und die Drehung R festgelegt. Die Hauptpositionen sind in Bild 10.77 und in nachfolgender Tabelle mit ihren Kurzzeichen beschrieben.

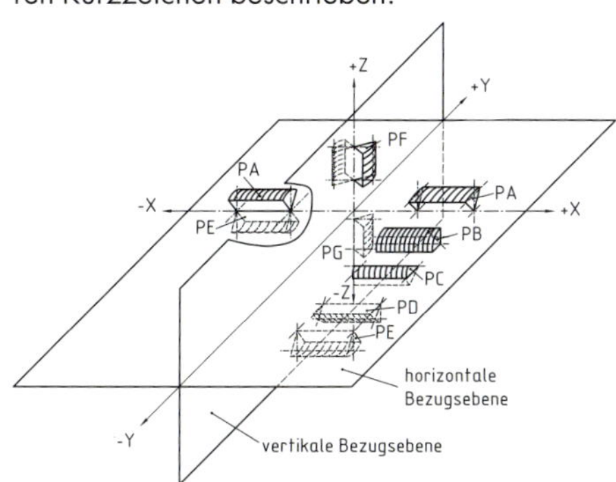

10.77 Hauptpositionen (Beispiele)

Tabelle 1

Benennung	Hauptpositionen Beschreibung	Kurzzeichen
Wannenposition	Waagerechtes Arbeiten, Nahtmittellinie senkrecht, Decklage oben	PA
Horizontal-Vertikal-position	Horizontales Arbeiten, Decklage nach oben	PB
Horizontal-Überkopf-postion	Horizontales Arbeiten, Überkopf, Decklage schräg nach unten	PD
Steigposition	steigendes Arbeiten	PF
Fallposition	fallendes Arbeiten	PG
Querposition	Horizontales Arbeiten, Nahtmittellinie horizontal	PC
Überkopfposition	Horizontales Arbeiten, Überkopf, Nahtmittellinie senkrecht, Decklage nach unten	PE

Schmelzschweißverbindungen an Stahl, Nickel, Titan und deren Legierungen durch Bewertungsgruppen nach DIN EN ISO 5817

Beanspruchung u. Anforderung	Bewertungsgruppe
hohe	B
mittlere	C
geringe	D

[1)] Auswahl

DIN EN ISO 5817 legt die Anforderungen für drei Bewertungsgruppen B, C und D von Unregelmäßigkeiten in Lichtbogen-Schweißverbindungen von Stahl entsprechend dem Anwendungsbereich und für Schweißnahtdicken über 0,5 mm fest.

Die Grenzwerte für die nachfolgend aufgeführten Unregelmäßigkeiten von Schweißverbindungen sind der Tab. 1 in DIN EN ISO 5817 zu entnehmen.

Oberflächenunregelmäßigkeiten:
- Riss
- Oberflächenpore
- Bindefehler
- ungenügender Wurzeleinbrand
- durchlaufende/nicht durchlaufende Einbrandkerbe
- zu große Nahtüberhöhung
- Wurzelüberhöhung
- schroffer Nahtübergang
- Schweißgutüberlauf
- Wurzelrückfall
- Ansatzfehler
- zu kleine/große Kehlnahtdicke
- Zündstelle Schweißspritzer

innere Unregelmäßigkeiten:
- Riss
- Mikroriss
- Pore, Porosität
- Porennest
- Lunker
- fester Einschluss
- Kupfereinschluss
- Flanken-, Lagen-, Wurzelbindefehler
- ungenügende Durchschweißung

Unregelmäßigkeiten in der Nahtgeometrie:
- Kantenversatz
- schlechte Passung, Kehlnähte

Mehrfachunregelmäßigkeiten:
- Mehrfachunregelmäßigkeiten im Querschnitt
- Abbildungsfläche o. Querschnittsfläche in Längsrichtung

Schweißnahtvorbereitung nach DIN EN ISO 9692-1 (Auswahl)

Fugenformen an Stahl für Gas-, Lichtbogenband- und Schutzgasschweißen

Naht			Fugenform				
				Maße			
Werkstückdicke t	Benennung	Symbol nach ISO 2553	Schnitt	Winkel α, β	Spalt b	Steghöhe c	Empfohlener Schweißprozess (nach ISO 4063)
$t \leq 2$	Bördelnaht			–	–	–	3 111 141 512 512
$t \leq 4$	I-Naht			–	$b \approx t$	–	3 111 141
$3 \leq t \leq 10$	V-Naht			$40° \leq \alpha \leq 60°$	$b \leq 4$	$c \leq 2$	3 111 13 141
$5 \leq t \leq 40$	Y-Naht			$\alpha \approx 60°$	$1 \leq b \leq 4$	$2 \leq c \leq 4$	111 13 13 141
$t > 12$	U-Naht			$8° \leq \beta \leq 12°$	$b \leq 4$	$c \leq 3$	111 13 13 141
$t > 10$	D(oppel-) V-Naht (X-Naht)			$\alpha \approx 60°$	$1 \leq b \leq 3$	$c \leq 2$	111 141
				$40° \leq \alpha \leq 60°$			13 13

Schweißgerechtes Gestalten			
	Ungünstig	Günstig	Erläuterungen
1			Stumpfnähte ermöglichen einen ungestörten Kraftfluss durch die Schweißnaht.
2	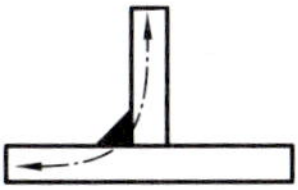	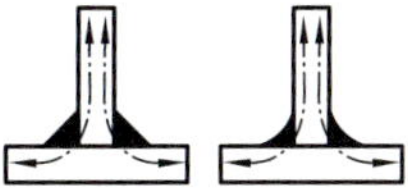	Kehlnähte sind möglichst doppelseitig auszuführen. Bei dynamischer Beanspruchung sind Hohlkehlnähte am günstigsten wegen geringerer Kerbwirkung.
3	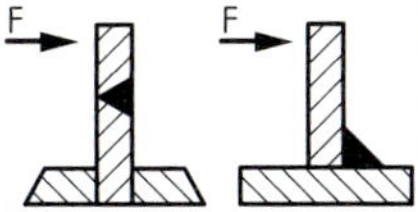 F F	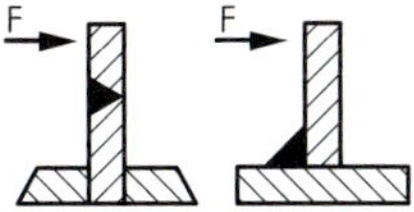 F F	Nahtwurzeln sollen nicht in Zonen mit Zugspannungen liegen. Schlechter Wurzeleinbrand verursacht Kerbwirkung.
4	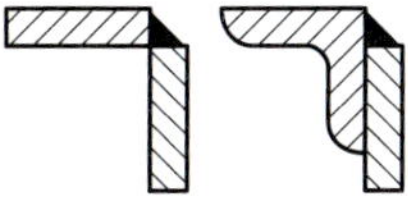	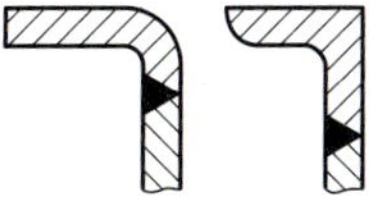	Kraftumlenkung in den Schweißnähten ist ungünstig, daher Bleche abkanten oder Profilstähle stumpf verschweißen.
5	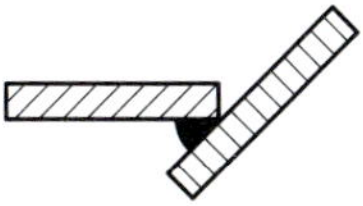		Die Nähte müssen beim Schweißen gut zugänglich sein.
6	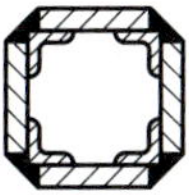	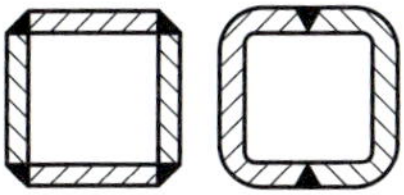	Die Nachahmung von Nietkonstruktionen erfordert zu viele Schweißnähte. Beim Kastenprofil werden dicke Bleche als Eckstöße und dünne Bleche abgekantet verschweißt.
7	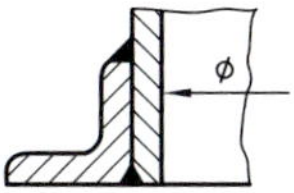 ϕ	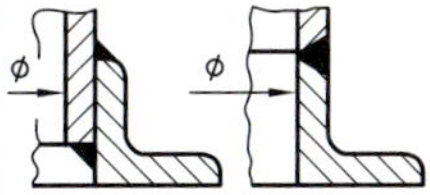 ϕ ϕ	Der Anschluss durch Kehlnähte ist meist wirtschaftlicher, da die Kosten für die Nahtvorbereitung entfallen.
8	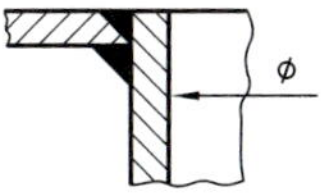 ϕ	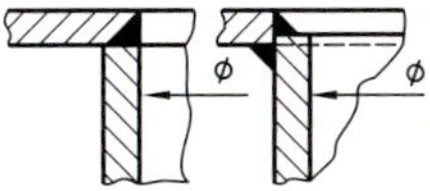 ϕ ϕ	Die Funktionsfläche soll bei hoher Oberflächengüte oder geringer Maßtoleranz nicht durch eine Schweißnaht gestört werden.
9	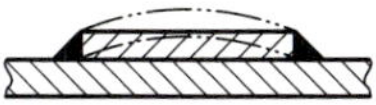	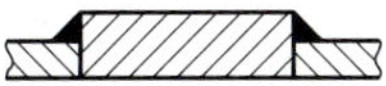	Das Einschweißen einer dickeren Platte ist vielfach zweckmäßiger, da sich eine dünne Platte wölbt.

Schweißgerechtes Gestalten			
	Ungünstig	Günstig	Erläuterungen
10	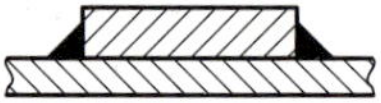	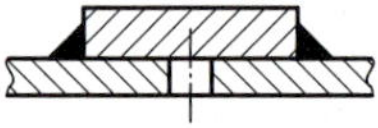	Beim Aufschweißen von Bearbeitungsflächen oder Verstärkungen sind Entlüftungsbohrungen oder unterbrochene Schweißnähte vorzusehen.
11			In Querschnittsübergängen sind Schweißnähte zu vermeiden.
12	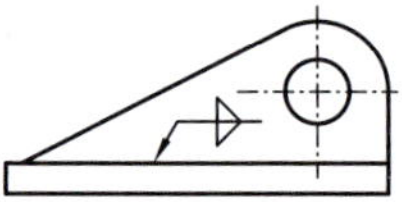	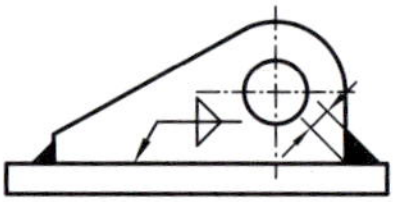	Um ein Abbrennen der Kanten zu vermeiden, sind Abflächungen und Überstände (mindestens 2 x Nahtdicke) vorzusehen.
13	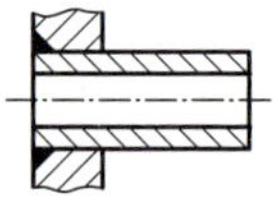	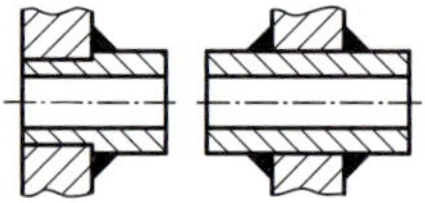	Naben müssen in Abhängigkeit von ihrer Funktion eingeschweißt werden.
14	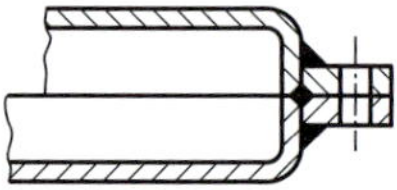	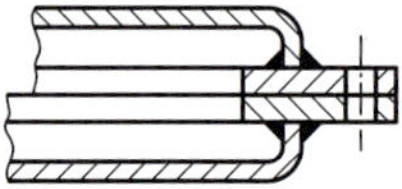	Schweißnähte sind möglichst nicht in bearbeitete Flächen zu legen.
15	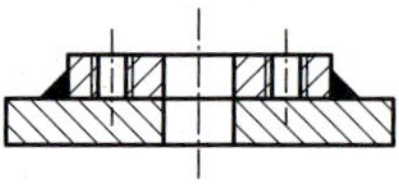	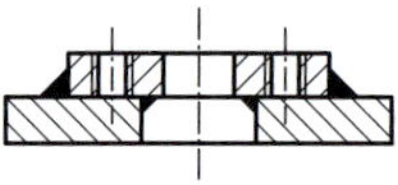	Dichtnähte sind nach innen zu legen.
16	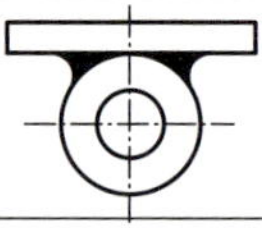	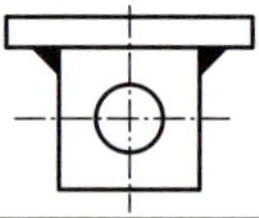	Es ist unzweckmäßig, Rundstäbe an gerade Flächen anzuschweißen, da der Öffnungswinkel zu klein ist.
17	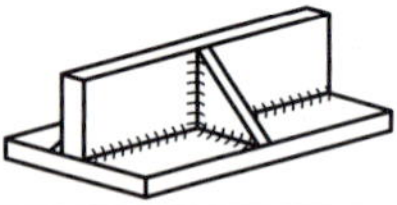	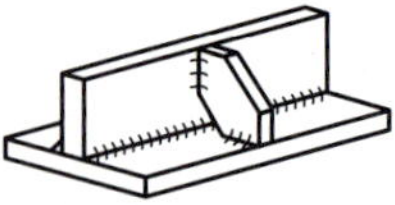	Nahtanhäufungen werden durch Aussparen der Rippen vermieden.
18	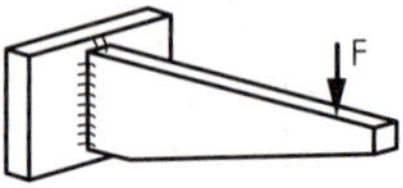 F	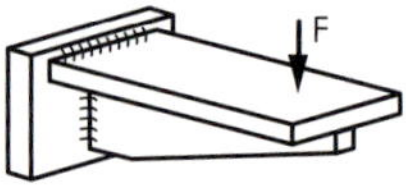 F	Das T-Profil der Konsole verringert die Spannungen in der Zugzone und damit die Einrissgefahr.

10

10.7.3 Allgemeintoleranzen für Schweißkonstruktionen nach DIN EN ISO 13920

Diese europäische Norm legt Allgemeintoleranzen für Längen- und Winkelmaße sowie für Form und Lage bei Schweißkonstruktionen in vier Toleranzklassen fest. Bei der Festlegung der Toleranzklassen werden unterschiedliche Anforderungen in den verschiedenen Anwendungsgebieten berücksichtigt, wobei werkstattübliche Genauigkeiten zugrunde gelegt werden. Die Anwendung der Allgemeintoleranzen nach dieser Norm vermeidet weitgehend die Angabe einzelner Toleranzen bzw. Grenzabmaße bei jedem Nennmaß.

Die Grenzabmaße für Längenmaße in Abhängigkeit vom Nennmaßbereich für die vier Toleranzklassen enthält Tabelle 1 auf S. 366.

Bei der Bestimmung der Grenzabmaße für Winkelmaße ist die Länge des kürzeren Schenkels zugrunde zu legen. Es kann auch die Schenkellänge bis zu einem festgelegten Bezugspunkt ausgedehnt werden, der in der Zeichnung anzugeben ist, 10.78 und 79. Tabelle 2 auf S. 366 enthält die entsprechenden Grenzabmaße.

Die Geradheits-, Ebenheits- und Parallelitätstoleranzen sind in Tabelle 3 auf S. 366 sowohl für die Gesamtabmessungen eines Schweißteils, einer Schweißgruppe als auch für sonstige bemaßte Teile festgelegt.

Als Zeichenangabe ist die gewählte Toleranzklasse aus den Tabellen 1 und 2 im entsprechenden Zeichnungsfeld einzutragen, z. B.:

EN ISO 13920-B

Die Toleranzklasse für Grenzabmaße nach Tabellen 1 und 2 kann auch mit einer Toleranzklasse nach Tabelle 3 kombiniert werden, z. B.:

EN ISO 13920-BE

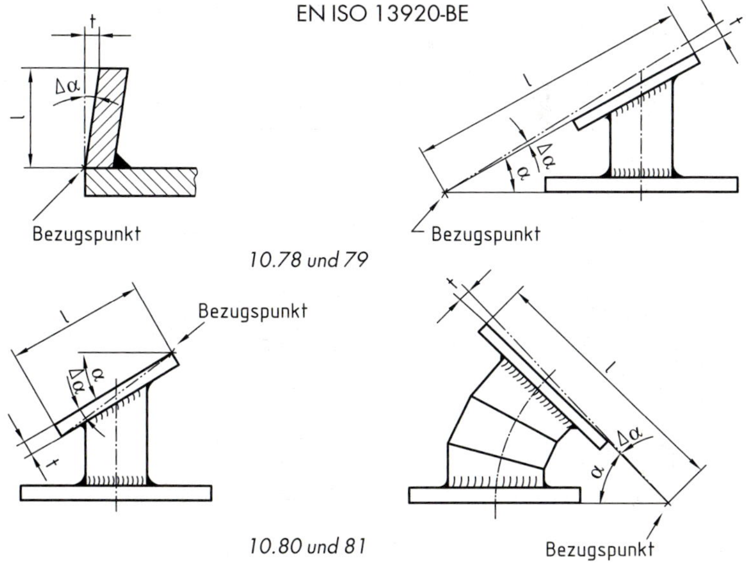

10.78 und 79

10.80 und 81

Tabelle 1 Grenzabmaße für Längenmaße (Auswahl)

Toleranzklasse	Nennmaßbereich						
	über 30 bis 120	über 120 bis 400	über 400 bis 1000	über 1000 bis 2000	über 2000 bis 4000	über 4000 bis 8000	über 8000 bis 12000
A	± 1	± 1	± 2	± 3	± 4	± 5	± 6
B	± 2	± 2	± 3	± 4	± 6	± 8	± 10
C	± 3	± 4	± 6	± 8	± 11	± 14	± 18
D	± 4	± 7	± 9	± 12	± 16	± 21	± 27

Für Maße bis 30 mm gilt eine zugelassene Abweichung von ± 1 mm.

Tabelle 2 Grenzabmaße für Winkelmaße (Auswahl)

Toleranzklasse	Nennmaßbereich l (in mm) (Länge oder kürzerer Schenkel)			Nennmaßbereich l (in mm) (Länge oder kürzerer Schenkel)		
	bis 400	über 400 bis 1000	über 1000	bis 400	über 400 bis 1000	über 1000
	Grenzabmaße $\Delta\alpha$ (in Grad und Minuten)			Gerechnete und gerundete Grenzabmaße t (in mm/m)		
A	± 20′	± 15′	± 10′	± 6	± 4,5	± 3
B	± 45′	± 30′	± 20′	± 13	± 9	± 6
C	± 1°	± 45′	± 30′	± 18	± 13	± 9
D	± 1°30′	± 1°15′	± 1°	± 26	± 22	± 18

Tabelle 3 Geradheits-, Ebenheits- und Parallelitätstoleranzen (Auswahl)

Toleranzklasse	Nennmaßbereich l (in mm) (bezieht sich auf die längere Seite der Oberfläche)						
	über 30 bis 120	über 120 bis 400	über 400 bis 1000	über 1000 bis 2000	über 2000 bis 4000	über 4000 bis 8000	über 8000 bis 12000
	Toleranzen t (in mm)						
E	0,5	1	1,5	2	3	4	5
F	1	1,5	3	4,5	6	8	10
G	1,5	3	5,5	9	11	16	20
H	2,5	5	9	14	18	26	32

10

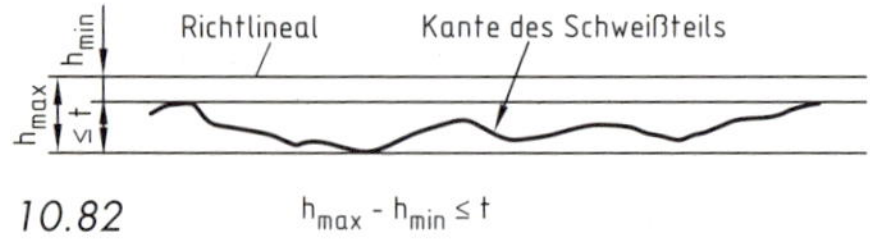

10.82 $h_{max} - h_{min} \leq t$

Bei der Geradheitsprüfung der Kante eines Schweißteils mit dem Richtlineal werden diese so zueinander ausgerichtet, dass der größte Abstand zwischen Richtlineal und Oberfläche ein Mindestwert ist.

Normenhinweis

DIN EN 287-1	Prüfung von Schweißern; Schmelzschweißen; Stahl
DIN EN ISO 15607	Anforderung und Anerkennung von Schweißverfahren für metallische Werkstoffe; allgemeine Regeln für das Schmelzschweißen
DIN EN 440	Schweißzusätze; Drahtelektroden und Schweißgut zum Metallschutzgasschweißen von unlegierten Stählen und Feinkornstählen, Einteilung
DIN EN ISO 2560	Schweißzusätze; umhüllte Stabelektroden zum Lichtbogenhandschweißen von unlegierten Stählen und Feinkornstäben
DIN ISO 857-1	Schweißen; Begriffe, Einteilung der Schweißverfahren
DIN 15018	Krane; Grundsätze für Stahltragwerke; Berechnung
DIN EN ISO 17659	Mehrsprachige Benennungen für Schweißverbindungen
DIN EN 22553	Schweiß- und Lötnähte, symbolische Darstellung in Zeichnungen
DIN EN ISO 5817	Schweißen – Schmelzschweißverbindungen an Stahl, Nickel, Titan und deren Legierungen
DIN EN ISO 6520-1	Einteilung und Erklärung für Unregelmäßigkeiten beim Schmelzschweißen von Metallen
DIN EN ISO 6947	Schweißnähte; Arbeitspositionen, Definition der Winkel von Neigung und Drehung

10.8 Vereinfachte Darstellung von Verbindungselementen für den Zusammenbau nach DIN ISO 5845-1

DIN ISO 5845-1 enthält allgemeine Grundlagen für die vereinfachte Darstellung von Löchern, Schrauben und Nieten in technischen Zeichnungen für den Metallbau und DIN ISO 5845-2 für die Luft- und Raumfahrt.

In Zeichnungen des Metallbaus werden Verbindungselemente in der Zeichenebene senkrecht und parallel zur Achse vereinfacht durch Symbole dargestellt, s. S. 368.

Darstellung in der Zeichenebene senkrecht zur Achse der Verbindungselemente

10.83

Bei der Darstellung von Löchern, Schrauben und Nieten in der Zeichenebene senkrecht zur Achse wird die Lage der Verbindungselemente symbolisch durch ein Mittenkreuz mit breiten Volllinien dargestellt.

Zusätzliche Informationen sind nach Tabelle 1 auf S. 368 anzugeben. Ein deutlicher Punkt darf in der Mitte des Kreuzes gesetzt werden. Der Durchmesser des Punktes soll der fünffachen Breite der für das Mittenkreuz verwendeten Linie entsprechen.

Darstellung in der Zeichenebene parallel zur Achse des Verbindungselementes

Bei der Darstellung von Löchern, Schrauben und Nieten in der Zeichenebene parallel zu ihrer Achse ist die symbolische Darstellung nach Tabellen 2 und 3 auf S. 368 anzuwenden. Die horizontale Linie des Symbols wird mit einer schmalen Linie, alle anderen Elemente mit einer breiten Volllinie gezeichnet.

Tabelle 1 Symbolische Darstellung von Löchern sowie von in die Löcher passenden Schrauben und Nieten

Loch und Schraube oder Niet	Loch			
	ohne Senkung	Senkung auf der Vorderseite	Senkung auf der Rückseite	Senkung auf beiden Seiten
in der Werkstatt gebohrt und eingebaut				
in der Werkstatt gebohrt und auf der Baustelle eingebaut				
auf der Baustelle gebohrt und eingebaut				

Tabelle 2 Symbolische Darstellung von Löchern

Loch	Loch		
	ohne Senkung	Senkung auf einer Seite	Senkung auf beiden Seiten
in der Werkstatt gebohrt	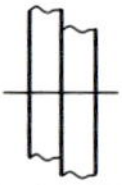	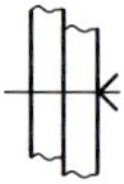	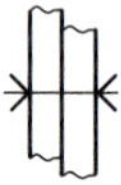
auf der Baustelle gebohrt	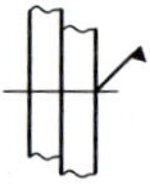	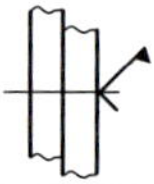	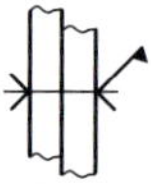

Tabelle 3 Symbolische Darstellung von in die Löcher passenden Schrauben und Nieten

Schraube oder Niet	Loch			
	ohne Senkung	Senkung auf einer Seite	Senkung auf beiden Seiten	Schraube mit Lageangabe der Mutter
in der Werkstatt eingebaut	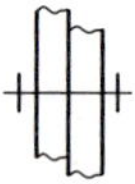	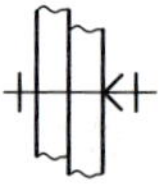	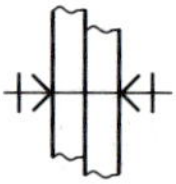	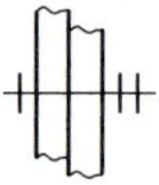
auf der Baustelle eingebaut	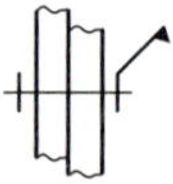	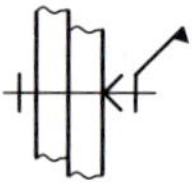	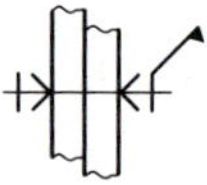	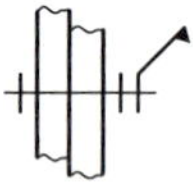
Loch auf der Baustelle gebohrt und Schraube oder Niet auf der Baustelle eingebaut	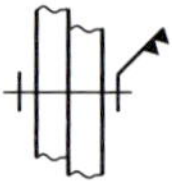	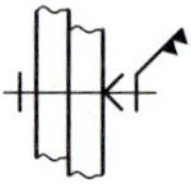	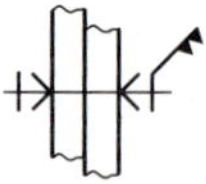	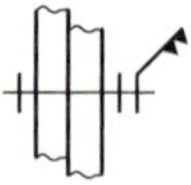

10

10.8.1 Maßeintragung

Maßhilfslinien müssen von der symbolischen Darstellung für Löcher, Schrauben und Niete in der Zeichenebene parallel zu ihren Achsen getrennt werden, 10.84. Als Maßlinienbegrenzungen sind geschlossene Pfeile nach ISO 129 (DIN 406-11) anzuwenden.

Die Bezeichnung von Schrauben und Nieten wird nach der jeweiligen Norm oder gebräuchlichen Vorschrift auf der Hinweislinie angegeben, die auf die symbolische Darstellung gerichtet ist, s. 10.87.

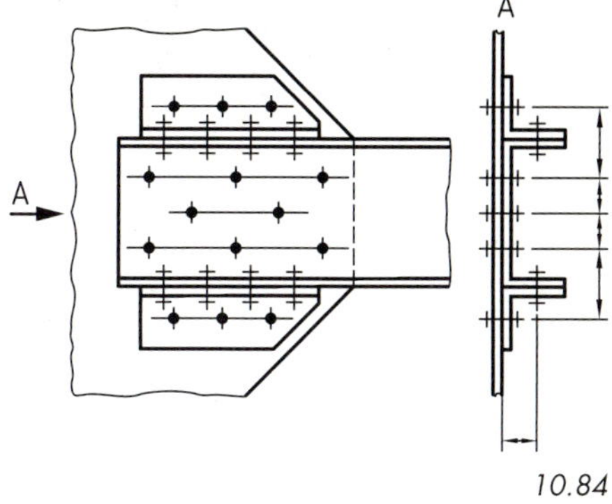

10.84

Die Bezeichnungen von Löchern, Schrauben und Nieten, die auf eine Gruppe gleicher Elemente bezogen ist, soll nur an einem äußeren Element angegeben werden, s. 10.87. Löcher, Schrauben und Niete mit gleichem Abstand von der Achse sollten wie in 10.85 und 86 bemaßt werden.

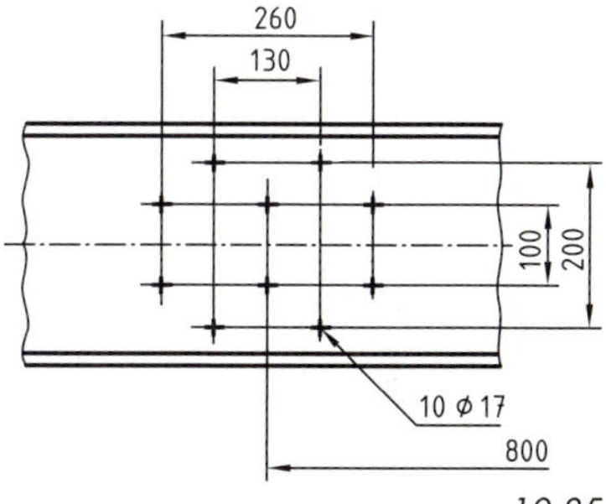

10.85

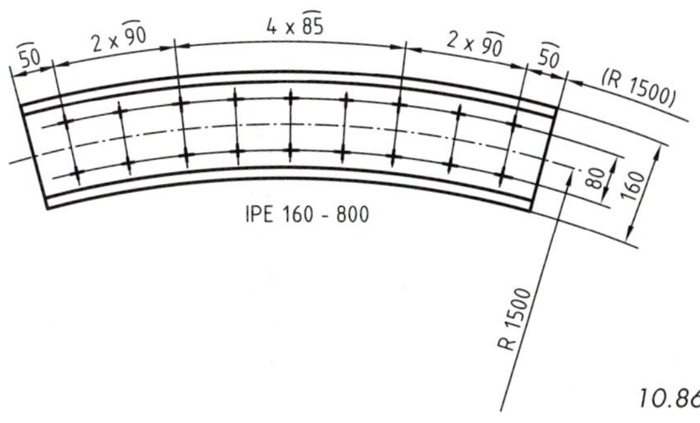

10.86

10.8.2 Vereinfachte Angabe von Stäben und Profilen nach DIN ISO 5261

Die grafischen Symbole bzw. Kurzzeichen, die in Verbindung mit den erforderlichen Maßen für die vereinfachte Angabe von Stäben und Profilen in Metallbauzeichnungen anzuwenden sind, wenn in Normen keine Bezeichnung festgelegt ist, zeigt S. 288.

Die grafischen Symbole sind so anzuordnen, dass sie die Lage der Profile beim Zusammenbau widerspiegeln, 10.87 und 88.

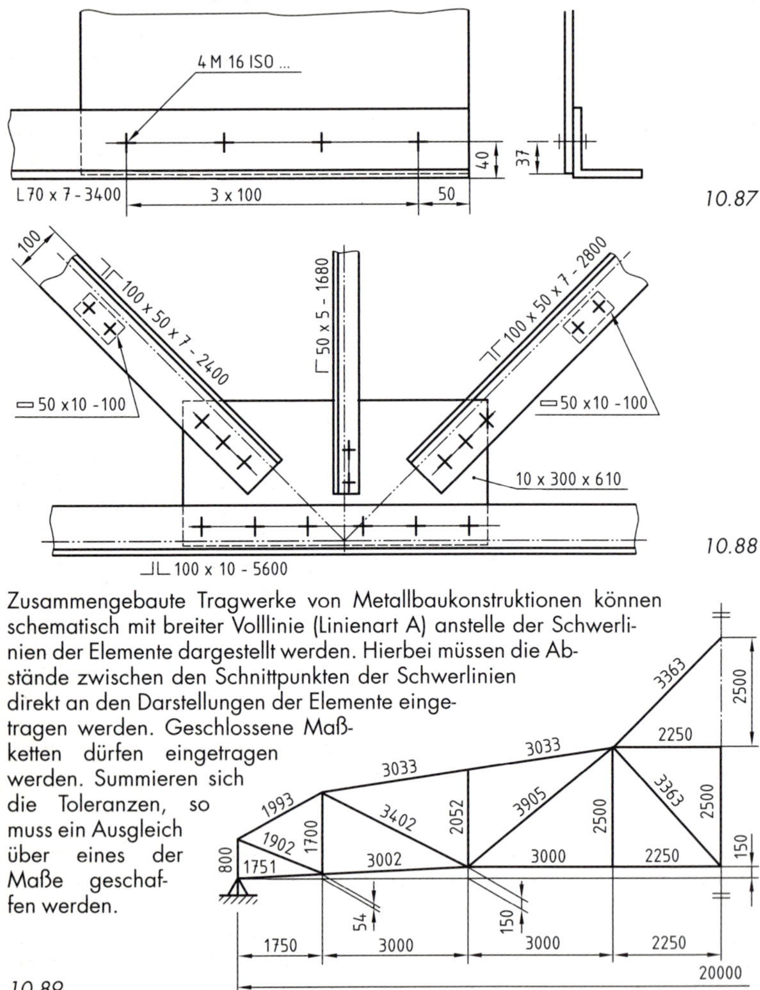

10.87

10.88

Zusammengebaute Tragwerke von Metallbaukonstruktionen können schematisch mit breiter Volllinie (Linienart A) anstelle der Schwerlinien der Elemente dargestellt werden. Hierbei müssen die Abstände zwischen den Schnittpunkten der Schwerlinien direkt an den Darstellungen der Elemente eingetragen werden. Geschlossene Maßketten dürfen eingetragen werden. Summieren sich die Toleranzen, so muss ein Ausgleich über eines der Maße geschaffen werden.

10.89

10.9 Rohrleitungsbau

Aus Rohrplänen ist der Verlauf von Flüssigkeits-, Dampf- und Gasleitungen sowie die Anordnung der verschiedenen Durchfluss- und Absperrorgane, der Mess- und Regelgeräte zu erkennen.

Stufen der Nennweiten DN nach DIN EN ISO 6708

Zu bevorzugende DN-Stufen:

DN 10	DN 250	DN 1500
DN 15	DN 300	DN 1600
DN 20	DN 350	DN 1800
DN 25	DN 400	DN 2000
DN 32	DN 450	DN 2200
DN 40	DN 500	DN 2400
DN 50	DN 600	DN 2600
DN 60	DN 700	DN 2800
DN 65	DN 800	DN 3000
DN 80	DN 900	DN 3200
DN 100	DN 1000	DN 3400
DN 125	DN 1100	DN 3600
DN 150	DN 1200	DN 3800
DN 200	DN 1400	DN 4000

Die Nennweite (DN) ist eine Kenngröße, die bei Rohrleitungssystemen als kennzeichnendes Merkmal zueinander gehörender Teile, z. B. Rohre, Rohrverbindungen, Formstücke und Armaturen, benutzt wird. Sie hat keine Maßeinheit, entspricht jedoch annähernd den lichten Durchmessern der Rohrleitungsteile.

Beispiel: DN 80 = Nennweite 80.

(DN: Diameter Nominal)

Stufen der Nenndrücke PN nach DIN EN 1333

Folgende PN-Stufen stehen zur Auswahl:

PN 2,5	PN 25	PN 160
PN 6	PN 40	PN 250
PN 10	PN 63	PN 320
PN 16	PN 100	PN 400

Der Nenndruck PN ist das Kennzeichen für eine Druckstufe, in der Teile gleichartiger Ausführung und gleicher Anschlussmaße zusammengefasst sind.

Der Zahlenwert eines Nenndruckes entspricht dem Druck (1 bar = 10 N/cm^2.)

Der zulässige Druck eines Rohrleitungsteiles hängt von der PN-Stufe, dem Werkstoff und der Auslegung des Bauteils, der zulässigen Temperatur usw. ab und ist in Tabellen der Druck-Temperatur-Zuordnung in entsprechenden Normen angegeben.

(PN: Pressure Nominal)

Die Europäische Norm DIN EN 764 enthält die im Rohrleitungs- und Apparatebau wichtigen Begriffe und Definitionen für Druckgeräte hinsichtlich Druck, Temperatur und Volumen.

In DIN 2403 ist die Kennzeichnung von Rohrleitungen nach dem Durchflussstoff und der -richtung festgelegt. Der Durchflussstoff wird durch farbige rechteckige Schilder und die Durchflussrichtung durch eine Spitze (Pfeil) angegeben.

Nahtlose geschweißte Stahlrohre nach DIN EN 10220 (Auswahl)

Maße und längenbezogene Massen (Gewichte)

Rohr-Außendurchmesser mm Reihe			Normal-Wanddicke	Längenbezogene Massen (Gewichte) in kg/m für Normalwanddicken
1	2	3	mm	
10,2			1,6	**0,339**
13,5			1,8	0,519
	16		1,8	0,630
17,2			1,8	0,684
	19		2	0,838
	20		2	0,888
21,3			2	**0,952**
	25		2	1,13
		25,4	2	1,15
26,9			2,3	1,4
		30	2,6	1,76
	31,8		2,6	1,87
33,7			2,6	1,99
	38		2,6	2,27
42,4			2,6	**2,55**
		44,5	2,6	2,69
48,3			2,6	2,93
	51		2,6	3,10
		54	2,6	3,30
	57		2,9	3,87
60,3			2,9	**4,11**
	63,5		2,9	4,33
	70		2,9	4,80
		73	2,9	5,01
76,1			2,9	5,24
		82,5	3,2	6,26
88,9			3,2	**6,76**
	101,6		3,6	8,70
		108	3,6	9,27
114,3			3,6	**9,83**
	127		4	12,1
	133		4	12,7
139,7			4	**13,4**
		152,4	4,5	16,4
		159	4,5	17,1
168,3			4,5	**18,2**
		177,8	5	21,3
		193,7	5,6	26,0

Flansche und Flanschverbindungen

Rohre werden häufig durch Flansche lösbar verbunden. Nach der Größe der Nennweite, des Nenndruckes, der Temperatur des Durchflussproduktes und dem Betriebszweck sind verschiedene Flanscharten genormt. DIN 2500 bringt eine Übersicht über folgende genormte Flanscharten: Gewindeflansche, Löt- und Schweißflansche, Blindflansche, Gusseisenflansche, Stahlgussflansche, Vorschweißflansche und lose Flansche.

Nach DIN 2501-1 sind für Flansche die Anschlussmaße, die Anordnung der Schraubenlöcher und die Formen der Dichtflächen festgelegt.

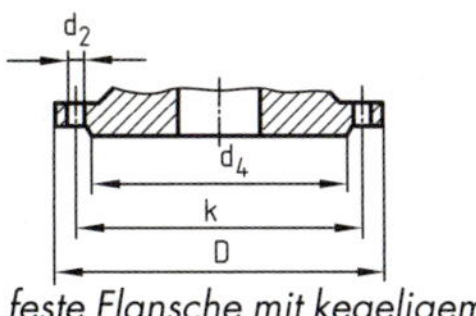

feste Flansche mit kegeligem Ansatz mit Dichtleiste

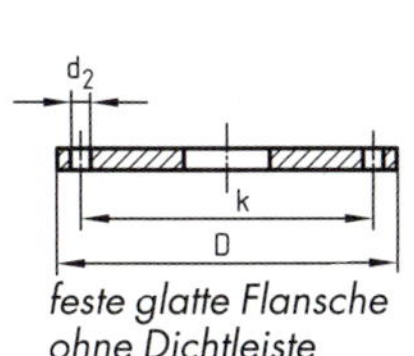

feste glatte Flansche ohne Dichtleiste

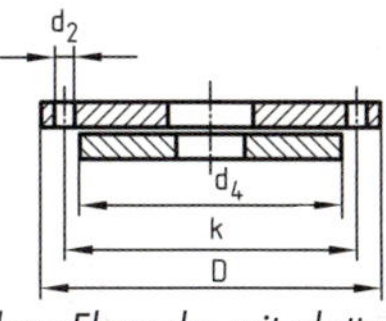

lose Flansche mit glattem Bund oder Vorschweißbund

10.90 Anschlussmaße

Anschlussmaße für Nenndrücke 10, 16[1)], 25 u. 40

Nennweite DN	D	d_4	k	Schrauben Anzahl	Schrauben Gewinde	d_2
6	75	32	50	4	M 10	11
8	80	38	55	4	M 10	11
10	90	40	60	4	M 12	14
15	95	45	65	4	M 12	14
20	105	58	75	4	M 12	14
25	115	68	85	4	M 12	14
32	140	78	100	4	M 16	18
40	150	88	110	4	M 16	18
50	165	102	125	4	M 16	18
65	185	122	145	8	M 16	18
80	200	138	160	8	M 16	18
100	235	162	190	8	M 20	22
125	270	188	220	8	M 24	26
150	300	218	250	8	M 24	26
(175)	350	260	295	12	M 27	30

1) Abweichungen der Anschlussmaße für Nennweiten 65 ... 175

10.91 Anordnung der Schraubenlöcher

Bezeichnung eines Flanschanschlusses in Zeichnungen und Fertigungsunterlagen, z. B. für Nennweite 100 und Nenndruck 10: Flanschanschluss DIN 2501 – 100 DN 10.

Rundflansche haben eine durch 4 teilbare Anzahl von Schraubenlöchern. Die Schraubenlöcher sind bei Rohrleitungen und Armaturen so anzuordnen, dass sie symmetrisch zu den beiden Hauptachsen liegen und dass in diese keine Löcher fallen, 10.91.

Bei im Schnitt dargestellten Flanschen legt man die Schraubenlöcher mit in die Schnittfläche, klappt dann den Lochkreis um 90° in die Zeichenebene und zeichnet die Löcher als schmale Volllinien ein, s. 10.93 und 94.
Die Normen DIN 2500, DIN 2501 und DIN EN 1092-1 sind aktuell.

Vorschweißflansche sind nach DIN 2627–2629 und DIN EN 1092 genormt.

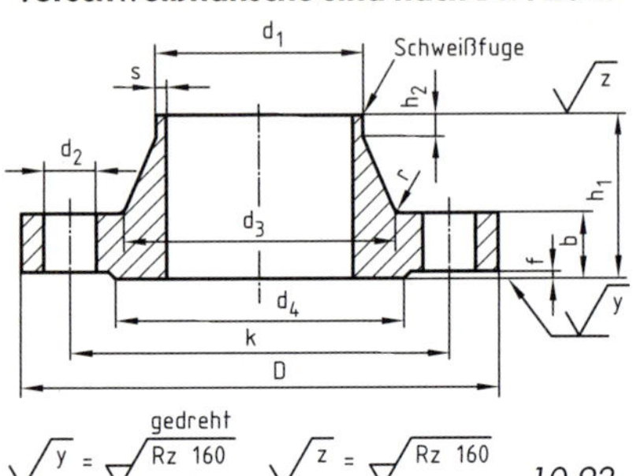

10.92

Richtlinien für das Schmelzschweißen von Stumpfstößen an Stahlrohren und die Fugenformen enthält DIN 2559.

Form der Schweißfuge:

Regelausführung

s ≤ 16 Fugenform DIN 2559-2

s > 16 Fugenform DIN 2559-3

Normbezeichnung eines Vorschweißflansches DIN EN 1092-1 Typ 11, Dichtflächenform B2, Nennweite DN 100, PN-Stufe PN 40, Ansatzdicke s = 3,6 mm und Kurzname des Werkstoffs S235JR: Flansch EN 1092-1/11 B2/DN 100/PN 40/3,6/S235JR

Vorschweißflansche PN 10 und PN 16 DIN EN 1092-1 (Auswahl)

Rohr		Flansch				Ansatz				Dichtleiste		Schrauben			
DN	d_1	D	b	k	h_1	d_3	s	r	≈ h_2	d_4	f	Anzahl	Gewinde		d_2
15	20 / 21,3	95	14	65	35	30 / 32	2	4	6	45	2	4	M 12	½″	14
20	25 / 26,9	105	16	75	38	38 / 40	2,3	4	6	58	2				
25	30 / 33,7	115	16	85	38	42 / 45	2,6	4	6	68	2				
32	38 / 42,4	140	16	100	40	52 / 56	2,6	6	6	78	2		M 16	⅝″	18
40	44,5 / 48,3	150	16	110	42	60 / 64	2,6	6	7	88	3				
50	57 / 60,3	165	18	125	45	72 / 75	2,9	6	8	102	3				
65	76,1	185	18	145	45	90	2,9	6	10	122	3				
80	88,9	200	20	160	50	105	3,2	8	10	138	3	4/8			
100	108 / 114,3	220	20	180	52	125 / 131	3,6	8	12	158	3	8			

Beispiele für Vorschweiß-Flanschverbindungen

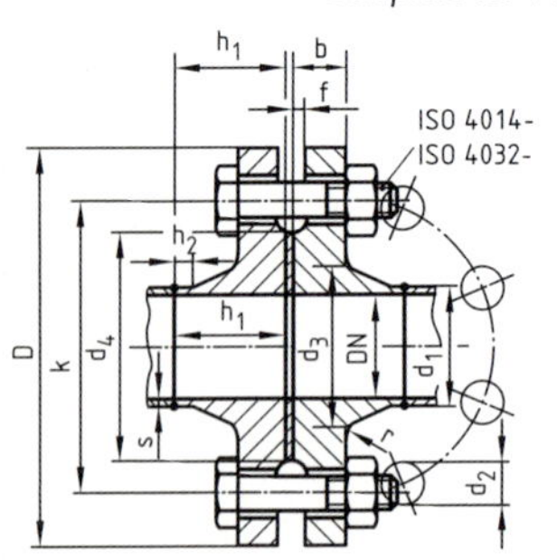

10.93 Vorschweißflansche DIN EN 1092-1 mit Flachdichtung nach DIN EN 1514-1

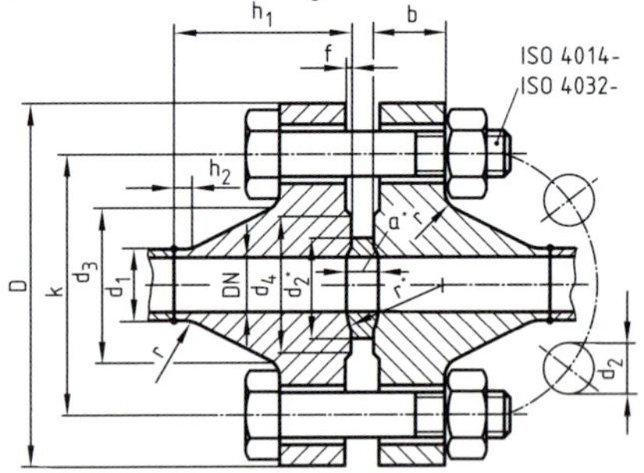

10.94 Vorschweißflansche DIN 2629 mit Linsendichtung nach DIN 2696

* nach DIN 2696

Grafische Symbole für Rohrleitungen nach DIN 2429-2 (Auswahl)

Diese Norm legt die Form und Bedeutung grafischer Symbole zur funktionellen Darstellung von Rohrleitungsteilen fest.

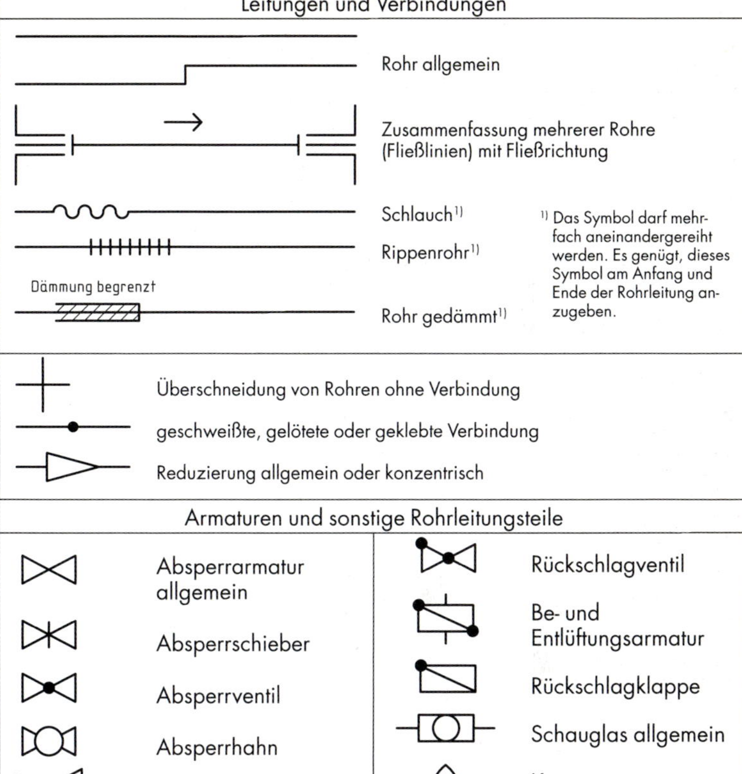

Normenhinweis

DIN 2425 Richtlinien für Pläne der Wasserversorgung im Brandschutz

DIN 6654 Rohrpost, Sinnbilder

DIN 43609 Elektrische Schaltanlagen; grafische Symbole für Druckluftschaltpläne

DIN 1986-100 und DIN EN 12056-1 bis -5 Entwässerungsanlagen für Gebäude und Grundstücke; technische Bestimmungen für den Bau

DIN 1988 Trinkwasser-Leitungsanlagen in Grundstücken, technische Bestimmungen für Bau und Betrieb

DIN 2403 Kennzeichnung von Rohrleitungen nach dem Durchflussstoff

DIN ISO 6412-1 u. -2 Vereinfachte Darstellung von Rohrleitungen

Isometrische Rohrprojektion mit Koordinatensystem s. S. 266

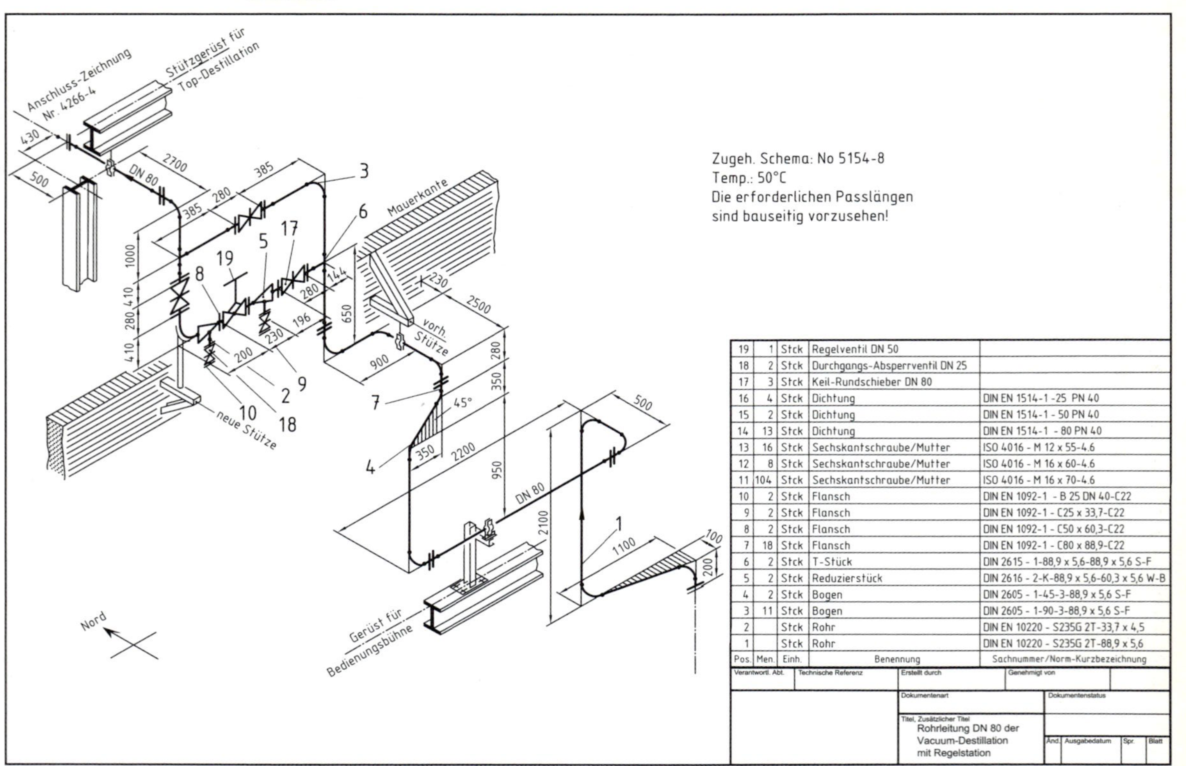

Pos.	Men.	Einh.	Benennung	Sachnummer/Norm-Kurzbezeichnung
19	1	Stck	Regelventil DN 50	
18	2	Stck	Durchgangs-Absperrventil DN 25	
17	3	Stck	Keil-Rundschieber DN 80	
16	4	Stck	Dichtung	DIN EN 1514-1 -25 PN 40
15	2	Stck	Dichtung	DIN EN 1514-1 - 50 PN 40
14	13	Stck	Dichtung	DIN EN 1514-1 - 80 PN 40
13	16	Stck	Sechskantschraube/Mutter	ISO 4016 - M 12 x 55-4.6
12	8	Stck	Sechskantschraube/Mutter	ISO 4016 - M 16 x 60-4.6
11	104	Stck	Sechskantschraube/Mutter	ISO 4016 - M 16 x 70-4.6
10	2	Stck	Flansch	DIN EN 1092-1 - B 25 DN 40-C22
9	2	Stck	Flansch	DIN EN 1092-1 - C25 x 33,7-C22
8	2	Stck	Flansch	DIN EN 1092-1 - C50 x 60,3-C22
7	18	Stck	Flansch	DIN EN 1092-1 - C80 x 88,9-C22
6	2	Stck	T-Stück	DIN 2615 - 1-88,9 x 5,6-88,9 x 5,6 S-F
5	2	Stck	Reduzierstück	DIN 2616 - 2-K-88,9 x 5,6-60,3 x 5,6 W-B
4	2	Stck	Bogen	DIN 2605 - 1-45-3-88,9 x 5,6 S-F
3	11	Stck	Bogen	DIN 2605 - 1-90-3-88,9 x 5,6 S-F
2		Stck	Rohr	DIN EN 10220 - S235G 2T-33,7 x 4,5
1		Stck	Rohr	DIN EN 10220 - S235G 2T-88,9 x 5,6

Verantwortl. Abt.	Technische Referenz	Erstellt durch	Genehmigt von
		Dokumentenart	Dokumentenstatus
		Titel, Zusätzlicher Titel: Rohrleitung DN 80 der Vacuum-Destillation mit Regelstation	Änd. / Ausgabedatum / Spr. / Blatt

11 Schaltzeichen, Symbole und Schaltpläne

11.1 Grafische Symbole der Fluidtechnik nach DIN ISO 1219-1

Schaltzeichen	Erklärung	Schaltzeichen	Erklärung
	Arbeitsleitung		Einfach wirkende Zylinder, Rückhub durch äußere Kraft
	Steuerleitung, Leckleitung		Druckübersetzer für: gleiches Druckmittel, z. B. Luft–Luft
	Mechanische Verbindung (Welle, Hebel)		Druckmittelwandler, z. B. Luft–Flüssigkeit
	Umrahmen von Baugruppen		Wegeventile haben so viele verschiedene Stellungen, wie Quadrate vorhanden sind
	Elektr. Leitung		Durchflusswege 1 Durchflussweg
	Leitungsverbindung		2 Anschlüsse gesperrt
	Leitungskreuzung		2 Durchflusswege
	Flexible Leitung		Elektrohydraulische Servoventile: einstufig mit direkter Wirkungsweise
▲ hydr. △ pneu.	Dreieck: für Richtung des Stromes und Art des Druckmediums		zweistufig mit hydraulischer Rückführung
	Pfeil: Stromrichtung		Rückschlagventile mit und ohne Feder
	Pumpen und Kompressoren:		Entsperrbare Rückschlagventile durch Vorsteuerung
	Hydropumpe mit konstantem Verdrängungsvolumen für 1 Stromrichtung		Auslass ohne Rohranschluss
	2 Stromrichtungen		Verschlossener Weg oder Anschluss
M	Elektromotor		
M	Wärmekraftmaschine		

Die Sinnbilder für Ölhydraulik und Pneumatik unterscheiden sich nur durch die Zeichen in der Leitung und durch die Art der Auslässe. Linien siehe DIN EN ISO 128-20.

Schaltzeichen	Erklärung	Schaltplan mit Erklärung
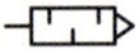	Schalldämpfer	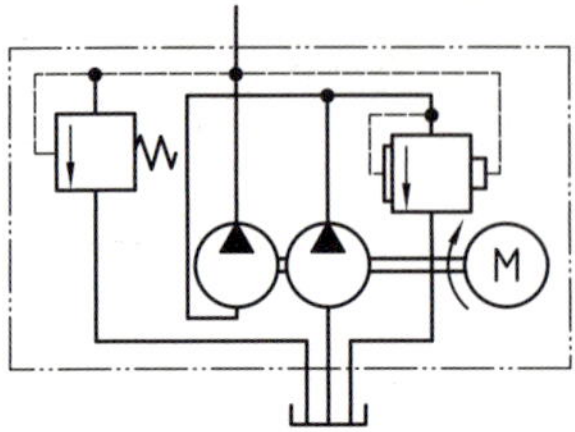
	Behälter mit Leitung	
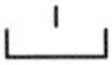	über Flüssigkeitsspiegel	
	unter Flüssigkeitsspiegel	
	Energiesammler: Hydrospeicher	Eine Zweistufenpumpe wird durch einen Elektromotor angetrieben. In der zweiten Stufe befindet sich ein Druckbegrenzungsventil, und ein Verhältnisdruckbegrenzungsventil hält den Druck in der ersten Stufe aufrecht, z. B. auf der halben Höhe des Druckes der zweiten Stufe.
	Filter	
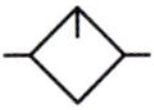	Öler	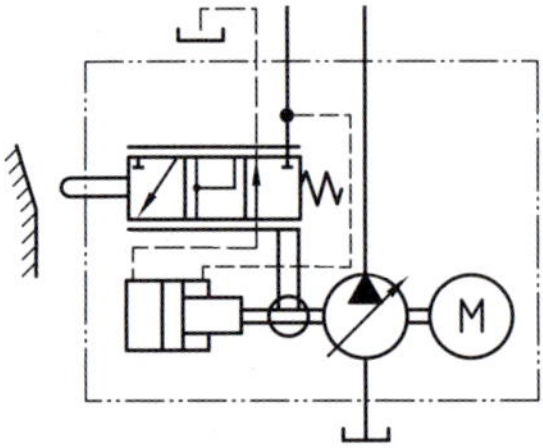
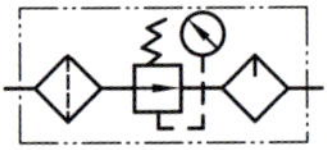	Wartungseinheit: Filter, Druckregelventil, Öler, Manometer	
	vereinfacht	Die Verstellpumpe einer Nachformeinrichtung, angetrieben durch einen Elektromotor, wird verstellt durch einen Servomotor mit Differenzialzylinder über einen Fühlerstift mit zwei drosselnden Kanälen und mechanischer Rückführung.
	Druckmessung: Manometer	
	Temperaturmessung: Thermometer	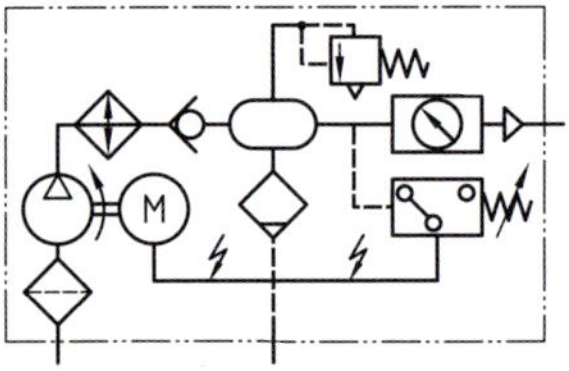
	Strommessung: Strommesser	Der Einstufenkompressor, angetrieben durch einen Elektromotor, wird automatisch ein- und ausgeschaltet je nach Druckabfall oder Druckanstieg im Druckbehälter.
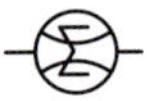	Volumenmesser	

Schaltpläne der Fluidtechnik zeigt DIN ISO 1219-2.

11.2 Grafische Symbole für Wärmekraftanlagen nach DIN 2481 (Auswahl)

Leitungen	
Benennung	**Darstellung**
Rohrleitung allgemein, Fließlinie allgemein	
Wirklinie, Steuerleitung, Signalleitung	
Angabe der Durchflussrichtung	(Bewegung in Pfeilrichtung DIN 30600 Bz.-Nr. 28)
Rohrleitung mit Heizung oder Kühlung allgemein	
Rohrleitung mit Dampf beheizt	
Rohrleitung elektrisch beheizt	
Wärmedämmung (Isolierung)	ID 100
Überschneidung von Rohrleitungen oder Fließlinien (Kreuzung ohne Verbindungsstelle)	
Verbindung von Rohrleitungen (Kreuzung mit Verbindungsstelle)	
Abzweigstelle	

Benennung	Bz.-Nr.	Grafisches Symbol
Absperrarmatur, allgemein	584	
Kondensatableiter	629	
Oberflächen-Wärmeaustauscher, allgemein, mit Kreuzung der Stoffflüsse	618 Form A	
Wasserdampfkondensator, allgemein	002258	
Wasserdampferzeuger mit Überhitzer, Wasserdampfkessel mit Überhitzer	623	
Behälter mit Rieselentgasung	002255	
Antriebsmaschine mit Expansion des Arbeitsstoffes	632	
Dampfturbine		
Kolbendampfmaschine		
Dieselmotor, Ottomotor		
Elektromotor, allgemein	635	M
Stromerzeuger umlaufend, allgemein	636	G
Flüssigkeitspumpe, allgemein	695	

11

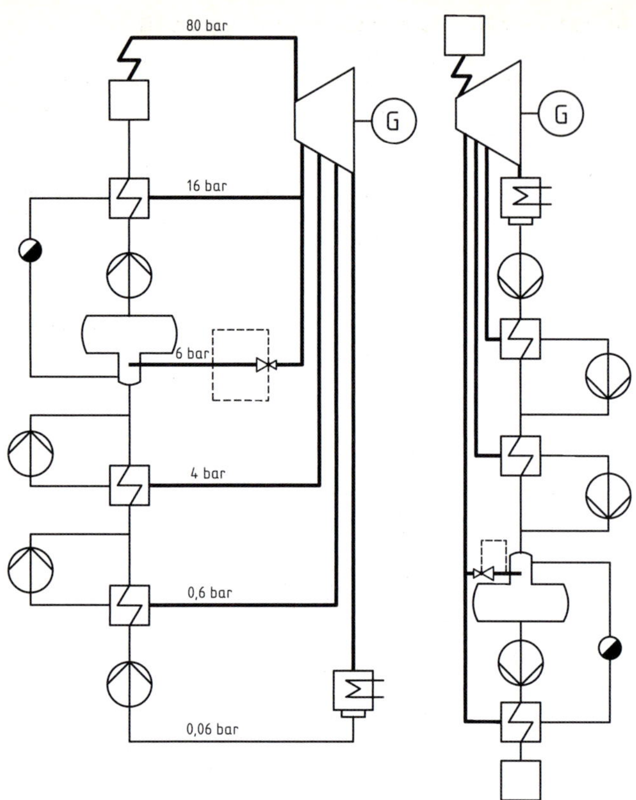

11.1 und 2 Wärmegrundschaltplan für eine Kondensationsturbine mit drei Anzapfungen

11

Beide Schaltpläne zeigen die gleiche Anlage, und zwar in Kreislauf- (11.1) und Fließdarstellung (11.2). Das Speisewasser wird in drei Oberflächen-Wärmetauschern und einem Mischvorwärmer, der mit einem Warmwasserspeicher zusammengebaut ist, und Dampf über ein Druckminderventil vorgewärmt. Bei der vierten Vorwärmstufe (16 bar) wird das Kondensat aus dem Wasserdampfkondensator in die nächstniedere Stufe durch Drosselung zurückgeführt. Die Anzapfungen dienen der Speisewasservorwärmung, die eine erhebliche Verbesserung des Prozesswirkungsgrades bewirkt. Die erforderlichen Pumpen sind eingezeichnet.

Aufgabe: *Erklären Sie die einzelnen Symbole in dem Wärmegrundschaltplan mithilfe der Seite 379.*

11.3 Dokumente der Elektrotechnik nach DIN EN 61082

Diese Norm enthält Regeln und Richtlinien für die Erstellung von Dokumenten der Elektrotechnik. Eine Dokumentation besteht aus verschiedenartigen Dokumenten und ist für die Erstellung, Inbetriebnahme, den Betrieb und die Instandhaltung einer Anlage oder eines Gerätes wichtig.

Ein Dokument enthält auf einem bestimmten Datenträger (z. B. Papier) in einer bestimmten Darstellungsform (z. B. Stromlaufplan) Informationen (z. B. Stromwege und Wirkweisen der Betriebsmittel). Die Wechselwirkungen zwischen den verschiedenen Arten der Informationen, Darstellungsformen, Arten von Datenträgern sowie Klassifizierung der Dokumente zeigt 11.3.

Nachfolgend werden nur ein Überblick und einige Beispiele von Dokumenten als Schaltpläne gegeben, die ein wichtiger Bestandteil der Dokumentation von Anlagen und Geräten in der Elektrotechnik sind.

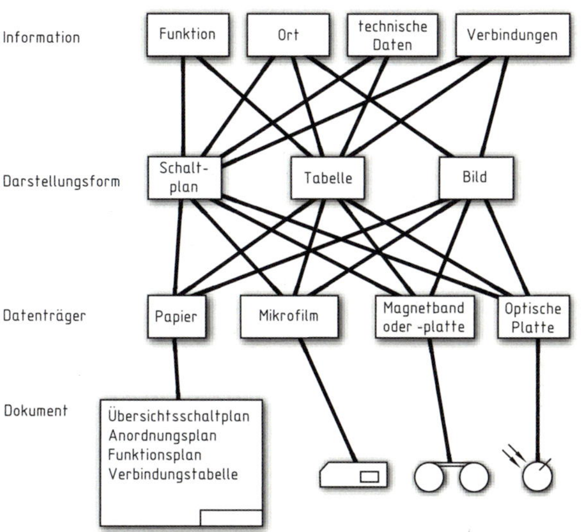

11.3 Wechselbeziehungen zwischen verschiedenen Arten von Informationen, Darstellungsformen und Datenträgern sowie Klassifizierung der Dokumente.

Ein Schaltplan ist eine grafische Darstellung mit grafischen Symbolen (Schaltzeichen) und beschrifteten Konturen, die zeigen, wie die Bestandteile eines Systems zueinander in Beziehung stehen und miteinander verbunden sind.

In Schaltplänen können Bauteile und Verbindungen wie folgt dargestellt werden: zusammenhängend, aufgelöst, wiederholt oder in Gruppen, einpolig oder mehrpolig, wobei jede einzelne Beziehung bzw. Verbindung durch eine eigene Linie dargestellt wird.

Als Darstellungsart von Schaltplänen unterscheidet man:

- die funktionelle Anordnung, wobei die Bauteile im Schaltplan so platziert sind, dass die funktionellen Beziehungen leicht zu erkennen sind,
- die lagerichtige Anordnung, bei der die Schaltzeichen für die Komponenten so platziert sind, dass ihre Lage im Schaltplan der räumlichen Lage der Komponenten entspricht.

Beispiele für funktionsbezogene Anordnungen:

Übersichtsschaltplan	häufig in einpoliger Darstellung ausgeführter Schaltplan, der die wichtigsten Verbindungen oder Beziehungen zwischen den Betriebsmitteln eines Systems zeigt, s. 11.4.
Stromlaufplan	zeigt die Stromkreise einer Baueinheit oder Anlage, wie sie ausgeführt sind. Aus deren Anordnung ist die Funktion erkennbar, ohne dass die räumliche Lage der Betriebsmittel berücksichtigt ist, s. 11.5.
Netzwerkkarte	ist ein Übersichtsschaltplan, der ein Netzwerk auf einer Karte darstellt, beispielsweise Kraftwerke, Umspannstationen, Fernmeldeanlagen.

Beispiele für lagerichtige Anordnungen:

Installationszeichnung (Installationsplan)	zeigt die Lage der Teile eines Systems oder einer Einrichtung.
Installationsschaltplan	ist eine Installationszeichnung, welche auch die Verbindung zwischen den Teilen zeigt.
Gruppenzeichnung	Zeichnung, welche die räumliche Lage und die Gestalt einer Gruppe von zusammengebauten Teilen darstellt, üblicherweise maßstäblich gezeichnet.

Beispiele für verbindungsbezogene Anordnungen:

Verdrahtungsplan (Verdrahtungstabelle)	Schaltplan (Tabelle), der die Verbindung einer Anlage oder einer Ausrüstung zeigt oder auflistet.
Geräteverdrahtungsplan (Geräteverdrahtungstabelle)	Verdrahtungsplan (-tabelle), der die Verbindung innerhalb einer Baueinheit zeigt oder auflistet, 11.8.
Anschlussplan (Klemmenplan, Anschlusstabelle)	Verdrahtungsplan (-tabelle), der die Anschlusspunkte einer Baueinheit sowie die inneren und/oder äußeren Verbindungen zeigt, 11.9.

Bei der Erstellung von Schaltplänen sind folgende Normen zu beachten:

DIN ISO 128-30	Grundregeln für Ansichten
DIN ISO 128-24	Linienarten
DIN ISO 5455	Maßstäbe
DIN EN ISO 5457	Maße und Gestaltung von Zeichnungsvordrucken
DIN 406-10 bis -12	Maßeintragung
DIN EN 61082	Dokumente der Elektrotechnik
DIN EN 61346- …	Kennzeichnung von elektrischen Betriebsmitteln
DIN EN ISO 7200	Schriftfeld
DIN EN ISO 3098- …	Schriften
DIN ISO 6428	Anforderungen Mikroverfilmung

Motorsteuerung mit Drucktasterbetätigung und Überlaststöranzeige durch Leuchtmelder

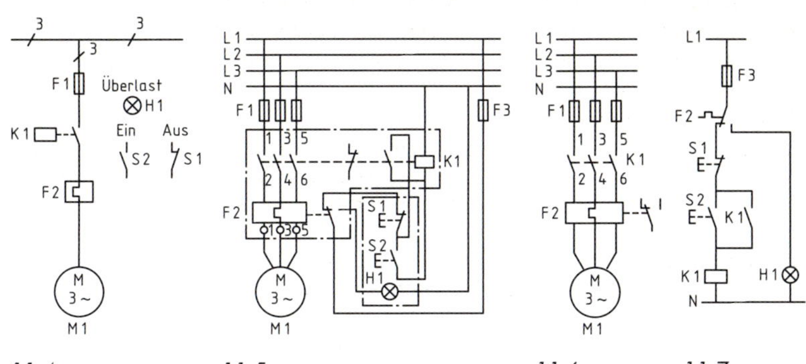

11.4 *11.5* *11.6* *11.7*

11.4 *Übersichtsschaltplan*

11.5 *Stromlaufplan, zusammenhängende Darstellung*

11.6 *Stromlaufplan vom Hauptstromkreis*

11.7 *Stromlaufplan vom Hilfs- oder Steuerstromkreis, aufgelöste Darstellung*

Geräteliste:

S1 Druckknopftaster „Aus"

S2 Druckknopftaster „Ein"

K1 Schütz

F1 Hauptsicherungen

F2 thermisches Überstromrelais (mit Sperre)

F3 Steuerkreissicherung

H1 Meldeleuchte „Überlast"

M1 Motor

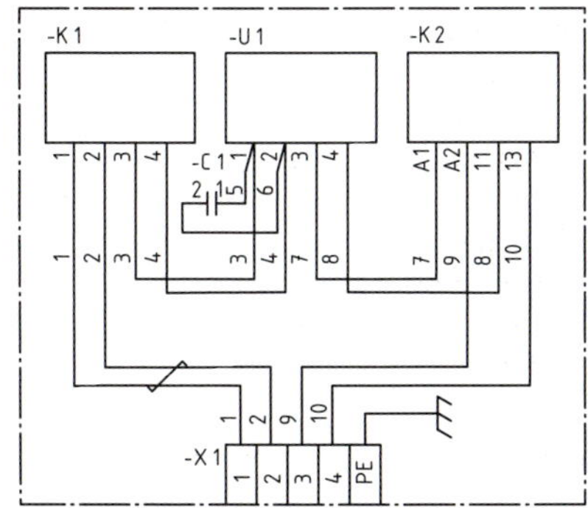

11.8 *Beispiel für einen Geräteverdrahtungsplan für eine Baugruppe in einer Schaltgerätekombination*

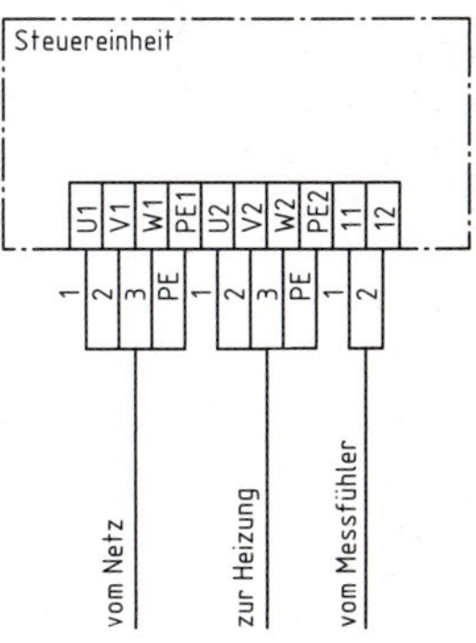

11.9 *Beispiel für einen Anschlussplan, dargestellt für eine Steuereinheit*

11

11.4 Gestalten grafischer Symbole

Die Grundlagen für das Entwickeln und Gestalten grafischer Symbole für die technische Produktinformation bringt DIN EN ISO 81714-1.

Ein grafisches Symbol ist ein visuell wahrnehmbares Bild, das dazu dient, Informationen sprachunabhängig zu vermitteln. Der Bezugspunkt aller Elemente des grafischen Symbols ist der Ursprung eines Koordinatensystems. Grafische Symbole müssen so gestaltet sein, dass sie die Information über eine Funktion oder eine besondere Anforderung vermitteln. Dies trifft auch dann zu, wenn Gegenstände mithilfe grafischer Symbole dargestellt werden sollen.

Die Form eines grafischen Symbols muss sein:

einfach, um die Erkennbarkeit und Wiedergabe zu verbessern,
leicht angelehnt an die beabsichtigte Bedeutung, z. B.
selbsterklärend oder einfach zu erlernen und zu behalten.

Grafische Symbole mit derselben Form, aber unterschiedlicher Bedeutung sollen vermieden werden. Grafische Symbole können auch zusammengefasst werden zu einem neuen grafischen Symbol mit ergänzender bzw. einschränkender Bedeutung.
Ferner müssen sie rechnerinterpretierbar sein. Dies hat zur Folge, dass auch Referenzbibliotheken aufgebaut werden können, s. DIN EN 81714-2.

Raster für das Gestalten grafischer Symbole

Das Bezugsmaß für die Nenngröße h eines Symbols ist die in der Zeichnung gewählte Höhe der Großbuchstaben nach DIN EN ISO 3098-0. Festlegung für die Nenngröße h mit der Stufung $\sqrt{2}$:

Nenngröße h	1,8	2,5	3,5	5	7	10
Linienbreite $d = {}^1/_{10} \cdot h$	0,18	0,25	0,35	0,5	0,7	1,0

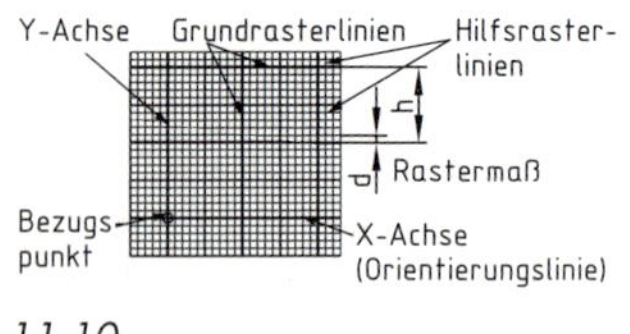

11.10

Jedes grafische Symbol für technische Zeichnungen ist in seinem Raster einer x-Achse und einer y-Achse zugeordnet, deren Nullpunkt der Bezugspunkt ist. Jedes grafische Symbol und jedes Symbolelement soll über einen Bezugspunkt ansprechbar (speicherbar) sein und damit unterschiedliche Platzierungen innerhalb eines Symbolsystems ermöglichen, 11.10. Gestaltungsbeispiel zeigt 11.11 ... 13.

11

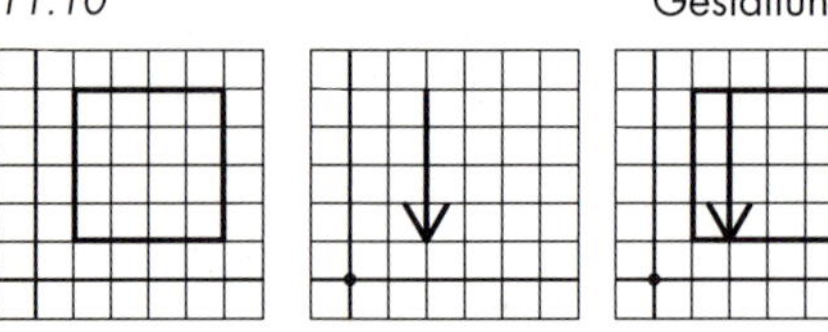

11.11 ... 13
Gestalten von Symbolen mithilfe von Symbolelementen

Grafische Symbole für Form- und Lagetoleranzen nach DIN ISO 7083

Diese Norm legt die Größenverhältnisse und Maße fest, die beim Eintragen von Form- und Lagetoleranzen angewendet werden. Die Maße sind auf die in DIN EN ISO 3098-0 festgelegten Schriftgrößen bezogen, s. Tabelle. Die Rahmenbreite ergibt sich aus der Breite der Kästen; der erste Rahmen entpricht der Rahmenhöhe H, die beiden folgenden Kästen hängen von der Länge der Eintragung ab, 11.14.

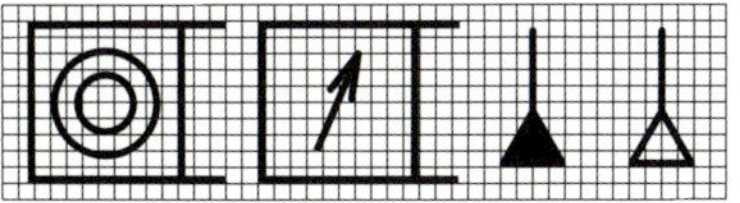

11.14 und 15

Tabelle für Schriftform B nach DIN EN ISO 3098-2, Maße in mm

Symbolelement	Empfohlene Maße				
Höhe des Rahmens (H)	5	7	10	14	20
Schriftgröße (h)	2,5	3,5	5	7	10
Durchmesser (D)[1]	10	14	20	28	40
Linienbreite (d)	0,25	0,35	0,5	0,7	1

[1] Für Kennzeichnung der Bezugsstelle nach ISO 5459

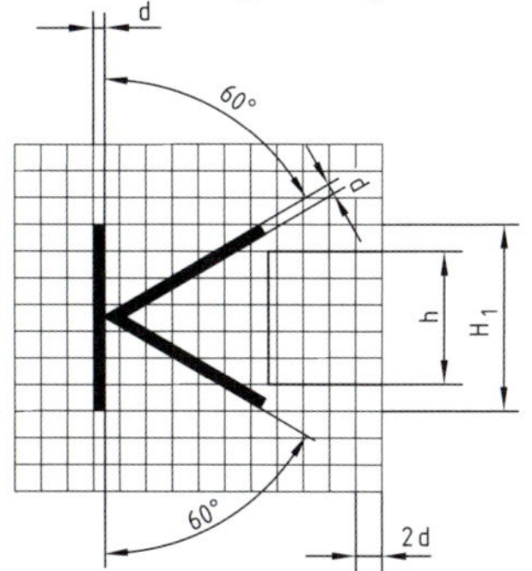

11.16 Grafisches Symbol nach DIN ISO 6411

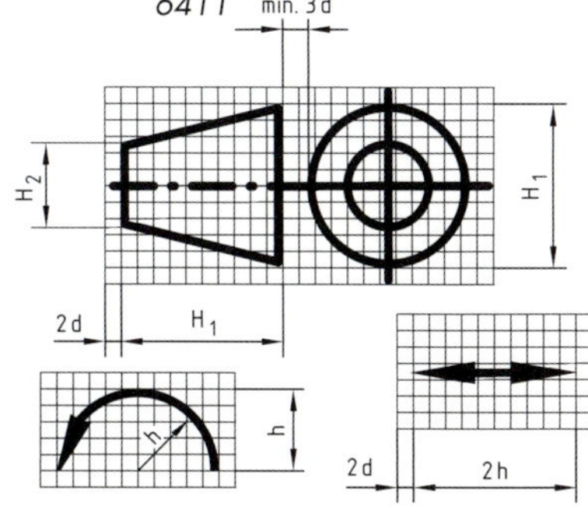

Verhältnisse und Maße für grafische Symbole

Für die vereinfachte Darstellung von Zentrierbohrungen nach DIN ISO 6411

Das Symbol für die vereinfachte Darstellung von Zentrierbohrungen ist mit derselben Linienbreite d zu zeichnen wie die Schriftgröße h für die Maßeintragung d = 1/10 h. Die Schriftgröße für die Angabe der Normbezeichnung entspricht der für die Maßeintragung. Das Symbol ist entsprechend den Verhältnissen und Maßen nach Bild 11.16 zu zeichnen.

Schriftgröße h	3,5	5	7	10
Linienbreite d	0,35	0,5	0,7	1
Maße H; Zentr.-bohrung	5	7	10	14
Maß H1 weitere	7	10	14	20

Weitere Symbole

Kennzeichnung der Projektionsmethode, 11.17 (DIN ISO 5456-2), gedrehte Darstellunge, 11.18 (DIN ISO 128-30); Angaben für die Wälz- bzw. Faserrichtung, 11.19 (DIN ISO 128-34). Die Linienbreite der Symbole und Zusatzangaben entspricht ebenfalls der Linienbreite der Schriftgröße für die Maßeintragung. Die Symbole sind entsprechend den Verhältnissen und Maßen der Bilder 11.17 ... 19 zu zeichnen.

11.17 ... 19 Grafische Symbole nach DIN ISO 5456-2, DIN ISO 128-30, DIN ISO 128-34

11

12.1 Rechnerunterstützung in der Konstruktion allgemein

Konstruktionsarten		Konstruktionsphasen			
		Konzipieren		Entwerfen	Ausarbeiten
Gruppenbegriffe	gebräuchliche Begriffe	Funktionsfindung	Prinziperarbeitung	Gestaltung	Detaillierung
Neukonstruktion	Neukonstruktion Entwicklungskonstr. Angebotskonstruktion				
Anpassungskonstruktionen	Anpassungskonstruktion Angebotskonstruktion Fertigungskonstruktion Änderungskonstruktion				
Variantenkonstr.	Variantenkonstruktion				

Die kürzer werdende Beibehaltungszeit von Produkten in der Fertigung macht es notwendig, immer schneller neue Produkte auf den Markt zu bringen. Das erfordert eine Beschleunigung des Konstruktionsprozesses. Dieser Bereich hat sich aber oft als Engpass bei einem Auftragsdurchlauf erwiesen. Eine Verbesserung lässt sich neben der Systematisierung des Konstruktionsprozesses vor allem durch den Einsatz von EDV-Anlagen im Konstruktionsprozess erreichen.

Nach der VDI-Richtlinie 2210 wird der Konstruktionsprozess wegen seiner Komplexität in verschiedene Konstruktionsphasen (Teilvorgänge) und Konstruktionsarten unterteilt. In den ersten Phasen beim Funktionsfinden und Prinziperarbeiten für eine Konstruktionsaufgabe werden Optimierungsüberlegungen angestellt, die im Wesentlichen geistig-schöpferischer Art sind. In den Phasen des Gestaltens und Detaillierens kann der Zeitaufwand für sich wiederholende Tätigkeiten durch Rechnereinsatz erheblich verringert werden.

Bei den Konstruktionsarten unterscheidet man im Wesentlichen Neukonstruktionen, Anpassungskonstruktionen und Variantenkonstruktionen. Neukonstruktionen erstrecken sich über alle Konstruktionsphasen, wobei die ersten im Hinblick auf eine Optimierung wiederholt werden müssen. Bei Anpassungskonstruktionen liegt die Gesamtfunktion der Teile fest, wobei nur einige Teile unwesentlich verändert oder ergänzt werden müssen. Bei Variantenkonstruktionen liegt eine festgelegte Funktion vor, wobei nur die Gestalt und die Abmessungen einiger Teile verändert werden.

Eine Untersuchung hat ergeben, dass im Maschinenbau etwa 25 % Neukonstruktionen, 55 % Anpassungskonstruktionen und 20 % Variantenkonstruktionen vorliegen. Durch Standardisierung kommt der Werkzeugmaschinenbau auf 50 % Variantenkonstruktionen. Hierbei kommen die Vorteile von CAD beim Gestalten und Detaillieren besonders zum Tragen.

12.2 Rechnerunterstütztes Konstruieren und Zeichnen, CAD

Unter dem Begriff CAD (Computer Aided Design) versteht man das rechnerunterstützte Zeichnen und Konstruieren. Dabei nutzt der Konstrukteur oder Zeichner eine geeignete DV-Anlage mit einigen für grafische Arbeitsplätze typischen Ein- und Ausgabegeräten.

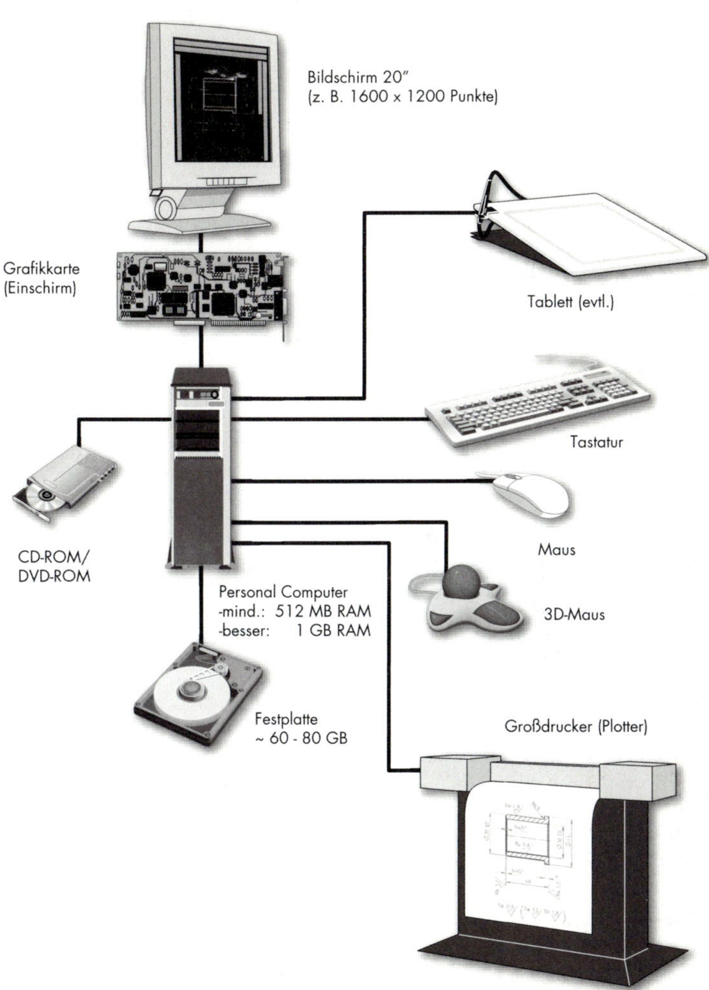

12.1 Wichtige Komponenten eines CAD-Arbeitsplatzes

12

CAD-Systeme zeigen hinsichtlich ihrer Leistungsfähigkeit sehr große Unterschiede. So sind die Anforderungen an die Hardware beim einfachen 2D-Zeichnungssystem wesentlich geringer als bei einem umfassenden 3D-Konstruktionssystem inklusive aufwändiger Berechnungs- und Simulationssoftware.

Für den industriellen Einsatz kann man heute von folgenden **Hardware-Komponenten** ausgehen:

- Workstation oder leistungsfähiger PC mit mindestens 512 MB Arbeitsspeicher und schneller Grafikkarte,
- großformatiger Bildschirm, Bildschirmdiagonale mind. 20", Auflösung 1600 x 1200 Pixel oder mehr,
- Eingabetastatur,
- Maus, für 3D-Systeme eine Spacemouse (3D-Maus),
- Drucker, Plotter.

Die in der Vergangenheit häufig benutzten grafischen Tabletts mit einer Lupe oder elektronischem Tablettstift sind zumindest im Bereich der mechanischen Konstruktion nur noch selten zu finden.

Für die Ausgabe großformatiger Zeichnungen (A1 oder A0) sollte zentral für mehrere CAD-Arbeitsplätze ein **Plotter** zur Verfügung stehen. Je nach Anforderungen bezüglich der Qualität und Durchsatz kann zwischen Tintenstrahl- oder Laserplottern gewählt werden. Von der Bauart her unterscheidet man zwischen Trommel- und Flachbettplottern, wobei für die großen Formate schon allein aus Platzgründen den Trommelplottern der Vorzug zu geben ist.

12.2 Grafischer Arbeitsplatz (fujitsu-siemens)

12.3 Trommelplotter (hp)

12

Bei mehreren CAD-Arbeitsplätzen sind diese miteinander vernetzt, um einen Datenaustausch untereinander und mit anderen Abteilungen im Betrieb sicherzustellen. Dadurch ist auch der Zugriff auf zentrale Einrichtungen wie z. B. eine Datenbank zur Archivierung der Zeichnungsdaten oder auf einen großformatigen Plotter und andere Peripheriegeräte gewährleistet.

Die notwendigen CAD-Operationen können am Arbeitsplatz direkt, ohne Rückgriff auf einen zentralen Rechner, durchgeführt werden. Es sind allerdings auch Server-Client-Konfigurationen denkbar, bei denen der Server die zentrale Speicherung aller Daten und Programme übernimmt.

Kennzeichnend für die Tätigkeiten des Konstrukteurs oder Zeichners am Bildschirmarbeitsplatz ist die interaktive Arbeitsweise.

Darunter versteht man das schrittweise Entstehen der CAD-Konstruktion durch den direkten Dialog zwischen Anwender und System. Jeder Befehl wird sofort ausgeführt und das Ergebnis unmittelbar auf dem Bildschirm angezeigt.

Die **eigentliche Funktionalität des CAD-Systems** ist durch die CAD-Software gegeben. Die Aktivierung dieser Funktionen erfolgt mithilfe von grafischen Symbolen (Icons), die meist am Rand des grafischen Bildschirms untergebracht sind und über den Cursor angesteuert werden. Durch die Vielzahl der Funktionen ist es in aller Regel notwendig, mehrere hierarchisch hintereinander angeordnete Ebenen mit Icons anzubieten, da sonst der Teil des Bildschirmfensters, der zur Darstellung der bearbeiteten Geometrie dient, zu klein wird.

Zur **Archivierung** der Zeichnungsdaten kommen unterschiedliche Massenspeicher zum Einsatz. Die zunächst im Rechner auf mehrere Gigabyte große Festplatten zwischengespeicherten Daten werden zu Archivierungszwecken auf Magnetbänder oder andere Medien (CD, DVD oder magnetoptische Datenträger) überspielt.

12.3 CAD-Datenmodelle

Jedes mithilfe eines CAD-Systems konstruierte oder gezeichnete Bauteil basiert auf einem Datenmodell (Datenbasis), das häufig auch als **RID** (rechnerinterne Darstellung) bezeichnet wird. Dieses Datenmodell (CAD-Modell) ist Teil des Produktmodells, das den gesamten Lebenszyklus eines Produkts beschreibt.

Durch das Datenmodell werden die Eigenschaften und die Leistungsfähigkeit des CAD-Systems festgelegt. So kann mit einem 2-dimensionalen Datenmodell, das nur Punkte, Linien und Flächen in einer Ebene kennt, keine werkstückgetreue, 3-dimensionale Darstellung erzeugt werden.

Zu den Daten eines CAD-Modells gehören u. a.:

- Geometriedaten, z. B. Punkte, Linien, Flächen, Körper.
- Zeichnungsdaten, z. B. Maßangaben, Toleranzen, Beschriftungen, Schriftfeld usw.
- Attribute, z. B. Linienarten, -dicke, -farben, Schraffur usw.
- Darstellungen, z. B. Schattierungen, Transparenz, Reflexionen, Beleuchtungseffekte usw.

Im CAD-Modell sind also die gesamten Informationen und Daten abgespeichert, die das CAD-System über das konstruierte Bauteil bzw. das Produkt besitzt. Mithilfe entsprechender Präsentationsbausteine können unterschiedliche Darstellungen und Sichten erzeugt und ausgegeben werden.

Für die Datenbasen **2-dimensionaler CAD-Systeme** existieren im Wesentlichen die folgenden Elemente (nur in einer Ebene):

Punkte (Anfangs-, End-, Mittelpunkt), Linien (Strecken, Kurven, Kegelschnitte, Freiformkurven), Flächen (Vieleck, Kreis, Ellipse).

Bei den **3-dimensionalen CAD-Systemen** unterscheidet man zwischen linien-, flächen- und volumenorientierten Datenmodellen.

In den **linien- und flächenorientierten Systemen** werden die gleichen Grundelemente wie beim 2D-System zur Verfügung gestellt, wobei zusätzlich die Ausrichtung im Raum möglich ist. Systeme, die ausschließlich mit linienorientierten Elementen arbeiten, werden auch **Drahtmodelle** genannt. Sie spielen heute nur noch eine untergeordnete Rolle, da sie erheblichen Einschränkungen unterliegen. So sind weder das automatische Ausblenden verdeckter Kanten noch Durchdringungen und Schnitte möglich. Kollisionsüberprüfungen, Berechnungen von Volumen, Schwerpunkten, Trägheitsmomenten und auch schattierte Darstellungen können ebenfalls nicht erzeugt werden.

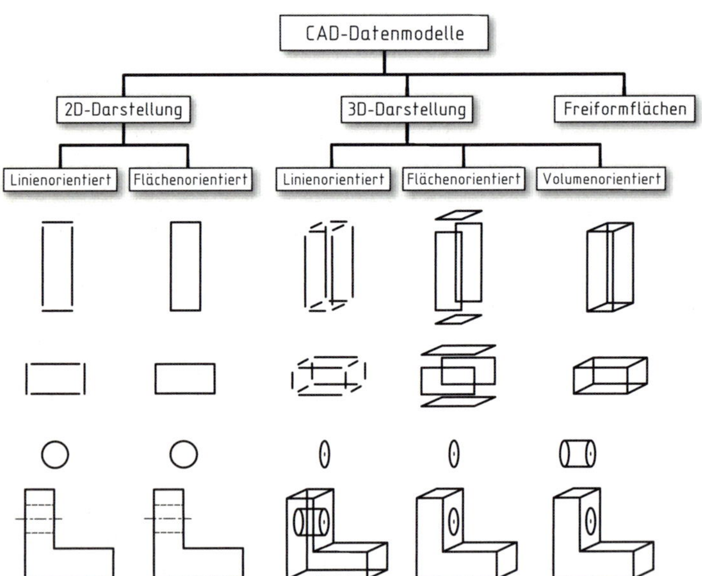

12.4 CAD-Datenmodelle

12

Die genannten Nachteile der linien- und flächenorientierten Systeme haben **Volumenmodelle** nicht, da es sich hier um werkstückgetreue Abbildungen der Bauteile handelt.

Volumenmodelle können

- flächenorientiert (Boundary Representation, BRep) oder
- volumenorientiert (Constructive Solid Geometry, CSG)

aufgebaut sein.

Bei den flächenorientierten Modellen wird das Volumen durch seine Begrenzungsflächen beschrieben, wobei zusätzlich die Lage des Materials relativ zur Fläche angegeben wird. Der Elementvorrat besteht meist aus Ebenen, Quadriken (Zylinder-, Kegel- und Ellipsoidflächen) sowie Torus- und Freiformflächen. Letztere sind Flächen, die durch besondere mathematische Verfahren beschrieben werden. Dazu ist die Vorgabe einer Reihe von Stützpunkten oder Stützkurven erforderlich. Man unterscheidet im Wesentlichen Spline-, Bézier- und NURBS-Flächen (Non-Uniform Rational B-Splines).

Die volumenorientierten Modelle verfügen über einen Vorrat an Grundkörpern (Solids), die durch Boole'sche Verknüpfungen zu einem Bauteil zusammengefügt werden. Darunter versteht man

- die Vereinigung zweier oder mehrerer Körper zu einem neuen Körper,
- die Differenz zweier Körper (Subtraktion des Körpers 2 von Körper 1 oder umgekehrt),
- den Durchschnitt zweier Körper (gemeinsames Volumen).

Zu den im Allgemeinen vorhandenen Grundkörpern zählen Quader, Pyramide oder Keil, Zylinder, Kegel(stumpf), Kugel und Torus.

Die mit diesen CSG-Modellen erzeugbaren Geometrien sind allerdings auf solche beschränkt, deren Begrenzungsflächen in den Grundvolumina enthalten sind. Andere Flächen, z. B. Freiformflächen, sind nicht darstellbar. Daher arbeiten die meisten der heute verfügbaren 3D-Systeme mit so genannten Hybridmodellen, die die kompakte Darstellung der CSG-Modelle mit den Vorteilen der BRep-Modelle verbinden.

12.4 CAD-Arbeitstechniken

Aufgrund der verschieden aufgebauten Datenmodelle und des damit einhergehenden völlig unterschiedlichen Funktionsumfangs weichen auch die jeweiligen Arbeitstechniken bei 2D- und 3D-Systemen voneinander ab. Kennzeichnend für die Benutzung der Systeme sind die Bezeichnungen „zeichnungsorientiert" für die 2D- und „werkstückorientiert" für die 3D-Arbeitsweise.

2D-Systeme

Bei der 2D-Konstruktion werden die konventionellen Zeichengeräte wie Zeichenbrett, Lineal und Bleistift oder Tuschefeder durch elektronische Hilfsmittel ersetzt, die Vorgehensweise und der Entstehungsprozess der Zeichnung sind aber durchaus ähnlich. So werden – wie bei der manuellen Konstruktion auch – die Geometrien mit allen erforderlichen Ansichten und Schnitten durch das Zeichnen von

Punkt- und Linienelementen (Punkte, Strecken, Kreise, Ellipsen, Splines und Freihandlinien) unter Zugrundelegung der Zeichnungsnormen erzeugt.

Eine Verbesserung gegenüber der manuellen Arbeitsweise wird durch den Einsatz von Manipulationsfunktionen wie z. B. Identifizieren, Vergrößern und Verkleinern, Kopieren, Spiegeln, Rotieren, Löschen, Duplizieren usw. erreicht. Durch das Zusammenfassen von Linienelementen zu neuen, eigenständigen Modulen (Makros) kann die Anzahl der Generierungsfunktionen erheblich erweitert werden. Hierbei handelt es sich um Programme, bei denen eine feststehende Folge von Befehlen nacheinander abläuft. Durch so genannte Makrosprachen wird der Anwender in die Lage versetzt, eigene Makros zu erstellen, z. B. häufig wiederkehrende gleiche Formelemente und Symbole.

Mithilfe der **Gruppentechnik** ist es möglich, einzelne Geometrieelemente eines Bauteils zu Einheiten zusammenzufassen. Diese können mit Nummern oder Namen gekennzeichnet, einzeln angesprochen und verändert werden. Gruppen können auch wieder zu neuen Gruppen (Obergruppen) zusammengefasst werden. In flächenorientierten 2D-Systemen kann man Einzelteile in verschiedene Gruppen legen und mithilfe der Gruppentechnik Baugruppen und Zusammenbauzeichnungen erstellen.

Eine wichtige Eigenschaft bei 2D-CAD-Systemen stellt die **Ebenentechnik** (auch Folientechnik genannt) dar. Mit der Ebenentechnik werden grafische Elemente oder Gruppen bestimmten Folien zugewiesen. So enthält z. B. eine Folie die Kontur, eine andere die Schraffur und eine weitere die Bemaßung. Durch Folienoperationen wie Sichtbar- und Unsichtbarschalten können der Bildschirmaufbau und die Plotterausgabe beschleunigt werden. Hilfslinien, die zur Konstruktion nur zeitweilig benötigt werden, legt man sinnvollerweise in eine separate Folie, die nach Fertigstellung der Konstruktion wieder gelöscht wird.

Beispiel zur Ebenen- und zur Gruppentechnik: Flansch

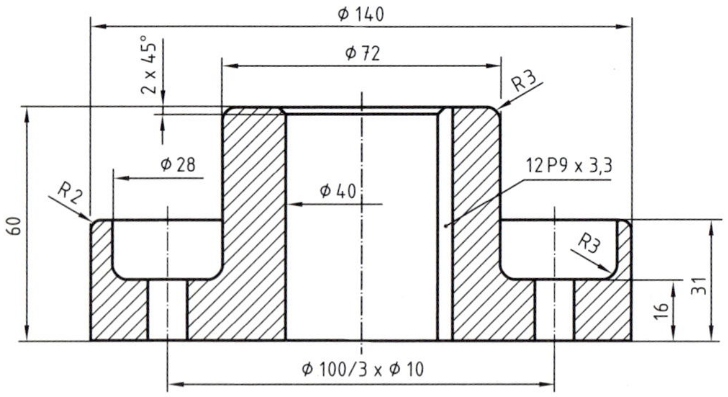

12.5 Zeichnung eines Flansches (zu den Techniken siehe nebenstehend)

Bemaßung
ϕ 140
ϕ 72
2 x 45
R 3
ϕ 28
12P9 x 3,3
R 2
R 3
16
31
ϕ 10
Schraffur
Kontur

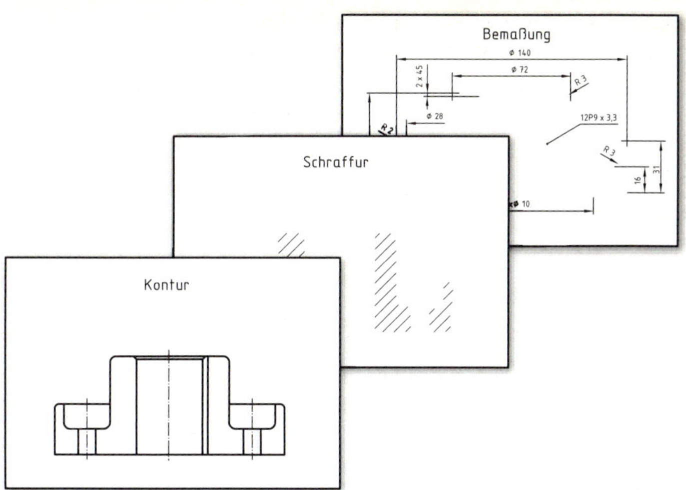

12.6 a Folientechnik/Ebenentechnik

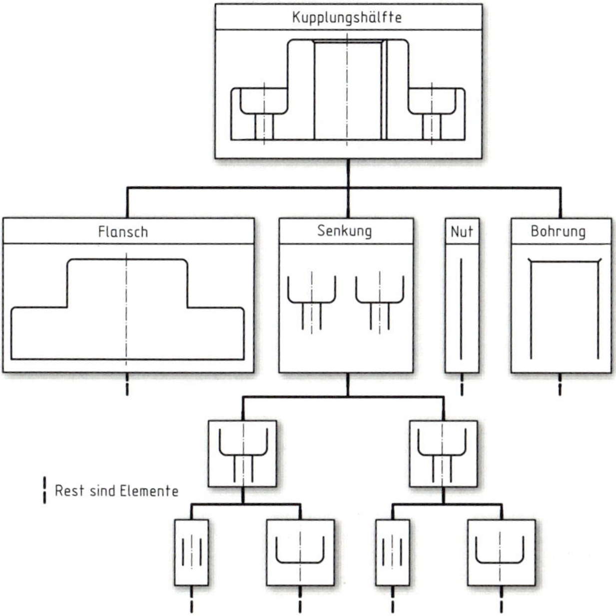

Kupplungshälfte
Flansch
Senkung
Nut
Bohrung
Rest sind Elemente

12.6 b Gruppentechnik

3D-Systeme

Im Gegensatz zu 2D-CAD-Systemen, bei denen man die Ansicht eines Objekts bearbeitet, wird bei 3D-Systemen die geometrische Form des Werkstücks vollständig und eindeutig beschrieben und als rechnerinternes Modell abgespeichert (werkstückorientiertes Prinzip).

Aus dem 3D-Modell können alle notwendigen Informationen für den gesamten Produktentstehungsprozess entnommen werden.

Berechnung, Zeichnungserstellung, Schnittzeichnungen und Detaillierung sowie die nachgelagerten Arbeitsgänge wie Simulation, numerische Berechnungen und NC-Programmierung können unmittelbar abgeleitet werden.

Um ein einfaches 3D-Bauteil zu modellieren, kann man es aus Grundkörpern (Solids) mittels Boole'scher Verknüpfungen zusammensetzen. Eine weitere Möglichkeit besteht darin, einen Körper durch die Translation einer 2-dimensionalen ebenen Kontur oder Fläche entlang einer Geraden oder durch die Rotation um eine Achse zu erzeugen. Beinhaltet das CAD-System einen Freiformflächenmodellierer, ist auch die Bewegung einer beliebigen Kontur längs einer Leitkurve möglich (sweeping). Die Verbindung mehrerer verschiedener Querschnitte zu einem Körper bezeichnet man als lofting.

Grundsätzlich ist bei der 3-dimensionalen Geometriebeschreibung ein höherer Konstruktionsaufwand zu leisten. Bei vielen der heute verwendeten 3D-CAD-Systemen wird meist so vorgegangen, dass man mit einer Zeichnung in einer beliebig zu bestimmenden Ebene beginnt (in der Regel als Skizze bezeichnet) und anschließend das Volumen durch eine Translations-, Rotations-, Sweeping- oder Loftfunktion erzeugt. Die jeweils beste Eingabestrategie hängt aber stark vom zu modellierenden Bauteil und dem Funktionsumfang des CAD-Systems ab, sodass eine allgemein gültige Vorgehensweise hier nicht angegeben werden kann.

Da die meisten CAD-Systeme gleichzeitig mehrere unterschiedliche Modellierungstechniken unterstützen (hybride Modelle), setzt die Wahl der richtigen Eingabestrategie für das zu modellierende Bauteil sowohl die Kenntnis über die weiteren Entwicklungsschritte und den Einsatz des jeweiligen Produkts als auch viel Erfahrung beim Konstrukteur oder Zeichner voraus.

Beispiel Lagerbuchse

An diesem Beispiel wird die systematische Vorgehensweise für die interaktive Erstellung einer Teilzeichnung mithilfe eines 2D- und eines 3D-CAD-Systems gezeigt:

Beim 2D-System wird mit einer Kontur begonnen (siehe Seite 395), die immer feiner ausgearbeitet und am Ende bemaßt wird.

Beim 3D-System wählt man eine geeignete Ebene aus (siehe Seite 396) und geht in die 3D-Ansicht über. Die gewünschte Zeichnung entsteht daraus durch Festlegen einer Schnittebene und Übergang in den Zeichnungsmodus.

Interaktive Erstellung der Teilzeichnung Lagerbuchse mit 2D

1 Definieren der Zeichnung durch Angabe von Zeichnungsname, Format, Maßstab und Folienname/-nummer.

2 Erstellen der äußeren Kontur als Polygonzug mit breiter Volllinie. Zeichnen der Mittellinie als schmale, strichpunktierte Linie.

3 Zeichnen der Bohrungs- und Fasenkanten als Streckenelemente. Anschließend Verkettung mit dem Polygonzug.

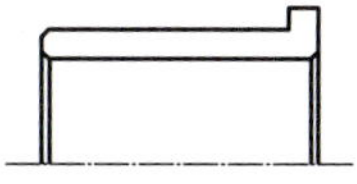

4 Automatisches Ausrunden des Überganges sowie automatisches Fasen der Innen- und Außenkanten.

12.7a Konstruktion mit 2D

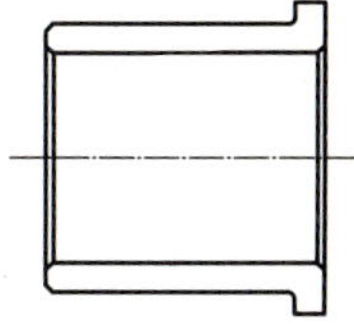

5 Spiegeln der symmetrischen Bauteilhälfte an der Mittellinie. Verketten der beiden Symmetriehälften zu einer Obergruppe.

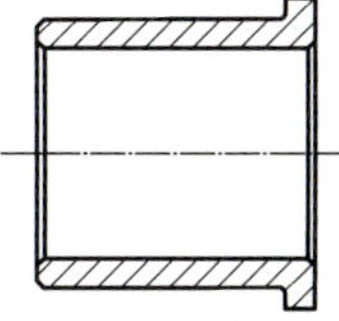

6 Identifizieren der zu schraffierenden Flächen, Schraffieren der Schnittflächen durch Angabe von Schraffurrichtung und -abstand. Automatisches Ablegen der Schraffur in eine eigene Folie.

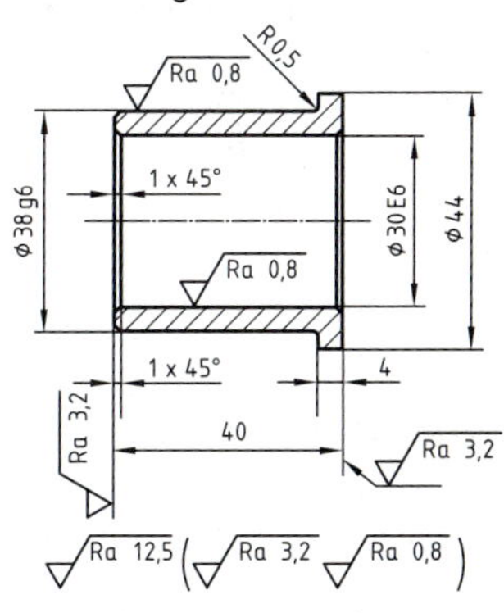

7 Bemaßen des Bauteils in einer separaten Folie, Eintragen der Oberflächenangaben mithilfe eines Symbolkataloges und Speichern der Zeichnung.

Erstellen der 3-dimensionalen Darstellung und Zeichnung als Schnitt

Schritt 1 Definieren des Bauteils durch Angabe des Namens.

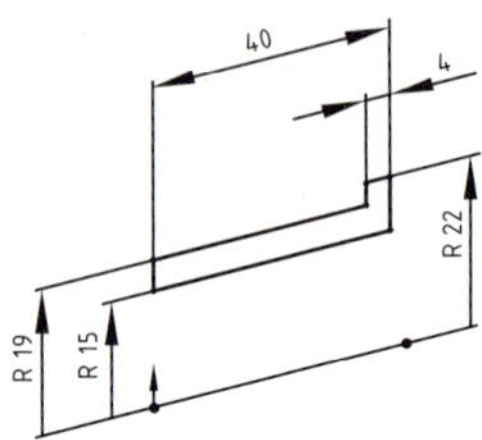

Schritt 2 Auswählen einer geeigneten Ebene für die Zeichnung der Kontur und Definieren einer Rotationsachse. Eingabe der Parameter.

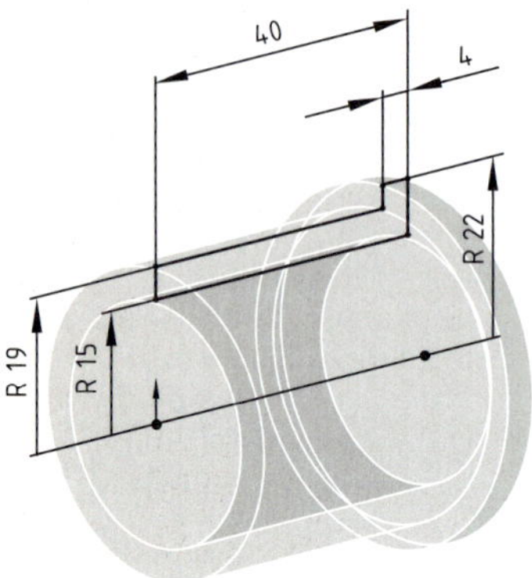

Schritt 3 Übergang in die 3D-Ansicht und Rotieren der Kontur.

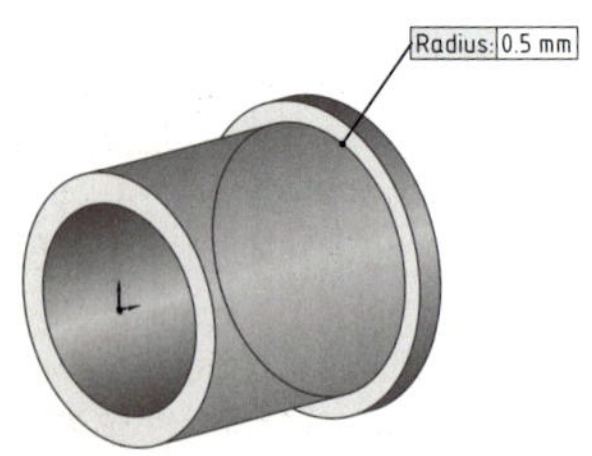

Schritt 4 Ausrunden des Übergangs (Radius 0,5 mm).

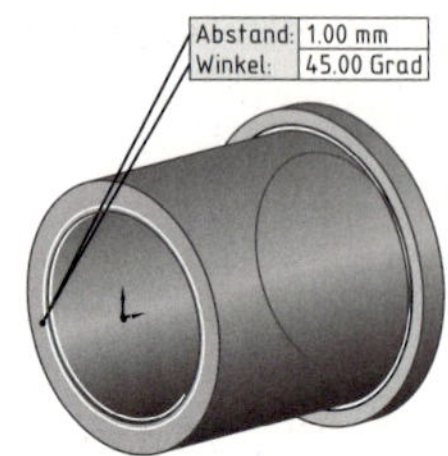

Schritt 5 Fasen der Innen- und Außenkante.

Schritt 6 Fertiges Bauteil in 3-dimensionaler Darstellung.

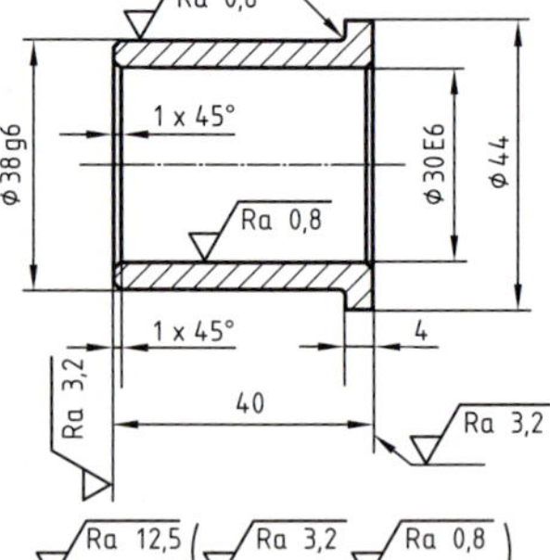

Schritt 7 Festlegen der Schnittebene, Übergang in den Zeichnungsmodus, Bemaßen.

12.7b Konstruktion mit 3D

12

Zeichnungserstellung

Nach wie vor ist die technische Zeichnung ein wichtiges Dokument im Rahmen des Produktentwicklungsprozesses. Daher muss weiterhin großer Wert auf die einfache Ableitung von normgerechten Zeichnungen aus dem Volumenmodell heraus gelegt werden.

Durch die werkstückgetreue rechnerinterne Darstellung sind beliebige Ansichten und komplizierte Schnittführungen ohne großen Aufwand möglich. Dies gilt sowohl für einzelne Bauteile als auch für komplexe Baugruppen.

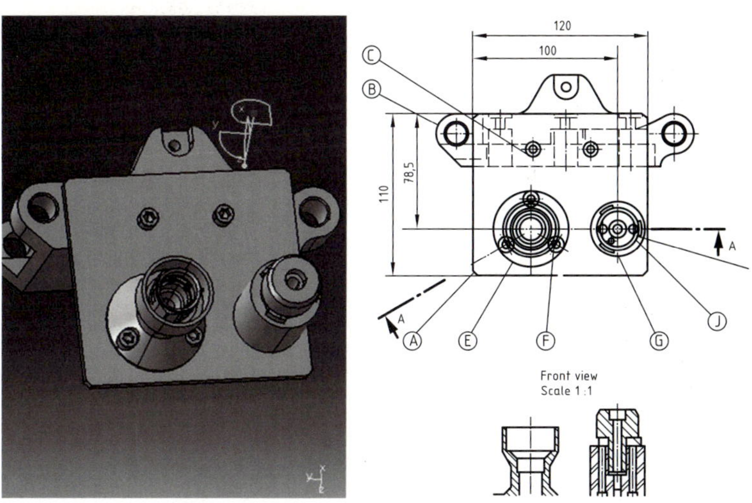

12.8 Zeichnungsableitung aus 3D-Darstellung

Parametrie

Durch die Verwendung einer parametrisch-assoziativen Bemaßung sowie so genannter Constraints (Parallelität, Horizontalität, Vertikalität, Tangentialität, Rechtwinkligkeit usw.) können festgelegte geometrische Zusammenhänge definiert werden. Die Gestalt des Bauteils lässt sich dann durch die Angabe neuer Maße für die Parameter einfach variieren.

Wird eine Gerade als Tangente definiert, bleibt sie immer eine Tangente, auch wenn der zugehörige Kreisbogen hinsichtlich seiner Abmessungen oder Lage geändert wird. Mehrere Objekte können assoziativ miteinander verknüpft werden, sodass Änderungen an einem Objekt direkt auf das andere Objekt übertragen werden. So erlaubt z. B. die assoziative Verbindung zwischen Volumenmodell und den daraus abgeleiteten Zeichnungen, die Änderung des Volumenmodells aus der Zeichnung heraus zu steuern bzw. umgekehrt.

Die Generierung von Varianten wird durch die Verwendung der parametrisch-assoziativen Methode wesentlich vereinfacht. Unterschiedliche Maße und Bedingungen können, z. B. in Form einer Excel-Tabelle, angelegt und vom System zur Variantenerstellung ausgelesen werden. Dabei können nicht nur die einzelnen Variablen geändert werden, es ist auch möglich, mithilfe von eingearbeiteten Berechnungsvorschriften neue, von den eingegebenen Parametern abhängige Variablen zu bestimmen. Durch die Verwendung logischer Variablen sind auch Verzweigungen innerhalb der Variantentabellen möglich.

Das parametrisch-assoziative Konzept umfasst nicht nur die Volumenmodellierung und Zeichnungserstellung, sondern wirkt sich bei entsprechender Verbindung innerhalb des Produktmodells auch auf die Teilmodelle Berechnung, Fertigung (NC-Programmierung), Simulation, Qualitätssicherung und Dokumentation aus. Änderungen in einem der Modelle wirken sich unmittelbar auf die anderen aus.

Die vollständige parametrische Beschreibung komplizierter Bauteile und -gruppen ist allerdings nicht ganz einfach und auch nicht immer notwendig. Daher ist es von Vorteil, wenn das CAD-System die Kombination von parametrischen und nicht-parametrischen Geometrien gestattet. Dies gibt dem Konstrukteur die Möglichkeit, die parametrische Beschreibungsform nur in ausgewählten Bereichen zu wählen.

Features

Ein wichtiges Hilfsmittel im Rahmen des rechnerunterstützten Konstruktionsprozesses stellt die Feature-Technologie dar. Sie vereinfacht und beschleunigt die Geometriemodellierung und kann gleichzeitig weitere Informationen, z. B. über Berechnung, Fertigungsaspekte, Toleranzen und Qualitätsspezifika, in das Produktmodell integrieren.

Unter einem Feature versteht man ein Informationselement, das aus Geometrieelement (Form-Feature) und/oder Semantik (Lehre von der Bedeutung sprachlicher Zeichen) besteht. So kann ein Konstruktionsfeature aus den geometrischen Abmessungen bestehen und zusätzliche Informationen über Werkstoff, Toleranzen, Bearbeitungsgüte und Fertigungsart enthalten. Ein Fertigungsfeature, z. B. für ein Gewindesackloch, enthält neben den Abmessungen Informationen über die durchzuführenden Fertigungsschritte (Zentrieren, Bohren, Senken, Gewindeschneiden) sowie über Material, Toleranzen, Bearbeitungsgüte usw. So überspannt ein Feature mehrere Bereiche des Produktentwicklungsprozesses.

Baugruppenmodellierung

Mehrere Bauteile und -gruppen werden zum Produkt zusammengefügt. Hierzu wird ein Baugruppenmodellierer (Assembly-Modul) verwendet. Dieser übernimmt nicht nur die einfache Positionierung der Bauteile, sondern ermöglicht auch die Zuordnung von Abhängigkeiten zwischen den Bauteilen und Unterbaugruppen. Durch Verschieben, Zoomen und Drehen ist die Ansicht der Baugruppe und der zugehörigen Bauteile frei manipulierbar. Dies ermöglicht z. B. die Erstellung einer Explosionsdarstellung, die für Montage- und Wartungssimulationen besonders hilfreich sein kann.

Die Übersichtlichkeit wird dabei meist durch die Darstellung eines Strukturbaumes gewährleistet. Derartige Strukturbäume ermöglichen u. a. auch die einfache Ableitung von Stücklisten.

12.9 *Folgeschneidwerkzeug für Flansche ohne Abschirmung*

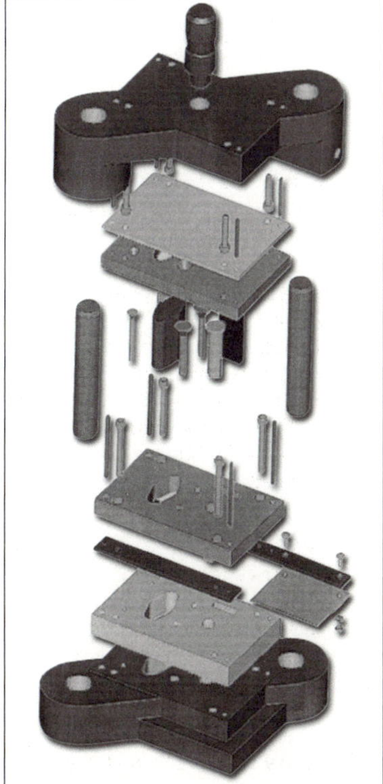

12.10 *Explosionszeichnung*

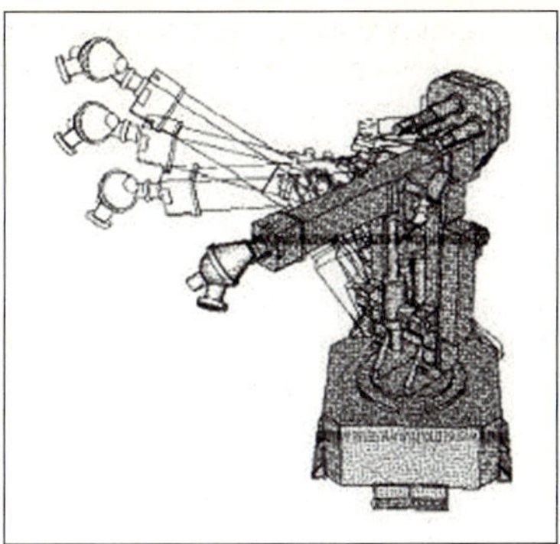

12.11 *Bewegungssimulation*

Parametrische Systeme erlauben die Simulation der Kinematik von aus mehreren Objekten bestehenden Baugruppen. Dies ist für Kollisions- und kinematische Analysen interessant (s. 12.11).

Analyse und Berechnung

3D-CAD-Systeme der gehobenen Leistungsklasse bieten aufgrund ihres modularen Aufbaus weitere Anwendungen im Rahmen der Produktentwicklung. Durch Nutzung verschiedener Datenaustauschformate wie IGES (Initial Graphics Exchange Specification), SET (Standard d'Echange et de Transfert) und VDAFS (Verband der Deutschen Automobilindustrie – FlächenSchnittstelle) oder einer einheitlichen Datenbasis, z. B. im STEP-Format (STandard for the Exchange of Product Model Data), können eine Vielzahl von Anwendungsprogrammen für weitere Aufgaben eingesetzt werden.

Sind z. B. Materialkennwerte für die Bauteile und -gruppen bekannt, können neben Volumen auch die Schwerpunkte und Trägheitsmomente ermittelt werden.

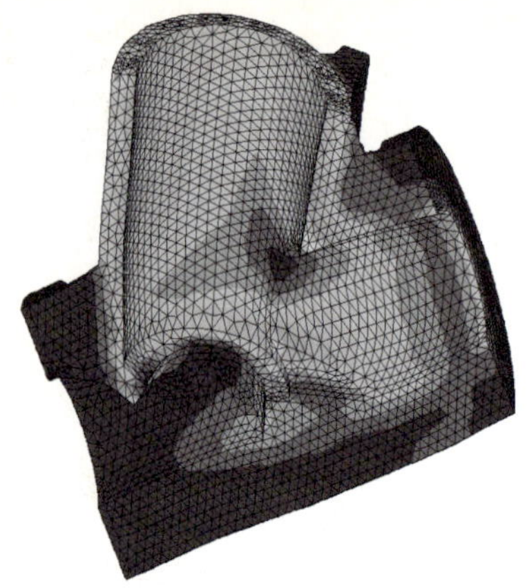

12.12 *Ergebnis einer FEM-Berechnung (Heidenreich & Harbeck AG)*

Die für die Anwendung von Finite-Element-Methoden (FEM) notwendige Netzgenerierung kann auf der Basis des geometrischen Modells mithilfe eines Preprozessors vorgenommen werden. Nach der Berechnung können die Ergebnisse grafisch sehr anschaulich dargestellt und ausgewertet werden, z. B. durch farbige Darstellung der Spannungen oder der Verformungen.

Virtuelle Realität

Das 3D-Datenmodell kann mit entsprechender Hardware (Shutterbrille, workbench, CAVE u. a.) und VR (Virtual-Reality)-Software als Basis für stereoskopische Darstellungen dienen. Der Betrachter kann sich z. B. bei Verwendung einer CAVE (Cave Automatic Virtual Environment) im „virtuellen Raum", also innerhalb seiner 3D-Darstellung bewegen.

Dies wird durch eine stereoskopische Darstellung verschiedener Sichten des Objekts auf zwei oder mehr Wände erreicht. Mit einem Positionsanzeiger kann der jeweilige Standort des Betrachters berechnet und die Projektion der Umgebung entsprechend angepasst werden.

VR-Anwendungen sind besonders für Design- und ergonomische Studien von großem Nutzen. Komplizierte Fertigungs- und Montagearbeiten können so bereits im Entwicklungsprozess realistisch überprüft werden.

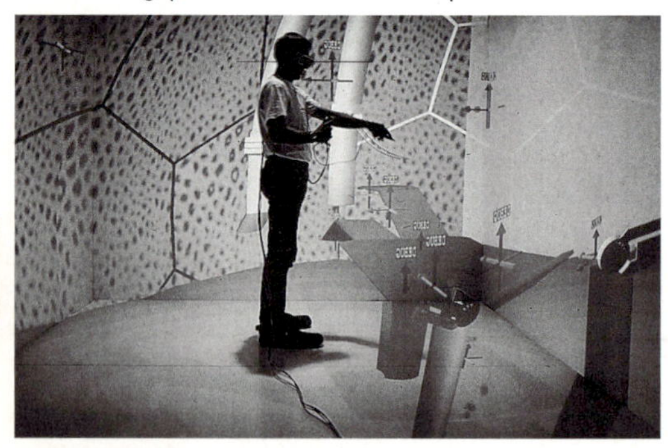

12.13 *Cave™; © Fraunhofer IMK*

12

12.14 Stereoskopische Darstellung in einer CAVE (RWTH Aachen)

Kopplung CAD–CAM

Die in einem Rechner mit einem CAD-System erstellten und gespeicherten Werkstückdaten lassen sich durch Kopplung mit einem CAP-System (Computer Aided Planning), z. B. auf der Basis von NC-Teileprogrammiersystemen wie APT (Automatically Programmed Tools) oder EXAPT (Extended Subset of APT), für die Fertigung verwenden. Dies kann über eine Schnittstelle wie IGES oder VDAFS erfolgen, besser ist aber eine integrierte Lösung mit einer gemeinsamen Datenbasis für CAD- und CAP-System. Eine assoziative Datenbasis vorausgesetzt, ergibt sich der Vorteil, dass nachträgliche Änderungen der Geometrie im CAD-System entsprechende Änderungen im NC-Teileprogramm zur Folge haben.

Das NC-Teileprogramm liefert die Datenbasis für eine automatisierte NC-Programmierung für die am häufigsten vorkommenden Bearbeitungen wie Drehen, Bohren, Fräsen, Brennschneiden, Drahterodieren usw. Hierbei werden Werkzeugverfahrwege aus der CAD-Bauteilgeometrie automatisch berechnet und die Werkzeuge, Schnittaufteilungen, Vorschübe und Drehzahlen mithilfe entsprechender Dateien festgelegt und Kollisionsüberprüfungen der Werkzeuge durchgeführt. Nach der NC-Teileprogrammierung kann die Simulation der Werkzeugverfahrbewegung auch auf dem Bildschirm oder Plotter simuliert und optisch kontrolliert werden, um Werkzeugkollisionen mit dem Werkstück und den Spannmitteln auszuschließen. Über ein neutrales CLDATA-File (Cutter Location Data) nach DIN 66215 und einen Postprozessor werden die für die Steuerung der Maschinen entsprechenden Steuerbefehle nach DIN 66025 erzeugt.

Ein Nachteil dieser Vorgehensweise: Die nach DIN 66025 erzeugten Programme werden relativ groß und unübersichtlich und sind auch nur schwierig zu korrigieren. Auch der Austausch von Teileprogrammen zwischen unterschiedlichen Maschinensteuerungen ist nicht ohne weiteres möglich. Änderungen auf der maschinennahen Werkstattebene können nicht auf direktem Weg an die Arbeitsvorbereitung zurückfließen, Erfahrungen, die in der Werkstatt gewonnen werden, gehen so verloren.

Mit der Datenschnittstelle ISO 14649, STEP-NC, wird auf der Basis von STEP, ISO 10303, eine einheitliche zentrale Datenbasis für alle an der CAD/NC-Prozesskette beteiligten Teilsysteme geschaffen. Beim Einsatz von STEP-NC arbeiten sowohl die Konstruktionsabteilung als auch der Werkstattbereich auf demselben Produktmodell.

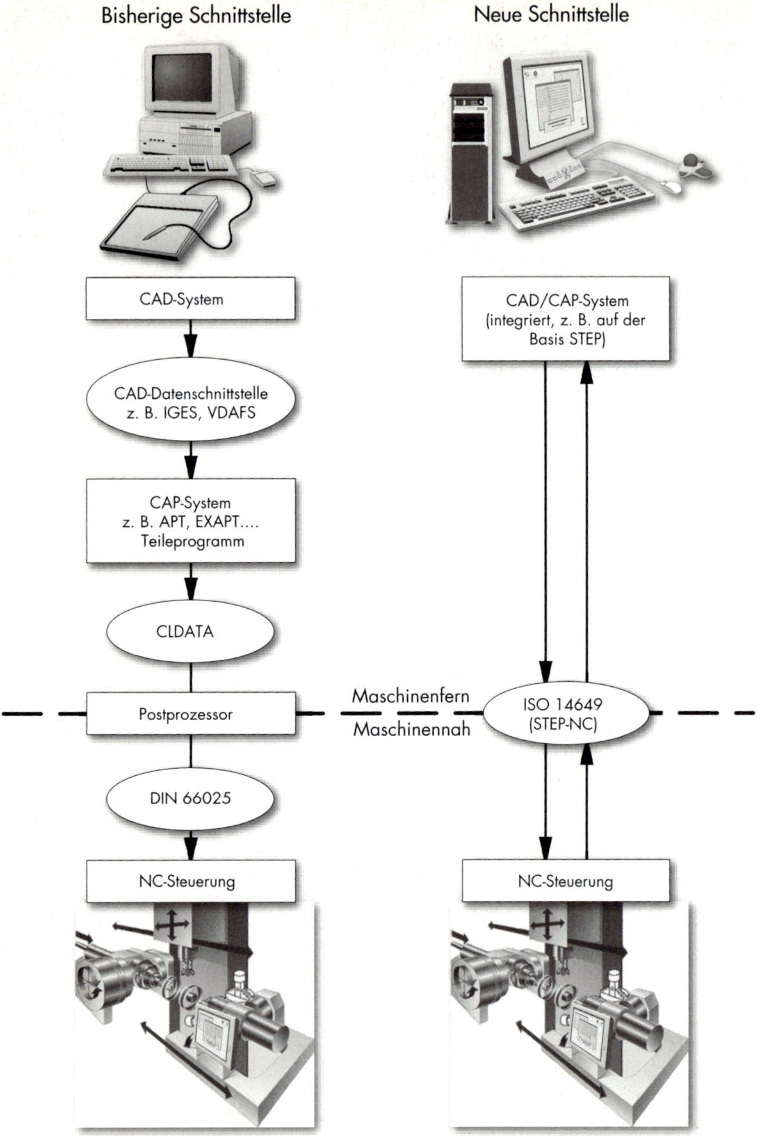

Bisherige Schnittstelle

CAD-System

CAD-Datenschnittstelle
z. B. IGES, VDAFS

CAP-System
z. B. APT, EXAPT....
Teileprogramm

CLDATA

Postprozessor

DIN 66025

NC-Steuerung

Neue Schnittstelle

CAD/CAP-System
(integriert, z. B. auf der
Basis STEP)

Maschinenfern

ISO 14649
(STEP-NC)

Maschinennah

NC-Steuerung

12

12.15 CAD-NC-Prozesskette

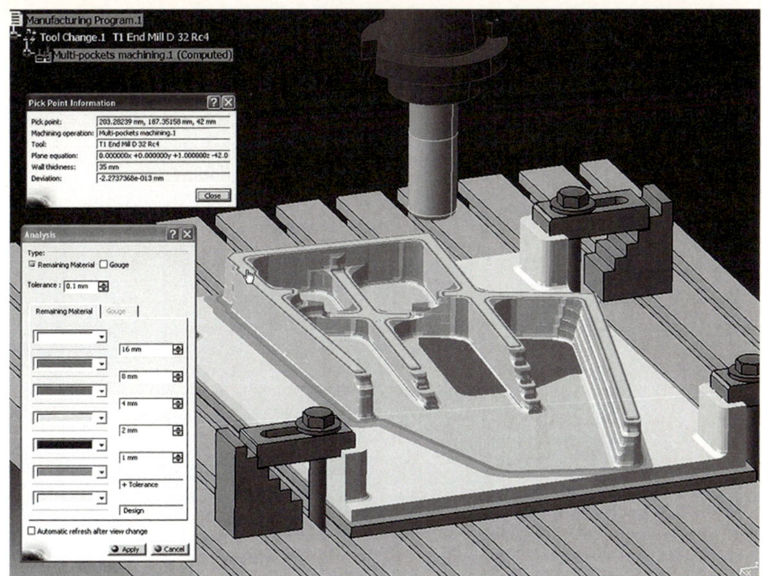

12.16 Simulation der Werkstückbearbeitung

Rapid Prototyping

Unter dem Begriff Rapid Prototyping versteht man Verfahren, die in der Lage sind, direkt aus dem CAD-Modell physische Modelle oder Prototypen zu erzeugen. Dabei wird nicht wie bei den konventionellen Fertigungsverfahren spanabhebend oder materialtrennend gearbeitet, sondern das Bauteil sukzessive durch schichtweises Hinzufügen von Material aufgebaut.

Ausgehend von der 3D-CAD-Geometrie wird das virtuelle Werkstück durch einen Slice-Rechner in dünne Scheiben zerlegt. Die Scheiben oder Ebenen, gekennzeichnet durch die Randkontur, dienen dann als Basis für den schichtweisen Aufbau des Bauteils. Diese Vorgehensweise ermöglicht die schnelle Herstellung komplexer Werkstücke, z. B. mit Hinterschneidungen, Freiformflächen, Hohlräumen usw. Verwendbare Werkstoffe sind Kunststoffe, Papier, Sand, Keramik und mit Einschränkungen auch Metalle.

Die wichtigsten Rapid-Prototyping-Verfahren sind:

- Stereolithographie,
- Selective Laser Sintering,
- Laminated Object Manufacturing,
- Fused Deposition Modelling,
- Solid Ground Curing und
- 3D-Printing.

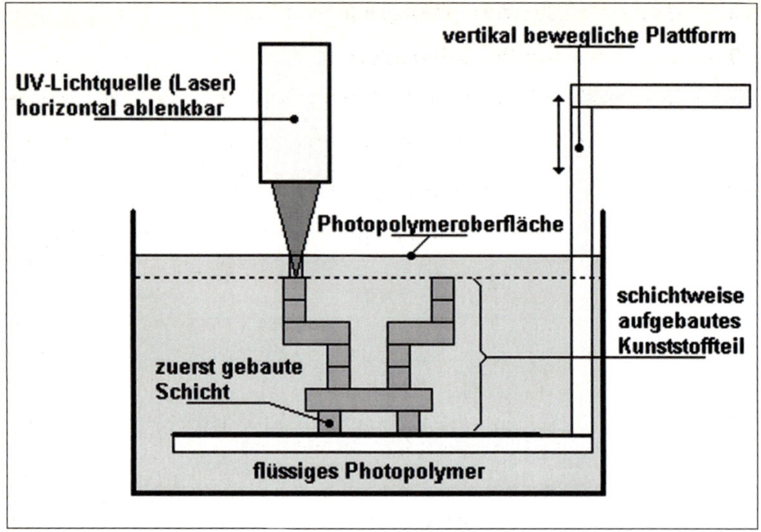

12.17 Prinzipdarstellung Stereolithographie (Proform AG)

Zusammenfassung

In der Konstruktions- und Entwicklungsabteilung eines Betriebes werden die wesentlichen produktdefinierenden Daten festgelegt. Die vorstehende Beschreibung gibt einen Überblick über die im Rahmen der Produktentwicklung durchzuführenden Aktivitäten wie Berechnung, Simulation, Versuch sowie die darauf folgenden Schritte im Produktherstellungsprozess. Basis für diese weiterführenden rechnergestützten Tätigkeiten und Prozesse sind die im CAD-System erzeugten Produktdaten.

Das Weiterentwicklungspotential der CA...-Techniken liegt in der besseren Integration der in den verschiedenen Phasen der Produktherstellung eingesetzten Systeme, um z. B. Datenverluste aufgrund von Inkompatibilitäten oder Mehrarbeit durch doppelte Eingabe von Daten zu vermeiden. Im Bereich der Produktentwicklung stellt die Einbeziehung von wissensbasierten Systemen, vor allem in den frühen Phasen des Konstruktionsprozesses (Konzept- und Entwurfsphase), eine wichtige Aufgabe dar. Dazu ist ein gut funktionierendes Wissensmanagement erforderlich, das die permanente Verfügbarkeit der firmenspezifischen Kenntnisse und Erfahrungen sowie ein einfaches Erschließen von externem Wissen sicherstellen soll.

13 Gesamtbehandlungsbeispiele und Tests

13.1 Gesamtbehandlungsbeispiele

13.1.1 Gesamtbehandlung der Baueinheit bzw. Baugruppe Schneckengetriebe

Schneckengetriebe zählen zu den Wälzschraubgetrieben. Sie bestehen aus der treibenden Schnecke und dem getriebenen Schneckenrad, deren Achsen sich normalerweise unter dem Achsenwinkel $\Sigma = 90°$ kreuzen.

Die Schnecke gleicht einem Bewegungsgewinde und kann als breites Schrägstirnrad aufgefasst werden. Die Flankenrichtung der Schnecke ist wie die des Schneckenrades meist rechtssteigend.

Die am häufigsten verwendeten Schneckengetriebe besitzen eine Zylinderschnecke mit der Zahnform 1 nach DIN 3975 (Evolventenschnecke) und ein Globoidschneckenrad (Globoid = Kreisbogen als Bahnkreis des Gegenrades).

Schneckengetriebe ermöglichen große Übersetzungen ins Langsame. Die Mindestübersetzung soll $i_{min} \geq 5$ und die Größtübersetzung $i_{max} \sim 100$ sein, weil im letzteren Fall der Verschleiß der Schnecke infolge zu hoher Gleitbewegung zu groß würde. Die Übersetzung i eines Schneckengetriebes ausgedrückt durch die Drehzahlen n_a des treibenden Rades (Schnecke) und n_b des getriebenen Rades (Schneckenrad) ist $i = n_a/n_b$. Das Zähnezahlverhältnis $u = z_2/z_1$ ist stets ≥ 1.

Die Zähnezahl des Schneckenrades soll $z_2 \geq 30$ sein. Daher müssen für Schneckengetriebe mit kleineren Zähnezahlverhältnissen mehrgängige Schnecken mit $z_1 = 1 \ldots 6$ verwendet werden.

Schneckengetriebe haben gegenüber Stirn- und Kegelradgetrieben einen geräuschärmeren Lauf und werden bei gleichen Übersetzungen und Leistungen in kleineren Baugrößen ausgeführt. Die größere Gleitbewegung der Zahnflanken hat neben dem stärkeren Verschleiß auch einen geringeren Wirkungsgrad zur Folge.

Durch die Steigung der Zahnflanken werden neben den Radialkräften auch Axialkräfte hervorgerufen, die bei den Wellenlagerungen berücksichtigt werden müssen. Im Beispiel ist die Schneckenradwelle in kombinierten Radial- und Axialgleitlagern gelagert. Die Lagerung der Schneckenwelle ist als Stütz-Traglagerung ausgeführt, wobei die Radialkugellager die Radial- und Axialkräfte aufnehmen.

Die Schnecke läuft im Ölbad, dessen Höhe durch die beiden Ölstandsaugen kontrolliert werden kann. Das Schneckenrad fördert das notwendige Öl zu den Gleitlagern.

Das Gehäuse des Schneckengetriebes besteht aus Grauguss EN-GJL-200 (GG 20) und ist geteilt ausgeführt. Radialdichtringe dichten das Getriebegehäuse ab und verhindern den Ölaustritt.

Schneckengetriebe werden verwendet z. B. für Aufzüge, Flaschenzüge, Winden, Krane, als Lenkgetriebe für Kraftfahrzeuge usw.

1	2	3	4	5	6
Pos.	Menge	Einheit	Benennung	Sachnummer/Norm-Kurzbezeichnung	Bemerkung
1	1	Stck	Gehäuse-Oberteil	001.01	EN-GJL-200
2	1	Stck	Gehäuse-Unterteil	001.02	EN-GJL-200
3	1	Stck	Schneckenradwelle	001.03	C45
3a	1	Stck	Schneckenradwelle	001.03.1	C45
			(Antrieb beidseitig)		
4	1	Stck	Schneckenrad	001.04	G-SnPbBz15
5	1	Stck	Schneckenwelle	001.05	16MnCr5
6	1	Stck	Lagerdeckel	001.06	EN-GJL-200
7	1	Stck	Lagerdeckel	001.07	EN-GJL-200
8	2	Stck	Lagerbuchse	001.08	MKE
9	2	Stck	Rillenkugellager	DIN 625 - 6202	
10	2	Stck	Wellendichtring	DIN 3760 - A20 x 35 x 7 - NB	
11	1	Stck	Wellendichtring	DIN 3760 - A15 x 30 x 7 - NB	
12	1	Stck	Passfeder	DIN 6885 - A6 x 6 x 20	E295+C
13	1	Stck	Passfeder	DIN 6885 - A4 x 4 x 32	E295+C
14	1	Stck	Passfeder	DIN 6885 - A6 x 6 x 32	E295+C
15	4	Stck	Zylinderschraube	ISO 4762 - M8 x 50 - 6.8	
16	4	Stck	Senkschraube	ISO 2009 - M6 x 20 - 5.8	
17	4	Stck	Senkschraube	ISO 2009 - M6 x 16 - 5.8	
18	2	Stck	Zylinderschraube	ISO 1207 - M8 x 10 - 5.8	
19	2	Stck	Dichtung Abil	001.19	
20	2	Stck	Zylinderstift	ISO 2338 - A - 5 x 10 - St	
21	3	Stck	Ölstandsauge	001.21	
22	2	Stck	Dichtung Corbit	001.22	
23	1	Stck	Passscheibe	001.23	

Verantwortl. Abt.	Technische Referenz	Erstellt durch	Genehmigt von	
		Dokumentenart	Dokumentenstatus	
		Titel, Zusätzlicher Titel Schneckengetriebe	Änd. | Ausgabedatum | Spr. | Blatt	

13

Die auf das Schriftfeld einer Zeichnung aufgesetzte Stückliste wird im Gegensatz zur losen Stückliste, s. o., in der Reihenfolge von unten nach oben ausgefüllt.

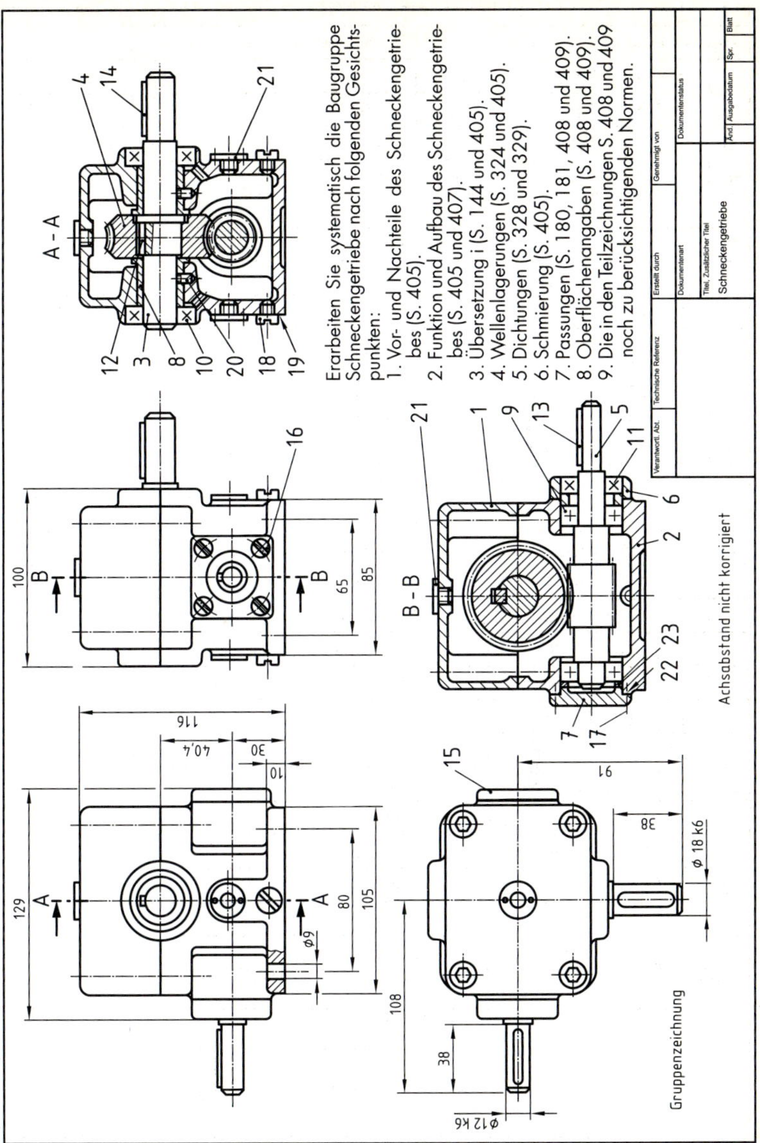

Gruppenzeichnungen mit allgemein vereinfachter Darstellung von Wälzlagern und dynamisch beanspruchten Dichtungen

13

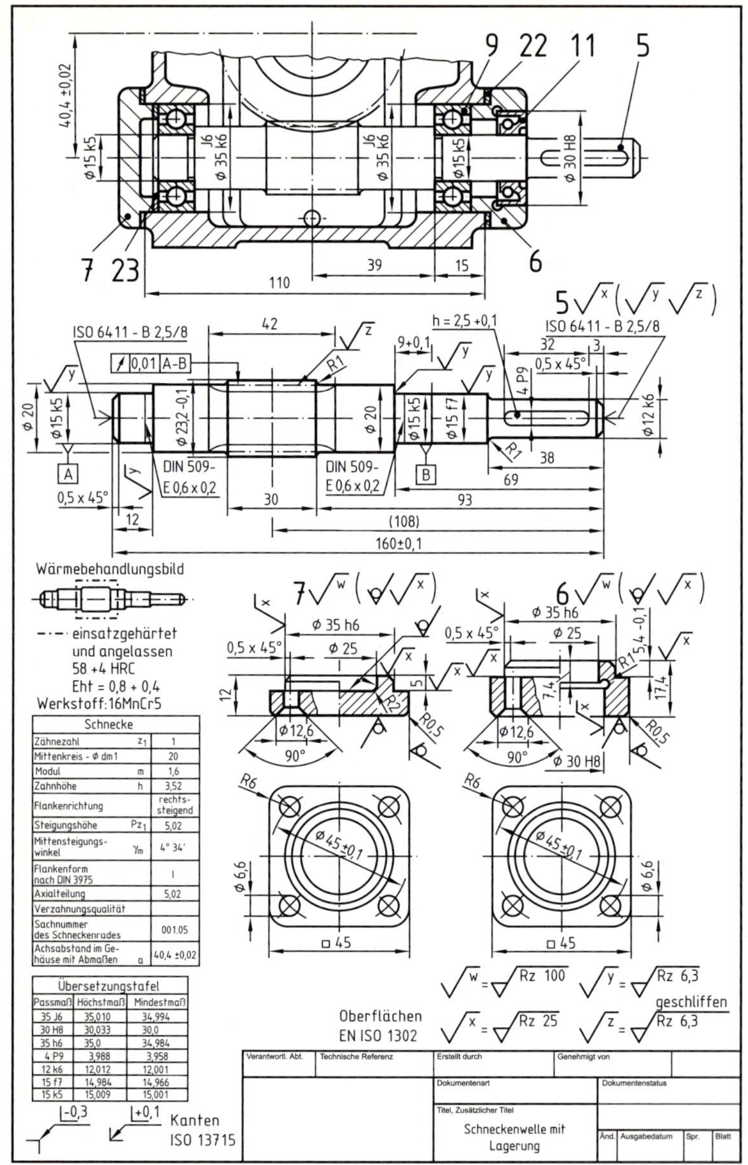

Schnecke		
Zähnezahl	z_1	1
Mittenkreis - ϕ dm1		20
Modul	m	1,6
Zahnhöhe	h	3,52
Flankenrichtung		rechtssteigend
Steigungshöhe	Pz_1	5,02
Mittensteigungswinkel	γ_m	4° 34′
Flankenform nach DIN 3975		I
Axialteilung		5,02
Verzahnungsqualität		
Sachnummer des Schneckenrades		001.05
Achsabstand im Gehäuse mit Abmaßen	a	40,4 ±0,02

Übersetzungstafel		
Passmaß	Höchstmaß	Mindestmaß
35 J6	35,010	34,994
30 H8	30,033	30,0
35 h6	35,0	34,984
4 P9	3,988	3,958
12 k6	12,012	12,001
15 f7	14,984	14,966
15 k5	15,009	15,001

13

Rohteilmaße sind in dieser Zeichnung nicht in eckigen Klammern gesetzt.

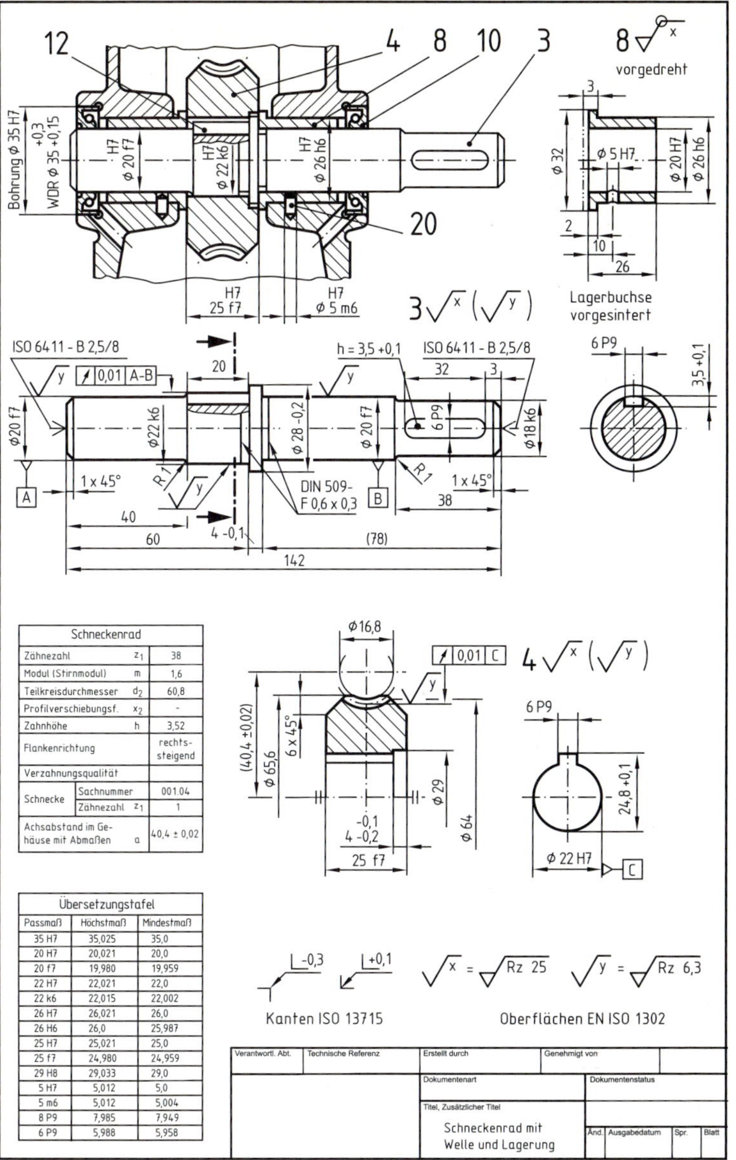

Schneckenrad		
Zähnezahl	z_1	38
Modul (Stirnmodul)	m	1,6
Teilkreisdurchmesser	d_2	60,8
Profilverschiebungsf.	x_2	-
Zahnhöhe	h	3,52
Flankenrichtung		rechts-steigend
Verzahnungsqualität		
Schnecke: Sachnummer		001.04
Schnecke: Zähnezahl	z_1	1
Achsabstand im Gehäuse mit Abmaßen	a	40,4 ± 0,02

Übersetzungstafel		
Passmaß	Höchstmaß	Mindestmaß
35 H7	35,025	35,0
20 H7	20,021	20,0
20 f7	19,980	19,959
22 H7	22,021	22,0
22 k6	22,015	22,002
26 H7	26,021	26,0
26 H6	26,0	25,987
25 H7	25,021	25,0
25 f7	24,980	24,959
29 H8	29,033	29,0
5 H7	5,012	5,0
5 m6	5,012	5,004
8 P9	7,985	7,949
6 P9	5,988	5,958

Verantwortl. Abt.	Technische Referenz	Erstellt durch	Genehmigt von	
		Dokumentenart	Dokumentenstatus	
		Titel, Zusätzlicher Titel: Schneckenrad mit Welle und Lagerung	Änd. / Ausgabedatum / Spr. / Blatt	

Zeichnungen der S. 408 und 409 haben eine Bemaßung mit Hüllprinzip nach DIN 7167.

13

13.1.2 Gesamtbehandlung der Baugruppe „Zahnradpumpe für hydromatische Vorschubpumpe"

1. **Aufgabe:** Die Zahnradpumpe liefert einen Volumenstrom von 15 l/min bei einem Öldruck von 50 bar und einer Drehzahl von 1500 min^{-1} für eine angebaute Vorschubpumpe. Diese gestattet, den hydraulischen Vorschub einer Werkzeugmaschine den zu bearbeitenden Werkstoffen stufenlos anzupassen.

2. **Aufbau:** Aus Stückliste, Gruppen- und Teilzeichnungen erkennen Sie als Einzelteile:

   Das plattenförmige Zahnradgehäuse 2 zur Aufnahme der Zahnräder 4 und 5, die Grundplatte 3 und den Pumpendeckel 1, die den Pumpenraum abschließen. In den Außenplatten 1 und 3 sind die Wälzlager 15 und 16 für die Antriebswelle 6 eingebaut. Das Zahnrad 4 läuft über Nadellager lose auf der Achse 7. Der Bolzen 8 verhindert ein Verschieben der drei Platten gegeneinander. Vier Zylinderschrauben 9 pressen die Gehäuseteile zusammen und zwei weitere befestigen sie an der Vorschubpumpe. Auf dem linken Ende der Antriebswelle befindet sich eine elastische Kupplung zum Übertragen des Drehmomentes vom Antriebsmotor.

3. **Funktion:** In einem plattenförmigen Gehäuse mit Deckel und Grundplatte kämmen zwei achsparallele Zahnräder ineinander. Das Öl wird auf der Saugseite durch die frei werdenden Zahnlücken angesaugt, dann in den Zahnlücken am Umfang außen herum zur Druckseite befördert. Der Zahneingriff verdrängt nun das Öl in die Druckleitung. Austretendes Quetschöl wird durch Kanäle und Rohrleitungen zum Druckraum geleitet.

   Das Fördervolumen und der Öldruck sind abhängig vom seitlichen Laufspiel zwischen Zahnrädern und Deckeln sowie von der Vergrößerung der Gehäusebohrung für die Zahnräder durch Verschleiß. Die Öldruckbelastung auf die Pumpenräder verursacht eine erhebliche Beanspruchung der Lagerstellen, sodass Wälzlager gewählt wurden.

4. **Fertigung:** Teil 1, 2 und 3 werden vorgegossen, gedreht, gefräst, gebohrt und geschliffen. Zu achten ist dabei auf die Parallelität der Seitenflächen, die fluchtenden Bohrungen in den drei Platten und das erforderliche Laufspiel zwischen den Zahnrädern und Deckeln von 0,02 ... 0,06 mm sowie auf die einzuhaltenden Passungen und Oberflächenrauheiten.

   Stellen Sie die für die Teile 4 ... 8 erforderlichen Fertigungsstufen auf.

   Erklären Sie die Prüfung des seitlichen Laufspiels der Zahnräder und den Zusammenbau der Zahnradpumpe.

5. **Werkstoffwahl:** Für Zahnradgehäuse, Grundplatte und Deckel ist ein öldichter, lunkerfreier und verschleißfester Grauguss gewählt worden. Zahnräder und Zahnradachse bestehen aus dem Werkstoff 16MnCr5, der durch Einsatzhärten auf eine Härte von 60 + 4 HRC im Hinblick auf die auftretende Beanspruchung gebracht wird. Für den Bolzen wurde C45 gewählt.

6. **Lesen der Teilzeichnungen:** 1 ... 3, 6 ... 10 nach dem Lehrbeispiel „Stopfbuchse" Seite 426:

   Erklären Sie von den Einzelteilen jeweils:

   6.1 die zeichnerische Darstellung,
   6.2 die Werkstückformen und Maße,
   6.3 die Passungen und
   6.4 die Oberflächenrauheiten im Hinblick auf die Funktion.

1	2	3	4	5	6	7	8
Pos.	Menge	Einheit	Benennung	Sachnummer/Norm-Kurzbezeichnung	Werkstoff	Gewicht kg/Einheit	Bemerkung
1	1	Stck	Pumpendeckel	4004.01	EN-GJL-300		
2	1	Stck	Zahnradgehäuse	4004.02	EN-GJL-300		
3	1	Stck	Grundplatte	4004.03	EN-GJL-300		
4	1	Stck	Pumpenzahnrad	4004.04	16MnCr5		
5	1	Stck	Pumpenzahnrad	4004.05	16MnCr5		
6	1	Stck	Antriebswelle	4004.06	51CrV4		
7	1	Stck	Achse	4004.07	16MnCr5		
8	1	Stck	Bolzen	4004.08	C45		
9	4	Stck	Zylinderschraube	ISO 4762 - M10 x 60	8.8		
10	2	Stck	Zylinderschraube	ISO 4762 - M12 x 90	8.8		
11	2	Stck	Gewindestift	ISO 4027 - M8 x 15	45H		
12	1	Stck	Sicherungsring	DIN 471 - 24 x 12			
13	2	Stck	Passfeder	DIN 6885 - 8 x 7 x 20	E335+C		
14	1	Stck	Passfeder	DIN 6885 - 8 x 7 x 32	E335+C		
15	2	Stck	Rillenkugellager	DIN 625 - 25 x 52 x 15			
16	38	Stck	Lagernadel	DIN 5402 - 2,5 x 9,8			

Verantwortl. Abt.	Technische Referenz	Erstellt durch	Genehmigt von		
		Dokumentenart	Dokumentenstatus		
		Titel, Zusätzlicher Titel: Zahnradpumpe für hydromatische Vorschubpumpe	Änd.	Ausgabedatum	Spr. / Blatt

Beispiel einer losen Stückliste DIN 6771-B2

13

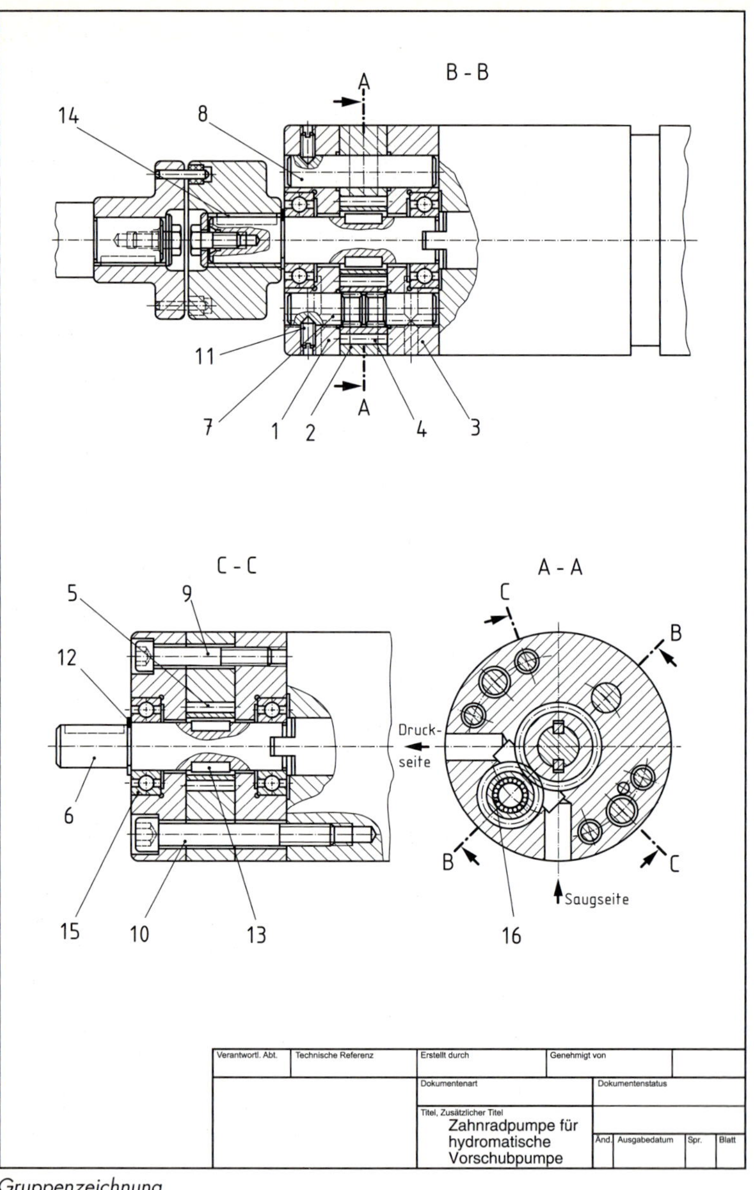

13

Gruppenzeichnung

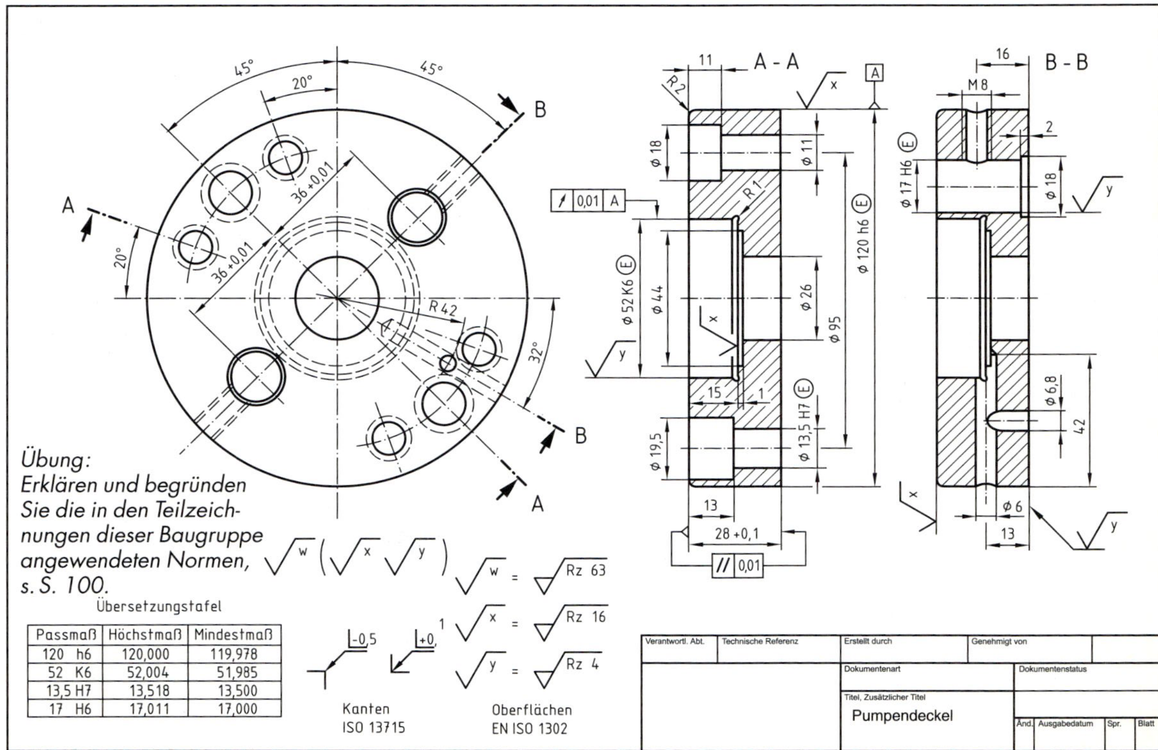

Übung:
Erklären und begründen Sie die in den Teilzeichnungen dieser Baugruppe angewendeten Normen, s. S. 100.

Übersetzungstafel

Passmaß	Höchstmaß	Mindestmaß
120 h6	120,000	119,978
52 K6	52,004	51,985
13,5 H7	13,518	13,500
17 H6	17,011	17,000

13

13

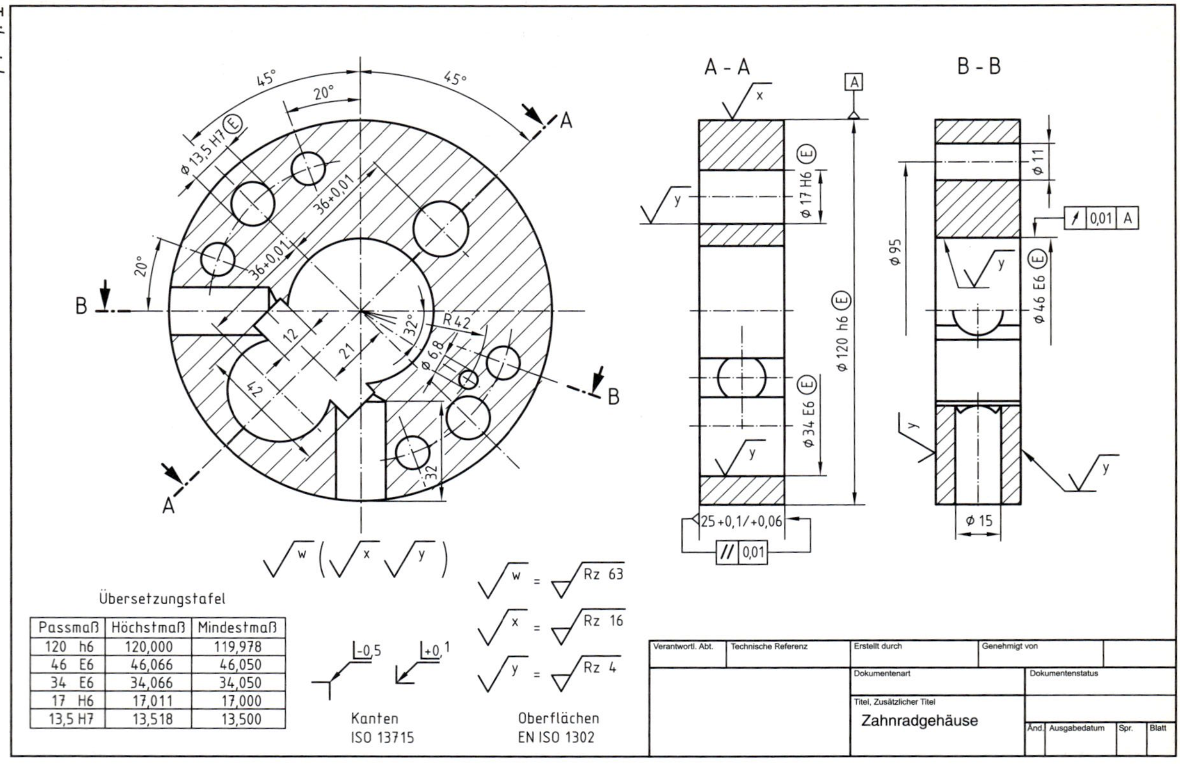

Übersetzungstafel

Passmaß	Höchstmaß	Mindestmaß
120 h6	120,000	119,978
46 E6	46,066	46,050
34 E6	34,066	34,050
17 H6	17,011	17,000
13,5 H7	13,518	13,500

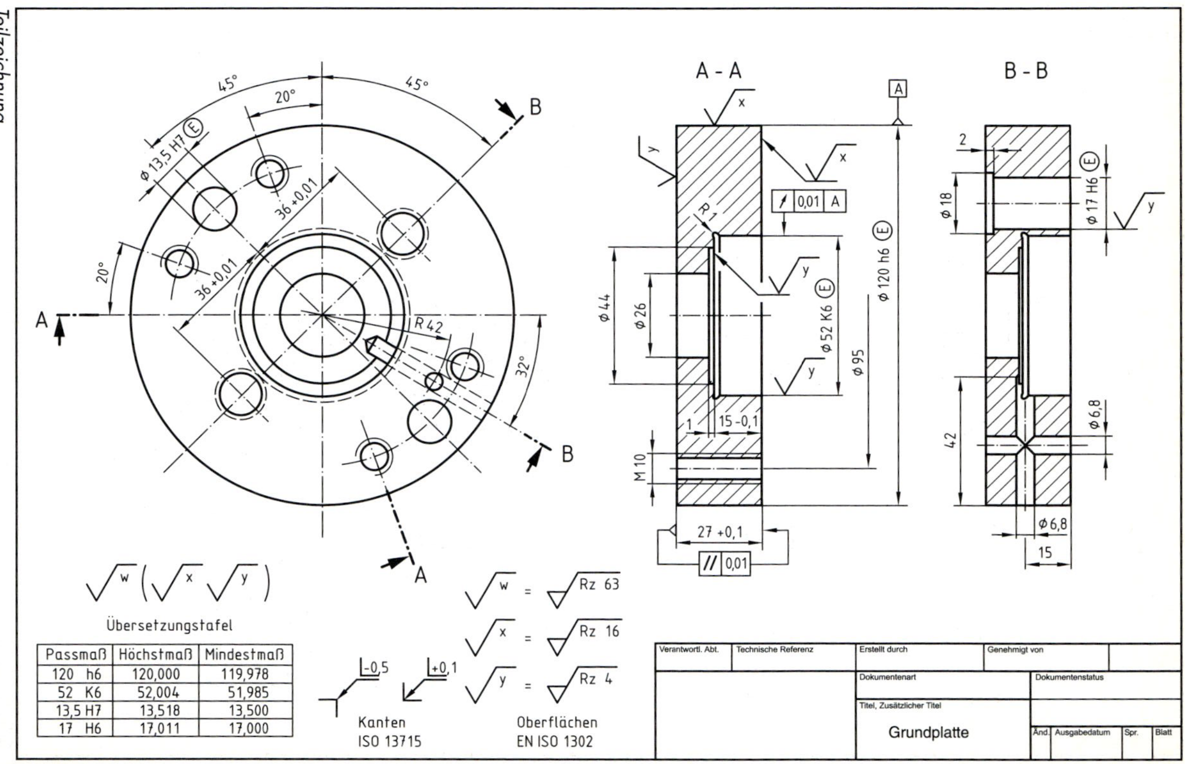

Passmaß	Höchstmaß	Mindestmaß
120 h6	120,000	119,978
52 K6	52,004	51,985
13,5 H7	13,518	13,500
17 H6	17,011	17,000

Teilzeichnung

Stirnrad		außenverz. ~~innenverz.~~
Modul	m_n	2
Zähnezahl	z	21
Bezugsprofil		DIN 867
Schrägungswinkel	β	0°
Flankenrichtung		-
Profilverschiebungsf.	x	0
Verzahnungsqualität Toleranzfeld		6e24 DIN 3967
Achsabstand im Gehäuse mit Abmaßen		36 ±0,02
Gegenrad	Sachnummer	4004.05
	Zähnezahl	15

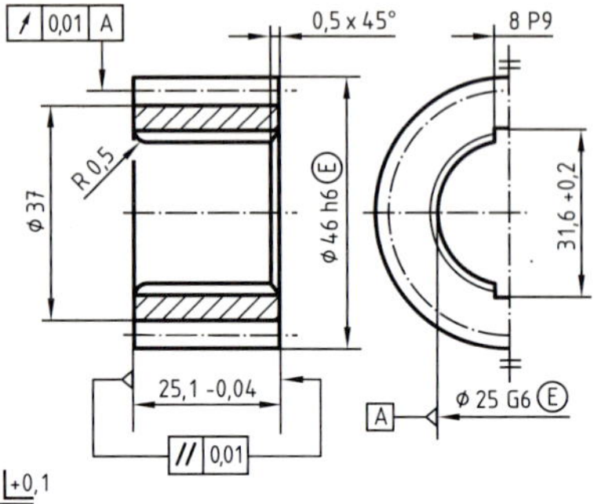

einsatzgehärtet
und angelassen
60 + 4 HRC
Eht = 0,8 + 0,4

0,01 A
0,5 x 45°
8 P9
R 0,5
ϕ 37
ϕ 46 h6 Ⓔ
31,6 +0,2
25,1 -0,04
A
ϕ 25 G6 Ⓔ
// 0,01

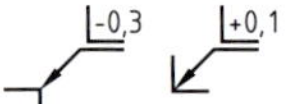

-0,3
+0,1
Kanten ISO 13715

Oberflächen
EN ISO 1302

geschliffen
Rz 4

Verantwortl. Abt.	Technische Referenz	Erstellt durch	Genehmigt von	
		Dokumentenart	Dokumentenstatus	
		Titel, Zusätzlicher Titel Pumpenzahnrad	Änd. Ausgabedatum Spr. Blatt	

Stirnrad		außenverz. ~~innenverz.~~
Modul	m_n	2
Zähnezahl	z	15
Bezugsprofil		DIN 867
Schrägungswinkel	β	0°
Flankenrichtung		-
Profilverschiebungsf.	x	0
Verzahnungsqualität Toleranzfeld		6e24 DIN 3967
Achsabstand im Gehäuse mit Abmaßen		36 ±0,02
Gegenrad	Sachnummer	4004.04
	Zähnezahl	21

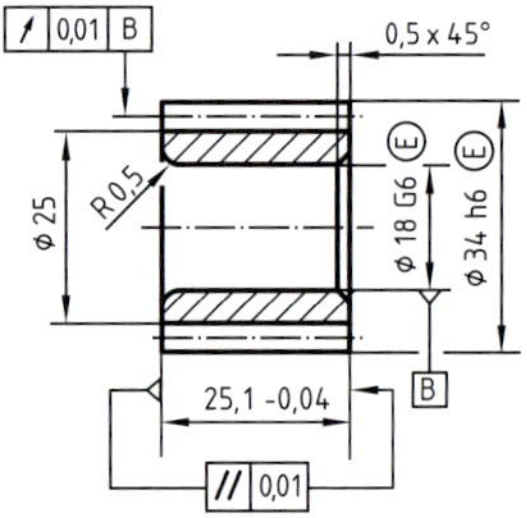

einsatzgehärtet
und angelassen
60 + 4 HRC
Eht = 0,8 + 0,4

0,01 B
0,5 x 45°
R 0,5
ϕ 25
ϕ 18 G6 Ⓔ
ϕ 34 h6 Ⓔ
B
25,1 -0,04
// 0,01

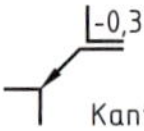

-0,3
Kanten ISO 13715

Oberflächen
EN ISO 1302

geschliffen
Rz 4

Verantwortl. Abt.	Technische Referenz	Erstellt durch	Genehmigt von	
		Dokumentenart	Dokumentenstatus	
		Titel, Zusätzlicher Titel Pumpenzahnrad	Änd. Ausgabedatum Spr. Blatt	

13

Teilzeichnungen

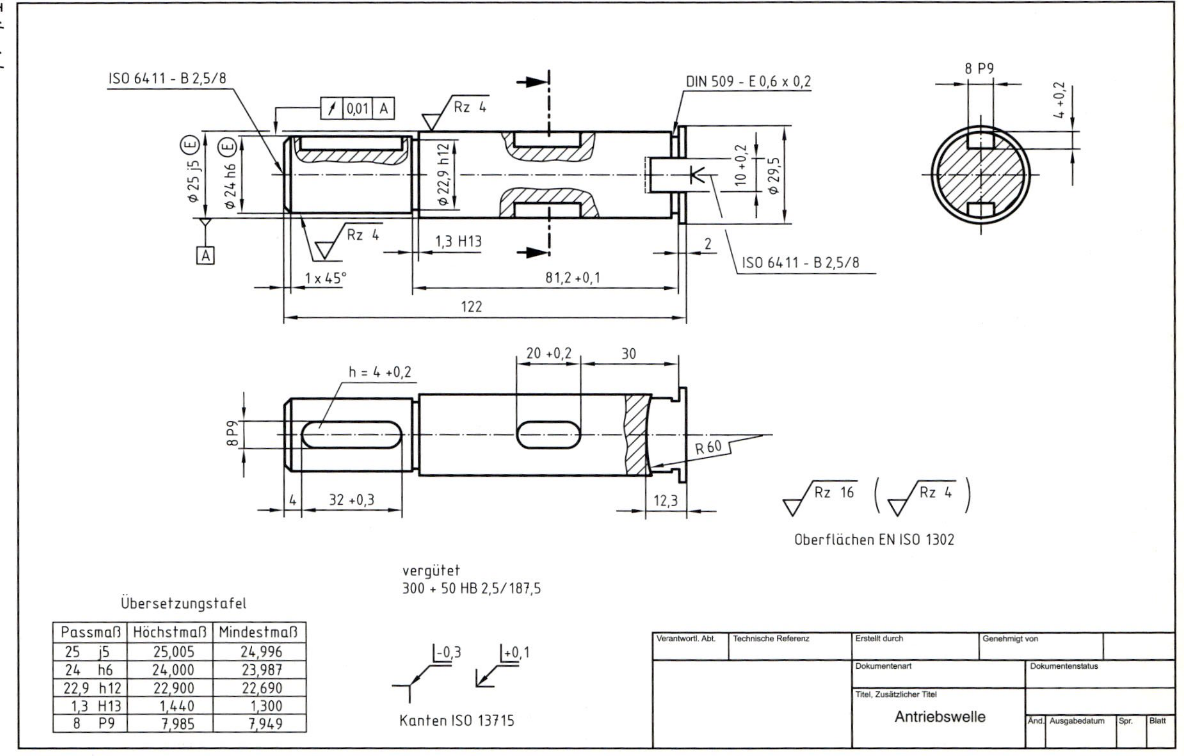

Übersetzungstafel

Passmaß	Höchstmaß	Mindestmaß
25 j5	25,005	24,996
24 h6	24,000	23,987
22,9 h12	22,900	22,690
1,3 H13	1,440	1,300
8 P9	7,985	7,949

Teilzeichnung

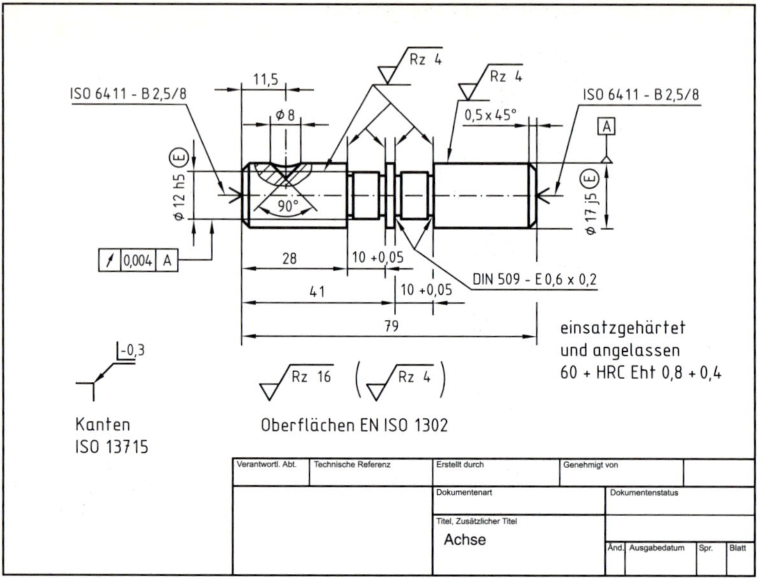

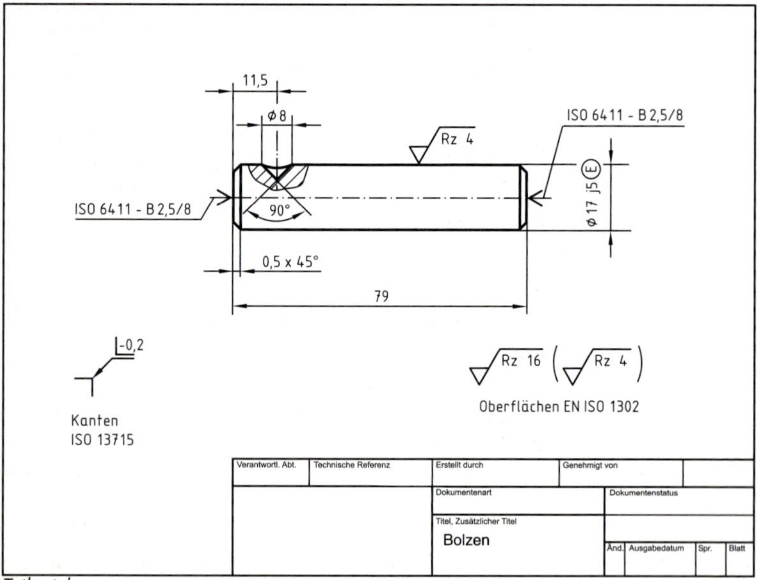

ISO 6411 - B 2,5/8
11,5
ϕ 8
Rz 4
Rz 4
0,5 x 45°
ISO 6411 - B 2,5/8
A
ϕ 12 h5 Ⓔ
90°
ϕ 17 j5 Ⓔ
0,004 A
28
10 +0,05
DIN 509 - E 0,6 x 0,2
41
10 +0,05
79
-0,3
Kanten
ISO 13715
Rz 16 (Rz 4)
Oberflächen EN ISO 1302
einsatzgehärtet
und angelassen
60 + HRC Eht 0,8 + 0,4

Verantwortl. Abt.	Technische Referenz	Erstellt durch	Genehmigt von
		Dokumentenart	Dokumentenstatus
		Titel, Zusätzlicher Titel Achse	Änd. Ausgabedatum Spr. Blatt

11,5
ϕ 8
ISO 6411 - B 2,5/8
Rz 4
ϕ 17 j5 Ⓔ
ISO 6411 - B 2,5/8
90°
0,5 x 45°
79
-0,2
Kanten
ISO 13715
Rz 16 (Rz 4)
Oberflächen EN ISO 1302

Verantwortl. Abt.	Technische Referenz	Erstellt durch	Genehmigt von
		Dokumentenart	Dokumentenstatus
		Titel, Zusätzlicher Titel Bolzen	Änd. Ausgabedatum Spr. Blatt

13

Teilzeichnungen

13.1.3 Gesamtbehandlung Stirnradgetriebe

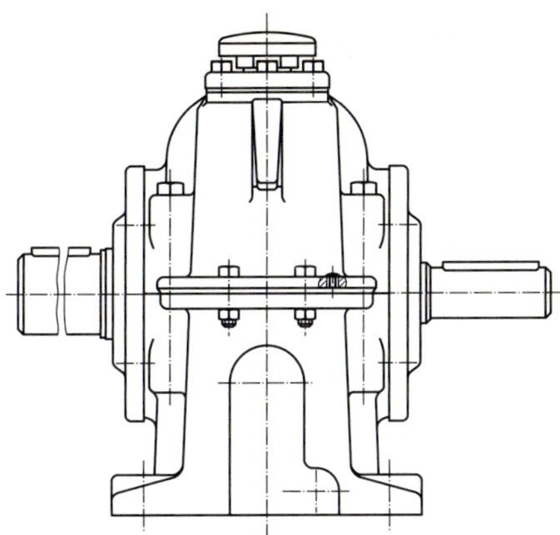

Stirnradgetriebe übertragen Leistungen von einem Antriebsmotor auf eine Arbeitsmaschine. Durch das Übersetzungsverhältnis $i = z_2 : z_1$, gegeben durch die Zähnezahlen, werden die Ausgangsdrehzahl $n_2 = n_1 : i$ und das Ausgangsdrehmoment $T_2 = T_1 \cdot i$ geändert.

Getriebe mit Schrägstirnrädern laufen ruhiger und geräuschärmer als Getriebe mit Geradstirnrädern, da mehr Zähne gleichzeitig im Eingriff sind (größerer Überdeckungsgrad). Daher sind sie für höhere Drehzahlen besser geeignet. Ferner sind Schrägstirnräder höher belastbar als Geradstirnräder mit gleichen Abmessungen. Schrägstirnräder ergeben aber zusätzliche Lagerbelastungen durch Axialkräfte aufgrund des Schrägungswinkels β.

Erarbeiten Sie systematisch diese Baugruppe anhand der Beispiele dieses Buches, z. B. Lesen einer Gruppen- und Teilzeichnung Freistromventil (3.8), Stopfbuchse (3.8) und Zahnradpumpe (13.2.2) nach folgenden Gesichtspunkten:

1. Funktion und Aufbau des Schrägstirnradgetriebes,
2. Übersetzungsverhältnis i,
3. Bedeutung der Schrägverzahnung,
4. Wellenlagerungen durch Kegelrollenlager, X-Anordnung,
5. Gehäuseabdichtungen,
6. Schmierung,
7. Werkstoffwahl und Wärmebehandlung für Schrägstirnräder und Wellen im Hinblick auf die Beanspruchung,
8. verwendete Passungen und Oberflächengüten bei Schrägstirnrädern und Wellen,
9. die in den Teilzeichnungen Schrägstirnräder und Wellen berücksichtigten Normen.

Hinweis: Aus Platzgründen ist in der Zeichnung auf S. 420 auf das eigentlich erforderliche Schriftfeld verzichtet

13

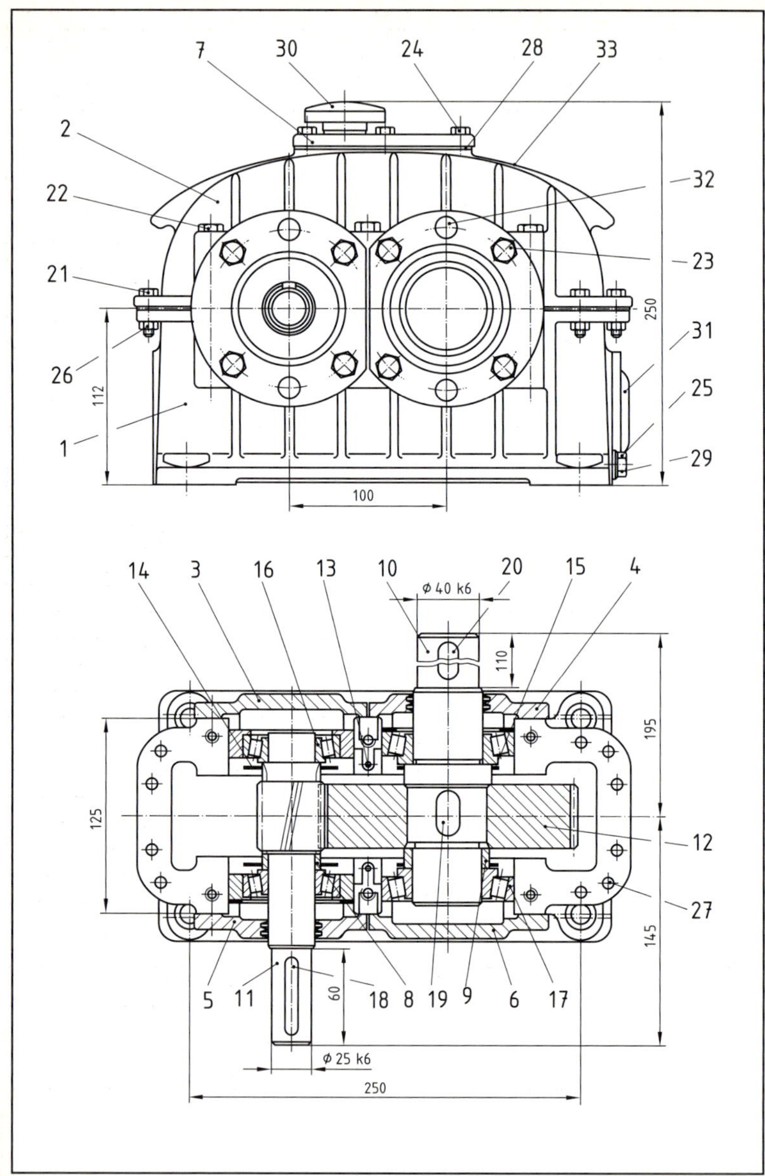
7
30
24
28
33
2
22
32
23
21
250
31
26
25
112
1
29
100
14
3
16
13
10
20
15
4
Φ 40 k6
110
195
125
12
27
145
5
11
60
18
8
19
9
6
17
Φ 25 k6
250

13

1	2	3	4	5	6
Pos.	Menge	Einheit	Benennung	Sachnummer/Norm-Kurzbezeichnung	Werkstoff
1	1	Stck	Gehäuseunterteil	9250.01	EN-GJL-200
2	1	Stck	Gehäuseoberteil	9250.02	EN-GJL-200
3	1	Stck	Lagerabschlussdeckel	9250.03	EN-GJL-200
4	1	Stck	Lagerabschlussdeckel	9250.04	EN-GJL-200
5	1	Stck	Lagerabschlussdeckel	9250.05	EN-GJL-200
6	1	Stck	Lagerabschlussdeckel	9250.06	EN-GJL-200
7	1	Stck	Schaulochdeckel	9250.07	EN-GJL-200
8	1	Stck	Abstandbuchse	9250.08	EN-GJL-200
9	1	Stck	Anstandbuchse	9250.09	EN-GJL-200
10	1	Stck	Welle	9250.10	E295
11	1	Stck	Schrägstirnradwelle	9250.11	C45E
12	1	Stck	Schrägstirnrad	9250.12	C45E
13	2	Stck	Ölabstreifer	9250.13	S235JR
14	2	Stck	Ölstaubblech	9250.14	S235JR
15	2	Stck	Ölstaubblech	9250.15	S235JR
16	2	Stck	Kegelrollenlager	DIN 720 - 30306	
17	2	Stck	Kegelrollenlager	DIN 720 - 30209	
18	1	Stck	Passfeder	DIN 6885 - 8 x 7 x 50	E335+C
19	1	Stck	Passfeder	DIN 6885 - 14 x 9 x 30	E335+C
20	1	Stck	Passfeder	DIN 6885 - 12 x 8 x 100	E335+C
21	8	Stck	Sechskantschraube	ISO 4014 - M 6 x 25	8.8
22	6	Stck	Sechskantschraube	ISO 4014 - M 10 x 20	8.8
23	16	Stck	Sechskantschraube	ISO 4017 - M 10 x 25	8.8
24	6	Stck	Sechskantschraube	ISO 4014 - M 6 x 70	8.8
25	1	Stck	Verschlussschraube	DIN 910 - R 3/8"	4.5
26	8	Stck	Sechskantmutter	ISO 4032 - M 6	6
27	4	Stck	Kegelstift	ISO 2339 - A - 6 x 24	St
28	1	Stck	Dichtscheibe	9250.28	
29	1	Stck	Dichtring	DIN 7603 -C17 x 32 x 2	
30	1	Stck	Atmungsfilter	9250.30	
31	1	Stck	Ölplatte Gr.3	9250.31	
32	8	Stck	Schutzstopfen	9250.32	
33	1	Stck	Firmenschild	9250.33	

Verantwortl. Abt.	Technische Referenz	Erstellt durch	Genehmigt von			
	Dokumentenart		Dokumentenstatus			
	Titel, Zusätzlicher Titel Stirnradgetriebe SENW 100		Änd.	Ausgabedatum	Spr.	Blatt

13

Stückliste Stirnradgetriebe

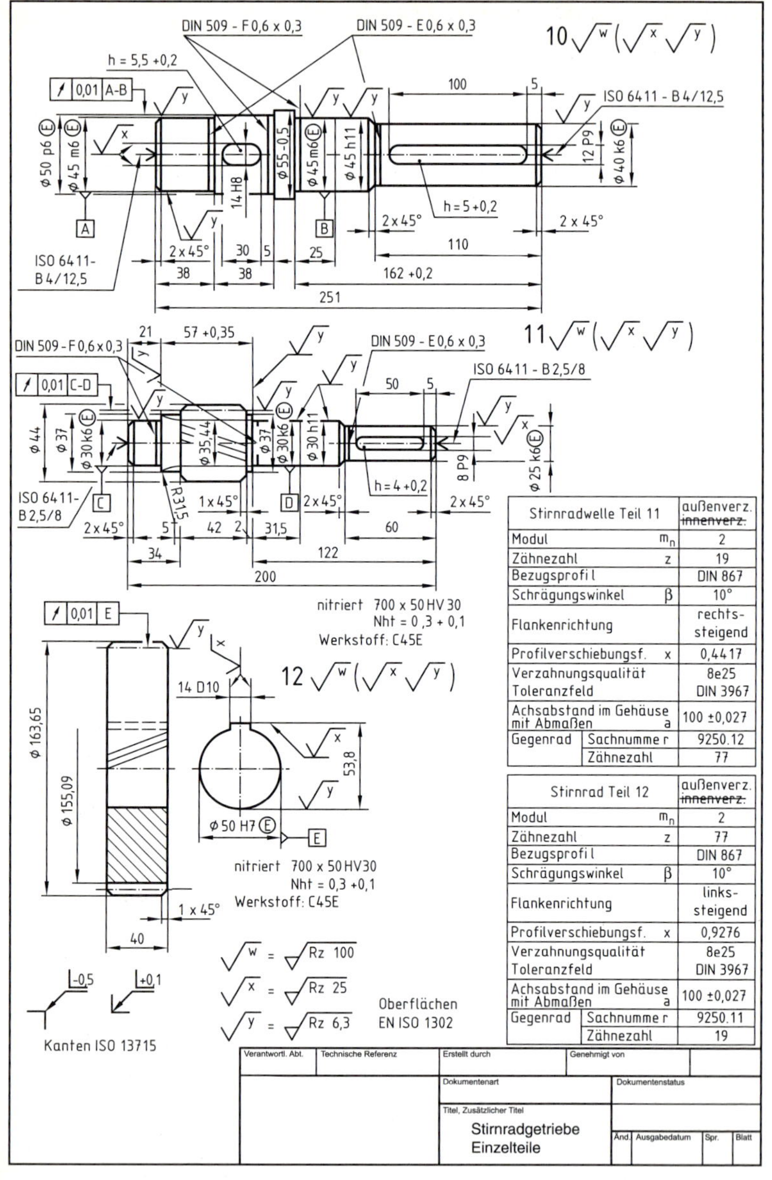

Stirnradwelle Teil 11		außenverz. ~~innenverz.~~
Modul	m_n	2
Zähnezahl	z	19
Bezugsprofil		DIN 867
Schrägungswinkel	β	10°
Flankenrichtung		rechts-steigend
Profilverschiebungsf.	x	0,4417
Verzahnungsqualität Toleranzfeld		8e25 DIN 3967
Achsabstand im Gehäuse mit Abmaßen	a	100 ±0,027
Gegenrad	Sachnummer	9250.12
	Zähnezahl	77

Stirnrad Teil 12		außenverz. ~~innenverz.~~
Modul	m_n	2
Zähnezahl	z	77
Bezugsprofil		DIN 867
Schrägungswinkel	β	10°
Flankenrichtung		links-steigend
Profilverschiebungsf.	x	0,9276
Verzahnungsqualität Toleranzfeld		8e25 DIN 3967
Achsabstand im Gehäuse mit Abmaßen	a	100 ±0,027
Gegenrad	Sachnummer	9250.11
	Zähnezahl	19

13.1.4 Gesamtbehandlungsbeispiele: Schrägsitzventil

1. Information aus Schriftfeld und Stückliste s. Seite 424.

   Über Schriftfelder nach DIN EN ISO 7200 und Stücklisten nach DIN 6771-2 berichten die Seiten 149, 151 ... 155.

   Von der dargestellten Baugruppe ist im Schriftfeld angegeben:

   die Benennung Schrägsitzventil 1" (s. DIN 3502)
   die Zeichnungs-Nr. 1401
   die Herstellerfirma: Metallwerke Gebr. Seppelfricke GmbH, Gelsenkirchen,
   der Maßstab M 1:1 (natürliche Größe).

   Die auf das Schriftfeld aufgesetzte Stückliste enthält von den 13 Einzelteilen, aus denen die Baugruppe besteht, jeweils:

   Position,
   Menge,
   Einheit,
   Benennung,
   Sachnummer/Norm-Kurzbezeichnung,
   Werkstoff,
   Gewicht kg/Einheit,
   Bemerkung.

2. Zeichnerische Darstellung

   Aus der Gruppenzeichnung erkennt man:
   Teile 1, 2, 3, 6 und 8 sind im Vollschnitt, Teil 7 im Teilschnitt und Teile 9, 10, 11, 12 und 13 in der Vorderansicht gezeichnet.

3. Formerfassen der Einzelteile

   Jedes durch eine Teil-Nr. gekennzeichnete Einzelteil sucht man anhand der Positions-Nr. der Stückliste in der Zeichnung auf. Aus den Schnittdarstellungen, Ansichten, Maßen, Kurzzeichen und Symbolen (⌀, □-Zeichen) stellt man sich deren Form vor und erkennt ihre Lage zueinander, siehe auch Seite 425.

4. Aufgabe

   Das in eine Rohrleitung eingebaute Freistromventil soll durch Schließen das Absperren, durch Öffnen das Durchfließen des Wassers bewirken.

5. Funktion

   Das Zusammenwirken der Einzelteile ergibt die Gesamtfunktion der Baugruppe.

   Durch Rechtsherumdrehen der Ventilspindel mit Gewindesteigung 7 mit dem Handrad 4 schraubt sich diese vorwärts durch das Kopfstück 2, bis der durch den Kegelbolzen 9 in ihr befestigte Kegelteller 10 in Dichtung 11 auf den Ventilsitz presst. Dadurch ist der Durchfluss abgesperrt.

   Für das Öffnen des Ventils sind das Handrad und die Ventilspindel links herumzudrehen. Dies bewirkt die Rückwärtsbewegung der Spindel mit Kegelbolzen, Kegelteller und Dichtung, wobei der Durchfluss freigegeben wird.

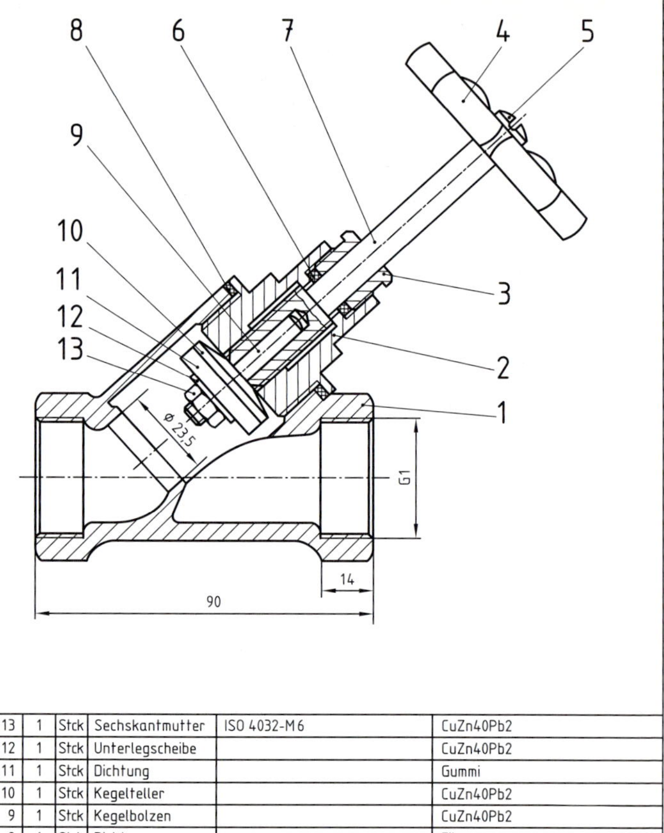

Pos.	Men.	Einh.	Benennung	Sachnummer/Norm-Kurzbezeichnung	Werkstoff
13	1	Stck	Sechskantmutter	ISO 4032-M6	CuZn40Pb2
12	1	Stck	Unterlegscheibe		CuZn40Pb2
11	1	Stck	Dichtung		Gummi
10	1	Stck	Kegelteller		CuZn40Pb2
9	1	Stck	Kegelbolzen		CuZn40Pb2
8	1	Stck	Dichtung		Fiber
7	1	Stck	Spindel		CuZn40Pb2
6	1	Stck	Packung		Baumwolle
5	1	Stck	Linsen-Senkschr.	ISO 2010 - M 4 x 5	CuZn40Pb2
4	1	Stck	Handrad		CuZn40Pb2
3	1	Stck	Stopfbuchse		CuZn40Pb2
2	1	Stck	Kopfstück		CuZn40Pb2
1	1	Stck	Gehäuse		CuZn40Pb2

Verantwortl. Abt.	Technische Referenz	Erstellt durch	Genehmigt von
		Dokumentenart	Dokumentenstatus
		Titel, Zusätzlicher Titel Schrägsitzventil 1"	Änd. Ausgabedatum Spr. Blatt

13

Beispiel einer Stückliste DIN 6771-B2 auf Zeichnungen

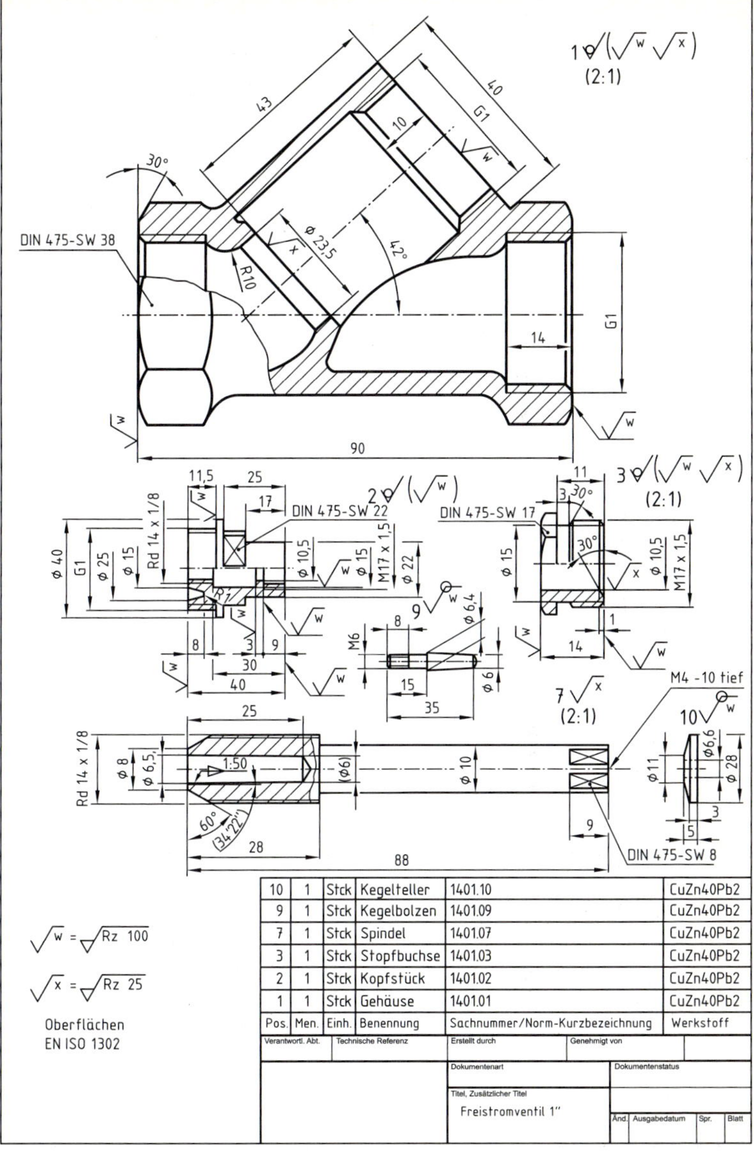

Pos.	Men.	Einh.	Benennung	Sachnummer/Norm-Kurzbezeichnung	Werkstoff
10	1	Stck	Kegelteller	1401.10	CuZn40Pb2
9	1	Stck	Kegelbolzen	1401.09	CuZn40Pb2
7	1	Stck	Spindel	1401.07	CuZn40Pb2
3	1	Stck	Stopfbuchse	1401.03	CuZn40Pb2
2	1	Stck	Kopfstück	1401.02	CuZn40Pb2
1	1	Stck	Gehäuse	1401.01	CuZn40Pb2

Verantwortl. Abt.	Technische Referenz	Erstellt durch	Genehmigt von
		Dokumentenart	Dokumentenstatus
		Titel, Zusätzlicher Titel: Freistromventil 1"	Änd. / Ausgabedatum / Spr. / Blatt

13

Lesen, Vorstellen und Verstehen der Teilzeichnung: Stopfbuchse, Teil 3

1. Information aus Schriftfeld und Stückliste s. Seite 424 und 425.

   Teil 3 ist als Stopfbuchse benannt, hat die Zeichnungs-Nr. 1401.03 und ist im Original im M 2:1, also in doppelter Größe gezeichnet. Sie wird hergestellt vom Metallwerk Gebr. Seppelfricke GmbH, Gelsenkirchen.

2. Zeichnerische Darstellung s. Seite 425.

   Die Stopfbuchse ist in der Ansicht A im Halbschnitt dargestellt als obere Ansichtshälfte und untere Schnitthälfte.

3. Bestimmen der übergeordneten Form = Hüllform

   Die zylindrische Hohlform der Stopfbuchse ist erkennbar an den ⌀-Zeichen vor den Durchmessermaßen, dem Außengewindemaß, den äußeren schraffierten und inneren nichtschraffierten Flächen der Schnitthälfte.

   Erfassen der Einzelformen und Maße

   a) Außenform:

      Außengewindeteil M 17x1,5 = Metrisches Feingewinde M17 mit 1,5 Gewindesteigung und 8 mm Gewindelänge. Der Gewindeanfang hat eine Kegelkuppe zum leichteren Einschrauben in das Kopfstück 2. Die Gewinderille hat den ⌀ 15 und ist 3 mm lang. Der Sechskant mit SW 17 dient zum Anziehen der Stopfbuchse und hat eine Abfasung.

   b) Innenform:

      Die Durchgangsbohrung ⌀ 10,5 dient zur Führung der Gewindespindel im Kopfstück 2. Sie hat eine Einsenkung von 30°, 1 mm tief.

4. Aufgabe und Funktion

   Durch das Einschrauben der Stopfbuchse in das obere Ende des Kopfstückes 2 presst sie die eingelegte Packung 6 gegen die Mantelfläche der Ventilspindel und gegen die Bohrungswände des Kopfstückes. Dadurch wird der Kopfstückinnenraum gegen die Ventilspindel abgedichtet.

5. Werkstoff

   Die Stopfbuchse besteht aus CuZn40Pb2, einer Kupfer-Zink-Legierung mit 58% Kupfer, 40% Zink und 2% Blei. Dieser Werkstoff lässt sich bei Formdrehteilen gut zerspanen und ist korrosionsbeständig.

6. Oberflächenangaben

   Die Mantelflächen des Sechskantkopfes werden nicht bearbeitet √, da von gezogenen Sechskantstangen SW 17 ausgegangen wird. Die übrigen Flächen sind spanend zu bearbeiten und dürfen die angegebenen gemittelten Rauhtiefen Rz 100 beim Schruppen und Rz 25 beim Schlichten nicht überschreiten.

7. Massenfertigung

   Die Massenfertigung der Stopfbuchsen erfolgt auf einem Sechsspindeldrehautomaten, s. Seite 427. Hierbei werden die einzelnen Fertigungsstufen auf 6 Spindeln verteilt und jeweils von Werkzeugen auf Längsschlitten (1.1), auf Querschlitten (1.2) sowie in Sonderbearbeitungseinrichtungen (1.3) durchgeführt. Der Werkstoff wird in Form von Sechkantstangen SW 17 verwendet.

Massenfertigung von Stopfbuchsen auf einem Mehrspindeldrehautomaten

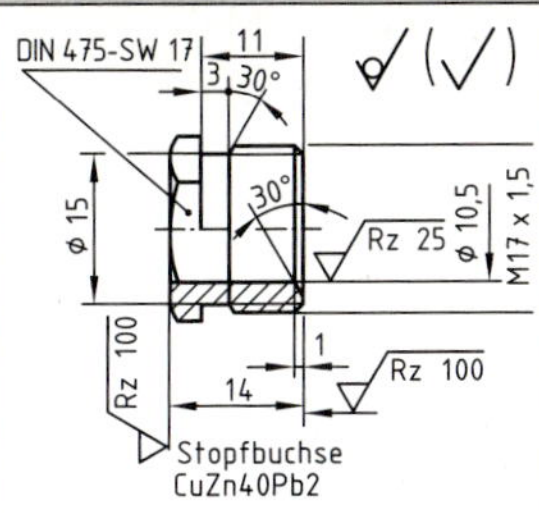

Werkzeugmaschine:

Schütte-Mehrspindeldrehautomat SE 25

Werkstoff:

Sechskantstange SW 17 aus CuZn40Pb2

bestimmende Schnittgeschwindigkeit (d = 19,5) = 184 m · min⁻¹
Hauptzeit th = 1,95 s
Nebenzeit tn = 1,05 s
Grundzeit tg = 3,0 s

Spindellage	Fertigungsfolge	Fertigungsbeschreibung	Fertigungsdaten d' mm	v m · min⁻¹	a mm	s_1 mm/U	s_q mm/U
1		1.1 Längssschlitten: zentrieren und überdrehen	19,5	184	1,25	0,1	
		1.2 Querschlitten: begrenzen	17	160	0,5		0,04
		1.3 Sondereinrichtung					
2		2.1 Bohren und Kanten brechen	17	160		0,1	
		2.2 Freistich für Gewinde einstechen	19,5	184	3		0,04
		2.3					
3		3.1 Bohren	10	94		0,08	
		3.2 Abstichseitig vorstechen und Kante brechen	19,5	184	4		0,04
		3.3					
4		4.1					
		4.2					
		4.3 Gewindestrehlen 6 Gänge, 12 Durchgänge	17	160		0,08	
5		5.1 Bohrung aufbohren	10,5	100		0,15	
		5.2 Abstechseite vorstechen	17	160	2		0,03
		5.3					
6		6.1					
		6.2 Abstechen	14	132	2		0,03
		6.3					

Oberflächenangaben nach DIN EN ISO 1302

13.1.5 Weitere Beispiele

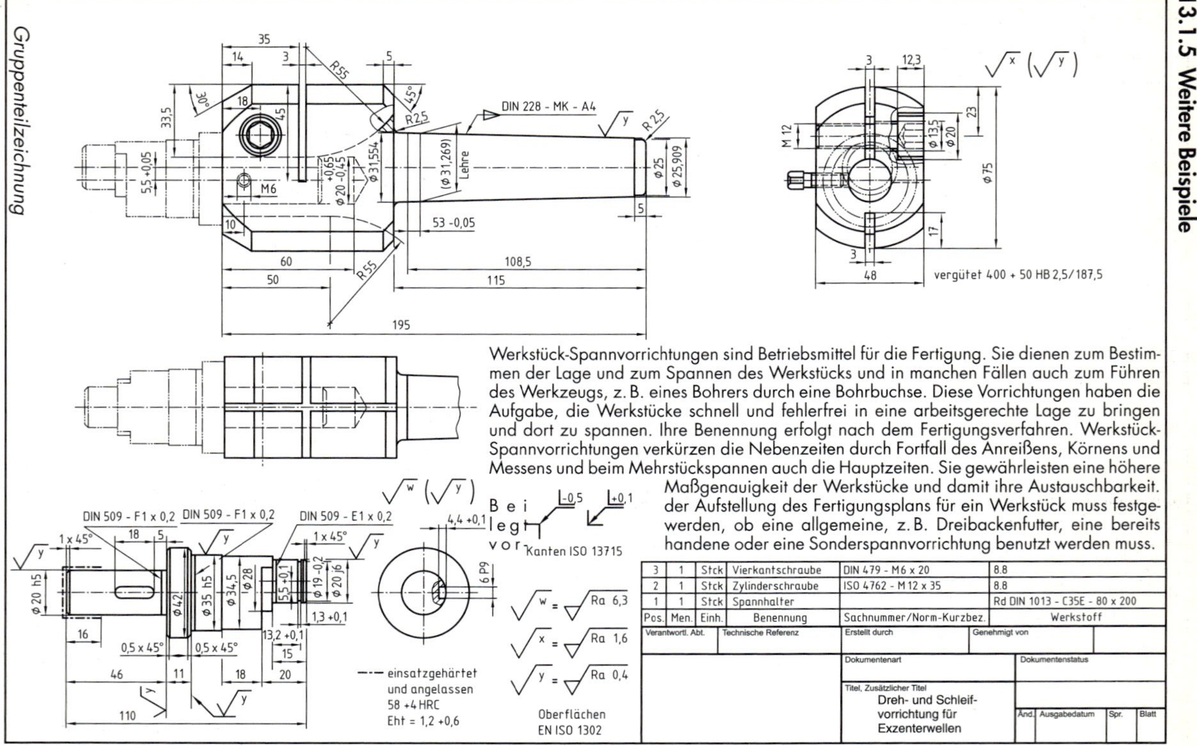

Werkstück-Spannvorrichtungen sind Betriebsmittel für die Fertigung. Sie dienen zum Bestimmen der Lage und zum Spannen des Werkstücks und in manchen Fällen auch zum Führen des Werkzeugs, z. B. eines Bohrers durch eine Bohrbuchse. Diese Vorrichtungen haben die Aufgabe, die Werkstücke schnell und fehlerfrei in eine arbeitsgerechte Lage zu bringen und dort zu spannen. Ihre Benennung erfolgt nach dem Fertigungsverfahren. Werkstück-Spannvorrichtungen verkürzen die Nebenzeiten durch Fortfall des Anreißens, Körnens und Messens und beim Mehrstückspannen auch die Hauptzeiten. Sie gewährleisten eine höhere Maßgenauigkeit der Werkstücke und damit ihre Austauschbarkeit. Bei der Aufstellung des Fertigungsplans für ein Werkstück muss festgelegt werden, ob eine allgemeine, z. B. Dreibackenfutter, eine bereits vorhandene oder eine Sonderspannvorrichtung benutzt werden muss.

Pos.	Men.	Einh.	Benennung	Sachnummer/Norm-Kurzbez.	Werkstoff
3	1	Stck	Vierkantschraube	DIN 479 - M6 x 20	8.8
2	1	Stck	Zylinderschraube	ISO 4762 - M12 x 35	8.8
1	1	Stck	Spannhalter		Rd DIN 1013 - C35E - 80 x 200

Gruppenteilzeichnung

Aufgabe und Funktion

Die Kraftfahrzeugkupplung hat die Aufgabe, beim Anfahren den Antrieb des Fahrzeugs gleichmäßig und ruckfrei an den Motor anzukuppeln und während der Fahrt den Kraftfluss zu unterbrechen, damit die Getriebegänge lastfrei geschaltet werden können. Die Membranfederkupplung besteht grundsätzlich aus der Kupplungsdruckplatte, der Kupplungsscheibe und dem Ausrücker. Die Kupplungsscheibe mit den Reibbelägen wird durch die unter Kraft der Membranfeder stehende Anpressplatte gegen das Schwungrad gedrückt. Zur Unterbrechung des Kraftflusses muss die Anpressplatte entgegen der Federkraft von der Kupplungsscheibe abgehoben werden. Dies geschieht über ein fußbetätigtes Ausrücksystem, das den auf der Getriebewelle sitzenden Ausrücker gegen die Membranfederzungen drückt. Dabei kippt der Außenrand der Membranfeder um zwei am Gehäuse befestigte Drahtringe und hebt damit die Anpressung der Kupplungsscheibe auf, sodass die Kupplung den Kraftfluss trennt.

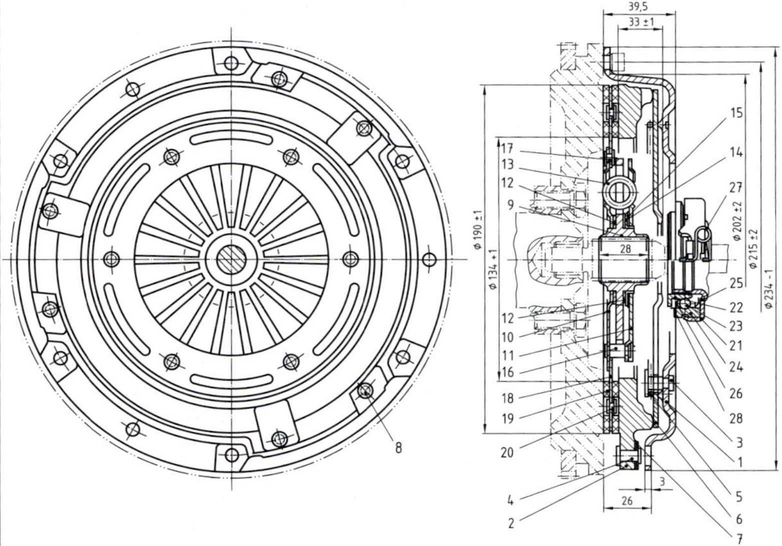

Pos.	Men.	Einh.	Benennung	Sachnummer/Norm-Kurzbez.	Werkstoff
28	1	Stck	Dichtscheibe		
27	2	Stck	Formfeder		
26	1	Stck	Dichtscheibe		
25	1	Stck	Dichtscheibe		
24	1	Stck	Außenring		
23	1	Stck	Kugelhalter m. Kugeln		
22	1	Stck	Innenring		
21	1	Stck	Gehäuse		
	1	Stck	Ausrücker	KZI-0	
20	16	Stck	Belagniet	4 x 4,5	
19	2	Stck	Kupplungsbelag		
18	8	Stck	Belagfeder		
17	16	Stck	Flachkopfniet	5 x 4	
16	4	Stck	Abstandstück		
15	1	Stck	Tellerfeder		
14	1	Stck	Ring		
13	4	Stck	Feder f. Torsionsd.		
12	2	Stck	Reibring		
11	1	Stck	Abdeckblech		
10	1	Stck	Mitnehmerscheibe		
9	1	Stck	Nabe		
	1	Stck	Zsb. Kupplungsscheibe	190 TPB	
8	3	Stck	Flachkopfniet	8 x 11	
7	6	Stck	Blattfeder		
6	1	Stck	Membranfeder		
5	1	Stck	Drahtring		
4	3	Stck	Niet	8 x 15,4	
3	6	Stck	Distanzbolzen		
2	1	Stck	Anpressplatte		
1	1	Stck	Gehäuse		
	1	Stck	Zsb. Druckplatte	MF 190	

Verantwortl. Abt.	Technische Referenz	Erstellt durch	Genehmigt von
		Dokumentenart	Dokumentenstatus
		Titel, Zusätzlicher Titel Membranfederkupplung Typ MF 190	Änd. / Ausgabedatum / Spr. / Blatt

Gruppenzeichnung

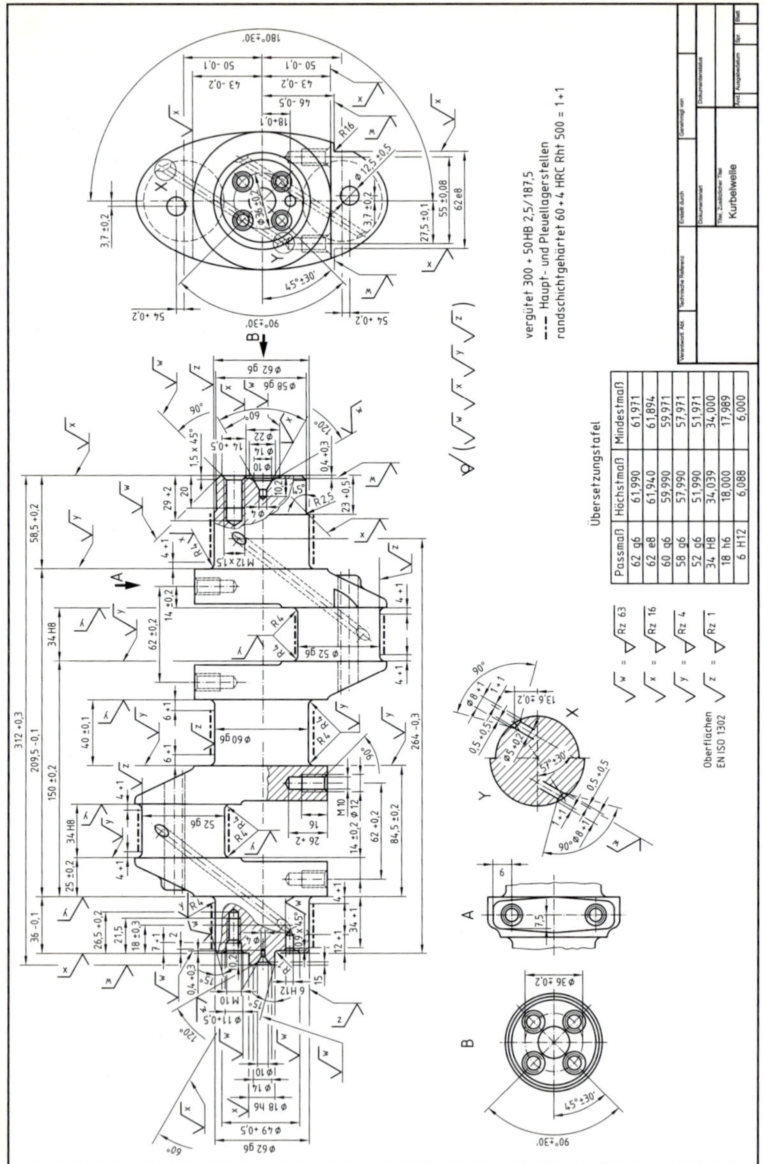

Zu den Fertigungszeichnungen der S. 430 und 431 sind Rohteilzeichnungen erforderlich.

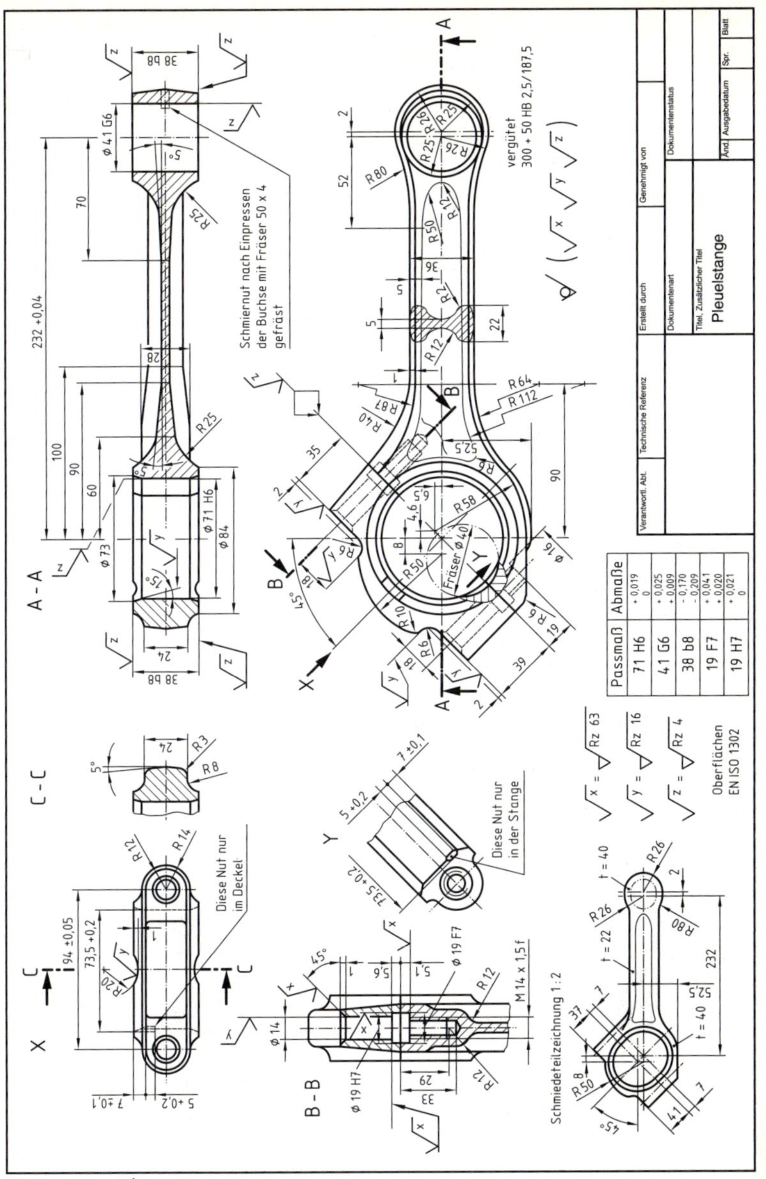

Passmaß	Abmaße
71 H6	+0,019 0
41 G6	+0,025 +0,009
38 b8	−0,170 −0,209
19 F7	+0,041 +0,020
19 H7	+0,021 0

Fertigungszeichnung

13.2 Testaufgaben zum Selbsttesten und Vorbereiten auf Zwischen- und Abschlussprüfungen

Die den Lehr- und Lernstoffen zumeist folgenden Aufforderungen zum Üben und Selbsttesten (Erfolgskontrollen) sowie die Tests: Räumliches Vorstellen und Zeichnung lesen, S. 433–435, dienen dem Feststellen des jeweiligen Lern- und Übungsfortschritts. Erst nach dem Lösen des Tests vergleichen Sie Ihre Resultate mit den entsprechenden Ergebnissen auf S. 454.

Die Auswahlaufgaben auf den S. 436, 437 und 441 sollen die Art, den Umfang der zu lösenden programmierten Prüfungsaufgaben früherer Abschlussprüfungen erkennen lassen und die eigene Prüfungsreife feststellen helfen.

Überprüfen Sie auch Ihre Zeichenfertigkeit durch Zeichnen nach Zeichenschritten der in Raumbildern dargestellten Werkstücke, S. 438, 439 und 444. Hierbei wandeln Sie das dreidimensionale Raumbild in eine zweidimensionale technische Zeichnung um.

In den Tests: Ergänzungszeichnen, S. 445 und 446, ist aus zwei Ansichten die dritte zu erkennen und dadurch der Beweis zu erbringen, dass der Körper räumlich erfasst ist. Hierbei sollen Sie sich den Körper aus den flächenhaften Ansichten räumlich vorstellen.

Beim fertigungsgerechten Herauszeichnen der Einzelteile aus Gruppenzeichnungen, z. B. S. 452, sind die Einzelteile nach Funktion, Körperform mit Maßen und Passungen zu erkennen. Hierbei müssen die Gesamtfunktion der Baugruppe und die Einzelfunktionen der Bauteile durchdacht werden.

Bei den Tests: Schnitte, Durchdringungen und Abwicklungen, S. 447, 448 sowie 449, 450 und 451, sind die günstigsten Hilfsverfahren zum Lösen der Aufgaben zu ermitteln und anzuwenden.

Bei Fehllösungen der Testaufgaben erarbeiten Sie erneut den entsprechenden Lehrstoff, z. B. anhand der Informationen, und verbessern dann Ihre Lösungen.

Es ist auch ratsam, nach einigen Wochen erneut eine Leistungskontrolle mit den gleichen oder auch ähnlichen selbst gestellten Testaufgaben durchzuführen und dann die Ergebnisse bezüglich Richtigkeit und Zeit mit den ersten zu vergleichen.

Die Inhalte und Erklärungen der behandelten Zeichenregeln, Normen, zahlreichen Kurzzeichen, Musterzeichnungen und Konstruktionen der darstellenden Geometrie sowie Richtlinien für das fertigungsgerechte Gestalten bieten vielfache Möglichkeiten für das Erstellen von Prüfungs- bzw. Erfolgskontrollaufgaben und deren Ergebnisüberprüfung.

Die Voraussetzung für das richtige Lösen unter Einhaltung vorgegebener Zeit der in Datenbanken erstellten programmierten Prüfungsaufgaben ist ein vorhergehendes systematisches Erarbeiten, Lernen, Üben, Anwenden und Selbsttesten der einzelnen Lehr-, Lern- und Übungsstoffe, wie sie dieses Buch in kompakter Weise umfassend und übersichtlich als Informationsspeicher, Helfer und Ratgeber darbietet.

Test: Räumliches Vorstellen und Zeichnungslesen

A	1	2	3	4	5	6	7	8	9	10
B										
C										

1. Zuordnungsaufgaben:
   Ordnen Sie der A die zugehörige B und C zu. Dabei stellen Sie sich den Körper vor. Danach tragen Sie in die Tabelle die entsprechende Nummer der B und C von links ein.
2. Zeichnen Sie von einigen Teilen je die zugehörige A, B und C als technische Zeichnung.
3. Skizzieren Sie einige Beispiele in perspektivischer Darstellung.

Test: Räumliches Vorstellen und Zeichnungslesen

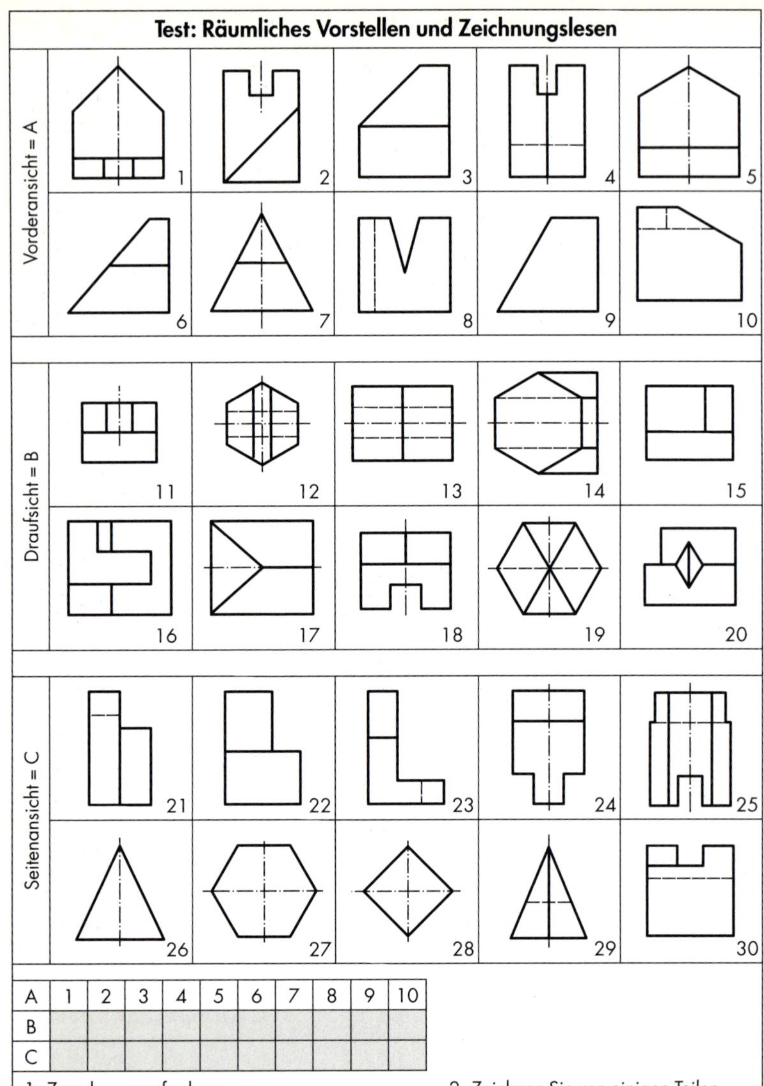

A	1	2	3	4	5	6	7	8	9	10
B										
C										

1. Zuordnungsaufgaben:
   Ordnen Sie der A die zugehörige B und C zu. Dabei stellen Sie sich den Körper vor. Danach tragen Sie in die Tabelle die entsprechende Nummer der B und C ein.
2. Zeichnen Sie von einigen Teilen je die zugehörige A, B und C als technische Zeichnung.
3. Skizzieren Sie einige Beispiele in perspektivischer Darstellung.

Test: Räumliches Vorstellen und Zeichnungslesen

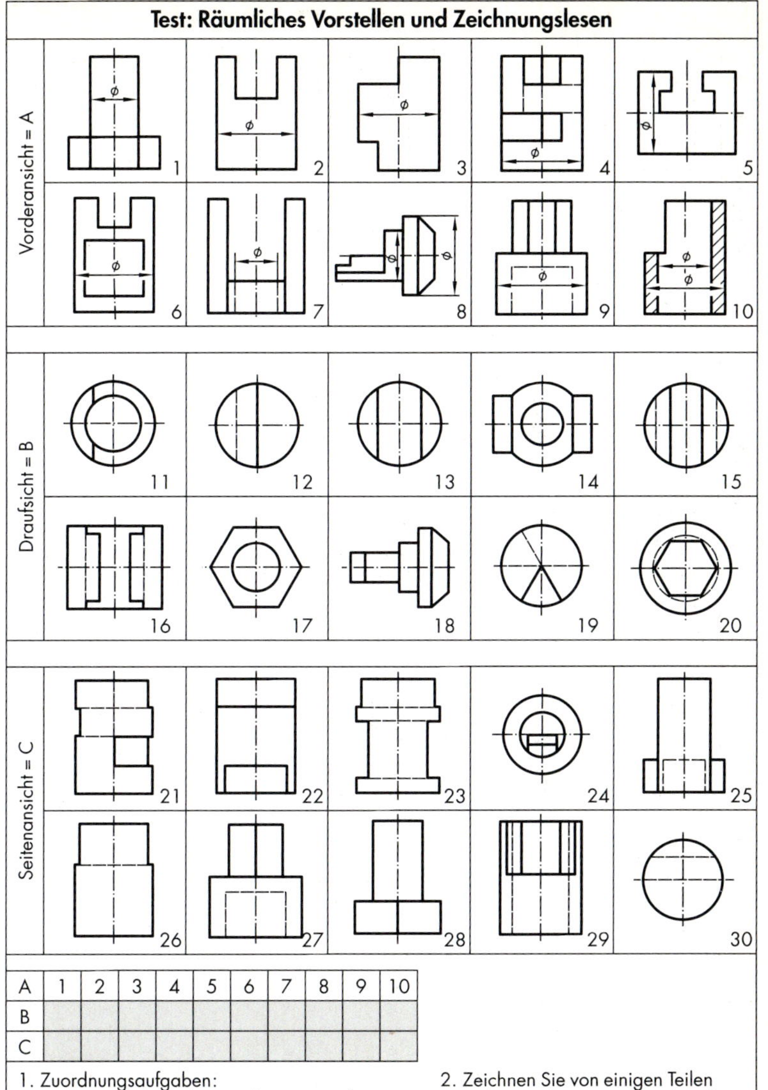

A	1	2	3	4	5	6	7	8	9	10
B										
C										

1. Zuordnungsaufgaben:
   Ordnen Sie der A die zugehörige B und C zu. Dabei stellen Sie sich den Körper vor. Danach tragen Sie in die Tabelle die entsprechende Nummer der B und C von links ein.
2. Zeichnen Sie von einigen Teilen je die zugehörige A, B und C als technische Zeichnung.
3. Skizzieren Sie einige Beispiele in perspektivischer Darstellung.

Test: Darstellung in technischen Zeichnungen (Auswahlaufgaben)

Gegeben: Vorderansicht und Draufsicht

Gesucht: Welche Seitenansicht von Teil 1: 1.1, 1.2 oder 1.3 sowie von Teil 2: 2.1, 2.2 oder 2.3 ist normgerecht dargestellt?

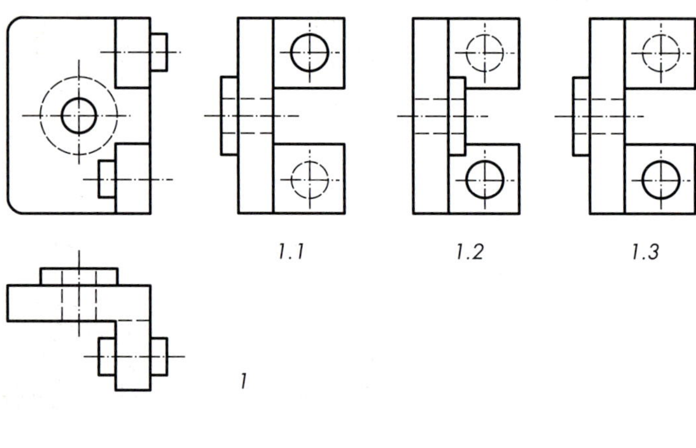

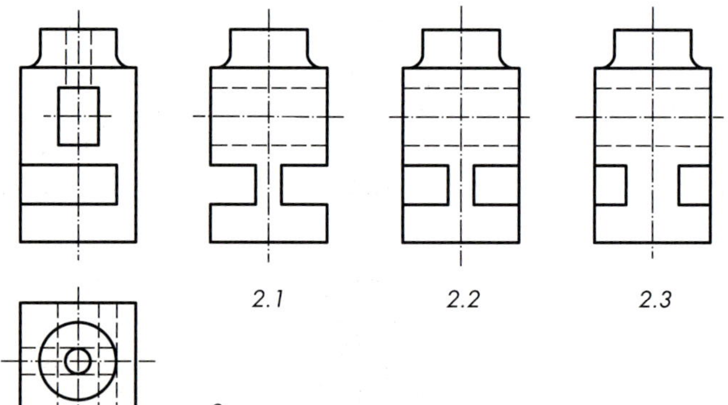

Test: Darstellung in technischen Zeichnungen (Auswahlaufgaben)

Gegeben: Vorderansicht und Draufsicht von Teil 1 und 2

Gesucht: Welche Seitenansicht als Schnitt A – A 1.1 … 1.4 bzw. 2.1 … 2.4 ist normgerecht dargestellt?

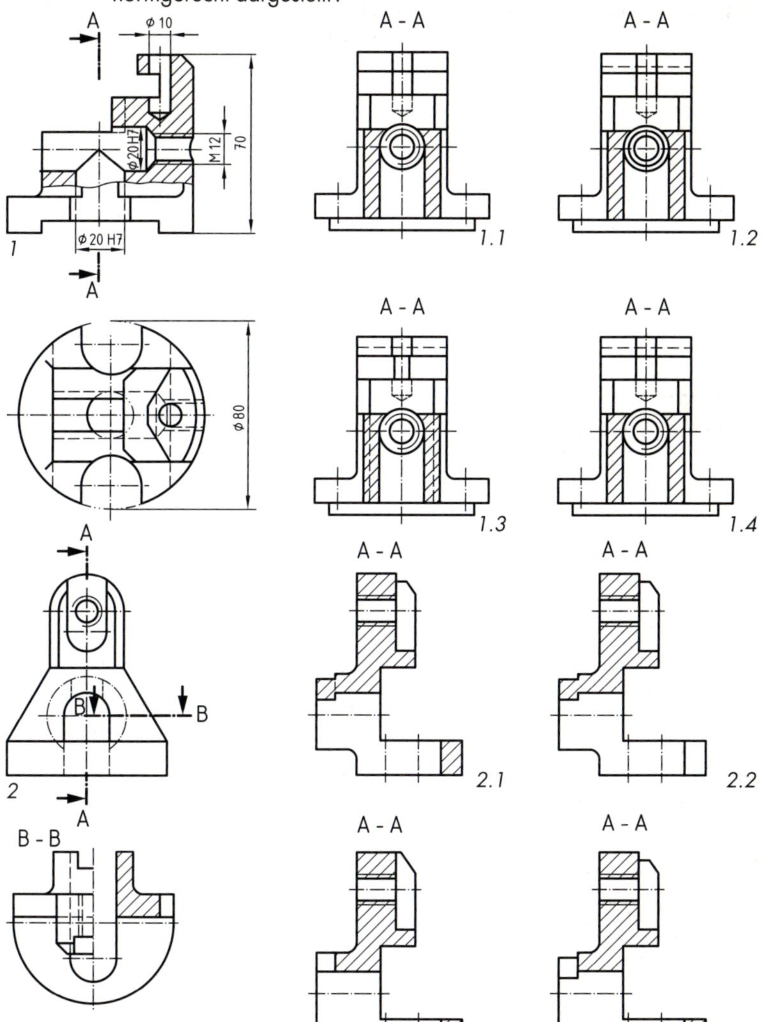

13

Test: Zeichnen von Werkstücken nach Raumbildern

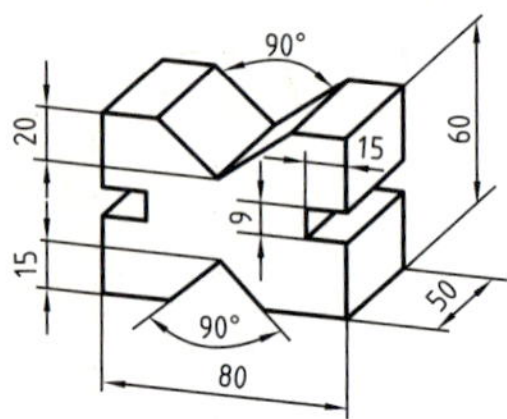

1 *Bohrprisma*

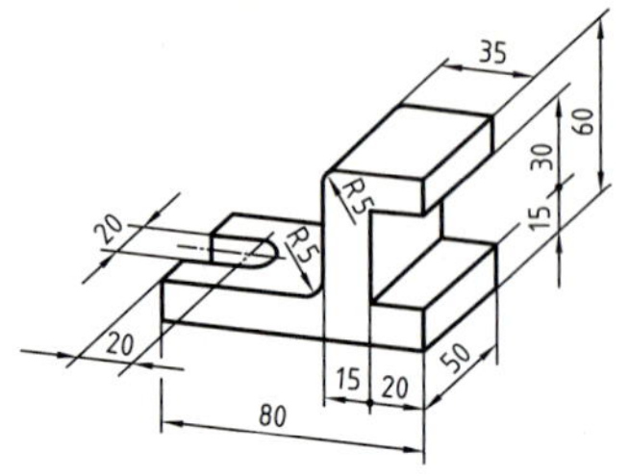

2 *Halter*

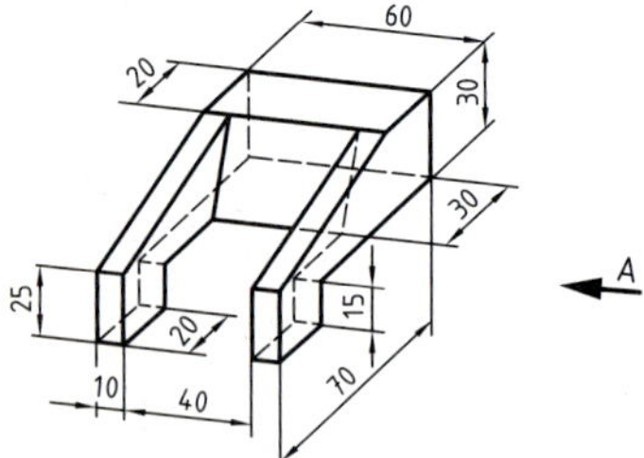

3 *Spannbrücke*

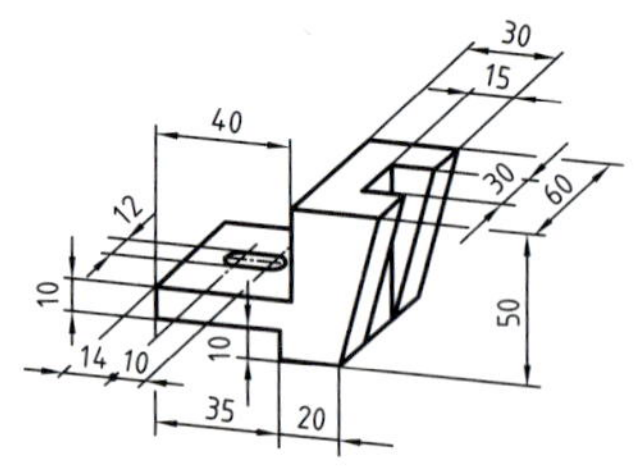

4 *Spannstück*

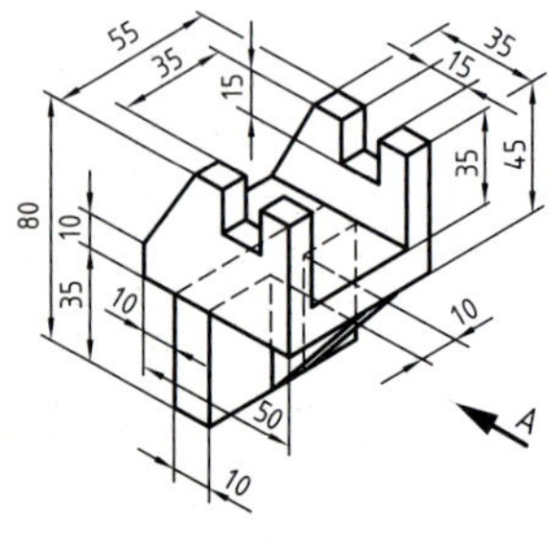

5 *Auflagebock*

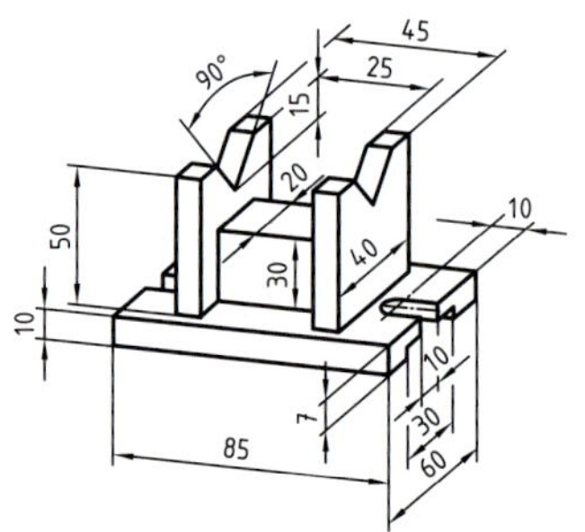

6 *Auflagebock*

Aufgabe: Zeichnen Sie obige Werkstücke im M 1 : 1 in der A, B und C nach Zeichenschritten je auf einem A4-Blatt mit allen Maßen. Zeichnen Sie auch das genormte Grundschriftfeld nach DIN EN ISO 7200 (s. S. 151) und füllen Sie es aus.

Test: Zeichnen von Werkstücken nach Raumbildern

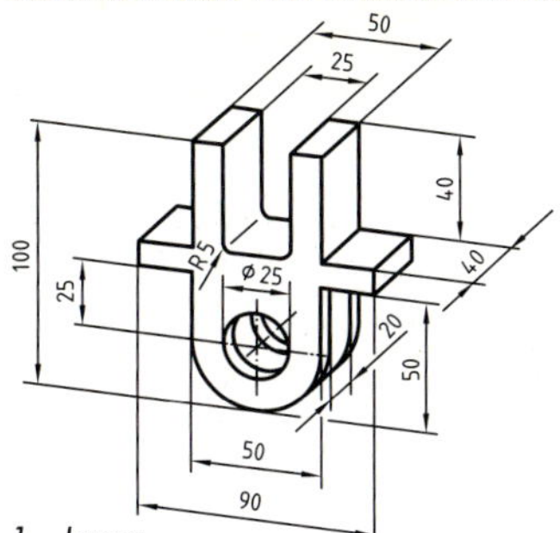

1 *Lager*

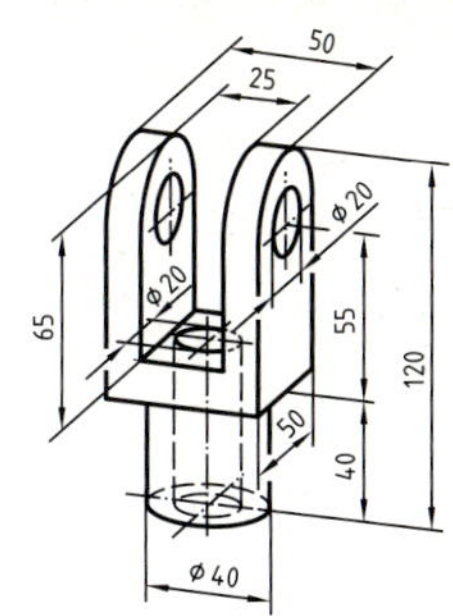

2 *Gabel*

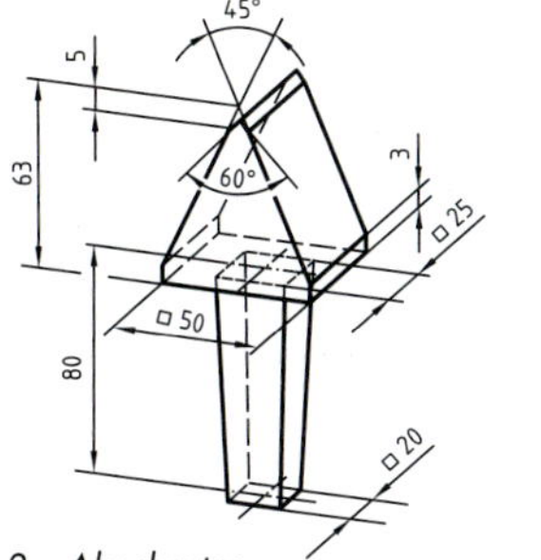

3 *Abschroter*

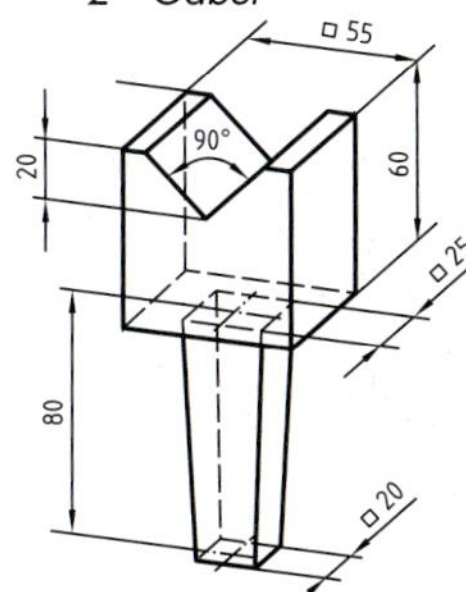

4 *Vierkantgesenk*

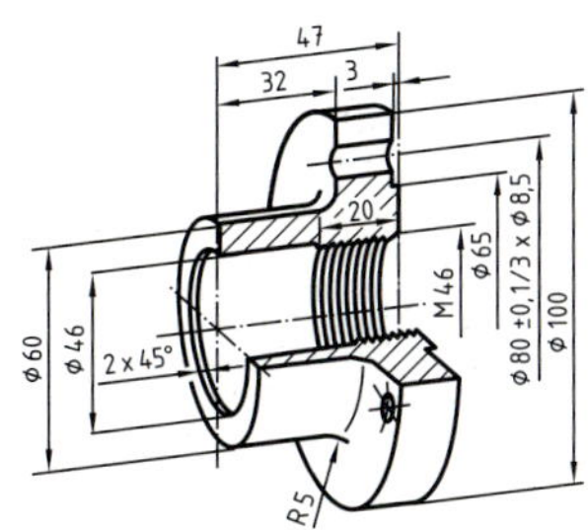

5 *Gewindeflansch*

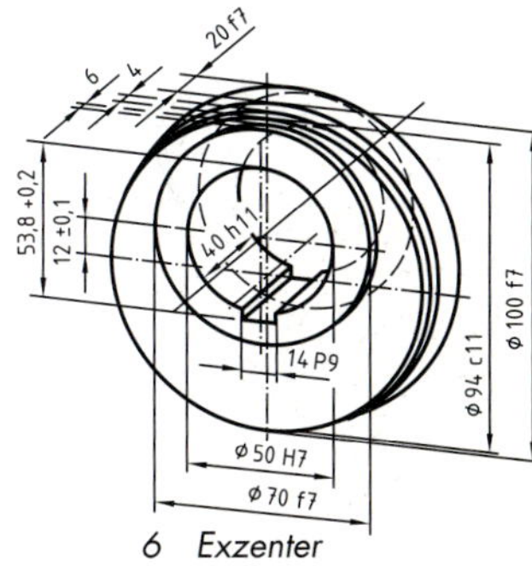

6 *Exzenter*

Aufgabe: Zeichnen Sie obige Werkstücke im M 1 : 1 je auf ein A4-Blatt in Zeichenschritten mit allen Maßen, und zwar

1. die Teile 1 ... 4 in der A, B und C,
2. das Teil 5 in A im Halbschnitt (unter der Mittellinie),
3. das Teil 6 in A und C im Vollschnitt.

Zeichnen Sie auch das genormte Grundschriftfeld nach DIN EN ISO 7200 (s. S. 151) und füllen Sie es aus.

13

Test: Darstellen und Bemaßen von Zahnrädern, Kegeln und Gewinden

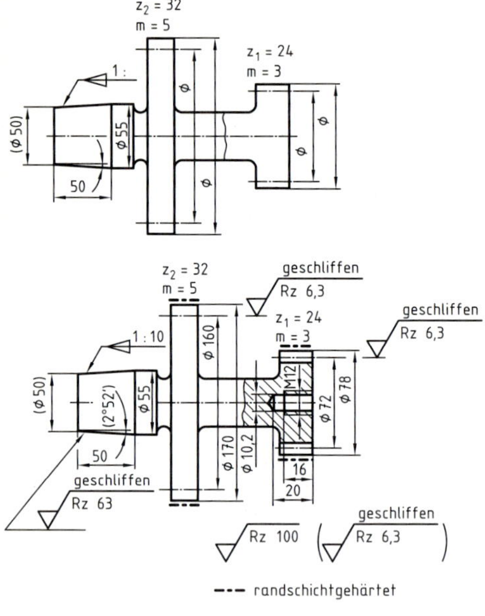

Aufgabe:

1 Berechnen Sie den d- und d_a-Durchmesser sowie die Kegelverjüngung 1:x und den Einstellwinkel $\alpha/2$ und tragen Sie diese Maße und Angaben und auch die Gewindemaße in die Zeichnung Zahnradwelle (M 1 : 2) ein.

2 Ergänzen Sie im Teilschnitt ein Innengewinde M 12 mit wirksamer Gewindelänge 16 mm.

3 Als Oberflächenangabe tragen Sie ein:
für die Zahnflanken von z_1 und z_2 feingeschlichtet Rz 6,3 und randschichtgehärtet sowie geschliffen, für die Kegelfläche feingeschlichtet Rz 6,3 und geschliffen,
alle übrigen Flächen geschruppt Rz 100.

4 Wählen Sie für die Angabe der Kegelverjüngung das entsprechende Symbol nach DIN ISO 3040, s. S. 128.
Fehlende Maße sind entsprechend zu wählen.

Berechnungen:

Kegel 1 : x $= (D - d) : l$
$= (55 - 50) : 50$
$= 5 : 50$
$= 1 : 10$

Neigung 1 : 2 x $= D - \dfrac{D - d}{2} : 1$
$= \dfrac{55 - 50}{2} : 50$
$= \dfrac{5}{2} : 50$
$= 1 : 20$

Einstellw. $\tan \dfrac{\alpha}{2} = \dfrac{D - d}{2 l}$
$= \dfrac{55 - 50}{2 \times 50}$
$= \dfrac{5}{100} = 0{,}05$

$\dfrac{\alpha}{2} = 2°\,52'$

Information unter:

Berechnung der Stirnräder 5.1

Fertigungszeichnung von Zahnrädern 5.2

Kegel, Verjüngung, Neigung S. 122, 123 und 134

Gewindedarstellung 3.2

Eintragen der Wortangaben für Oberflächen 3.5.4

Härteangaben 3.7

Test: Oberflächenkennzeichnung, Freistiche, Maßtoleranzen, Passmaße

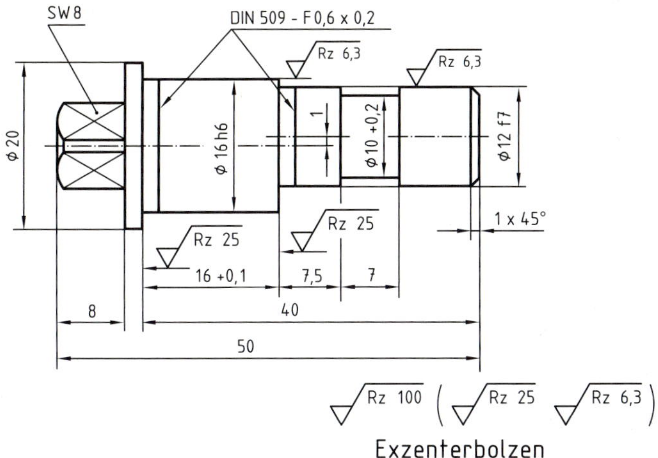

Exzenterbolzen

1. Welche Oberflächenbeschaffenheit wird vor die Klammer geschrieben? (s. S. 85 ff.)
   1.1. die an diesem Werkstück am häufigsten auftritt
   1.2. die an diesem Werkstück am seltensten auftritt
   1.3. die direkt an die betreffenden Flächen des Werkstücks gesetzt werden

2. Welcher der aufgeführten Freistiche ist normgerecht und bei nur einer zu schleifenden Werkstückfläche anzuwenden?
   2.1. DIN 509 – A2 x 0,2   2.3. DIN 509 – E0,6 x 0,2
   2.2. DIN 509 – B2 x 0,2   2.4. DIN 509 – F0,6 x 0,2

3. Welches ist die richtige Maßtoleranz in mm des Passmaßes 16h6?
   3.1. 0,02 mm   3.3 0,011 mm
   3.2. 0,11 mm   3.4 0,04 mm

4. Welches von den durch Kontrolle an 5 Werkstücken ermittelten Istmaßen in mm ist beim Passmaß 12f7 $\binom{-0{,}016}{-0{,}036}$ das günstigste?
   4.1. 11,984 mm   4.4 11,974 mm
   4.2. 11,964 mm   4.5 11,800 mm
   4.3. 11,979 mm

13

Test: Berechnen von Passungen und Darstellen der Maß- und Passtoleranzfelder

Aufgabe:

1. Bestimmen Sie für die Passmaße 30 H7/f7, 30 H7/h6, 36 H7/k6 und 36 H7/r6 die Grenzabmaße, die Maßtoleranzen, die Höchst- und Mindestspiele sowie die Höchst- und Mindestübermaße, die Art der Passungen sowie die Passtoleranzen. Tragen Sie die errechneten Werte in eine Tabelle ein.
2. Zeichnen Sie ein Schaubild (Einheit µm) in übersichtlicher Anordnung (4 Spalten) mit selbst gewähltem Maßstab:
   2.1 die Maßtoleranzfelder und
   2.2 die Passtoleranzfelder.

Lösung: (Angaben in mm)

	Passmaße		1 30 H7/f7	2 30 H7/h6	3 36 H7/k6	4 36 H7/r6
	Grenzabmaße	ES	+0,021	+0,021	+0,025	+0,025
Bohrg.		EI	0	0	0	0
	Maßtoleranz		0,021	0,021	0,025	0,025
	Grenzabmaße	es	−0,020	0	+0,018	+0,050
Welle		ei	−0,041	−0,013	+0,002	+0,034
	Maßtoleranz		0,021	0,013	0,016	0,016
	Höchstspiel		+0,062	+0,034	+0,023	
	Mindestspiel		+0,020	0		
	Höchstübermaß				−0,018	−0,050
	Mindestübermaß					−0,009
	Art der Passung		Spielpassung	Spielpassung	Übergangspassung	Übermaßpassung
	Passtoleranz		0,042	0,034	0,041	0,041

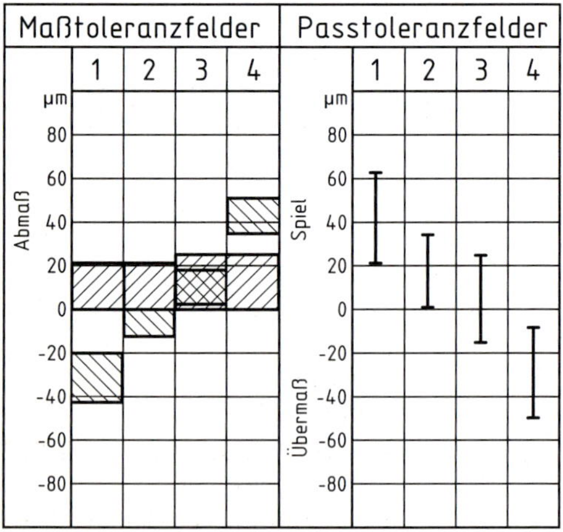

Maßtoleranzfelder	Passtoleranzfelder
1 2 3 4	1 2 3 4
µm; 80 … −80; Abmaß	µm; 80 … −80; Spiel / Übermaß

Information unter:

ISO-Toleranzsystem für Grenzmaße und Passungen 6.4.1

Bilden von Passungen 6.4.2

Passsysteme der Einheitsbohrung und Einheitswelle 6.4.3

Passungsauswahl 6.4.4

Prüfen der Passmaße 6.4.6

Übung zum Erkennen einer Passung 6.4.7

Test: Fachzeichnen nach dimetrischer Darstellung „Steuerteil"

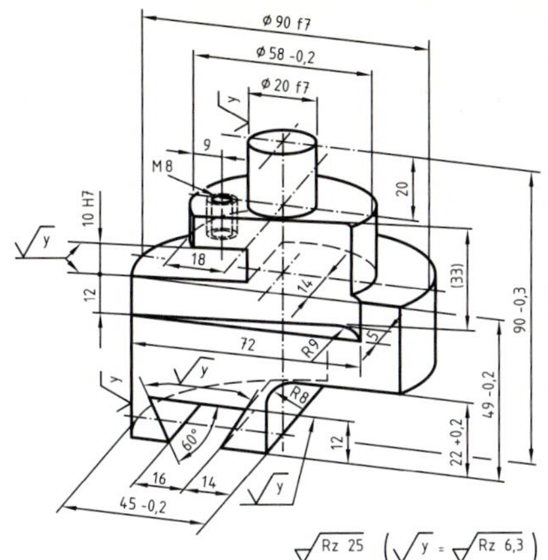

Aufgabe:

Das Steuerteil ist im M 1:1 in A, B und C normgerecht zu zeichnen und zu bemaßen. Als Oberflächenangaben sind einzutragen:

Die Flächen zu den Passmaßen Ø 20f7 und Ø 90f7 sowie die Schwalbenführung 60° sind feingeschlichtet Rz 6,3, alle übrigen Flächen geschlichtet Rz 25. In der Lösung sind die entsprechenden Oberflächenangaben nach DIN EN ISO 1302 vereinfacht einzutragen.

Lösungsfolge:

1. Nach Erfassen der einzelnen Werkstückformen den Platzbedarf und die Blattaufteilung festlegen.
2. Mittellinien für A, B und C zeichnen.
3. Entwerfen der B, A und C durch Projizieren.
4. Testen des Entwurfs, danach ausziehen.
5. Maßlinien, Maße und Oberflächenangaben eintragen.
6. Prüfen der Fertigzeichnung.

Lösung:

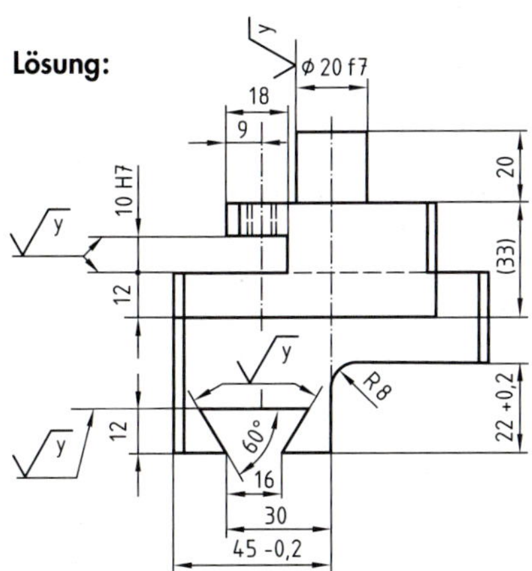

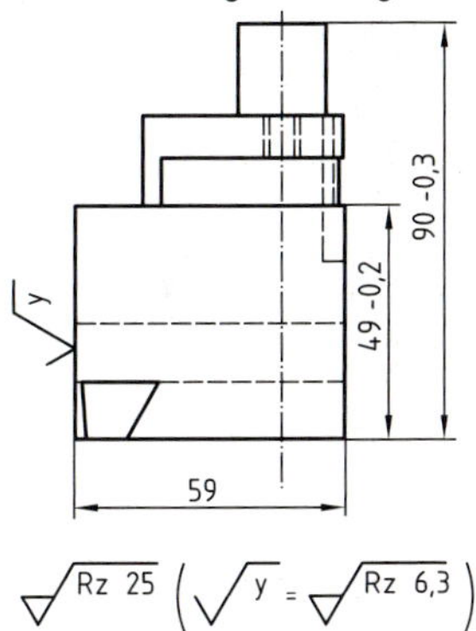

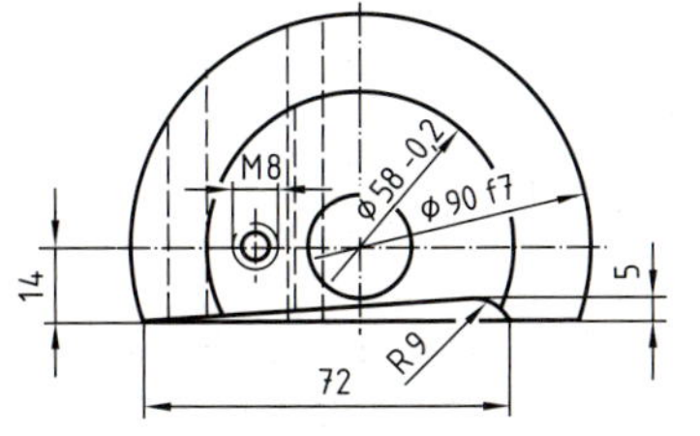

Information unter:

1. Normung in der Fertigungszeichnung 4.1
2. Kurvenscheibe 9.10
3. Oberflächenangaben nach DIN EN ISO 1302, S. 89 ff.
4. Schriftfelder und Stücklisten 5.4

13

Test: Zeichnen von Werkstücken nach Raumbildern

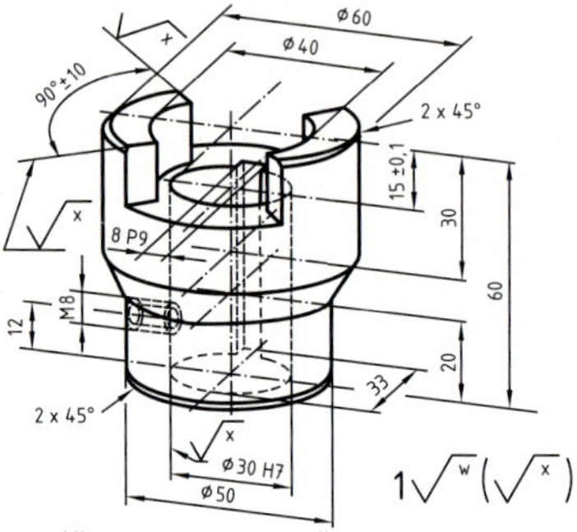

1 Klauen-Kupplungshälfte

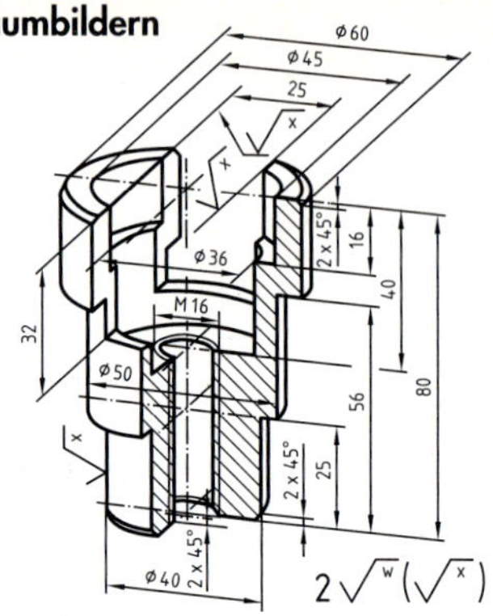

2 Steuerungsbuchse

3 Spannteil

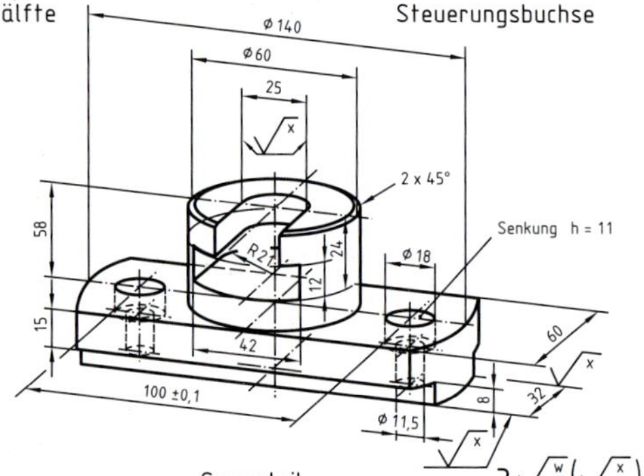

4 Zentrierteil

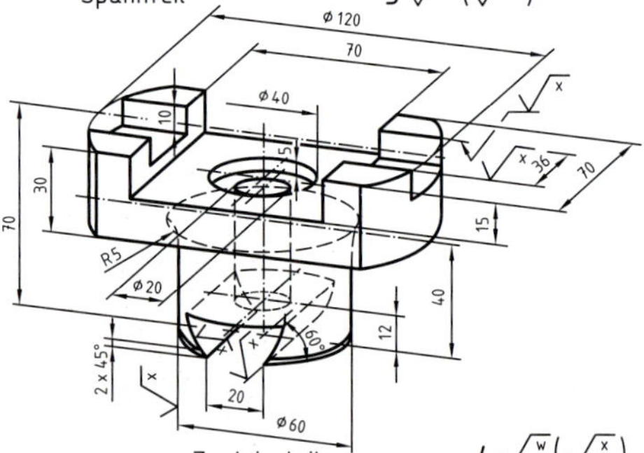

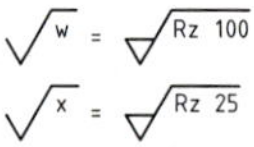

√w = Rz 100

√x = Rz 25

Aufgabe:

Zeichnen Sie obige Werkstücke im M 1 : 1 in der A, B und C nach Zeichenschritten je auf ein A4-Blatt mit allen Maßen und mit den Oberflächenangaben nach DIN EN ISO 1302. Zeichnen Sie auch das genormte Grundschriftfeld nach DIN EN ISO 7200 (s. S. 151) und füllen Sie es aus.

Test: Ergänzungszeichnen: Spann-Unterteil

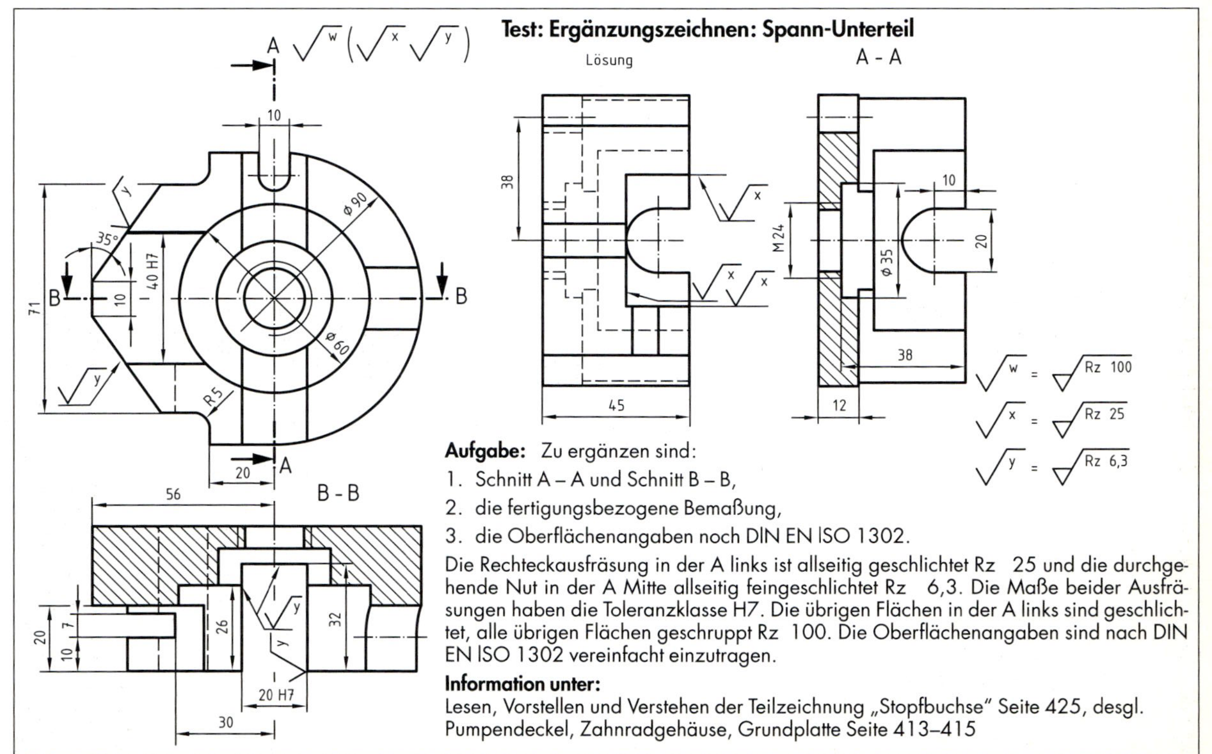

Aufgabe: Zu ergänzen sind:

1. Schnitt A – A und Schnitt B – B,
2. die fertigungsbezogene Bemaßung,
3. die Oberflächenangaben noch DIN EN ISO 1302.

Die Rechteckausfräsung in der A links ist allseitig geschlichtet Rz 25 und die durchgehende Nut in der A Mitte allseitig feingeschlichtet Rz 6,3. Die Maße beider Ausfräsungen haben die Toleranzklasse H7. Die übrigen Flächen in der A links sind geschlichtet, alle übrigen Flächen geschruppt Rz 100. Die Oberflächenangaben sind nach DIN EN ISO 1302 vereinfacht einzutragen.

Information unter:

Lesen, Vorstellen und Verstehen der Teilzeichnung „Stopfbuchse" Seite 425, desgl. Pumpendeckel, Zahnradgehäuse, Grundplatte Seite 413–415

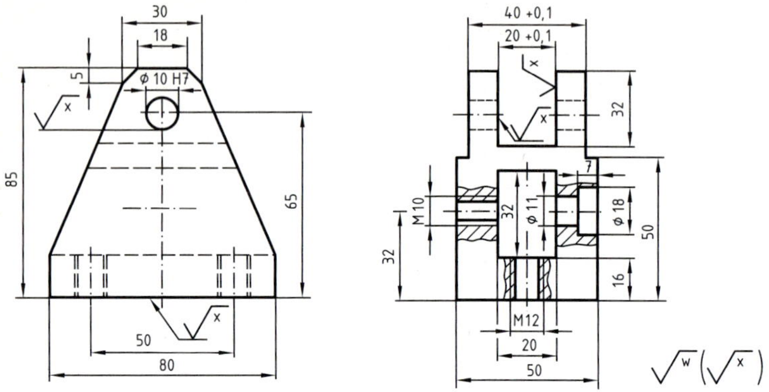

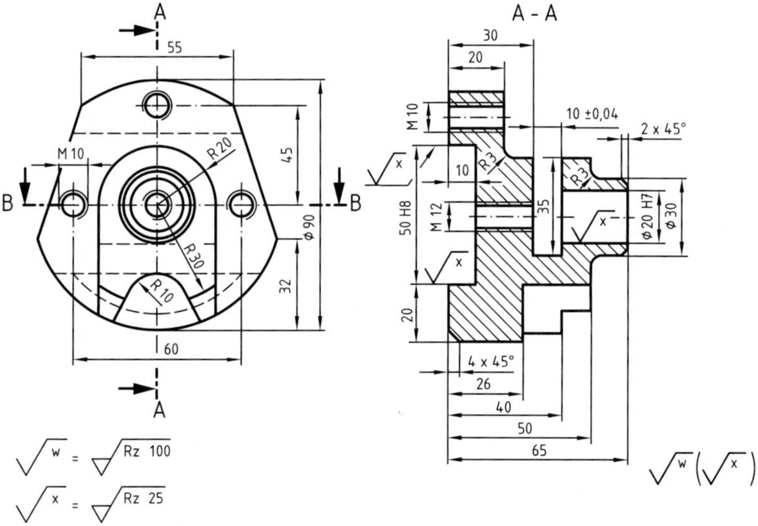

Test: Ergänzungszeichnen

Aufgabe:

Zeichnen Sie je auf einem A4-Blatt im M 1 : 1

von Teil 1: 1. die A und B, ferner die C im Vollschnitt,

2. Eintragen der fertigungsbezogenen Bemaßung, der Kurzzeichen der Toleranzklasse und der Oberflächenangaben nach DIN EN ISO 1302,

von Teil 2: 1. die A, ferner die C als Schnitt A – A und die B als Schnitt B – B,

2. Eintragen der fertigungsbezogenen Bemaßung, der Kurzzeichen der Toleranzklasse und der Oberflächenangaben nach DIN EN ISO 1302.

Test: Kegelschnitte und -durchdringungen – Kurvenkonstruktion

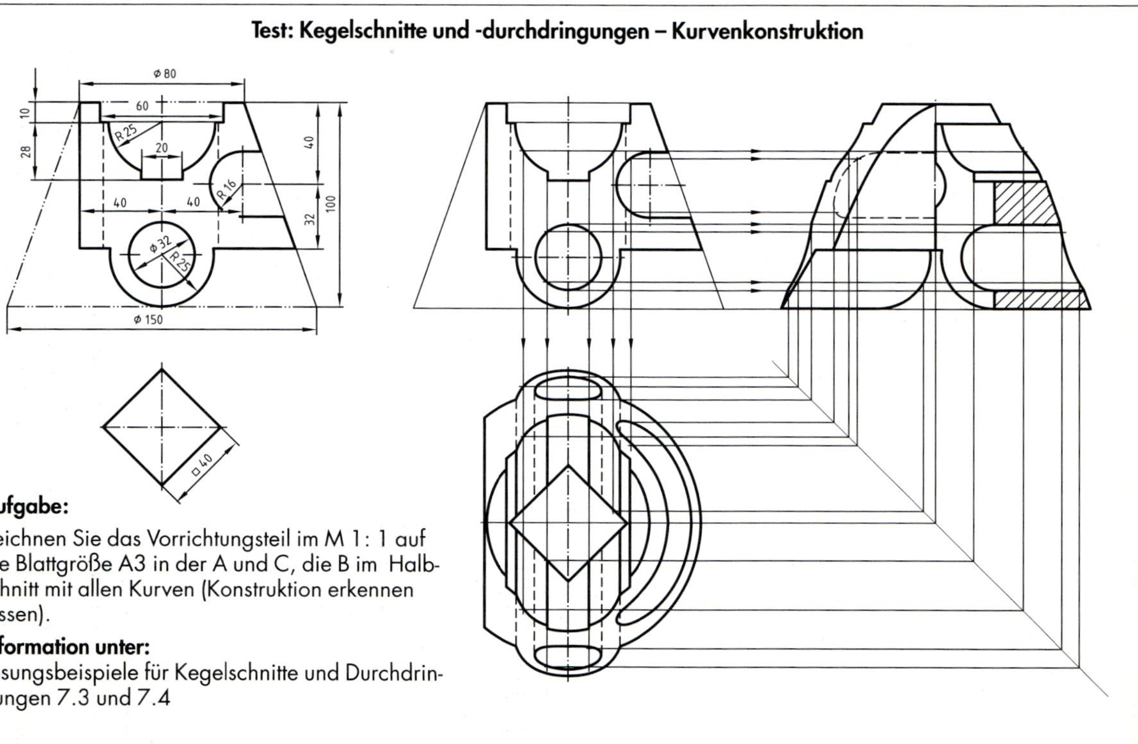

Aufgabe:

Zeichnen Sie das Vorrichtungsteil im M 1 : 1 auf die Blattgröße A3 in der A und C, die B im Halbschnitt mit allen Kurven (Konstruktion erkennen lassen).

Information unter:

Lösungsbeispiele für Kegelschnitte und Durchdringungen 7.3 und 7.4

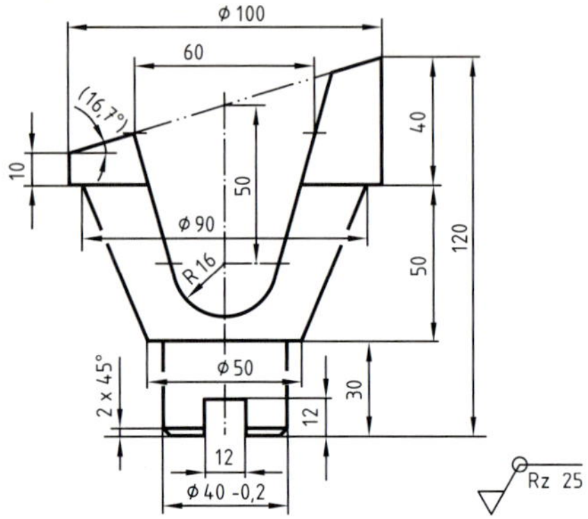

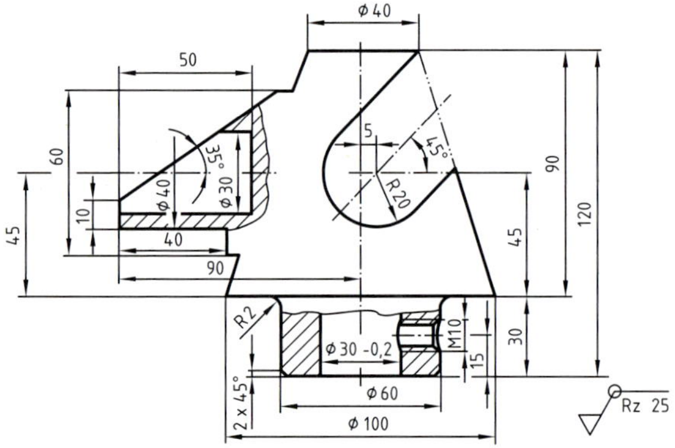

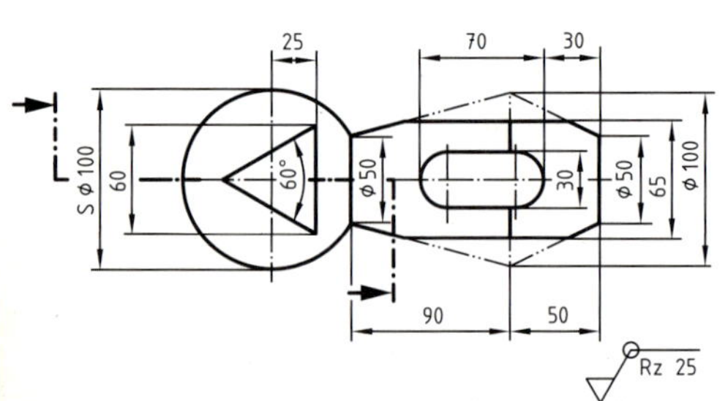

Aufgaben:

1. Zeichnen Sie im M 1:1 jeweils auf Blattgröße A3 die Teile 1 und 2 in den drei Ansichten und konstruieren Sie die Kurven.
2. Zeichnen Sie im M 1:1 auf Blattgröße A3 von Teil 3 die Ansicht A, die B im Schnitt und konstruieren Sie die C.

Die Kurvenkonstruktionen sind durch Hilfslinien und Schnittpunkte deutlich zu kennzeichnen.

13

Test: Zeichnen eines Zuschnitts nach technischer Zeichnung

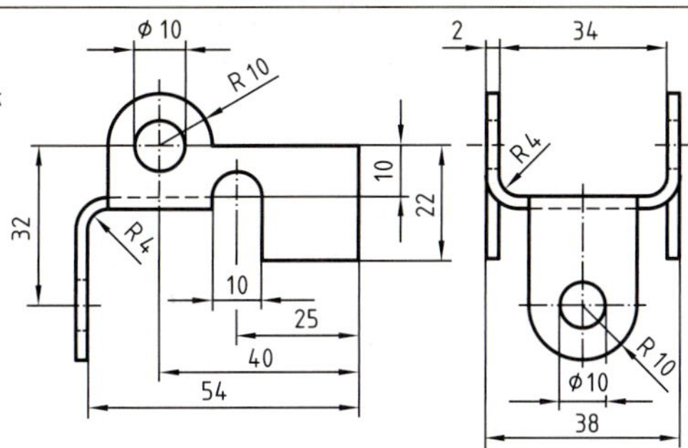

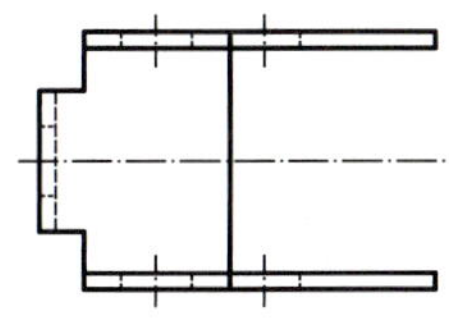

Aufgabe: Zeichnen Sie den Zuschnitt des Werkstücks im M 1:1 mit fertigungsgerechter Bemaßung.

Die gestreckten Längen sind vereinfacht über die mittlere Faser des Bleches zu berechnen.

Kennzeichnen Sie Beginn und Ende der Biegungen durch schmale Volllinien, die zu bemaßen sind.

Lösung:

Berechnung des Zuschnitts

$$\text{Länge } l = 54 - 4 + \frac{(8+2)\cdot\pi}{4} + 32 - (10 + 2 + 4) + 10 = 50 + 8 + 16 + 10 = 84 \text{ mm}$$

$$\text{Breite } b = 34 - 2\cdot 4 + 2\cdot\frac{2\cdot 5\cdot\pi}{4} + 2\cdot 10 + 2\,(10-4) = 26 + 15{,}7 + 32 \approx 74 \text{ mm}$$

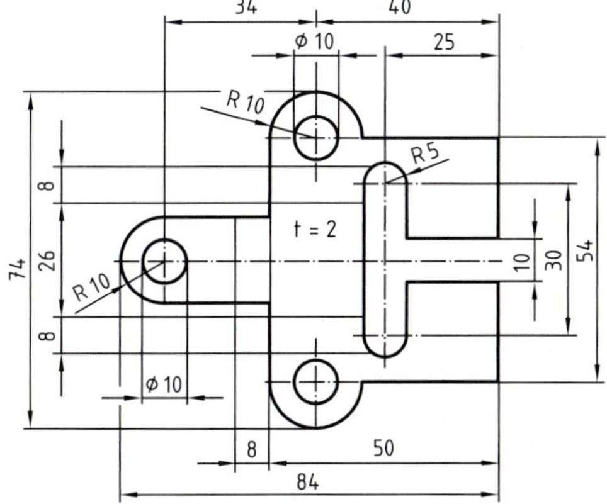

Information unter:

Gebogene Werkstücke, gestreckte Längen und Abwicklungen 10.5

13

Test: Abwicklung eines Rohrabzweiges

Aufgabe:

Von Teil B und C des Rohrabzweiges ist die Abwicklung im M 1 : 1 zu zeichnen. Die Blechdicke bleibt unberücksichtigt.

Die Konstruktion ist deutlich zu kennzeichnen.

Lösung

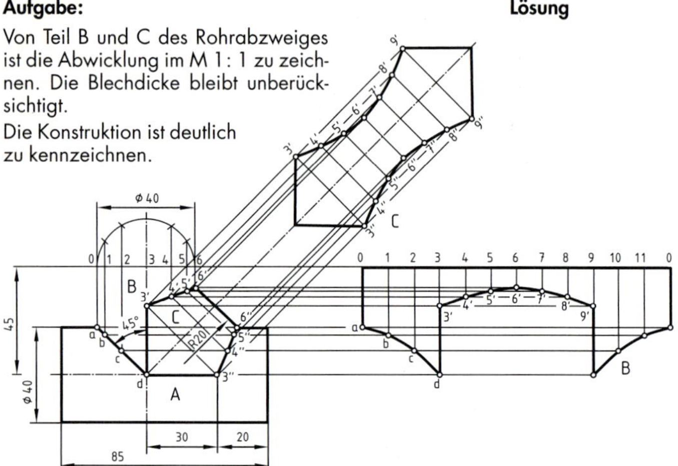

Zeichenschritte: Teil B

1. Eingeklappter Halbkreis am Abzweigrohr Ø 40 in 6 gleiche Teile teilen,
2. Rohrumfang auf gerade Strecke von 0 ab die Teilung 0–1 des Umfangs 12 x auftragen.
3. In jedem Teilungspunkt 0, 1 ... 0 je eine Senkrechte errichten.
4. Durch die Teilungspunkte des Halbkreises Ø 40 senkrechte Projektionslinien ziehen, die auf der Gehrungsschrägen von 45° die Teilungspunkte 0′, 1′, 2′ und 3′ und auf der oberen Zwickelgeraden die Teilungspunkte 3′, 4′, 5′ und 6′ ergeben.
5. Durch die waagerechten Projektionslinien je von den beiden Schrägen 0′ ... 3′ und 3′ ... 6′ hin zu den senkrechten Linien erhält man die Kurvenpunkte des Ausschnitts. Ihre Verbindung ergibt die Abwicklung des Rohrabzweiges.

Teil C

Die Abwicklung des Zwickels erfolgt in ähnlicher Weise wie bei Teil B. Sie ist aus der Lösung zu ersehen.

Information unter:

Schnitte und Abwicklungen

Rohrecke 90°, 4-teiliger Rohrbogen, Übergangskörper, Hosenrohr 7.3.1

Durchdringungen und Abwicklungen von Zylindern, Kegeln und Kugeln 7.4

Test: Zeichnen von Zuschnitten und Abwicklungen

Biegeteil 1

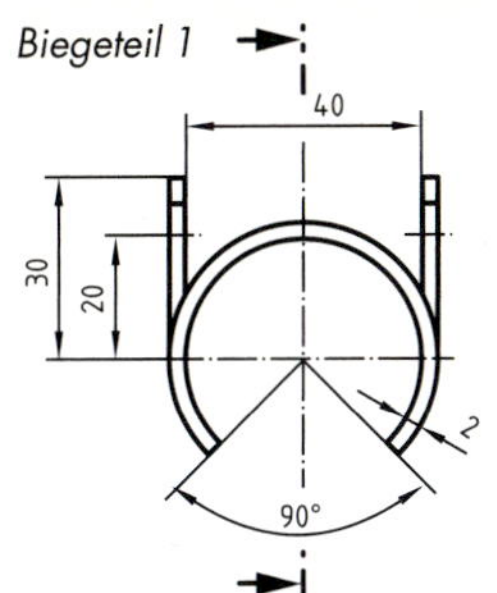

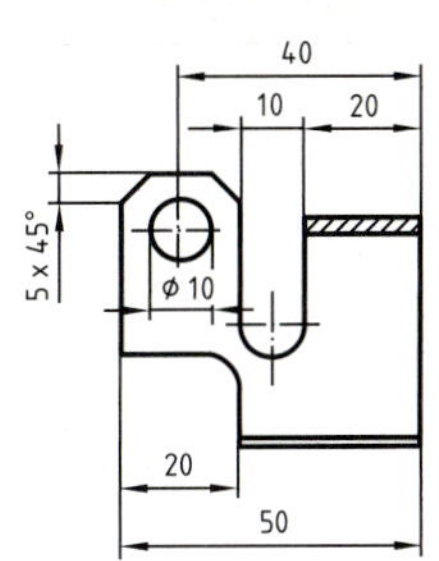

Biegeteil 2

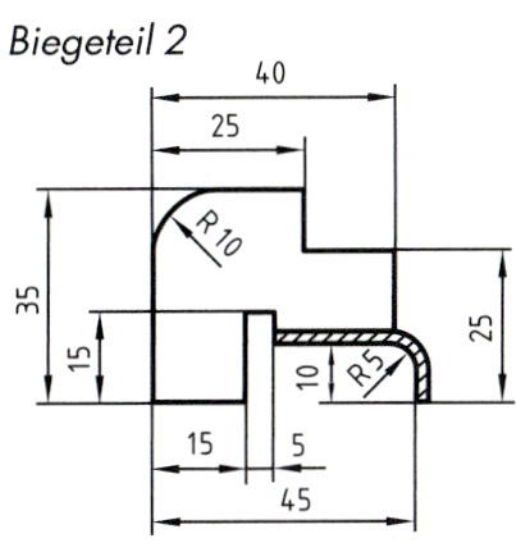

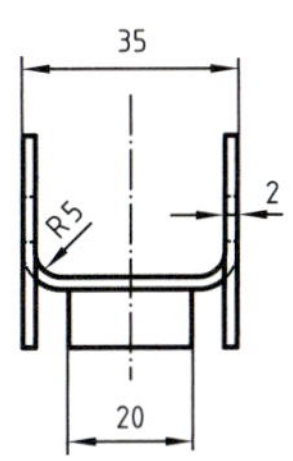

Blechkörper 4

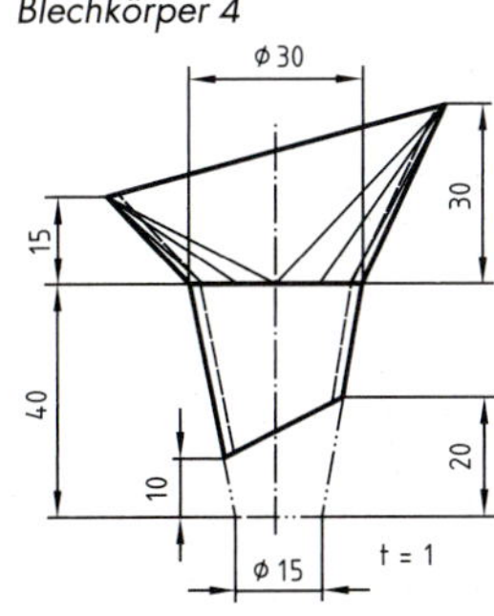

Blechkörper 3

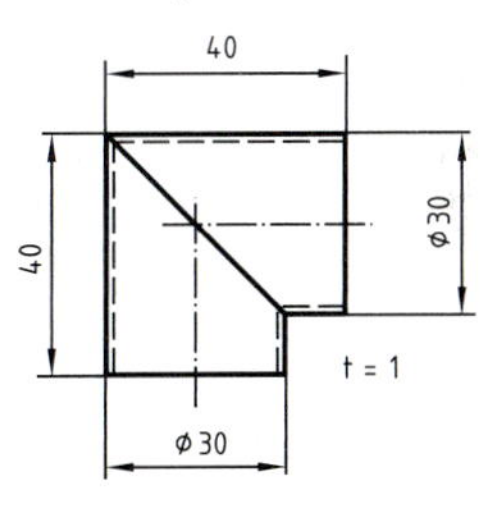

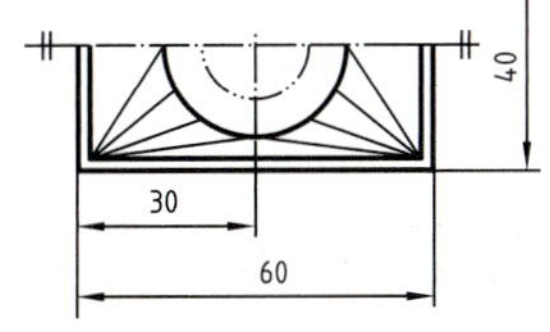

Aufgaben:

1. Zeichnen Sie die Biegeteile 1 und 2 im M 1 : 1 und konstruieren Sie jeweils den Zuschnitt mit Bemaßung.
2. Zeichnen Sie die Blechkörper 3 und 4 im M 1 : 1 und konstruieren Sie jeweils die Abwicklung, wobei die Blechdicke unberücksichtigt bleiben soll.

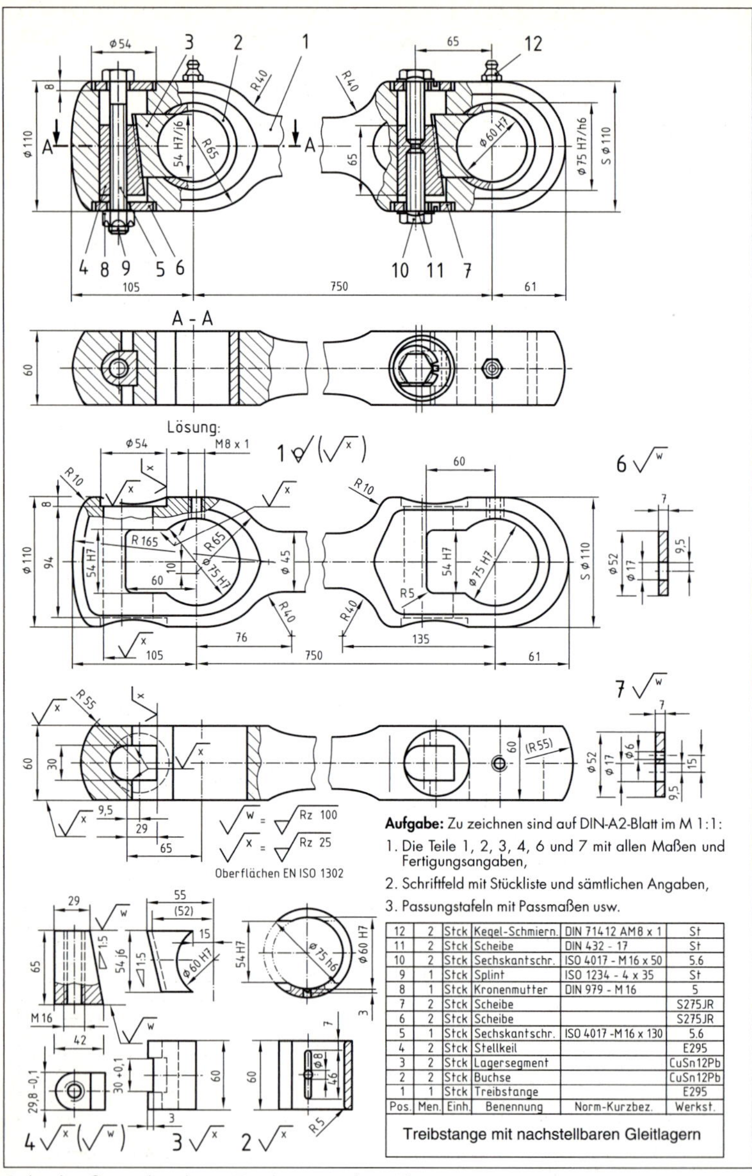

Aufgabe: Zu zeichnen sind auf DIN-A2-Blatt im M 1:1:

1. Die Teile 1, 2, 3, 4, 6 und 7 mit allen Maßen und Fertigungsangaben,
2. Schriftfeld mit Stückliste und sämtlichen Angaben,
3. Passungstafeln mit Passmaßen usw.

Pos.	Men.	Einh.	Benennung	Norm-Kurzbez.	Werkst.
12	2	Stck	Kegel-Schmiern.	DIN 71412 AM8 x 1	St
11	2	Stck	Scheibe	DIN 432 - 17	St
10	2	Stck	Sechskantschr.	ISO 4017 - M16 x 50	5.6
9	1	Stck	Splint	ISO 1234 - 4 x 35	St
8	1	Stck	Kronenmutter	DIN 979 - M16	5
7	2	Stck	Scheibe		S275JR
6	2	Stck	Scheibe		S275JR
5	1	Stck	Sechskantschr.	ISO 4017 -M16 x 130	5.6
4	2	Stck	Stellkeil		E295
3	2	Stck	Lagersegment		CuSn12Pb
2	2	Stck	Buchse		CuSn12Pb
1	1	Stck	Treibstange		E295

Treibstange mit nachstellbaren Gleitlagern

13

Rohteilmaße sind in dieser Zeichnung nicht in Klammern gesetzt.

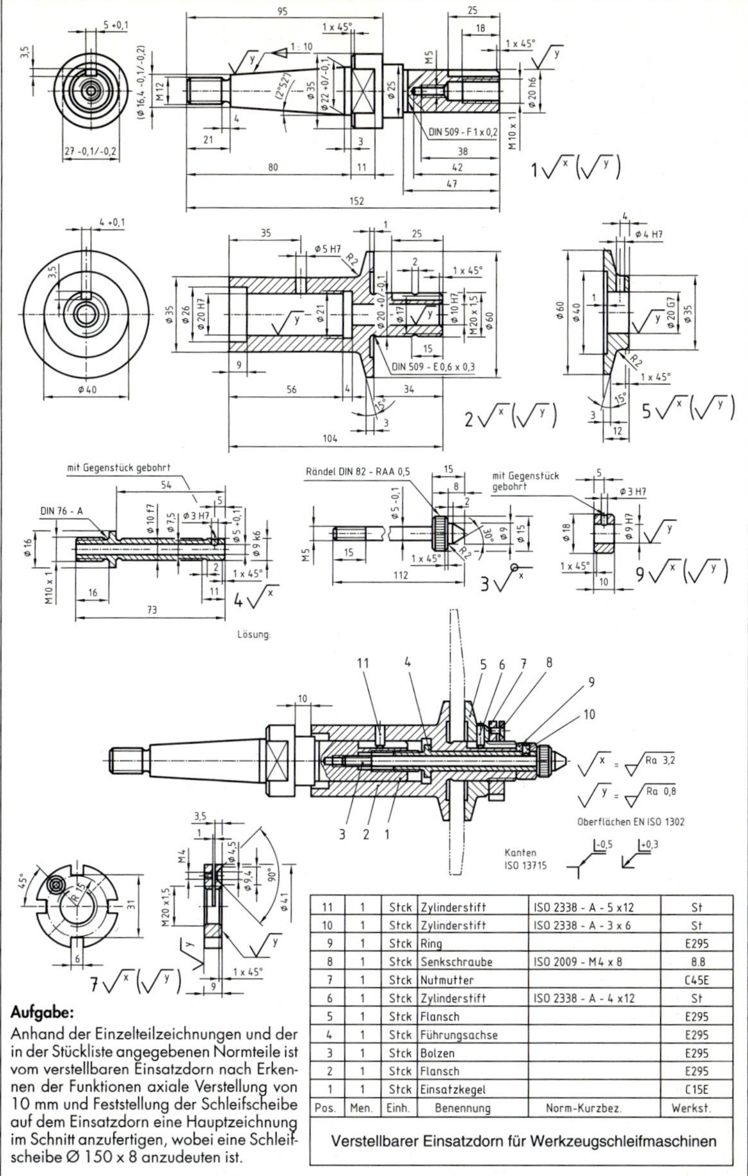

Aufgabe:

Anhand der Einzelteilzeichnungen und der in der Stückliste angegebenen Normteile ist vom verstellbaren Einsatzdorn nach Erkennen der Funktionen axiale Verstellung von 10 mm und Feststellung der Schleifscheibe auf dem Einsatzdorn eine Hauptzeichnung im Schnitt anzufertigen, wobei eine Schleifscheibe Ø 150 x 8 anzudeuten ist.

Pos.	Men.	Einh.	Benennung	Norm-Kurzbez.	Werkst.
11	1	Stck	Zylinderstift	ISO 2338 - A - 5 x12	St
10	1	Stck	Zylinderstift	ISO 2338 - A - 3 x 6	St
9	1	Stck	Ring		E295
8	1	Stck	Senkschraube	ISO 2009 - M4 x 8	8.8
7	1	Stck	Nutmutter		C45E
6	1	Stck	Zylinderstift	ISO 2338 - A - 4 x12	St
5	1	Stck	Flansch		E295
4	1	Stck	Führungsachse		E295
3	1	Stck	Bolzen		E295
2	1	Stck	Flansch		E295
1	1	Stck	Einsatzkegel		C15E

Verstellbarer Einsatzdorn für Werkzeugschleifmaschinen

13

Ergebnisse der Tests für Zwischen- und Abschlussprüfungen

Zuordnungsaufgaben

1. Seite 433

V	1	2	3	4	5	6	7	8	9	10
D	11	16	19	12	13	15	14	17	18	20
S	26	22	27	21	25	23	28	29	24	30

2. Seite 434

V	1	2	3	4	5	6	7	8	9	10
D	18	11	15	12	13	14	19	20	17	16
S	23	21	22	25	24	27	28	29	26	30

3. Seite 435

V	1	2	3	4	5	6	7	8	9	10
D	17	13	12	19	16	15	14	18	20	11
S	28	26	22	21	30	23	25	24	27	29

4. Seite 436	Ansicht 1.3 und 2.2				
5. Seite 437	Schnitt 1.4 und 2.4				
6. Seite 438	1.2	2.3	3.3	4.4	

13

Anhang

Ratschläge und Hinweise für die erfolgreiche Benutzung dieses Buches

Übersicht über genormte Bedienteile

Sonderformen von Schrauben und Muttern

Gewindeübersicht mit wichtigen Konstruktionsmaßen

Englisches Fachglossar

Stichwortverzeichnis

Normenverzeichnis

Hinweise zur E-Learning-Plattform pro-norm

Bildquellen

Ratschläge und Hinweise für die erfolgreiche Benutzung dieses Buches

Grundlegende Tipps

a) Lesen Sie beim selbstständigen Erarbeiten und Aneignen der Kenntnisse und Fertigkeiten des technischen Zeichnens sowie bei der Vorlesungs- bzw. Unterrichtsvor- und -nachbereitung die neuen Lernstoffe wiederholt satz- und abschnittweise durch.

b) Überprüfen Sie nach der Erarbeitung jedes Lernstoffes Ihren Wissensstand durch die zumeist folgenden Erfolgskontrollen. Können Sie die dort gestellten Fragen nicht beantworten, wiederholen Sie gezielt den Lernstoff.

c) Versuchen Sie stets, die Musterzeichnungen anhand der Symbole, Kurzzeichen und Maße zu lesen und eindeutig zu verstehen.

   Dabei stellen Sie sich anhand der zweidimensionalen Darstellung in der Zeichnung die Werkstücke räumlich vor.

Wesentliche Einzelaspekte beim Erlernen des technischen Zeichnens

- Widmen Sie dem systematischen Zeichnungslesen einer Teilzeichnung nach bestimmten Gesichtspunkten hinreichende Aufmerksamkeit und gehen Sie im nächsten Schritt zum entsprechenden Lesen einer Gruppenzeichnung über.
- Gewöhnen Sie sich von Anfang an eine systematische Reihenfolge beim Zeichnen nach Zeichenschritten, bei der Maßeintragung und Normenkontrolle an. Das schafft zunehmende Sicherheit bei der Arbeit.
- Das fertigungsgerechte Bemaßen wird durch gedankliches Nachvollziehen der Fertigungsfolge erleichtert.
- Beim normgerechten Zeichnen von Teil- und Gruppenzeichnungen sind alle zu berücksichtigenden Normen zu beachten. Suchen Sie also stets alle diese Normen anhand der Inhaltsübersicht, dem Normenverzeichnis und dem Sachwortverzeichnis in diesem Buch heraus.
- Versuchen Sie stets, in der darstellenden Geometrie die Gesetzmäßigkeiten der technischen Kurven und ihre Anwendung in der Technik sowie das Gemeinsame der Grundkonstruktionen der darstellenden Geometrie zu erkennen. Dies fördert das Verständnis.
- Bei der Gestaltung von Werkstücken, z.B. Guss-, Schmiedestücken, Biege- und Ziehteilen sowie geschweißten Bauteilen, sind auch technologische Informationen unabdingbar. Wesentliches finden Sie im Buchteil über „Konstruktives Zeichnen" (Kap. 10 und 11).

In Kapitel 13 finden sich vielseitige Testaufgaben und programmierte Prüfungsaufgaben.

Wenden Sie sich diesen Aufgaben erst zu, wenn Sie den Lernstoff des Buches gründlich bearbeitet haben und beherrschen. Dann sollte es Ihnen gelingen, die Test- und Prüfungsaufgaben sicher und schnell zu lösen.

Übersicht über genormte Bedienteile

Bezeichnungsbeispiele	Bild	Maße
Kugelkopf DIN 319 – C 25 PF	d_2 oder d_5, d_1	d_1 = 12 bis 50 d_2 = M 4 bis M 12 d_5 = 4 bis 20
Ballengriff DIN 39 – D32 St	d_2 oder d_3, d_1, l_1	d_1 = 10 bis 36 d_2 = 4 bis 16 d_3 = M 4 bis M 16 l_1 = 32 bis 112
Ballengriff DIN 98 – D32 St	d_2 oder d_3, d_1, l_1	d_1 = 16 bis 36 d_2 = 7 bis 16 d_3 = M 6 bis M 16 l_1 = 49 bis 106
Kegelgriff DIN 99 – L 80 – S	l_1, d_1, d_4, d_5 oder s, h, 20°, l_2	d_1 = 6 bis 32 d_4 = 5 bis 24 d_5 = M 5 bis M 24 s = 5,5 bis 19 l_1 = 40 bis 200 l_2 = 38 bis 190 h = 19 bis 97
Kugelgriff DIN 6337 – L 80	d_2, d_3 oder s, l_1	d_2 = 6 bis 24 d_3 = M 6 bis M 24 l_1 = 63 bis 250 s = 4,5 bis 19
Handkurbel DIN 469 – F 125 x 14	s, d_1, l_2, l_1	d_1 = 16 bis 36 l_1 = 40 bis 315 s = 9 bis 27 l_2 = 78 bis 184
Handrad DIN 950 – B 250 x 22 – AL	d_2, d_1	d_1 = 80 bis 800 d_2 = 10 bis 50
Sterngriff DIN 6336 –C 50 GG	d_1, d_4 oder d_5	d_1 = 32 bis 80 d_4 = 6 bis 16 d_5 = M 6 bis M 16

Sonderformen von Schrauben und Muttern

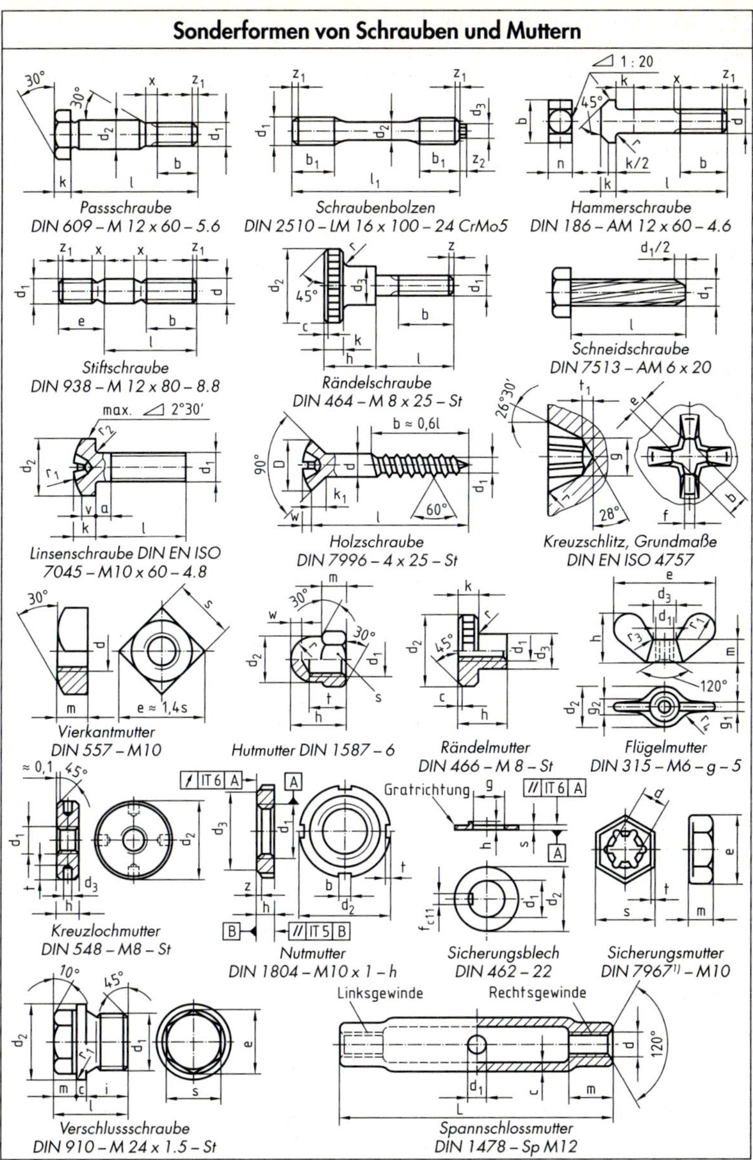

Normenhinweis: DIN 918 Schrauben, Muttern und Zubehör; Benennungen

[1] zurückgez. 05.2003 ohne Nachfolger

Gewindeübersicht mit wichtigen Konstruktionsmaßen

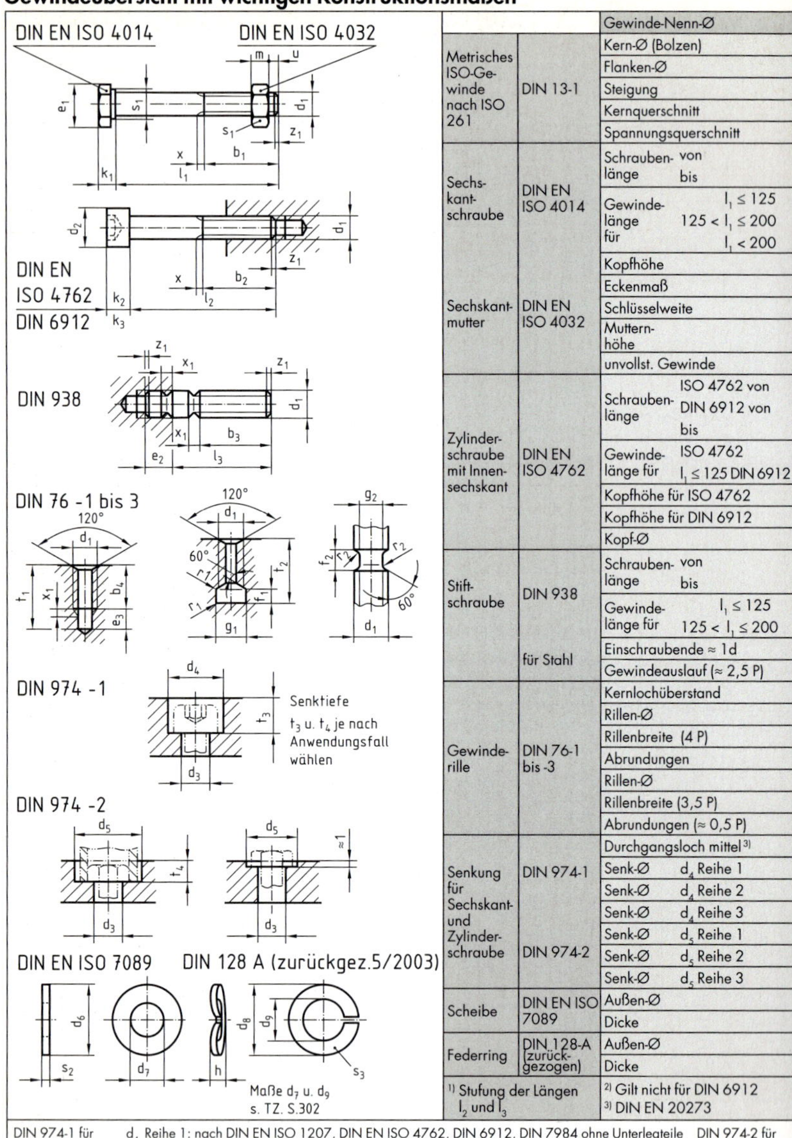

		Gewinde-Nenn-Ø
Metrisches ISO-Gewinde nach ISO 261	DIN 13-1	Kern-Ø (Bolzen)
		Flanken-Ø
		Steigung
		Kernquerschnitt
		Spannungsquerschnitt
Sechskantschraube	DIN EN ISO 4014	Schraubenlänge von
		bis
		Gewindelänge für $l_1 \leq 125$
		$125 < l_1 \leq 200$
		$l_1 < 200$
		Kopfhöhe
Sechskantmutter	DIN EN ISO 4032	Eckenmaß
		Schlüsselweite
		Mutternhöhe
		unvollst. Gewinde
Zylinderschraube mit Innensechskant	DIN EN ISO 4762	Schraubenlänge ISO 4762 von
		DIN 6912 von
		bis
		Gewindelänge für ISO 4762
		$l_1 \leq 125$ DIN 6912
		Kopfhöhe für ISO 4762
		Kopfhöhe für DIN 6912
		Kopf-Ø
Stiftschraube	DIN 938	Schraubenlänge von
		bis
		Gewindelänge für $l_1 \leq 125$
		$125 < l_1 \leq 200$
	für Stahl	Einschraubende ≈ 1d
		Gewindeauslauf (≈ 2,5 P)
Gewinderille	DIN 76-1 bis -3	Kernlochüberstand
		Rillen-Ø
		Rillenbreite (4 P)
		Abrundungen
		Rillen-Ø
		Rillenbreite (3,5 P)
		Abrundungen (≈ 0,5 P)
Senkung für Sechskant- und Zylinderschraube	DIN 974-1	Durchgangsloch mittel[3]
		Senk-Ø d_4 Reihe 1
		Senk-Ø d_4 Reihe 2
		Senk-Ø d_4 Reihe 3
	DIN 974-2	Senk-Ø d_5 Reihe 1
		Senk-Ø d_5 Reihe 2
		Senk-Ø d_5 Reihe 3
Scheibe	DIN EN ISO 7089	Außen-Ø
		Dicke
Federring	DIN 128-A (zurückgezogen)	Außen-Ø
		Dicke

[1] Stufung der Längen l_2 und l_3

[2] Gilt nicht für DIN 6912

[3] DIN EN 20273

DIN 974-1 für Schrauben — d_4 Reihe 1: nach DIN EN ISO 1207, DIN EN ISO 4762, DIN 6912, DIN 7984 ohne Unterlegteile
Reihe 2: nach DIN EN ISO 1580 ohne Unterlegteile
Reihe 3: nach DIN EN ISO 1207, ISO 4762, DIN 6912, DIN 7984

DIN 974-2 für Sechskantschraub und -mutterrn

d_1	M 4	M 5	M 6	M 8	M 10	M 12	M 16	M 20	M 24	M 30	M 36	M 42	M 48
	3,141	4,019	4,773	6,466	8,160	9,853	13,546	16,933	20,319	25,706	31,093	36,479	41,866
	3,545	4,48	5,350	7,188	9,026	10,863	14,701	18,376	22,051	27,727	33,402	39,077	44,752
P	0,7	0,8	1	1,25	1,5	1,75	2	2,5	3	3,5	4	4,5	5
A_k	7,75	12,7	17,9	32,8	52,3	76,2	144	225	324	519	759	1044	1375
A_s	8,78	14,2	20,1	36,6	58	84,3	157	245	353	561	817	1120	1470
l_1	25	25	30	40	45	50	65	80	90	110	140	150	180
	40	50	60	80	100	120	160	180	240	300	360	440	480
	14	16	18	22	26	30	38	46	54	66	–	–	–
b_1	–	–	–	–	–	–	44	52	60	72	84	96	108
	–	–	–	–	–	–	–	–	73	85	97	109	121
k_1	2,8	3,5	4	5,3	6,6	7,5	10	12,5	15	18,7	22,5	26	30
e_1	7,66	8,79	11,05	14,38	17,77	20,03	26,75	33,53	39,98	51,28	61,31	72,61	83,91
s_1	7	8	10	13	16	18	24	30	36	46	55	65	75
m	3,2	4,7	5,2	6,8	8,4	10,8	14,8	18	21,5	25,6	31	34	38
u	1,4	1,6	2	2,5	3	3,5	4	5	6	7	8	8,4	10
	6	8	10	12	16	20	25	30	40	45	55	60	70
l_2[1)]	10	10	10	12	16	16	20	30	60	70	100	–	–
	40[2)]	50[2)]	60	80[2)]	100	120[2)]	160[2)]	200[2)]	200	200	300[2)]	300[2)]	300[2)]
	20	22	24	28	32	36	44	52	60	72	84	96	108
b_2	14	16	18	22	26	30	38	46	54	66	78	90	102
k_2	4	5	6	8	10	12	16	20	24	30	36	42	48
k_3	2,8	3,5	4	5	6,5	7,5	10	12	14	17,5	21,5	–	–
d_2	7	8,5	10	13	16	18	24	30	36	45	54	63	72
l_3[1)]	20	(22)	25	30	35	40	50	60	70	80	(95)	110	120
	40	50	60	80	100	120	160	200	200	300	360	400	400
	14	16	18	22	26	30	38	46	54	66	78	90	102
b_3	20	22	24	28	32	36	44	52	60	72	84	96	108
e_2	4	5	6	8	10	12	16	20	24	30	36	42	48
x_1	1,75	2	2,5	3,2	3,8	4,3	5	6,3	7,5	9	10	11	12,5
e_3	3,8	4,2	5,1	6,2	7,3	8,3	9,3	11,2	13,1	15,2	16,8	18,4	20,8
g_1	4,3	5,3	6,5	8,5	10,5	12,5	16,5	20,5	24,5	30,5	36,5	42,5	48,5
f_1	2,8	3,2	4	5	6	7	8	10	12	14	16	18	20
r_1	0,4	0,4	0,6	0,6	0,8	1	1	1,2	1,6	1,6	2	2	2,5
g_2	2,9	3,7	4,4	6	7,7	9,4	13	16,4	19,6	25	30,3	35,6	41
f_2	2,45	2,8	3,5	4,4	5,2	6,1	7	8,7	10,5	12,5	14	16	17,5
r_2	0,4	0,4	0,6	0,6	0,8	1	1	1,2	1,6	1,6	2	2	2,5
d_3	4,5	5,5	6,6	9	11	13,5	17,5	22	26	33	39	45	52
	8	10	11	15	18	20	26	33	40	50	58	69	78
	9	11	13	18	24	–	–	–	–	–	–	–	–
	8	10	11	15	18	20	26	33	40	50	58	69	78
	13	15	18	24	28	33	40	46	58	73	82	98	112
	15	18	20	26	33	36	46	54	73	82	93	107	125
	10	11	13	18	22	26	33	40	48	61	73	82	98
d_6	9	10	12	16	20	24	30	37	44	56	66	78	92
s_2	0,8	1	1,6	1,6	2	2,5	3	3	4	4	5	7	8
d_8	7,6	9,2	11,8	14,8	18,1	21,1	27,4	33,6	40	48,2	58,2	68,2	75
s_3	0,8	1	1	1,6	1,8	2,1	2,8	3,2	4	6	6	7	7
	12	14	16	18	20	(22)	25	(28)	30	35	40	45	50
	55	60	65	70	75	80	(85)	90	(95)	100	110	...	260

d_5 Reihe 1: für Steckschlüssel nach DIN 659, DIN 896, DIN 3112 oder Einsätze nach DIN 3124
Reihe 2: für Ringschlüssel nach DIN 838, DIN 897 oder Einsätze nach DIN 3129
Reihe 3: für Ansenkungen bei beengten Platzverhältnissen

Englisches Fachglossar

Deutsch	Englisch
Abwicklung	*developed view*
Achse	*[gedachte Mitte eines Rohres] axis / [Bauelement] axle*
Allgemeintoleranz	*general tolerance*
Ansicht	*view*
Bemaßung	*dimensioning*
Biegeteil	*bent component*
Bohrbuchse	*drill bush*
Bolzen	*bolt / (stud)*
CAD-Arbeitstechnik	*CAD working practice*
CAD-Datenmodell	*CAD data model*
Dichtung	*gasket / seal(ing)*
Durchdringung	*penetration*
Durchmesser	*diameter*
Einheitsbohrung, Passung für	*basic hole*
Einheitswelle, Passung für	*basic shaft*
Elektrotechnik	*electrical engineering*
Elektrotechnische Dokumentation	*electrical engineering documentation*
Ellipse	*ellipse*
Evolvente	*involute*
Faltung	*fold*
Fase	*chamfer*
Feder	*spring*
fertigungsgerecht	*production-oriented*
Fertigungsprozess	*production process /manufacturing process*
Fertigungszeichnung	*manufacturing drawing*
Flansch	*flange*
Fluidtechnik	*fluidics / fluid logic*
Format	*format*
Formtoleranz	*shape tolerance*
Freihandskizze	*freehand sketch*
Freistich	*relief groove / undercut*
Geometrie	*geometry*
Geometrische Produktspezifikation	*geometrical product specification*
Gesenkschmiedestück	*die-formed part / pressed part / drop forging / drop stamping*
Gewinde	*screw thread*
Gleitlager	*(plain) bearing / friction-type bearing*

Deutsch	Englisch
Grenzmaß	*dimensional limit / limit(ing) size* or *dimension*
Gruppenzeichnung	*(sub)assembly drawing*
Gussstück	*casting*
Hauptzeichnung	*general arrangement drawing*
Hyperbel	*hyperbola*
Kegel	*cone*
Kehlnaht	*fillet weld*
Keil	*[Maschinenelement] key / [zum Festklemmen] chock / [Stahlkeil] cotter / [aus Holz, Eisen; Spaltwerkzeug] wedge*
Keilriemen	*V-belt*
Keilwelle	*spline / splined shaft*
Kennzahl	*characteristic number/ code number / constant / coefficient/ identification number*
Körper, geometrischer	*geometrical body*
Kugel	*sphere*
Kupplung	*[Auto] clutch / [Anbringung, Befestigung] attachment / [Verbindung] connection / [Wellenkupplung] coupling*
Lagetoleranz	*positional tolerance*
Längenmaß	*linear dimension*
Lichtbogenschweißen	*(electric) arc welding*
Linien	*lines*
Lochplatte	*boss plate / perforated plate / swage block*
löten	*[hartlöten] braze / [weichlöten] solder*
Lötnaht	*soldered joint of seam / brazed joint of seam*
Maschinenzeichnen	*engineering drawing*
Maßeintragung	*dimensioning*
Maßstab	*scale*
Maßtoleranz	*dimensional tolerance*
Mikroverfilmung	*microfilming*
Mittenrauwert	*average surface finish*
Mutter	*nut*
Nabe	*hub / boss*
Niet	*rivet*
Normmaß	*standard dimension*
Normteil	*standard part*
Normung	*standardization*
Normzahl	*preferred number*
Numerische Steuerung	*numerical control*

Deutsch	**Englisch**
Nut	*[Fuge] groove / [Keilnut] keyway / [Kerbnut] notch / [Langnut] slot*
Oberfläche	*surface*
Oberflächenangabe	*surface specification*
Oberflächenbeschaffenheit	*surface finish*
Oberflächenrauigkeit	*surface roughness / surface texture*
Parabel	*parabola*
Parallelogramm	*parallelogram*
Passfeder	*fitting key*
Passtoleranz	*fitting tolerance / tolerance of fit*
Passung	*fit*
Passungssystem	*system of fit*
Prisma	*prism*
Projektion	*projection*
Pyramide, vierseitige	*quadrilateral pyramid*
Radius	*radius*
Rändel	*knurl*
Rauheit	*roughness*
Rauigkeitsmessgerät	*roughness measuring device*
Räumliches Vorstellungsvermögen	*spatial sense*
Rechnerunterstützung	*computer aid / computer assistance*
Rohrleitungsbau	*pipeline construction*
Sachnummer	*item code*
Schaltzeichen	*graphical symbol (symbol for contact units and switching devices)*
Schmelzschweißen	*fusion welding*
Schnitt	*section*
Schnittdarstellung	*sectional view / sectional re-presentation*
Schraffur	*hatching*
Schraube	*bolt / screw*
Schraubenverbindung	*bolted joint / screw connection*
Schriftfeld	*title block*
Schweißen	*welding*
Schweißnaht	*weld / weld seam / welded joint / welding seam*
Schweißverfahren	*welding techniques*
Spirale	*coil / spiral*
Stift	*pin*
Stückliste	*parts list*
Symbol	*character / symbol / emblem*
Teilzeichnung	*component drawing*
Toleranz	*tolerance*

Deutsch	***Englisch***
Verbindungselement	*fastener*
Vieleck	*polygon*
Wälzlager	*antifriction bearing / roller bearing*
Wärmekraftanlage	*thermal power plant*
Welle	*shaft*
Werkstoff	*material*
Werkstück	*workpiece*
Werkzeugmaschine	*machine tool*
Winkelmaß	*angular dimension / angular measurement*
Würfel	*cube*
Zahnrad	*cog (wheel) / gear wheel / rack wheel / toothed wheel*
Zeichengerät	*plotter*
Zeichnen, manuelles	*manual drawing*
Zeichner, technischer	*draftsman (US) / draughtsman (GB)*
Zeichnung, technische	*[allg.] blueprint / technical drawing / mechanical drawing / engineering drawing*
Zeichnungen lesen und erstellen	*reading and drafting drawings*
Zeichnungsdokumentation	*documentation of drawings*
Zeichnungsverfilmung	*filming of drawings*
Zentrierbohrung	*centre hole*
Ziehteil	*drawn part*
Zykloide	*cycloid*
Zylinder	*cylinder*

C

D

E

F

G

H

I

K

L

M

N

S

T

U

V

W

Z

Normenverzeichnis

Das Verzeichnis auf den folgenden Seiten
- führt die in diesem Buch angesprochenen Normen auf,
- nennt ihr Ausgabedatum (Monat.Jahr) und
- verweist auf die Seitenzahl(en) der betreffenden Fundstelle(n) im Buch.

Dabei wird unterschieden nach DIN, DIN EN, DIN EN ISO, DIN ISO und ISO; zu den Normeninstituten siehe Kapitel 8. Die mit * gekennzeichneten Normen sind zurückgezogen, werden jedoch aus vielfältigen Gründen im Buch noch erwähnt.

DIN	Seite	Ausgabedatum
DIN 9	S. 307	12.96
DIN 10	S. 56, 294	6.97
DIN 13-1	S. 296	11.99
DIN 13-2 bis -11	S. 288	11.99
DIN 74	S. 295	4.03
DIN 76-1	S. 293	6.04
DIN 82	S. 93, 94	1.73
DIN 93	S. 302	7.74*
DIN 103	S. 289, 290	4.77
DIN 116	S. 331, 332	12.71
DIN 118	S. 326	7.97
DIN 128	S. 302	10.94 *
DIN 137	S. 302	5.94*
DIN 172	S. 334	11.92*
DIN 173	S. 334	11.92*
DIN 179	S. 334	11.92*
DIN 199-1	S. 18	3.02
DIN 199-3	S. 18	8.78
DIN 202	S. 73, 111	11.99
DIN 228-1	S. 132	5.87
DIN 228-2	S. 132	3.87
DIN 250	S. 50, 342	4.02
DIN 254	S. 131	4.03
DIN 267-2	S. 298	11.84
DIN 268	S. 317	9.74
DIN 271	S. 317	9.74
DIN 323-1	S. 101	8.74
DIN 323-1	S. 273	8.74
DIN 332	S. 127	4.86
DIN 336	S. 295	7.03
DIN 405	S. 290	11.97
DIN 406-11	S. 38, 41, 60	12.92
DIN 406-11	S. 95, 102, 369	12.92
DIN 406-11	S. 369	12.92
DIN 406-11 bbl 1	S. 121	12.00
DIN 406-12	S. 122	12.92

DIN 463	S. 302	7.74*
DIN 471	S. 312	9.81
DIN 472	S. 312	9.81
DIN 475-1, -2	S. 294	1.84/11.82
DIN 478	S. 301	2.85
DIN 479	S. 301	2.85
DIN 480	S. 301	2.85
DIN 504	S. 326	9.04
DIN 505	S. 326	9.04
DIN 509	S. 124	6.98
DIN 513	S. 290	4.85
DIN 615	S. 322	1.93
DIN 617	S. 322	1.93
DIN 623-1	S. 322	5.93
DIN 625	S. 322, 323	4.89
DIN 628	S. 322	12.93
DIN 630	S. 322	11.93
DIN 635	S. 322	8.87
DIN 660	S. 306	5.93
DIN 661	S. 306	5.93
DIN 662	S. 306	5.93
DIN 674	S. 306	5.93
DIN 705	S. 311	3.06
DIN 711	S. 322, 323	2.88
DIN 715	S. 322	8.87
DIN 720	S. 322. 323	2.79
DIN 728	S. 322	2.91
DIN 748-1	S. 296, 297,	1.70
DIN 780-1	S. 133. 134	5.77
DIN 808	S. 332	8.84
DIN 824	S. 22	3.81
DIN 867	S. 134	2.86
DIN 974-1, -2	S. 295, 296	5.91
DIN 1448	S. 296, 297	1.70
DIN 1449	S. 296, 297	1.70
DIN 1680-1, -2	S. 169	10.80
DIN 1686-1	S. 326	8.98

DIN 6885-1	S. 316, 317	8.68
DIN 6885-2	S. 317	12.67
DIN 6885-3	S. 316	2.56
DIN 6886	S. 313	12.67
DIN 6887	S. 314	4.68
DIN 6888	S. 318	8.56
DIN 6889	S. 314	2.56
DIN 6912	S. 295	12.02
DIN 6935	S. 342	10.75
DIN 7154	S. 181	8.66
DIN 7154-1	S. 176	8.66
DIN 7154-2	S. 176	8.66
DIN 7155	S. 181	8.66
DIN 7155-1	S. 177	8.66
DIN 7155-2	S. 177	8.66
DIN 7157	S. 178	1.66
DIN 7157	S. 179 ff.	1.66
DIN 7167	S. 182, 194, 195	1.87
DIN 7168	S. 167	4.92
DIN 7172	S. 172	4.91
DIN 7340	S. 306	5.93
DIN 7341	S. 309	7.77
DIN 7523-2	S. 339, 340	9.95
DIN 7523-2	S. 340	9.95
DIN 7753	S. 332	1.88
DIN 7753-1, -2	S. 333	1.88/4.76
DIN 7984	S. 301	12.02
DIN 7993	S. 311	4.70
DIN 8580	S. 336, 349	9.03
DIN 8826-1, -2	S. 325	10.90/10.95
DIN 32711	S. 320	3.79
DIN 32712	S. 321	3.79
DIN 13-1	S. 288, 293	11.99
DIN 66025	S. 345, 401, 402	1.83
DIN 66215	S. 401	8.74

DIN EN	Seite	Ausgabedatum
DIN EN 764	S. 371	9.04
DIN EN 1092	S. 374	6.02
DIN EN 1092-1	S. 374	6.02
DIN EN 1333	S. 371	6.06
DIN EN 1514-1	S. 374	8.97
DIN EN 1561	S. 283	8.97
DIN EN 1562	S. 283	8.06
DIN EN 1563	S. 283	10.05
DIN EN 1652	S. 284	3.98
DIN EN 10020	S. 275, 270	7.00
DIN EN 10025	S. 286	2.05
DIN EN 10025-05	S. 280	2.05
DIN EN 10025-2	S. 279	4.05
DIN EN 10025-3	S. 280	2.05
DIN EN 10025-4	S. 280	4.05
DIN EN 10027-1	S. 276, 281	10.05
DIN EN 10083	S. 281, 282, 286	10.06
DIN EN 10084	S. 281, 282, 286	6.98
DIN EN 10087	S. 281	1.99
DIN EN 10089	S. 282	4.03
DIN EN 10220	S. 372	3.03
DIN EN 10226-1	S. 73	10.04
DIN EN 10243-1	S. 340	6.00
DIN EN 10254	S. 339	4.00
DIN EN 10270-1	S. 146	12.01
DIN EN 10277-2	S. 281	10.99
DIN EN 10293	S. 282	6.05
DIN EN 20273	S. 295, 296	2.92
DIN EN 20898-2	S. 299	2.94
DIN EN 22339	S. 307	10.92
DIN EN 22340	S. 310	10.92
DIN EN 22341	S. 310	10.92
DIN EN 22553	S. 350, 351, 355	3.97
DIN EN 27434	S. 301	10.92
DIN EN 27435	S. 301	10.92
DIN EN 27436	S. 301	10.92
DIN EN 28736	S. 307	10.92

DIN EN 45020	S. 267	6.06
DIN EN 50347	S. 297	9.03
DIN EN 61082	S. 381	5.95
DIN EN 81714-2	S. 384	9.99
DIN EN 10025-1 bis -6	S. 278	2.05/4.05
DIN EN 10243-1, -2	S. 339	6.00
DIN EN 573-1 bis -4	S. 285	2.05/10.03

DIN EN ISO	Seite	Ausgabedatum
DIN EN ISO 128-20	S. 23, 24	12.02
DIN EN ISO 216	S. 20	3.02
DIN EN ISO 228-1	S. 73	5.03
DIN EN ISO 228-1	S. 289	5.03
DIN EN ISO 898-1	S. 298	11.99
DIN EN ISO 1101	S. 186, 187, 191, 192	2.06
DIN EN ISO 1119	S. 131	4.03
DIN EN ISO 1207	S. 295	10.94
DIN EN ISO 1207	S. 301	10.94
DIN EN ISO 1302	S. 87, 89, 91,93, 138, 427	6.02
DIN EN ISO 1580	S. 295, 301	10.94
DIN EN ISO 2009	S. 295, 296, 303	10.94
DIN EN ISO 2010	S. 295, 303	10.94
DIN EN ISO 2338	S. 307	2.98
DIN EN ISO 3098-0	S. 27, 385	4.98
DIN EN ISO 3098-2	S. 28	11.00
DIN EN ISO 3098-2	S. 30, 39, 104, 384, 385	11.00
DIN EN ISO 3098-3	S. 29	11.00
DIN EN ISO 3274	S. 86	4.98
DIN EN ISO 4014	S. 295, 300	3.01
DIN EN ISO 4017	S. 295	3.01
DIN EN ISO 4017	S. 296, 296	3.01
DIN EN ISO 4032	S. 300	3.01
DIN EN ISO 4035	S. 300	3.01
DIN EN ISO 4063	S. 359, 361	4.00
DIN EN ISO 4287	S. 83, 84	10.98
DIN EN ISO 4288	S. 83, 85, 86	4.98
DIN EN ISO 4753	S. 292	7.00
DIN EN ISO 4762	S. 295, 300	6.04

DIN EN ISO 5456-4	S. 207	12.02
DIN EN ISO 5457	S. 20, 30, 104	7.99
DIN EN ISO 5817	S. 359	12.03
DIN EN ISO 5817	S. 361	12.03
DIN EN ISO 6506	S. 98, 99	3.06
DIN EN ISO 6507	S. 98	3.06
DIN EN ISO 6508	S. 98m 371	3.06
DIN EN ISO 6947	S. 359, 361	5.97
DIN EN ISO 7040	S. 300	2.98
DIN EN ISO 7046	S. 295, 303	10.94
DIN EN ISO 7047	S. 295, 303	10.94
DIN EN ISO 7089	S. 302	11.00
DIN EN ISO 7200	S. 151, 152	5.04
DIN EN ISO 8746	S. 308	3.98
DIN EN ISO 8747	S. 308	3.98
DIN EN ISO 8750	S. 309	3.98
DIN EN ISO 8751	S. 309	3.98
DIN EN ISO 8752	S. 309	3.98
DIN EN ISO 8785	S. 83	10.99
DIN EN ISO 9692-1	S. 362	5.04
DIN EN ISO 10642	S. 295, 296	6.04
DIN EN ISO 11562	S. 83	9.98
DIN EN ISO 13920	S. 365	11.96
DIN EN ISO 14253	S. 197	3.99
DIN EN ISO 14253-1	S. 162	3.99
DIN EN ISO 15065	S. 295, 296	5.05
DIN EN ISO 15065	S. 303	5.05
DIN EN ISO 17659	S. 349	9.05
DIN EN ISO 81714-1	S. 384	4.00

DIN ISO	Seite	Ausgabedatum
DIN ISO 14	S. 319	12.86
DIN ISO 128-22	S. 113	11.99
DIN ISO 128-24	S. 24, 26	12.99
DIN ISO 128-30	S. 61, 385	5.02
DIN ISO 128-34	S. 63, 69, 385	5.02
DIN ISO 128-40	S. 64	5.02

DIN ISO 128-50	S. 64, 67	5.02
DIN ISO 261	S. 73	11.99
DIN ISO 261	S. 288, 293	11.99
DIN ISO 272	S. 294	10.79
DIN ISO 286	S. 163	11.90
DIN ISO 286-1	S. 171	11.90
DIN ISO 286-2	S. 171	11.90
DIN ISO 965-1	S. 291	11.99
DIN ISO 965-2	S. 291	11.99
DIN ISO 1219-1	S. 377	3.96
DIN ISO 1219-2	S. 378	11.96
DIN ISO 2162-1	S. 145	8.94
DIN ISO 2162-2	S. 145	8.94
DIN ISO 2162-3	S. 145	8.94
DIN ISO 2203	S. 135, 137	6.76
DIN ISO 2768-1	S. 167	6.91
DIN ISO 2768-2	S. 168	4.91
DIN ISO 3040	S. 59, 128, 130	9.91
DIN ISO 3040	S. 130	9.91
DIN ISO 4379	S. 327	10.95
DIN ISO 4381	S. 284	2.01
DIN ISO 4382-1	S. 327	11.92
DIN ISO 4382-2	S. 284, 327	11.92
DIN ISO 5261	S. 287, 370	4.97
DIN ISO 5455	S. 21	12.79
DIN ISO 5456-1	S. 207	4.98
DIN ISO 5456-2	S. 207, 385	4.98
DIN ISO 5456-3	S. 207, 260	4.98
DIN ISO 5845-1	S. 367	4.97
DIN ISO 5845-2	S. 367	4.97
DIN ISO 6410-1	S. 70	12.93
DIN ISO 6410-2	S. 72	12.93
DIN ISO 6410-3	S. 74	12.93
DIN ISO 6411	S. 127, 385	11.97
DIN ISO 6412-2	S. 265	5.91
DIN ISO 6413	S. 319, 320	3.90
DIN ISO 6428	S. 30	3.97
DIN ISO 6433	S. 69	9.82

DIN ISO 7083	S. 385	6.84
DIN ISO 8015	S. 195	6.86
DIN ISO 8062	S. 169	8.98
DIN ISO 12128	S. 326, 327	7.98
DIN ISO 13715	S. 95, 97	12.00
DIN ISO 2768-1, -2	S. 122	6.91/4.91
DIN ISO 9222-1, -2	S. 330	11.90/3.91

ISO	Seite	Ausgabedatum
ISO 128	S. 353	11.96
ISO 129	S. 369	9.04
ISO 286-1	S. 162	9.88
ISO 1101	S. 162	12.04
ISO 1234	S. 300, 310	11.97
ISO 2768	S. 163	11.89
ISO 2768-1	S. 167	4.91
ISO 5457	S. 152	2.99
ISO 8015	S. 162, 168	12.85
ISO 10303	S. 401	12.94
ISO 14253	S. 197	11.98
ISO 14638	S. 160	12.95
ISO 14649	S. 401	3.03
ISO 14660	S. 163, 186, 196	10.99
ISO 14660	S. 196	10.99
ISO 898-1, -2	S. 299	8.99/11.92

Bildquellen

Wir bedanken uns bei folgenden Unternehmen für die Unterstützung durch die Bereitstellung von Bildmaterial:

Fraunhofer-Institut für Medienkommunikation IMK, 53754 St. Augustin (S. 400, Abb. 12.13)

Fujitsu Siemens Computers, CH-8105 Regensdorf (S. 388, Abb. 12.2)

Heidenreich & Harbeck AG, 23879 Mölln (S. 400, Abb. 12.12)

Hewlett Packard, 71034 Böblingen (S. 388, Abb. 12.3)

Meneysch Public Relations, 20457 Hamburg (S. 10 und 11)

Proform AG, CH-1723 Marly (S. 404, Abb. 12.17)

RWTH Aachen, Rechenzentrum, 52056 Aachen (S. 401, Abb. 12.14)

Sanford GmbH/rotring, 22510 Hamburg (S. 10 und 11)

STANDARDGRAPH Zeichentechnik GmbH, 82538 Geretsried (S. 12, Abb. 1.9, 1.10 und 1.11)

Zeutschel GmbH, 72070 Tübingen (S. 14, Abb. 1.13)

Folgende Abbildungen sind in Anlehnung an Beispiele auf Websites erstellt worden:

12.8 / S. 397 www.3ds.com

12.11 / S. 399 www.unigraphics.de

12.16 / S. 403 www.3ds.com

Zum Beispiel: Drag & Drop

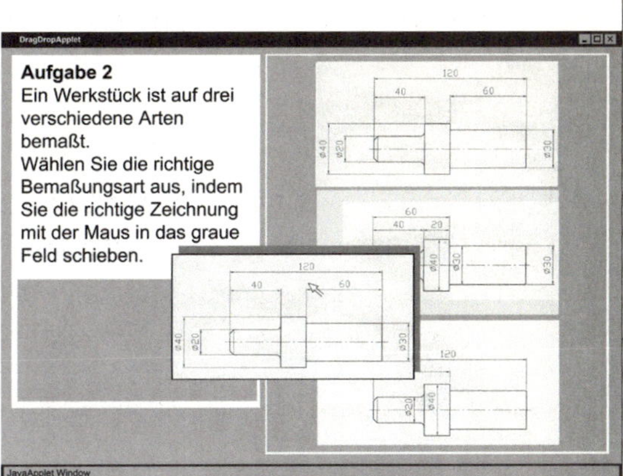

Entwicklung und Nutzung

Wer dahinter steht

Univ.-Prof. Dr.- Ing. Wilfried Hesser,
Helmut-Schmidt-Universität Hamburg,
Fachbereich Maschinenbau

Das Lernangebot richtet sich an Berufschüler, Studenten und Lehrkräfte.

Auch Sie können teilnehmen!

Detaillierte Informationen und Anmeldemodalitäten erfahren Sie unter www.pro-norm.de

pro-norm.de

mit e-learning maschinenzeichnen lernen